普通高等教育"十一五"国家级规划教材

"十二五"江苏省高等学校重点教材
编号:2015-1-038

"十三五"江苏省高等学校重点教材
编号:2018-1-038

材料科学研究与测试方法

（第4版）

朱和国　尤泽升　刘吉梓　黄　鸣　**编著**

沙　刚　**主审**

U0302660

东南大学出版社
SOUTHEAST UNIVERSITY PRESS

·南京·

内 容 提 要

本书首先介绍了晶体学基础知识,然后系统介绍了X射线的物理基础、X射线衍射的方向与强度、多晶体X射线衍射分析的方法、X射线衍射仪及其在物相鉴定、宏微观应力与晶粒尺寸的测定、多晶体的织构分析、小角X射线散射、薄膜应力及厚度测定等方面的应用;介绍了电子衍射的物理基础、透射电子显微镜的结构与原理、衍射成像、运动学衬度理论、高分辨透射电子显微技术、扫描电镜、扫描透射电镜、电子背散射衍射及原子探针等;介绍了AES、XPS、XRF、STM、AFM、LEED等常用表面分析技术和TG、DTA、DSC等常用热分析技术的原理、特点及其应用;最后简要介绍了红外光谱、拉曼光谱和ICP等。书中研究和测试的材料包括金属材料、无机非金属材料、高分子材料、非晶态材料、金属间化合物、复合材料等。对每章内容作了提纲式的小结,并附有适量的思考题。书中采用了一些作者尚未发表的图片和曲线,同时在实例分析中还注重引入了一些当前材料界最新的研究成果。

本书可作为材料科学与工程学科本科生的学习用书,也可供相关学科与专业的研究生、教师和科技工作者使用。

图书在版编目(CIP)数据

材料科学研究与测试方法 / 朱和国等编著. —4 版.
—南京:东南大学出版社,2019.9(2021.1 重印)
ISBN 978-7-5641-8522-0

Ⅰ. ①材… Ⅱ. ①朱… Ⅲ. ①材料科学-研究方法-高等学校-教材②材料科学-测试方法-高等学校-教材
Ⅳ. ①TB3

中国版本图书馆 CIP 数据核字(2019)第 179416 号

材料科学研究与测试方法(第 4 版)
Cailiao Kexue Yanjiu Yu Ceshi Fangfa(Di-si Ban)

编　　著	朱和国　尤泽升　刘吉梓　黄　鸣	
出版发行	东南大学出版社	
出 版 人	江建中	
责任编辑	张　煦	
社　　址	南京市四牌楼 2 号　(邮编:210096)	

经　　销	全国各地新华书店	
印　　刷	江苏扬中印刷有限公司	
开　　本	787 mm×1092 mm　1/16	
印　　张	25.75	
字　　数	627 千	
版　　次	2019 年 9 月第 4 版	
印　　次	2021 年 1 月第 2 次印刷	
书　　号	ISBN　978-7-5641-8522-0	
定　　价	69.80 元	

(本社图书若有印装质量问题,请直接与营销部联系。电话(传真):025-83791830)

第4版前言

当今科技进步突飞猛进,发展日新月异,竞争日趋激烈,核心在材料! 对材料的科学研究与测试方法的合理选择是获得先进材料的核心环节。《材料科学研究与测试方法》是普通高等教育"十一五"国家级规划教材、"十二五"和"十三五"江苏省高等学校重点教材、2015兵工高校优秀教材和中国MOOC网国家精品课程《材料研究方法》的选用教材。自2016年9月第3版以来,销量近5 000册,深受读者青睐,令作者欣慰。在江苏省教委高等学校重点教材修订项目基金资助下,结合新积累的教学经验、材料研究技术的最新进展和广大读者的宝贵建议,并参考国内外同类教材,拟对第3版进行以下修订:

1. 第3章:强化了结构因子F^2_{HKL}的推导与理解,增加各种不同正空间形态所对应的倒空间形态,从而加深对倒空间的理解,也为深刻理解电子衍射斑点花样的形态特征打下良好的基础。在X射线与原子、单胞和单晶体三者分别作用时,相位差计算中均出现矢量式$\frac{s-s_0}{\lambda}$,补充解释了它们之间的区别与联系,并增加了洛伦兹因子的概念。以表的形式归纳总结了电子、原子、单胞、单晶、单相多晶、多相多晶对X射线衍射强度的各种影响及其对应的影响因子。

2. 第4章:增加了丝织构、面织构和板织构的示意图,补充丝织构的形成过程图,使其更直观形象。对丝织构$I_\varphi-\varphi$曲线进行了补充说明,并增加了与其对应的极图。对板织构极图测定的反射法和透射法进行了全面修订和补充,统一了角度表征,增加了反射法和透射法绘制正极图的过程。补充了对反极图的解释、说明和举例,更换了欧拉角的表示符号,统一为$(\varphi_1, \Phi, \varphi_2)$。补充了运用几何作图法和解析法共同确定不同欧拉角时的理想织构指数。

3. 第5章:增加了六方结构的标准电子衍射花样的绘制,从而使体心、面心和六方三种常见结构的内容系统全面。

4. 第6章:增补金刚石消光点的二次衍射及体心和面心点阵不产生二次衍射的几何证明图,从而使二次衍射与超点阵中消光点再现之间的区别更加透彻明了。补充了刃型位错与螺旋型位错成像原理之间的区别与联系,以及三种常见位错不可见判据的汇总表。

5. 第8章:STEM为SEM和TEM有机结合体,本章增加了三者之间的区别与联系。

6. 第12章:对电子背散射衍射进行了全面修订和补充,增加了EBSD在织构分析、三维取向成像和位错密度分析等方面的应用。

7. 新增原子探针显微分析一章,介绍了原子探针的基本原理、层析、脉冲模式及其应用。

8. 对3版的其他章节也进行了局部修订。

本书的修订改版力求内容更加系统丰富、叙述更加简明扼要,繁简结合,通俗易懂。全方位培养读者思考问题、分析问题和解决问题的能力。

本书由南京理工大学一线教师编著。全书共13章及附录:第1~10章及附录(朱和国,其中§9.6由梁宁宁撰写),第11章(尤泽升),第12章(黄鸣),第13章(刘吉梓),全书由朱和国教授统稿、沙刚教授主审。

本书广泛参考和应用了其他一些材料科学工作者的研究成果、资料和图片,第4版得到了江苏省教委、南京理工大学教务处及材料学院徐锋院长的积极支持,东南大学吴申庆教授的热情鼓励,以及张继峰、邱欢、贾婷、朱成艳、伍昊等研究生的鼎力协助,在此表示深深的敬意和感谢!

由于作者水平有限,本书中定有疏漏和错误之处,敬请广大读者批评指正。

朱和国

2019.5 于南京

目　录

1 晶体学基础

1.1 晶体及其基本性质

1.1.1 晶体的概念

晶体是指其内部的原子、分子、离子或其集团在三维空间呈周期性排列的固体。而这些周期性排列的原子、分子、离子或其集团是构成晶体结构的基本单元,称为晶体的结构基元。如果将结构基元抽象成一个几何点,则可将晶体结构抽象成无数个在三维空间呈规则排列的点阵,该点阵又称空间点阵。图 1-1 即为一般晶体抽象而成的空间点阵。

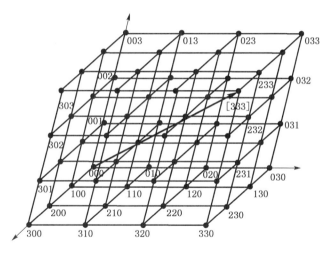

图 1-1 一般空间点阵

1.1.2 空间点阵的四要素

(1) **阵点** 即空间点阵中的阵点。它代表结构基元的位置,是晶体结构的相当点,就其本身而言,仅具有几何意义,不代表任何质点。空间点阵具有无穷多个阵点。

(2) **阵列** 即阵点在同一直线上的排列。任意两个阵点即可构成一个阵列,同一阵列上阵点间距相等,阵点间距为该方向上的最小周期,平行阵列上的阵点间距必相等,不同方向上的阵点间距一般不相等。空间点阵具有无穷多个阵列。

(3) **阵面** 即阵点在同一平面上的分布。任意不在同一阵列上的三阵点即可构成一个阵面。单位阵面上的阵点数称面密度,相邻阵面间的垂直距离称面间距,平行阵面上的面密度和面间距均相等。空间点阵具有无穷多个阵面。

(4) **阵胞** 即在三维方向上两两平行并且相等的六面体。是空间点阵中的体积单元。

空间点阵可以看成是这种平行六面体在三维方向上的无缝堆砌。注意：①阵胞有多种选取方式，主要反映晶体结构的周期性；②当阵点仅在阵胞的顶角上，一个阵胞仅含一个阵点，代表一个基元时，该阵胞又称物理学原胞，原胞的体积最小，三维基矢设为 a_1、a_2、a_3。

1.1.3　布拉菲阵胞

为了同时反映晶体结构的周期性和对称性，通常按以下原则选取阵胞：

(1) 反映晶体的宏观对称性；

(2) 尽可能多的直角；

(3) 相等的棱边和夹角尽可能多；

(4) 满足上述条件下，阵胞体积尽可能最小。

按以上原则选取阵胞时，法国晶体学家布拉菲(A. Bravais)通过研究发现空间点阵的阵胞只有 14 种，此时阵点不仅可在阵胞的顶点，还可在阵胞的体内或面上，阵胞的体积也不一定为最小，可能是原胞体积的整数倍。布拉菲阵胞又称晶胞，或惯用胞，或结晶学原胞。图 1-2 为 14 种布拉菲阵胞，三维基矢设为 a，b，c。

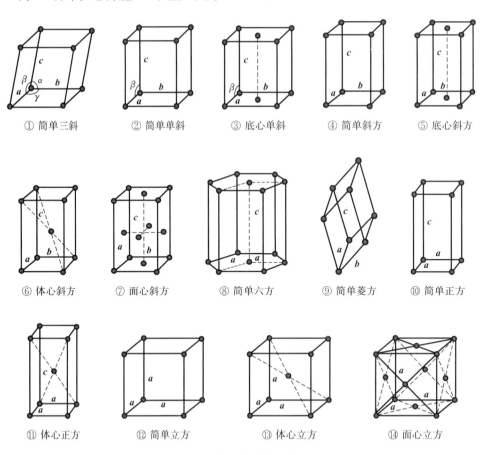

① 简单三斜　② 简单单斜　③ 底心单斜　④ 简单斜方　⑤ 底心斜方

⑥ 体心斜方　⑦ 面心斜方　⑧ 简单六方　⑨ 简单菱方　⑩ 简单正方

⑪ 体心正方　⑫ 简单立方　⑬ 体心立方　⑭ 面心立方

图 1-2　布拉菲点阵示意图

晶胞的形状与大小用相交于某一顶点的三个棱边上的点阵周期 a、b、c 以及它们之间的夹角 α、β、γ 来表征，其中 α、β、γ 分别为 b 与 c、c 与 a、a 与 b 的夹角。a、b、c、α、β、γ

称为晶格常数。

14 种布拉菲阵胞根据点阵参数的特点分为立方、正方、斜方、菱方、六方、单斜及三斜七大晶系。根据阵点在阵胞中的位置特点又可将其分为简单(P)、底心(C)、体心(I)和面心(F)四大点阵类型。

(1) 简单型。阵点分布于六面体的 8 个顶点处,符号为 P。

(2) 底心型。阵点除了分布于六面体的 8 个顶点外,在六面体的底心或对面中心处仍分布有阵点,符号为 C。

(3) 体心型。阵点除了分布于六面体的 8 个顶点外,在六面体的体心处还有一个阵点,符号为 I。

(4) 面心型。阵点除了分布于六面体的 8 个顶点外,在六面体的 6 个面心处还各有一个阵点,符号为 F。

各点阵如表 1-1 所示。

表 1-1　晶系及点阵类型

晶　系	点 阵 参 数	布拉菲点阵	点阵符号	阵胞内阵点数	阵 点 坐 标
立方晶系	$a=b=c$ $\alpha=\beta=\gamma=90°$	简单立方	P	1	000
		体心立方	I	2	$000, \frac{1}{2}\frac{1}{2}\frac{1}{2}$
		面心立方	F	4	$000, \frac{1}{2}\frac{1}{2}0, \frac{1}{2}0\frac{1}{2}, 0\frac{1}{2}\frac{1}{2}$
正方晶系	$a=b\neq c$ $\alpha=\beta=\gamma=90°$	简单正方	P	1	000
		体心正方	I	2	$000, \frac{1}{2}\frac{1}{2}\frac{1}{2}$
斜方晶系	$a\neq b\neq c$ $\alpha=\beta=\gamma=90°$	简单斜方	P	1	000
		体心斜方	I	2	$000, \frac{1}{2}\frac{1}{2}\frac{1}{2}$
		底心斜方	C	2	$000, \frac{1}{2}\frac{1}{2}0$
		面心斜方	F	4	$000, \frac{1}{2}\frac{1}{2}0, \frac{1}{2}0\frac{1}{2}, 0\frac{1}{2}\frac{1}{2}$
菱方晶系	$a=b=c$ $\alpha=\beta=\gamma\neq90°$	简单菱方	R	1	000
六方晶系	$a=b\neq c$ $\alpha=\beta=90°$ $\gamma=120°$	简单六方	P	1	000
单斜晶系	$a\neq b\neq c$ $\alpha=\gamma=90°\neq\beta$	简单单斜	P	1	000
		底心单斜	C	2	$000, \frac{1}{2}\frac{1}{2}0$
三斜晶系	$a\neq b\neq c$ $\alpha\neq\beta\neq\gamma\neq90°$	简单三斜	P	1	000

注意:

① 空间点阵是为方便研究晶体结构而进行的一种数学抽象,反映了晶体结构的几何特征,它不能脱离具体的晶体结构而单独存在。

② 空间点阵的阵点仅具几何意义,并非具体的质点,它可以是结构基元的质心位置,也

可以是结构基元中任意等价的点。

③ 晶体的结构复杂、种类繁多,但从中抽象出来的空间点阵只有 14 种。

④ 晶体结构＝空间点阵＋结构基元。

⑤ 原胞包含一个基元,而非一个原子。

⑥ 一种点阵可代表多种晶体结构。结构基元可以由一个或多个等同质点的不同的形式进行排列和结合。

1.1.4 典型晶体结构

晶体结构根据其对应点阵的特点,可分为简单点阵和复式点阵两类。简单点阵即点阵

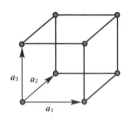

图 1-3　简单立方

结构仅有一种结构形式,常见的有简单立方、体心立方和面心立方 3 种;而复式点阵则是由两种同类或异类原子形成的点阵结构套构而成,常见的有密排六方结构、金刚石结构、NaCl 结构、CsCl 结构以及闪锌矿结构等。

1) 简单立方(sc)结构

图 1-3 为简单立方示意图。简单立方的边长为 a,基矢为 a、b、c,$a = b = c$,阵点仅在立方体的 8 个顶点上,体内无阵点,每个阵点为其周围 8 个阵胞共有,单个阵胞拥有 $8 \times 1/8 = 1$ 个阵点,或 1 个结构基元。当结构基元为原子时,该原胞含有一个原子,其坐标为(0, 0, 0),每个原子占有的体积为 a^3。简单立方阵胞也是该点阵的一种原胞。该原胞的三维基矢 a_1、a_2、a_3 分别与阵胞基矢 a、b、c 相等。即

$$\begin{cases} a_1 = a \\ a_2 = b \\ a_3 = c \end{cases} \tag{1-1}$$

原胞体积 = 阵胞体积 = $a_1 \cdot (a_2 \times a_3) = abc = a^3$。

2) 体心立方(bcc)结构

体心立方的边长为 a,阵点除了在 8 个顶点外,立方体的体心还分布有一个阵点,每个阵胞含有 2 个阵点,当结构基元为原子时,则该阵胞含有 2 个原子,坐标分别为(0, 0, 0)和 $\left(\dfrac{1}{2}, \dfrac{1}{2}, \dfrac{1}{2}\right)$。原胞选取如图 1-4 所示,原胞基矢 a_1、a_2、a_3 与阵胞基矢的关系为

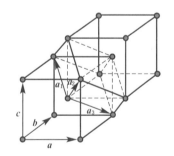

图 1-4　体心立方结构及其原胞

$$\begin{cases} a_1 = \dfrac{1}{2}(-a + b + c) \\ a_2 = \dfrac{1}{2}(a - b + c) \\ a_3 = \dfrac{1}{2}(a + b - c) \end{cases} \tag{1-2}$$

原胞体积为 $a_1 \cdot (a_2 \times a_3) = \dfrac{1}{2}a^3$,为体心立方阵胞的一半。晶体结构为体心立方的常见

元素有 Mo、W、Li、Na、K、Cr、α-Fe 等。

3）面心立方（fcc）结构

面心立方的边长为 a，除了 8 个顶点有阵点外，6 个面的中心均有一个阵点，每个阵胞含有 4 个阵点，其坐标分别为 $(0,0,0)$、$\left(\frac{1}{2},\frac{1}{2},0\right)$、$\left(\frac{1}{2},0,\frac{1}{2}\right)$、$\left(0,\frac{1}{2},\frac{1}{2}\right)$。该阵胞的原胞选取如图 1-5 所示，原胞基矢 a_1、a_2、a_3 与阵胞基矢 a、b、c 的关系为

$$\begin{cases} a_1 = \frac{1}{2}(b+c) \\ a_2 = \frac{1}{2}(c+a) \\ a_3 = \frac{1}{2}(a+b) \end{cases} \quad (1-3)$$

原胞的体积为 $a_1 \cdot (a_2 \times a_3) = \frac{1}{4}a^3$，仅为阵胞体积的 1/4。晶体结构为面心立方的常见元素有 Al、Cu、Au、Ag、γ-Fe 等。

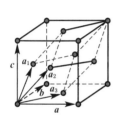
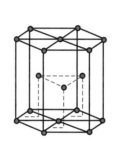
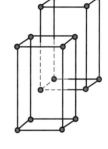

图 1-5　面心立方结构及其原胞　　　　图 1-6　密排六方结构

4）密排六方结构

通常由六棱柱表示。底边边长为 a，阵点位于上下正六边形的中心和 6 个顶点处，另 3 个位于六棱柱的中截面上，其在底面上的投影处于相隔三角形的重心处，共含六个阵点。顶角、底心上的阵点与中截面上阵点的周围环境不同，因而密排六方结构可看成是由 3 个单位平行六面体组成，每个平行六面体又由两个简单六面体套构而成，故密排六方结构是复式格子。结构基元由两个原子组成。原胞的选取可与晶胞相同，为平行六面体，原胞含有一个基元，共两个原子，其坐标分别为 $(0,0,0)$ 和 $\left(\frac{2}{3},\frac{1}{3},\frac{1}{2}\right)$。具有密排六方结构的元素有 Mg、Be、Cd、Zn 等。

5）NaCl 结构

NaCl 的晶体结构如图 1-7 所示，是典型的离子晶体，每个基元由一个 Na^+ 和一个 Cl^- 组成，晶胞共有 4 个基元 8 个离子，Na^+ 分布于立方体的顶角和六个面的面心，形成面心立方结构，Cl^- 的分布也构成了面心立方结构，沿棱边平移半个棱边长。因此，NaCl 晶体的空间点阵是由 Na^+ 和 Cl^- 两个面心立方结构沿棱边平移半个棱边长套构而成。其空间点阵为面心立方。原胞的选取可等同于面心立方，若以 Na^+ 的面心立方选基矢，则平行六面体的顶点为 Na^+，而六面体的体心为 Cl^-，原胞含有一个基元（一个 Na^+ 和一个 Cl^-），其坐标分

别为$(0, 0, 0)$、$\left(\dfrac{1}{2}, \dfrac{1}{2}, \dfrac{1}{2}\right)$，见图 1-7（b）。具有 NaCl 晶体结构的还有 KCl、AgBr、PbS 等。

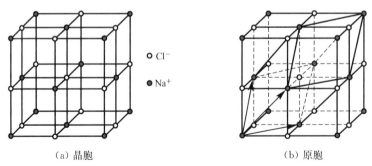

（a）晶胞 （b）原胞

图 1-7　NaCl 结构

6）CsCl 结构

晶胞如图 1-8 所示。Cl^- 和 Cs^+ 分别位于立方体的顶角和体心，每个晶胞含有一个基元，Cl^- 和 Cs^+ 分别构成简单立方结构，并沿立方体的空间对角线平移 1/2 的长度套构而成。其空间点阵为简单立方。该点阵的原胞选取可同于晶胞，含有一个基元（一个 Cl^- 和一个 Cs^+）。当 Cl^- 的坐标为 $(0, 0, 0)$ 时，则 Cs^+ 的坐标为 $\left(\dfrac{1}{2}, \dfrac{1}{2}, \dfrac{1}{2}\right)$，或相反。常见的还有 TiBr、AlTi、BeCu 等。

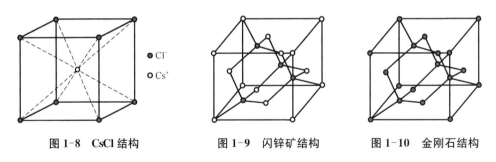

图 1-8　CsCl 结构　　**图 1-9　闪锌矿结构**　　**图 1-10　金刚石结构**

7）闪锌矿结构

锌矿结构如图 1-9 所示。两种异类原子分别构成面心立方结构，并沿空间对角线方向平移 1/4 的长度套构而成，晶胞中含有 4 个基元。闪锌矿结构的空间点阵为面心立方。原胞的选取可同于面心立方，每个原胞中含有一个基元（两个异类原子）。具有闪锌矿结构的还有 CuF、CuCl、AgI、ZnS、CdS 等。

8）金刚石结构

金刚石结构如图 1-10 所示。是由两套面心立方沿空间对角线平移 1/4 的长度套构而成，晶胞共有 8 个同类原子，其坐标分别为：$(0, 0, 0)$、$\left(\dfrac{1}{2}, \dfrac{1}{2}, 0\right)$、$\left(\dfrac{1}{2}, 0, \dfrac{1}{2}\right)$、$\left(0, \dfrac{1}{2}, \dfrac{1}{2}\right)$、$\left(\dfrac{1}{4}, \dfrac{1}{4}, \dfrac{1}{4}\right)$、$\left(\dfrac{3}{4}, \dfrac{3}{4}, \dfrac{1}{4}\right)$、$\left(\dfrac{3}{4}, \dfrac{1}{4}, \dfrac{3}{4}\right)$、$\left(\dfrac{1}{4}, \dfrac{3}{4}, \dfrac{3}{4}\right)$。金刚石结构的空间点阵为面心立方，原胞的选取也可同于面心立方，每个原胞中含有一个基元（两个同类原子），具有金刚石结构的还有 Si、Ge、Sn 等。

1.1.5　晶体的基本性质

晶体的基本性质是指一切晶体所共有的性质,由晶体内部质点排列的周期性决定。基本性质如下:

1) 均匀性

是指同一晶体的各个不同部位均具有相同性质的特性。换言之,在晶体中任取两个形状、大小和取向均相同的,且微观足够大、宏观足够小的体积元,它们的性质均相同。这是由晶体内部质点排列的周期性,同一晶体的不同部位具有相同的质点分布所决定的。注意:①均匀性不是晶体独有的特性,液体和气体也具有均匀性,但其均匀性来源于原子分子热运动的随机性;②晶体的均匀性不含有各向同性,而气体、液体的均匀性含有各向同性。

2) 异向性

是指晶体的性质因方向的不同而有所差异的特性。这是由于同一晶体的不同方向上的质点排列一般是不同的,因而晶体的性质随测试方向的不同而有所不同。例如单晶石英的弹性模量和弹性系数在不同测试方向上具有不同的数值。再如蓝宝石,在平行于晶体延长方向上的硬度(5.5 GPa)远小于其垂直方向上的硬度(6.5 GPa),故蓝宝石又称二硬石。

3) 对称性

是指晶体中的相同部分(几何要素如晶面、晶棱、顶点等)或性质在不同方向或位置上有规律地重复出现的特性。该特性与晶体的异向性不矛盾,它是由晶体内部质点排列的对称性决定的。

4) 自限性

是指晶体在一定条件下能自发地形成封闭的凸几何多面体的特性。凸几何多面体的平面为晶面,晶面的交棱为晶棱,晶棱的会聚为顶点,且三者数量上符合欧拉定律:晶面数+角顶数=晶棱数+2。该特性是晶体内部质点的规则排列在外形上的反映,因此晶面、晶棱、角顶分别对应于点阵中的阵面、阵列和阵点。

5) 最小内能

是指晶体在相同的热力学条件下,与同种物质的非晶体相(非晶体、准晶体、液体、气体)相比,具有最小内能的特性。内能包括质点的动能和势能(位能)。动能是由质点的热运动决定的,与其热力学条件(温度、压力等)相关,因此它不是可比量。势能是由质点间的相对位置与排列决定的,是比较内能大小的参量。晶体内部的质点规则排列是各质点间的引力与斥力相平衡的结果,晶体内的质点均已达到平衡位置,其势能最小,因而晶体具有最小内能。无论使质点间的距离增大或缩小,均会导致质点间的相对势能增大。

6) 稳定性

是指晶体在相同的热力学条件下,相同化学组成的同种物质,晶体与非晶体相比最为稳定。这是由晶体具有最小的内能,晶体内的质点均在其平衡位置所决定的。非晶体有自发向晶体转变的趋势,但晶体不可能自发地转变成其他物态(非晶体)。

此外,晶体还具有固定的熔点,在一定的条件下能对 X 射线产生衍射效应等性质。晶体具有这些基本性质,均源于其内部质点排列的周期性。

1.1.6　准晶体简介

质点排列长程有序,但无周期重复的物质称为准晶体。准晶体虽无周期性,但有准周期性,有严格的位置序,具有准点阵结构,不是非晶态,也不是一种新的物质态,而是一种特殊的晶体。具有晶体所不具有的五次或六次以上的对称,如五次、八次、十次或十二次对称等。根据物质在三维空间中呈现准周期性的维数可将准晶体分为三维、二维和一维三大类。图1-11为C_{60}的结构,是由20个六边形环和12个五边形环组成的球形三十二面体,其中五边形环仅与六边形环相邻,不相互连接,共有60个顶角,每个顶角占据一个C原子,故称C_{60}结构,它就是一种具有五次对称的准晶体的三维结构。

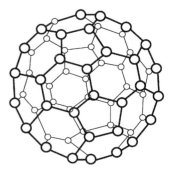

图1-11 C_{60}结构

1.2 晶向、晶面及晶带

1.2.1 晶向及其表征

布拉菲点阵中每个阵点的周围环境均相同,所有阵点可以看成分布在一系列相互平行的直线上,见图1-12,称任一直线为晶列,晶列的取向称为晶向。

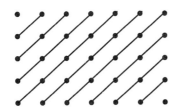 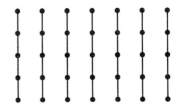

图1-12 点阵中的平行列

晶向的表征步骤:

(1) 建立坐标系,见图1-13(a),以所求晶向上的任意阵点为原点,一般以布拉菲阵胞(晶胞)的基矢量 a、b、c 为三维基矢量。

(2) 在所求晶向上任取一阵点 R,则 $OR = ma + nb + pc$,m、n、p 为整数。

(3) 约化 m、n、p 为互质整数 uvw,并用"[   ]"括之,即为该晶列的晶向指数 $[uvw]$。当指数为负数时,负号标于其顶部。

晶体中原子排列情况相同,但空间位向不同的一组晶向称为晶向族。同一晶向族中的指数相同,只是排列顺序或符号不同。如在立方系中,见图1-13(b),面对角线共有:$[110]$,$[101]$,$[011]$,$[\bar{1}10]$,$[\bar{1}01]$,$[0\bar{1}1]$,$[1\bar{1}0]$,$[1\bar{0}\bar{1}]$,$[01\bar{1}]$,$[\bar{1}0\bar{1}]$,$[10\bar{1}]$12种,形成<110>晶向族;体对角线共有$[111]$,$[\bar{1}11]$,$[1\bar{1}1]$,$[11\bar{1}]$,$[\bar{1}\bar{1}1]$,$[\bar{1}1\bar{1}]$,$[1\bar{1}\bar{1}]$,$[\bar{1}\bar{1}\bar{1}]$8种,构成<111>晶向族。但需注意的是,离开立方系,改变晶向指数的顺序,所表示的晶向可能不再是同一个晶向族了,如在正交系中,$[001]$、$[010]$、$[100]$三个晶向上的原子间距分别为 a、b、c,原子排列和性质已不相同,故其不再属于同一个晶向族。此外,凡互相平行、方向一致的晶向,其晶向指数完全相同;互相平行,而方向相反的晶向,其晶向指数的数字和排列顺序相同但符号相反。

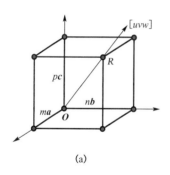 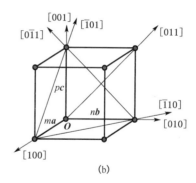

(a)   (b)

图 1-13　简单立方及其常见晶向

1.2.2　晶面及其表征

晶面是指布拉菲点阵中任意 3 个不共线的阵点所在的平面,该平面是包含无限多个阵点的二维点阵,称之为晶面。

晶面的表征步骤:

(1) 建立坐标系。以不在所求晶面上的任意阵点为原点,以布拉菲阵胞(晶胞)的基矢 a、b、c 为三维基矢量。

(2) 得所求晶面的三个面截距值。

(3) 取三面截距值的倒数,并取整约化为互质数 hkl,用"()"括之,(hkl) 即为该晶面的晶面指数,又称密勒指数。当指数为负整数时,负号标于其顶部。

晶体中原子排列情况相同,晶面间距也相等,但空间位向不同的一组晶面称为晶面族。与晶向族相似,构成晶面族的各晶面的指数数字相同,只是排列顺序和符号不同而已。如立方系中,见图 1-14 所示,6 个表面:(100),(010),(001),$(\bar{1}00)$,$(0\bar{1}0)$,$(00\bar{1})$ 构成了同一个 $\{100\}$ 晶面族;12 个对角面:(110),(101),(011),$(\bar{1}\bar{1}0)$,$(\bar{1}0\bar{1})$,$(0\bar{1}\bar{1})$,$(\bar{1}10)$,$(1\bar{1}0)$,$(0\bar{1}1)$,$(01\bar{1})$,$(\bar{1}01)$,$(10\bar{1})$ 构成 $\{110\}$ 晶面族。但需注意的是,离开立方系时,数字相同,而顺序不同的晶面指数所表示的晶面就不一定属于同一个晶面族了,如在正交系中,晶面 (100)、(010)、(001) 上的原子排列情况和晶面间距均不相同,故其不属于同一个晶面族。此外,凡互相平行的晶面,其晶面指数相同,或指数的数字和排列顺序相同,但符号相反。

以上采用三指数法表征立方晶系比较适用,但是,对于六方晶系,取 a_1、a_2 和 c 为坐标轴,a_1、a_2 两轴成 120°,如图 1-15 所示:此时六方晶系的 6 个侧面上阵点的排列规律完全等同,应属同一晶面族,即各晶面指数除了顺序和符号外,其数字应该相同,但实际上 6 个侧面的晶面指数分别为:(100)、(010)、$(\bar{1}10)$、$(\bar{1}00)$、$(0\bar{1}0)$、$(1\bar{1}0)$。这与前面晶面族的定义不吻合,同样过底心的三条对角线阵点排列完全相同,属于同一个晶向族,也应为相同的指数,实际上为 $[100]$、$[010]$、$[110]$。为此,通过增加一根轴 a_3,采用四轴制 a_1、a_2、a_3 和 c 表征时即可解决这个问题,其中 a_1、a_2、a_3 互成 120°,且 $a_3 = -(a_1 + a_2)$,这样 6 个侧面的晶面指数分别为:$(10\bar{1}0)$、$(01\bar{1}0)$、$(\bar{1}100)$、$(\bar{1}010)$、$(0\bar{1}10)$、$(1\bar{1}00)$,它们的数字相同,只是排列顺序和符号不同,同为一个晶面族 $\{1100\}$。同样过底心的三条对角线指数分别为:$[2\bar{1}\bar{1}0]$、$[\bar{1}2\bar{1}0]$、$[11\bar{2}0]$,与晶向族的定义吻合,同属晶向族 $<1120>$。

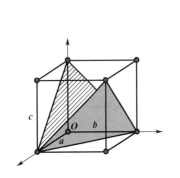

c
O
b
a

图 1-14　简单立方中晶面示意图

[0001]
[$\bar{1}2\bar{1}3$]
c
D
E
($10\bar{1}2$)
F
A
B
C
[110][$11\bar{2}0$]
a_3
a_2
a_1
O
[010]
[$\bar{1}2\bar{1}0$]
[100][$2\bar{1}\bar{1}0$]
A—(100)($10\bar{1}0$)
B—(010)($01\bar{1}0$)
C—($\bar{1}10$)($\bar{1}100$)
D—($\bar{1}00$)($\bar{1}010$)
E—($0\bar{1}0$)($0\bar{1}10$)
F—($1\bar{1}0$)($1\bar{1}00$)

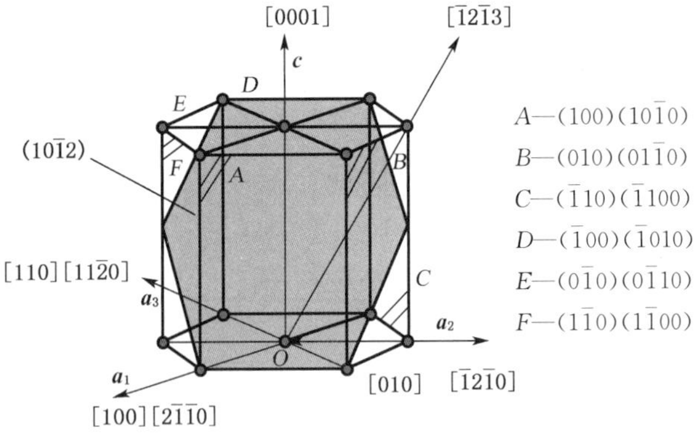

图 1-15　六方结构中常见晶面和晶向的三轴指数与四轴指数

六方晶系中，三指数可以通过变换公式转变为四指数。

① 晶向指数的变换：$[UVW] \Rightarrow [uvtw]$

设任一晶向$\overrightarrow{OR}$，三轴制为：$\overrightarrow{OR} = U\boldsymbol{a}_1 + V\boldsymbol{a}_2 + W\boldsymbol{c}$，四轴制为：$\overrightarrow{OR} = u\boldsymbol{a}_1 + v\boldsymbol{a}_2 + t\boldsymbol{a}_3 + w\boldsymbol{c}$，则

$$U\boldsymbol{a}_1 + V\boldsymbol{a}_2 + W\boldsymbol{c} = u\boldsymbol{a}_1 + v\boldsymbol{a}_2 + t\boldsymbol{a}_3 + w\boldsymbol{c}$$

由　几何关系：　$\boldsymbol{a}_3 = -(\boldsymbol{a}_1 + \boldsymbol{a}_2)$

　　等价关系：　$t = -(u + v)$

得

$$U\boldsymbol{a}_1 + V\boldsymbol{a}_2 + W\boldsymbol{c} = u\boldsymbol{a}_1 + v\boldsymbol{a}_2 - t(\boldsymbol{a}_1 + \boldsymbol{a}_2) + w\boldsymbol{c} = (u - t)\boldsymbol{a}_1 + (v - t)\boldsymbol{a}_2 + w\boldsymbol{c}$$

得方程组

$$\begin{cases} u - t = U \\ v - t = V \\ t = -(u + v) \\ w = W \end{cases} \tag{1-4}$$

解之得

$$\begin{cases} u = \dfrac{1}{3}(2U - V) \\ v = \dfrac{1}{3}(2V - U) \\ t = -\dfrac{1}{3}(U + V) \\ w = W \end{cases} \tag{1-5}$$

这样三指数$[UVW]$即可通过式(1-5)换算成四指数$[uvtw]$。

② 晶面指数的变换：$(hkl) \Rightarrow (hkil)$

晶面指数的变换比较简单，只需在三指数(hkl)中增加一个指数 i 就可构成四指数$(hkil)$，其中 i 为前两指数代数和的相反数，即 $i = -(h + k)$。六方结构中常见的三指数与四指数见图 1-15。

1.2.3 晶带及其表征

晶带是指这样的一组晶面,各晶面的法线方向垂直于同一根轴,或晶面相交的晶棱互相平行,见图 1-16,($h_1k_1l_1$)、($h_2k_2l_2$)、($h_3k_3l_3$)为三个晶面,通过同一根轴,其法线分别为 $\boldsymbol{N_1}$、$\boldsymbol{N_2}$、$\boldsymbol{N_3}$,显然三法线共面于平面 P,这根轴即为晶带轴。晶带轴是表示晶带方向的一根直线,它平行于该晶带的所有晶面,也是该晶带所有晶面的公共棱。晶带采用晶带轴指数 $[uvw]$ 来表征。

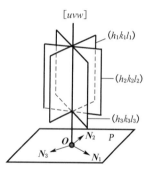

图 1-16 晶带面示意图

1.3 晶体的宏观对称及点群

1.3.1 对称的概念

晶体的对称是指晶体相等部分有规律的重复。因此,对称有两个条件:①有相等的部分;②有规律,即相等的两部分通过一定的操作后重复。该操作又称为对称操作。晶体的对称不同于其他物体的对称,不仅体现在外形上,更体现在微观结构上,晶体对称具有以下特点:

(1) 所有晶体都是对称的。因为晶体对应的点阵本身就是对称的。

(2) 对称是有限的。因为晶体对应的点阵本身的对称性是有限的,它遵循晶体对称定律,在晶体外形上共有 32 种对称型。

(3) 对称具有物理意义。即晶体的对称不仅体现在外形上,同样在物理性质如光学、力学、电学等性质上也是对称的。

1.3.2 对称元素及对称操作

对称操作:为使晶体上相等的两个部分完全重复所进行的操作。对称操作包括绕轴的转动操作、对某点的反演操作以及它们的组合操作。以上操作又称宏观对称操作,是非平移的刚性操作。因宏观对称元素相交于空间中的某一点,故将宏观对称操作称为点对称操作。

对称操作所依据的点、线、面等几何要素称为对称元素。对称操作意味着对应点的坐标变换,因此,对称操作可采用数学的变换矩阵来严格表达。

设在某一坐标系中,空间中一点的坐标为 (x, y, z),对称操作后变换到另一点 (X, Y, Z),则

$$\begin{cases} X = a_{11}x + a_{12}y + a_{13}z \\ Y = a_{21}x + a_{22}y + a_{23}z \\ Z = a_{31}x + a_{32}y + a_{33}z \end{cases} \tag{1-6}$$

将式(1-6)表示为

$$\begin{bmatrix} X \\ Y \\ Z \end{bmatrix} = \boldsymbol{\Delta} \begin{bmatrix} x \\ y \\ z \end{bmatrix} \tag{1-7}$$

其中 $\boldsymbol{\Delta}$ 为对称转换矩阵:

$$\boldsymbol{\Delta} = \begin{vmatrix} a_{11} & a_{12} & a_{13} \\ a_{21} & a_{22} & a_{23} \\ a_{31} & a_{32} & a_{33} \end{vmatrix} \tag{1-8}$$

晶体中的对称元素有对称心、对称面、对称轴、旋转反伸轴、旋转反映轴等,现分述如下:

1) 对称心

对称心是一假想的点,晶体中通过该点的所有直线上距离相等的两端必有对应点,相应的对称操作是对这个点的反伸。习惯符号:C,国际符号:$\bar{1}$。

点的变换表达式:空间中一点(x, y, z),对称心操作后为$(-x, -y, -z)$。即

$$\begin{bmatrix} X \\ Y \\ Z \end{bmatrix} = \boldsymbol{\Delta} \begin{bmatrix} x \\ y \\ z \end{bmatrix} = \begin{bmatrix} -x \\ -y \\ -z \end{bmatrix} \tag{1-9}$$

变换矩阵$\boldsymbol{\Delta}$为:

$$\boldsymbol{\Delta} = \begin{bmatrix} -1 & 0 & 0 \\ 0 & -1 & 0 \\ 0 & 0 & -1 \end{bmatrix} \tag{1-10}$$

注意:

① 晶体中可以没有对称心。

② 晶体有一个对称心时,其晶面必两两平行或反向平行,并且晶面相同。

2) 对称面

对称面是一假想的平面,将晶体平分为互为镜像的两个相等部分。相应的对称操作是对该平面的反映。习惯符号:P,国际符号:m。

点的变换表达式取决于对称面的位置,如对称面垂直于X轴,则包含另两轴Y和Z,空间中一点(x, y, z)对称面操作后为$(-x, y, z)$,表达式为

$$\begin{bmatrix} X \\ Y \\ Z \end{bmatrix} = \boldsymbol{\Delta} \begin{bmatrix} x \\ y \\ z \end{bmatrix} = \begin{bmatrix} -x \\ y \\ z \end{bmatrix} \tag{1-11}$$

变换矩阵
$$\boldsymbol{\Delta} = \begin{bmatrix} -1 & 0 & 0 \\ 0 & 1 & 0 \\ 0 & 0 & 1 \end{bmatrix} \tag{1-12}$$

显然对称面垂直于Y轴、Z轴时的变换矩阵分别为$\begin{bmatrix} 1 & 0 & 0 \\ 0 & -1 & 0 \\ 0 & 0 & 1 \end{bmatrix}$,$\begin{bmatrix} 1 & 0 & 0 \\ 0 & 1 & 0 \\ 0 & 0 & -1 \end{bmatrix}$。

注意:

① 晶体中可以没有对称面。

② 晶体中可以有一个或多个对称面,最多达 9 个,记为 $9P$。

3) 对称轴

对称轴是一个假想的轴,晶体绕该轴转动一定角度后,可使相等的两部分重复,或晶体

复原。转动一周重复的次数叫轴次，用 n 表示。重复所需的最小转角称为基转角 α，两者关系为 $n = 360/\alpha$。相应的操作是绕该轴的旋转。习惯符号：L^n，国际符号：1、2、3、4、6。

晶体的对称定律：即晶体中，可能出现的轴次只能是一次、二次、三次、四次和六次对称轴，而不可能出现五次及高于六次的对称轴。简单证明如下：

设阵点 A_1、A_2、A_3、A_4，间距为 a，有一 n 次轴通过阵点，每个阵点的环境相同，以 a 为半径转动 α 角，得另外的阵点。设绕 A_2 顺时针转动得 B_1，绕 A_3 逆时针转动得 B_2，如图 1-17 所示，由阵点构造规律可知，$B_1B_2 /\!/ A_1A_4$，B_1B_2 应为 a 的整数倍，记为 ma，m 为整数，则

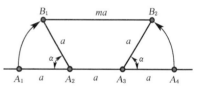

图 1-17 对称性定律证明示意图

$$a + 2a\cos\alpha = ma \tag{1-13}$$

$$\cos\alpha = \frac{m-1}{2} \tag{1-14}$$

$$\left|\frac{m-1}{2}\right| \leqslant 1 \tag{1-15}$$

由式(1-15)可得 m 和 α 的可能取值，如表 1-2 所示。

表 1-2　m 和 α 的可能取值

m	3	2	1	0	-1
$\cos\alpha$	1	1/2	0	-1/2	-1
α	$0°(360°)$	$60°$	$90°$	$120°$	$180°$
n	1	6	4	3	2
L	L^1	L^6	L^4	L^3	L^2

因此，α 的值只能为 $0°(360°)$、$180°$、$120°$、$90°$、$60°$，对应的 n 为 1、2、3、4、6，对应的轴次为一次、二次、三次、四次和六次对称轴。相应的对称操作为 L^1、L^2、L^3、L^4、L^6。

对称轴的变换矩阵可用一通式表示为

$$\begin{bmatrix} \cos\alpha & \sin\alpha & 0 \\ -\sin\alpha & \cos\alpha & 0 \\ 0 & 0 & 1 \end{bmatrix} \tag{1-16}$$

注意：

① 晶体可以没有对称轴，也可以有一种或多种对称轴并存，且每种对称轴的个数也可以有多个。

② 晶体有多个对称轴时，该对称轴的数目写在对称操作符号之前，如 $3L^4$、$4L^2$ 等。

③ 不存在五次和高于六次的对称操作的几何意义，即为呈正五边形和正六边形以上的正多边形无法拼成不留缝隙的平面。

④ L^1 一次轴对称操作无实际意义。任何晶体绕其一轴旋转 $360°$ 均能重复原状。高于一次的轴称高次轴。

4）旋转反伸轴

旋转反伸轴是一根假想的轴，晶体绕此旋转一定的角度后，再对该轴上的一点反伸，可

使晶体相等的部分重复,即晶体复原。旋转反伸轴又称倒转轴,相应的对称操作包含旋转和反伸。旋转反伸轴记为 L_i^n。i 表示反伸,n 表示轴次,同样遵守晶体对称定律,不存在五次和高于六次的倒转轴,即 n 可为 1、2、3、4、6,相应的 α 有 $360°$、$180°$、$120°$、$90°$、$60°$,对应的旋转反伸轴的习惯符号分别为 L_i^1、L_i^2、L_i^3、L_i^4、L_i^6,国际符号:$\bar{1}$、$\bar{2}$、$\bar{3}$、$\bar{4}$、$\bar{6}$。旋转反伸轴的操作过程分述如下:

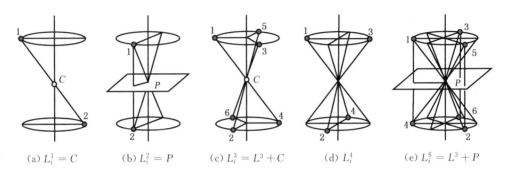

图 1-18　旋转反伸轴的示意图

L_i^1 的对称操作为旋转 $360°$ 后再反伸。由于图形旋转 $360°$ 后已经复原,故其效果等于没有旋转的纯反伸,即对称心,见图 1-18(a)。因此 $L_i^1 = C$。

L_i^2 的对称操作为旋转 $180°$ 后反伸。如图 1-18(b)所示,图中的 1 点首先旋转 $180°$ 至某位反伸后与 2 点重合。从该图可以看出 1 点与 2 点也以垂直于 L_i^2 轴的平面对称,即 $L_i^2 = P$。注意:点 1 转动 $180°$ 后并未有对称点,故 L_i^2 中不含 L^2,即 $L_i^2 \neq L^2 + C$。

L_i^3 的对称操作为旋转 $120°$ 后反伸。如图 1-18(c)所示,点 1 绕 L_i^3 轴旋转 $120°$ 后反伸得点 2,但操作并未完成,点 2 同向旋转 $120°$ 后反伸得点 3,以此类推,直至与点 1 重合为止,这样可依次得点 1、2、3、4、5、6 六个点。从该图可以看出点 1 通过 L^3 的操作可得点 3、5、1,再分别反伸得点 6、2、4。同样也可获得 1、2、3、4、5、6 六个点,因此 $L_i^3 = L^3 + C$。

L_i^4 的对称操作为旋转 $90°$ 后反伸。如图 1-18(d)所示,点 1 旋转 $90°$ 后反伸得点 2,依此点 2 同向旋转 $90°$ 得点 3,同理得点 4 直至与点 1 重合。特别要注意的是:各点旋转 $90°$ 时并没有得到对称点,即不含 L^4 对称元素,因此 L_i^4 是独立的对称元素,不能看成是 L^4 与 C 的组合,即 $L_i^4 \neq L^4 + C$。

L_i^6 的对称操作为旋转 $60°$ 后反伸。如图 1-18(e)所示,点 1 旋转 $60°$ 后反伸得点 2,点 2 同向旋转 $60°$ 得点 3,以此类推得点 4、5、6 直至点 1。从该图可以看出点 1、3、5 与点 4、6、2 以垂直于 L_i^6 轴的平面对称,这样点 1 通过 L^3 操作可得点 1、3、5,再通过垂直于 L_i^6 的对称面得点 4、6、2,因此 $L_i^6 = L^3 + P$。

通过以上分析可知:在旋转反伸轴 L_i^1、L_i^2、L_i^3、L_i^4、L_i^6 中,仅有 L_i^4 为独立的对称元素,其余均可等同于其他对称元素或其组合,即 $L_i^1 = C$、$L_i^2 = P$、$L_i^3 = L^3 + C$、$L_i^6 = L^3 + P$。

由于旋转反伸轴的操作是旋转与反伸的复合,因此,该操作的变换矩阵为对称轴的变换矩阵与对称心的变换矩阵的乘积,即为:

$$\boldsymbol{\Delta} = \begin{bmatrix} \cos\alpha & \sin\alpha & 0 \\ -\sin\alpha & \cos\alpha & 0 \\ 0 & 0 & 1 \end{bmatrix} \times \begin{bmatrix} -1 & 0 & 0 \\ 0 & -1 & 0 \\ 0 & 0 & -1 \end{bmatrix} = \begin{bmatrix} -\cos\alpha & -\sin\alpha & 0 \\ \sin\alpha & -\cos\alpha & 0 \\ 0 & 0 & -1 \end{bmatrix} \tag{1-17}$$

注意点：旋转反伸轴是一种复合操作，但不是旋转轴与反伸的简单叠加，即 $L_i^n \neq L^n + C$，如 $L_i^6 \neq L^6 + C$，因为 L_i^6 中不含 L^6 对称元素。

5）旋转反映轴

旋转反映轴是一根假想的轴，晶体绕该轴旋转一定角度后，并对垂直于此轴的平面反映，可使晶体相等的部分重复，即晶体复原。相应的对称操作包含旋转和反映。旋转反映轴记为 L_s^n。s 表示反映，n 表示轴次，同样遵守晶体对称定律，不存在五次和高于六次的旋转反映轴。即 n 可为 1、2、3、4、6，相应的基转角 α 有 360°、180°、120°、90°、60°，其对应旋转反映轴的习惯符号分别为：L_s^1、L_s^2、L_s^3、L_s^4、L_s^6。

由于旋转反映轴的操作为旋转和反映，因此其对称变换矩阵为旋转轴的变换矩阵与反映的变换矩阵的积，即为

$$\boldsymbol{\Delta} = \begin{bmatrix} \cos\alpha & \sin\alpha & 0 \\ -\sin\alpha & \cos\alpha & 0 \\ 0 & 0 & 1 \end{bmatrix} \times \begin{bmatrix} 1 & 0 & 0 \\ 0 & 1 & 0 \\ 0 & 0 & -1 \end{bmatrix} = \begin{bmatrix} \cos\alpha & \sin\alpha & 0 \\ -\sin\alpha & \cos\alpha & 0 \\ 0 & 0 & -1 \end{bmatrix} \tag{1-18}$$

旋转反映轴的操作如图 1-19 所示，通过类似于旋转反伸操作过程的分析，得

$$L_s^1 = P = L_i^2, \quad L_s^2 = C = L_i^1, \quad L_s^3 = L^3 + P = L_i^6, \quad L_s^4 = L_i^4, \quad L_s^6 = L^3 + C = L_i^3$$

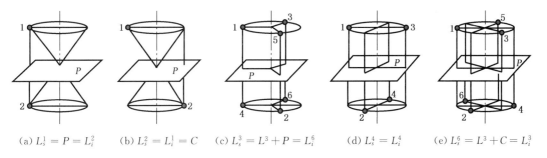

(a) $L_s^1 = P = L_i^2$　　(b) $L_s^2 = L_i^1 = C$　　(c) $L_s^3 = L^3 + P = L_i^6$　　(d) $L_s^4 = L_i^4$　　(e) $L_s^6 = L^3 + C = L_i^3$

图 1-19　旋转反映轴的示意图

可见所有的旋转反映轴均可等同于其他对称元素或其组合，故在实际讨论时就不再考虑旋转反映轴这一对称元素了。

以上 5 种宏观对称及其相互关系汇总于表 1-3。由该表可知，晶体的宏观对称中独立的对称元素共有以下 8 种：L^1、L^2、L^3、L^4、L^6、$L_i^1(C)$、$L_i^2(P)$、L_i^4。通常把轴次为 3、6 的旋转轴、倒转轴（旋转反伸轴）称为高次轴。

表 1-3　5 种宏观对称及其相互关系

对称元素	对称操作	基　转　角	习惯符号	等效元素
对称心	点的反伸		C	$L_s^2 = C = L_i^1$
对称面	平面的反映		P	$L_s^1 = P = L_i^2$
对称轴	绕轴的旋转	$360°/n\ (n = 1, 2, 3, 4, 6)$	L^n	L^1, L^2, L^3, L^4, L^6
旋转反伸轴	旋转反伸	$360°/n\ (n = 1, 2, 3, 4, 6)$	L_i^n	$L_i^1 = C、L_i^2 = P、L_i^3 = L^3 + C、L_i^6 = L^3 + P$
旋转反映轴	旋转反映	$360°/n\ (n = 1, 2, 3, 4, 6)$	L_s^n	$L_s^1 = P = L_i^2,\ L_s^2 = C = L_i^1,\ L_s^3 = L^3 + P = L_i^6,$ $L_s^4 = L_i^4,\ L_s^6 = L^3 + C = L_i^3$

1.3.3 对称元素的组合及点群

晶体的宏观对称元素可以有一个,也可有多个共同存在,对称元素的组合称为对称型,又称群。由于晶体的全部宏观对称元素均通过晶体中的一个共同点,且该点在对称操作中保持不动,故各种对称操作的组合又称点群。对称元素的组合遵循一系列组合定理,以下仅作简单介绍,推导及证明从略。

定理一 如果有一个对称面 P 包含 L^n,则必有 n 个对称面包含 L^n,且任两相邻对称面 P 之间的夹角 $\delta = 360°/2n$。

简式:
$$L^n \times P_{/\!/} \rightarrow L^n nP$$

式中:"$\times$"——组合,有时也可用"·"表示;

"$/\!/$"——该要素与前者平行或包含;

"$\rightarrow$"——导出(左式称组合式,右式为导出式,又称共同式)。

红锌矿晶体具有 $L^6 \times P_{/\!/} \rightarrow L^6 6P$ 的对称元素组合。

定理二 如果有一个二次对称轴 L^2 垂直于 n 次轴 L^n,则必有 n 个 L^2 垂直于 L^n,且相邻 L^2 之间的夹角为 L^n 的基转角的一半($\delta = 360°/2n$)。

简式:
$$L^n \times L^2_\perp \rightarrow L^n nL^2_\perp$$

式中:"$\perp$"——该对称元素与前者垂直,其他符号同上。石英晶体具有 $L^3 \times L^2_\perp \rightarrow L^3 3L^2_\perp$ 的对称元素组合。

定理三 如果有一个偶次对称轴 L^n 垂直于对称面 P,其交点必为对称中心 C。

简式:
$$L^n(n = 偶) \times P_\perp \rightarrow L^n PC$$

石膏晶体具有 $L^n(n = 2) \times P_\perp \rightarrow L^2 PC$ 的对称元素组合。

定理四 如果有一个二次对称轴 L^2 垂直于 L^n_i 或有一个对称面包含即平行于 L^n_i,当 n 为偶数时,则必有 $n/2$ 个 L^2 垂直于 L^n_i 和 $n/2$ 个 P 包含 L^n_i;当 n 为奇数时,则必有 n 个 L^2 垂直于 L^n_i 和 n 个 P 包含 L^n_i,而且相邻对称面 P 与相邻 L^2 之间的夹角 δ 均为 $360°/2n$。

简式:
$$L^n_i(n = 偶) \times L^2_\perp \rightarrow L^n_i n/2L^2_\perp \ (n/2)P$$
$$L^n_i(n = 奇) \times L^2_\perp \rightarrow L^n_i nL^2_\perp \ nP$$

黄铜矿具有 $L^n_i(n = 4) \times L^2_\perp \rightarrow L^4_i 2L^2_\perp 2P$ 的组合。方解石具有 $L^n_i(n = 3) \times L^2_\perp \rightarrow L^3_i 3L^2_\perp 3P$ 的对称元素组合。

晶体中独立的宏观对称要素共有 8 种:L^1、L^2、L^3、L^4、L^6、$L^1_i(C)$、$L^2_i(P)$、L^4_i,晶体可能存在多种对称元素,对称要素的组合即点群可通过上述组合定理近似导出,共有 32 种,见表 1-4,其中高次轴($n > 2$)不多于一个的 A 类组合共有 27 种,高次轴多于一个的 B 类组合共有 5 种。

表 1-4　32 种点群

类别	旋转原始式	轴　式	中心式	面　式	面轴式	旋转反伸原始式	倒转面式
组合式	L^n	$L^n \times L_\perp^2$	$L^n \times C$	$L^n \times P_{/\!/}$	$L^n \times P_{/\!/} \times L_\perp^2$	L_i^n	$L_i^n \times P_{/\!/}$
共同式	L^n	$L^n n L^2$	$L^n C$① $L^n P C$②	$L^n n P$	$L^n n L^2 n P C$① $L^n n L^2 (n+1) P C$②	L_i^n	$L_i^n \frac{n}{2} L^2 \frac{n}{2} P$②
A	L^1 L^2 L^3 L^4 L^6	$3L^2$ $L^3 3L^2$ $L^4 4L^2$ $L^6 6L^2$	$L^2 P C$ $L^4 P C$ $L^6 P C$	$L^2 2P$ $L^3 3P$ $L^4 4P$ $L^6 6P$	$3L^2 3PC$ $L^4 4L^2 5PC$ $L^6 6L^2 7PC$	$(L_i^1 = C)$ $(L_i^2 = P)$ $(L_i^3 = L^3 + C)$ L_i^4 $L_i^6 = L^3 + P$	$L_i^3 3L^2 3P$ $L_i^4 2L^2 2P$ $L_i^6 3L^2 3P$
B	$3L^2 4L^3$	$3L^4 4L^3 6L^2$	$3L^2 4L^3 3PC$	$3L_i^4 4L^3 6P$	$3L^4 4L^3 6L^2 9PC$		

注：①表示 n 为奇数；②表示 n 为偶数。

点群（对称型）的书写格式是：

① 先写对称轴（或旋转反伸轴），多轴时轴次由高到低排列，再写 P、C。

② 对称轴或对称面的个数直接写在对称轴或对称面符号之前。

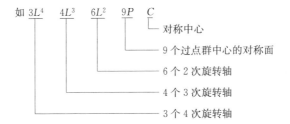

1.3.4　晶体的分类

如前所述晶体共有 32 种对称型，依据对称元素及其组合的不同特征，晶体有 3 种分类方式。

1）晶族

依据对称元素中有无高次轴及高次轴的多少，可将晶体分为高级、中级和低级三大晶族。当对称型中的高次轴多于一个的为高级晶族；对称型中只有一个高次轴的称中级晶族；对称型中无高次轴的称低级晶族。

2）晶系

依据对称轴或倒转轴轴次的高低及其数目的多少，晶体的低级和中级晶族分别衍生出三大晶系，这样晶体可分为七大晶系：三斜晶系、单斜晶系、斜方晶系、正方晶系、菱方晶系、六方晶系、立方晶系。

3）晶类

属于同一对称型的所有晶体归为一类，称为晶类。32 种点群即 32 种晶类。32 种点群的对称特征、对称元素的空间分布及对称元素的符号说明分别见附录 2、3 和 4。

1.3.5　准晶体的点群及其分类

准晶的基本特征是内部结构具有准周期性，不存在平均的布拉菲点阵。依据三维空间中存在准周期性的维数,可将准晶分为三维准晶、二维准晶和一维准晶三大类。三维准晶即三维方向上均为准周期性的;二维准晶是二维方向上为准周期性的,另一维方向上为周期性的;一维准晶则是一维方向上为准周期性的,另二维方向上为周期性的。准晶不但具有准周期性,同样具有非晶体学对称性,如五次、八次、十次、十二次或二十次轴旋转对称。准晶同样存在对称操作,对称元素的组合即对称群和空间群,其推导过程请参考王仁卉的《准晶物理学》,本书不作介绍,下面将推导出的二维准晶点群 26 种和三维准晶点群 2 种共 28 种点群及其符号、对称特点列于表 1-5 中。

表 1-5　准晶体的点群、分类对称特点

晶　族	晶　系	对　称　特　点	晶　　类	国际符号	圣佛利斯符号
二维准晶族（在二维方向上存在准周期性,另一维方向为周期性）	五方晶系	有一个五次对称轴	五方单锥	5	C_5
			五方偏方面体	52	D_5
			复五方柱	$5m$	C_{5v}
			五方反伸双锥	$\bar{5}$	D_{5i}
			复五方偏三角面体	$\bar{5}m$	D_{5d}
	八方晶系	有一个八次对称轴	八方单锥	8	C_8
			八方偏方面体	82	D_8
			复八方单锥	$8mm$	C_{8v}
			八方双锥	$8/m$	C_{8h}
			八方偏三角面体	$\bar{8}$	C_{8i}
			复八方偏三角面体	$\bar{8}2m$	D_{4d}
			复八方双锥	$8/mmm$	D_{8h}
	十方晶系	有一个十次对称轴	十方单锥	10	C_{10}
			十方偏方面体	102	D_{10}
			复十方单锥	$10mm$	C_{10v}
			十方双锥	$10/m$	C_{10h}
			五方双锥	$\bar{10}$	C_{5h}
			复五方双锥	$\bar{10}2m$	D_{5h}
			复十方双锥	$10/mmm$	D_{10h}
	十二方晶系	有一个十二次轴	十二方单锥	12	C_{12}
			十二方偏方面体	122	D_{12}
			复十二方单锥	$12mm$	C_{12v}
			十二方双锥	$12/m$	C_{12h}
			十二方偏三角面体	$\bar{12}$	C_{12i}
			复十二方偏三角面体	$\bar{12}2m$	D_{6d}
			复十二方双锥	$12/mmm$	D_{12h}
三维准晶族（在三维方向上均存在准周期性）	二十面体	有 10 个三次轴	五角三重二十面体	532	Y
			六重二十面体	$m\bar{3}\bar{5}$	Y_h

1.3.6　点群的国际符号

以上介绍了对称元素的国际符号和习惯符号。运用对称元素的习惯符号表示点群简单明了,但是没有考虑对称元素空间分布的方向性,为此运用对称元素的国际符号表示点群,不仅更加简洁,而且还反映了对称元素的分布特性。

对称元素的国际符号:对称中心:$\bar{1}$;对称面:m;旋转轴:1、2、3、4、6;倒转轴(旋转反伸轴):$\bar{1}$、$\bar{2}$、$\bar{3}$、$\bar{4}$、$\bar{6}$。由于$\bar{2}=L_i^2=P=m$,习惯用对称面m表示二次倒转轴(旋转反伸轴)$\bar{2}$。点群的国际符号由3个位组成,书写顺序取决于不同的晶系,具体见表1-6。每个位分别代表晶系的一个特定取向,每个位上的符号表示在该取向上存在的对称元素。如在某一取向上,有一对称面包含(平行)一个三次旋转轴时,表示为$3m$,如果对称面垂直于三次轴时,则用$3/m$或$\frac{3}{m}$表示。如果晶体在某个取向上不存在对称元素时,则将该位空缺或用1表示。读法:$\bar{2}$读成2一横;$\frac{3}{m}$读成m分之三。

表 1-6　点群符号的取向和顺序

晶系	六面体单胞的三维矢量			六面体单胞的晶向指数		
	第一方向	第二方向	第三方向	第一方向	第二方向	第三方向
等轴	c	$(a+b+c)$	$(a+b)$	[001]	[111]	[110]
四方	c	a	$(a+b)$	[001]	[100]	[110]
三方 六方	c	a	$(2a+b)$	[001] ([0001])	[100] ([$2\bar{1}\bar{1}0$])	[210] ([$10\bar{1}0$])
斜方	a	b	c	[100]	[010]	[001]
单斜	b			[010]		
三斜	任意取向			任意取向		

注:(1) a, b, c 分别代表六面体阵胞三维坐标轴 X、Y、Z 的基矢量;$(a+b)$ 表示 X、Y 轴的角平分线方向。$(a+b+c)$ 表示六面体的体对角线方向。
　　(2) 三方和六方晶系均按四轴取向。

1.3.7　点群的圣佛利斯符号

圣佛利斯符号是以大写字母 T、O、C、D、S 分别表示四面体群、八面体群、回转群、双面群和反群,小写字母 i、s、v、h、d 表示对称心(反伸)、对称面(反映)、与主轴平行的对称面(垂直)、与主轴垂直的对称面(水平)以及等分两个副轴的交角的对称镜面,用不同的字母组合来表示点群中对称元素的组合,其主要关系简述如下:

C_n 表示对称轴 L^n。即 C_1、C_2、C_3、C_4、C_6 分别表示 L^1、L^2、L^3、L^4、L^6。

C_{vh} 表示 L^n 与平行对称面的组合,即 $L^n \times P_{//} \rightarrow L^n nP$。$C_{2v}$、$C_{3v}$、$C_{4v}$、$C_{6v}$ 分别表示 $L^2 2P$、$L^3 3P$、$L^4 4P$、$L^6 6P$。

C_{nh} 表示 L^n 与垂直对称面的组合,即 $L^n \times P_\perp \rightarrow L^n P$。$C_{1h}$、$C_{2h}$、$C_{3h}$、$C_{4h}$、$C_{6h}$ 分别表示 P、$L^2 PC$、$L^3 P$、$L^4 PC$、$L^6 PC$。

D_n 表示 L^n 与 L^2 的组合,即 $L^n \times L^2_\perp \rightarrow L^n nL^2$。$D_2$、$D_3$、$D_4$、$D_6$ 分别表示 $L^2 2L^2$、$L^3 3L^2$、

$L^4 4L^2$、$L^6 6L^2$。

D_{nh} 表示 L^n 与 L^2 及 P 的组合,即 $L^n \times L^2_\perp \times P_\perp \to L^n n L^2 (n+1)PC$。$D_{2h}$、$D_{3h}$、$D_{4h}$、$D_{6h}$ 分别表示 $3L^2 3PC$、$L^3 3L^2 4P(L^6_i 3L^2 3P)$、$L^4 4L^2 5PC$、$L^6 6L^2 7PC$。

D_{nd} 表示对称轴、对称面和 L^2 的组合。对称面位于 L^2 夹角的平分线上。

T 表示四面体中对称轴的组合 $3L^4 4L^3$。

T_h 表示在 $3L^4 4L^3$ 组合中加入水平对称面即 $3L^4 4L^3 3PC$。

T_d 表示 $3L^4 4L^3$ 组合中加入了平分 L^2 夹角的对称面即 $3L^4 4L^3 6P$。

O 表示八面体中对称轴的组合 $3L^4 4L^3 6L^2$。

O_h 表示 $3L^4 4L^3 6L^2$ 组合中加入水平对称面即 $3L^4 4L^3 6L^2 9PC$。

32 种点群的习惯符号、国际符号及圣佛利斯符号见附录 5。

应用举例

例 1 点群 $L^4 4L^2 5PC$。由于该点群的对称元素含有一个四次旋转轴,故属于四方晶系,国际符号的三个位分别代表正方晶系的 3 个方向:c、a、$(a+b)$,第一取向 c 上的对称元素有一个四次旋转轴和垂直于该轴的对称面 m,故表示为 $\frac{4}{m}$ 或 $4/m$,第二取向 a 上有两个二次旋转轴,并有两个对称面分别与之垂直,第二位表示为 $\frac{2}{m}$ 或 $2/m$。第三取向 $(a+b)$ 上有两个二次旋转轴,并有两个对称面与之垂直,第三位表示为 $\frac{2}{m}$ 或 $2/m$。最后按 3 个取向顺序排列而成,即点群的国际符号为 $\frac{4}{m}\frac{2}{m}\frac{2}{m}$。

注意该点群中共有一个四次旋转轴,4 根二次旋转轴,5 个对称面以及一个对称心,其中对称心未直接表达,但可以通过组合定理推导出来,其中的 4、2 分别表示四次和二次旋转轴。

例 2 点群 $L^2 PC$。由于该点群的对称元素仅有一个二次旋转轴,故属于单斜晶系,所规定的第一位的取向为 b,故仅写第一位及其该方向上的对称元素,b 取向上有一个二次旋转轴,并有一个与之垂直的对称面,故写成 $\frac{2}{m}$ 或 $2/m$,第二、第三位空着,该点群的国际符号表示为 $\frac{2}{m}$。其中对称心未直接表达,它可以通过对称元素的组合定理推导出来。

1.4 晶体的微观对称与空间群

1.4.1 晶体的微观对称

前面我们讨论了晶体的宏观对称性,它仅反映了晶体有限外形的对称性,而晶体的外形仅仅是由其内部质点规则排列的一种宏观体现,因此,要完整了解晶体的结构,关键还要了解晶体内部的微观对称性。晶体结构=点阵结构+结构基元,点阵结构是无限的,它的对称属于无限点阵的对称,即微观对称。显然微观对称与宏观对称既有区别又有联系,主要体现在:①晶体的点阵结构中,平行于任何一个对称元素必有无穷多个与之相同的对称元素;

②出现平移操作。宏观对称操作中由于外形的有限性不可能出现平移操作,平移也不可能由其晶体的宏观外形来体现,微观对称元素除了宏观对称元素外,还出现了与平移相关的对称元素。显然,宏观对称元素不仅适用于宏观对称,也适用于微观对称,但微观对称元素仅适用于微观对称。晶体的宏观对称性元素的组合构成了对称型,对称型的集合体构成了群,由于各对称元素相交于晶体中的一点,该点在对称操作过程中不移动,故对称型又称点群,点群完整描述了晶体的宏观对称性,晶体外形的对称必然是 32 种点群之一。当同时考虑晶体的微观对称性和宏观对称性时,对称元素的组合就构成了空间群,从而完整地反映了晶体结构。微观对称元素主要包括平移轴、滑移面和螺旋轴 3 种。

1)平移轴

平移轴为假想的一根轴,阵点沿此直线移动一定距离,可使点阵的相同部分重复,即点阵复原。能使点阵复原的最小移动距离即点阵周期称为平移矢量,将阵胞分别沿三维方向进行平移操作时,即可获得晶体的空间点阵。

空间点阵中,任意一行或列均是平移轴,空间点阵有无穷多的平移轴,平移轴的结合构成平移群,空间点阵共有 14 种,即平移群也有 14 种。平移轴对称元素与宏观对称元素组合形成以下两个重要的微观对称元素。

2)滑移面(反映—平移)

滑移面是点阵结构中的一个假想面,点阵结构按该平面反映后再沿此平面的平行方向平移一定距离,点阵结构复原。滑移面是复合对称元素,其操作是反映和平移的复合操作。

滑移面按其滑移方向和平移矢量可分为 a、b、c、n、d 5 种,a、b、c 为 3 个基矢方向的滑移面,平移矢量分别为 $\frac{1}{2}a$、$\frac{1}{2}b$、$\frac{1}{2}c$,其中 a、b、c 为三维基矢量;n 表示对角线滑移面,平移矢量分别为 $\frac{1}{2}(a+b)$、$\frac{1}{2}(b+c)$、$\frac{1}{2}(c+a)$、$\frac{1}{2}(a+b+c)$;d 为金刚石滑移面,其平移矢量可为 $\frac{1}{4}(a+b)$、$\frac{1}{4}(b+c)$、$\frac{1}{4}(c+a)$、$\frac{1}{4}(a+b+c)$。

3)螺旋轴(旋转—平移)

螺旋轴为点阵结构中的假想轴,当点阵结构绕其直线旋转一定角度后,再沿该直线方向平移一定距离,点阵结构复原。螺旋轴也是复合对称元素,对应的操作为旋转与平移的复合操作。

螺旋轴的国际符号为 n_s,n 表示螺旋轴的轴次,s 表示小于 n 的正整数。螺旋轴同样受点阵结构周期性的制约,n 的取值为 1、2、3、4、6。相应的基转角 α 为 360°、180°、120°、90°、60°。平移矢量为 τ,$\tau = \frac{s}{n}t$,t 是与 τ 平行的单位矢量,即基矢量,大小为点阵周期。注意:不能称 τ 为螺距,τ 易与基矢量相混。

螺旋轴根据轴次和平移矢量的不同,共有 11 种:2_1、3_1、3_2、4_1、4_2、4_3、6_1、6_2、6_3、6_4、6_5,如图 1-20 所示。其作图符号分别为

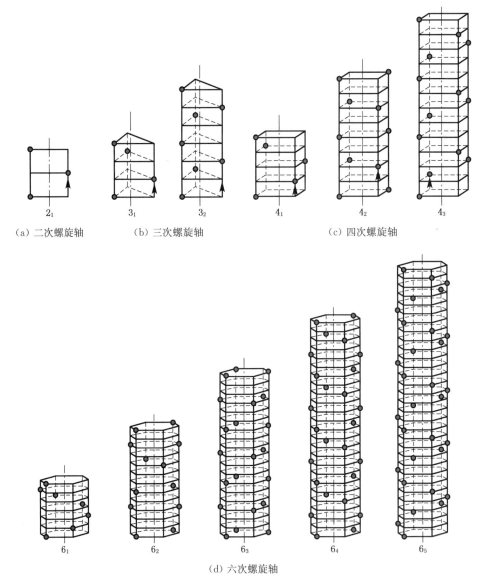

（a）二次螺旋轴　　　（b）三次螺旋轴　　　　　　　　（c）四次螺旋轴

（d）六次螺旋轴

图 1-20　11 种螺旋轴操作示意图

　　宏观对称轴可视为平移矢量为零（$\tau = 0$）即不含平移的同次螺旋轴。螺旋轴有左旋（左手系）、右旋（右手系）和中性（左右手均可）之分。当 $s < \dfrac{n}{2}$ 时，为右旋（右手系）；当 $s > \dfrac{n}{2}$ 时，为左旋（左手系）；当 $s = \dfrac{n}{2}$ 时，为中性，即左旋与右旋等效。显然，2_1、3_1、3_2、4_1、4_2、4_3、6_1、6_2、6_3、6_4、6_5 11 种螺旋轴中，3_1、4_1、6_1、6_2 属于右螺旋轴；3_2、4_3、6_4、6_5 属于左螺旋轴；2_1、4_2、6_3 为中性螺旋轴。

1.4.2　晶体的空间群及其符号

　　晶体的对称有宏观和微观两种，独立的宏观对称元素共有 8 个，依据晶体对称要素的组合定理可导出 32 种组合形式，即 32 种对称型。点群操作中不存在平移操作，其对称元素仅含有方向意义,研究的是晶体宏观外形上的对称性。而真实的晶体结构中,其质点在三维空间均呈周期性排列,是无限的。因此,晶体结构除了具有宏观对称元素外,还具有包含平移操作在内的平移轴、滑移面、螺旋面等微观对称元素,这样晶体结构的所有对称元素的组合体就构成了晶体结构的空间群。由于质点排列的周期性,空间群中每一种对称元素的数量均是无限的,此时对称元素不仅含有方向意义,还反映出质点的确定位置,可通过平移而重复。同一个点群可隶属于多个空间群,空间群的数目远多于点群,共有 230 种之多,其导出过程可参考相关文献,本书从略。

空间群的国际符号由两部分组成,第一部分的大写字母表示平移群的符号,即布拉菲格子的符号,P— 原始格子,R— 三方菱面体格子,I— 体心格子,C— 底心格子,F— 面心格子;第二部分类似于点群的国际符号,也是由 3 个位组成,依次表示 3 个晶体取向上的对称元素的组合,不过此时某些宏观对称元素符号换成了含平移操作的微观对称元素符号。因此空间群的国际符号包含了点阵类型和对称元素的组合。例如:空间群 $I4_1/amd$,第一部分为大写字母 I,表示平移群的符号为 I,即布拉菲点阵结构为体心格子;第二部分 $4_1/amd$,其相应的点群为 $4/mmm$,完整式是 $\frac{4}{m}\frac{2}{m}\frac{2}{m}$,对称元素的组合 $L^4 4L^2 5PC$,有一高次轴 L^4,故属于四方晶系,3 个位的取向分别为 c、a、$(a+b)$。在其晶体结构中,c 方向为螺旋轴 4_1 方向,与其垂直方向有一个滑移面 a,垂直于 a 方向有一对称面 m,垂直于 $(a+b)$ 方向有一滑移面 d。再如空间群 $Pnma$,第一部分 P 表示布拉菲点阵格子为原始格子。第二部分 nma,为宏观和微观对称元素的组合,相应的点群是 mmm,完整式 $\frac{2}{m}\frac{2}{m}\frac{2}{m}$,对称要素的组合为 $3L^2 3PC$,为斜方晶系,三个位的取向分别是 a、b、c。符号 nma 分别表示晶体的微观结构在 a 方向存在滑移面 n,在 b 方向有对称面 m,在 c 方向有滑移面 a。

同样空间群也可用圣佛利斯符号来表征,且一一对应。由于同一个点群可分属于几个空间群,因此只需在点群的圣佛利斯符号的右上角再加一序号即可,如点群 C_{2h},它同时属于 6 个空间群,其空间群的圣佛利斯符号就可表示为 C_{2h}^1、C_{2h}^2、C_{2h}^3、C_{2h}^4、C_{2h}^5、C_{2h}^6。

注意:① 微观对称与宏观对称的关系:微观对称是本质,宏观对称是微观对称的外部表现。当微观对称要素的移距为 0 时,空间群即为点群了。同样,点群中的对称元素有不同移距时,即可分裂成不同的空间群。

② 7 大晶系是根据宏观对称性的特征(反映面、旋转轴、对称中心)导出的;14 种布拉菲点阵是根据宏观对称性和微观对称性导出的;32 种点群是根据宏观对称元素的不同组合导出的;230 种空间群是根据宏观对称性(反映面、旋转轴、对称中心)和微观对称性(滑移面、螺旋轴、平移)全部对称元素组合导出的。

1.5 晶体的投影

晶体的投影是指将构成晶体的晶向和晶面等几何元素以一定的规则投影到投影面上,使晶向、晶面等几何元素的空间关系转换成其在投影面上的关系。投影面有球面和赤平面两种,其对应的投影即为球面投影和极射赤面投影。通过晶体的投影研究可获得晶体的晶向、晶面等元素之间的空间关系,而此关系通常采用极式网、乌氏网来确定。

1.5.1 球面投影

球面投影是指晶体位于投影球的球心,将晶体或其点阵结构中的晶向和晶面以一定的方式投影到球面上的一种方法。此时晶体的尺寸相比于投影球可以忽略,这样晶体的所有晶面均可认为通过球心。球面投影通常有迹式和极式两种投影形式。

迹式球面投影:是指晶体的几何要素(晶向、晶面)通过直接延伸或扩展与投影球相交,在球面上留下的痕迹。晶向的迹式球面投影是将晶向朝某方向延长并与投影球面相交所得的交点,该交点又称为晶向的迹点或露点。晶面的迹式球面投影是将晶面扩展与投影球面相交所得的交线大圆,该大圆又称为晶面的迹线。

极式球面投影:是几何要素(点除外)通过间接延伸或扩展后与投影球相交,在球面上留下的痕迹。晶向的极式球面投影是过球心作晶向的法平面,法平面扩展后与投影球面相交,所得的交线大圆,该圆又称为晶向的极圆。晶面的极式球面投影是过投影球的球心作晶面的法线,法线延伸后与投影球相交所得的交点,该交点又称为晶面的极点。

以上两种投影在使用中经常混用,一般是以点来表征几何要素的投影,即晶面的球面投影采用极式投影(极点),而晶向则采用迹式投影(迹点)。图 1-21 为球面投影,P 为晶面 N 的极点,大圆 Q 为晶面 N 的迹线。

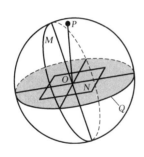

图 1-21 球面投影

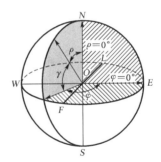

图 1-22 球面坐标示意图

1) 球面坐标

球面坐标的原点为投影球的球心,3 条互相垂直的直径为坐标轴。图 1-22 所示,其中直立轴记为 NS,前后轴记为 FL,东西轴(或左右轴)记为 EW 轴,同时过 FL 与 EW 轴的大圆平面称为赤道平面,赤道平面与投影球的交线大圆称为赤道。平行于赤道平面的平面与投影球相交的小圆称为纬线。过 NS 轴的平面称为子午面,子午面与投影球的交线大圆称为经线或子午线。同时过 NS 和 EW 轴的子午面称为本初子午面。与其相应的子午线称为本初子午线。任一子午面与本初子午面间的二面角称为经度,用 φ 表示。若以 E 点为东经 $0°$,W 点为西经 $0°$,则经度最高值为 $90°$。也可以设定 E 点为 $\varphi=0°$,顺时针一周为 $360°$。在任一子午线(经线)上,从 N 或 S 向赤道方向至任一纬度线的夹角称为极距,用 ρ 表示,而从赤道沿子午线大圆至任一纬线的夹角称为纬度,用 γ 表示,显然极距 ρ + 纬度 $\gamma=90°$。晶面的极式和晶向的迹式球面投影均为球面上的点,故晶体的晶面和晶向均可用球面上的点来表征,其球面坐标为 (φ, ρ)。由经线和纬线构成的球网又称坐标网。

2) 极射赤面投影

极射赤面投影是一种二次投影,即将晶体的晶面或晶向的球面投影再以一定的方式投影到赤平面上所获得的投影。因此,获得晶体要素的极射赤面投影需首先获得球面投影,然后再将球面投影投射到赤平面上。图1-23为极射赤面投影。而极射赤面投影与球面投影之间的关系如图1-24所示。

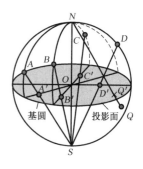

图 1-23　极射赤面投影

当球面投影在上半球时,取南极点 S 为投影光源,若球面投影在下半球面,则取北极点 N 为投影光源。投影光源与球面投影的连线称为投影线,投影线与投影面(赤平面)的交点即为极射赤面投影。极射赤面投影均落在投影基圆内,这样便于作图和测量。为了区别起见,通常规定上半球面上点的极射赤面投影为“·”,而下半球面上点的极射赤面投影为“×”。如图 1-23 中位于下半球面上的 Q 点,此时北极点 N 为光源位置,连接 N、Q 即投影线与赤平面相交于 Q',表示为“×”点,Q' 即为 Q 点的极射赤面投影。当球面投影在上半球时,应取南极点 S 为投影光源,如图中的 A、B、C、D 点,投影线 SA、SB、SC、SD 分别交赤平面于 A'、B'、C'、D' 点,均表示为“·”,A'、B'、C'、D' 点就分别是 A、B、C、D 点的极射赤面投影。

球面上过南北轴的大圆(子午线大圆或经线),又称直立大圆,其极射赤面投影为过基圆中心的直径,见图1-24(a);水平大圆即赤道平面与投影球的交线,其极射赤面投影为投影基圆本身;球面上未过南北轴的倾斜大圆,其投影为大圆弧,大圆弧的弦为基圆直径,见图1-24(b);水平小圆的极射赤面投影为与基圆同心的圆,见图1-24(c);倾斜小圆的投影为椭圆,见图1-24(d);直立小圆的极射赤面投影为一段圆弧,其大小和位置取决于小圆的大小和位置,见图1-24(e)。

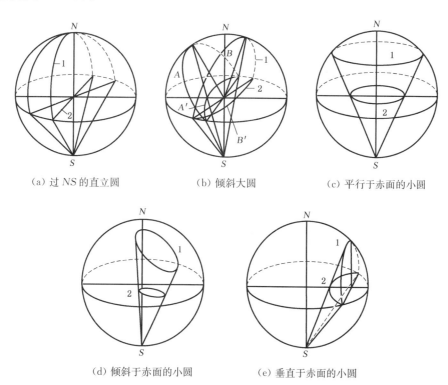

(a) 过 NS 的直立圆　　　　(b) 倾斜大圆　　　　(c) 平行于赤面的小圆

(d) 倾斜于赤面的小圆　　　(e) 垂直于赤面的小圆

图 1-24　球面投影与极射赤面投影之间的关系

1—球面投影;2—极射赤面投影

1.5.2 极式网与乌氏网

如何度量晶面和晶向的空间位向关系？通常采用极式网或乌氏网两种辅助工具进行。

1）极式网

将经纬线坐标网以其本身的赤道平面为投影面，作极射赤面投影，所得的极射赤面投影网称为极式网。如图 1-25 所示。极式网由一系列直径和一系列同心圆组成，每一直径和同心圆分别表示经线和纬线的极射赤面投影，经线等分投影基圆圆周，纬线等分投影基圆直径。通常基圆直径为 20 mm，等分间隔均为 2°，极式网具有以下用途：

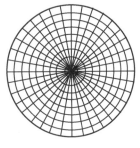

图 1-25　极式网

（1）直接读出极点的球面坐标，获得该晶面或晶向的空间位向。

（2）当两晶面或晶向的极点在同一直径上，其间的纬度差即为晶面或晶向间的夹角，并可以从极式网中直接读出；但是，当两极点不在同一直径上时，则无法测量其夹角，故其应用受到限制，此时必须借助于乌氏网来进行测量。

2）乌氏网

乌氏网类似于极射赤面投影。但此时的投影面不是赤平面，而是过南北轴的垂直面，一般以同时过 NS 和 EW 的平面为投影面，投影光源为投影面中心法线与投影球的交点，即前后极点 F 或 L（见图 1-26），经纬线坐标网的极射平面投影即为乌氏网（图 1-27）。

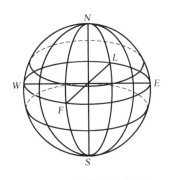

图 1-26　经纬线坐标网

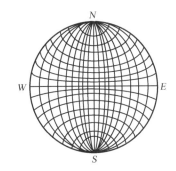

图 1-27　乌氏网

显然，南北轴 NS 和东西轴 EW 的投影分别为过乌氏网中心的水平直径和垂直直径。前后轴 FL 的投影为乌氏网的中心；经线的投影为一簇以 N、S 为端点的大圆弧；而纬线的投影是一族圆心位于南北轴上的小圆弧。实际使用的乌氏网直径为 20 mm，圆弧间隔均为 2°。乌氏网的应用较广，基本应用如下：

（1）夹角测量

步骤如下：

① 透明纸上绘制晶面或晶向的极射赤面投影。即以晶面或晶向的球面投影（晶面为极式、晶向为迹式），分别向赤平面投影，投影线与投影面的交点即为晶面或晶向的极射赤面投影。

② 将乌氏网中心与极射赤面投影中心重合，转动极射赤面投影图，使所测的极点落在乌氏网的经线大弧、或赤道线上，两极点间的夹角即为两晶面或晶向的夹角。注意夹角不能在纬线小弧上度量。如图中 A、B 和 C、D 均为晶面的极射赤面投影，通过转动后，A、B 均

落在赤道线上，A、B 之间的夹角可直接从网上读出为 $120°$；而 CD 同落在经线大圆上，夹角为 $20°$，见图 1-28。

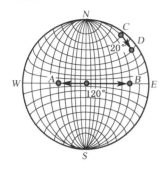

图 1-28　夹角测量示意图

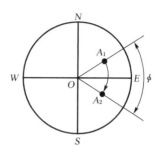

图 1-29　晶体绕垂直于投影面的中心轴的转动

（2）晶体转动

研究晶体的取向往往需要转动晶体，晶体转动后，其晶面和晶向与投影面的关系随之发生变化，极点在投影面上发生了移动，移动后的位置可在乌氏网的帮助下方便确定。晶体的转动常有 3 种形式。

① 绕垂直于投影面的中心轴转动：此时转动角沿乌氏网基圆的圆周度量。如图 1-29 所示，设 A_1 为某晶面的极射赤面投影，当晶体绕垂直于投影面的中心轴顺时针转动 ϕ 后，以 OA_1 为半径，顺时针转动 ϕ，A_1 转到 A_2，A_2 即为该晶面转动后的新位置。

② 绕投影面上的轴转动：转动角沿乌氏网的纬线小圆弧度量。其步骤如下：

a. 当转轴与乌氏网的 NS 轴不重合时，需先绕乌氏网中心转动使转轴与 NS 重合。

b. 将相关极点沿纬线小圆弧移动所转角度，即为晶体转动后的新位置。

如图 1-30 上的 A_1、B_1 两极点为转动前的位置，晶体绕 NS 轴转动 $60°$ 后，A_1 沿纬线小圆弧移动 $60°$ 至 A_2，B_1 沿纬线小圆弧移动 $40°$ 时到了基圆的边缘，再转 $20°$ 即到了投影面的背面 B_1' 处，同一张图上习惯采用正面投影表示，B_1' 的正面投影为和 B_1' 同一直径上的另一端点 B_2。这样极点 A_2、B_2 分别为 A_1、B_1 转动后的位置。

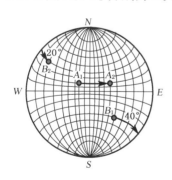

图 1-30　晶体绕投影面上的轴转动

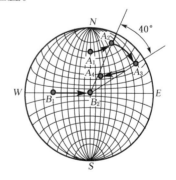

图 1-31　晶体绕与投影面倾斜的轴转动

③ 绕与投影面斜交的轴转动：该种转动本质是上述两种转动的组合。如极点 A_1 绕 B_1 转动 $40°$，见图 1-31，其操作如下：

a. 转动透明纸使 B_1 在赤道 EW 上。

b. B_1 沿赤道移至投影面中心 B_2，同时 A_1 也沿其所在纬线小圆弧移动相同角度至 A_2。

c. 以 B_2 为圆心、A_2B_2 为半径转动 $40°$，A_2 至 A_3。

d. B_2 移回 B_1，同时 A_3 也沿其所在的纬线小圆弧移动相同角度至 A_4，A_4 即为 A_1 绕 B_1 转动 $40°$后的新位置。

（3）投影面转换

投影面的极射赤面投影即为投影基圆的圆心，故转换投影面只需将新投影面的极射赤面投影移动到投影基圆的中心，同时将投影面上的所有极射赤面投影沿其纬线小圆弧转动同样的角度即为新位置。

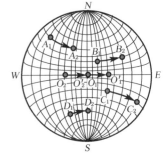

图 1-32　投影面的转换

如在图 1-32 中，将投影面 O_1 上的极射赤面投影 A_1、B_1、C_1、D_1 转换到新投影面 O_2 上。其步骤：

① 将原投影面中心 O_1 与乌氏网中心重合，并使新投影面中心 O_2 位于乌氏网的赤道上。

② 将 O_2 沿赤道直径移动到乌氏网中心，同时将原投影 A_1、B_1、C_1、D_1 分别沿其所在的纬线小圆弧上移动相同角度，其新位置 A_2、B_2、C_2、D_2，即为其在新投影面 O_2 上的投影。

1.5.3　晶带的极射赤面投影

晶带的极射赤面投影是指构成该晶带的所有晶面的极射赤面投影，其本质是晶带面的球面投影的再投影。

1）晶带的极式球面投影

晶体位于投影球的球心，同一晶带轴的各晶面的法线共面，该面垂直于晶带轴。同一晶带上各晶面的法线所在的平面与投影球相交的大圆称为该晶带的极式球面投影，又称晶带大圆。显然，不同的晶带将形成不同的大圆。晶带大圆平面的极点为晶带轴的露点或迹点。

2）晶带的极射赤面投影

晶带的极射赤面投影是晶带的极式球面投影的再投影。由上分析可知晶带的极式球面投影为球面上的大圆，因此，晶带的极射赤面投影为投影基圆内的大圆弧，弧弦为基圆直径。晶带轴的迹式球面投影为晶带轴与球面的交点，因此晶带轴的极射赤面投影位于大圆弧的内侧弧弦的垂直平分线上，并与该大圆弧相距 $90°$。根据晶带的位向不同，可将晶带分为水平晶带、直立晶带和倾斜晶带三种。

（1）水平晶带：晶带轴与投影面平行，晶带轴露点的极射赤面投影位于投影基圆的圆周上，晶带的极射赤面投影为投影基圆的直径。

（2）直立晶带：晶带轴与 NS 轴重合，晶带轴露点的极射赤面投影为投影基圆的圆心，晶带的极式球面投影为赤道大圆，晶带的极射赤面投影为投影基圆。

（3）倾斜晶带：晶带轴与 NS 轴斜交，晶带的极射赤面投影为大圆弧，晶带轴露点的极射赤面投影为大圆弧的极点。

应用举例

例 1　已知两个晶面 $(h_1k_1l_1)$，$(h_2k_2l_2)$ 同属一个晶带 $[uvw]$，其极点分别为 P_1 和 P_2，作出其晶带轴的极射赤面投影。

如图 1-33 所示，作图步骤：

（1）转动乌氏网，使极点 P_1 和 P_2 同时落在某个大圆上，该大圆弧即为 P_1 和 P_2 所在的晶带大圆弧。

（2）在晶带大圆弧的内侧,沿其弦的垂直平分线度量90°角的 T 点即为晶带轴的极射赤面投影。

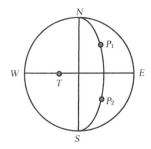

图 1-33　晶带的极射赤面投影

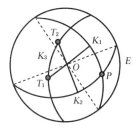

图 1-34　晶带相交

例2　已知两个晶带轴的极射赤面投影 T_1、T_2,分别作出相应的晶带大圆弧和两晶带轴所在平面的极射赤面投影及两晶带轴的夹角。

如图 1-34 所示,作图步骤:

（1）借助乌氏网,通过转动使 T_1、T_2 分别位于赤道直径上,沿赤道直径投影基圆的圆心另一侧度量90°角,分别得到晶带大圆弧 K_1、K_2。

（2）将 T_1、T_2 转至某一大圆弧 K_3 上,K_3 即为两晶带轴所在平面的迹线的极射赤面投影,大圆弧上的间隔度数即为两晶带轴的夹角。

（3）沿大圆弧 K_3 的垂直平分线向内侧度量90°得点 P,P 点即为 T_1 和 T_2 所在平面的极射赤面投影。

注意:P 点应为 K_1、K_2 两大圆弧的交点,即两晶带大圆弧的交点即为两晶带轴所在平面的极射赤面投影。

例3　已知 A、B 为某晶体的两个表面,两面的交线为 NS,如图 1-35（a）所示,A、B 两面夹角为 ϕ,若某晶面 C 和表面 A 的交线 PQ 为 T_A,T_A 与 NS 的夹角为 ϕ_A,晶面 C 与表面 B 的交线 QR 为 T_B,T_B 与 NS 的夹角为 ϕ_B。以表面 A 为投影面,两面交线 NS 为 NS 轴,作晶面的极射赤面投影。

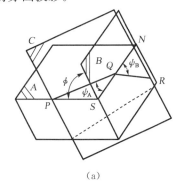

（a）

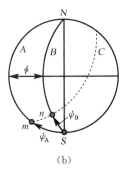

（b）

图 1-35　分别与晶体表面 A、B 相交于 PQ 和 QR 的晶面 C 的极射赤面投影

作图步骤:如图 1-35（b）所示。

（1）基圆 A 为 A 面与参考球的交线（迹线）的极射赤面投影。从基圆上沿赤道向内量 ϕ

角和乌氏网某一子午线(经线)大圆相遇,画出该大圆弧 B,B 即为 B 面和参考球交线(迹线)的极射赤面投影。

(2) 从 S 点沿基圆量 φ_A 得点 m 即为交线 PQ 的极射赤面投影,再从 S 沿大圆 B 量 φ_B 得点 n 为交线 QR 的极射赤面投影。

(3) 转动投影,使点 m、n 同时落在乌氏网的同一子午线大圆弧上,画出该大圆弧 C,C 即为该晶面的迹线所对应的极射赤面投影。

(4) 从 C 和赤道交点沿赤道度量 $90°$ 的点即为晶面 C 的极射赤面投影。

1.5.4 标准极射赤面投影图(标准投影极图或标准极图)

标准极射赤面投影图简称标准投影极图,也可称标准极图,是以晶体的某一简单晶面为投影面,将各晶面的球面投影再投影到此平面上去所形成的投影图。标准投影极图在测定晶体取向,如织构中非常有用,它标明了晶体中所有重要晶面的相对取向和对称关系,可方便地定出投影图中所有极点的指数。图1-36即为立方晶系中主要晶面的球面投影。若分别以立方系中的低指数如(001),(011),(111)和(112)等晶面为投影面,可分别得其标准投影极图如图1-37所示。立方晶系中,晶面夹角与点阵常数无关,因此所有立方晶系的晶体均可使用同一组标准投影极图。但在其他

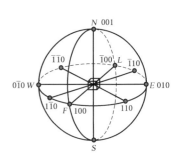

图 1-36 立方晶系中主要晶面的球面投影

晶系中,由于晶面夹角受点阵常数的影响,必须作出各自的标准投影极图,如在六方晶系中,晶面夹角受轴比 c/a 的影响,即使相同的晶面常数,在不同的轴比 c/a 时,其晶面夹角也不同。因此不同的轴比需有不同的标准投影极图。需指出的是:实际分析中有时需要高指数的标准投影极图,而一般手册中均为低指数的标准投影极图,为此可通过转换投影面法,在低指数的标准投影极图的基础上绘制出高指数的标准投影极图。

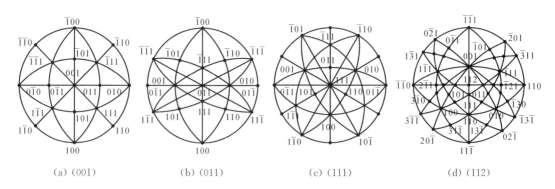

(a) (001)　　　　　　(b) (011)　　　　　　(c) (111)　　　　　　(d) (112)

图 1-37 立方晶系中(001)、(011)、(111)及(112)的标准投影极图

1.6 倒易点阵

倒易点阵是一个虚拟点阵,是由厄瓦尔德在正空间点阵的基础上建立起来的,因该点阵

的许多性质与晶体正点阵保持着倒易关系,故称为倒易空间点阵,所在空间为倒空间。倒易点阵的建立,可简化晶体中的几何关系和衍射问题(X 射线衍射、电子衍射等)。正空间中的晶面在倒空间中表现为一个倒易阵点,同一晶带的各晶面在倒空间中为共面的倒易阵点,这样正空间中晶面之间的关系可简化为倒空间中点与点之间的关系。当倒易点阵与厄瓦尔德球相结合时,可以直观地解释晶体中的各种衍射现象,因为衍射花样的本质就是满足衍射条件的倒易阵点的投影,因此倒易点阵理论是晶体衍射分析的理论基础。

1.6.1　正点阵

晶体的空间点阵即为正点阵。正点阵反映了晶体中的质点在三维空间中的周期性排列,由前面的讨论可知,正点阵根据布拉菲法则可分为七大晶系、14 种晶胞类型。晶面和晶向的表征采用三指数时分别为 (hkl) 和 $[uvw]$,六方晶系还可采用四指数 $(hkil)$ 和 $[uvtw]$ 表征。

正点阵中基本参数为 a、b、c、α、β、γ,基矢量为 $\boldsymbol{a}$,$\boldsymbol{b}$,$\boldsymbol{c}$,任一矢量 $\boldsymbol{R}$ 可表示为 $\boldsymbol{R} = m\boldsymbol{a} + n\boldsymbol{b} + p\boldsymbol{c}$,其中 m、n、p 为整数,α、β、γ 分别为 $\boldsymbol{b}$ 与 $\boldsymbol{c}$,$\boldsymbol{c}$ 与 $\boldsymbol{a}$,$\boldsymbol{a}$ 与 $\boldsymbol{b}$ 之间的夹角。

1.6.2　倒点阵(倒易点阵)

倒易点阵的构建方法如下:

从正点阵的原点 O 出发,见图 1-38,作任一晶面 (hkl) 的法线 ON,在该法线上取一点 P_{hkl},使 OP_{hkl} 长度正比于该晶面间距的倒数,则 P_{hkl} 点称为该晶面的倒易点,用不带括号的 hkl 表示,所有晶面的倒易点便构成了倒易点阵。

倒易点阵中的基本参数为 a^*、b^*、c^*、α^*、β^*、γ^*,其中 α^*、β^*、γ^* 分别为 $\boldsymbol{b}^*$ 与 $\boldsymbol{c}^*$,$\boldsymbol{c}^*$ 与 $\boldsymbol{a}^*$,$\boldsymbol{a}^*$ 与 $\boldsymbol{b}^*$ 之间的夹角,$\boldsymbol{a}^*$、$\boldsymbol{b}^*$、$\boldsymbol{c}^*$ 为倒易点阵的基矢量,任一倒易矢量 $\boldsymbol{R}^*$ 可表示为 $\boldsymbol{R}^* = h\boldsymbol{a}^* + k\boldsymbol{b}^* + l\boldsymbol{c}^* = \boldsymbol{g}_{hkl}$。

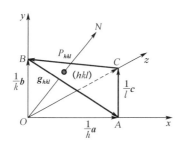
图 1-38　正空间中晶面与倒空间中阵点之间的关系

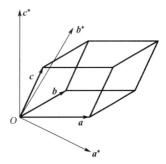
图 1-39　正倒空间中基矢之间的关系

1.6.3　正倒空间之间的关系

(1) 同名基矢点积为 1,异名基矢点积为 0。即

$$a^* \cdot a = b^* \cdot b = c^* \cdot c = 1;$$

$$a^* \cdot b = a^* \cdot c = b^* \cdot c = b^* \cdot a = c^* \cdot a = c^* \cdot b = 0$$

（2）a^* 垂直于 b，c 所在面：

$$a^* = \frac{b \times c}{a \cdot (b \times c)} \quad a^* = \frac{bc \sin \alpha}{V} = \frac{1}{a \cos \varphi}$$

b^* 垂直于 c，a 所在面：

$$b^* = \frac{c \times a}{b \cdot (c \times a)} \quad b^* = \frac{ca \sin \beta}{V} = \frac{1}{b \cos \psi}$$

c^* 垂直于 a，b 所在面：

$$c^* = \frac{a \times b}{c \cdot (a \times b)} \quad c^* = \frac{ab \sin \gamma}{V} = \frac{1}{c \cos \omega}$$

式中：α、β、γ——分别为 b 与 c，c 与 a，a 与 b 之间的夹角；

$\quad\quad$ φ，ψ，ω——分别为 a 与 a^*，b 与 b^*，c 与 c^* 之间的夹角；

$\quad\quad$ $V = a \cdot (b \times c) = b \cdot (c \times a) = c \cdot (a \times b)$——正点阵的晶胞体积。

$\quad\quad$ 立方晶系时，$\varphi = \psi = \omega = 0°$，$\cos \varphi = \cos \psi = \cos \omega = 1$，则

$$a^* \mathbin{/\mkern-5mu/} a，b^* \mathbin{/\mkern-5mu/} b，c^* \mathbin{/\mkern-5mu/} c$$

$$a^* = \frac{1}{a}，b^* = \frac{1}{b}，c^* = \frac{1}{c}$$

$\quad\quad$ 同理：

$$a = \frac{b^* \times c^*}{a^* \cdot (b^* \times c^*)}，\quad b = \frac{c^* \times a^*}{b^* \cdot (c^* \times a^*)}，\quad c = \frac{a^* \times b^*}{c^* \cdot (a^* \times b^*)}$$

式中：$V^* = a^* \cdot (b^* \times c^*) = b^* \cdot (c^* \times a^*) = c^* \cdot (a^* \times b^*)$——倒点阵的晶胞体积。

（3）倒空间的倒空间即为正空间：

$$(a^*)^* = a；(b^*)^* = b；(c^*)^* = c$$

（4）正倒空间的晶胞体积互为倒数：

$$V \cdot V^* = 1$$

（5）正倒空间中角度之间的关系：

因为 $\cos \alpha^* = \dfrac{b^* \cdot c^*}{|b^*||c^*|}$，$\cos \beta^* = \dfrac{c^* \cdot a^*}{|c^*||a^*|}$，$\cos \gamma^* = \dfrac{a^* \cdot b^*}{|a^*||b^*|}$

α^*、β^*、γ^*——分别为 b^* 与 c^*、c^* 与 a^*、a^* 与 b^* 的夹角。

由矢量关系可得

$$\cos \alpha^* = \frac{\cos \beta \cos \gamma - \cos \alpha}{\sin \beta \sin \gamma} \tag{1-19}$$

$$\cos \beta^* = \frac{\cos \gamma \cos \alpha - \cos \beta}{\sin \gamma \sin \alpha} \tag{1-20}$$

$$\cos \gamma^* = \frac{\cos \alpha \cos \beta - \cos \gamma}{\sin \alpha \sin \beta} \tag{1-21}$$

立方点阵时，$\alpha = \beta = \gamma = \alpha^* = \beta^* = \gamma^* = 90°$

（6）倒易点阵保留了正点阵的全部宏观对称性。

证明：设 G 为正空间中的一个点群操作，R 为正空间矢量，G^{-1} 为 G 的逆操作，则 $G^{-1}R$ 也为正空间矢量。对倒空间中的任一倒易矢量 R^*，有 $R^* \cdot G^{-1}R = n$（n 为整数）

因为点群操作是正交变换，操作前后空间中两点的距离不变，因此两个矢量的点积在某一点群的操作下应保持不变，所以有 $G(R^* \cdot G^{-1}R) = GR^* \cdot GG^{-1}R = GR^* \cdot R = n$

所以 GR^* 为倒易矢量。同理，$G^{-1}R^*$ 也是倒易矢量。

这就说明了倒空间中同样存在着点群对称性。

（7）正倒空间矢量的点积为一整数。

设正空间的点阵矢量 $R = ua + vb + wc$，倒空间中任一点阵矢量为 $R^* = ha^* + kb^* + lc^*$，则

$$R \cdot R^* = (ua + vb + wc) \cdot (ha^* + kb^* + lc^*)$$
$$= uh + vk + wl = n（整数） \tag{1-22}$$

（8）正空间的一族平行晶面，对应于倒空间中的一个直线点列。

1.6.4　倒易矢量的基本性质

（1）$g_{hkl} = ha^* + kb^* + lc^*$，倒易矢量 g_{hkl} 的方向垂直于正点阵中的晶面 (hkl)。

证明：假设 (hkl) 为一晶面指数，表明该晶面离原点最近，且 h、k、l 为互质的整数。坐标轴为 a、b、c，在三轴上的交点为 A、B、C，其对应的面截距值分别为 $\frac{1}{h}$、$\frac{1}{k}$、$\frac{1}{l}$，对应的矢量分别为 $\frac{1}{h}a$、$\frac{1}{k}b$ 和 $\frac{1}{l}c$。显然 $\left(\frac{1}{h}a - \frac{1}{k}b\right)$、$\left(\frac{1}{k}b - \frac{1}{l}c\right)$ 和 $\left(\frac{1}{l}c - \frac{1}{h}a\right)$ 均为该晶面内的一个矢量。

由于 $g \cdot \left(\frac{1}{h}a - \frac{1}{k}b\right) = (ha^* + kb^* + lc^*) \cdot \left(\frac{1}{h}a - \frac{1}{k}b\right) = 0$，所以

$$g \perp \left(\frac{1}{h}a - \frac{1}{k}b\right) \tag{1-23}$$

同理

$$g \perp \left(\frac{1}{k}b - \frac{1}{l}c\right) \tag{1-24}$$

$$g \perp \left(\frac{1}{l}c - \frac{1}{h}a\right) \tag{1-25}$$

所以 g 垂直于晶面 (hkl) 内的任两相交矢量，即 $g \perp (hkl)$。

（2）倒易矢量 g 的大小等于 (hkl) 晶面间距的倒数。即

$$|g| = \frac{1}{d_{hkl}}$$

证明：因为由性质 1 可知 g 为晶面 (hkl) 法向矢量；其单位矢量为 $\frac{g}{|g|}$。同时该晶面又是距原点最近的晶面，所以，原点到该晶面的距离即为晶面间距 d_{hkl}。

由矢量关系可得晶面间距为该晶面的单位法向矢量与面截距交点矢量的点积：

$$d_{hkl} = \frac{g}{|g|} \cdot \frac{1}{h}a = \left(\frac{g}{|g|}\right) \cdot \frac{1}{k}b = \left(\frac{g}{|g|}\right) \cdot \frac{1}{l}c \qquad (1-26)$$

因为

$$\left(\frac{g}{|g|}\right) \cdot \frac{1}{h}a = \frac{(ha^* + kb^* + lc^*)}{|g|} \cdot \frac{1}{h}a = \frac{1}{|g|} \qquad (1-27)$$

$$\left(\frac{g}{|g|}\right) \cdot \frac{1}{k}b = \frac{(ha^* + kb^* + lc^*)}{|g|} \cdot \frac{1}{k}b = \frac{1}{|g|} \qquad (1-28)$$

$$\left(\frac{g}{|g|}\right) \cdot \frac{1}{l}c = \frac{(ha^* + kb^* + lc^*)}{|g|} \cdot \frac{1}{l}c = \frac{1}{|g|} \qquad (1-29)$$

所以

$$d_{hkl} = \frac{1}{|g|} \qquad (1-30)$$

当晶面不是距离原点最近的晶面，而是平行晶面中的一个，其干涉面指数为 (HKL)，$H = nh$，$K = nk$，$L = nl$，此时晶面的 3 个面截距分别为 $\frac{1}{nh}$，$\frac{1}{nk}$，$\frac{1}{nl}$，同理可证：

$$g_{HKL} = Ha^* + Kb^* + Lc^* = nha^* + nkb^* + nlc^* \qquad (1-31)$$

$$d_{HKL} = \frac{1}{n}d_{hkl} \qquad (1-32)$$

1.6.5　晶带定律

如 1.2.3 节所述，晶带是指空间点阵中平行于同一晶轴的所有晶面。当该晶轴通过坐标原点时称为晶带轴，晶带轴的晶向指数称为晶带指数。晶带的概念在晶体衍射分析中非常重要。

由晶带定义得，同一晶带的所有晶面的法线均垂直于晶带轴，晶带轴可由正点阵的矢量 R 表示，即 $R = ua + vb + wc$，任一晶带面 (hkl) 可由其倒易矢量 $g_{hkl} = ha^* + kb^* + lc^*$ 表征。

则　　　　　　　　　　　　　　　　$R \perp g_{hkl}$

即　　　　　　　　　　　　　　　　$R \cdot g_{hkl} = 0$

所以　　　　　　　　　　$(ua + vb + wc) \cdot (ha^* + kb^* + lc^*) = 0$

由此可得

$$uh + vk + wl = 0 \qquad (1-33)$$

该式表明晶带轴的晶向指数与该晶带的所有晶面的指数对应积的和为零。反过来，凡是属于 $[uvw]$ 晶带的所有晶面 (hkl)，必须满足该关系式。该关系即为晶带定律。

显然，同一晶带轴的所有晶带面的法矢量共面，故其倒易阵点共面于倒易阵面 $(uvw)^*$。

设两个晶面为 $(h_1k_1l_1)$ 和 $(h_2k_2l_2)$，晶带轴指数为 $[uvw]$，两晶带面均满足晶带定律，即形成下列方程组：

$$\begin{cases} h_1 u + k_1 v + l_1 w = 0 \\ h_2 u + k_2 v + l_2 w = 0 \end{cases} \qquad (1-34)$$

解之得：

$$[uvw] = u:v:w = (k_1l_2 - k_2l_1):(l_1h_2 - l_2h_1):(h_1k_2 - h_2k_1)$$

也可表示为：

$$\begin{array}{cccccc} h_1 & k_1 & l_1 & h_1 & k_1 & l_1 \\ h_2 & k_2 & l_2 & h_2 & k_2 & l_2 \end{array} \tag{1-35}$$
$$[uvw] = u:v:w = (k_1l_2 - k_2l_1):(l_1h_2 - l_2h_1):(h_1k_2 - h_2k_1)$$

注意点：

① 当 $h_1k_1l_1$，$h_2k_2l_2$ 顺序颠倒时，则 uvw 的符号相反，但两者的本质一致。

② 四轴制时，上述方法仍然适用，只是先将晶面指数中的第三轴指数暂时略去，由式 (1-34) 或式 (1-35) 求得 3 个指数后，再由公式 (1-5) 转化为四指数式 $[uvtw]$。

1.6.6 广义晶带定律

在倒易点阵中，同一晶带的所有晶面的倒易矢量共面，即倒阵中每一阵面上的阵点所表示的晶面均属于同一晶带轴。当阵面通过原点时，则

$$uh + vk + wl = 0$$

当倒阵面不过原点，而是位于原点的上方或下方，如图 1-40 所示。

此时不难证明

$$uh + vk + wl = N(整数) \tag{1-36}$$

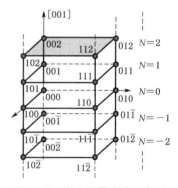

当 $N > 0$ 时，倒易阵面在原点上方；

当 $N < 0$ 时，倒易阵面在原点的下方。

显然当 $N = 0$ 时，倒阵面过原点，即为上面讨论的晶带定律。 $uh + vk + wl = N$ 是零层晶带定律的广延，故称广义晶带定律。

图 1-40 广义晶带定律示意图

由以上分析可知在倒空间中：

(1) 倒易矢量的端点表示正空间中的晶面，端点坐标由不带括号的三位数表示；

(2) 倒易矢量的长度表示正空间中晶面间距的倒数；

(3) 倒易矢量的方向表示该晶面的法线方向；

(4) 倒空间中的直线点列表示正空间中的系列平行晶面；

(5) 倒易阵面（平面）上的各点表示正空间中同一晶带的系列晶带面；

(6) 倒易球面上的各点表示正空间中单相多晶体的同一晶面族的系列晶面。

由倒空间及晶带定律可知，正空间的晶面 (hkl) 可用倒空间的一个点 hkl 来表示，正空间中同一根晶带轴 $[uvw]$ 的所有晶面可用倒空间的一个倒易阵面 $(uvw)^*$ 来表示，广义晶带中的不同倒易阵面可用 $(uvw)^*_N$ 来表示，这大大方便本书后面的晶体衍射谱分析。

本 章 小 结

本章全面复习了晶体的基本知识，小结如下：

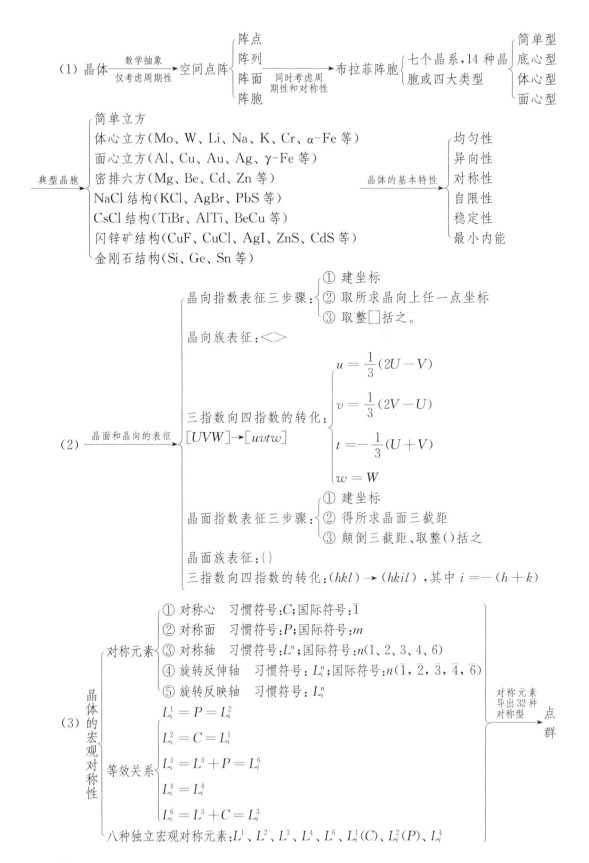

（1）晶体 $\xrightarrow[\text{仅考虑周期性}]{\text{数学抽象}}$ 空间点阵 $\begin{cases} \text{阵点} \\ \text{阵列} \\ \text{阵面} \\ \text{阵胞} \end{cases}$ $\xrightarrow[\text{期性和对称性}]{\text{同时考虑周}}$ 布拉菲阵胞 $\begin{cases} \text{七个晶系,14 种晶} \\ \text{胞或四大类型} \end{cases}$ $\begin{cases} \text{简单型} \\ \text{底心型} \\ \text{体心型} \\ \text{面心型} \end{cases}$

典型晶胞 $\begin{cases} \text{简单立方} \\ \text{体心立方（Mo、W、Li、Na、K、Cr、α-Fe 等）} \\ \text{面心立方（Al、Cu、Au、Ag、γ-Fe 等）} \\ \text{密排六方（Mg、Be、Cd、Zn 等）} \\ \text{NaCl 结构（KCl、AgBr、PbS 等）} \\ \text{CsCl 结构（TiBr、AlTi、BeCu 等）} \\ \text{闪锌矿结构（CuF、CuCl、AgI、ZnS、CdS 等）} \\ \text{金刚石结构（Si、Ge、Sn 等）} \end{cases}$ 晶体的基本特性 $\begin{cases} \text{均匀性} \\ \text{异向性} \\ \text{对称性} \\ \text{自限性} \\ \text{稳定性} \\ \text{最小内能} \end{cases}$

（2） 晶面和晶向的表征 $\begin{cases} \text{晶向指数表征三步骤：} \begin{cases} \text{① 建坐标} \\ \text{② 取所求晶向上任一点坐标} \\ \text{③ 取整[]括之。} \end{cases} \\ \text{晶向族表征：<>} \\ \text{三指数向四指数的转化：} \\ [UVW]\rightarrow[uvtw] \begin{cases} u=\dfrac{1}{3}(2U-V) \\ v=\dfrac{1}{3}(2V-U) \\ t=-\dfrac{1}{3}(U+V) \\ w=W \end{cases} \\ \text{晶面指数表征三步骤：} \begin{cases} \text{① 建坐标} \\ \text{② 得所求晶面三截距} \\ \text{③ 颠倒三截距、取整()括之} \end{cases} \\ \text{晶面族表征：\{\}} \\ \text{三指数向四指数的转化：}(hkl)\rightarrow(hkil)\text{，其中 }i=-(h+k) \end{cases}$

（3） 晶体的宏观对称性 $\begin{cases} \text{对称元素} \begin{cases} \text{① 对称心~~习惯符号：}C\text{;国际符号：}\bar{1} \\ \text{② 对称面~~习惯符号：}P\text{;国际符号：}m \\ \text{③ 对称轴~~习惯符号：}L^n\text{;国际符号：}n(1,2,3,4,6) \\ \text{④ 旋转反伸轴~~习惯符号：}L_i^n\text{;国际符号：}\bar{n}(\bar{1},\bar{2},\bar{3},\bar{4},\bar{6}) \\ \text{⑤ 旋转反映轴~~习惯符号：}L_s^n \end{cases} \\ \text{等效关系} \begin{cases} L_s^1=P=L_i^2 \\ L_s^2=C=L_i^1 \\ L_s^3=L^3+P=L_i^6 \\ L_s^4=L_i^4 \\ L_s^6=L^3+C=L_i^3 \end{cases} \\ \text{八种独立宏观对称元素：}L^1\text{、}L^2\text{、}L^3\text{、}L^4\text{、}L^6\text{、}L_i^1(C)\text{、}L_i^2(P)\text{、}L_i^4 \end{cases}$ $\begin{matrix}\text{对称元素} \\ \text{导出32种} \\ \text{对称型}\end{matrix}\rightarrow \begin{matrix}\text{点} \\ \text{群}\end{matrix}$

$(4)\ \xrightarrow{\text{晶体的微观对称性}}\ 微观对称元素\begin{cases}平移轴\\滑移面(反映—平移)\\螺旋轴(旋转—平移)\end{cases}$

晶体的宏观和微观对称元素的组合体构成晶体的空间群

$(5)\ \begin{matrix}晶\\体\\的\\投\\影\end{matrix}\begin{cases}球面投影\begin{cases}极式球面投影\\迹式球面投影\end{cases}\\[2em]平面投影\begin{cases}以赤道平面为投影面,经纬线坐标网的极射赤面投影——极式网\\以过南北轴的平面为投影面,经纬线坐标网的极射平面投影——\\\quad乌氏网\\[1em]乌氏网的作用\begin{cases}夹角的测量\\晶体的转动\\投影面的转换\end{cases}\end{cases}\end{matrix}$

(6) 标准极图——以晶体的某一简单晶面为投影面,将各晶面的球面投影的再投影所形成的极射平面投影图

$(7)\ \begin{matrix}倒\\易\\点\\阵\end{matrix}\begin{cases}\begin{matrix}正\\倒\\空\\间\\之\\间\\的\\关\\系\end{matrix}\begin{cases}① 同名基矢点积为1,异名基矢点积为0\\② \boldsymbol{a}^*\ 垂直于\ \boldsymbol{b},\boldsymbol{c}\ 所在面\\\quad \boldsymbol{b}^*\ 垂直于\ \boldsymbol{c},\boldsymbol{a}\ 所在面\\\quad \boldsymbol{c}^*\ 垂直于\ \boldsymbol{a},\boldsymbol{b}\ 所在面\\③ 倒空间的倒空间为正空间:(\boldsymbol{a}^*)^*=\boldsymbol{a};(\boldsymbol{b}^*)^*=\boldsymbol{b};(\boldsymbol{c}^*)^*=\boldsymbol{c}\\④ 正倒空间的单胞体积互为倒数:V\cdot V^*=1\\⑤ 正倒空间中角度之间的关系:\\\quad \cos\alpha^*=\dfrac{\cos\beta\cos\gamma-\cos\alpha}{\sin\beta\sin\gamma}\quad \cos\beta^*=\dfrac{\cos\gamma\cos\alpha-\cos\beta}{\sin\gamma\sin\alpha}\\\quad \cos\gamma^*=\dfrac{\cos\alpha\cos\beta-\cos\gamma}{\sin\alpha\sin\beta}\\⑥ 倒易点阵保留了正点阵的全部宏观对称性\\⑦ 正倒空间矢量的点积为一整数\\⑧ 正空间的一族平行晶面,对应于倒空间的一个直线点列\end{cases}\\[1em]\begin{matrix}倒易点阵\\的性质\end{matrix}\begin{cases}① \boldsymbol{g}_{hkl}=h\boldsymbol{a}^*+k\boldsymbol{b}^*+l\boldsymbol{c}^*\\② 倒易矢量\ \boldsymbol{g}\ 的大小等于(hkl)晶面间距的倒数,即 |\boldsymbol{g}|=\dfrac{1}{d_{hkl}};\\\quad 方向为晶面(hkl)的法线方向\end{cases}\end{cases}$

$(8)\ 晶带定律\begin{cases}广义晶带定律\quad uh+vk+wl=N（N 为整数）\\狭义晶带定律\quad uh+vk+wl=0\end{cases}$

思 考 题

1.1 写出立方晶系{110}{123}晶面族的所有等价面。

1.2 立方晶胞中画出(123),(112)(11$\bar{2}$)[110],[1$\bar{2}$0],[$\bar{3}$21]。

1.3 标注下图立方晶胞中各晶面和晶向的指数:

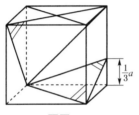

题图 1-1

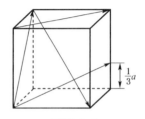

题图 1-2

1.4 标注下图六方晶胞中各晶面和晶向的指数。

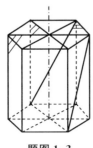

题图 1-3

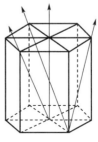

题图 1-4

1.5 画出立方晶系的(001)标准投影,标出所有指数不大于 3 的所有点和晶带大圆。

1.6 用解析法证明晶带大圆上的极点系同一晶带轴,并求出晶带轴。

1.7 画出六方晶系(0001)标准投影,并要求标出(0001),$\{10\bar{1}0\}$,$\{11\bar{2}0\}$,$\{10\bar{1}2\}$等各晶面的大圆。

1.8 计算面心立方晶系的(110)、(111)、(100)等晶面的面间距和面密度。

1.9 解析法证明立方晶系中$[hkl] \perp (hkl)$。

1.10 如果空间某点坐标为(1, 2, 3),通过对称轴的对称操作后到达另外一点(x, y, z),设对称轴为二、三、四和六,试分别求出在不同对称轴作用下具体的(x, y, z)数值。

1.11 如果一空间点坐标为(x, y, z),经L_i^6 的作用,它将变换到空间的另一点(XYZ),试给出两者的关系表达式。

1.12 区别以下几个易混淆的点群国际符号,并作出其对称元素的极射赤面投影:23 与 32,3m 与 m3,3m 与$\bar{3}m$,6/mmm 与 6m,4/mmm 与 mmm。

1.13 对点群$\bar{4}2m$ 和$\bar{6}m2$ 进行极射赤面投影,两者间的差别在哪里? 按照国际符号规定的方向意义,说明两者点群中二次轴和对称面与晶轴之间的关系。

1.14 总结晶体对称分类(晶轴、晶系、晶类)的原则。

1.15 在立方晶系中(001)的标准图上,可找到$\{100\}$的 5 个极点,而在(011)和(111)的标准图上能找到的$\{100\}$极点却为 4 个和 3 个,为什么?

1.16 晶体上一对互相平行的晶面,它们在极射赤面投影图上表现为什么关系?

1.17 投影图上与某大圆上任一点间的角距均为 90°的点,称为该大圆的极点;反之,该大圆则称为该投影点的极线大圆,试问:(1)一个大圆及其极点分别代表空间的什么几何因素? (2)如何在投影图中求出已知投影点的极线大圆?

1.18 讨论并说明,一个晶面在与赤道平面平行、斜交和垂直的时候,该晶面的投影点与投影基圆之间的位置关系。

1.19 判别下列哪些晶面属于$[\bar{1}11]$晶带:$(\bar{1}\bar{1}0)$,(231),(123),(211),(212),$(\bar{1}01)$,$(1\bar{3}3)$,$(11\bar{2})$,$(\bar{1}32)$。

1.20 计算晶面$(\bar{3}11)$与$(\bar{1}32)$的晶带轴指数。

1.21 画出Fe_2B 在平行于晶面(010)上的部分倒易点。Fe_2B 为正方晶系,点阵参数$a = b = 0.510$ nm,$c = 0.424$ nm。

1.22 试将(001)标准投影图转化成(111)标准投影图。

2　X射线的物理基础

2.1　X射线的发展史

　　1895年德国物理学家伦琴(W. C. Rontgen)在研究真空管放电时发现了一种肉眼看不见的射线,它不仅穿透力极强,还能使铂氰化钡等物质发出荧光、照相底片感光、气体电离等,由于当时对其本质尚未了解,故名为X射线,他因此而获得了1901年度诺贝尔物理学奖。几个月后,X射线就被应用到医学领域和金属零件的内部探伤,由此产生了X射线透射学。1896年,X射线设备技术由清朝大臣李鸿章引入中国。

　　1912年德国物理学家劳埃(M. V. Laue)等人在前人研究的基础上,发现了X射线在晶体中的衍射现象,并建立了劳埃衍射方程组,从而揭示了X射线的本质是波长与原子间距同一量级的电磁波,并因此而获得了1914年度诺贝尔物理学奖。劳埃方程组为研究晶体的衍射提供了有效方法,因此产生了X射线衍射学。

　　在劳埃研究的基础上,英国物理学家布拉格父子于1913年(W. H. Bragg 和 W. L. Bragg)首次利用X射线测定了NaCl和KCl的晶体结构,提出了晶面"反射"X射线的新假设,由此导出简单实用的布拉格方程。该方程为X射线衍射和电子衍射奠定了理论基础。同时布拉格(W. H. Bragg)还发现了特征X射线,但并未给出合理的解释。布拉格方程的导出开创了X射线在晶体结构分析中应用的新纪元。1915年布拉格获得了诺贝尔物理学奖。

　　1914年,物理学家莫塞莱(H. G. J. Moseley)在布拉格研究的基础上发现了特征X射线的波长与原子序数之间的定量关系,创立了莫塞莱方程。利用这一原理可对材料的成分进行快速无损检测,由此产生了X射线光谱学。

　　显然,由于X射线的发现,相继产生了X射线透射学、X射线衍射学、X射线光谱学3个学科,本书主要讨论X射线衍射学。

2.2　X射线的性质

2.2.1　X射线的产生

　　X射线的产生装置如图2-1所示。该装置主要由阴极、阳极、真空室、窗口和电源等组成。阴极又称灯丝,由钨丝制成,是电子的发射源。阳极又称靶材,一般由纯金属(Cu、Co、Mo等)制成,是X射线的发射源。真空室的真空度高达10^{-3}Pa,其目的是保证阴阳极不受污染。窗口是X射线从阳极靶材射出的地方,通常有2个或4个呈对称分布,窗口材料一般为铍金属,目的是对X

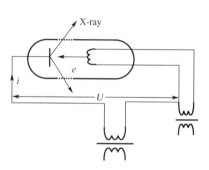

图2-1　X射线产生装置示意图

射线的吸收尽可能少。电源可使阴阳极间产生强电场,促使阴极发射电子。当两极电压高达数万伏时,电子从阴极发射,射向阳极靶材,电子的运动受阻,与靶材作用后,电子的动能大部分转化为热能散发,仅有1%左右的动能转化为X射线能,产生的X射线通过铍窗口射出。

2.2.2　X射线的本质

X射线本质上是一种电磁波,以光速传播,其电场强度 E 和磁场强度 H 互相垂直,并同垂直于X射线的传播方向,如图2-2所示。波长0.001～10 nm,为电磁波中的一小部分,远小于可见光的波长(390～770 nm),见图2-3。用于晶体衍射分析的是波长相对较长(0.05～0.25 nm)的X射线,这样可使衍射线向高角区分散,便于衍射分析,但也不能过长,否则被试样吸收太多,影响衍射强度。此外当波长超过晶面间距两倍时,无衍射产生(见3.1.3布拉格方程的讨论)。而用于透射分析的,如探伤等,是波长相对较短(0.005～0.01 nm)的X射

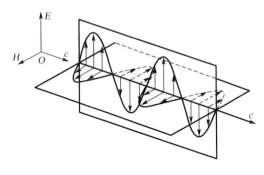

图 2-2　电磁波

线。有时又将波长较长的X射线称为软X射线,波长较短的X射线称为硬X射线。

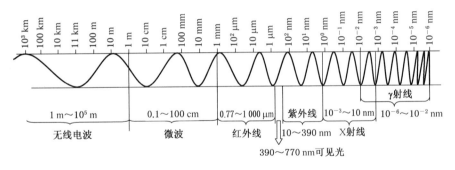

图 2-3　电磁波谱

X射线具有以下性质:

1) 波粒二象性

X射线与基本粒子(电子、中子、质子等)一样,具有波粒二象性。射线可以看成一束光量子微粒流,其波动性主要表现为以一定的波长和频率在空间传播,反映了物质运动的连续性;微粒性主要表现为以光子形式辐射和吸收时具有一定的能量、质量和动量,反映了物质运动的分立性。波动性和微粒性之间的关系:

$$E = h\nu = h\frac{c}{\lambda} \tag{2-1}$$

$$P = \frac{h}{\lambda} = h\frac{\nu}{c} \tag{2-2}$$

式中: E ——能量; h ——普朗克常数 $= 6.662\,6 \times 10^{-34}$ J·s; c ——光速; λ ——波长;
　　　　ν ——频率; P ——动量。

注意点：

（1）波粒二象性是 X 射线的客观属性，同时具有，不过在一定条件下，某种属性表现得更加突出，如 X 射线的散射、干涉和衍射，就突出表现了 X 射线的波动性；而 X 射线与物质的相互作用，交换能量，则突出表现了它的微粒性。

（2）X 射线的磁场分量 H 在与物质的相互作用中效应很弱，故在本书的讨论中仅考虑电场分量 E。一束沿某一方向如 z 轴方向传播的 X 射线的波动方程为

$$E(z,t) = E_0 \cos\left(2\pi\nu t - \frac{2\pi}{\lambda}z + \varphi_0\right) \tag{2-3}$$

式中：E_0——电场强度振幅；t——时间；$\frac{2\pi}{\lambda}$——波数；$2\pi\nu$——角频率；φ_0——初相位。

用 ω 表示角频率，k 表示波数，则波动方程可简化为

$$E(z,t) = E_0 \cos(\omega t - kz + \varphi_0) \tag{2-4}$$

当初相位 $\varphi_0 = 0$ 时，其复数式为：

$$E = E_0 \mathrm{e}^{-\mathrm{i}kz} \tag{2-5}$$

2）不可见

X 射线的波长在 $0.001\sim10$ nm 之间，远小于可见光的波长，为不可见光。但它能使某些荧光物质发光、使照相底片感光和一些气体产生电离现象。

3）折射率 ≈ 1

X 射线的折射率 ≈ 1，在穿越不同媒质时，方向几乎不变。电场和磁场也不能改变其传播方向，因此，常规方法无法使 X 射线汇聚或发散。而电子束可在电场或磁场作用下汇聚或发散，如同可见光在凸凹透镜下成像，虽然 X 射线也可进行成像分析，只是靠 X 射线透射成像，即利用物质对 X 射线吸收程度的不同，从而导致透射强度的差异，再利用 X 射线荧光或感光成像。

4）穿透性强

X 射线的波长短，穿透能力强。软 X 射线的波长与晶体的原子间距在同一量级上，易在晶体中发生散射、干涉和衍射，常用于晶体的微观结构分析。硬 X 射线常用于金属零件的探伤和医学上的透视分析。

5）杀伤作用

X 射线能杀死生物组织细胞，因此使用 X 射线时，需要一定的保护措施，如铅玻璃和铅块等。

2.3　X 射线谱

X 射线谱是指 X 射线的强度与波长的关系曲线。所谓 X 射线的强度是指单位时间内通过单位面积的 X 光子的能量总和，它不仅与单个 X 光子的能量有关，还与光子的数量有关。图 2-4 即为 Mo 阳极靶材在不同管压下的 X 射线谱。从图中

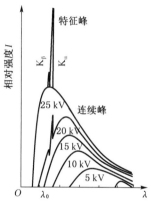

图 2-4　Mo 靶材的 X 射线谱

可以看出,该谱线呈两种分布特征,一种是连续状分布,另一种为陡峭状分布。我们把连续状分布的谱线称为 X 射线连续谱,把陡峭状分布的谱线称为 X 射线特征谱。

2.3.1 X 射线连续谱

连续谱的产生机理:一个电子在管压 U 的作用下撞向靶材,其能量为 eU,每碰撞一次产生一次辐射,即产生一个能量为 $h\nu$ 的光子。若电子与靶材仅碰撞一次就耗完其能量,则该辐射产生的光子获得了最高能量 eU,即

$$h\nu_{\max} = eU = h\frac{c}{\lambda_0}$$

则

$$\lambda_0 = \frac{hc}{eU} \tag{2-6}$$

此时,X 光子的能量最高,波长最短,故称为波长限,代入常数 h、c、e 后,波长限 $\lambda_0 = \frac{1\,240}{U}$ nm。

当电子与靶材发生多次碰撞才耗完其能量,则发生多次辐射,产生多个光子,每个光子的能量均小于 eU,波长均大于波长限 λ_0。由于电子与靶材的多次碰撞和电子数目大,从而产生各种不同能量的 X 射线,这就构成了连续 X 射线谱。

连续谱的共同特征是各有一个波长限(最小波长)λ_0,强度有一最大值,其对应的波长为 λ_m,谱线向波长增加方向连续伸展。连续谱的形态受管流 i,管压 U,阳极靶材的原子序数 Z 的影响,如图 2-5 所示,其变化规律如下:

(1) 当 i、Z 均为常数时,U 增加,连续谱线整体左上移,见图 2-5(a),表明 U 增加时,各波长下的 X 射线强度均增加,波长限 λ_0 减小,强度的最高值所对应的波长 λ_m 也随之减小。这是由于管压增加,电子束中单个电子的能量增加所致。

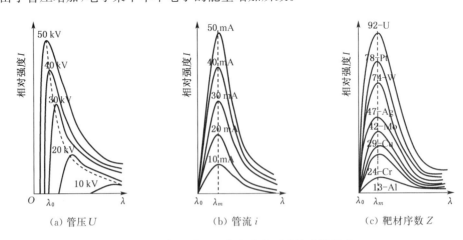

图 2-5　管压、管流和靶材序数对连续谱的影响

(2) 当管压 U 为常数时,提高管流 i,连续谱线整体上移,见图 2-5(b),表明管流 i 增加时,各波长下的 X 射线的强度一致提高,但 λ_0、λ_m 保持不变。这是由于管压未变,故单个电

子的能量也为常数,所以由式(2-6)可知波长限不变;但由于管流增加,电子束的电子密度增加,故激发产生的 X 光子数增加,表现为强度提高,连续谱线上移。

(3) 当管压 U 和管流 i 不变时,阳极靶材的原子序数 Z 越大,谱线也整体上移,见图 2-5(c),表明原子序数 Z 增加,各波长下的 X 射线强度增加,但 λ_0、λ_m 保持不变。虽然管压和管流未变,即电子束的单个电子能量和电子密度未变,但由于原子序数增加,其核外电子壳层增加,这样被电子激发产生 X 射线的概率增加,导致产生 X 光子的数量增加,因而表现为连续谱线的整体上移。

X 射线连续谱的强度 I 取决于 U、i、Z,可表示为

$$I = \int_{\lambda_0}^{\infty} I(\lambda) \mathrm{d}\lambda = K_1 i Z U^2 \tag{2-7}$$

式中:K_1—— 常数,约 $(1.1 \sim 1.4) \times 10^{-9} \ \mathrm{V}^{-1}$。

当 X 射线管仅产生连续谱时,其效率 η 为

$$\eta = \frac{K_1 i Z U^2}{i U} = K_1 Z U \tag{2-8}$$

显然,增加 Z 和 U 时,可提高 X 射线管的效率,但由于 K_1 太小,Z、U 提高有限,故其效率不高。在 $Z = 74$(钨靶),管压为 100 kV 时,其效率也仅为 1% 左右。电子束的绝大部分能量被转化为热量散发,因此,为了保证 X 射线管的正常工作,需进行通水冷却。

需要说明的是,X 射线的强度不同于 X 射线的能量,X 射线光子的能量为 $h\nu$,而 X 射线的强度不仅与每个 X 光子的能量有关,还与 X 光子的数量有关,λ_0 时的光子能量最高,但其强度却很小,原因是此时的光子数目少。反之,波长长时,光子的能量低,其强度也不一定小。一般在连续谱中,当波长为 $1.5\lambda_0$ 左右时,强度最高。

2.3.2 X 射线特征谱

当管压增至与阳极靶材对应的特定值 U_K 时,在连续谱的某些特定波长位置上出现一系列陡峭的尖峰。物理学家莫塞莱研究发现该尖峰对应的波长 λ 与靶材的原子序数 Z 存在着严格的对应关系——莫塞莱定律:

$$\sqrt{\frac{1}{\lambda}} = K_2 (Z - \sigma) \tag{2-9}$$

式中:K_2 和 σ 均为常数。

因此,尖峰可作为靶材的标志或特征,故称尖峰为特征峰或特征谱。

由莫塞莱定律(式 2-9)可知,特征峰所对应的波长仅与靶材的原子序数 Z 和常数 K_2、σ 有关,而与管流 i、管压 U 无关。但须指出的是在管压达到靶材所对应的某一临界值时特征峰才出现,在管压低于该临界值时,管压的增加只使连续峰整体增加,但不会出现特征峰。如电子束作用于 Mo 靶,当管压低于 20 kV 时,仅产生连续 X 射线谱(见图 2-4),当管压高于 20 kV 时才出现特征峰,管压继续增加时,特征峰的强度提高,但特征峰的位置保持不变。

特征峰产生的机理:特征峰的产生与阳极靶材的原子结构有关。依据原子的经典模型图

2-6(a)可知,原子核外的电子按一定的规律分布在量子化的壳层上,每层上的电子数和能量均是固定的。原子的壳层有数层,由里到外依次用 K、L、M、N 等表示,每层又分为(2n−1)个亚层,n 为壳层数,每壳层的能量用 E_n 表示,令最外层的能量为零,里层能量均为负值(见图 2-6(b))。当管压 U 达到一定值时,入射电子的能量 eU 足以使靶材内层上的电子跃迁到核外,使之发生电离,并在内层产生空位,原子因获得外来电子的能量而处于激发状态。当 K 层电子被击出,称为 K 系激发,L 层电子被激发,则称 L 系激发,其余以此类推。设将 K、L、M、N 层的单个电子移到核外成为自由电子所需的外部功分别为 W_K、W_L、W_M、W_N,则 $W_K = -E_K$、$W_L = -E_L$、$W_M = -E_M$、$W_N = -E_N$,且 $W_K > W_L > W_M > W_N$。当入射电子的能量 eU 分别大于或等于 W_K、W_L、W_M、W_N 时,可使核外 K、L、M、N 层上的电子摆脱核的束缚,成为自由电子,并留下空位,此时,原子处于不稳定的激发状态。

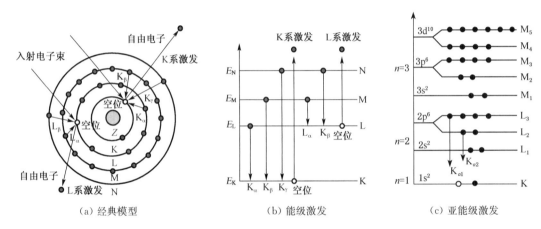

图 2-6　特征谱产生示意图

　　处于激发状态的原子有自发回到稳定状态的倾向,外层电子将进入内层空位,同时原子的能量降低,释放的能量以 X 射线的形式辐射出来。由于靶材确定时,能级差也一定,故辐射的 X 射线的能量也一定,即特征 X 射线具有确定的波长。

　　当入射电子的能量大于或等于 W_K 时,K 层电子被击出,留下空位,原子呈 K 激发态,此时 L 层、M 层、N 层上的电子均有可能填补 K 层空位,产生 K 系列辐射。当邻层 L 层上电子回填时,产生的辐射称为 K_α 辐射,M 层上电子回填时产生的辐射称 K_β 辐射,类推 N 层上电子回填产生的辐射称为 K_γ 辐射。特征 X 射线的能量:

$$h\nu_{K_\alpha} = W_K - W_L \tag{2-10}$$

$$h\nu_{K_\beta} = W_K - W_M \tag{2-11}$$

$$h\nu_{K_\gamma} = W_K - W_N \tag{2-12}$$

　　由于 $W_L > W_M > W_N$,所以

$$h\nu_{K_\alpha} < h\nu_{K_\beta} < h\nu_{K_\gamma} \tag{2-13}$$

即

$$\lambda_{K_\alpha} > \lambda_{K_\beta} > \lambda_{K_\gamma} \tag{2-14}$$

由于回填的概率$(L \to K) > (M \to K) > (N \to K)$，故 $I_{K_\alpha} > I_{K_\beta} > I_{K_\gamma}$，常见的特征峰仅有 K_α 和 K_β 两种。

当然，L 层电子回填后，L 层上留下空位，就形成 L 激发态，更外层的电子将回填到 L 层，产生 L 系列辐射，即 L_α、L_β、L_γ 等。此时

$$h\nu_{L_\alpha} = W_L - W_M \tag{2-15}$$

$$h\nu_{L_\beta} = W_L - W_N \tag{2-16}$$

$$h\nu_{L_\gamma} = W_L - W_O \tag{2-17}$$

因为 $W_M > W_N > W_O$，得

$$h\nu_{L_\alpha} < h\nu_{L_\beta} < h\nu_{L_\gamma} \tag{2-18}$$

即

$$\lambda_{L_\alpha} > \lambda_{L_\beta} > \lambda_{L_\gamma} \tag{2-19}$$

需要说明的是：在产生 K 系列辐射的同时，还将产生 L 系列、M 系列和 N 系列等辐射。但由于 K 系列辐射的波长小于 L、M、N 等系列，未被窗口完全吸收，而 L、M、N 等系列的辐射则因波长较长，均被窗口吸收，故通常所见到的特征辐射均是 K 系列辐射。

在 K_α 特征峰中，又分裂成两个峰 $K_{\alpha 1}$ 和 $K_{\alpha 2}$，这是由于 L 层有 3 个亚层 L_1、L_2、L_3，如图 2-6(c)所示。各亚层上的电子能量又不相同，由于 L_1 亚层与 K 层具有相同的角量子数即 $\Delta l = 0$，这不满足产生辐射的选择条件，故无辐射发生。而 L_2 和 L_3 亚层上的电子可回填到 K 层产生辐射，此时

$$h\nu_{K_{\alpha 1}} = W_K - W_{L_3} \tag{2-20}$$

$$h\nu_{K_{\alpha 2}} = W_K - W_{L_2} \tag{2-21}$$

因为

$$W_{L_3} < W_{L_2}$$

所以

$$h\nu_{K_{\alpha 1}} > h\nu_{K_{\alpha 2}} \quad 即 \quad \lambda_{K_{\alpha 1}} < \lambda_{K_{\alpha 2}}$$

L_3 亚层能级高于 L_2 亚层，$K_{\alpha 1}$ 的强度一般为 $K_{\alpha 2}$ 的两倍，λ_{K_α} 按强度比例取其加权平均值，即 $\lambda_{K_\alpha} = \dfrac{1}{3}(2\lambda_{K_{\alpha 1}} + \lambda_{K_{\alpha 2}})$。

特征谱线的强度公式：

$$I_特 = K_3 i (U - U_C)^m \tag{2-22}$$

式中：K_3——常数；i——管流；U——管压；U_C——特征谱的激发电压；

m——指数（K 系 $m = 1.5$，L 系 $m = 2$）。

在晶体衍射中，总希望获得以特征谱为主的单色光源，即尽可能高的 $I_特 / I_连$，由式(2-7)和式(2-22)可推算得，对 K 系谱线，在 $U = 4U_C$ 时，$I_特 / I_连$ 获得最大值，故管压通常取 $(3 \sim 5)U_C$。

2.4 X射线与物质的相互作用

X射线与物质的相互作用是复杂的物理过程,将产生透射、散射、吸收和放热等一系列效应,见图2-7。这些效应也是X射线应用的物理基础。下面分别讨论之。

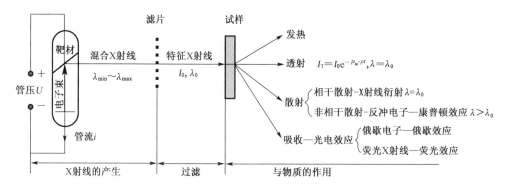

图 2-7 X射线的产生、过滤及其与物质的相互作用

2.4.1 X射线的散射

X射线与物质作用后一部分将被散射,根据散射前后的能量变化与否,可将散射分为相干散射和非相干散射。

1)相干散射

X射线是一种电磁波,作用物质后,物质原子中受核束缚较紧的电子在入射X射线的电场作用下,将产生受迫振动,振动频率与入射X射线相同,因此振动的电子将向四周辐射出与入射X射线波长相同的散射电磁波,即散射X射线。由于散射波与入射波的波长相同,位相差恒定,故在相同方向上各散射波可能符合相干条件,发生干涉,故称相干散射。相干散射是X射线衍射学的基础。

2)非相干散射

图2-8为非相干散射的说明示意图。X射线与物质原子中受核束缚较小的电子或自由电子作用后,部分能量转变为电子的动能,使之成为反冲电子,X射线偏离原来方向,能量降低,波长增加,其增量由以下公式表示:

$$\Delta\lambda = \lambda' - \lambda_0 = 0.002\,43(1 - \cos 2\theta) \tag{2-23}$$

式中:λ_0、λ'——分别为X射线散射前后的波长;

2θ——散射角,即入射线与散射线之间的夹角。

由此可见,波长增量取决于散射角,由于散射波的位相与入射波的位相不存在固定关系,这种散射是不相干的,故称非相干散射。非相干散射现象是由康普顿(A. H. Compton)发现的,故称为康普顿效应,并因此获得了1927年度诺贝尔物理学奖,我国物理学家吴有训在康普顿效应的实验技术和理论分析等方面,也做了卓有成效的工作,因此非相干散射又称康普顿-吴有训散射。

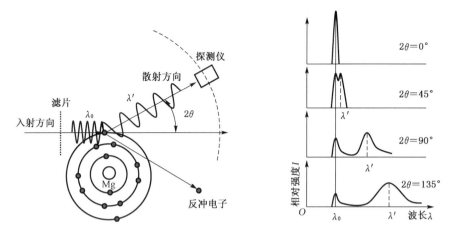

图 2-8　康普顿-吴有训效应示意图

非相干散射是不可避免的，它在晶体中不能产生衍射，但会在衍射图像中形成连续背底，其强度随 $\dfrac{\sin\theta}{\lambda}$ 增加而增强，这不利于衍射分析。

2.4.2　X 射线的吸收

X 射线的吸收是指 X 射线与物质作用时，其能量被转化为其他形式的能量，X 射线的强度随之衰减。当 X 射线的能量分别转变成热量、光电子和俄歇电子时，我们分别称之为 X 射线的热效应、光电效应和俄歇效应。本节主要介绍光电效应和俄歇效应以及由于吸收导致 X 射线的强度衰减规律。

1）光电效应

与特征 X 射线的产生过程相似，当 X 射线（光子）的能量足够高时，同样可将物质原子的内层电子击出成为自由电子，并在内层产生空位，使原子处于激发状态，外层电子自发回迁填补空位，降低原子能量，产生辐射（X 射线）。这种由入射 X 射线（入射光子）激发原子产生辐射的过程，称为光电效应。由于被击出的电子和辐射均是入射 X 射线（光子）所为，故称被击出的电子为光电子，所辐射出的 X 射线称二次特征 X 射线，或荧光 X 射线。此时入射 X 射线的强度因光电效应而明显减弱。

当产生 K 系激发时，入射 X 射线的能量必须大于或等于将 K 层电子移出成为自由电子的外部做功 W_K，临界态时，K 系激发的激发频率和激发限波长的关系如下：

$$h\nu_K = h\frac{c}{\lambda_K} = W_K \tag{2-24}$$

$$\lambda_K = \frac{1\,240}{U_K}(\text{nm}) \tag{2-25}$$

式中：ν_K、λ_K、U_K——分别称为 K 系的激发频率、激发限波长和激发电压。

需注意以下几点：

（1）激发限波长 λ_K 与前面讨论的连续特征谱的波长限 λ_0 形式相似。λ_K 是能产生二次特征 X 射线所需入射 X 射线的临界波长，是与物质一一对应的常数。而 λ_0 是连续 X 射线谱的最小波长,是随管压的增加而减小的变量。二次特征 X 射线是由一次特征 X 射线作用物质(试样)后产生的,而连续 X 射线是由电子束作用物质(靶材)后产生的。

(2) 激发限波长 λ_K 是 X 射线激发物质(试样)产生光电效应的特定值,入射 X 射线的部分能量转化为光电子的能量,即 X 射线被吸收。从 X 射线被吸收的角度而言,λ_K 又可称为吸收限,即当 X 射线的波长小于 λ_K 时,X 射线的能量能激发物质产生光电子,使物质处于激发态,入射 X 射线的能量被转化为光电子的动能。

(3) 二次特征 X 射线的波长与物质(试样)一一对应,也具有特征值,可用于试样的成分分析,其强度愈高愈好。但在运用 X 射线进行晶体衍射分析时,则应尽量避免物质(试样)产生二次特征 X 射线,否则会增强衍射花样的背底,增加分析难度。

(4) 光电子不同于反冲电子。光电子是 X 射线(光量子)作用物质后,激发束缚紧的内层电子使之成为自由电子,该电子称为光电子,具有特征能量,而反冲电子是束缚较松的外层电子或自由电子吸收了部分 X 射线(光量子)的能量而产生的,使 X 射线的能量降低波长增加。

2) 俄歇效应与荧光效应

俄歇效应与荧光效应伴随光电效应产生。入射 X 射线击出原子内层电子成为光电子后,原子处于激发态,此时有两种可能,一种是前面讨论的二次特征 X 射线,即外层电子回填内层空位,原子以二次特征 X 射线的形式释放能量,该过程称荧光效应或光致发光效应;另一种是外层电子回填内层空位后,原子所释放的能量被同层电子吸收,并挣脱了核的束缚成为自由电子,在同层中发生了两次电离,这种第二次电离的电子称为俄歇电子,该现象称俄歇效应。两过程的示意图如图 2-9 所示。显然,俄歇电子和二次特征 X 射线均具有特征值,与入射 X 射线的能量无关。如入射 X 射线将 K 层某电子击出成为自由电子后,L 层上一电子回迁进入 K 层,释放的能量使 L 层上的另一电子获得能量成为自由电子即俄歇电子,参与的能级有一个 K 和两个 L,该俄歇电子即表示为 KLL。俄歇电子的能量很低,一般仅有数百电子伏,平均自由程短,检测到的俄歇电子一般仅是表层 2～3 个原子层发出的,故俄歇电子能谱可用于材料的表面分析。同样基于二次特征 X 射线的能量具有特征值进行工作的能谱仪或波谱仪也是材料表面分析的重要工具之一。

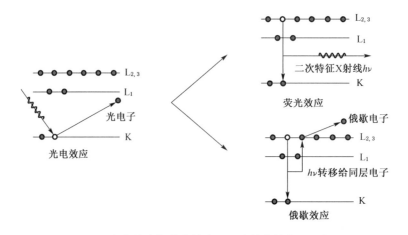

图 2-9　光电效应与荧光效应和俄歇效应的关系示意图

必须指出的是：在发生光电效应后，荧光效应和俄歇效应两种过程均能发生，只是两者发生的概率不同而已，这主要取决于原子序数 Z 的大小。

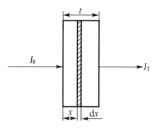

图 2-10　X射线的衰减过程

3）X射线强度衰减规律

当 X 射线作用于物质时，产生散射、光电效应等物理效应，其强度降低，这种现象称之为 X 射线的衰减。其衰减过程见图 2-10，衰减规律推导如下：

设样品厚度为 t，X 射线的入射强度为 I_0，穿透样品后的强度为 I_T，进入样品深度为 x 处时的强度为 I，穿过厚度 $\mathrm{d}x$ 时强度衰减 $\mathrm{d}I$，实验表明 X 射线的衰减程度与所经过的物质厚度成正比，即 $-\dfrac{\mathrm{d}I}{I} = \mu_l \mathrm{d}x$，则

$$\int_{I_0}^{I_T} \frac{\mathrm{d}I}{I} = -\int_0^t \mu_l \mathrm{d}x \tag{2-26}$$

$$I_T = I_0 \mathrm{e}^{-\mu_l \cdot t} \tag{2-27}$$

$$\frac{I_T}{I_0} = \mathrm{e}^{-\mu_l \cdot t} \tag{2-28}$$

$\dfrac{I_T}{I_0}$ 为透射系数，μ_l 为物质的线吸收系数，反映了单位体积的物质对 X 射线的衰减程度。

但物质的量不仅与体积有关，还与其质量密度有关，为此采用 $\mu_m = \dfrac{\mu_l}{\rho}$ 替代 μ_l，ρ 为物质密度，此时

$$I_T = I_0 \mathrm{e}^{-\mu_l \cdot t} = I_0 \mathrm{e}^{-\frac{\mu_l}{\rho} \cdot \rho \cdot t} = I_0 \mathrm{e}^{-\mu_m \cdot \rho \cdot t} \tag{2-29}$$

μ_m 为质量吸收系数，反映了单位质量的物质对 X 射线的衰减程度。因此，对一定波长的 X 射线和一定的物质来说 μ_m 为定值，不随物质的物理状态而变化，常见物质的质量吸收系数见附录 6。

当物质为混合相时，则

$$\mu_m = \omega_1 \mu_{m1} + \omega_2 \mu_{m2} + \omega_3 \mu_{m3} + \cdots + \omega_i \mu_{mi} + \cdots + \omega_n \mu_{mn} = \sum_{i=1}^n \omega_i \mu_{mi} \tag{2-30}$$

式中：ω_i、μ_{mi}——分别表示第 i 相的质量分数和质量吸收系数。

质量吸收系数与物质的原子序数和 X 射线的波长有关，可近似表示为

$$\mu_m \approx K_4 \lambda^3 Z^3 \tag{2-31}$$

K_4 为常数，由式（2-31）可见，质量吸收系数与入射 X 射线的波长及被作用物质的原子序数的立方成正比，当入射 X 射线的波长变短时，即 X 射线的能量增加，物质对 X 射线的吸收减小，即 X 射线的穿透能力增强；当物质的原子序数增加时，质量吸收系数增加，物质对 X 射线的吸收能力增强，这意味着重金属对 X 射线的吸收能力高于轻金属，因此一般采用重金属如 Pb（$Z = 82$）等做防护材料。图 2-11 为一般物质的 μ_m—λ 关系曲线图。从该图可以看出，μ_m 与 λ 并非完全呈单调的变化关系，在 λ 减小至不同的值时，μ_m 会突然增加，曲

线被分割成多段,每段均呈单调的变化关系,但其对应的常数 K_4 值不同。μ_m 的突变是由于 X 射线的波长减小至一特定值时,其能量达到了能激发内层电子的值,发生了内层电子的跃迁,从而使 X 射线被大量吸收所致。与 K 层电子对应的波长为 K 吸收限,表示为 λ_K,同样与 L 层电子对应的波长为 L 吸收限,但由于 L 层有三个亚层,因此有三个吸收限,以此类推 M、L 层分别有 5 个和 7 个吸收限。

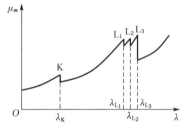

图 2-11 质量吸收系数与 X 射线波长的变化曲线

由于

$$h\nu_K = W_K \qquad \lambda_K = \frac{hc}{W_K} \tag{2-32}$$

$$h\nu_{K_\alpha} = W_K - W_L \qquad \lambda_{K_\alpha} = \frac{hc}{W_K - W_L} \tag{2-33}$$

$$h\nu_{K_\beta} = W_K - W_M \qquad \lambda_{K_\beta} = \frac{hc}{W_K - W_M} \tag{2-34}$$

又因为 $W_K > W_L > W_M$,所以,对于同一物质而言,有

$$\lambda_K < \lambda_{K_\beta} < \lambda_{K_\alpha} \tag{2-35}$$

2.4.3 吸收限的作用

吸收限的作用主要有两个:选靶材和滤片。

1)选靶材

靶材的选择是依据样品来定的。电子束作用于靶材产生的 X 射线通过滤片过滤后,仅剩特征 X 射线,作用样品后在样品中产生衍射,由衍射花样获得样品的结构和相的信息,不希望样品产生大量的荧光辐射,否则会增加衍射花样的背底,不利于衍射分析。因此为了不让样品产生荧光辐射,即入射的特征 X 射线不被样品大量吸收,而是充分参与衍射,靶材的特征波长 λ_{K_α} 应位于样品吸收峰稍右或左侧远离吸收峰,见图 2-12。为此靶材的选择有两种:

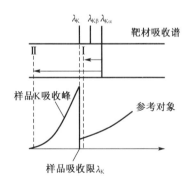

图 2-12 靶材的选择

当 λ_{K_α} 在 I 位时: $\qquad Z_{靶} = Z_{试样} + 1 \tag{2-36}$

当 λ_{K_α} 在 II 位时: $\qquad Z_{靶} \gg Z_{试样} \tag{2-37}$

常用靶材及其特征参数见表 2-1。

2)选滤片

滤片的选择是依据靶材而定的。由于靶材将产生连续 X 射线及 K_α 和 K_β 等多种特征 X 射线,同时参与衍射时将产生多套衍射花样,不利于衍射分析,为此,滤片的目的不仅要滤掉连续的 X 射线,还要滤掉次强峰 K_β,仅让强度高的 K_α 通过,形成单色特征 X 射线。为此,以靶材的吸收谱为基准,移动滤片吸收峰至靶材的 K_α 和 K_β 峰之间,此时 K_β 峰被吸收,

而 K_α 峰被吸收的很少,见图 2-13,由莫塞莱定律及实验数据可得

$$Z_{滤片} = Z_{靶} - (1 \sim 2) \qquad (2-38)$$

一般在 $Z < 40$ 时,取 $Z_{滤片} = Z_{靶} - 1$;$Z > 40$ 时,取 $Z_{滤片} = Z_{靶} - 2$。

常见滤片见表 2-1。通过滤波可使 I_{K_α}/I_{K_β} 达到 600 左右,而未滤波时,I_{K_α}/I_{K_β} 仅为 5 左右,因此通过滤波可基本消除 K_β 特征 X 射线,获得单色的 K_α 特征 X 射线,这也正是晶体衍射分析所需要的。

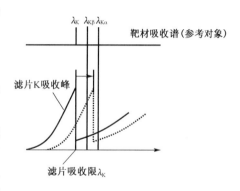

图 2-13　滤片的选择

表 2-1　常用靶材和滤片

阳极靶材	原子序数 Z	K 系特征波长(nm)		K 吸收限 λ_K (nm)	U (kV)	滤波片	原子序数 Z	K 吸收限 λ_K (nm)	厚度 (mm)	I_{K_α}/I_0
		λ_{K_α}	λ_{K_β}							
Cr	24	0.229 100	0.208 487	0.207 02	5.43	V	23	0.226 910	0.016	0.5
Fe	26	0.193 736	0.175 661	0.174 346	6.4	Mn	25	0.189 643	0.016	0.46
Co	27	0.179 026	0.162 079	0.160 815	6.93	Fe	26	0.174 346	0.018	0.44
Ni	28	0.165 919	0.150 014	0.148 807	7.47	Co	27	0.160 815	0.018	0.53
Cu	29	0.154 184	0.139 222	0.138 057	8.04	Ni	28	0.148 807	0.021	0.40
Mo	42	0.071 073	0.063 229	0.061 978	17.44	Zr	40	0.068 883	0.108	0.31

本 章 小 结

本章主要介绍了 X 射线的产生的背景、原理、本质特点及其与固体物质的作用。主要内容总结如下:

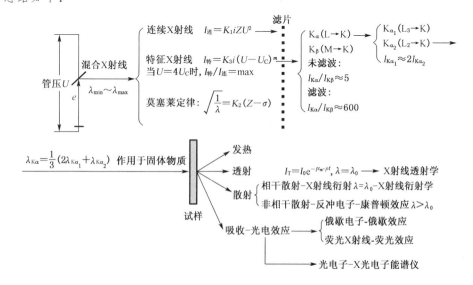

吸收波谱：

$$\lambda_{\mathrm{K}} = \frac{hc}{W_{\mathrm{K}}} < \lambda_{\mathrm{K}_\beta} = \frac{hc}{W_{\mathrm{K}} - W_{\mathrm{M}}} < \lambda_{\mathrm{K}_\alpha} = \frac{hc}{W_{\mathrm{K}} - W_{\mathrm{L}}}$$

吸收波谱的作用：

（1）选靶材：

① $Z_\text{靶} = Z_\text{试样} + 1$

② $Z_\text{靶} \gg Z_\text{试样}$

（2）选滤片：

$Z_\text{滤片} = Z_\text{靶} - (1 \sim 2)$

吸收系数 $\begin{cases} \text{线吸收系数}: \mu_l = -\dfrac{\mathrm{d}I/I}{\mathrm{d}x} \\[2mm] \text{质量吸收系数}: \mu_m = \dfrac{\mu_l}{\rho} \approx K_4 \lambda^3 Z^3 \end{cases}$

X 射线与物质的相互作用中，相干散射可以产生衍射花样，并由此推断物质的结构，这是晶体衍射学的基础；X 射线作用后产生的俄歇电子、光电子和荧光 X 射线均具有反映物质成分的功能，可用于物质的成分分析；X 射线作用物质后引起强度衰减，其衰减的程度与规律与物质的组成、厚度有关，这构成了 X 射线透射学的基础。

思 考 题

2.1 X 射线的产生原理及其本质是什么？具有哪些特性？

2.2 说明对于同一种材料存在以下关系：$\lambda_K < \lambda_{K_\beta} < \lambda_{K_\alpha}$。

2.3 如果采用 Cu 靶 X 光照相，错用了 Fe 滤片，会产生什么现象？

2.4 试说明特征 X 射线与荧光 X 射线的异同点。某物质的 K 系特征 X 射线的波长是否等于 K 系的荧光 X 射线？

2.5 解释下列名词：相干散射，荧光效应，非相干散射，吸收限，俄歇效应，连续 X 射线、特征 X 射线，质量吸收系数，光电效应。

2.6 连续谱产生的机理是什么？其波长限 λ_0 与吸收限 λ_K 有何不同？

2.7 为什么会出现吸收限？K 吸收限仅有一个，而 L 吸收限却有 3 个？当激发 K 系荧光 X 射线时，能否伴生 L 系？当 L 系激发时能否伴生 K 系？

2.8 质量吸收系数与线吸收系数的物理意义是什么？

2.9 X 射线实验室中的铅玻璃至少为 1 mm，试计算这种铅屏对 Cu K$_\alpha$、Mo K$_\alpha$ 辐射的透射系数为多少？

2.10 试计算当管压为 50 kV 时，X 射线管中电子击靶时的速度和动能各是多少，靶所发射的连续 X 射线谱的短波限和光子的最大能量是多少？

3 X射线的衍射原理

X射线入射晶体时,作用于束缚较紧的电子,电子发生晶格振动,向空间辐射与入射波频率相同的电磁波(散射波),该电子成了新的辐射源,所有电子的散射波均可看成是由原子中心发出的,这样每个原子就成了发射源,它们向空间发射与入射波频率相同的散射波,由于这些散射波的频率相同,在空间中将发生干涉,在某些固定方向得到增强或减弱甚至消失,产生衍射现象,形成了波的干涉图案,即衍射花样。因此,衍射花样的本质是相干散射波在空间发生干涉的结果。当相干散射波为一系列平行波时,形成增强的必要条件是这些散射波具有相同的相位,或光程差为零或光程差为波长的整数倍。这些具有相同相位的散射线的集合构成了衍射束,晶体的衍射包括衍射束在空间的方向和强度,本章主要就这两个方面展开讨论。

3.1 X射线衍射的方向

3.1.1 劳埃方程

劳埃(M. V. Laue)等人于1912年发现了X射线通过$CuSO_4$晶体的衍射现象,为了解释此衍射现象,假设晶体的空间点阵由一系列平行的原子网面组成,入射X射线为平行射线。由于相邻原子面间距与X射线的波长在同一个量级,晶体成了X射线的三维光栅,当相邻原子网面的散射线的光程差为波长的整数倍时会发生衍射现象。

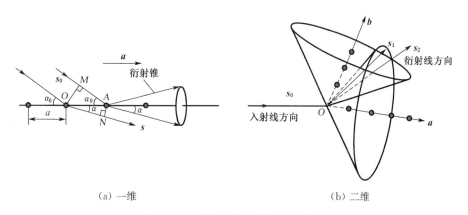

(a) 一维   (b) 二维

图 3-1 一维、二维衍射方向示意图

设有一直线点阵与晶体的单位矢量 a 平行,s_0 和 s 分别为X射线入射和衍射的单位矢量,如图 3-1(a)所示,由波的干涉原理可知,若要求每个阵点间散射的X射线互相叠加,则要求相邻阵点的光程差 δ 为波长 λ 的整数倍,即 $\delta = ON - MA = h\lambda$,也就是

$$a \cos\alpha - a \cos\alpha_0 = h\lambda \tag{3-1}$$

式中：h——整数；

α 和 α_0——分别为衍射线和入射线与直线点阵方向的夹角。

式(3-1)写成矢量式为

$$\boldsymbol{a} \cdot (\boldsymbol{s} - \boldsymbol{s}_0) = h\lambda \tag{3-2}$$

式(3-1)和式(3-2)均为劳埃方程。实际上与点阵 $\boldsymbol{a}$ 方向所成的圆锥面上的各个矢量均可满足上述方程。

该式推广到二维时，见图 3-1(b)，此时应在二维方向上同时满足相干条件，即满足以下方程组：

$$\begin{cases} a \cos \alpha - a \cos \alpha_0 = h\lambda \\ b \cos \beta - b \cos \beta_0 = k\lambda \end{cases} \tag{3-3}$$

式中：β 和 β_0——分别为散射线和入射线与 $\boldsymbol{b}$ 方向的夹角。

此时满足衍射条件的应是二维方向衍射锥的公共交线。当两衍射锥相交，则有两条交线，表明有两种可能的衍射方向；当两衍射锥相切时，仅有一种衍射方向。当两衍射锥不相交时，则无衍射发生。同理进一步推广到三维，见图 3-2。设三维方向的单位矢量分别为 $\boldsymbol{a}$、$\boldsymbol{b}$ 和 $\boldsymbol{c}$，入射方向与其他二维 $\boldsymbol{b}$ 和 $\boldsymbol{c}$ 方向的夹角分别为 β_0 和 γ_0，衍射线方向与其他二维的夹角分别为 β 和 γ，则该衍射矢量同时满足三维方向的衍射条件，即满足以下方程组：

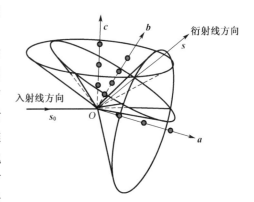

图 3-2　三维衍射方向示意图

$$\begin{cases} a \cos \alpha - a \cos \alpha_0 = h\lambda \\ b \cos \beta - b \cos \beta_0 = k\lambda \\ c \cos \gamma - c \cos \gamma_0 = l\lambda \end{cases} \tag{3-4}$$

或

$$\begin{cases} \boldsymbol{a} \cdot (\boldsymbol{s} - \boldsymbol{s}_0) = h\lambda \\ \boldsymbol{b} \cdot (\boldsymbol{s} - \boldsymbol{s}_0) = k\lambda \\ \boldsymbol{c} \cdot (\boldsymbol{s} - \boldsymbol{s}_0) = l\lambda \end{cases} \tag{3-5}$$

显然，保证 $\boldsymbol{a}$、$\boldsymbol{b}$ 和 $\boldsymbol{c}$ 三维方向同时满足衍射条件的矢量应为 3 个衍射锥的公共交线，即图 3-2 所示的矢量 $\boldsymbol{s}$，该方向规定了晶体的衍射方向。此时，发生衍射的条件更加苛刻，三维方向的 3 个衍射锥的公共交线仅有一条，因此，晶体发生衍射的可能方向仅有一个。

在方程组 3-4 和 3-5 中，h、k、l 均为整数，一组 hkl 规定了一个衍射方向，即在空间中某方向上出现衍射。在衍射方向上各阵点间入射线和散射线间的光程差必为波长的整数倍。

方程组(3-4)和(3-5)分别为劳埃方程组的标量式和矢量式,从理论上解决了 X 射线衍射的方向问题。但方程组中除了 α、β、γ 外,其余均为常数,由于在三维空间中,还应满足方向余弦定理,即 $\cos^2\alpha_0 + \cos^2\beta_0 + \cos^2\gamma_0 = 1$ 和 $\cos^2\alpha + \cos^2\beta + \cos^2\gamma = 1$。这样研究 X 射线的衍射方向须同时考虑 5 个方程,实际使用不便。布拉格父子(W. H. Bragg 和 W. L. Bragg)对此进行了简化研究,并导出了简单实用的布拉格方程。

3.1.2 布拉格方程

布拉格为了克服劳埃方程在实际使用中的困难,找到既能反映衍射特点,又能方便使用的方程,为此进行了以下几点假设:

(1) 原子静止不动;

(2) 电子集中于原子核;

(3) X 射线平行入射;

(4) 晶体由无数个平行晶面组成,X 射线可同时作用于多个晶面;

(5) 晶体到感光底片的距离有几十毫米,衍射线视为平行光束。

这样晶体被看成了由无数个晶面组成,晶体的衍射看成是某些晶面对 X 射线的选择反射。

当一束 X 射线照射在单层原子面上时,见图 3-3,设入射线方向与反射晶面的夹角为 θ,反射晶面 AA',指数为 (hkl),显然,同一晶面上相邻两原子 M 和 M_1 的光程差 $\delta = M_1N_1 + L_2M_1 - (MN_2 + L_1M)$ 恒为零,即同一晶面上相邻两原子的散射线具有相同的位相,满足相干条件。

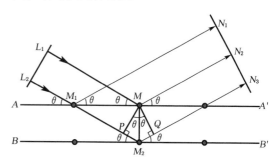

图 3-3 MM_2 垂直于晶面时的布拉格方程导出示意图

由于 X 射线的穿透能力强,可以照射到晶体内一系列平行的晶面上,设 BB' 为平行晶面中的一个,即 $AA' /\!/ BB'$。设晶面间距为 d_{hkl},MM_2 垂直于晶面 (hkl),过 M 点分别作入射线 L_2M_2 和散射线 M_2N_3 的垂线,垂足分别为 P 和 Q,则相邻平行晶面上原子 M 和 M_2 的光程差:

$$\delta = PM_2 + M_2Q = 2d_{hkl}\sin\theta \tag{3-6}$$

当光程差为波长的整数倍,即 $\delta = n\lambda$(n— 正整数)时,则在该方向上的散射线满足相干条件,产生干涉现象。

$$2d_{hkl}\sin\theta = n\lambda \tag{3-7}$$

即为布拉格方程。其中 θ 为布拉格角,又称掠射角或衍射半角。

当 MM_2 不垂直于晶面时,见图 3-4,设入射线和反射线的单位矢量分别为 s_0 和 s,分别过 M_2 和 M 作入射矢量和反射

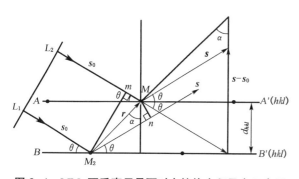

图 3-4 MM_2 不垂直于晶面时布拉格方程导出示意图

矢量的垂线,垂足分别为 m 和 n,由矢量知识可知 $(s-s_0)$ 垂直于反射晶面,方向朝上,其大小为 $|s-s_0|=2\sin\theta$。相邻晶面的光程差

$$\delta = M_2 n - mM = r \cdot s - r \cdot s_0 = r \cdot (s-s_0) = |r| 2\sin\theta\cos\alpha \qquad (3-8)$$

α 为 r 与 $(s-s_0)$ 的夹角,显然 $|r|\cos\alpha = d_{hkl}$。所以,$\delta = 2d_{hkl}\sin\theta$,同样可得布拉格方程(3-7)。由此可见,$r(\overrightarrow{M_2M})$ 与晶面垂直与否并不影响布拉格方程的推导结果。

由以上推导过程可以看出,散射线在同一晶面上的光程差为零,满足干涉条件;而相邻平行晶面上的光程差为 $2d_{hkl}\sin\theta$,当发生干涉时,必须满足 $2d_{hkl}\sin\theta$ 为波长的整数倍,即布拉格方程是发生相干散射(衍射)的必要条件。

3.1.3 布拉格方程的讨论

1)反射级数与干涉面指数

布拉格方程 $2d_{hkl}\sin\theta = n\lambda$ 中的 n 为反射级数,两边同时除以 n,得

$$2(d_{hkl}/n)\sin\theta = \lambda$$

这样原本 (hkl) 晶面的 n 级衍射可以看成是虚拟晶面 (HKL) 的一级反射,该虚拟晶面平行于 (hkl),但晶面间距为 d_{hkl} 的 $\dfrac{1}{n}$。该虚拟晶面 (HKL) 又称干涉面,(HKL) 为干涉面指数,简称干涉指数。

由晶面指数的定义可知:$H = nh$,$K = nk$,$L = nl$,当 $n=1$ 时,干涉指数互质,干涉面就是一个真实的反射晶面了,因此,干涉指数实际上是广义的晶面指数。

设入射X射线照射到晶面 (100) 上,刚好发生二级反射,即满足布拉格方程 $2d_{hkl}\sin\theta = 2\lambda$,假想在 (100) 晶面中平行插入平分面,见图3-5中的虚线晶面,则由晶面指数的定义可知该虚拟的平分面指数为 (200),此时 $d_{200} = \dfrac{1}{2}d_{100}$,且相邻晶面反射线的光程差为一个波长,这样 (100) 晶面的二级反射可以看成是虚拟晶面 (200) 的一级反射,该虚拟晶面即为干涉面,(200) 为干涉指数。显然干涉指数有公约数2,为真实晶面指数的2倍。同理可得,在 (100) 晶面上发生的三级反射,可以看成是 (300) 干涉面的一级反射。

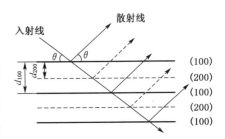

图3-5 反射级数与干涉面指数示意图

为了书写方便,d_{HKL} 简写为 d,此时布拉格方程可表示为

$$2d\sin\theta = \lambda \qquad (3-9)$$

这样反射级数 n 隐含在 d 中了,布拉格方程更加简单,应用更为方便。

2)衍射条件分析

由布拉格方程 $2d\sin\theta = \lambda$ 得

$$\sin\theta = \frac{\lambda}{2d} \leqslant 1 \qquad (3-10)$$

即 $\dfrac{\lambda}{2d} \leqslant 1$,所以 $\qquad\qquad\qquad\qquad\qquad \lambda \leqslant 2d \qquad (3-11)$

因此,当晶面间距一定时,入射线的波长必小于或等于晶面间距的两倍才能发生衍射现象;当入射波长一定时,并非晶体中的所有晶面通过改变入射方向都能满足衍射条件,只有那些晶面间距大于或等于入射波长之半的晶面才可能发生衍射。显然,对于已有的晶体而言,减小入射波长时,参与衍射的晶面数目将增加。例如,α-Fe 体心立方结构中,晶面间距依次减小的晶面(110)、(200)、(211)、(220)、(310)、(222)……中,当采用铁靶产生的特征 X 射线为入射线时,$\lambda_{K_a} = 0.194$ nm,仅有前 4 个晶面能满足衍射条件参与衍射,若采用铜靶产生的特征 X 射线入射时,λ_{K_a} 降至 0.154 nm,参与衍射的晶面增至前 6 个。

3) 选择反射

由布拉格方程可知,当入射波长为单色,即 λ 为一常数时,晶面间距相同的晶面,衍射时必对应着相同的掠射角 θ。随着晶面间距的增加,对应的掠射角减小。在晶体的众多晶面中,并非每个晶面都能参与衍射,仅有那些晶面间距大于波长之半的晶面方有可能参与衍射,且每一参与衍射的晶面均有一个与之对应的掠射角 θ,即衍射是有选择的反射,是相干散射线干涉的结果。这不同于可见光的镜面反射,它们存在着以下区别:

(1) X 射线的反射是晶面在满足布拉格方程的 θ 角时才能参与反射,是有选择性的反射;而镜面则可以反射任意方向的可见光。

(2) X 射线的反射本质是反射晶面上各原子的相干散射的干涉总结果,反射晶面是由原子构成的晶网面,而镜面是密实无网眼的。

(3) X 射线反射的作用区域是晶体内的多层晶面,而可见光仅作用于镜面的表层。

(4) 一定条件下,X 射线的反射线能形成以入射线为中心轴的反射锥,锥顶角为掠射角的 4 倍;而镜面反射中,入射线与反射线分别位于镜面法线的两侧,仅有一个反射方向,入射线、镜面法线和反射线共面,且入射角等于反射角。

(5) 对 X 射线起反射作用的是晶体,即作用对象的物质原子要呈规则排列,也只有晶体才能产生衍射花样,而对可见光起反射作用的可以是晶体也可以是非晶体,只要表面平整光洁即可。

4) 衍射方向与晶体结构

由布拉格方程 $2d\sin\theta = \lambda$ 得 $\sin\theta = \dfrac{\lambda}{2d}$,对两边平方:$\sin^2\theta = \dfrac{\lambda^2}{4d^2}$,不同的晶系,$\dfrac{1}{d^2}$ 的表达式不同:

立方晶系:
$$\frac{1}{d^2} = \frac{H^2 + K^2 + L^2}{a^2} \tag{3-12}$$

$$\sin^2\theta = \frac{\lambda^2}{4} \times \frac{H^2 + K^2 + L^2}{a^2} \tag{3-13}$$

正方晶系:
$$\frac{1}{d^2} = \frac{H^2 + K^2}{a^2} + \frac{L^2}{c^2} \tag{3-14}$$

$$\sin^2\theta = \frac{\lambda^2}{4} \times \left(\frac{H^2 + K^2}{a^2} + \frac{L^2}{c^2} \right) \tag{3-15}$$

斜方晶系:
$$\frac{1}{d^2} = \frac{H^2}{a^2} + \frac{K^2}{b^2} + \frac{L^2}{c^2} \tag{3-16}$$

$$\sin^2\theta = \frac{\lambda^2}{4} \times \left(\frac{H^2}{a^2} + \frac{K^2}{b^2} + \frac{L^2}{c^2} \right) \tag{3-17}$$

六方晶系：
$$\frac{1}{d^2} = \frac{4}{3} \times \frac{H^2 + HK + K^2}{a^2} + \frac{L^2}{c^2} \qquad (3-18)$$

$$\sin^2\theta = \frac{\lambda^2}{4} \times \left(\frac{4}{3} \times \frac{H^2 + HK + K^2}{a^2} + \frac{L^2}{c^2} \right) \qquad (3-19)$$

因此，d 取决于晶体的晶胞类型和干涉指数，反映了晶胞的形状和大小。当晶胞相同时，不同的干涉指数(HKL)有不同的衍射方向(布拉格角 θ)；当晶胞不同时，即使相同的干涉指数仍有不同的布拉格角 θ。因此，不同的布拉格角反映了晶胞的形状和大小，从而建立了晶体结构与衍射方向之间的对应关系，通过测定晶体对 X 射线的衍射方向就可获得晶体结构的相关信息。

需要指出的是，衍射方向仅反映了晶胞的形状和大小，但对晶胞中原子种类及其排列的有序程度均未得到反映，这需要通过衍射强度理论来解决。

5）布拉格方程与劳埃方程的一致性

布拉格方程产生于劳埃方程之后，两个方程均解决了 X 射线衍射的方向问题，但由于劳埃方程复杂，使用不便，为此，布拉格父子在劳埃思想的基础上，将衍射转化为晶面对 X 射线的反射，导出了简单、实用的布拉格方程。布拉格方程是劳埃方程的一种简化形式，也可直接从劳埃方程中推导出来，推导过程如下：

对劳埃方程组
$$\begin{cases} a(\cos\alpha - \cos\alpha_0) = h\lambda \\ b(\cos\beta - \cos\beta_0) = k\lambda \\ c(\cos\gamma - \cos\gamma_0) = l\lambda \end{cases} \qquad (3-20)$$

两边平方得：
$$\begin{cases} a^2(\cos^2\alpha + \cos^2\alpha_0 - 2\cos\alpha\cos\alpha_0) = h^2\lambda^2 \\ b^2(\cos^2\beta + \cos^2\beta_0 - 2\cos\beta\cos\beta_0) = k^2\lambda^2 \\ c^2(\cos^2\gamma + \cos^2\gamma_0 - 2\cos\gamma\cos\gamma_0) = l^2\lambda^2 \end{cases} \qquad (3-21)$$

为了简便起见，我们以立方系为例，即 $a = b = c$，取两边的和得：
$$a^2(\cos^2\alpha + \cos^2\beta + \cos^2\gamma + \cos^2\alpha_0 + \cos^2\beta_0 + \cos^2\gamma_0 - 2\cos\alpha\cos\alpha_0 -$$
$$2\cos\beta\cos\beta_0 - 2\cos\gamma\cos\gamma_0) = (h^2 + k^2 + l^2)\lambda^2 \qquad (3-22)$$

在直角坐标中，$\cos^2\alpha + \cos^2\beta + \cos^2\gamma = 1$，$\cos^2\alpha_0 + \cos^2\beta_0 + \cos^2\gamma_0 = 1$，而入射和衍射的矢量式分别是
$$\boldsymbol{s}_0 = a(\cos\alpha_0\boldsymbol{i} + \cos\beta_0\boldsymbol{j} + \cos\gamma_0\boldsymbol{k}), \quad \boldsymbol{s} = a(\cos\alpha\boldsymbol{i} + \cos\beta\boldsymbol{j} + \cos\gamma\boldsymbol{k})$$

由于入射线与衍射线的夹角为 2θ，两矢量的点积为
$$\boldsymbol{s} \cdot \boldsymbol{s}_0 = a^2(\cos\alpha\cos\alpha_0 + \cos\beta\cos\beta_0 + \cos\gamma\cos\gamma_0) = a^2\cos 2\theta \qquad (3-23)$$

所以由 $\cos\alpha\cos\alpha_0 + \cos\beta\cos\beta_0 + \cos\gamma\cos\gamma_0 = \cos 2\theta$ 代入式(3-22)得
$$a^2(2 - 2\cos 2\theta) = (h^2 + k^2 + l^2)\lambda^2 \qquad (3-24)$$

$$4a^2\sin^2\theta = (h^2 + k^2 + l^2)\lambda^2 \tag{3-25}$$

化简得
$$2\frac{a\sin\theta}{\sqrt{h^2 + k^2 + l^2}} = \lambda \tag{3-26}$$

即
$$2d_{hkl}\sin\theta = \lambda \tag{3-27}$$

这就是布拉格方程,表明布拉格方程与劳埃方程一致。

此外,还可利用一维劳埃方程导出布拉格方程,见图 3-6。

设在三维点阵中任意一直线点阵,点阵周期为 a,入射 X 射线 s_0 与直线点阵的交角为 α_0,衍射线 s 与直线点阵的交角为 α,由一维劳埃方程得

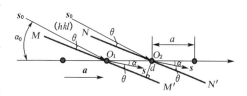

图 3-6　一维劳埃方程与布拉格方程的等效证明示意图

$$a\cos\alpha - a\cos\alpha_0 = h\lambda \tag{3-28}$$

将上式展开得
$$2a\sin\left(\frac{\alpha + \alpha_0}{2}\right)\sin\left(\frac{-\alpha + \alpha_0}{2}\right) = h\lambda \tag{3-29}$$

过入射点 O_1、O_2 作分别作 MM' 和 NN' 线代表点阵面(hkl),使这组面与入射线和衍射线的夹角为 θ,此时
$$\alpha + \theta = \alpha_0 - \theta \tag{3-30}$$

得
$$\theta = \frac{\alpha_0 - \alpha}{2} \tag{3-31}$$

又设 MM' 和 NN' 所代表的点阵面间距为 d,由图 3-6 并结合关系式(3-31)得
$$d = a\sin(\alpha + \theta) = a\sin\left(\frac{\alpha + \alpha_0}{2}\right) \tag{3-32}$$

由式(3-31)和式(3-32)代入式(3-29)同样可得布拉格方程
$$2d\sin\theta = h\lambda \tag{3-33}$$

h 为整数,可见两者也是等效的。

3.1.4　衍射矢量方程

现由劳埃方程组导出衍射矢量式方程。由劳埃方程组的矢量式(3-5)化简得

$$\begin{cases} \dfrac{(\boldsymbol{s} - \boldsymbol{s}_0)}{\lambda} \cdot \dfrac{\boldsymbol{a}}{h} = 1 \\[2mm] \dfrac{(\boldsymbol{s} - \boldsymbol{s}_0)}{\lambda} \cdot \dfrac{\boldsymbol{b}}{k} = 1 \\[2mm] \dfrac{(\boldsymbol{s} - \boldsymbol{s}_0)}{\lambda} \cdot \dfrac{\boldsymbol{c}}{l} = 1 \end{cases} \tag{3-34}$$

结合图 1-38,可以证明矢量 $\dfrac{(\boldsymbol{s} - \boldsymbol{s}_0)}{\lambda}$ 为晶面(hkl)的倒易矢量,过程如下:

将方程组(3-34)两两相减得

$$\begin{cases} \dfrac{(\boldsymbol{s}-\boldsymbol{s}_0)}{\lambda} \cdot \left(\dfrac{\boldsymbol{a}}{h} - \dfrac{\boldsymbol{b}}{k} \right) = 0 \\[2mm] \dfrac{(\boldsymbol{s}-\boldsymbol{s}_0)}{\lambda} \cdot \left(\dfrac{\boldsymbol{b}}{k} - \dfrac{\boldsymbol{c}}{l} \right) = 0 \\[2mm] \dfrac{(\boldsymbol{s}-\boldsymbol{s}_0)}{\lambda} \cdot \left(\dfrac{\boldsymbol{c}}{l} - \dfrac{\boldsymbol{a}}{h} \right) = 0 \end{cases} \tag{3-35}$$

表明矢量$\dfrac{(\boldsymbol{s}-\boldsymbol{s}_0)}{\lambda}$分别与晶面$(hkl)$上的任意两相交矢量垂直,即

$$\frac{(\boldsymbol{s}-\boldsymbol{s}_0)}{\lambda} \perp (hkl) \tag{3-36}$$

又因为d_{hkl}为矢量$\dfrac{\boldsymbol{a}}{h}$或$\dfrac{\boldsymbol{b}}{k}$或$\dfrac{\boldsymbol{c}}{l}$在单位矢量$\dfrac{(\boldsymbol{s}-\boldsymbol{s}_0)}{\lambda}\Big/ \left| \dfrac{(\boldsymbol{s}-\boldsymbol{s}_0)}{\lambda} \right|$上的投影,即

$$d_{hkl} = \frac{\boldsymbol{a}}{h} \cdot \frac{\boldsymbol{s}-\boldsymbol{s}_0}{\lambda} \Big/ \left| \frac{\boldsymbol{s}-\boldsymbol{s}_0}{\lambda} \right| = \frac{\boldsymbol{b}}{k} \cdot \frac{\boldsymbol{s}-\boldsymbol{s}_0}{\lambda} \Big/ \left| \frac{\boldsymbol{s}-\boldsymbol{s}_0}{\lambda} \right|$$
$$= \frac{\boldsymbol{c}}{l} \cdot \frac{\boldsymbol{s}-\boldsymbol{s}_0}{\lambda} \Big/ \left| \frac{\boldsymbol{s}-\boldsymbol{s}_0}{\lambda} \right| = 1 \Big/ \left| \frac{\boldsymbol{s}-\boldsymbol{s}_0}{\lambda} \right| \tag{3-37}$$

所以

$$\left| \frac{\boldsymbol{s}-\boldsymbol{s}_0}{\lambda} \right| = \frac{1}{d_{hkl}} \tag{3-38}$$

由式(3-36)和式(3-38)可知$\dfrac{(\boldsymbol{s}-\boldsymbol{s}_0)}{\lambda}$为晶面$(hkl)$的倒易矢量,即

$$\frac{(\boldsymbol{s}-\boldsymbol{s}_0)}{\lambda} = (h\boldsymbol{a}^* + k\boldsymbol{b}^* + l\boldsymbol{c}^*) \tag{3-39}$$

该方程即为衍射矢量方程。其物理意义是:当衍射矢量和入射矢量的差为一个倒易矢量时,衍射就可发生。

简化起见,令$\boldsymbol{r}^* = (h\boldsymbol{a}^* + k\boldsymbol{b}^* + l\boldsymbol{c}^*)$,式(3-39)衍射矢量方程又可表示为

$$\frac{(\boldsymbol{s}-\boldsymbol{s}_0)}{\lambda} = \boldsymbol{r}^* \tag{3-40}$$

其实,衍射矢量方程、劳埃方程和布拉格方程均是表示衍射方向条件的方程,只是反映的角度不同而已。从衍射矢量方程也可方便地导出其他两个方程,即由矢量方程分别在晶胞的三个基矢$\boldsymbol{a}$,$\boldsymbol{b}$,$\boldsymbol{c}$上的投影即可获得劳埃方程组,若衍射矢量方程两边取标量、化简则可获得布拉格方程,请读者自己完成。

由此可见,衍射矢量方程可以看成是衍射方向条件的统一式。

3.1.5 布拉格方程的厄瓦尔德图解

由布拉格方程$2d \sin\theta = \lambda$得

$$\sin\theta = \frac{\lambda}{2d} = \frac{\dfrac{1}{d}}{2 \times \dfrac{1}{\lambda}} \tag{3-41}$$

式(3-41)可以看成是直角三角形的对边与斜边的比,对边长为$\frac{1}{d}$,斜边长为$2\times\frac{1}{\lambda}$,顶角为θ,而直角三角形共圆(见图3-7),因此,凡满足布拉格方程的d、λ和θ均可表示成一直角三角形的对边与斜边的正弦关系。设入射和反射的单位矢量分别为$\boldsymbol{s}_0$和$\boldsymbol{s}$,则入射矢量和反射矢量分别为$\frac{1}{\lambda}\boldsymbol{s}_0$和$\frac{1}{\lambda}\boldsymbol{s}$,即$\overrightarrow{AO}=\overrightarrow{OO^*}=\frac{1}{\lambda}\boldsymbol{s}_0$,$\overrightarrow{OB}=\frac{1}{\lambda}\boldsymbol{s}$。

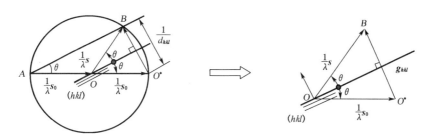

图3-7 衍射矢量三角形及厄瓦尔德球

由矢量三角形法则得

$$\overrightarrow{O^*B}=\overrightarrow{OB}-\overrightarrow{OO^*}=\frac{1}{\lambda}\boldsymbol{s}-\frac{1}{\lambda}\boldsymbol{s}_0=\frac{1}{\lambda}(\boldsymbol{s}-\boldsymbol{s}_0) \tag{3-42}$$

因为$|\overrightarrow{O^*B}|=\frac{1}{d_{hkl}}$,且$\overrightarrow{O^*B}\perp(hkl)$,所以,$\overrightarrow{O^*B}$为反射面$(hkl)$的倒易矢量,$O^*$点为倒易点阵的原点,$B$点即为反射面所对应的倒易阵点。

由此可知,凡是晶面所对应的倒易阵点在圆周上,均满足布拉格方程,晶面将参与衍射。考虑到三维晶体时,晶体的所有晶面对应的倒易阵点构成了三维倒易点阵,该圆就成了球,凡是位于球上的倒易阵点,其对应的晶面均满足布拉格方程将参与衍射。该工作是由厄瓦尔德首创,他用几何方法解决了衍射的方向问题,直观明了,起到了布拉格方程的等同作用,因此,该方法称为厄瓦尔德图解,这个球称为厄瓦尔德球,又称反射球。

3.1.6 布拉格方程的应用

布拉格方程$2d\sin\theta=\lambda$从根本上解决了X射线衍射的方向问题,是衍射分析中最基本的公式,其应用主要有两个方面:

(1)结构分析。由已知波长的X射线照射晶体,由测量得到的衍射角求得对应的晶面间距,获得晶体的结构信息。

(2)X射线谱分析。由已知晶面间距的分光晶体来衍射从晶体中发射出来的特征X射线,通过测定衍射角,算得特征X射线的波长,再由莫塞莱定律获得晶体的成分信息,这就是X射线的谱分析。

3.1.7 常见的衍射方法

常见的衍射方法主要有劳埃法、转晶法和粉末法,以下分别作简单介绍。

1) 劳埃法

采用连续X射线照射不动的单晶体以获得衍射花样的方法。此时入射X射线的波长为一个变化的范围($\lambda_{min} \sim \lambda_{max}$),即反射球有无数个,其半径变化范围为$\dfrac{1}{\lambda_{max}} \sim \dfrac{1}{\lambda_{min}}$,最大和最

小反射球的半径分别为$\dfrac{1}{\lambda_{max}}$和$\dfrac{1}{\lambda_{min}}$,不动的单晶体所对应的倒易点阵与系列反射球相交,凡在

两极限反射球之间的阵点均可满足布拉格方程参与衍射,一定条件下形成衍射斑点,其反射方向可由几何法确定。如图 3-8(a)中倒易阵点 A,该点位于大小极限反射球之间,显然该点将满足布拉格衍射条件,必将有一个反射球通过该阵点。该点指数为 320,表明晶面(320)发生了反射,其反射方向的确定方法是:首先连接 O^*A,再作 O^*A 的垂直平分线 NN' 交水平轴于 O',则 $O'A$ 方向即为该晶面(320)的反射方向,同理也可得获得其他反射晶面的反射方向。该种方法是劳埃于 1912 年首先提出来的,并在垂直于入射方向上的平面底片上获得了衍射花样,见图 3-8(b)。劳埃法是最早的衍射方法,常用于晶体的取向测定和对称性研究。

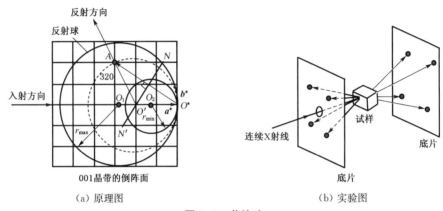

（a）原理图 （b）实验图

图 3-8 劳埃法

2）转晶法

采用单一波长的 X 射线照射转动着的单晶体以获得衍射花样的方法。单一波长对应一个反射球,单晶体对应于一个倒易点阵,当晶体不动时,则反射球浸没在倒易点阵中,此时有可能没有任何阵点在反射球上,得不到衍射花样;而当转动晶体时,以连续改变不同的晶面和入射角来满足布拉格方程,一旦某阵点落在反射球面上,则该阵点对应的晶面将参与衍射,瞬时可能会产生一根衍射束。当晶体旋转一周,将在柱状底片上留下层状衍射花样(见图 3-9)。该法可以确定晶体在转轴方向上的点阵周期,同理也可获得其他方向上的点阵周期,得到晶体的结构信息。

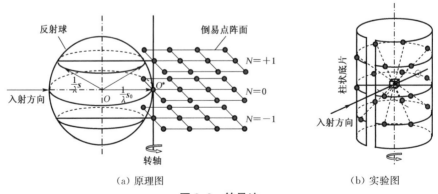

（a）原理图 （b）实验图

图 3-9 转晶法

3) 粉末法

它是采用单色 X 射线照射多晶试样以获得多晶体衍射花样的方法。此时反射球仅一个,半径为入射线波长的倒数 $\frac{1}{\lambda}$,多晶体倒易点阵是单晶体倒易点阵的集合。如某一晶体中的一晶面(hkl),对应于倒易点阵中的一个阵点,其倒矢量的大小为该反射晶面间距的倒数,但由于是多晶体,每个晶体中都具有相同的晶面(hkl),且各晶粒的取向在空间随机分布,因此,多晶中的相同晶面(hkl)所对应的倒易阵点在空间形成了带有网眼的倒易球,球半径为 $\frac{1}{d_{hkl}}$。当粉末越细,晶粒数越多,该倒易球的面密度越大。不同的衍射晶面则形成系列倒易球。当反射球与系列倒易球相截时,形成系列交线圆,交线圆上的各点所代表的晶面均满足布拉格方程。从样品中心出发,与交线圆的连线便构成了系列同心衍射锥,锥的母线方向即为衍射方向,见图 3-10(a)。当采用柱状底片感光时,可形成成对圆弧状的衍射花样,见图 3-10(b)。该法应用较广,主要用于测定晶体结构、物相的定性和定量分析、点阵参数的精确测定以及材料内部的应力、织构、晶粒大小的测定等。

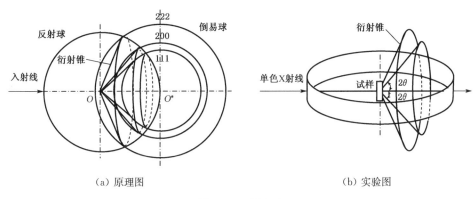

(a) 原理图　　　　　　　　　　(b) 实验图

图 3-10　粉末法

3.2　X 射线的衍射强度

布拉格方程解决了衍射的方向问题,即满足布拉格方程的晶面将参与衍射,但能否产生衍射花样还取决于衍射线的强度。满足布拉格方程只是发生衍射的必要条件,衍射强度不为零才是产生衍射花样的充分条件。

衍射的方向取决于晶系的种类和晶胞的尺寸,而原子在晶胞中的位置以及原子的种类并不影响衍射的方向,但影响衍射束的强度。因此,研究原子种类以及原子在晶胞中的排列规律需靠衍射强度理论来解决。影响衍射强度的因素较多,我们按照作用单元由小到大逐一分析,即分别讨论单电子→单原子→单晶胞→单晶体→多晶体对 X 射线的衍射强度,最后再综合考虑其他因素的影响,得到完整的衍射强度公式。

3.2.1　单电子对 X 射线的散射

电子对 X 射线的散射有两种情况,一种是受原子核束缚较紧的电子,X 射线作用后,该电子发生振动,向空间辐射与入射波频率相同的电磁波,由于波长、频率相同,会发生相干散射。另一种是 X 射线作用于束缚较松的电子上,产生康普顿效应,即非相干散射,非相干散射只能成为衍射花样的背底。我们仅讨论电子对 X 射线的相干散射,由于 X 射线有偏振和非偏振之分,下面分别讨论之。

1) 单电子对偏振 X 射线的散射强度

设一束偏振的 X 射线沿入射方向作用在单电子上,该电子发生强迫振动,振动频率与入射波相同。由电动力学可知,电子获得了一定的加速度,并向空间辐射出与入射 X 射线相同频率的电磁波。

设观测点为 P,入射线与散射线夹角为 2θ,为了便于讨论,建立坐标系(见图 3-11),电子位于坐标系的原点 O,并使 OP 位于 XOZ 面内,令 $OP = R$,电磁波的电场强度为 E_0,在 Y 轴和 Z 轴上分量为 E_Y、E_Z。

电子在电场的作用下产生加速度,在 P 点的电场强度为

$$E_P = \frac{e^2 E_0}{4\pi\varepsilon_0 mc^2 R}\sin\varphi \tag{3-43}$$

式中: e——电子电荷;

$\quad m$——电子质量;

$\quad c$——光速;

$\quad \varphi$——散射方向与 E_0 方向的夹角;

$\quad R$——散射方向上点 P 距散射中心的距离;

$\quad \varepsilon_0$——真空介电常数。

由于 P 点的散射强度 I_P 正比于该点的电场强度的平方,因此

$$\frac{I_P}{I_0} = \frac{E_P^2}{E_0^2} = \frac{e^4}{(4\pi\varepsilon_0)^2 m^2 c^4 R^2}\sin^2\varphi = \left(\frac{e^2}{4\pi\varepsilon_0 mc^2 R}\right)^2 \cdot \sin^2\varphi \tag{3-44}$$

I_0 为入射光强度,所以 P 点处单电子对偏振 X 射线的散射强度为

$$I_P = I_0 \frac{e^4}{(4\pi\varepsilon_0)^2 m^2 c^4 R^2}\sin^2\varphi = I_0\left(\frac{e^2}{4\pi\varepsilon_0 mc^2 R}\right)^2 \cdot \sin^2\varphi \tag{3-45}$$

2) 单电子对非偏振 X 射线的散射强度

通常情况下 X 射线是非偏振的,其电场矢量在垂直于入射方向的平面内的任意方向,如图 3-11 所示,φ_Z、φ_Y 分别为 OP 方向与 Z 轴和 Y 轴的夹角。由于 E_0 在各方向上的概率相等,所以 $E_Y = E_Z$。

因为 $\quad\quad E_0^2 = E_Z^2 + E_Y^2 = 2E_Z^2 = 2E_Y^2$

所以 $\quad\quad\quad\quad I_Y = I_Z = \frac{1}{2}I_0$

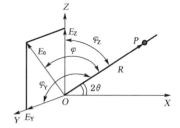

图 3-11 单电子对 X 射线的散射

设由 E_Y 和 E_Z 分别产生的散射强度为 I_{YP}、I_{ZP},类似于电子对偏振入射 X 射线的散射过程,其散射强度分别为

$$I_{YP} = I_Y \frac{e^4}{(4\pi\varepsilon_0)^2 m^2 c^4 R^2}\sin^2\varphi_Y \tag{3-46}$$

$$I_{ZP} = I_Z \frac{e^4}{(4\pi\varepsilon_0)^2 m^2 c^4 R^2}\sin^2\varphi_Z \tag{3-47}$$

将 $\varphi_Y = \dfrac{\pi}{2}$，$\varphi_Z = \dfrac{\pi}{2} - 2\theta$ 代入上式，再由 $I_P = I_{YP} + I_{ZP}$ 可得

$$I_P = I_0 \frac{e^4}{(4\pi\varepsilon_0)^2 m^2 c^4 R^2} \cdot \frac{1 + \cos^2 2\theta}{2} \tag{3-48}$$

式(3-48)即为汤姆逊(J. J. Thomson)公式。该式表明：(1)非偏振 X 射线入射后，电子散射强度随 $\dfrac{1 + \cos^2 2\theta}{2}$ 而变化，即散射线被偏振化了，故称 $\dfrac{1 + \cos^2 2\theta}{2}$ 为偏振因子或极化因子；(2)带电质子也受迫振动，但 $m_{质子} = 1\,836 m_{电子}$，质子的散射强度仅为电子的 $\dfrac{1}{1\,836^2}$，故可忽略不计；(3)仅带电的粒子方有散射，中子不带电无散射；(4)当 $2\theta = 0$ 时，$\cos^2 2\theta = 1$；当 $2\theta = \pi/2$ 时，$\cos^2 2\theta = 0$，即 $I_{Pmax}/I_{Pmin} = 2$。

因为单个电子对 X 射线的散射是最基本的散射，其散射强度可以看成是衍射强度的自然单位，又因为主要考虑的是电子本身的散射本领，因此可将 I_P 改成 I_e，这样式(3-45)和式(3-48)又可分别写成：

$$I_e = I_0 \frac{e^4}{(4\pi\varepsilon_0)^2 m^2 c^4 R^2} \sin^2 \varphi \quad 或 \quad I_e = I_0 \left(\frac{e^2}{4\pi\varepsilon_0 mc^2}\right)^2 \frac{1}{R^2} \sin^2 \varphi \quad （偏振入射） \tag{3-49}$$

$$I_e = I_0 \frac{e^4}{(4\pi\varepsilon_0)^2 m^2 c^4 R^2} \cdot \frac{1 + \cos^2 2\theta}{2} \quad 或 \quad I_e = I_0 \left(\frac{e^2}{4\pi\varepsilon_0 mc^2}\right)^2 \frac{1}{R^2} \frac{1 + \cos^2 2\theta}{2} \quad （非偏振入射）$$

$$\tag{3-50}$$

若将相关的参数代入式(3-49)或式(3-50)，且令 $R = 1\ \mathrm{cm}$ 时，$\dfrac{I_e}{I_0} \approx 10^{-26}$，由此可见，一个电子对 X 射线的散射强度非常小，实测 X 射线的衍射强度只是大量电子散射波干涉的结果。式中 $\dfrac{e^2}{4\pi\varepsilon_0 mc^2}$ 也称电子散射因子，表示为 f_e。

3.2.2 单原子对 X 射线的散射

原子是由原子核与核外电子组成，原子核又由质子和中子组成，由于中子不带电，仅有带电的质子散射 X 射线，且质子的质量是单个电子的 1 836 倍，由汤姆逊公式可知，质子对 X 射线的散射强度仅为电子的 $\dfrac{1}{1\,836^2}$，故可忽略原子核对 X 射线的散射，因此，原子对 X 射线的散射可以看成核外电子对 X 射线散射的总和。

设原子核外有 z 个电子，受核束缚较紧，且集中于一点，则单原子对 X 射线的散射强度 I_a 就是 z 个电子的散射强度之和，即

$$I_a = I_0 \frac{(ze)^4}{(4\pi\varepsilon_0)^2 (zm)^2 c^4 R^2} \cdot \frac{1 + \cos^2 2\theta}{2} = z^2 I_e \tag{3-51}$$

此时单个原子对 X 射线的散射强度为单个电子的散射强度的 z^2 倍。

由于 X 射线的波长与原子的直径在同一量级，不同电子的散射波间存在着相位差，不能假

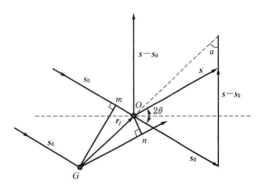

图 3-12　一个原子中两个电子对 X 射线的散射

定它们集中于一点,这样单个原子对 X 射线的散射应该是各电子散射波的矢量合成。

先设 X 射线作用于原子中的两个电子 G 和 O,见图 3-12,r 为电子的相对位置矢量,s、s_0 分别为散射和入射的单位矢量,2θ 为散射角,α 为矢量 r 与矢量 $s-s_0$ 的夹角。则两电子散射波的光程差为

$$\delta = r \cdot s - r \cdot s_0 = r \cdot (s - s_0) \tag{3-52}$$

相位差为

$$\varphi = \frac{2\pi}{\lambda} \times \delta = \frac{2\pi}{\lambda} r \cdot (s - s_0) = \frac{2\pi}{\lambda} |r||s - s_0| \cos \alpha = \frac{4\pi}{\lambda} r \cos \alpha \sin \theta \tag{3-53}$$

令 $K = \dfrac{4\pi}{\lambda} \sin \theta$,则 $\varphi = Kr \cos \alpha$,当原子有 Z 个电子时,散射波的振幅瞬时值为

$$A_a = A_e \sum_{j=1}^{Z} e^{i\varphi_j} \tag{3-54}$$

式中:A_e——单电子相干散射波的振幅。

而散射波振幅的平均值为

$$A_a = A_e \int_V \rho e^{i\varphi} dV \tag{3-55}$$

式中:ρ——原子中电子的分布密度;

dV——体积单元。

设核外电子的分布为球形对称,dV 由球坐标代入,并化简得

$$A_a = A_e \int_0^\infty 4\pi r^2 \rho(r) \frac{\sin Kr}{Kr} dr \tag{3-56}$$

式中,$K = \dfrac{4\pi \sin \theta}{\lambda}$,其中 $4\pi r^2 \rho(r)$ 为电子径向分布函数,通常用 $U(r)$ 表示,此时原子的散射强度为

$$A_a = A_e \int_0^\infty U(r) \frac{\sin Kr}{Kr} dr \tag{3-57}$$

定义原子散射因子 f_a 为

$$f_a = \frac{A_a}{A_e} = \frac{\text{一个原子相干散射波的振幅}}{\text{一个电子相干散射波的振幅}} = \int_0^\infty U(r) \frac{\sin Kr}{Kr} dr \tag{3-58}$$

显然,原子散射因子 f_a 可简化为 f,是 K 的函数,见图 3-13,即 f 随着 $\dfrac{\sin \theta}{\lambda}$ 的变化而变化,常见元素的原子散射因子参见附录 7。

由于散射强度正比于振幅的平方,因此单个原子对 X 射线的散射强度为

$$I_a = f^2 I_e \tag{3-59}$$

原子散射因子的讨论:

(1) 当核外的相干散射电子集中于一点时,各电子的

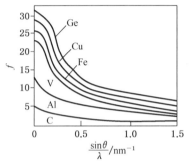

图 3-13　原子散射因子与 $\dfrac{\sin \theta}{\lambda}$ 的关系曲线

散射波之间无相位差，即 $\varphi = 0$，$A_a = A_e \sum_{j=1}^{Z} e^{i\varphi_c} = A_e Z$，$f = Z$。

（2）当 $2\theta = 0$ 时，$K = \dfrac{4\pi \sin \theta}{\lambda} = 0$，由洛必达法则得 $\dfrac{\sin Kr}{Kr} = 1$，这样 $f = \int_0^\infty U(r)\mathrm{d}r = Z$，见图 3-13，说明当散射线方向与入射线同向时，原子散射波的振幅 A_a 为单个电子散射波振幅的 Z 倍，这就相当于将核外发生相干散射的电子集中于一点。

（3）当入射波长一定时，随着散射角 2θ 的增加，f 减小，即原子的散射因子 f 降低，均小于其原子序数 Z。

（4）当入射波长接近原子的吸收限时，X 射线会被大量吸收，f 显著变小，此现象称为反常散射。此时，需要对 f 进行修整，即 $f' = f - \Delta f$，Δf 为修整值，可由附录 8 查得；f' 为修整后的原子散射因子。

3.2.3　单胞对 X 射线的散射

单胞是由多个原子组成的，因此单胞对 X 射线的散射强度即为单胞中各原子散射强度的合成。

设一单胞，建立直角坐标系，三轴的单位矢量分别为 $\boldsymbol{a}$、$\boldsymbol{b}$、$\boldsymbol{c}$，如图 3-14 所示，O 和 A 为单胞中的任意两个原子，O 位于原点，A 原子的坐标为 $(X_j Y_j Z_j)$，其位置矢量 $\boldsymbol{r}_j = X_j \boldsymbol{a} + Y_j \boldsymbol{b} + Z_j \boldsymbol{c}$，入射线和散射线的单位矢量分别为 $\boldsymbol{s}_0$ 和 $\boldsymbol{s}$，其光程差：

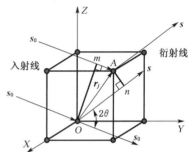

图 3-14　单胞中任意两原子的光程差

$$\delta_j = \boldsymbol{r}_j \cdot \boldsymbol{s} - \boldsymbol{r}_j \cdot \boldsymbol{s}_0 = \boldsymbol{r}_j \cdot (\boldsymbol{s} - \boldsymbol{s}_0) \tag{3-60}$$

其相位差：

$$\varphi_j = \frac{2\pi}{\lambda} \times \delta_j = \frac{2\pi}{\lambda} \boldsymbol{r}_j \cdot (\boldsymbol{s} - \boldsymbol{s}_0) = 2\pi \boldsymbol{r}_j \cdot \frac{1}{\lambda}(\boldsymbol{s} - \boldsymbol{s}_0) = 2\pi \boldsymbol{r}_j \cdot \boldsymbol{g}_j \tag{3-61}$$

因为 $\boldsymbol{g}_j = H\boldsymbol{a}^* + K\boldsymbol{b}^* + L\boldsymbol{c}^*$ 所以

$$\begin{aligned}
\varphi_j &= 2\pi \boldsymbol{r}_j \cdot \boldsymbol{g}_j \\
&= 2\pi (X_j \boldsymbol{a} + Y_j \boldsymbol{b} + Z_j \boldsymbol{c}) \cdot (H\boldsymbol{a}^* + K\boldsymbol{b}^* + L\boldsymbol{c}^*) \\
&= 2\pi (HX_j + KY_j + LZ_j)
\end{aligned} \tag{3-62}$$

设晶胞中有 n 个原子，第 j 个原子的散射因子为 f_j，则单胞的散射振幅为各原子的散射波振幅的合成。即

$$A_b = A_e f_1 e^{i\varphi_1} + A_e f_2 e^{i\varphi_2} + \cdots + A_e f_j e^{i\varphi_j} + \cdots + A_e f_n e^{i\varphi_n} = A_e \sum_{j=1}^{n} f_j e^{i\varphi_j} \tag{3-63}$$

$$\frac{A_b}{A_e} = \sum_{j=1}^{n} f_j e^{i\varphi_j} \tag{3-64}$$

我们引入一个以单个电子散射能力为单位，反映单胞散射能力的参数——结构振幅 F_{HKL}，即定义

$$F_{HKL} = \frac{A_b}{A_e} = \frac{\text{单胞中所有原子相干散射波的合成振幅}}{\text{单电子相干散射波的振幅}} = \sum_{j=1}^{n} f_j e^{i\varphi_j} \quad (3-65)$$

由于散射波的强度正比于振幅的平方,所以,单胞的散射强度 I_b 与电子的散射强度 I_e 存在以下关系:

$$\frac{I_b}{I_e} = F_{HKL}^2 \quad (3-66)$$

$$I_b = F_{HKL}^2 \times I_e \quad (3-67)$$

当晶胞的结构类型不同时,各原子的位置矢量也不同,位相差也随之变化,F_{HKL}^2 反映了晶胞结构类型对散射强度的影响,故称 F_{HKL}^2 为结构因子。

$$\begin{aligned}
F_{HKL}^2 &= F_{HKL} \times F_{HKL}^* = \sum_{j=1}^{n} f_j e^{i\varphi_j} \times \sum_{j=1}^{n} f_j e^{-i\varphi_j} \\
&= \big[(f_1\cos\varphi_1 + f_2\cos\varphi_2 + \cdots + f_n\cos\varphi_n) + i(f_1\sin\varphi_1 + f_2\sin\varphi_2 + \cdots + f_n\sin\varphi_n) \big] \times \\
&\quad \big[(f_1\cos\varphi_1 + f_2\cos\varphi_2 + \cdots + f_n\cos\varphi_n) - i(f_1\sin\varphi_1 + f_2\sin\varphi_2 + \cdots + f_n\sin\varphi_n) \big] \\
&= \big[f_1\cos\varphi_1 + f_2\cos\varphi_2 + \cdots + f_n\cos\varphi_n \big]^2 + \big[f_1\sin\varphi_1 + f_2\sin\varphi_2 + \cdots + f_n\sin\varphi_n \big]^2 \\
&= \Big[\sum_{j=1}^{n} f_j\cos\varphi_j \Big]^2 + \Big[\sum_{j=1}^{n} f_j\sin\varphi_j \Big]^2 \\
&= \Big[\sum_{j=1}^{n} f_j\cos 2\pi(HX_j + KY_j + LZ_j) \Big]^2 + \Big[\sum_{j=1}^{n} f_j\sin 2\pi(HX_j + KY_j + LZ_j) \Big]^2
\end{aligned}$$

$$(3-68)$$

1) 常见布拉菲点阵的结构因子计算

结构因子的大小取决于晶胞的点阵类型、原子的种类、位置和数目,根据阵胞中阵点位置的不同,可将 14 种布拉菲点阵分为简单点阵、底心点阵、体心点阵和面心点阵四大类,现分别计算如下:

(1) 简单点阵

简单点阵的晶胞仅有一个原子,坐标为 $(0,0,0)$,即 $X = Y = Z = 0$。设原子的散射因子为 f,则

$$F_{HKL}^2 = f^2 \quad (3-69)$$

结果表明,简单点阵的结构因子与 HKL 无关,且不等于零,故凡是满足布拉格方程的所有 HKL 晶面均可产生衍射花样。

(2) 底心点阵

底心点阵的晶胞有两个原子,坐标分别为 $(0,0,0)$、$\left(\frac{1}{2}, \frac{1}{2}, 0\right)$,各原子的散射因子均为 f,则

$$F_{HKL}^2 = f^2[1 + \cos(H+K)\pi]^2 \quad (3-70)$$

① 当 $H+K$ 为偶数时,$F_{HKL}^2 = 4f^2$;

② 当 $H+K$ 为奇数时,$F_{HKL}^2 = 0$。

以上讨论表明,底心点阵的结构因子仅与 HK 有关,而与 L 无关,在 HK 同奇或同偶时,

$H+K$ 为偶数,结构因子为 $4f^2$,凡满足布拉格方程的晶面均可产生衍射;当 HK 奇偶混杂时,$H+K$ 为奇数,结构因子为零,该晶面虽然满足布拉格方程,但其散射强度为零,无衍射花样产生,出现了所谓的消光现象,我们将这种由于点阵结构的原因导致的消光称为点阵消光,显然简单结构无点阵消光。

（3）体心点阵

体心点阵的晶胞由两个原子组成,坐标分别为 $(0,0,0)$、$\left(\frac{1}{2},\frac{1}{2},\frac{1}{2}\right)$,各原子的散射因子均为 f,则

$$F_{HKL}^2 = f^2[1+\cos(H+K+L)\pi]^2 \tag{3-71}$$

① 当 $H+K+L=$ 奇数时,$F_{HKL}^2=0$;

② 当 $H+K+L=$ 偶数时,$F_{HKL}^2=4f^2$。

由此可见,对于体心点阵的晶胞,仅有在 $H+K+L$ 为偶数时才能发生相干散射增强,出现衍射花样,而在 $H+K+L$ 为奇数时,即使满足布拉格方程的晶面也无衍射花样产生,出现了点阵消光。

（4）面心点阵

面心点阵的晶胞拥有 4 个原子,其坐标分别为:$(0,0,0)$、$\left(\frac{1}{2},\frac{1}{2},0\right)$、$\left(\frac{1}{2},0,\frac{1}{2}\right)$、$\left(0,\frac{1}{2},\frac{1}{2}\right)$,各原子的散射因子均为 f,则

$$F_{HKL}^2 = f^2[1+\cos(K+L)\pi+\cos(L+H)\pi+\cos(H+K)\pi]^2 \tag{3-72}$$

① 当 H、K、L 全奇或全偶时,$K+L$、$L+H$、$H+K$ 均为偶数,$F_{HKL}^2=16f^2$;

② 当 H、K、L 奇偶混杂时,$K+L$、$L+H$、$H+K$ 中必有两个奇数,一个偶数,$F_{HKL}^2=0$。

因此,面心点阵中,晶面指数同奇或同偶时,将产生衍射花样,而当晶面指数奇偶混杂时,结构因子为零,出现点阵消光。

综上分析,布拉菲点阵的消光规律见表 3-1。

表 3-1 常见点阵的消光规律

点阵类型	简单点阵							底心点阵		体心点阵			面心点阵	
消光规律 $F_{HKL}^2=0$	简单单斜	简单斜方	简单正方	简单立方	简单六方	菱方	三斜	底心单斜	底心斜方	体心斜方	体心正方	体心立方	面心立方	面心斜方
	无点阵消光							H、K 奇偶混杂,L 无要求		$H+K+L=$ 奇数			H、K、L 奇偶混杂	

注意点:

① 结构因子 F_{HKL}^2 的大小与点阵类型、原子种类、原子位置和数目有关,而与点阵参数（a、b、c、α、β、γ）无关。

② 消光规律仅与点阵类型有关,同种点阵类型的不同结构具有相同的消光规律。例如,体心立方、体心正方、体心斜方的消光规律相同,即 $H+K+L$ 为奇数时 3 种结构均出现消光。

③ 当晶胞中有异种原子时,F_{HKL}^2 的计算与同种原子的计算一样,只是 f_j 分别用各自的

散射因子代入即可。

④ 以上消光规律反映了点阵类型与衍射花样之间的具体关系，它仅决定于点阵类型，我们称这种消光为点阵消光。

常见的 4 种立方系点阵晶体的衍射线分布如图 3-15 所示。

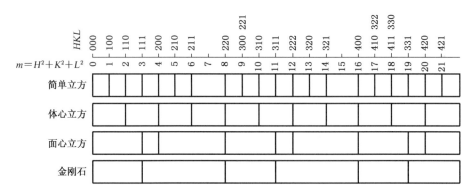

图 3-15 四种立方点阵晶体衍射线分布示意图

2）复杂点阵的 F_{HKL}^2 的计算

常见的复杂点阵有金刚石结构、密排六方结构、NaCl 结构、超点阵结构等。

（1）金刚石结构

金刚石结构是一种复式点阵，由面心立方点阵沿其对角线移动 $\frac{1}{4}$ 套构而成，共有 8 个同类原子，设原子散射因子为 f，8 个原子的坐标如下：$(0，0，0)$、$\left(\frac{1}{2}，\frac{1}{2}，0\right)$、$\left(\frac{1}{2}，0，\frac{1}{2}\right)$、$\left(0，\frac{1}{2}，\frac{1}{2}\right)$、$\left(\frac{1}{4}，\frac{1}{4}，\frac{1}{4}\right)$、$\left(\frac{3}{4}，\frac{3}{4}，\frac{1}{4}\right)$、$\left(\frac{3}{4}，\frac{1}{4}，\frac{3}{4}\right)$、$\left(\frac{1}{4}，\frac{3}{4}，\frac{3}{4}\right)$。则

$$F_{HKL}^2 = 2F_F^2\left[1+\cos\frac{\pi}{2}(H+K+L)\right] \tag{3-73}$$

式中：F_F^2——面心点阵的结构因子。讨论：

① 当 H、K、L 奇偶混杂时，$F_F^2 = 0$，故 $F_{HKL}^2 = 0$；

② 当 H、K、L 全奇时，$F_{HKL}^2 = 2F_F^2 = 2\times16f^2 = 32f^2$；

③ 当 H、K、L 全偶，且 $H+K+L = 4n$ 时（n 为整数），$F_{HKL}^2 = 2F_F^2(1+1) = 64f^2$；

④ 当 H、K、L 全偶，$H+K+L \neq 4n$ 时，则 $H+K+L = 2(2n+1)$，$F_{HKL}^2 = 2F_F^2(1-1) = 0$。

由上分析可知，金刚石结构除了遵循面心立方点阵的消光规律外，还有附加消光，即 H、K、L 全偶，$H+K+L \neq 4n$ 时，$F_{HKL}^2 = 0$。

（2）密排六方结构

由图 1-6 可知密排六方结构是由 3 个单位平行六面体原胞组成，每个原胞又可看成是两个简单平行六面体套构而成，原胞由两个同类原子组成，其坐标分别为：$(0，0，0)$、$\left(\frac{1}{3}，\frac{2}{3}，\frac{1}{2}\right)$，设原子散射因子均为 f，则

$$F_{HKL}^2 = 4f^2 \cos^2\left(\frac{H+2K}{3} + \frac{L}{2}\right)\pi \qquad (3\text{-}74)$$

讨论：

① 当 $H+2K=3n$，$L=2n$ 时（n 为整数）：$F_{HKL}^2 = 4f^2 \cos^2 2n\pi = 4f^2$；

② 当 $H+2K=3n$，$L=2n+1$ 时：

$$F_{HKL}^2 = 4f^2 \cos^2\left(n + \frac{2n+1}{2}\right)\pi = 4f^2 \cos^2(4n+1)\frac{\pi}{2} = 0;$$

③ 当 $H+2K=3n\pm1$，$L=2n+1$ 时：

$$F_{HKL}^2 = 4f^2 \cos^2\left(n + \frac{1}{3} + n + \frac{1}{2}\right)\pi = 4f^2 \cos^2\left(2n + \frac{5}{6}\right)\pi = 3f^2;$$

④ 当 $H+2K=3n\pm1$，$L=2n$ 时：

$$F_{HKL}^2 = 4f^2 \cos^2\left(n \pm \frac{1}{3} + n\right)\pi = 4f^2 \cos^2\left(2n \pm \frac{1}{3}\right)\pi = f^2。$$

密排六方结构中的单位平行六面体原胞中含有两个原子，它属于简单六方布拉菲点阵，没有点阵消光，但在 $H+2K=3n$，$L=2n+1$ 时，$F_{HKL}^2=0$，出现了消光。

（3）NaCl 结构

一个晶胞中由 4 个 Cl 原子和 4 个 Na 原子组成，Cl 原子的散射因子为 f_{Cl}，其坐标：$\left(\frac{1}{2}, \frac{1}{2}, \frac{1}{2}\right)$、$\left(0, 0, \frac{1}{2}\right)$、$\left(0, \frac{1}{2}, 0\right)$、$\left(\frac{1}{2}, 0, 0\right)$；Na 原子的散射因子为 f_{Na}，其坐标：$(0, 0, 0)$、$\left(\frac{1}{2}, \frac{1}{2}, 0\right)$、$\left(\frac{1}{2}, 0, \frac{1}{2}\right)$、$\left(0, \frac{1}{2}, \frac{1}{2}\right)$。则

$$F_{HKL} = \left[f_{Na} + f_{Na}\cos(H+K)\pi + f_{Na}\cos(H+L)\pi + f_{Na}\cos(K+L)\pi\right] +$$
$$\left[f_{Cl}\cos(H+K+L)\pi + f_{Cl}\cos H\pi + f_{Cl}\cos K\pi + f_{Cl}\cos L\pi\right] \quad (3\text{-}75)$$

讨论：

① 当 H、K、L 奇偶混杂时，$H+K$、$H+L$、$K+L$ 必为两奇一偶，$H+K+L$、H、K、L 必为两奇两偶，故 $F_{HKL}=0$；

② 当 H、K、L 同奇时，$F_{HKL}^2 = (4f_{Na} - 4f_{Cl})^2 = 16(f_{Na} - f_{Cl})^2$；

③ 当 H、K、L 同偶时，$F_{HKL}^2 = (4f_{Na} + 4f_{Cl})^2 = 16(f_{Na} + f_{Cl})^2$。

NaCl 结构为面心点阵，基元由两个异类原子组成，此时消光规律与面心点阵相同，没有产生附加消光，只是衍射强度有所变化。

（4）超点阵结构

有些合金在一定的临界温度时会发生无序与有序的可逆转变。$AuCu_3$ 即为其中一种，当温度高于 395℃时，为无序的面心点阵，Au 原子和 Cu 原子均有可能出现于六面体的顶点和面心，其出现的概率为各自的原子百分数，因此，顶点和面心上的原子可看成是一个平均原子，原子散射因子 $f_{平均} = (0.25f_{Au} + 0.75f_{Cu})$，4 个平均原子组成了面心点阵，其消光规律也类似于面心点阵，即 H、K、L 奇偶混杂时，结构因子为零，出现消光。当温度小于 395℃时，为有序的面心点阵，Au 原子位于六面体的顶点，坐标为 $(0, 0, 0)$，Cu 原子位于六面体的面心，坐

标为：$\left(\dfrac{1}{2},\dfrac{1}{2},0\right)$、$\left(\dfrac{1}{2},0,\dfrac{1}{2}\right)$、$\left(0,\dfrac{1}{2},\dfrac{1}{2}\right)$，设原子散射因子分别为 f_{Au} 和 f_{Cu}，则

$$F_{HKL}^2 = [f_{Au} + f_{Cu}\cos(H+K)\pi + f_{Cu}\cos(H+L)\pi + f_{Cu}\cos(K+L)\pi]^2 \quad (3-76)$$

① 当 H、K、L 全奇或全偶时，$F_{HKL}^2 = [f_{Au} + 3f_{Cu}]^2$；

② 当 H、K、L 奇偶混杂时，$F_{HKL}^2 = [f_{Au} - f_{Cu}]^2 \neq 0$。

可见 $AuCu_3$ 在有序化后，H、K、L 奇偶混杂时的结构因子不为零，出现了衍射，不过此时的结构因子较小，为弱衍射。有序化使无序固溶体因消光而不出现的衍射线重新出现，这种重新出现的衍射线称为超点阵线，具有这种特征的结构称为超点阵结构。

由上述复杂点阵的结构因子讨论可知，当阵点不是一个单原子，而是一个原子集团时，基元内原子散射波间相互干涉也可能会导致消光，此外，布拉菲点阵通过套构后形成的复式点阵，出现了布拉菲点阵本身没有的消光规律，我们称这种附加的消光为结构消光。结构消光与点阵消光合称系统消光。消光规律在衍射花样分析中非常重要，衍射矢量方程只是解决了衍射的方向问题，满足衍射矢量方程是发生衍射的必要条件，能否产生衍射花样还取决于结构因子，仅当 F_{HKL}^2 不为零时，(HKL) 面才能产生衍射，因此，(HKL) 产生衍射的充要条件有两条：① 满足衍射矢量方程；② $F_{HKL}^2 \neq 0$。

3.2.4 单晶体的散射强度与干涉函数

单晶体是由晶胞在三维方向堆垛而成，设单晶体为平行六面体，三维方向的晶胞数分别为 N_1、N_2、N_3，晶胞总数 $N = N_1 \times N_2 \times N_3$，晶胞的基矢量分别为 $\boldsymbol{a}$、$\boldsymbol{b}$、$\boldsymbol{c}$。单胞的散射振幅为各原子的散射振幅的合成，与此相似，单晶体的散射振幅为各单胞的散射振幅的合成。

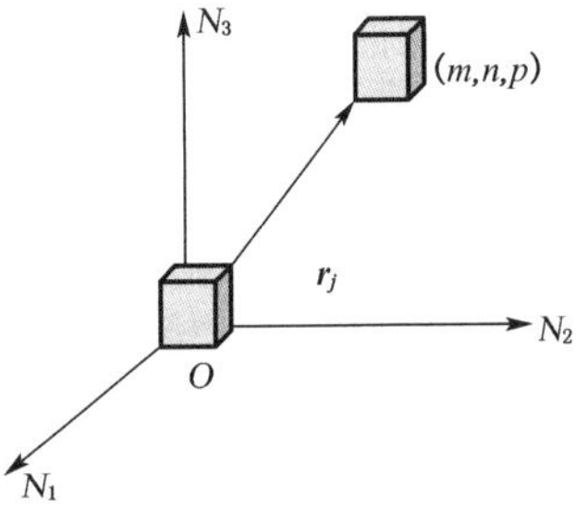

图 3-16 单晶体点阵示意图

设晶胞 j 的坐标为 (m, n, p)，其位置矢量为 $\boldsymbol{r}_j = m\boldsymbol{a} + n\boldsymbol{b} + p\boldsymbol{c}$，式中 m: $0 \sim N_1 - 1$，n: $0 \sim N_2 - 1$，p: $0 \sim N_3 - 1$。入射和散射的单位矢量分别为 $\boldsymbol{s}_0$ 和 $\boldsymbol{s}$，两晶胞间的光程差为

$$\delta_j = \boldsymbol{r}_j \cdot \boldsymbol{s} - \boldsymbol{r}_j \cdot \boldsymbol{s}_0 = \boldsymbol{r}_j(\boldsymbol{s} - \boldsymbol{s}_0) \quad (3-77)$$

而相位差为

$$\varphi_j = \frac{2\pi}{\lambda} \times \delta_j = \frac{2\pi}{\lambda}\boldsymbol{r}_j \cdot (\boldsymbol{s} - \boldsymbol{s}_0) = 2\pi\boldsymbol{r}_j \cdot \frac{1}{\lambda}(\boldsymbol{s} - \boldsymbol{s}_0) = 2\pi\boldsymbol{r}_j \cdot \boldsymbol{g}_j \quad (3-78)$$

式中的 $\boldsymbol{g}_j = \xi\boldsymbol{a}^* + \eta\boldsymbol{b}^* + \zeta\boldsymbol{c}^*$，为倒空间中的流动矢量，$\xi$、$\eta$、$\zeta$ 为倒阵空间中的流动坐标，由于倒易点阵可连续变化，所以 ξ、η、ζ 不再是整数 H、K、L 了，此时相位差可表示为

$$\begin{aligned}\varphi_j &= 2\pi\boldsymbol{r}_j \cdot \boldsymbol{g}_j = 2\pi(m\boldsymbol{a} + n\boldsymbol{b} + p\boldsymbol{c}) \cdot (\xi\boldsymbol{a}^* + \eta\boldsymbol{b}^* + \zeta\boldsymbol{c}^*) \\ &= 2\pi(m\xi + n\eta + p\zeta)\end{aligned} \quad (3-79)$$

单晶体的合成振幅：

$$A_m = A_b \sum_{j=1}^{N} e^{i\varphi_j} = A_e F_{HKL} \sum_{j=1}^{N} e^{i\varphi_j} \quad (3-80)$$

设 $G = \dfrac{单晶体的散射振幅}{单胞的散射振幅}$，则

$$G = \frac{A_{\mathrm{m}}}{A_{\mathrm{e}}F_{HKL}} = \sum_{j=1}^{N} \mathrm{e}^{\mathrm{i}\varphi_j} = \sum_{m=0}^{N_1-1} \mathrm{e}^{\mathrm{i}2\pi m\xi} \sum_{n=0}^{N_2-1} \mathrm{e}^{\mathrm{i}2\pi n\eta} \sum_{p=0}^{N_3-1} \mathrm{e}^{\mathrm{i}2\pi p\zeta} \tag{3-81}$$

令 $G_1 = \displaystyle\sum_{m=0}^{N_1-1} \mathrm{e}^{\mathrm{i}2\pi m\xi}$，$G_2 = \displaystyle\sum_{n=0}^{N_2-1} \mathrm{e}^{\mathrm{i}2\pi n\eta}$，$G_3 = \displaystyle\sum_{p=0}^{N_3-1} \mathrm{e}^{\mathrm{i}2\pi p\zeta}$，则

$$G = G_1 G_2 G_3 \tag{3-82}$$

$$G^2 = G \cdot G^* = (G_1 \cdot G_1^*) \times (G_2 \cdot G_2^*) \times (G_3 \cdot G_3^*) \tag{3-83}$$

由数学知识推导得

$$G_1 \cdot G_1^* = \frac{\sin^2 \pi N_1 \xi}{\sin^2 \pi \xi}, \quad G_2 \cdot G_2^* = \frac{\sin^2 \pi N_2 \eta}{\sin^2 \pi \eta}, \quad G_3 \cdot G_3^* = \frac{\sin^2 \pi N_3 \zeta}{\sin^2 \pi \zeta}$$

$$G^2 = \frac{\sin^2 \pi N_1 \xi}{\sin^2 \pi \xi} \times \frac{\sin^2 \pi N_2 \eta}{\sin^2 \pi \eta} \times \frac{\sin^2 \pi N_3 \zeta}{\sin^2 \pi \zeta} \tag{3-84}$$

式中：G^2——称为干涉函数。

由于散射强度正比于散射振幅的平方，因此

$$\frac{I_{\mathrm{m}}}{I_{\mathrm{b}}} = G^2, \quad I_{\mathrm{m}} = I_{\mathrm{b}}G^2 = I_{\mathrm{e}}G^2 F_{HKL}^2 \tag{3-85}$$

干涉函数 G^2 的物理意义即为单晶体的散射强度与单胞的散射强度之比，G^2 的空间分布代表了单晶体的散射强度在 ξ、η、ζ 三维空间中的分布规律。

1）干涉函数 G^2 的分布

干涉函数 G^2 由 G_1^2、G_2^2、G_3^3 三部分组成，分别表示散射强度在三维方向上的分布规律。以 G_1^2 为例，它表示散射强度在 ξ 方向上的分布规律，设 $N_1 = 5$，其曲线如图 3-17 所示。

由该图可知：

（1）曲线由主峰和副峰组成，主峰的强度较高，可由洛必达法则得，在 $\xi \rightarrow 0$ 时，$\displaystyle\lim_{\xi \rightarrow 0} G_1^2 = N_1^2$。副峰位于相邻主峰之间，副峰的个数为 $N_1 - 2$，副峰强度很弱。

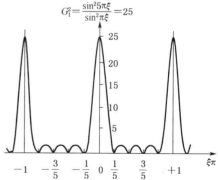

图 3-17　G_1^2 函数分布曲线$(N_1 = 5)$

（2）主峰的分布范围即底宽为 $2 \times \dfrac{1}{N_1}\pi$，而副峰底宽为 $\dfrac{1}{N_1}\pi$，仅为主峰的一半。主峰高为 N_1^2，在 N_1 高于 100 时，强度几乎全部集中于主峰，副峰强度就可忽略不计。单晶体中，N_1 远高于该值，因此，我们仅分析主峰即可。

（3）$G_1^2 - \xi\pi$ 曲线位于横轴 $\xi\pi$ 以上，当 $\xi\pi = H\pi$，即 $\xi = H$（H 为整数）时，G_1^2 取得最大值 N_1^2；当 $\xi = \pm\dfrac{1}{N_1}$ 时，$G_1^2 = 0$，即在 $\xi = H \pm \dfrac{1}{N_1}$ 范围内，主峰都有强度值。同理可得 $G_2^2 - \eta\pi$、

$G_3^2 - \zeta\pi$ 的强度分布曲线。在 $\xi = H$、$\eta = K$、$\zeta = L$ 时，G^2 取得最大值 $G_{\max}^2 = N_1^2 \times N_2^2 \times N_3^2$ $= N^2$，主峰强度的有值范围是：$\xi = H \pm \dfrac{1}{N_1}$、$\eta = K \pm \dfrac{1}{N_2}$、$\zeta = L \pm \dfrac{1}{N_3}$。显然 G^2 在空间的分布取决于 N_1、N_2、N_3 的大小，而 N_1、N_2、N_3 又决定了晶体的形状，故称 G^2 为形状因子，常见形状因子的分布规律见图 3-18。

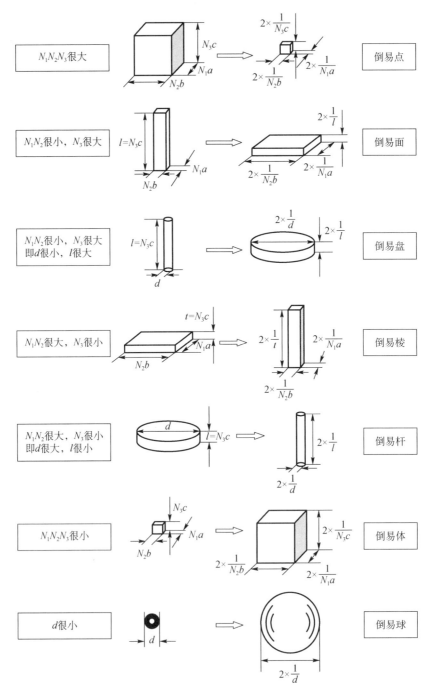

图 3-18 干涉函数 G^2 的空间分布规律

（4）晶体对 X 射线的衍射只在一定的方向上产生衍射线，且每条衍射线本身还具有一定的强度分布范围。

2）单晶体的散射强度

单晶体的散射强度 $I_m = I_e G^2 F_{HKL}^2$ 主要取决于 G^2。由于实际晶体都有一定的大小，即 G^2 的主峰有一个存在范围，且晶体的尺寸愈小，G^2 的主峰存在范围就愈大，实际散射强度 I_m 应是主峰有强度范围内的积分强度，其积分强度与 $\dfrac{1}{\sin2\theta}$ 成正比为

$$I_m = I_e F_{HKL}^2 \frac{\lambda^3}{V_0^2} \Delta V \cdot \frac{1}{\sin 2\theta} = I_0 \cdot \frac{e^4}{(4\pi\varepsilon_0)^2 m^2 c^4} \cdot \frac{1+\cos^2 2\theta}{2\sin 2\theta} \cdot F_{HKL}^2 \cdot \frac{\lambda^3}{V_0^2} \Delta V \quad (3\text{-}86)$$

式中：ΔV——单晶体被辐射的体积；

$\quad\quad V_0$——单胞体积。

需注意在 X 射线与原子、单胞、单晶体的作用中，散射强度推导时均出现矢量 $\dfrac{s-s_0}{\lambda}$，在原子中该矢量不表示某晶面的倒易矢量，因为原子核外的电子无法构成晶面。而在单胞中该矢量则为衍射晶面的倒易矢量，可直接表示为 $\dfrac{s-s_0}{\lambda} = g = ha^* + kb^* + lc^*$。同样在多胞单晶体中，也为一倒易矢量，不过它不代表某个具体的晶面，而是多个相干散射晶面的集合，可理解为衍射条件的放宽，此时 $\dfrac{s-s_0}{\lambda} = g = \xi a^* + \eta b^* + \zeta c^*$，$(\xi,\eta,\zeta)$ 为倒空间的流动坐标。该流动坐标是以 (H,K,L) 为中心，在一定范围内流动，流动范围或空间取决于样品尺寸，即 $\xi = H \pm \dfrac{1}{N_1}$，$\eta = K \pm \dfrac{1}{N_2}$，$\zeta = L \pm \dfrac{1}{N_3}$，此时反射球仅与该流动坐标决定的倒空间相截即可产生衍射，而不需要与倒易阵点 (H,K,L) 严格相截了，使衍射条件放宽，衍射更容易。此外，在布拉格方程的推导中，同样出现了 $\dfrac{s-s_0}{\lambda}$，该矢量是衍射晶面 (hkl) 的倒易矢量，可直接表示为 $\dfrac{s-s_0}{\lambda} = g = ha^* + kb^* + lc^*$。

3.2.5　单相多晶体的衍射强度

1）参与衍射的晶粒分数

单相多晶体是由许多单晶体（细小晶粒）组成的，因此，X 射线在单相多晶体中产生的衍射可以看成是各单晶体衍射的合成。单相多晶材料中每个晶体的 (HKL) 对应于倒空间中的一个倒易点，由于晶粒取向随机，各晶粒中同名 (HKL) 所对应的倒易阵点分布于半径为 $\dfrac{1}{d_{HKL}}$ 的倒易球面上，倒易球的致密性取决于晶粒数。单相多晶中并非每个晶粒都能参与衍射，只是反射球（厄瓦尔德球）与倒易球相交的交线圆，即交线圆上的倒易阵点所对应的 HKL 晶面参与了衍射。

由单晶体的衍射强度分析可知，衍射线均存在一个强度分布范围，意味着当某晶面 (HKL) 满足衍射条件产生衍射时，其衍射角有一定的波动范围，存在着 $d\theta$，倒易点也不是一个几何点，而是具有一定形状和大小的倒易体。单相多晶体的倒易球实际上是一个具有

一定厚度的球,与反射球的交线为具有一定宽度的环带,如图 3-19 所示。这样环带的面积 ΔS 与倒易球面积 S 之比代表了多晶体中参与衍射的晶粒百分数。设参与衍射的晶粒数为 Δq,晶粒总数为 q,则参与衍射的晶粒分数为

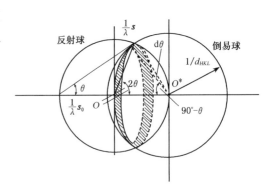

图 3-19 单相多晶体衍射的厄瓦尔德图解

$$\frac{\Delta q}{q} = \frac{\Delta S}{S} = \frac{2\pi \dfrac{1}{d_{HKL}} \sin(90° - \theta) \cdot \dfrac{1}{d_{HKL}} \cdot \mathrm{d}\theta}{4\pi \dfrac{1}{d_{HKL}^2}}$$

$$= \frac{\cos\theta}{2}\mathrm{d}\theta \tag{3-87}$$

所以
$$\Delta q = q \cdot \frac{\cos\theta}{2}\mathrm{d}\theta \tag{3-88}$$

设单相多晶体的衍射强度为 $I_{多}$,则

$$I_{多} = \Delta q \cdot I_{\mathrm{m}} \tag{3-89}$$

将式(3-86)代入,由于 Δq 式中的 $\mathrm{d}\theta$ 已在单晶体衍射强度的推导中考虑过,故此处就不再考虑了。

$$I_{多} = \Delta q \cdot I_{\mathrm{e}}F_{HKL}^2 \frac{\lambda^3}{V_0^2}\Delta V \cdot \frac{1}{\sin 2\theta}$$

$$= q \cdot \frac{\cos\theta}{2} \cdot I_{\mathrm{e}}F_{HKL}^2 \frac{\lambda^3}{V_0^2}\Delta V \cdot \frac{1}{\sin 2\theta}$$

$$= q \cdot \Delta V \frac{\cos\theta}{2} \cdot I_{\mathrm{e}}F_{HKL}^2 \frac{\lambda^3}{V_0^2} \cdot \frac{1}{2\sin\theta\cos\theta} \tag{3-90}$$

ΔV 为单晶体被辐射的体积,$q \cdot \Delta V$ 为单相多晶体被辐射的体积,设 $q \cdot \Delta V = V$,这样上式化简为

$$I_{多} = I_{\mathrm{e}}F_{HKL}^2 \frac{\lambda^3}{V_0^2} \cdot V \cdot \frac{1}{4\sin\theta} \tag{3-91}$$

2) 单位弧长的衍射强度

以上单相多晶体的衍射强度是整个衍射环带的积分强度,实际记录的衍射强度仅是环带的一部分,为此,我们有必要分析一下单位环带弧长上的衍射强度。从试样中心出发,向环带引射线,从而形成具有一定厚度的衍射锥,强度测试装置位于衍射锥的底部环带处,记录的仅是锥底环带的一部分。

图 3-20 为一单相多晶体的衍射锥,设试样到锥底环带的距离为 R,衍射锥的半顶角为 2θ,锥底环带总长为 $2\pi R \sin 2\theta$,则单位弧长上的衍射强度为

$$I = \frac{I_{多}}{2\pi R \sin 2\theta}$$

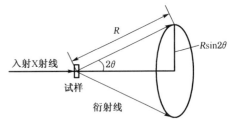

图 3-20 单相多晶体的衍射锥

$$= I_e F_{HKL}^2 \frac{\lambda^3}{V_0^2} \cdot V \cdot \frac{1}{4\sin\theta} \cdot \frac{1}{2\pi R \sin 2\theta}$$

$$= \frac{1}{16\pi R} \cdot I_e F_{HKL}^2 \frac{\lambda^3}{V_0^2} \cdot V \cdot \frac{1}{\sin^2\theta\cos\theta} \qquad (3\text{-}92)$$

所以

$$I = \frac{I_0}{32\pi R} \cdot \frac{e^4}{(4\pi\varepsilon_0)^2 m^2 c^4} \cdot F_{HKL}^2 \frac{\lambda^3}{V_0^2} \cdot V \cdot \frac{1+\cos^2 2\theta}{\sin^2\theta\cos\theta} \qquad (3\text{-}93)$$

式中 $\frac{1+\cos^2 2\theta}{\sin^2\theta\cos\theta}$ 项仅与散射半角 θ 有关,故称之为角因子,$\frac{1}{\sin^2\theta\cos\theta}$ 也称为洛伦兹因子。

3.2.6 影响单相多晶体衍射强度的其他因子

1) 多重因子 P

同一晶面族 $\{HKL\}$ 中包含多个等同晶面,如立方晶系中 $\{111\}$ 包含有 (111)、$(\bar{1}11)$、$(1\bar{1}1)$、$(11\bar{1})$、$(\bar{1}\bar{1}1)$、$(\bar{1}1\bar{1})$、$(1\bar{1}\bar{1})$、$(\bar{1}\bar{1}\bar{1})$ 八个晶面,它们具有相同的晶面间距,因此,当 $\{111\}$ 晶面满足衍射条件时,其包含的 8 个晶面都将参与衍射,均对衍射强度作出贡献。不同的晶面族,其包含的晶面数也不同,如立方晶系中:$\{100\}$ 包含的晶面有 6 个,$\{110\}$ 则有 12 个,因此,衍射强度需要考虑这个因素,我们把晶面族所包含的晶面数称为多重因子,记为 P,不同结构时的多重因子可见附录 9,此时,衍射强度为

$$I = \frac{I_0}{32\pi R} \cdot \frac{e^4}{(4\pi\varepsilon_0)^2 m^2 c^4} \cdot F_{HKL}^2 \frac{\lambda^3}{V_0^2} \cdot V \cdot \frac{1+\cos^2 2\theta}{\sin^2\theta\cos\theta} \cdot P \qquad (3\text{-}94)$$

2) 吸收因子 $A(\theta)$

试样对 X 射线的吸收使衍射强度衰减,为此需在衍射强度中引入吸收因子 A:

$$A = \frac{\text{有吸收时的衍射强度}}{\text{无吸收时的衍射强度}} \qquad (3\text{-}95)$$

以修整样品吸收对衍射强度的影响,则经修正后的衍射强度为

$$I = \frac{I_0}{32\pi R} \cdot \frac{e^4}{(4\pi\varepsilon_0)^2 m^2 c^4} \cdot F_{HKL}^2 \frac{\lambda^3}{V_0^2} \cdot V \cdot \frac{1+\cos^2 2\theta}{\sin^2\theta\cos\theta} \cdot P \cdot A \qquad (3\text{-}96)$$

吸收因子 A 与试样的线性吸收系数、形状、尺寸和衍射角有关。试样通常有圆柱状和平板状两种,前者用于照相法,后者用于衍射仪法。圆柱试样的吸收因子 A 主要取决于线吸收系数 μ_l、试样半径 r 及衍射半角 θ。对于一个固定的试样来说,$\mu_l r$ 为定值,有时又将 $\mu_l r$ 称为试样的相对吸收系数,柱状试样的吸收因子 A 与 $\mu_l r$ 及 θ 的变化关系如图 3-21 所示。

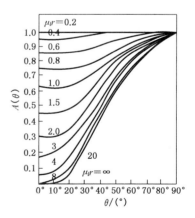

图 3-21 柱状样品的吸收因子与 $\mu_l r$ 和 θ 的关系

显然，$\mu_l r$ 愈大，$A(\theta)$ 愈小，衍射强度愈小，表明试样对 X 射线的吸收愈多。同一个 $\mu_l r$ 时，吸收因子 $A(\theta)$ 随 θ 的增加，背射增多，透射减少，衍射线在试样中的作用路径减小，故试样对其的吸收减弱，吸收因子 $A(\theta)$ 增加。在 $\theta < 45°$ 时，即 $2\theta < 90°$，衍射主要是透射，且衍射线在试样中的路径长，吸收显著增加，A 值相对较小；当 $\theta > 45°$ 时，即 $2\theta > 90°$，衍射线主要是背射，在试样中的路径短，试样对其吸收少，曲线相对平缓；在 $\theta \rightarrow 90°$，即 $2\theta = 180°$ 时，$A(\theta) \rightarrow 1$，此时可以忽略样品对衍射线的吸收。

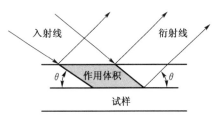

图 3-22　平板试样的吸收示意图

平板试样主要用于 X 射线仪法，由于衍射线与平板试样的作用体积基本不变，见图3-22，故吸收因子与 θ 角无关，仅与样品的线吸收系数 μ_l 有关，并可证明平板试样的吸收因子为常数，即 $A = \dfrac{1}{2\mu_l}$。感兴趣的读者可以参考相关文献。

3）温度因子 e^{-2M}

在上述衍射强度的讨论中，假定原子是静止不动的，发生衍射时，原子所在的晶面严格满足衍射条件。实际上晶体中的原子是绕其平衡位置不停地做热振动，且温度愈高，其振幅愈大。这样，在热振动过程中，原子离开了平衡位置，破坏了原来严格满足的衍射条件，从而使该原子所在反射面的衍射强度减弱。因此，需要引入温度因子：

令　　　　　　　　　温度因子 $= \dfrac{\text{考虑原子热振动时的衍射强度}}{\text{未考虑原子热振动时的衍射强度}}$

来修正由于原子的热振动对衍射强度的影响。由固体物理中的比热容理论，可导出该温度因子的大小为 e^{-2M}，其中：

$$M = \frac{6h^2}{m_a k \Theta}\left[\frac{\phi(\chi)}{\chi} + \frac{1}{4}\right]\frac{\sin^2\theta}{\lambda^2} \tag{3-97}$$

式中：h—— 普朗克常数；

　　　m_a—— 原子质量；

　　　k—— 玻尔兹曼常数；

　　　Θ—— 特征温度平均值，常见物质的特征温度见附录10；

　　　χ—— 特征温度平均值 Θ 与试验温度 T 之比，即 $\chi = \dfrac{\Theta}{T}$；

　　　θ—— 衍射半角；

　　　$\phi(\chi)$—— 德拜函数，具体值可查阅附录11。

温度愈高，原子热振动的振幅愈大，偏离衍射条件愈远，衍射强度的下降就愈大。当温度一定时，θ 愈高，M 愈大，e^{-2M} 愈小，这表明同一衍射花样中，θ 愈高，衍射强度下降得愈多。另外，由于入射 X 射线的波长 λ 一般为定值，因此，由布拉格方程可知 θ 的影响同样也反映了晶面间距对衍射强度的影响。

由于原子的热振动偏离了衍射条件，使衍射强度下降，同时增加了衍射花样的背底噪音，且随衍射半角的增加而加剧，这对衍射花样的分析不利。

综合以上各种影响因素,单相多晶体材料的衍射强度为

$$I = \frac{I_0}{32\pi R} \cdot \frac{e^4}{(4\pi\varepsilon_0)^2 m^2 c^4} \cdot F_{HKL}^2 \frac{\lambda^3}{V_0^2} \cdot V \cdot \frac{1+\cos^2 2\theta}{\sin^2\theta\cos\theta} \cdot P \cdot A \cdot e^{-2M} \qquad (3\text{-}98)$$

式中:P——多重因子;

$\quad\quad A$——吸收因子;

$\quad\quad F_{HKL}^2$——结构因子;

$\quad\quad \dfrac{1+\cos^2 2\theta}{\sin^2\theta\cos\theta}$——角度因子;

$\quad\quad e^{-2M}$——温度因子。

该式得到的是衍射强度的绝对值,计算过程非常复杂,实际衍射分析中仅需要衍射强度的相对值。这样对于同一个衍射花样,式中的 e、m 和 c 为固定的物理常数,即 $\dfrac{e^4}{(4\pi\varepsilon_0)^2 m^2 c^4}$ 为常数;对于同一物相,式中 I_0、λ、R、V_0 和 V 也为常数,即 $\dfrac{I_0}{32\pi R} \cdot \dfrac{\lambda^3}{V_0^2} \cdot V$ 为常数,这样单相多晶体衍射的相对强度为

$$I_{相对} = F_{HKL}^2 \cdot \frac{1+\cos^2 2\theta}{\sin^2\theta\cos\theta} \cdot P \cdot A \cdot e^{-2M} \qquad (3\text{-}99)$$

若要比较同一衍射花样中不同物相的相对强度时,需考虑各物相被照射的体积(V_j)以及各自的单胞体积(V_{0j}),此时 j 相的相对强度为

$$I_{j相对} = F_{HKL}^2 \cdot \frac{1+\cos^2 2\theta}{\sin^2\theta\cos\theta} \cdot P \cdot A \cdot e^{-2M} \cdot \frac{V_j}{V_{0j}^2} \qquad (3\text{-}100)$$

该式将在第四章物相的定量分析中得到应用。

总之,X射线的作用单元从电子、原子、单胞、单晶、单相多晶直到多相多晶,衍射强度的影响因素归纳见表 3-2。

表 3-2　X 射线衍射强度的影响因素

作用单元	影响因子	表征
电子(e)	电子散射因子 f_e	$f_e = \dfrac{e^2}{4\pi\varepsilon_0 mc^2}$
原子(a)	原子散射因子 f_a (f)	瞬时值:$f_a = \dfrac{A_a}{A_e} = \sum\limits_{j=1}^{Z} e^{i\varphi_j}$,$\varphi_j = 2\pi r_j \dfrac{(s-s_0)}{\lambda} = \mid r_j \mid \cdot \dfrac{4\pi\sin\theta}{\lambda}\cos\alpha$; 平均值:$f_a = \int_0^\infty U(r)\dfrac{\sin Kr}{Kr}\mathrm{d}r$
单胞(b)	结构振幅 F_{HKL} 结构因子 F_{HKL}^2	$F_{HKL} = \dfrac{A_b}{A_a} = \sum\limits_{j=1}^{n} f_j e^{i\varphi_j}$;$\varphi_j = 2\pi r_j \dfrac{(s-s_0)}{\lambda} = 2\pi(HX_j + KY_j + LZ_j)$ $F_{HKL}^2 = \left[\sum\limits_{j=1}^{n} f_j \cos 2\pi(HX_j + KY_j + LZ_j)\right]^2 + \left[\sum\limits_{j=1}^{n} f_j \sin 2\pi(HX_j + KY_j + LZ_j)\right]^2$
单晶体(m)	形状因子或干涉函数 G^2	$G = \dfrac{A_m}{A_b} = \sum\limits_{j=1}^{N} e^{i\varphi_j}$,$\varphi_j = 2\pi r_j \dfrac{(s-s_0)}{\lambda} = 2\pi(\xi n_j + \eta l_j + \zeta p_j)$; $G^2 = \dfrac{\sin^2\pi N_1\xi}{\sin^2\pi\xi} \cdot \dfrac{\sin^2\pi N_2\eta}{\sin^2\pi\eta} \cdot \dfrac{\sin^2\pi N_3\zeta}{\sin^2\pi\zeta}$

作用单元	影响因子		表征
单相多晶	衍射晶粒数与晶粒总数之比		$\dfrac{\Delta q}{q} = \dfrac{\cos\theta}{2}\mathrm{d}\theta$
	单位交线圆带长		$\dfrac{1}{2\pi R\sin 2\theta}$
	其他因子	多重因子	P
		吸收因子	$A = \dfrac{1}{2\mu_l}$
		温度因子	e^{-2M}
	衍射强度		$I = \dfrac{I_0}{32\pi R}\cdot\dfrac{e^4}{m^2c^4}\cdot F_{HKL}^2\dfrac{\lambda^3}{V_0^2}\cdot V\cdot\dfrac{1+\cos^2 2\theta}{\sin^2\theta\cos\theta}\cdot P\cdot A\cdot\mathrm{e}^{-2M}$
	相对衍射强度		$I_{相对} = F_{HKL}^2\dfrac{\lambda^3}{V_0^2}\cdot V\cdot\dfrac{1+\cos^2 2\theta}{\sin^2\theta\cos\theta}\cdot P\cdot A\cdot\mathrm{e}^{-2M}$
多相多晶	衍射强度		$I = \dfrac{I_0}{32\pi R}\cdot\dfrac{e^4}{m^2c^4}\cdot F_{HKL}^2\dfrac{\lambda^3}{V_{0j}^2}\cdot V_j\cdot\dfrac{1+\cos^2 2\theta}{\sin^2\theta\cos\theta}\cdot P\cdot A\cdot\mathrm{e}^{-2M}$
	相对衍射强度		$I_{相对} = F_{HKL}^2\dfrac{\lambda^3}{V_{0j}^2}\cdot V_j\cdot\dfrac{1+\cos^2 2\theta}{\sin^2\theta\cos\theta}\cdot P\cdot A\cdot\mathrm{e}^{-2M}$

本 章 小 结

本章主要介绍了 X 射线的衍射原理,包括衍射的方向和衍射的强度。衍射的方向由劳埃方程、布拉格方程决定,布拉格方程本质上是劳埃方程的一种简化,同时也是本书第五章电子衍射的基础。X 射线的衍射方向依赖于晶胞的形状和大小。它解决了 X 射线衍射方向问题,但它仅是发生衍射的必要条件,最终能否产生衍射花样还取决于衍射强度,当衍射强度为零或很小时,仍不显衍射花样。衍射强度取决于晶胞中原子的排列方式和原子种类。本章是以 X 射线的作用对象由小到大即从电子→原子→单胞→单晶体→单相多晶体分别进行讨论的,最终导出了 X 射线作用于一般多晶体的相对衍射强度计算公式,并获得了影响衍射强度的一系列因素:结构因子、温度因子、多重因子、角因子,吸收因子等。衍射强度 I 与衍射角 2θ 之间的关系曲线即为晶体的衍射花样。通过衍射花样分析,可以获得有关晶体的晶胞类型、晶体取向等结构信息,并为下一章 X 射线的应用打下了理论基础。

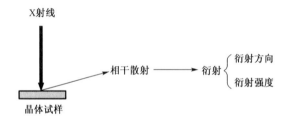

衍射方向
{

劳埃方程
{
一维　标量式：$a\cos\alpha - a\cos\alpha_0 = h\lambda$　　矢量式：$\boldsymbol{a}\cdot(\boldsymbol{s}-\boldsymbol{s}_0) = h\lambda$

二维　标量式：$\begin{cases} a\cos\alpha - a\cos\alpha_0 = h\lambda \\ b\cos\beta - b\cos\beta_0 = k\lambda \end{cases}$　矢量式：$\begin{cases} \boldsymbol{a}\cdot(\boldsymbol{s}-\boldsymbol{s}_0)=h\lambda \\ \boldsymbol{b}\cdot(\boldsymbol{s}-\boldsymbol{s}_0)=k\lambda \end{cases}$

三维　标量式：$\begin{cases} a(\cos\alpha - \cos\alpha_0) = h\lambda \\ b(\cos\beta - \cos\beta_0) = k\lambda \\ c(\cos\gamma - \cos\gamma_0) = l\lambda \end{cases}$　矢量式：$\begin{cases} \boldsymbol{a}\cdot(\boldsymbol{s}-\boldsymbol{s}_0)=h\lambda \\ \boldsymbol{b}\cdot(\boldsymbol{s}-\boldsymbol{s}_0)=k\lambda \\ \boldsymbol{c}\cdot(\boldsymbol{s}-\boldsymbol{s}_0)=l\lambda \end{cases}$
}

布拉格方程：$2d\sin\theta = n\lambda$
{
布拉格方程讨论

布拉格方程与劳埃方程的等价性

布拉格方程的厄瓦尔德图解

布拉格方程的应用
{
结构分析

成分分析
}

常见衍射方法
{
劳埃法：连续 X 射线照射不动单晶体→劳埃斑点

转晶法：单色 X 射线照射转动单晶体→平行斑点

粉末法：单色 X 射线照射多晶体粉末→系列弧对
}
}

衍射矢量方程：$\dfrac{(\boldsymbol{s}-\boldsymbol{s}_0)}{\lambda} = \boldsymbol{r}^*$
}

衍射强度
{

电子 e
{
偏振入射：$I_e = I_0\dfrac{e^4}{(4\pi\varepsilon_0)^2 m^2 c^4 R^2}\sin^2\varphi$

非偏振入射：$I_e = I_0\dfrac{e^4}{(4\pi\varepsilon_0)^2 m^2 c^4 R^2}\cdot\dfrac{1+\cos^2 2\theta}{2}$
}

原子 a　$I_a = f^2 I_e$　关于 f 的讨论：
① 核外相干散射电子集中于一点时，$f = Z$
② $2\theta = 0°$ 时，$f = Z$
③ $\lambda = C$ 时，θ 增加，f 减小，且均小于 Z
④ λ 接近吸收限 λ_K 时，f 会显著减小，出现反常散射

单胞 b　$F_{HKL} = \dfrac{A_b}{A_e} = \sum\limits_{j=1}^{n} f_j e^{i\varphi_j}$；结构因子：

$$F_{HKL}^2 = \left[\sum_{j=1}^{n} f_j\cos 2\pi(HX_j + KY_j + LZ_j)\right]^2 + \left[\sum_{j=1}^{n} f_j\sin 2\pi(HX_j + KY_j + LZ_j)\right]^2$$

单晶体 m　$G = \dfrac{A_m}{A_b} = \sum\limits_{j=1}^{N} e^{i\varphi_j} = \sum\limits_{m=1}^{N_1-1} e^{i2\pi m\xi}\sum\limits_{n=1}^{N_2-1} e^{i2\pi n\eta}\sum\limits_{p=1}^{N_3-1} e^{i2\pi p\zeta}$

干涉函数：$G^2 = \dfrac{\sin^2\pi N_1\xi}{\sin^2\pi\xi}\times\dfrac{\sin^2\pi N_2\eta}{\sin^2\pi\eta}\times\dfrac{\sin^2\pi N_3\zeta}{\sin^2\pi\zeta}$

单相多晶体　$I = \dfrac{I_0}{32\pi R}\cdot\dfrac{e^4}{(4\pi\varepsilon_0)^2 m^2 c^4}\cdot F_{HKL}^2\dfrac{\lambda^3}{V_0^2}\cdot V\cdot\dfrac{1+\cos^2 2\theta}{\sin^2\theta\cos\theta}\cdot P\cdot A\cdot e^{-2M}$

单相多晶体相对强度　$I_{相对} = F_{HKL}^2\dfrac{\lambda^3}{V_0^2}\cdot V\cdot\dfrac{1+\cos^2 2\theta}{\sin^2\theta\cos\theta}\cdot P\cdot A\cdot e^{-2M}$

j 相相对强度　$I_{j相对} = F_{HKL}^2\dfrac{\lambda^3}{V_{0j}^2}\cdot V_j\cdot\dfrac{1+\cos^2 2\theta}{\sin^2\theta\cos\theta}\cdot P\cdot A\cdot e^{-2M}$
}

$$\begin{cases} \text{简单点阵:} F_{HKL}^2 = f^2 \text{ 无消光,表示只要满足布拉格方程的晶面均具有} \\ \qquad \text{衍射强度。} \\ \text{底心点阵:} F_{HKL}^2 = f^2[1+\cos(H+K)\pi]^2 \\ \qquad (1) \text{ 当 } H+K \text{ 为偶数时,} F_{HKL}^2 = 4f^2 \\ \qquad (2) \text{ 当 } H+K \text{ 为奇数时,} F_{HKL}^2 = 0 \\ \text{体心点阵:} F_{HKL}^2 = f^2[1+\cos(H+K+L)\pi]^2 \\ \qquad (1) \text{ 当 } H+K+L = \text{奇数时,} F_{HKL}^2 = 0 \\ \qquad (2) \text{ 当 } H+K+L = \text{偶数时,} F_{HKL}^2 = 4f^2 \\ \text{面心点阵:} F_{HKL}^2 = f^2[1+\cos(K+L)\pi+\cos(L+H)\pi+\cos(H+K)\pi]^2 \\ \qquad (1) \text{ 当 } H、K、L \text{ 全奇或全偶时,} F_{HKL}^2 = 16f^2 \\ \qquad (2) \text{ 当 } H、K、L \text{ 奇偶混杂时,} F_{HKL}^2 = 0 \end{cases}$$ 点阵消光

$$\begin{cases} \text{密排六方点阵:则 } F_{HKL}^2 = 4f^2\cos^2\left(\dfrac{H+2K}{3}+\dfrac{L}{2}\right)\pi \\ \qquad (1) \text{ 当 } H+2K = 3n, L = 2n \text{ 时(} n \text{ 为整数):} F_{HKL}^2 = 4f^2 \\ \qquad (2) \text{ 当 } H+2K = 3n, L = 2n+1 \text{ 时:} F_{HKL}^2 = 0 \\ \qquad (3) \text{ 当 } H+2K = 3n\pm1, L = 2n+1 \text{ 时:} F_{HKL}^2 = 3f^2 \\ \qquad (4) \text{ 当 } H+2K = 3n\pm1, L = 2n \text{ 时:} F_{HKL}^2 = f^2 \\ \text{金刚石结构:} F_{HKL}^2 = 2F_F^2\left[1+\cos\dfrac{\pi}{2}(H+K+L)\right] \text{其中 } F_F^2 \text{ 为面心点阵} \\ \qquad \text{的结构因子} \\ \qquad (1) \text{ 当 } H、K、L \text{ 奇偶混杂时,} F_F^2 = 0, \text{故 } F_{HKL}^2 = 0 \\ \qquad (2) \text{ 当 } H、K、L \text{ 全奇时,} F_{HKL}^2 = 2F_F^2 = 2\times16f^2 = 32f^2 \\ \qquad (3) \text{ 当 } H、K、L \text{ 全偶,且 } H+K+L = 4n \text{ 时(} n \text{ 为整数),} F_{HKL}^2 = 64f^2 \\ \qquad (4) \text{ 当 } H、K、L \text{ 全偶,} H+K+L \neq 4n \text{ 时,则 } H+K+L = 2(2n+1), \\ \qquad\quad F_{HKL}^2 = 0 \\ \text{NaCl结构:} F_{HKL} = [1+\cos(H+K)\pi+\cos(H+L)\pi+\cos(K+L)\pi]f_{Na} \\ \qquad\qquad + [\cos(H+K+L)\pi+\cos H\pi+\cos K\pi+\cos L\pi]f_{Cl} \\ \qquad (1) \text{ 当 } H、K、L \text{ 奇偶混杂时,} F_{HKL}^2 = 0 \\ \qquad (2) \text{ 当 } H、K、L \text{ 同奇时, } F_{HKL}^2 = 16(f_{Na}-f_{Cl})^2 \\ \qquad (3) \text{ 当 } H、K、L \text{ 同偶时,} F_{HKL}^2 = 16(f_{Na}+f_{Cl})^2 \end{cases}$$ 结构消光

系统消光 $F_{HKL}^2 = 0$

厄瓦尔德球是非常重要的几何球,又称反射球,其半径为 $\dfrac{1}{\lambda}$,与倒易点阵结合可以使复杂的衍射关系变得简洁明了,并可直观地判断衍射结果。只要倒易阵点与反射球相截就满足衍射条件可能产生衍射,但到底能否产生衍射花样还取决于结构因子是否为零。干涉函数 G^2 是倒易阵点的形状因子,决定了倒易阵点在倒空间中的形状,从而也决定了衍射束的形状,这将在电子衍射分析中详细介绍。

多晶体的衍射强度只是相对值,相对于入射强度是很小很小的 $\left(\approx\dfrac{1}{10^8}\right)$,也难于精确测量,衍射分析所需的也是相对值。

思 考 题

3.1 试证明布拉格方程与劳埃方程的等效性。

3.2 满足布拉格方程的晶面是否一定有衍射花样，为什么？

3.3 试述原子散射因子 f、结构因子 F_{HKL}^2、结构振幅 $|F_{HKL}|$ 和干涉函数 $|G^2|$ 的物理意义，其中结构因子与哪些因素有关？

3.4 简单点阵不存在消光现象，是否意味着简单点阵的所有晶面均能满足衍射条件，且衍射强度不为零，为什么？

3.5 α-Fe 属于立方晶系，点阵参数 $a=0.2866$ nm，如用 CrK$_\alpha$ X 射线（$\lambda=0.2291$ nm）照射，试求（110）、（200）、（211）可发生衍射的衍射角。

3.6 Cu 为面心立方点阵，$a=0.4090$ nm。若用 CrK$_\alpha$（$\lambda=0.2291$ nm）摄照周转晶体相，X 射线平行于 [001] 方向。试用厄瓦尔德图解法原理判断下列晶面能否参与衍射：（111）、（200）、（311）、（331）、（420）。

3.7 在结构因子 F_{HKL}^2 的计算中，原子的坐标是否可以在晶胞中任选？比如面心点阵中 4 个原子的位置坐标是否可以选为（1，1，1）、（1，1，0）、$\left(\frac{1}{2}，\frac{1}{2}，0\right)$、$\left(\frac{1}{2}，1，\frac{1}{2}\right)$，计算结果如何？选取原子坐标时应注意什么？

3.8 辨析以下概念：X 射线的散射、衍射、反射、选择反射。

3.9 多重因子、吸收因子和温度因子是如何引入多晶体衍射强度公式的？衍射分析时如何获得它们的值？

3.10 "衍射线的方向仅取决于晶胞的形状与大小，而与晶胞中原子的位置无关"，"衍射线的强度则仅取决于晶胞中原子的位置，而与晶胞形状及大小无关" 这两句表述对吗？

3.11 采用 CuK$_\alpha$（$\lambda=0.1540$ nm）照射 Cu 样品，已知 Cu 的点阵常数 $a=0.3610$ nm，分别采用布拉格方程和厄瓦尔德球求其（200）晶面的衍射角。

3.12 多重因子的物理意义是什么？试计算立方晶系中 {010}、{111}、{110} 的多重因子值。

3.13 今有一张用 CuK$_\alpha$（$\lambda=0.1540$ nm）照射 W 粉末试样，摄得其衍射花样。试计算头 4 根衍射线的相对积分强度，不计算吸收因子和温度因子，并设定最强线的强度为 100。头四根衍射线 θ 的值分别如下：

$$20.2°、29.2°、36.7°、43.6°。$$

3.14 多晶衍射强度中，为什么平面试样的吸收因子与 θ 角无关。

3.15 X 射线作用于固体物质后发生了衍射，试问所产生的衍射花样可以反映晶体的哪些有用信息？

4　X射线的多晶衍射分析及其应用

根据样品的结构特点X射线衍射分析可分为单晶衍射分析和多晶衍射分析两种。单晶衍射分析主要分析单晶体的结构、物相、晶体取向以及晶体的完整程度，有劳埃法和转晶法两种。多晶体衍射分析主要用于分析多晶体的物相、内应力、织构等，通常有照相法和衍射仪法两种，其中衍射仪法已基本取代了照相法，特别是衍射仪与计算机相结合，使衍射分析工作基本实现了自动化，因此X射线衍射仪成了多晶衍射分析的首选设备，本章主要介绍X射线仪(图 4-1)及多晶衍射分析在工程中的应用。

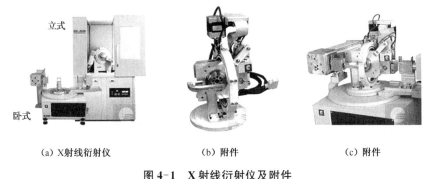

立式

卧式

(a) X射线衍射仪　　　　(b) 附件　　　　(c) 附件

图 4-1　X射线衍射仪及附件

4.1　X射线衍射仪

X射线仪是在德拜相机的基础上发展而来的，主要由X射线发生器、测角仪、辐射探测器、记录单元及附件(高温、低温、织构测定、应力测量、试样旋转等) 等部分组成。其中测角仪最为重要，是X射线衍射仪的核心部件。

4.1.1　测角仪

图 4-2 为测角仪的结构原理图，图中带箭头的直线为X射线的光路图，光路放大即为图 4-3。样品 D 为固体或粉末制成的平板试样，垂直置于样品台的中央，X射线源 S 是由X射线管靶面上的线状焦斑产生的线状光源，线状方向与测角仪的中心转轴平行。线状光源首先经过梭拉缝 S_1，而梭拉缝

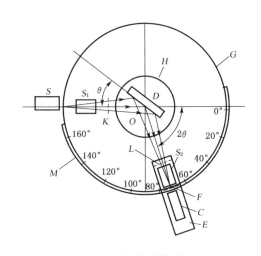

图 4-2　测角仪结构原理图

C—计数管；S_1、S_2—梭拉缝；D—样品；E—支架；
K、L—狭缝光阑；F—接收光阑；G—测角仪圆；
H—样品台；O—测角仪中心轴；S—X射线源；M—刻度盘

S_1 是由一组平行的重金属(钼或钽)薄片组成,片厚约$0.05 \, \mathrm{mm}$,片间空隙在 $0.5 \, \mathrm{mm}$ 以下,宽度以度(°)计量,有 $0.5°$、$1°$、$2°$ 等多种,长度为$30 \, \mathrm{mm}$,这样线状光源经过梭拉缝 S_1 后,在高度方向上的发散受到限制,随后通过狭缝光阑 K,使入射 X 射线在宽度方向上的发散也受到限制。因此,经过 S_1 和 K 后,X 射线将以一定的高度和宽度照射在样品表面,样品中满足布拉格衍射条件的某组晶面将发生衍射。衍射线经过狭缝光阑 L、梭拉缝 S_2 和接受光阑 F 后,以线状进入计数管 C,记录 X 射线的光子数,获得晶面衍射的相对强度。计数管与样品同时转动,且计数管的转动角速度为样品的两倍。这样可保证入射线与衍射线始终保持 2θ 夹角,从而使得计数管收集到的衍射线是那些与样品表面平行的晶面所产生。同一晶面族中其他不与样品表面平行的晶面同样也产生衍射,只是产生的衍射线未能进入计数管,因此计数管记录的衍射线中的一部分。当样品与计数管连续转动时,θ 角由低向高变化,计数管将逐一记录各衍射线的光子数,并转化为电信号,再通过计数率仪、电位差计记录下 X 衍射线的相对强度,并从刻度盘 M 上读出发生衍射的位置 2θ,从而形成 $I_{相对} - 2\theta$ 的关系曲线,即 X 射线的衍射花样。图 4-4 即为面心立方结构合金的衍射花样,纵坐标单位为每秒脉冲数(CPS)。衍射晶面均平行于试样表面,晶面间距从左到右逐渐减小。

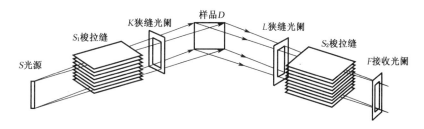

图 4-3　测角仪的光路图

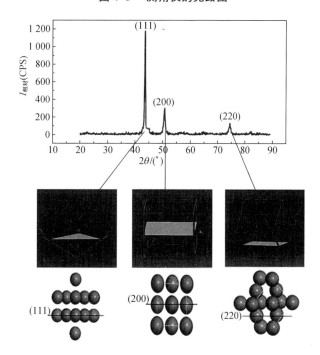

图 4-4　面心立方结构合金的 $I_{相对} - 2\theta$ 衍射图

需指出的是：

（1）测角仪中的发射光源 S，样品中心 O 和接收光阑 F 三者共圆于圆 O'，见图4-5。这样可使一定高度和宽度的入射 X 射线经样品晶面反射后能在 F 处会聚，以线状进入计数管 C，减少衍射线的散失，提高衍射强度和分辨率。

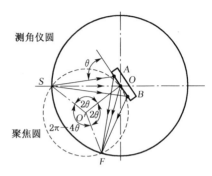

测角仪圆

聚焦圆

图 4-5　测角仪聚焦圆

（2）聚焦圆的圆心和大小均是随着样品的转动而变化着的。圆周角 $\angle SAF = \angle SOF = \angle SBF = \pi - 2\theta$，设测角仪的半径为 R，聚焦圆半径为 r，由几何关系得

$$\angle SO'F = 2\angle SOF = 2\pi - 4\theta$$

即 $\angle SO'O = \angle FO'O = \dfrac{1}{2}[2\pi - (2\pi - 4\theta)] = 2\theta$。在等腰三角形 $\triangle SO'O$ 中，$SO' = OO'$ $= r$，$\sin\theta = \dfrac{\dfrac{1}{2}R}{r} = \dfrac{R}{2r}$，即 $r = \dfrac{R}{2\sin\theta}$，由该式可知聚焦圆的半径随布拉格角 θ 的变化而变化，当 $\theta \to 0°$ 时，$r \to \infty$；当 $\theta \to 90°$ 时，$r \to r_{\min} = R/2$。

（3）随着样品的转动，θ 从 $0° \to 90°$，由布拉格方程可得晶面间距 $d = \dfrac{\lambda}{2\sin\theta}$ 将从最大降到最小 $\left(\dfrac{\lambda}{2}\right)$，从而使得晶体表层区域中晶面间距大于 $\dfrac{1}{2}\lambda$ 的所有平行于表面的晶面均参与了衍射。

（4）计数管与样品台保持联动，角速率之比为 $2:1$，但在特殊情况下，如单晶取向、宏观内应力等测试中，也可使样品台和计数管分别转动。

4.1.2　计数器

计数器是 X 射线仪中记录衍射相对强度的重要器件。由计数管及其附属电路组成。计数器通常有正比计数器、闪烁计数器、近年发展的锂漂移硅 Si(Li) 计数器和位敏计数器等。

1）正比计数器

图 4-6 为正比计数器中计数管的结构及其基本电路。计数管由阴阳两极、入射窗口、玻璃外壳以及绝缘体组成。阴极为金属圆筒，阳极为金属丝，阴阳两极共轴，并同罩于玻璃壳内，壳内为惰性气氛（氩气或氙气）。窗口由铍或云母等低吸收材料制成，阴阳两极间由绝缘体隔开，并加有 $600 \sim 900$ V 直流电压。

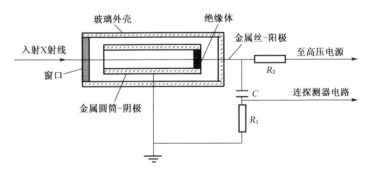

图 4-6　正比计数管的结构及其基本电路

X 射线通过窗口进入金属筒内，使惰性气体电离，产生的电子在电场作用下向阳极加速

运动,高速运动的电子又使气体电离,这样在电离过程中产生连锁反应即雪崩现象,在极短的时间内产生大量的电子涌向阳极,从而出现一个可测电流,通过电路转换计数器有一个电压脉冲输出。电压脉冲峰值的大小与进入窗口的 X 光子的强度成正比,故可反映衍射线的相对强度。

正比计数器反应快,对连续到来的相邻脉冲,其分辨时间只需 10^{-6} s,计数率可达 10^6 / s。它性能稳定,能量分辨率高,背底噪音小,计数效率高。其不足处在于对温度较为敏感,对电压稳定性要求较高,雪崩放电引起的电压瞬时落差仅有几毫伏,故需较强大的电压放大设备。

2)闪烁计数器

图 4-7 为闪烁计数器中计数管的结构示意图。计数管主要由磷光晶体、光电倍增管及真空系统组成。磷光晶体是被少量铊(质量分数为 5%)活化了的碘化钠单晶体,在吸收 X 光子后会辐射可见光。磷光晶体每吸收一个 X 光子便产生一个闪光,这个闪光便进入

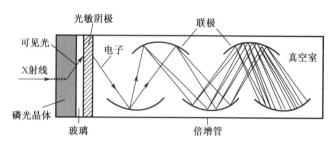

图 4-7 闪烁计数管的结构示意图

光电倍增管中,并从光敏阴极(铯锑金属间化合物)上撞出许多电子,被撞出的电子通过倍增管中的多个联极(一般有 10 个)进一步撞出更多的电子。一般情况下,每个电子从光敏阴极出发,经过多个联极后可倍增到 $10^6 \sim 10^7$ 个电子。这样当晶体吸收一个衍射 X 射线光子时,便可在光电倍增管的输出端收集到大量的电子,再通过电路转换从而产生几毫伏的电压脉冲。

闪烁计数器的分辨时间短,可达 10^{-6} s 数量级,即计数率在 10^5 次/s 以下不会有计数损失,计数效率高。但由于光敏阴极发射热电子导致背底噪音大,此外,磷光晶体易受潮失效。

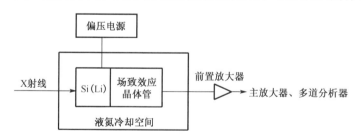

图 4-8 Si(Li)锂漂移硅计数器的原理图

3)Si(Li)计数器

图 4-8 为 Si(Li)锂漂移硅计数器的原理图,当 X 射线光子进入 Si(Li)计数器后,在 Si(Li)晶体中激发出一定数量的电子-空穴对,而产生一个电子-空穴对的最低平均能量 ε 是一定的,这样一个 X 射线光子产生电子-空穴对的数目为 $N = \dfrac{\Delta E}{\varepsilon}$,式中 ΔE 为每个 X 射线光子的能量,因此产生电子-空穴对的数目 N 与入射 X 光子的能量成正比。当晶体两端加上 $500 \sim 900$ V 的偏置电压时,电子和空穴分别被正负极收集,经前置放大器转换成电流脉冲,脉冲的高度取决于 N 的大小,电流脉冲经主放大器后转换成电压脉冲进入多道脉冲高度分析器。多道脉冲高度分析器将按高度把脉冲分类并进行计数,从而获得衍射 X 射线的相对强度。

Si(Li)锂漂移硅计数器的计数率高,能同时确定 X 光子的强度和能量;分辨能力强,分析速度快。其不足是需配置噪音低、增益高的前置放大器,并需在液氮冷却下工作。

4) 位敏正比计数器

位敏正比计数器是新近发展的一种计数器,工作原理类似于正比计数器。它分为单丝和多丝两种。它可同时确定 X 射线光子的强度和发生雪崩(被吸收)的位置,不需计数器跟踪扫描,仅几分钟就可获得完整的衍射花样。位敏正比计数器在研究生物大分子、高聚物的形变和结晶过程等动态结构变化上具有独特优点。多丝的位敏正比计数器可得到衍射的二维信息。此外,映像板(IP)、电荷耦合装置(CCD)等新型二维探测系统也已在 X 射线衍射分析中得到应用。

4.1.3 计数电路

计数器将 X 射线的相对强度转变成了电信号,其输出的电信号还需进一步转换、放大和处理,才能转变成可直接读取的有效数据,计数电路就是为实现上述转换、放大和处理的电子学电路。图 4-9 为计数电路组成的方框图,下面主要就脉冲高度分析器、定标器和计数率器作简单介绍。

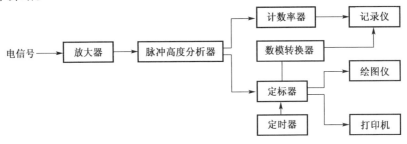

图 4-9　计数电路组成方框图

1) 脉冲高度分析器

由于进入计数管的 X 射线除了试样衍射的特征 X 射线外,还有连续 X 射线、荧光 X 射线等,而这将形成不利于衍射分析的干扰信号,高度分析器就是为剔除这些干扰信号而设计的,以降低噪音、提高峰背比。脉冲高度分析器由上下甄别器组成,仅让脉冲高度位于上下甄别器之间的脉冲通过电路,进入后继电路。下限脉冲波高为基线,上下脉冲波高之差称道宽,基线和道宽均可调节。

2) 定标器

定标器是指结合定时器对通过脉冲高度分析器的脉冲进行计数的电路。它有定时计数和定数计时两种,每种都可根据需要选择不同的定标值。计量总数愈大,测量误差愈小,一般情况采用定时计数;当进行相对强度比较时,宜采用定数计时。计数结果可由数码显示,也可直接打印或由绘图仪记录下来。

3) 计数率器

计数率器不同于定标器,定标器测量的是单位时间内的脉冲数,或产生单位脉冲数所需的时间;而计数率器则是将脉冲高度分析器输出的脉冲信号转化为正比于单位时间内脉冲数的直流电压输出。它主要由脉冲整形电路、RC(电阻、电容)积分电路和电压测量电路组成。高度分析器输出的电压脉冲通过整形电路后转变为矩形脉冲,再输入 RC 积分电路,通过 C 充电,在 R 两端输出与单位时间内脉冲数成正比的直流电压,测量电路以毫伏计量,这样就形成了反映 X 衍射线的相对强度 CPS(每秒脉冲数)随衍射角 2θ 的变化曲线,即 X 射线衍射图谱(见图 4-4)。

计数率器中的核心是 RC 积分电路,RC 积的大小决定了输出滞后于输入的时间长短,

因 RC 积的单位为时间,故称 RC 为时间常数。RC 愈大,滞后时间愈长,计数率器对 X 射线强度的变化愈不敏感,导致衍射峰轮廓及背底变得平滑,并使峰位向扫描方向漂移,造成峰的不对称宽化,降低强度和分辨率;当 RC 过小时,虽然可提高计数率器的灵敏度,但会使衍射峰波动增大,弱峰的识别困难。故在实际应用时应选择合适的 RC,以获得满意的衍射图谱。

4.1.4　X射线衍射仪的常规测量

1) 试样

衍射仪的试样为平板试样。当被测材料为固体时,可直接取其一部分制成片状,将被测表面磨光,并用橡皮泥固定于空心样品架上;当被测对象是粉体时,则要用黏结剂调和后填满带有圆形凹坑的实心样品架中,再用玻璃片压平粉末表面。

2) 实验参数

能否选择合理的实验参数,关系到能否获得满意的测量结果。实验参数主要有狭缝宽度、扫描速度、时间常数等。

(1) 狭缝宽度

狭缝宽度是指光阑的宽度,光阑包括两个狭缝光阑 K、L 和一个接收光阑 F。显然,增加狭缝宽度,可使衍射线的强度增加,但分辨率下降,在 2θ 较小时,还会使照射光束过宽溢出样品,反而降低了有效衍射强度,同时还会产生样品架的干扰峰,增加背底噪音,这不利于样品的衍射分析。狭缝宽度的选择是以测量范围内 2θ 角最小的衍射峰为依据的。通常狭缝光阑 K 和 L 选择同一参数(0.5°或1°),而接收光阑 F 在保证衍射强度足够时尽量选较小值(0.2 mm 或 0.4 mm),以获得较高的分辨率。

(2) 扫描速度

扫描速度是指探测器在测角仪上匀速转动的角速度,以(°)/min 表示。扫描速度愈快,衍射峰平滑,衍射线的强度和分辨率下降,衍射峰位向扫描方向漂移,引起衍射峰的不对称宽化。但也不能过慢,否则扫描时间过长,一般以 3°～4°/min 为宜。

(3) 时间常数

时间常数是指 RC 的乘积,单位为时间。增加时间常数对衍射图谱的影响类似于提高扫描速度对衍射图谱的影响。时间常数不宜过小,否则会使背底噪音加剧,使弱峰难以识别,一般选择 1～4 s。

3) 扫描方式

扫描方式有两种:连续扫描和步进扫描。

(1) 连续扫描

计数器和计数率器相连,常用于物相分析。在选定的衍射角 2θ 范围内,计数器在测角仪上以两倍于样品台的速度从低角 2θ 向高角 2θ 联动扫描,记录各衍射角对应的衍射相对强度,获得该试样的 $I_{相对}$(CPS)-2θ 的变化关系,可通过打印机输出该衍射图谱。连续扫描过程中,时间常数和扫描速度是直接影响测量精度的重要因素。

(2) 步进扫描

计数器与定标器相连,常用于精确测量衍射峰的强度、确定衍射峰位、线形分析等定量分析工作。计数器首先固定于起始的 2θ 位置,按设定的定时计数或定数计时、步进宽度(角度间隔)和步进时间(行进一个步进宽度所需时间),逐点测量各衍射角 2θ 所对应的衍射相对强度,其结果与计算机相连,可打印输出,见图 4-10。显然,步进宽度和步进时间是影响步进扫描的重要因素。

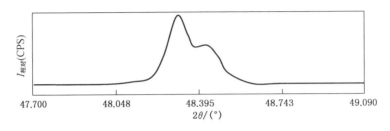

图 4-10　步进扫描衍射图

步进扫描不用计数率器,无滞后效应,测量精度较高,但费时,一般仅用于测量 2θ 范围不大的一段衍射图。

4.2　X 射线物相分析

物相是指材料中成分和性质一致、结构相同并与其他部分以界面分开的部分。当材料的组成元素为单质元素或多种元素但不发生相互作用时,物相即为该组成元素;当组成元素发生相互作用时,物相则为相互作用的产物。由于组成元素间的作用有物理作用和化学作用之分,故可分别产生固溶体和化合物两种基本相。因此,材料的物相包括纯元素、固溶体和化合物。物相分析是指确定所研究的材料由哪些物相组成(定性分析)和确定各种组成物相的相对含量(定量分析)。化学分析、光谱分析、X 射线的荧光光谱分析、电子探针分析等所分析的是材料的组成元素及其相对含量,属于元素分析,而对元素间作用的产物即物相(固溶体和化合物)无法直接鉴别,X 射线衍射可对材料的物相进行分析。例如一种 Fe-C 合金,元素分析仅能给出该合金的组成元素为 Fe 和 C 以及各自的相对含量,却不能直接给出 Fe 与 C 之间相互作用的产物种类如固溶体(如铁素体)和化合物(如渗碳体)及其相对含量,这就需要采用 X 射线衍射法来完成。

4.2.1　物相的定性分析

物相的定性分析是确定物质是由何种物相组成的分析过程。当物质为单质元素或多种元素的机械混合时,则定性分析给出的是该物质的组成元素;当物质的组成元素发生作用时,则定性分析所给出的是该物质的组成相为何种固溶体或化合物。

　1)基本原理

X 射线的衍射分析是以晶体结构为基础的。X 射线衍射花样反映了晶体中的晶胞大小、点阵类型、原子种类、原子数目和原子排列等规律。每种物相均有自己特定的结构参数,因而表现出不同的衍射特征,即衍射线的数目、峰位和强度。即使该物相存在于混合物中,也不会改变其衍射花样。尽管物相种类繁多,却没有两种衍射花样完全相同的物相,这类似于人的指纹,没有两个人的指纹完全相同。因此,衍射花样可作为鉴别物相的标志。

如果将各种单相物质在一定的规范条件下所测得的标准衍射图谱制成数据库,则对某种物质进行物相分析时,只需将所测衍射图谱与标准图谱对照,就可确定所测材料的物相,这样物相分析就成了简单的对照工作。然而,由于物相千千万,简单查找非常困难,此外,大量物质是多种相的混合体,其衍射花样是各相衍射花样的简单叠加,这进一步增加了对照难度。因此,为了快捷地完成物相分析,有必要将各种标准相的衍射花样建成数据库或卡片,并定出统一的检索规则。该项工作首先由 J. D. Hanawalt 于 1938 年进行,标准花样上衍射线的位置由衍射角 2θ 决定,而 2θ 取决于波长 λ 和晶面间距 d,其中 d 是决定于晶体结构的基本量,这样在卡片上列出的一系列晶面间距 d 和与其对应的衍射相对强度 $I_{相对}$ 就反映了衍射花样的基本特征,并可取代衍射花样。如果待测物相的 d 及 $I_{相对}$ 能与某卡片很好地对应,即可认为卡片所代表的物相即为待测的物相。这样,物相分析工作的关键就在于衍射花样的测定和卡片的检索对照了。为了方便地进行物相分析,我们有必要了解卡片的结构和检索规则。

2) PDF(The Powder Diffraction File)卡片

PDF 卡片最早由 ASTM(The American Society for Testing Materials)美国材料实验协会整理出版;1969 年改为粉末衍射标准联合委员会 JCPDS(The Joint Committee on Powder Diffraction Standard)出版;1978 年则与国际衍射资料中心 ICDD(The International-al Center of Diffraction Data)联合出版,1992 年后的卡片统一由 ICDD 出版,迄今已出版了 47 组,67 000 多张,并还将逐年增加。

不同时期出版的卡片结构有所不同,表 4-1 为 1992 年以前版的 PDF 卡片结构图,共有 10 个组成部分,以 $\alpha\text{-}Al_2O_3$ 为例具体说明如下:

10-173(10)

表 4-1　PDF 卡片结构(1992 年前版)

(1)	$d/0.1\text{ nm}$	2.09	2.55	1.60	3.48	$\alpha\text{-}Al_2O_3$(7)　Alpha Aluminum Oxide					(8)★
(2)	I/I_1	100	90	80	75						

					$d/0.1\text{ nm}$	int	hkl	$d/0.1\text{ nm}$	int	hkl	
(3)	Rad. CuK$_{\alpha_1}$　λ0.154 05　Filter Ni　Dia. Cut off　I/I_1 Diffractometer　d_{corr}・abs? Ref. National Bureau of Standards(US) Circ 5393(1959)				3.479	75	012	1.239	16	1.0.10	
					2.552	90	104	1.234 3	8	119	
					2.379	40	110	1.189 8	8	220	
(4)	Sys. Trigonal　S. G. D_{3D}^6-R3C(167) a_0 4.755 8　b_0　$c_0$12.991　A　C2.730 3 α　β　γ　Z6 D_X3.987 Ref. Ibid				2.165	<1	006	1.116 0	<1	301	
					2.085	100	113	1.147 0	6	223	(9)
					1.964	2	202	1.138 2	2	311	
					1.740	45	024	1.125 5	6	312	
(5)	$\varepsilon\alpha$　$n\omega\beta$　$\varepsilon\gamma$　Sign $2V$　D_x　m_p　Color Ref.				1.601	80	-116	1.124 6	4	128	
					1.546	4	211	1.098 8	8	0.2.10	
					1.514	6	122	1.083 1	4	0.0.12	
(6)	Sample annealed at 1 500℃ for four hours in an Al$_2$O$_3$ crucible spectanal showed <0.1%: K、Na、Si; <0.01%: Ca、Cu、Fe、Mg、Pb; <0.001%: B、Cr、Li、Mn、Ni. Corundum structure pattern made at 26℃				1.510	8	018	1.078 1	8	134	
					1.404	30	124	1.042 0	14	226	
					1.374	50	030	1.017 5	2	402	
					1.337	2	125	0.997 6	12	1.2.10	
					1.276	4	208	0.985 7	<1	1.1.12	

(1)栏　共有 4 列,前 3 列分别为 3 条最强线的面间距值,第 4 列为该物相的最大面间距值。

(2)栏　共有 4 列,前 3 列分别为 3 强线所对应的以百分制表示的衍射相对强度值,即以最强峰的相对强度定为 100,其他峰的相对强度用%表示。第 4 列为该物相中最大面间距所对应的衍射相对强度值。

(3)栏　实验条件:Rad. 辐射种类;λ 为辐射波长;Filter 滤波片;Dia. 相机直径;Cut off

为相机或测角仪能测得的最大面间距;coll 为光阑尺寸;I/I_1 为测量衍射强度的方法;d_{corr} · abs? 为所测 d 值是否经过吸收校正;Ref. 为参考文献。

（4）栏　晶体学数据:Sys. 为晶系;S. G. 为空间群;a_0, b_0, c_0, α, β, γ 为晶格常数;$A = a_0/b_0$, $C = c_0/b_0$ 为轴比;Z 为单位晶胞中质点（对元素是指原子,对化合物是指分子）的数目;Ref. 为参考文献。

（5）栏　光学数据:$\varepsilon\alpha$, $n\omega\beta$, $\varepsilon\gamma$ 为折射率;Sign 为光学性质的符号（正或负）;$2V$ 为光轴间的夹角;D 为密度（以 X 射线法测得的密度标为 D_X）;m_p 为熔点;Color 为颜色;Ref. 为参考文献。

（6）栏　试样来源,制备方式及化学分析数据。有时也注明升华点（S. P）、分解温度（D. T）、转变点（T. P）和热处理等。

（7）栏　化学式及英文名称。

（8）栏　表示数据可靠性程度的符号,★表示所测卡片上的数据高度可靠;O 为可靠性低一些;C 指衍射数据来自理论计算;i 表明已指标化和估计强度,但可靠性不如前者;无标记时可靠性一般。

（9）栏　所测结果,包括晶面间距、相对衍射强度和晶面指数。

（10）栏　卡片序号。

表 4-2 为 1992 年以后版的卡片结构图。可以看出,新版删除了旧版中的 1 栏、2 栏和 5 栏的内容。

46-394

表 4-2　SmAl₂O₃ 粉末的 PDF 卡片结构（1992 年后版）

SmAl₂O₃ Aluminum Samarium Oxide	$d/0.1$ nm	I/I_1	hkl	$d/0.1$ nm	I/I_1	hkl
Rad. CuK$_{\alpha1}$ λ0. 154 059 8 Filter Ge Mono. d-sp Guinier cut off 3. 9 Int. Densitometer I/I_{cor} 3. 44 Ref. Wang P, Shanghai Inst. of Ceramics, Chinese Academy of Science, Shanghai, China, ICDD Grant-in-Aid, (1994)	3. 737 3. 345 2. 645 2. 494 8 2. 254 9	62 5 100 4 2	110 111 112 003 211	1. 182 2 1. 167 7 1. 127 4 1. 114 9	18 5 15 2	420 421 422 333
Sys. Tetragonal　　　　S. G. a_0 5. 287 6 b_0　c_0 7. 485 8　A　C 1. 415 7 α　β　γ　Z4　m_p Ref. Ibid. D_X7. 153 D_m　SS/FOM F19 = 39(. 007, 71)	2. 159 3 1. 870 1 1. 814 9 1. 627 2 1. 623 0	46 62 6 41 7	202 220 203 222 311			
Integrated intensities, Prepared by heating the compact powder mixture of Sm₂O₃ and Al₂O₃ according to the stoichiometric ratio of SmAlO₃ at 1 500℃ in molybdenum silicide-resistance furnace in air for two days. Silicon used as internal standard. To replace 9-82 and 29-83	1. 526 5 1. 390 0 1. 322 0 1. 302 5 1. 246 2	49 62 6 41 7	312 115 400 205 330			

3）卡片的检索

如何迅速地从数万张卡片中找到所需卡片,就得靠索引。卡片按物质可分为无机相和有机相两类,每类的索引又可分为字母索引和数字索引两种。

（1）字母索引

字母索引是按物质英文名称的第一个字母顺序排列而成,每一行包括以下几个主要部分:卡片的质量标志、物相名称、化学式、衍射花样中三强线对应的晶面间距值、相对强度及卡片序号等。例如：

i　Copper Molybdenum Oxide　　CuMoO$_4$　　3.72$_x$　3.26$_8$　2.71$_7$　22-242

O　Copper Molybdenum Oxide　　Cu$_3$Mo$_2$O$_9$　　3.28$_x$　2.63$_8$　3.39$_6$　22-609

当已知被测样品的主要物相或化学元素时，可通过估计的方法获得可能出现的物相，利用该索引找到有关卡片，再与待定衍射花样对照，即可方便地确定物相。如果未知样品的任何信息时，可先测样品的 X 射线衍射花样，再对样品进行元素分析，由元素分析的结果估计样品中可能出现的物相，再由字母索引查找卡片、对照花样，确定物相。此外还可通过数字索引法进行卡片检索。

（2）数字索引

在未知待测相的任何信息时，可以使用数字索引（Hanawalt）进行检索卡片。该索引的每一部分说明如表 4-3，每行代表一张卡片，共有七部分：1—QM：为卡片的质量标志；2—Strongest Reflections：表示 8 个强峰所对应的晶面间距，其下标分别表示各自的相对强度，其中 x 表示最强峰定为 10，其余四舍五入为整数。3—PSC(Pearson Sympal)：表示物相所属布拉菲点阵，小写字母 a、m、o、t、h、c 表示晶系，大写字母 P、C、F、I、R 分别表示点阵类型；4—Chemical Formula：化学式；5—Mineral Name (Common Name)：物相的矿物名或普通名；6—PDF：卡片号；7—I/I_c：参比强度。所有卡片按最强峰的 d 值范围分成若干个大组，从大到小排列，每个大组中又以第二强峰的 d 值递减为序进行排列。

表 4-3　数字索引说明

1	2	3	4	5	6	7
QM	Strongest Reflections	PSC	Chemical Formula	Mineral Name	PDF	I/I_c
O	3.43$_9$ 3.39$_x$ 3.16$_5$ 2.83$_4$ 4.39$_3$ 3.82$_3$ 2.57$_3$ 3.63$_2$		Cs$_2$Al(ClO$_4$)$_5$		31-345	
O	3.43$_x$ 3.39$_x$ 2.16$_5$ 5.39$_5$ 2.54$_5$ 2.69$_4$ 1.52$_4$ 2.12$_3$		Al$_6$Si$_2$O$_{13}$		15-776	
i	3.41$_x$ 3.39$_x$ 3.37$_x$ 3.28$_7$ 3.26$_7$ 2.40$_3$ 2.39$_3$ 1.90$_3$		Tl$_3$F$_7$		27-1455	
	3.41$_9$ 3.39$_x$ 3.28$_8$ 3.13$_8$ 3.10$_8$ 4.10$_5$ 3.32$_5$ 3.17$_5$		α-Ba$_2$Cu$_7$F$_{18}$		23-816	

注：晶面间距单位为 0.1 nm，衍射强度以 10 分制表示。

需指出的是，由于存在实验和测量误差，当三强线中两线强度差较小时（<25%），往往使被测相的最强线不一定就是卡片上的最强线；同时，多数情况下，试样不是单相体，而是多种相的组合，可能有某些衍射线重叠，这就无法确定哪条衍射线是某一相的最强线，因此，为解决这一矛盾，将 d_1、d_2、d_3 的次序重新编排后仍编入索引，其余五强峰的排列顺序不变，这样一种物相就可能在索引中出现多次，增加了卡片的出现概率，便于查找。由于版本的不同，d_1、d_2、d_3 的编排规则也不同，1982 年的编排规则沿用至今，简述如下：

① 对 $I_2/I_1 \leqslant 0.75$ 的相，以 d_1d_2 的顺序出现一次，说明只有一条较强线，其他相均相对较弱，有一种编排。

② 对 $I_2/I_1 > 0.75$ 和 $I_3/I_1 \leqslant 0.75$ 的物相，以 d_1d_2 和 d_2d_1 的顺序出现二次，说明前两强线相近，有两种编排。

③ 对 $I_3/I_1 > 0.75$ 和 $I_4/I_1 \leqslant 0.75$ 的物相，以 d_1d_2，d_2d_1 和 d_3d_1 的顺序出现 3 次，说明前三强线相近，有 3 种编排。

④ 对 $I_4/I_1 > 0.75$ 的物相,以 $d_1 d_2$、$d_2 d_1$、$d_3 d_1$、$d_4 d_1$ 的顺序出现 4 次,说明前四强线相近,有 4 种编排。

这样,每个相平均将占有 1.7 个条目。如 $\alpha\text{-}SiO_2$、$Ti_2 Cu_3$、$Fe_2 O_3$ 和 $Al_2 O_3$ 的卡片号在数字索引中分别出现 1 次、2 次、3 次和 4 次。

4) 定性分析步骤

(1) 运用 X 射线仪获得待测样品前反射区($2\theta < 90°$)的衍射花样。同时由计算机获得各衍射峰的相对强度、衍射晶面的面间距或面指数。

(2) 当已知被测样品的主要化学成分时,可利用字母索引查找卡片,在包含主元素各种可能的物相中,找出三强线符合的卡片,取出卡片,核对其余衍射峰,一旦符合,便能确定样品中含有该物相。以此类推,找出其余各相,一般的物相分析均是如此。

(3) 当未知被测样品中的组成元素时,需利用数字索引进行定性分析。将衍射花样中相对强度最强的三强峰所对应的 d_1、d_2 和 d_3,由 d_1 在索引中找到其所在的大组,再按次强线的面间距 d_2 在大组中找到与 d_2 接近的几行,需注意的是在同一大组中,各行是按 d_2 值递减的顺序编排的。在 d_1、d_2 符合后,再对照第 3、第 4 直至第 8 强线,若八强峰均符合则可取出该卡片(相近的可能有多张),对照剩余的 d 值和 I/I_1,若 d 值在允许的误差范围内均符合,即可定相。

物相分析中应注意以下几点:

① 如果被测试样的第 3 个 d 值在各行中均没有对应值,应根据编排规则重新确定三强峰,重复步骤(3),直至八强峰均符合为止。

② 当被测试样为多相组成时,一旦确定一个相,应将该相的线条从衍射花样中剔除,将剩余线条的相对强度重新归一化处理,重复(3)步骤。

③ 多相混合物的衍射花样中,不同相的衍射线可能会重叠,导致花样中的最强线不是某相的最强线,而是两相或多个相的弱线叠加,若以这样的线条作为最强线,将无法找到对应的卡片,此时,应重新假设和检索。

④ d 和 I/I_1 允许有一定的误差,d 的误差范围一般控制在 ± 0.001 以内,而 I/I_1 的误差可稍大一些,这是因为强度的影响因素较多。

⑤ 物相定性分析的方法和原理较为简单,但实际检索时可能困难较大。比如,有的物相因在样品中的含量较少、X 射线衍射仪的功率较小等,这些可能导致无法产生完整的衍射花样,甚至根本没有产生衍射线;当样品中出现织构时,可能仅产生一两根极强的衍射线,此时确定物相也较为困难。因此,对于较为复杂的物相分析,需反复尝试和对照,并结合其他方法共同分析,方能取得圆满结果。

⑥ 人工进行卡片检索有时会较为繁琐,甚至非常困难。当已建立了标准相的衍射花样数据库时,可借助计算机进行检索,但是,计算机也有误检或漏检的现象,此时,还需人工进行审核分析。

例 1 已知部分结果的物相鉴定

Al-TiO$_2$ 系反应合成结果分析。采用 Al 粉和 TiO$_2$ 粉,按化学计量式计算进行配比,以 250r/min 速度球磨均匀混合 2 h,然后冷挤压成直径为 28 mm,厚度不等的压块,置于真空烧结炉中以 20℃/min 预热试样,至 800℃ 左右时压块发生热爆反应,保温 10 min 左右后炉冷至室温,取样进行 XRD 试验。辐射:CuK$_\alpha$;扫描范围:20°～90°;扫描速度:4°/min;管流:15 mA;管压:30 kV;滤片:Ni,衍射结果如表 4-4 所示。

表 4-4　X 射线衍射结果

序号	$d/0.1$ nm	I/I_0	序号	$d/0.1$ nm	I/I_0
1	4.310	11	10	1.926	5
2	3.521	10	11	1.741	8
3	3.479	11	12	1.689	4
4	2.723	4	13	1.601	14
5	2.553	17	14	1.573	4
6	2.380	9	15	1.510	3
7	2.303	18	16	1.436	10
8	2.153	100	17	1.404	6
9	2.085	15	18	1.374	7

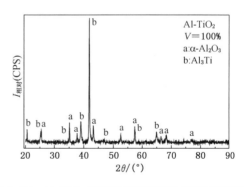

图 4-11　Al-TiO$_2$ 系热爆反应结果的 XRD 衍射花样

过程分析:由已知条件可知,反应体系为 Al-TiO$_2$,由热力学知识可知,该体系进行的热爆反应为强放热反应,反应的可能产物为 Al$_2$O$_3$ 和金属间化合物 Al$_X$Ti$_Y$,而 Al$_2$O$_3$ 结构有多种如 α、β、γ、η 等,但其中最为稳定的为 α-Al$_2$O$_3$,同时 Al$_X$Ti$_Y$ 也有多种形式,由热力学分析可知,Al$_3$Ti 存在的可能性较大,为此,我们试探地认为反应结果由 α-Al$_2$O$_3$ 和 Al$_3$Ti 两相组成,由字母索引法分别找到 α-Al$_2$O$_3$ 和 Al$_3$Ti 相的 PDF 卡片,分别对照所测数据,发现所测数据就是由这两个相所对应的数据组成,没有剩余峰存在,由此可以判定反应结果为 α-Al$_2$O$_3$ 和 Al$_3$Ti 两相,并分别用字母 a 和 b 表示,表征结果见图 4-11。

例 2　未知任何结果信息的物相鉴定。

表 4-5 为某一未知任何结果信息的 XRD 数据,试鉴定其组成相。

表 4-5　XRD 衍射结果数据

序　号	$d/0.1$ nm	I/I_0	序　号	$d/0.1$ nm	I/I_0
1	3.479	18	10	1.430	23
2	2.552	27	11	1.403	9
3	2.379	11	12	1.374	11
4	2.338	100	13	1.240	4
5	2.085	25	14	1.221	23
6	2.024	48	15	1.169	7
7	1.740	10	16	1.078	2
8	1.600	22	17	1.042	3
9	1.509	2	18	1.012	3

过程分析:未知任何结果信息的情况下只能由数字索引查找,过程非常繁琐,基本过程如下:

① 找出衍射数据中的前三强峰,并由大到小排列:2.338$_{100}$,2.024$_{48}$,2.552$_{27}$。

② 以晶面间距 2.338 在数字索引中找到 2.36~2.30($\pm$0.1)栏,因为 $I_2/I_1 < 0.75$,故 d_1d_2 在索引表中仅出现一次,即以(2.338,2.024)数组查找即可,若能找到,表明该数组属于同一相,若未能找到,不需交换 d_1d_2 的次序,就可判定 d_1d_2 不属于同一个相了。经查在 2.36~2.30($\pm$0.1)栏找到了(2.338,2.024)数组,表明这两强峰属于同一个相,但在同组三强峰中并未找到 2.552 数据,说明 2.552 列与前两强峰不属于同一个相。为此,将 2.552 放置一边,再以第四强峰数据 2.085 组成三强峰即:2.338$_{100}$,2.024$_{48}$,2.085$_{25}$,同样方法查

找，结果发现这三强峰也不属于同一个相，以此类推。到第五强峰时有两个数据 1.430_{23} 和 1.221_{23} 并列，并发现两者分别与前两强组成三强峰时，均可在 $2.36 \sim 2.30(\pm 0.1)$ 栏内找到，表明 1.430_{23} 和 1.221_{23} 与前两强峰均属于同一个相，所在的索引行是：

＊2.34_X　2.02_5　1.22_2　1.43_2　0.93_1　0.91_1　0.83_1　0.17_1　（Al）4F　4-787

找出 4-787 号卡片即物相 Al，对照其他峰的数据完全吻合，表明该衍射花样中含有 Al 相。

③ 从衍射数据中剔去 Al 相的所有衍射数据，将剩余的数据归一化处理，得表 4-6，同步骤②，列出三强峰 2.552_X，2.085_{93}，1.600_{81}，此时 $I_3/I_1 > 0.75$，且 $I_4/I_1 \leqslant 0.75$，表明三强峰相近，将以 d_1d_2、d_2d_1、d_3d_1 的顺序出现 3 次。在 $2.57 \sim 2.51(\pm 0.1)$ 栏内找到了 $(2.552，2.085)$ 数组 (d_1d_2)，表明前两强峰属于同一个相，但在该栏内未找到 $(2.552，2.085，1.600)$ 这一数组，为此交换 2.552，2.085 次序 (d_2d_1)，以 2.085，2.552，1.600 三强峰在 $2.08 \sim 2.02(\pm 0.1)$ 栏内查找，找到了 $(2.085，2.552，1.600)$ 数组，次行数据如下：

＊2.09_X　2.55_9　1.60_8　3.48_8　1.37_5　1.74_5　2.38_4　1.43_3　（Al₂O₃）10R　10-173　1.00

表 4-6　XRD 衍射花样数据

序号	$d/0.1$ nm	I/I_0	序号	$d/0.1$ nm	I/I_0
1	3.479	66	7	1.509	7
2	2.552	100	8	1.403	33
3	2.379	41	9	1.374	41
4	2.085	93	10	1.240	15
5	1.740	37	11	1.078	7
6	1.600	81	12	1.042	11

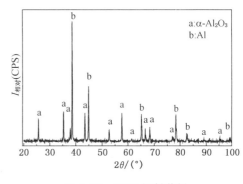

图 4-12　XRD 衍射花样

找到 10-173 卡片，对照数据，发现所有剩余数据与卡片上数据基本吻合，表明剩余衍射数据属于同一个相 α-Al₂O₃，这样所有的衍射数据就对照完毕，物质由 Al 和 α-Al₂O₃ 两个相组成，表征结果见图 4-12。

需注意的是在剔除 α-Al₂O₃ 的所有衍射数据后，如果还有剩余衍射数据，则表明该物质中存在第三相，甚至第四相，方法同步骤②逐一对照，直至所有剩余数据鉴定完毕。由此可见未知物质任何信息的情况下鉴定物相比较困难，过程也较为复杂，但随着计算机技术的发展和应用，检索过程可由计算机软件来完成，但鉴定的结果仍需人工核对方可。

4.2.2　物相的定量分析

定量分析是指在定性分析的基础上，测定试样中各相的相对含量。相对含量包括体积分数和质量分数两种。

1）定量分析的原理

定量分析的依据：各相衍射线的相对强度，随该相含量的增加而提高。由第三章分析结果可知，单相多晶体的相对衍射强度可由下式表示：

$$I_{相对} = F_{HKL}^2 \cdot \frac{1 + \cos^2 2\theta}{\sin^2 \theta \cos \theta} \cdot P \cdot A \cdot e^{-2M} \cdot \frac{V}{V_0^2} \tag{4-1}$$

该式原只适用于单相试样,但通过稍加修正后同样适用于多相试样。

设试样是由 n 种物相组成的平板试样,试样的线吸收系数为 μ_l,某相 j 的 HKL 衍射相对强度为 I_j,则,$A = \dfrac{1}{2\mu_l}$,j 相的相对强度

$$I_j = F_{HKL}^2 \cdot \frac{1 + \cos^2 2\theta}{\sin^2 \theta \cos \theta} \cdot P \cdot \frac{1}{2\mu_l} \cdot \mathrm{e}^{-2M} \cdot \frac{V_j}{V_{0j}^2} \tag{4-2}$$

式中:V_j——j 相被辐射的体积;

V_{0j}——j 相的晶胞体积。

显然,在同一测定条件下,影响 I_j 大小的只有 μ_l 和 V_j,其他均可视为常数,且 $V_j = f_j \cdot V$,f_j 为 j 相的体积分数,V 为平板试样被辐射的体积,它在测试过程中基本不变,可设定为 1,这样把所有的常数部分设为 C_j,此时 I_j 可表示为

$$I_j = C_j \cdot \frac{1}{\mu_l} \cdot f_j \tag{4-3}$$

设 j 相的质量分数为 ω_j,则

$$\mu_l = \rho \mu_m = \rho \sum_{j=1}^{n} \omega_j \mu_{mj} \tag{4-4}$$

式中:μ_m 和 μ_{mj}——分别为试样和 j 相的质量吸收系数;

ρ——试样的密度;

n——试样中物相的种类数。

由于 $\omega_j = \dfrac{M_j}{M} = \dfrac{\rho_j \cdot V_j}{\rho \cdot V} = \dfrac{\rho_j}{\rho} \cdot f_j$,所以 $f_j = \dfrac{\rho}{\rho_j} \omega_j$,代入式(4-3)得 $I_j = C_j \cdot \dfrac{1}{\rho \mu_m} \cdot \dfrac{\rho}{\rho_j} \omega_j$ $= \dfrac{C_j}{\rho_j \mu_m} \omega_j$。

这样得到物相定量分析的两个基本公式:

体积分数:

$$I_j = C_j \cdot \frac{1}{\mu_l} \cdot f_j = C_j \cdot \frac{1}{\rho \mu_m} \cdot f_j \tag{4-5}$$

质量分数:

$$I_j = C_j \cdot \frac{1}{\rho_j \mu_m} \cdot \omega_j \tag{4-6}$$

由于试样的密度 ρ 和质量吸收系数 μ_m 也随组成相的含量变化而变化,因此,各相的衍射线强度随其含量的增加而增加,但它们保持的是正向关系,而非正比例关系。

2)定量分析方法

根据测试过程中是否向试样中添加标准物,定量分析方法可分为内标法和外标法两种。外标法又称单线条法或直接对比法;内标法又派生出了 K 值法和参比强度法等多种方法。

(1)外标法(单线条法或直接对比法)

设试样由 n 个相组成,其质量吸收系数均相同(同素异构物质即为此种情况),即 $\mu_{m1} = \mu_{m2} = \cdots = \mu_{mj} = \cdots = \mu_{mn}$,则 $\mu_m = \sum_{j=1}^{n} \omega_j \mu_{mj} = \mu_{mj}(\omega_1 + \omega_2 + \cdots + \omega_j + \cdots + \omega_n) = \mu_{mj}$,

即试样的质量吸收系数 μ_m 与各相的含量无关,且等同于各相的质量吸收系数,为一常数。此时式(4-6)可进一步简化为

$$I_j = C_j \cdot \frac{1}{\rho_j \mu_m} \cdot \omega_j = C_j^* \cdot \omega_j \tag{4-7}$$

式(4-7)表明 j 相的衍射线强度 I_j 正比于其质量分数 ω_j。

当试样为纯 j 相时,则 $\omega_j = 100\%$,j 相用以测量的某衍射线强度记为 I_{j0}。

此时

$$\frac{I_j}{I_{j0}} = \frac{C_j^* \cdot \omega_j}{C_j^*} = \omega_j \tag{4-8}$$

即混合试样中与纯 j 相在同一位置上的衍射线强度之比为 j 相的质量分数。该式即为外标法的理论依据。

外标法比较简单,但使用条件苛刻,各组成相的质量吸收系数应相同或试样为同素异构物质组成。当组成相的质量吸收系数不等时,该法仅适用于两相,此时,可事先配制一系列不同质量分数的混合试样,制作定标曲线,应用时可直接将所测曲线与定标曲线对照得出所测相的含量。

(2) 内标法

当待测试样由多相组成,且各相的质量吸收系数又不等时,应采用内标法进行定量分析。所谓内标法是指在待测试样中加入已知含量的标准相组成混合试样,比较待测试样和混合试样同一衍射线的强度,以获得待测相含量的分析方法。

设待测试样的组成相为:A+B+C+…,表示为 A+X,A 为待测相,X 为其余相;

标准相为 S,混合试样的相组成为:A+B+C+…+S,表示为 A+X+S。

A 相在标准相 S 加入前后的质量分数分别是

$$\omega_A = \frac{m_A}{m_A + m_X} \quad 和 \quad \omega_A' = \frac{m_A}{m_A + m_X + m_S}$$

S 相加入后,混合试样中 S 相的质量分数为

$$\omega_S = \frac{m_S}{m_A + m_X + m_S}$$

设加入标准相后,A 相和 S 相衍射线的强度分别为 I_A' 和 I_S,则

$$I_A' = \frac{C_A \cdot \omega_A'}{\rho_A \cdot \mu_{m(A+X+S)}} \tag{4-9}$$

$$I_S = \frac{C_S \cdot \omega_S}{\rho_S \cdot \mu_{m(A+X+S)}} \tag{4-10}$$

$$\frac{I_A'}{I_S} = \frac{C_A \cdot \rho_S}{C_S \cdot \rho_A} \cdot \frac{\omega_A'}{\omega_S} \tag{4-11}$$

因为 $\omega_A' = \omega_A \cdot (1 - \omega_S)$,所以

$$\frac{I_A'}{I_S} = \frac{C_A \cdot \rho_S}{C_S \cdot \rho_A} \cdot \frac{\omega_A'}{\omega_S} = \frac{C_A \cdot \rho_S}{C_S \cdot \rho_A} \cdot \frac{(1 - \omega_S)}{\omega_S} \cdot \omega_A \tag{4-12}$$

令 $\dfrac{C_A \cdot \rho_S}{C_S \cdot \rho_A} \cdot \dfrac{(1-\omega_S)}{\omega_S} = K_S$，则

$$\frac{I'_A}{I_S} = K_S \cdot \omega_A \tag{4-13}$$

该式即为内标法的基本方程。当 K_S 已知时，$\dfrac{I'_A}{I_S} \sim \omega_A$ 为直线方程，并通过坐标原点，在测得 I'_A、I_S 后即可求得 A 相的相对含量。

由于内标法中 K_S 值随 ω_S 的变化而变化，因此，在具体应用时，需要通过实验方法先求出 K_S 值，方可利用公式(4-13)求得待测相 A 的含量。为此，需配制一系列样品，测定其衍射强度，绘制定标曲线，求得 K_S 值。具体方法如下：在混合相 A+S+X 中，固定标准相 S 的含量为某一定值，如 $\omega_S = 20\%$，剩余的部分用 A 及 X 相制成不同配比的混合试样，至少两个配比以上，分别测得 I'_A 和 I_S，获得系列的 $\dfrac{I'_A}{I_S}$ 值。

如　配比 1：$\omega'_A = 60\%$，$\omega_S = 20\%$，$\omega_X = 20\%$，则 $\omega_A = \dfrac{\omega'_A}{1-\omega_S} = 75\% \rightarrow \left(\dfrac{I'_A}{I_S}\right)_1$

　　　配比 2：$\omega'_A = 40\%$，$\omega_S = 20\%$，$\omega_X = 40\%$，则 $\omega_A = \dfrac{\omega'_A}{1-\omega_S} = 50\% \rightarrow \left(\dfrac{I'_A}{I_S}\right)_2$

　　　配比 3：$\omega'_A = 20\%$，$\omega_S = 20\%$，$\omega_X = 60\%$，则 $\omega_A = \dfrac{\omega'_A}{1-\omega_S} = 25\% \rightarrow \left(\dfrac{I'_A}{I_S}\right)_3$

作出 $\dfrac{I'_A}{I_S} - \omega_A$ 关系曲线。由于 ω_S 为定值，故 $\dfrac{I'_A}{I_S} - \omega_A$ 曲线为直线，该直线的斜率即为 $\omega_S = 20\%$ 时的 K_S。

需注意的是：① 制定定标曲线时，X 相可在 A、S 相外任选一相，也可在余相中任选一相；② 定标曲线的横轴是 ω_A，而非 ω'_A；③ 在求得 K_S 后，运用内标法测定待测相 A 的含量时，内标物 S 和加入量 ω_S 应与测定 K_S 值时的相同。

（3）K 值法

由内标法可知，K_S 值取决于标准相 S 的含量，且需要制定内标曲线，因此，该法工作量大，使用不便，有简化的必要。K 值法即为简化法中的一种，它首先是由钟焕成(Chung F H)于 1974 年提出来的。

根据内标法公式：$\dfrac{I'_A}{I_S} = \dfrac{C_A \cdot \rho_S}{C_S \cdot \rho_A} \cdot \dfrac{(1-\omega_S)}{\omega_S}\omega_A$

令

$$K_S^A = \frac{C_A \cdot \rho_S}{C_S \cdot \rho_A} \tag{4-14}$$

则

$$\frac{I'_A}{I_S} = K_S^A \cdot \frac{(1-\omega_S)}{\omega_S} \cdot \omega_A \tag{4-15}$$

该式即为 K 值法的基本公式，式中 K_S^A 仅与 A 和 S 两相的固有特性有关，而与 S 相的加入量 ω_S 无关，它可以由直接查表或实验获得。实验确定 K_S^A 也非常简单，仅需配制一次，即取各占一半的纯 A 和纯 S($\omega_S = \omega'_A = 50\%$，$\omega_A = 100\%$)相，分别测定混合样的 I_S 和 I'_A，由

$$\frac{I'_A}{I_S} = \frac{C_A \cdot \rho_S}{C_S \cdot \rho_A} \cdot \frac{\omega'_A}{\omega_S} = \frac{C_A \cdot \rho_S}{C_S \cdot \rho_A} = K_S^A \tag{4-16}$$

即可获得 K_S^A 值。运用 K 值法的步骤如下：

① 查表或实验测定 K_S^A；

② 向待测样中加入已知含量（ω_S）的 S 相，测定混合样的 I_S 和 I_A'；

③ 代入公式 $\dfrac{I_A'}{I_S} = K_S^A \cdot \dfrac{(1-\omega_S)}{\omega_S} \cdot \omega_A$，即可求得待测相 A 的含量 ω_A。

K 值法源于内标法，它不需制定内标曲线，使用较为方便。

（4）绝热法

内标法和 K 值法均需要向待测试样中添加标准相，因此，待测试样必须是粉末。那么块体试样的定量分析如何进行呢？这就需要采用新的方法如绝热法和参比强度法等。

绝热法不需添加标准相，它是用待测试样中的某一相作为标准物质进行定量分析的，因此，定量分析过程不与系统以外发生关系。其原理类似于 K 值法。

设试样由 n 个已知相组成，以其中的某一相 j 为标准相，分别测得各相衍射线的相对强度，类似于 K 值法，获得 $(n-1)$ 个方程，此外，各相的质量分数之和为 1，这样就得到 n 个方程组成的方程组：

$$
\begin{cases}
\dfrac{I_1}{I_j} = K_j^1 \cdot \dfrac{\omega_1}{\omega_j} \\[2mm]
\dfrac{I_2}{I_j} = K_j^2 \cdot \dfrac{\omega_2}{\omega_j} \\[2mm]
\cdots \\[2mm]
\dfrac{I_{n-1}}{I_j} = K_j^{n-1} \cdot \dfrac{\omega_{n-1}}{\omega_j} \\[2mm]
\sum\limits_{j=1}^{n} \omega_j = 1
\end{cases}
\tag{4-17}
$$

解该方程组即可求出各相的含量。绝热法也是内标法的一种简化，标准相不是来自外部而是试样本身，该法不仅适用于粉末试样，同样也适用于块体试样，其不足是必须知道试样中的所有组成相。

（5）参比强度法

参比强度法实际上是对 K 值法的再简化，它适用于粉体试样，当待测试样仅含两相时也可适用于块体试样。该法采用刚玉（α-Al_2O_3）作为统一的标准物 S，某相 A 的 K_S^A 已标于卡片的右上角或数字索引中，无需通过计算或实验即可获得 K_S^A 了。

当待测试样中仅有两相时，定量分析时不必加入标准相，此时存在以下关系：

$$
\begin{cases}
\dfrac{I_1}{I_2} = K_2^1 \cdot \dfrac{\omega_1}{\omega_2} = \dfrac{K_S^1}{K_S^2} \cdot \dfrac{\omega_1}{\omega_2} \\[2mm]
\omega_1 + \omega_2 = 1
\end{cases}
\tag{4-18}
$$

解该方程组即可获得两相的相对含量了。

3）重叠线的分离

当晶体衍射时往往会出现峰线重叠，这将给定量分析或结构分析带来麻烦。如立方系中，当 a、$h^2+k^2+l^2$ 相同时，其对应的晶面间距相同，即衍射角相同，峰线重叠。此时重叠线可通过多重因子的计算来进行分离。例如,简单立方点阵中,300 和 221 的衍射线重叠,假定实测重叠峰的相对强度为 80,两者的多重因子 $P_{300}=6$,$P_{221}=24$,则 300 的相对衍射强度为 $80\times\dfrac{P_{300}}{P_{300}+P_{221}}=80\times\dfrac{6}{6+24}=16$,这样 221 的相对衍射强度为 $80-16=64$。如果是不同的物相其晶面间距相同或相近,同样会引起衍射线的重叠,此时,重叠衍射线的分离可由

$$I_i=I_0\frac{P_i\times F_i^2}{\sum\limits_{i=1}^{n}P_i\times F_i^2}$$

公式计算获得,式中 I_0、I_i 分别为重叠峰的总强度和第 i 相在该位置的衍射强度,P_i 和 F_i^2 分别为第 i 相的多重因子和结构因子,n 为重叠峰所含分峰的数目。

定量分析的方法较多,感兴趣的读者可以参考相关书籍,不过需注意的是定量分析的精确度与样品的状态密切相关,如颗粒的粗细、试样中各相分布的均匀性、织构等。

4.3　点阵常数的精确测定

点阵常数是反映晶体物质结构尺寸的基本参数,直接反映了质点间的结合能。在冶金、材料、化工等领域,如固态相变的研究、固溶体类型的确定、宏观应力的测定、固相溶解度曲线的绘制、化学热处理层的分析等方面均涉及点阵常数。点阵常数的变化反映了晶体内部的成分和受力状态的变化。由于点阵常数的变化量级很小(约 10^{-5} nm),因此,有必要精确测定点阵常数。

4.3.1　测量原理

测定点阵常数通常采用 X 射线仪进行,测定过程首先是获得晶体物质的衍射花样,即 $I\text{-}2\theta$ 曲线,标出各衍射峰的干涉面指数(HKL)和对应的峰位 2θ,然后运用布拉格方程和晶面间距公式计算该物质的点阵常数。以立方晶系为例,点阵常数的计算公式为

$$a=\frac{\lambda}{2\sin\theta}\sqrt{H^2+K^2+L^2} \tag{4-19}$$

显然,同一个相的各条衍射线均可通过上式计算出点阵常数 a,理论上讲 a 的每个计算值都应相等,实际上却有微小差异,这是由于测量误差导致的。从上式可知,点阵常数 a 的测量误差主要来自波长 λ、$\sin\theta$ 和干涉指数(HKL),其中波长的有效数字已达 7 位,可以认为没有误差($\Delta\lambda=0$),干涉指数 HKL 为正整数,$H^2+K^2+L^2$ 也没有误差,因此,$\sin\theta$ 成了精确测量点阵常数的关键因素。

$\sin\theta$ 的精度取决于 θ 角的测量误差,该误差包括偶然误差和系统误差,偶然误差是由偶然因素产生,没有规律可循,也无法消除,只有通过增加测量次数,统计平均将其降到最低程度。系统误差则是由实验条件决定的,具有一定的规律,可以通过适当的方法使其减小甚至消除。

4.3.2　误差源分析

对布拉格方程两边微分,由于波长的精度已达 5×10^{-7} nm,微分时可视为常数,即 $d\lambda=0$,从而导出晶面间距的相对误差为：$\dfrac{\Delta d}{d}=-\Delta\theta\cot\theta$,立方晶系时,$\dfrac{\Delta d}{d}=\dfrac{\Delta a}{a}$,所以有 $\dfrac{\Delta a}{a}=-\Delta\theta\cot\theta$,因此,点阵常数的相对误差取决于 $\Delta\theta$ 和 θ 角的大小。图4-13 即为 θ 和 $\Delta\theta$ 对 $\dfrac{\Delta d}{d}$ 或 $\dfrac{\Delta a}{a}$

的影响曲线，从该图可以看出：①对于一定的 $\Delta\theta$，当 $\theta\to90°$ 时，$\dfrac{\Delta d}{d}$ 或 $\dfrac{\Delta a}{a}\to0$，此时 d 或 a 测量精度最高，因而在点阵常数测定时应选用高角度的衍射线；②对于同一个 θ 角时，$\Delta\theta$ 愈小，$\dfrac{\Delta d}{d}$ 或 $\dfrac{\Delta a}{a}$ 就愈小，d 或 a 的测量误差也就愈小。

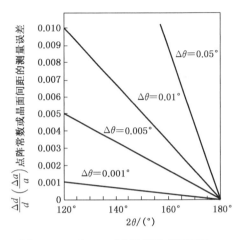

图 4-13　θ 和 $\Delta\theta$ 对点阵常数或晶面间距的测量精度的影响规律

4.3.3　测量方法

　　由于点阵常数的测量精度主要取决于 θ 角的测量误差和 θ 角的大小，因此，就应从这两个方面入手，来提高点阵常数的测量精度。θ 角的测量误差取决于衍射仪本身和衍射峰的定位方法；当 θ 的测量误差一定时，θ 角愈大，点阵常数的测量误差就愈小，$\theta\to90°$ 时，点阵常数的测量误差可基本消除，获得最为精确的点阵常数。虽然衍射仪在该位置难以测出衍射强度，获得清晰的衍射花样，算出点阵常数，但可运用已测定的其他位置的值，通过适当的方法获得 $\theta=90°$ 处精确的点阵常数，如外延法、线性回归等。为提高测量精度，对于衍射仪，应按其技术条件定时进行严格调试，使其系统误差在规定的范围内，或通过标准试样直接获得该仪器的系统误差，再对所测试样的测量数据进行修正，同样也可获得高精度的点阵常数。然而，在具体测量时，首先要确定峰位，然后才能具体测量。

　　1）峰位确定法
　　（1）峰顶法　当衍射峰非常尖锐时，直接以峰顶所在的位置定为峰位。
　　（2）切线法　当衍射峰两侧的直线部分较长时，以两侧直线部分的延长线的交点定为峰位。
　　（3）半高宽法　图 4-14 为半高宽法定位示意图，当 $K_{\alpha1}$ 和 $K_{\alpha2}$ 不分离时，如图 4-14（a）所示，作衍射峰背底的连线 pq，过峰顶 m 作横轴的垂直线 mn，交 pq 于 n，mn 即为峰高。过 mn 的中点 K 作 pq 的平行线 PQ 交衍射峰于 P 和 Q，PQ 为半高峰宽，再由 PQ 的中点 R 作横轴的垂线所得的垂足即为该衍射峰的峰位。当 $K_{\alpha1}$ 和 $K_{\alpha2}$ 分离时，如图 4-14（b）所示，应由 $K_{\alpha1}$ 衍射峰定位，考虑到 $K_{\alpha2}$ 的影响，取距峰顶 1/8 峰高处的峰宽中点定为峰位。半高宽法一般适用于敏锐峰，当衍射峰较为漫散时应采用抛物线拟合法定位。

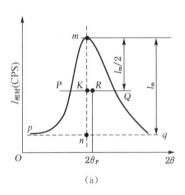

（a）

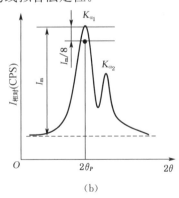

（b）

图 4-14　半高宽法定位示意图

（4）抛物线拟合法

当峰形漫散时，采用半高宽法产生的误差较大，此时可采用抛物线拟合法，就是将衍射峰的顶部拟合成对称轴平行于纵轴、张口朝下的抛物线，以其对称轴与横轴的交点定为峰位。根据拟合时取点数目的不同，又可分为三点法、五点法和多点法（五点以上）等，此处仅介绍三点法和多点法两种。

① 三点法

在高于衍射峰强度 85% 的峰顶区，任取 3 点 $2\theta_1$、$2\theta_2$、$2\theta_3$，见图 4-15(a)，其对应强度为 I_1、I_2、I_3，设抛物线方程为 $I=a_0+a_1\cdot(2\theta)+a_2\cdot(2\theta)^2$，因这 3 点在同一抛物线上，满足抛物线方程，分别代入得以下方程组：

$$\begin{cases} I_1=a_0+a_1(2\theta_1)+a_2(2\theta_1)^2 \\ I_2=a_0+a_1(2\theta_2)+a_2(2\theta_2)^2 \\ I_3=a_0+a_1(2\theta_3)+a_2(2\theta_3)^2 \end{cases} \qquad (4-20)$$

解之得 a_0、a_1、a_2，即可获得抛物线方程，其对称轴位置 $2\theta_P=-\dfrac{a_1}{2a_2}$ 即为该峰的峰位。

② 多点法

为提高顶峰的精度，可在衍射峰上取多个点（>5），见图 4-15(b)，运用最小二乘原理拟合出最佳的抛物线，该抛物线的对称轴与横轴的交点所在位置即为峰位。

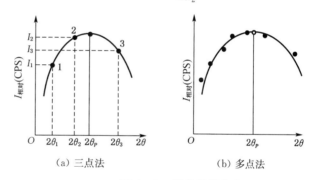

（a）三点法　　　　（b）多点法

图 4-15　抛物线拟合法

设取 n 个测点：θ_1、θ_2、$\cdots$、θ_i、$\cdots$、θ_n；其对应的实测强度值分别为：I_1、I_2、$\cdots$、I_i、$\cdots$、I_n；

设拟合后最佳的抛物线方程为：$I_0=a_0(2\theta)+a_1(2\theta)+a_2(2\theta)^2$
则各点实测强度值 I_i 与最佳值 I_{0i} 差值的平方和为

$$\sum_{i=1}^{n}v_i^2=\sum_{i=1}^{n}\left[I_i-I_{0i}\right]^2 \qquad (4-21)$$

由最小二乘法，则

$$\begin{cases} \dfrac{\partial \sum\limits_{i=1}^{n}v_i^2}{\partial a_0}=0 \\[3ex] \dfrac{\partial \sum\limits_{i=1}^{n}v_i^2}{\partial a_1}=0 \\[3ex] \dfrac{\partial \sum\limits_{i=1}^{n}v_i^2}{\partial a_2}=0 \end{cases} \qquad (4-22)$$

解方程组得 a_0、a_1、a_2，再代入式 $2\theta_P=-\dfrac{a_1}{2a_2}$ 求得峰位。多点拟合法的计算量较大，一

般需通过编程由计算机来完成。

2）点阵参数的精确测量法

在确定了峰位后，即可进行点阵常数的具体测量，常见的测量方法有：外延法、线性回归和标准样校正法。

（1）外延法

点阵常数精确测量的最理想峰位在 $\theta=90°$ 处，然而，此时衍射仪无法测到衍射线，那么如何获得最精确的点阵常数呢？可通过外延法来实现。先根据同一物质的多根衍射线分别计算出相应的点阵常数 a，此时点阵常数存在微小差异，以函数 $f(\theta)$ 为横坐标，点阵常数为纵坐标，作出 $a-f(\theta)$ 的关系曲线，将曲线外延至 θ 为 $90°$ 处的纵坐标值即为最精确的点阵常数值，其中 $f(\theta)$ 为外延函数。

由于曲线外延时带有较多的主观性，理想的情况是该曲线为直线，此时的外延最为方便，也不含主观因素，但组建怎样的外延函数 $f(\theta)$ 才能使 $a-f(\theta)$ 曲线为直线呢？通过前人的大量工作，如取 $f(\theta)=\cos^2\theta$ 时，发现 $\theta>60°$ 时符合得较好，而在低 θ 角时，偏离直线较远，该外延函数要求各衍射线的 θ 均大于 $60°$，且其中至少有一个 $\theta>80°$，然而，在很多场合满足这些条件较为困难，为此，尼尔逊（I. B. Nelson.）等设计出了新的外延函数，取 $f(\theta)=\dfrac{1}{2}\left(\dfrac{\cos^2\theta}{\sin\theta}+\dfrac{\cos^2\theta}{\theta}\right)$，此时，可使曲线在较大的 θ 范围内保持良好的直线关系。后来，泰勒又从理论上证实了这一函数。图 4-16 表示李卜逊（H. Lipson.）等对铝在 571 K 时的所测数据，分别采用外延函数为 $\cos^2\theta$ 和 $\dfrac{1}{2}\left(\dfrac{\cos^2\theta}{\sin\theta}+\dfrac{\cos^2\theta}{\theta}\right)$ 时的外延示意图。由图 4-16(a) 可知在 $\theta>60°$ 时，测量数据与直线符合得较好，直线外延至 $90°$ 的点阵常数为 0.407 82 nm；而在外延函数为 $\dfrac{1}{2}\left(\dfrac{\cos^2\theta}{\sin\theta}+\dfrac{\cos^2\theta}{\theta}\right)$ 时，如图 4-16(b) 所示，较大 θ 角范围内（$\theta>30°$）具有较好的直线性，沿直线外延至 $90°$ 时所得的点阵常数为 0.407 808 nm 更为精确。

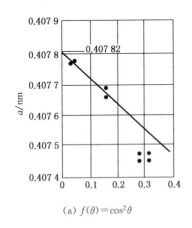
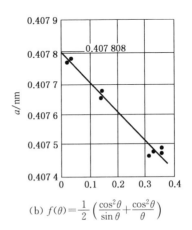

(a) $f(\theta)=\cos^2\theta$ (b) $f(\theta)=\dfrac{1}{2}\left(\dfrac{\cos^2\theta}{\sin\theta}+\dfrac{\cos^2\theta}{\theta}\right)$

图 4-16　不同外延函数时的外延示意图

（2）线性回归法

在外延法中，取外延函数 $f(\theta)$ 为 $\dfrac{1}{2}\left(\dfrac{\cos^2\theta}{\sin\theta}+\dfrac{\cos^2\theta}{\theta}\right)$ 时，可使 a 与 $f(\theta)$ 具有良好的线性

关系,通过外延获得点阵常数的测量值,但是,该直线是通过作图的方式得到的,仍带有较强的主观性,此外,方格纸的刻度精细有限,因此,很难获得更高的测量精度。线性回归法就是在此基础上,对多个测点数据运用最小二乘原理,求得回归直线方程,再通过回归直线的截距获得点阵常数的方法。它在相当程度上克服了外延法中主观性较强的不足。

设回归直线方程为

$$Y = kX + b \tag{4-23}$$

式中:Y——点阵常数值;

X——外延函数值,一般取 $X = \dfrac{1}{2}\left(\dfrac{\cos^2\theta}{\sin\theta} + \dfrac{\cos^2\theta}{\theta}\right)$;

k——斜率;

b——直线的截距,就是 θ 为 90° 时的点阵常数。

设有 n 个测点 $(X_i Y_i)$,$i = 1, 2, 3, \cdots, n$,由于测点不一定在回归直线上,可能存有误差 e_i,即 $e_i = Y_i - (kX_i + b)$,所有测点的误差平方和为

$$\sum_{i=1}^{n} e_i^2 = \sum_{i=1}^{n}\left[Y_i - (kX_i + b)\right]^2 \tag{4-24}$$

由最小二乘原理:

$$\frac{\partial \sum_{i=1}^{n} e_i^2}{\partial k} = 0, \quad \frac{\partial \sum_{i=1}^{n} e_i^2}{\partial b} = 0$$

得方程组:

$$\begin{cases} \sum_{i=1}^{n} X_i Y_i = k\sum_{i=1}^{n} X_i^2 + b\sum_{i=1}^{n} X_i \\ \sum_{i=1}^{n} Y_i = k\sum_{i=1}^{n} X_i + \sum_{i=1}^{n} b \end{cases} \tag{4-25}$$

解之得

$$b = \frac{\sum_{i=1}^{n} Y_i \sum_{i=1}^{n} X_i^2 - \sum_{i=1}^{n} X_i \sum_{i=1}^{n} X_i Y_i}{n\sum_{i=1}^{n} X_i^2 - (\sum_{i=1}^{n} X_i)^2} \tag{4-26}$$

由于外延函数可消除大部分系统误差,最小二乘又消除了偶然误差,这样回归直线的纵轴截距即为点阵常数的精确值。

(3)标准样校正法

由于外延函数的制定带有较多的主观色彩,线性回归法的计算又非常繁琐,因此,需要有一种更为简捷的方法消除测量误差,标准样校正法就是常用的一种。它是采用比较稳定的物质如 Si、Ag、SiO₂ 等作为标准物质,其点阵常数已精确测定过,如纯度为 99.999% 的 Ag 粉,$a_{Ag} = 0.408\,613$ nm,纯度为 99.9% 的 Si 粉,$a_{Si} = 0.543\,75$ nm,并定为标准值,将标准物质的粉末掺入待测试样的粉末中混合均匀,或在待测块状试样的表层均匀铺上一层标准试样的粉末,于是在衍射图中就会出现两种物质的衍射花样。由标准物的点阵常数和已知的波长计算出相应 θ 角的理论值,再与衍射花样中相应的 θ 角相比较,其差值即为测试过程中的所有因素综合造成的,并以这一差值对所测数据进行修正,就可得到较为精确的点阵常数。显然,该法的测量精度基本取决于标准物的测量精度。

4.4　宏观应力的测定

4.4.1　内应力的产生、分类及其衍射效应

产生应力的各种因素(如外力、温度变化、加工过程,相变等)不复存在时,在物体内部存在并保持平衡着的应力称为内应力。按存在范围的大小,可将内应力分为以下 3 种:

第一类内应力:在较大范围内存在并保持平衡的应力,释放该应力时可使物体的体积或形状发生变化。由于其存在范围较大,应变均匀分布,这样方位相同的各晶粒中同名 HKL 面的晶面间距变化就相同,从而导致各衍射峰位向某一方向发生漂移,这也是 X 射线测量第一类应力的理论基础。

第二类内应力:在数个晶粒范围内存在并保持平衡的应力。释放此应力时,有时也会引起宏观体积或形状发生变化。由于其存在范围仅在数个晶粒范围,应变分布不均匀,不同晶粒中,同名 HKL 面的晶面间距有的增加,有的减小,导致衍射线峰位向不同的方向位移,引起衍射峰漫散宽化。这也是 X 射线测量第二类应力的理论基础。

第三类内应力:在若干个原子范围存在并保持平衡的应力,一般存在于位错、晶界和相界等缺陷附近。释放此应力时不会引起宏观体积和形状的改变。由于应力仅存在于数个原子范围,应变会使原子离开平衡位置,产生点阵畸变,由衍射强度理论可知,其衍射强度下降。

通常将第一类应力称为宏观应力或残余应力,第二类内应力称微观应力,第三类内应力称为超微观应力。

宏观应力或残余应力的存在对工件的力学性能、物理性能以及尺寸的稳定性均会产生影响。当工件中存在的残余应力大于其屈服强度时会使工件变形,高于其抗拉强度时会引起工件开裂。然而,有些情况下,残余应力的存在是有利的,如弹簧、曲轴等,经喷丸处理后,在其表面产生残余压应力,这有利于提高弹簧、曲轴的抗疲劳强度。因此,宏观应力的测定工作在确定工件的最佳加工工艺、预测工件使用寿命和分析工件失效形式等方面具有十分重要的意义。

4.4.2　宏观应力的测定原理

有关宏观应力或残余应力的测定方法较多,根据其测试过程对工件的影响程度可分为:有损检测和无损检测两大类,有损检测主要通过钻孔、开槽或剥层等方法使宏观应力释放,再用电阻应变片测量应变,利用应力与应变的关系算出残余应力;无损检测则是通过超声、磁性、中子衍射、X 射线衍射等方法测定工件中的残余应变,再由应变与应力的关系求得应力的大小。一般情况下残余应力的测定均采用无损检测法进行,并由 X 射线的衍射效应来区分应力种类,测定应力大小。X 射线衍射法的测定过程快捷准确,方便可靠,因而备受重视,现已获得广泛应用。

当工件中存在宏观应力时,应力使工件在较大范围内引起均匀变形,即产生分布均匀的应变,使不同晶粒中的衍射面 HKL 的面间距同时增加或同时减小,由布拉格方程 $2d \sin \theta = \lambda$ 可知,其衍射角 2θ 也将随之变化,具体表现为 HKL 面的衍射线朝某一方向位移一个微

小角度,且残余应力愈大,衍射线峰位位移量就愈大。因此,峰位位移量的大小反映了宏观应力的大小,X射线衍射法就是通过建立衍射峰位的位移量与宏观应力之间的关系来测定宏观应力的。具体的测定步骤如下:

(1) 分别测定工件有宏观应力和无宏观应力时的衍射花样;

(2) 分别定出衍射峰位,获得同一衍射晶面所对应衍射峰的位移量 $\Delta\theta$;

(3) 通过布拉格方程的微分式求得该衍射面间距的弹性应变量;

(4) 由应变与应力的关系求出宏观应力的大小。

因此,建立衍射峰的位移量与宏观应力之间的关系式成了宏观应力测定的关键。如何导出这个关系式呢?推导过程较为复杂,需要适当简化,为此提出以下假设。

1) 单元体表面无剪切应力

一般情况下,残余应力的状态非常复杂,应力区中的任意一点通常处于三维应力状态。在应力区中取一单元体(微分六面体),共有6个应力分量,如图4-17(a)所示,分别为垂直于单元体表面的三个正应力 σ_x、σ_y 与 σ_z 和垂直于表面法线方向的3个切应力 τ_{xy}、τ_{yz} 与 τ_{zx},由弹性力学理论可知,通过单元体的取向调整,总可以找到这样的一个取向,使单元体表面上的切应力为零,这样单元体的应力分量就由6个简化为3个,此时,3对表面的法线方向称为主方向,相应的3个正应力称为主应力,分别表示为:σ_1、σ_2、σ_3。见图4-17(b),下面的推导分析就是在这种简化后的基础上进行的。

2) 所测应力为平面应力

由于X射线的穿透深度非常有限,仅在微米量级,且内应力沿表面的法线方向变化梯度极小,因此,可以假设X射线所测的应力为平面应力。

为了推导应力计算公式,需建立坐标系,如图4-18所示,坐标原点为 O,单元体上的3个主应力 σ_1、σ_2、σ_3 的方向分别为三维坐标轴的方向;对应的主应变为 ε_1、ε_2、ε_3;设待测方向为 OA,待测方向上的衍射面指数为 HKL,待测应力和应变分别为 σ_ϕ 和 ε_ϕ。物体表面的法线方向 ON 与待测方向 OA 所构成的平面为测量平面。待测应力在坐标平面内的投影为 σ_ϕ,σ_ϕ 方向与 σ_1 的夹角为 ϕ,待测方向与试样表面法线方向的夹角为 ψ。

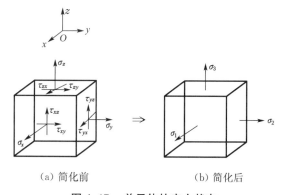

图 4-17　单元体的应力状态　　　　图 4-18　表层应力、应变状态

由应力与应变之间的关系:

$$\begin{cases} \varepsilon_1 = \dfrac{1}{E}\left[\sigma_1 - \nu(\sigma_2 + \sigma_3)\right] \\[2mm] \varepsilon_2 = \dfrac{1}{E}\left[\sigma_2 - \nu(\sigma_3 + \sigma_1)\right] \\[2mm] \varepsilon_3 = \dfrac{1}{E}\left[\sigma_3 - \nu(\sigma_1 + \sigma_2)\right] \end{cases} \tag{4-27}$$

由于 X 射线测量的是平面应力，故 $\sigma_3 = 0$，此时式(4-27)简化为

$$\begin{cases} \varepsilon_1 = \dfrac{1}{E}\left[\sigma_1 - \nu\sigma_2\right] \\[2mm] \varepsilon_2 = \dfrac{1}{E}\left[\sigma_2 - \nu\sigma_1\right] \\[2mm] \varepsilon_3 = \dfrac{1}{E}\left[-\nu(\sigma_1 + \sigma_2)\right] \end{cases} \tag{4-28}$$

由弹性力学可得

$$\begin{cases} \sigma_\psi = \alpha_1^2 \sigma_1 + \alpha_2^2 \sigma_2 + \alpha_3^2 \sigma_3 & \text{(4-29)} \\[2mm] \varepsilon_\psi = \alpha_1^2 \varepsilon_1 + \alpha_2^2 \varepsilon_2 + \alpha_3^2 \varepsilon_3 & \text{(4-30)} \end{cases}$$

其中 α_1、α_2、α_3 为待测方向的方向余弦，大小分别为：$\alpha_1 = \sin\psi\cos\phi$、$\alpha_2 = \sin\psi\sin\phi$、$\alpha_3 = \cos\psi$。

式(4-28)和方向余弦代入式(4-30)并化简得

$$\varepsilon_\psi = \frac{\sin^2\psi}{E}(1+\nu)(\sigma_1\cos^2\phi + \sigma_2\sin^2\phi) - \frac{\nu}{E}(\sigma_1 + \sigma_2) \tag{4-31}$$

由于考虑的是平面应力，此时 $\psi = 90°$，即 $\alpha_1 = \cos\phi$、$\alpha_2 = \sin\phi$、$\alpha_3 = 0$，分别代入式(4-29)得

$$\sigma_\psi = \sigma_\phi = \sigma_1\cos^2\phi + \sigma_2\sin^2\phi \tag{4-32}$$

将式(4-32)代入式(4-31)得

$$\varepsilon_\psi = \frac{\sin^2\psi}{E}(1+\nu)\sigma_\phi - \frac{\nu}{E}(\sigma_1 + \sigma_2) \tag{4-33}$$

将式(4-33)两边对 $\sin^2\psi$ 求偏导得

$$\frac{\partial \varepsilon_\psi}{\partial \sin^2\psi} = \frac{1+\nu}{E}\sigma_\phi \tag{4-34}$$

因为 $\varepsilon_\psi = \dfrac{d_\psi - d_0}{d_0}$，式中 d_ψ 和 d_0 分别表示待测方向上的衍射面 HKL 在有和没有宏观应力时的面间距。

由布拉格方程两边变分推得：$\dfrac{\Delta d}{d} = -\cot\theta \cdot \Delta\theta$，则

$$\varepsilon_\psi = \left(\frac{\Delta d}{d}\right)_\psi = -\cot\theta_0 \cdot \Delta\theta_\psi \cdot \frac{\pi}{180} = -\cot\theta_0 \cdot \frac{2\Delta\theta_\psi}{2} \cdot \frac{\pi}{180}$$

$$=-\cot\theta_0 \cdot \frac{2\theta_\psi-2\theta_0}{2} \cdot \frac{\pi}{180} \qquad (4-35)$$

式中：$2\theta_\psi$ 和 $2\theta_0$——分别表示待测方向上的衍射面 HKL 在有和没有宏观应力时的衍射角。

将式(4-35)代入式(4-34)化简,得

$$\sigma_\phi=-\frac{E}{2(1+\nu)} \cdot \cot\theta_0 \cdot \frac{\partial(2\theta_\psi-2\theta_0)}{\partial\sin^2\psi} \cdot \frac{\pi}{180} \qquad (4-36)$$

即

$$\sigma_\phi=-\frac{E}{2(1+\nu)} \cdot \cot\theta_0 \cdot \frac{\pi}{180} \cdot \frac{\partial(2\theta_\psi)}{\partial\sin^2\psi} \qquad (4-37)$$

式(4-37)即为残余应力与衍射峰峰位位移量之间的重要关系式,也是残余应力测定的基本公式。

设 $K=-\dfrac{E}{2(1+\nu)} \cdot \cot\theta_0 \cdot \dfrac{\pi}{180}$, $M=\dfrac{\partial(2\theta_\psi)}{\partial\sin^2\psi}$,式(4-37)简化为

$$\sigma_\phi = K \cdot M \qquad (4-38)$$

显然,K 恒小于零,所以当 $M>0$ 时,$\sigma_\phi<0$,此时衍射角增加,面间距减小,表现为压应力;反之,$M<0$ 时,面间距增加,表现为拉应力。K 又称为应力常数,主要取决于材料的弹性模量 E、泊松比 ν 和衍射面 HKL 在没有残余应力时的衍射半角 θ_0,一般情况下可直接查表获得。残余应力是存在于材料中并保持平衡着的内应力,对具体的材料而言,残余应力为一常数。由式(4-38)可知 M 也为常数,再由 $M=\dfrac{\partial(2\theta_\psi)}{\partial\sin^2\psi}$ 可知 M 应为 $2\theta_\psi$-$\sin^2\psi$ 曲线的斜率。因为 M 为常数,故 $2\theta_\psi$-$\sin^2\psi$ 曲线为直线。因此,残余应力的测定只需通过测定 $2\theta_\psi$-$\sin^2\psi$ 直线,获得其斜率 M,再查表获得应力常数 K 即可求得 σ_ϕ。

4.4.3 宏观应力的测定方法

宏观应力测定的衍射几何见图4-19,图中:ψ_0——入射线与样品表面法线的夹角;η——入射线与所测晶面法线的夹角。衍射几何中有两个重要平面:测量平面——样品表面法线 ON 与所测晶面的法线 OA 构成的平面;扫描平面——入射线、所测晶面的法线 OA 和衍射线构成的平面。当测量平面与扫描平面共面时称同倾,测量平面与扫描平面垂直时称侧倾。

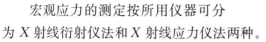

图 4-19　宏观应力测定的衍射几何

宏观应力的测定按所用仪器可分为 X 射线衍射仪法和 X 射线应力仪法两种。

1) X 射线衍射仪法

由式(4-36)可知宏观应力的测定关键在于确定 M 值,即获得 $2\theta_\psi$-$\sin^2\psi$ 直线的斜率,如何获得该直线呢?通常采用作图法,作图法又有两点法和多点法两种。①$0°$—$45°$ 两点法:即 $\psi=0°$、$\psi=45°$,分别测定 $2\theta_\psi$,求得 M 值。②多点法或 $\sin^2\psi$ 法:即取 $\psi=0°$、$15°$、$30°$、$45°$

等，分别测定各自对应的衍射角 $2\theta_\psi$，运用线性回归法求得 M 值。

（1）两点法

步骤如下：

① 选择合适的反射面 HKL。由已知 X 射线的波长和布拉格方程选择合适衍射角尽可能大的衍射面，θ 愈接近 $90°$，测量误差愈小，并算出该衍射面在无宏观应力时的 $2\theta_0$，用作测定时的参考值。

② 测定 $\psi = 0°$ 时所选晶面的衍射角 $2\theta_{\psi=0°}$。将样品置入样品台，计数管与样品台在 $2\theta_0$ 附近联动扫描，如图 4-20(a)，记录的衍射线即为样品中平行于样品表面的晶面（$\psi = 0°$）所产生，衍射线所对应的衍射角为 $2\theta_{\psi=0°}$。

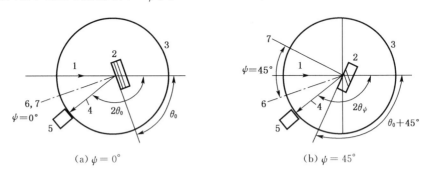

（a）$\psi = 0°$ （b）$\psi = 45°$

图 4-20　衍射仪法

1—入射线；2—试样；3—测角仪圆；4—衍射线；5—计数管；6—衍射晶面法线；7—样品表面法线

③ 测定 $\psi = 45°$ 时所选晶面的衍射角 $2\theta_{\psi=45°}$。保持计数管和样品台不动，让样品与样品台脱开，并按扫描方向转动 $45°$ 后固定，计数管仍在 $2\theta_0$ 附近与样品台联动扫描，如图 4-20(b)，此时记录的衍射线为样品中法线方向与样品表面法线方向成 $45°$ 的衍射面（$\psi = 45°$）所产生，衍射线所对应的衍射角为 $2\theta_{\psi=45°}$。

④ 计算 M 值。由两点式得

$$M = \frac{\partial(2\theta_\psi)}{\partial\sin^2\psi} = \frac{\Delta(2\theta_\psi)}{\Delta\sin^2\psi} = \frac{2\theta_{\psi=45°} - 2\theta_{\psi=0°}}{\sin^2 45° - \sin^2 0°} = \frac{2\theta_{\psi=45°} - 2\theta_{\psi=0°}}{\sin^2 45°} \tag{4-39}$$

⑤ 查表得 K，计算 $\sigma_\phi = K \cdot M$ 值。

（2）$\sin^2\psi$ 法

$\sin^2\psi$ 法的测定步骤类似于两点法，只是增加了测定点，一般取 4 个测定点，即比两点法增加 $\psi = 15°$ 和 $\psi = 30°$ 两个测定点，运用线性回归法获得理想直线方程，得其斜率 M，求得 σ_ϕ。此时

$$M = \frac{\sum\limits_{i=1}^{n} 2\theta_{\psi_i} \sum\limits_{i=1}^{n} \sin^2\psi_i - n\sum\limits_{i=1}^{n}(2\theta_{\psi_i}\sin^2\psi_i)}{\left(\sum\limits_{i=1}^{n}\sin^2\psi_i\right)^2 - n\sum\limits_{i=1}^{n}\sin^4\psi_i} \tag{4-40}$$

式中 n 为测定点的数目，具体计算时应注意以下几点：

① 不同 ψ 时的 $2\theta_\psi$ 表示材料中不同取向的同一晶面（面指数为 HKL，测定时已选定）的衍射角，均在 $2\theta_0$ 附近，仅有很小的差异。

② 在扫描过程中，入射线的方向保持不变，X 射线的入射方向与样品表面的法线方向

的夹角(ψ_0)时刻在变化，但由于样品、样品台、计数管保持联动，故所选晶面的法线方向与样品表面的法线方向保持不变的夹角(ψ)。因此，该法又称固定ψ法。

③ 该法的测角仪圆为水平放置，测试过程中需要多次脱开并转动样品，以在不同的ψ角分别扫描，故该法仅适用于可动的小件样品。

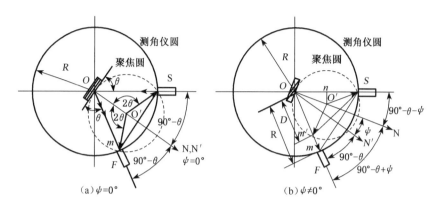

图 4-21 应力测定时的聚焦几何图

注意：$\psi=0°$时，计数管F在测角仪圆上，如图 4-21(a)。当$\psi\neq0°$时，聚焦圆的大小发生变化，如图 4-21(b)，此时的计数管位置如果不动，仍在半径固定的测角仪圆上(m点)，则计数管只能接收衍射光束的一部分，其强度很弱。若换用宽的狭缝来提高接收强度，又必然导致分辨率的降低。为此，计数管应沿径向移动，从原来的m点移动至m'点。设测角仪圆的半径为R，计数管距测角仪圆心的距离为D，可由图 4-21(b)中三角形$\triangle OO'S$和$\triangle OO'm'$分别得

$$OO' = \frac{\frac{1}{2}R}{\cos(90°-\theta-\psi)} = \frac{R}{2\sin(\theta+\psi)} \tag{4-41}$$

$$OO' = \frac{\frac{1}{2}D}{\cos(90°-\theta+\psi)} = \frac{D}{2\sin(\theta-\psi)} \tag{4-42}$$

即：

$$\frac{D}{R} = \frac{\sin(\theta-\psi)}{\sin(\theta+\psi)} \tag{4-43}$$

所以，为了探测聚焦的衍射线，必须将计数管沿径向移至距测角仪圆中心轴距离为D的m'点处。

2）X 射线应力仪法

图 4-22(a)为应力仪结构示意图。当被测工件较大时，衍射仪法无法进行，只有采用应力仪法。此时固定工件，转动应力仪，让入射线分别以不同的角度入射，入射线与样品表面法线的夹角ψ_0可在$0°\sim45°$范围内变化，侧角仪为立式，计数管可在垂直平面内扫描，扫描范围可达$145°$甚至$165°$。扫描过程中，样品和ψ_0固定，计数器在$2\theta_0$附近扫描记录衍射线。由应力仪的衍射几何（图 4-22(b)）得ψ与ψ_0的关系为

$$\psi = \psi_0 + \eta, \quad \eta = 90°-\theta_\psi \tag{4-44}$$

式中：η——入射线与衍射面法线的夹角。

通过设定不同的ψ_0获得不同的ψ方位，无需转动试样。

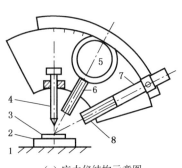
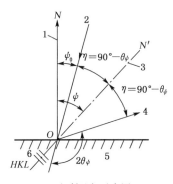

（a）应力仪结构示意图   （b）衍射几何示意图

1—试样台；2—试样；3—小镜；4—标距杆；   1—样品表面法线；2—入射线；3—衍射晶面法线；

5—X 射线管；6—入射光阑；7—计数管；8—接收光阑   4—衍射线；5—样品；6—衍射晶面

图 4-22　应力仪结构及其衍射几何示意图

应力仪法的测试步骤类似于衍射仪法，所不同的是应力仪的入射线与样品表面法线的夹角 ψ_0 在计数器扫描过程中保持不变，故该法又称固定 ψ_0 法。具体测定时同样也有 $0°—45°$ 两点法和 $\sin^2\psi$ 多点法两种。

（1）$0°—45°$ 两点法

当 $\psi_0 = 0°$、$45°$ 时，由式(4-44)得 ψ 分别为 η、$\eta+45°$，衍射几何分别如图 4-23(a)、(b)所示。分别测量 $2\theta_{\psi=\eta}$ 和 $2\theta_{\psi=\eta+45°}$ 的值，再由两点式求得

$$M = \frac{2\theta_{\psi=\eta+45°} - 2\theta_{\psi=\eta}}{\sin^2(45°+\eta) - \sin^2\eta} \tag{4-45}$$

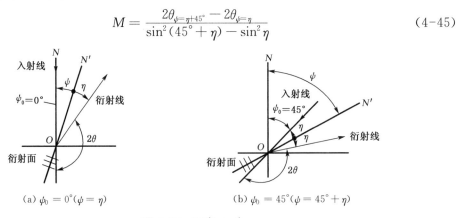

（a）$\psi_0 = 0°(\psi = \eta)$ （b）$\psi_0 = 45°(\psi = 45°+\eta)$

图 4-23　固定 ψ_0 法

再由 $\sigma_\phi = KM$，求得 σ_ϕ。

（2）$\sin^2\psi$ 多点法

ψ_0 在 $0°\sim45°$ 范围内取多个点，一般取 4 个点，测量相应的各 $2\theta_\psi$ 值，由线性回归法求得 M，再由 $\sigma_\phi = KM$ 算得 σ_ϕ。

显然，侧倾法时计数管可在垂直于测量平面的扫描平面内扫动，此时的 ψ 角大小由所测试样的形状空间决定，不受衍射角限制，确定 M 值同样可采用两点法和 $\sin^2\psi$ 多点法。

4.4.4　应力常数 K 的确定

应力常数 K 一般视为常数，可直接查表（见附录12）获得。但在实际情况中，晶体是各向

异性的,不同的方向,具有不同的弹性性质,即具有不同的应力常数 K,因此,具体测定宏观内应力时,就应采用所测方向上的应力常数。由 $K = -\dfrac{E}{2(1+\nu)} \cdot \cot\theta_0 \cdot \dfrac{\pi}{180}$ 可知,仅需知道所测方向上的 E 和 ν 即可,而 E 和 ν 可通过实验法来测定,具体的步骤如下:

1) 确定 ε_ψ-$\sin^2\psi$ 曲线,获得其斜率 $\dfrac{\partial \varepsilon_\psi}{\partial \sin^2 \psi}$

取与被测材料相同的板材制成无残余应力的等强度梁试样,该试样可安装在衍射仪或应力仪上,施加已知可变的单向拉伸应力 σ,即 $\sigma_\phi = \sigma_1 = \sigma$,$\sigma_2 = 0$。将其代入式(4-33),得

$$\varepsilon_\psi = \frac{\sin^2 \psi}{E}(1+\nu)\sigma_\phi - \frac{\nu}{E}(\sigma_1 + \sigma_2) = \frac{\sin^2 \psi}{E}(1+\nu)\sigma - \frac{\nu}{E}\sigma \tag{4-46}$$

则

$$\frac{\partial \varepsilon_\psi}{\partial \sin^2 \psi} = \frac{1+\nu}{E}\sigma \tag{4-47}$$

2) 确定 $\dfrac{1+\nu}{E}$

由式(4-47)可知,σ 一定时,$\dfrac{1+\nu}{E}\sigma$ 为常数,所以 ε_ψ — $\sin^2\psi$ 为一直线,其斜率为 $\dfrac{1+\nu}{E}\sigma$,因此,分别取不同的 σ 时,则有不同斜率的直线,如图 4-24(a)所示。

将式(4-47)两边对 σ 求偏导,得

$$\frac{\partial \left(\dfrac{\partial \varepsilon_\psi}{\partial \sin^2 \psi} \right)}{\partial \sigma} = \frac{1+\nu}{E} \tag{4-48}$$

因 $\dfrac{1+\nu}{E}$ 为常数,所以 $\dfrac{\partial \varepsilon_\psi}{\partial \sin^2 \psi}$ — σ 为一直线,由作图法(如图 4-24(b))得其直线的斜率为

$$K_1 = \frac{1+\nu}{E} \tag{4-49}$$

3) 确定 $\dfrac{\nu}{E}$

当 $\psi = 0°$ 时,则 $\sin\psi = 0$,式(4-46)可简化为

$$\varepsilon_\psi = -\frac{\nu}{E}\sigma \tag{4-50}$$

两边对 σ 求偏导,得

$$\frac{\partial \varepsilon_\psi}{\partial \sigma} = -\frac{\nu}{E} \tag{4-51}$$

因此,对于具体的测量方向,ν 和 E 为定值,故 ε_ψ-σ 曲线为直线。由作图法(如图 4-24(c))得其斜率为

$$K_2 = -\frac{\nu}{E} \tag{4-52}$$

4) 求 K

由式(4-49)和式(4-52)组成方程组即式(4-53),解该方程组得 ν 和 E,再代入计算式:
$K = -\dfrac{E}{2(1+\nu)} \cdot \cot\theta_0 \cdot \dfrac{\pi}{180}$,求得应力常数 K。当然在求得 $K_1 = \dfrac{1+\nu}{E}$ 时,也可直接代入上

式求得 K。

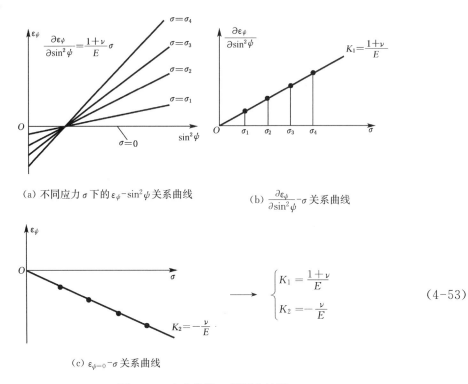

(a) 不同应力 σ 下的 ε_ψ-$\sin^2\psi$ 关系曲线

(b) $\dfrac{\partial \varepsilon_\psi}{\partial \sin^2\psi}$-$\sigma$ 关系曲线

$$\longrightarrow \begin{cases} K_1 = \dfrac{1+\nu}{E} \\ K_2 = -\dfrac{\nu}{E} \end{cases} \tag{4-53}$$

(c) $\varepsilon_{\psi=0}$-σ 关系曲线

图 4-24　应力常数 K 的测定计算

4.5　微观应力的测定

微观应力会引起衍射线发生漫散、宽化,因此可以通过衍射线形的宽化程度来测定微观应力的大小。微观应力是发生在数个晶粒甚至单个晶粒中数个原子范围内存在并平衡着的应力,因微应变不一致,有的晶粒受压,有的晶粒受拉,还有的弯曲,且弯曲程度也不同,这些均会导致晶面间距有的增加有的减少,致使晶体中不同区域的同一衍射晶面所产生的衍射线发生位移,从而形成一个在 $2\theta_0 \pm \Delta 2\theta$ 范围内存在强度的宽化峰。由于晶面间距有的增加有的减小,服从统计规律,因而宽化峰的峰位基本不变,只是峰宽同时向两侧增加,这不同于宏观应力,在宏观应力所存在范围内,晶面间距发生同向同值增加或减小,导致衍射峰位向一个方向位移。

由布拉格方程变分得

$$\Delta\theta = -\tan\theta_0 \cdot \frac{\Delta d}{d} \tag{4-54}$$

令 $\varepsilon = \dfrac{\Delta d}{d}$,则

$$\Delta\theta = -\tan\theta_0 \cdot \varepsilon \tag{4-55}$$

设微观应力所致的衍射线宽度为 n,简称为微观应力宽度,则 $n = 2 \cdot \Delta 2\theta = 4 \cdot \Delta\theta$,考虑其绝对值,则 $n = 4\varepsilon \cdot \tan\theta_0$,微观应力的大小为

$$\sigma = E \cdot \varepsilon = E \frac{n}{4\tan\theta_0} \tag{4-56}$$

4.6 非晶态物质及其晶化后的衍射

非晶态物质是指质点短程有序而长程无序排列的物质。常见的有氧化物玻璃、金属玻璃、有机聚合物、非晶陶瓷、非晶半导体等。由于质点分布的特殊性，致使该类物质具有晶态物质所没有的独特性能，如在力学、光学、电学、磁学、声学等方面性能优异，具有广阔的应用前景。因此，非晶材料已成了材料界的研究热门之一。显然，非晶态物质所具有的这些独特性能，完全取决于其内部的微观结构，那么运用何种手段来研究其微观结构呢？常见的方法有 X 射线衍射法和电子衍射法，其中电子衍射法将在下章介绍，本节主要介绍 X 射线衍射法。

4.6.1　非晶态物质结构的主要特征

非晶态物质结构的主要特征是质点排列短程有序而长程无序。与晶态一样，非晶态物质的质点近程排列有序，两者具有相似的最近邻关系，表现为它们的密度相近，特性相似。如非晶态金属、非晶态半导体和绝缘体都保持各自的特性。但非晶态物质的远程排列是无序的，次近邻关系与晶态相比不同，表现为非晶态物质不存在周期性，因而描述周期性的点阵、点阵参数等概念就失去了意义。因此，晶态与非晶态在结构上的主要区别在于质点的长程排列是否有序。此外，从宏观意义上讲，非晶态物质的结构均匀，各向同性，但缩小到原子尺寸时，结构也是不均匀的；非晶态为亚稳定态，热力学不稳定，有自发向晶态转变的趋势即晶化，晶化过程非常复杂，有时要经历若干个中间阶段。

4.6.2　非晶态物质的结构表征及其结构常数

晶态材料，原子在三维空间周期排列，对 X 射线来说晶态材料好像三维光栅，能产生衍射，测量不同方向上的衍射强度，可计算获得晶态物质的结构图像。而非晶态物质长程无序，不存在三维周期性，难以通过实验的方法精确测定其原子排列。因此，对非晶态的物质结构一般都是采用统计法来进行表征的，即采用径向分布函数来表征非晶态原子的分布规律，并由此获得表征非晶态结构的 4 个常数：配位数 n、最近邻原子的平均距离 r、短程原子有序畴 r_s 和原子的平均位移 σ。

1）径向分布函数

非晶态物质虽不具有长程有序，原子排列不具有周期性，但在数个原子范围内，相对于平均原子中心的原点而言，却是有序的，具有确定的结构，这种类型的结构可用径向分布函数（RDF）来表征。所谓原子径向分布函数是指在非晶态物质内任选某一原子为坐标原点，$\rho(r)$ 表示距离原点为 r 处的原子密度，则距原点为 r 到 $r + dr$ 的球壳内的原子数为 $4\pi r^2 \rho(r)dr$，其中 $4\pi r^2 \rho(r)$ 称为原子的径向分布函数，其物理含义为以任一原子为中心，r 长为半径的单位厚度球壳中所含的原子数，它反映了原子沿径向 r 的分布规律。根据组成非晶态物质原子种类的多少，径向分布函数可分为单元和多元两种。

单元非晶态物质即物质由单一品种的原子组成，其径向分布函数为

$$RDF(r) = 4\pi r^2 \rho(r) = 4\pi r^2 \rho_a + \frac{2r}{\pi} \int_0^\infty k[I(k)-1]\sin(\boldsymbol{k} \cdot \boldsymbol{r}) \mathrm{d}k \qquad (4\text{-}57)$$

式中：RDF—— 径向分布函数；

$\boldsymbol{r}$—— 任一原子的位置矢量；

$\rho(r)$—— 距离原点为 r 处的原子密度；

$\boldsymbol{k}$—— 衍射矢量，$\boldsymbol{k} = 2\pi \dfrac{\boldsymbol{s}-\boldsymbol{s_0}}{\lambda}$，$k = 4\pi \dfrac{\sin\theta}{\lambda}$；

ρ_a—— 样品的平均原子密度；

$4\pi r^2 \rho(r)$—— 距平均原子中心为 r 和 $r + \mathrm{d}r$ 球壳内的平均原子数；

$I(k)$—— 散射干涉函数，是平均每个原子间的相干散射强度与单个孤立原子散射强度的比值。

多元非晶态物质即物质由多种原子组成，整个系统可以看成由许多结构单元组成，其径向分布函数比较复杂，本书不作介绍，有兴趣的读者可参考相关文献。

单元非晶态物质径向分布函数的获取步骤：

（1）测取非晶态样品的衍射强度 $I(2\theta)$ 的关系式；

（2）扣除背底、不相干散射和多次相干散射，修整偏振因素和吸收系数；

（3）对 $I(2\theta)$ 再进行归一化处理，并将 θ 换成 k，获得干涉函数 $I(\boldsymbol{k})$ 的关系式；

（4）将干涉函数 $I(\boldsymbol{k})$ 代入式(4-57)，求得单种原子的非晶态物质的径向分布函数。

从式(4-57)可知，径向分布函数由两部分组成，第一部分 $4\pi r^2 \rho_a$ 是一抛物线，第二部分 $\dfrac{2r}{\pi}\int_0^\infty k[I(k)-1]\sin(\boldsymbol{k} \cdot \boldsymbol{r})\mathrm{d}k$ 表现为绕抛物线上下振荡的部分。图 4-25 为某金属玻璃的径向分布函数曲线，显然它是绕虚线即 $4\pi r^2 \rho_a$ 抛物线上下振荡的。

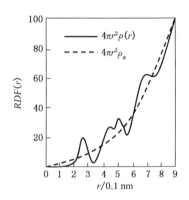

图 4-25　某金属玻璃的径向分布函数曲线

2）非晶态结构常数

（1）配位数 n　由径向分布函数的物理含义可知，分布曲线上第一个峰下的面积即为最近邻球形壳层中的原子数目，也就是配位数；测定径向分布函数的主要目的就是测定这个参数。同理，第二峰、第三峰下的面积分别表示第二、第三球形壳层中的原子数目。

（2）最近邻原子的平均距离 r　最近邻原子的平均距离 r 可由径向分布函数的峰位求得。$RDF(r)$ 曲线的每一个峰分别对应于一个壳层，即第一个峰对应于第一壳层，第二峰对应于第二壳层，依此类推。每个峰位值分别表示各配位球壳的半径，其中第一个峰位即第一壳层原子密度最大处距中心的距离就是最近邻原子的平均距离 r。由于 RDF 与 r^2 相关，在制图和分析时均不方便，为此，常采用双体分布函数或简约分布函数来替代它。其实，双体分布函数或简约分布函数均是通过径向分布函数转化而来的。

由式(4-57)得

$$\rho(r) = \rho_a + \frac{1}{2\pi^2 r} \int_0^\infty k[I(k)-1]\sin(\boldsymbol{k} \cdot \boldsymbol{r})\mathrm{d}k \qquad (4\text{-}58)$$

两边同除以 ρ_a,并令

$$g(r) = \frac{\rho(r)}{\rho_a} \tag{4-59}$$

则

$$g(r) = 1 + \frac{1}{2\pi^2 r\rho_a} \int_0^\infty k[I(k)-1]\sin(\boldsymbol{k}\cdot\boldsymbol{r})\mathrm{d}k \tag{4-60}$$

称 $g(r)$ 为双体相关函数。图 4-26 为某金属玻璃的双体相关函数分布曲线,此时曲线绕 $g(r)=1$ 的水平线振荡,第一峰位 $r_1 = 0.253\,\mathrm{nm}$,近似表示金属原子间的最近距离。

同样,由式(4-57)还可得

$$4\pi r^2[\rho(r)-\rho_a] = \frac{2r}{\pi}\int k[I(k)-1]\sin(\boldsymbol{k}\cdot\boldsymbol{r})\mathrm{d}k \tag{4-61}$$

令

$$G(r) = 4\pi r^2[\rho(r)-\rho_a] \tag{4-62}$$

则

$$G(r) = \frac{2r}{\pi}\int_0^\infty k[I(k)-1]\sin(\boldsymbol{k}\cdot\boldsymbol{r})\mathrm{d}k \tag{4-63}$$

$G(r)$ 称为简约径向分布函数,图 4-27 为某金属玻璃的简约径向分布函数的分布曲线,可见曲线绕 $G(r)=0$ 的横轴振荡,峰位未发生变化,分析更加方便明晰。

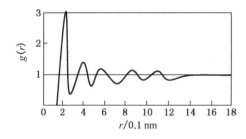

图 4-26　某金属玻璃的双体
相关函数 $g(r)$ 曲线

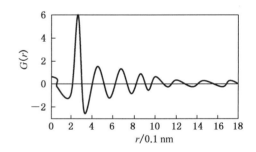

图 4-27　某金属玻璃的简约径向
分布函数 $G(r)$ 曲线

（3）短程原子有序畴 r_s　短程原子有序畴是指短程有序的尺寸大小,用 r_s 表示。当 $r > r_s$ 时,原子排列完全无序。r_s 值可通过径向分布函数曲线来获得,在双体相关函数 $g(r)$ 曲线中,当 $g(r)$ 值的振荡 $\to 1$ 时,原子排列完全无序,此时的 r 值即为短程原子有序畴 r_s;若在简约径向分布函数 $G(r)$ 曲线中,则当 $G(r)$ 值的振荡 $\to 0$ 时,原子排列不再有序,此时 r 的值即为 r_s。从图 4-26 或图 4-27 可清楚地估出,在 $g(r) \to 1$ 或 $G(r) \to 0$ 时,r_s 约为 1.4 nm,表明该金属玻璃的短程原子有序畴仅为数个原子距离。

（4）原子的平均位移 σ　原子的平均位移 σ 是指第一球形壳层中的各个原子偏离平均距离 r 的程度。反映在径向分布曲线上即为第一个峰的宽度,宽度愈大,表明原子偏离平均距离愈远,原子位置的不确定性也就愈大。因此,σ 反映了非晶态原子排列的无序性,σ 的大小即为 $RDF(r)$ 第一峰半高宽的 $\frac{1}{2.36}$ 倍。

4.6.3 非晶态物质的晶化

1）晶化过程

非晶态物质短程有序,但长程无序,自由能比晶态高,是一种热力学上的亚稳定态,其双体分布函数曲线表现为振幅逐渐衰减为1的振荡峰,各峰均有一定的宽度。退火、加热、激光辐射等会促进非晶态向晶态转变即发生晶化。晶化过程非常复杂,晶化前将发生原子位置的变动与调整,这种细微的结构变化称为结构弛豫。结构弛豫时,原子分布函数曲线的形态随之发生变化。随着加热保温时间的增加,双体分布函数曲线的各峰依次发生变化,首先第一峰逐渐变高变窄,第二峰的分裂现象逐渐缓和、减小乃至消失,而当接近晶化时,第二峰又开始急剧变化,直至所有峰均发生了尖锐化。此时短程有序范围 r_s 逐渐增大,由短程有序逐渐过渡到长程有序,完成了非晶态向晶态的晶化转变。

由于晶态物质的质点在三维空间呈周期性排列,类似于三维格栅,原子间距与X射线的波长处在同一量级,一定条件下,规则原子组成的晶面将对X射线发生选择性反射,即发生衍射现象,形成尖锐的衍射峰。而非晶态物质只是近程有序,仅在数个原子范围内原子有序排列,超出该范围则为无序状态,因此,非晶态物质结构中没有所谓的晶胞、晶面及其表征的结构常数或晶面指数的概念。由于在X射线束的作用范围小,包含的短程

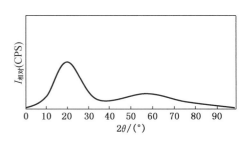

图 4-28 非晶态物质的衍射花样示意图

有序区的数量有限,即能产生相干散射的区域少,因此,衍射图由少数的几个漫散峰组成,如图 4-28 所示。非晶态物质的衍射图虽不能像晶态物质的衍射花样那样能为我们提供大量的结构信息,进行相应的定性和定量分析,但漫射峰又称馒头峰却是区分晶态和非晶态的最显著标志,同时也能提供以下结构信息:

（1）与峰位相对应的是相邻分子或原子间的平均距离,其近似值可由非晶衍射的准布拉格方程 $2d \sin\theta = 1.23\lambda$ 获得:

$$d = \frac{1.23\lambda}{2\sin\theta} \tag{4-64}$$

（2）漫散峰的半高宽即为短程有序区的大小 r_s,其近似值可通过谢乐公式 $L\beta\cos\theta = k\lambda$ 中的 L 来表征,即

$$r_s = L = \frac{K\lambda}{\beta\cos\theta} \tag{4-65}$$

式中:β——漫散峰的半高宽,单位为弧度,K 为常数,一般取 0.89～0.94。

r_s 的大小反映了非晶物质中相干散射区的尺度。当然,关于非晶态物质的更为精确的结构信息主要还是通过其原子径向分布函数来分析获得。

非晶态物质晶化后其衍射图将发生明显变化,其漫射峰逐渐演变成许多敏锐的结晶峰。图 4-29 为 Ni-P 合金非晶态时的衍射图,在 18°～65° 低角范围内仅有一个漫射峰构成,经 500℃退火后其衍射花样如图 4-30 所示,由定相分析可知它由 Ni 及 Ni_3P 等多种相组成,非

晶态已转化为晶态了。

2) 结晶度测定

由于非晶态是一种亚稳定态,在一定条件下可转变为晶态,其对应的力学、物理和化学等性质也随之发生变化,当晶化过程未充分进行时,物质就由晶态和非晶态两部分组成,其晶化的程度可用结晶度来表示,即物质中的晶相所占有的比值:

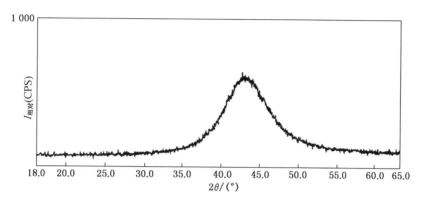

图 4-29　Ni-P 合金非晶态时的 X 射线衍射图

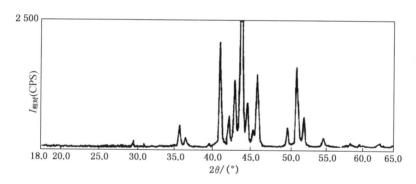

图 4-30　Ni-P 合金 500℃退火晶化后的 X 射线衍射图

$$X_c = \frac{W_c}{W_0}$$

(4-66)

式中：W_c——晶态相的质量；

W_0——物质的总质量,由非晶相和晶相两部分组成；

X_c——结晶度。

结晶度的测定通常是采用 X 射线衍射法来进行的,即通过测定样品中的晶相和非晶相的衍射强度,再代入公式：

$$X_c = \frac{I_c}{I_c + KI_a} = \frac{1}{1 + KI_a/I_c}$$

(4-67)

式中：I_c、I_a——分别表示晶相和非晶相的衍射强度；

K——常数,它与实验条件、测量角度范围、晶态与非晶态的密度比值有关。

具体的测定过程比较复杂,简要步骤如下：

(1) 分别测定样品中的晶相和非晶相的衍射花样；

（2）合理扣除衍射峰的背底，进行原子散射因子、偏振因子、温度因子等衍射强度的修正；

（3）设定晶峰和非晶峰的峰形函数，多次拟合，分开各重叠峰；

（4）测定各峰的积分强度 I_c 和 I_a；

（5）选择合适的常数 K，代入公式算得该样品的结晶度。

4.7　多晶体的织构分析

4.7.1　织构及其表征

1）织构及分类

单晶体在不同的晶体学方向上，其力学、物理和化学等性能会有不同，呈现出单晶体的各向异性。而多晶体因晶粒数目大且各晶粒的取向随机分布，即在不同方向上取向概率相同，则多晶体的各向性能相同，呈现出多晶体的各向同性。然而，在多晶体的形成过程中，总会造成一些晶粒取向的不均匀性，形成晶粒的某一个晶面 (hkl) 法向沿空间的某一个方向上聚集，导致晶粒取向在空间中的分布概率不同，这种多晶体中部分晶粒取向规则分布的现象，就是晶粒的择优取向。具有择优取向的这种组织状态类似于天然纤维或织物的结构和纹理，故称之为织构。织构显著影响材料性能。如制造汽车外壳的深冲薄钢板，织构会导致变形不均匀，产生皱纹，甚至破裂；而 (111) 型板织构的板材，深冲性能良好。变压器中当硅钢片易磁化的 [100] 方向平行于轧向时铁损很低。

注意：择优取向侧重于描述多晶体中单个晶粒的位向分布所呈现出的不对称性，即在某一较优先方向上获得了较多的出现概率。而织构是指多晶体中已经处于择优取向位置的众多晶粒所呈现出的排列状态。众多晶粒的择优取向形成了多晶材料的织构，织构是择优取向的结果，反映多晶体中择优取向的分布规律。

根据择优取向分布的特点，织构可分为丝织构、面织构和板织构 3 种。

（1）丝织构：是指多晶体中大多数晶粒均以某一晶体学方向 $\langle uvw \rangle$ 与材料的某个特征外观方向，如拉丝方向或拉丝轴平行或近于平行，如图 4-31(a)。由于该种织构在冷拉金属丝中表现得最为典型，故称为丝织构，它主要存在于拉、扎、挤压成形的丝、棒材以及各种表面镀层中。

（2）面织构：是指一些多晶材料在锻压或压缩时，多数晶粒的某一晶面法线方向平行于压缩力轴向所形成的织构，如图 4-31(b)。常用垂直于压缩力轴向的晶面 $\{hkl\}$ 表征。

（3）板织构：是指一些多晶材料在轧制时，晶粒会同时受到拉伸和压缩力的作用，多数晶粒的某晶向 $\langle uvw \rangle$ 平行于轧制方向（简称轧向）、某晶面 $\{hkl\}$ 平行于轧制表面（简称轧面）所形成的织构，如图 4-31(c)。采用平行于轧面的晶面指数 $\{hkl\}$ 和平行于轧向的晶向 $\langle uvw \rangle$ 共同表征，也可将面织构归类于板织构，本书即按丝织构和板织构两大类介绍。

2）织构的表征

织构的表征通常有以下 4 种方法：

（1）指数法

指数法是指采用晶向指数 $\langle uvw \rangle$ 或晶面指数与晶向指数的复合 $\{hkl\}\langle uvw \rangle$ 共同表示

织构的方法。丝织构中,因择优取向使晶粒的某个晶向$\langle uvw \rangle$趋于平行,这也是丝织构的主要特征,因此,丝织构就采用晶向指数$\langle uvw \rangle$来表征。例如冷拉铝丝 100% 晶粒的$\langle 111 \rangle$方向与拉丝轴平行,即为具有$\langle 111 \rangle$丝织构。有的面心立方金属具有双重丝织构,即一些晶粒的$\langle 111 \rangle$方向也与拉丝轴平行,另一些晶粒的$\langle 100 \rangle$方向也与拉丝轴平行。如冷拉铜丝中 60% 晶粒的$\langle 111 \rangle$方向和 40% 晶粒的$\langle 100 \rangle$方向与拉丝轴平行,各占 50%。但在冷拉体心立方金属丝中,仅有 1 种$\langle 110 \rangle$丝织构。

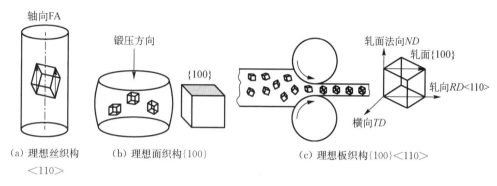

（a）理想丝织构   （b）理想面织构{100}   （c）理想板织构{100}〈110〉
〈110〉

图 4-31　织构示意图

板织构中,晶粒中的某个晶向$\langle uvw \rangle$平行于轧制方向,同时某个晶面$\{hkl\}$平行于轧制表面,这两点是板织构的主要特征,因此,板织构采用晶向指数与晶面指数的复合形式$\{hkl\}\langle uvw \rangle$来表征。此时晶面指数与晶向指数存在以下关系:$hu + kv + lw = 0$。例如,冷轧铝板的理想织构为$(110)[\bar{1}12]$,具有该种织构的金属还有铜、金、银、镍、铂以及一些面心立方结构的合金。与丝织构一样,在板织构中也有多重织构,有的甚至达 3 种以上,但有主次之分。例如冷轧铝板除了具有$(110)[\bar{1}12]$织构外,还有$(112)[11\bar{1}]$织构。冷变形 98.5% 纯铁板具有$(100)[011] + (112)[1\bar{1}0] + (111)[11\bar{2}]$ 3 种织构。冷轧变形 95% 的纯钨板具有$(100)[011] + (112)[1\bar{1}0] + (114)[1\bar{1}0] + (111)[1\bar{1}0]$ 4 种织构。注意:每组织构指数中,晶面指数与晶向指数的点积为零。

指数法能够精确、形象、鲜明地表达织构中晶向或晶面的位向关系,但不能表示织构的强弱及漫散(偏离理想位置)程度,而漫散普遍存在于织构的实际测量中。

（2）极图法

极图法是指多晶体中某晶面族$\{hkl\}$的极点在空间分布的极射赤面投影表征织构的方法。板织构的投影面为试样的宏观坐标面即轧面,丝织构的投影面则是与丝轴平行或垂直的平面。

借助于多晶体极图,可以很方便、简洁、直观地表示材料中的织构,尤其是对于较复杂的织构状态,不建造极图,几乎无法对其进行有效的分析。不难想象,完全无序状态的无织构多晶体材料,某一个$\{hkl\}$(如$\{110\}$)晶面的极点在参考球面上是统计性均匀分布的,表示在极图上就是处于基本随机的分布状态,如图 4-32(a)所示。对处于一定程度有序状态的纤维织构,如分析冷拉铁丝的情况,因择优取向而使材料中晶粒的位向产生了一定的偏集,绝大部分晶粒的[110]方向平行于丝的纵向,由于球体投影的物理关系,其中心极点数量上稍密集,而靠近边缘处则稀疏一些。当仅考虑这些晶粒$\{100\}$晶面的极点在极图上的分布状态时,因为晶粒的[110]方向已确定,因而$\{100\}$的极点分布只能是某些特定的区域。任一

〈110〉方向与任一{100}晶面的夹角为

$$\cos \alpha = \frac{uh + vk + wl}{\sqrt{u^2 + v^2 + w^2} \cdot \sqrt{h^2 + k^2 + l^2}} \qquad (4\text{-}68)$$

则 $\cos \alpha = 0$ 或 $\frac{\sqrt{2}}{2}$，所以{100}极点绝大部分集中在 $\alpha = 90°$ 或 $\pm 45°$ 对应的线条上，如图 4-32(b)。当投影面分别平行和垂直于丝轴时，其极图如图 4-32(c)和 4-32(d)。实际测量时，因择优取向不完全而使线条宽化成为一个带状区域，即表示织构的漫散程度。

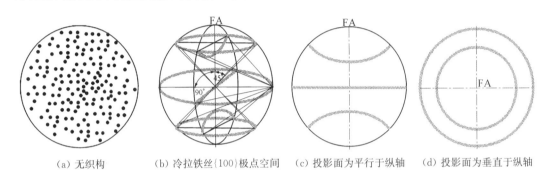

|（a）无织构|（b）冷拉铁丝{100}极点空间
分布及极射投影示意图|（c）投影面为平行于纵轴|（d）投影面为垂直于纵轴|

图 4-32　铁丝{100}极图

也就是说，在冷拉铁丝工艺中，因晶粒择优取向而造成材料的轴向织构，使得晶粒的{100}极点只能出现在极图中某些特定的区域内。反之，由实验测得的多晶体{100}晶面的极点只在极图上某些特定区域内出现的事实，表明材料中存在织构。

极图能够较全面地反映织构信息，在织构强的情况下，根据极点的概率分布能够判断织构的类型与漫散情况。但是，在织构较复杂或漫散严重（织构不明显）时，很难获得正确的答案，甚至会造成误判，给织构分析带来困难。这种情况下，织构可以采用反极图法或分布函数法来表征。

但需注意：①极图是多晶材料中晶粒的某一晶面法线与投影球面的交点（极点）的极射赤面二维投影，投影面为试样宏观坐标系中轧向与横向组成的轧面。②极图的研究对象是多晶材料，而标准投影极图则是单晶材料。③极图的命名是以测定的晶面(hkl)命名，后者则以低指数的投影面命名。④极图测定中，通常测定$\{hkl\}$各晶面法向的密度分布，因此极图也常被称为$\{hkl\}$极图。

（3）反极图法

采用与正极图投影方式完全相反的操作所获得的极图称为反极图。即以多晶材料试样宏观坐标轴（轧向、横向、轧面法向）方向（实际采用晶粒中垂直于宏观坐标轴的法平面为测试晶面）相对于微观晶轴（晶体学微观坐标轴）的取向分布。首先选择单晶标准极图的某个投影三角形，在这个固定的三角形上标注出宏观坐标（如丝织构的轴，板材试样的表面法向、横向或轧向）相对于不同极点的取向分布密度，也即表明选定的宏观坐标轴方向在标准投影极图中不同区域出现的概率，这就形成了反极图。在投影三角形中，如果宏观坐标呈现明显的聚集，表明多晶材料中存在着织构。

实际构造反极图时，总是在某一选定的宏观方位上测量不同晶面（在选定的投影三角形中)的衍射强度,再经过一定的数学处理后,相对定量地把宏观坐标的出现概率描绘在标准投影三角形上。反极图虽然只能间接地展示多晶体材料中的织构,但却能直接定量地表示出织构各组成部分的相对数量,适用于定量分析,显然也较适合于复杂的或复合型多重织构的表征。

（4）三维取向分布函数法

多晶体材料中的织构,实质上是单个晶粒择优取向的集合,表现为宏观上在材料三维空间方向上晶粒取向分布概率的不均匀性。极图或反极图的织构表示法,都是将三维的晶体空间取向,采用极射赤面投影的方法展现在二维平面上。将三维问题简化成二维处理,必然会造成晶体取向方面三维特征信息的部分丢失,因此,极图或反极图方法都存在一定的缺陷。三维取向分布函数法与反极图的构造思路相似,就是将待测样品中所有晶粒的平行轧面的法向、轧向、横向晶面的各自极点在晶体学三维空间中的分布情况,同时用函数关系式表达出来。这种表示法虽然能够完整、精确和定量地描述织构的三维特征,但是取向分布函数的计算工作量相当大,算法极为繁杂,必须借助于电子计算机的帮助。关于这种表达法的较为详细的介绍,请见相关参考文献。

需要指出的是:①在利用 X 射线进行物相定量分析、应力测量等实验中,织构往往起着干扰作用,使衍射线的强度与标准卡片之间存在较大误差,因此实验中必须弄清楚织构存在与否。②晶粒的外形与织构的存在无关,仅靠金相法或几张透射电镜照片是不能判断多晶体材料中织构是否存在的。③丝织构只是板织构的特例。

4.7.2　丝织构的测定与分析

1）丝织构衍射花样的几何图解

图 4-33 为丝织构某反射面(HKL)衍射的倒易点阵图解。无织构时,反射面的倒矢量均匀分布在倒易球上,此时反射球与倒易球相交成交线圆。如果采用与入射方向垂直的平面底片照相时,其衍射花样为交线圆的投影,是均匀分布的衍射圆环。当有丝织构时,各晶粒的取向趋于丝轴的平行方向。如果取某个与织构轴成一定角度的反射面(HKL)来描述丝织构时,则该反射面的倒易矢量与织构轴有固定的取向关系,设其夹角为 α。由于丝织构具有轴对称性,可形成顶角为 2α,反射面(HKL)的倒矢量为母线的对顶圆锥(又称织构圆锥)。当反射球与倒易球相交时,只有织构圆锥上的母线与反射球面的交点才能产生衍射,即交线圆上其他部位虽然满足衍射条件,但因织构试样中不存在这种取向而不能产生衍射。此时,从反射球心向四交点连线即为衍射方向。实际存在的丝织构,因择优取向存在一定的离散度,织构圆锥具有一定的厚度,故交点演变为以交点为中心的弧段。显然,弧段的长度反映了择优取向的程度。如果采用与入射线垂直方向的平面底片成像时,衍射花样为成对的弧段。

注意:（1）弧段的数目取决于反射球与织构圆锥的相交情况。

①$\alpha < \theta$,无交点;②$\alpha > \theta$,有四交点;③$\alpha = \theta$,在织构轴上有两交点;④$\alpha = 90°$ 时,在水平轴上有两交点。

（2）当试样中存在多重织构时,织构圆锥就有多个,弧段数将以 2 或 4 的倍数增加。

（3）弧段长度可作为比较择优取向程度的依据。

（4）当晶粒较粗时,倒易球为漏球,与反射球相截,也为不连续的环带,但这个不连续的环带是无规律的随机分布,而织构时的弧段是有规律的对称分布。

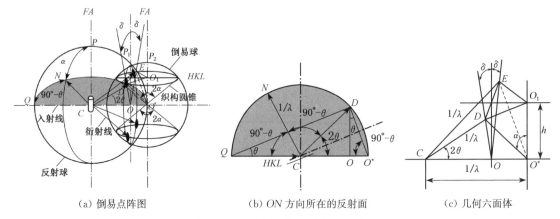

| (a) 倒易点阵图 | (b) ON 方向所在的反射面 | (c) 几何六面体 |

图 4-33 丝织构的倒易点阵图解

2) 丝织构指数的照相法确定

在图 4-33(a)中，C、O^* 分别为反射球和倒易球的球心；O 为反射球与倒易球交线圆的圆心，δ 为衍射弧段 D 与织构轴的夹角，θ 为反射面(HKL)的衍射半角，α 为反射面(HKL)的法线方向(CN)与织构轴的夹角。O^*D 为反射面(HKL)的倒易矢量方向。因为 $CN/\!/O^*D$，所以 CN 与织构轴的夹角与 O^*D 与织构轴的夹角相等。由反射面(HKL)的衍射几何图 4-33(b)中的 $\triangle OO^*D$ 得

$$\cos \theta = \frac{OD}{O^*D} \tag{4-69}$$

再由图 4-33(c)中 $\triangle O^*DO_1$ 可得

$$\cos \alpha = \frac{h}{O^*D} \tag{4-70}$$

同理由图 4-33(c)中 $\triangle ODE$ 得

$$\cos \delta = \frac{h}{OD} \tag{4-71}$$

所以由式(4-69)、(4-70)和(4-71)得重要公式：

$$\cos \alpha = \cos \theta \cos \delta \tag{4-72}$$

从丝织构的衍射花样底片中测得 δ 值，再由式(4-72)可算出 α，然后利用晶面与晶向的夹角公式求得丝织构指数$\langle uvw \rangle$。

3) 丝织构取向度的计算

丝织构取向度是指晶粒择优取向的程度。显然，它取决于弧段的长度，弧段愈长，表明择优取向的程度愈低。丝织构取向度可通过衍射仪所测定的丝织构衍射花样计算得到。图 4-34 即为衍射仪测定丝织构的原理图。将丝试样置于以入射线为轴转动的附件上，令丝轴平行于衍射仪轴放置如图 4-34(a)所示，X 射线垂直于丝轴入射，计数管位于反射面(HKL)的衍射角 $2\theta_{HKL}$ 位置处不动，试样以入射线为轴转动一周，计数器连续记录其衍射环上各点的强度，强度分布曲线如图 4-34(b)所示。由各峰的半高宽总和计算丝织构的取向度 A

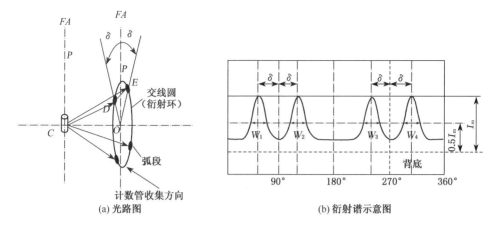

(a) 光路图

(b) 衍射谱示意图

图 4-34　衍射仪法测定丝织构的原理图

$$A = \frac{360° - \sum W_i}{360°} \times 100\% \tag{4-73}$$

当然,也可由衍射仪测定的衍射强度分布曲线计算得到丝织构指数。即根据曲线中的峰位测得 δ 值,再由式(4-72)计算 α,也可确定丝织构指数 $\langle uvw \rangle$。

4) 丝织构指数的衍射法测定

丝织构中各晶粒的结晶学方向与其丝轴呈旋转对称分布,当投影面垂直于丝轴时,某晶面 (hkl) 的极图即为同心圆,当含有多种织构时,则形成多个同心圆。丝织构也可以用极图表征,且不需织构测试台附件,仅利用普通测角仪的转轴让试样沿着 φ 角转动进行测量(φ 角即为衍射面法线方向与试样测试表面法线方向的夹角,变动范围 $0\sim90°$),为求 (hkl) 极点密集区与丝轴的夹角 α,只需测定沿极图径向衍射强度的变化即可。极图中的峰所在 φ 即为 α。

测量过程中 $2\theta_{hkl}$ 保持不变,为了解 (hkl) 极点密度沿径向 $0\sim90°$ 的分布,需两种试样分别用于 φ 低角区和高角区的测定。

φ 低角区测量需捆绑试样,即采用捆扎在一起的丝镶嵌在塑料框内,端面磨平、抛光和侵蚀后作为测试表面,丝轴与衍射仪转轴垂直,如图 4-35(a),此时,丝轴方向与衍射面法线方向重合,即 $\varphi=0°$。衍射发生在丝轴的端面,衍射强度随 φ 角的变化就反映了极点密度沿极网径向的分布。显然,试样绕衍射仪轴的转动范围为 $0°<\varphi<\theta_{hkl}$。

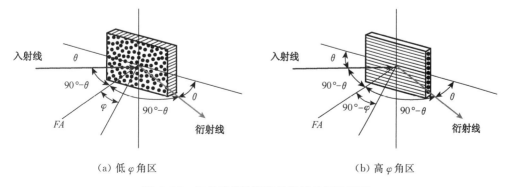

(a) 低 φ 角区

(b) 高 φ 角区

图 4-35　多丝丝织构测定的衍射几何示意图

φ 高角区测量需将丝并排成一块平板上,磨平、抛光和侵蚀后作为测试表面,丝轴与衍射仪转轴垂直,衍射发生在丝轴的侧面,如图 4-35(b)所示,以图中即 $\varphi=90°$ 为初始位置,试样连续转动,同时记录衍射强度随 φ 的变化规律。该方式的测量范围为 $90°-\theta_{hkl}<\varphi<90°$。

考虑到吸收时,因 φ 角的不同,入射线与反射线走过的路程不同,即 X 射线的吸收效应不同,当试样厚度远大于 X 射线有效穿透深度时,任意 φ 角的衍射强度与 $\varphi=90°$ 的衍射强度之比 $R(I_\varphi/I_0)$ 为

$$R = 1 - \tan\varphi\cos\theta_{hkl}（低 \varphi 角区）\tag{4-74}$$

$$R = 1 - \cot\varphi\cos\theta_{hkl}（高 \varphi 角区）\tag{4-75}$$

将不同 φ 条件下测得的衍射强度被相应的 R 除,就得到消除吸收影响而正比于极点密度的 I_φ,将修正后的高 φ 区和低 φ 区的数据绘制成 I_φ-φ 曲线,使用该曲线中的数据,并换算出 α 角($\alpha=90°-\varphi$),即可绘制丝织构的同心圆极图。

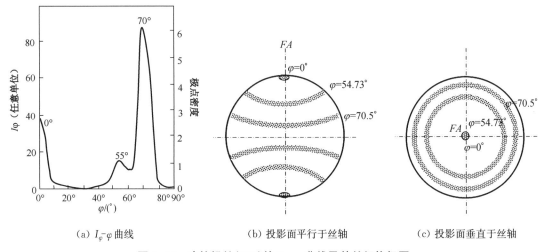

(a) I_φ-φ 曲线　　　　(b) 投影面平行于丝轴　　　　(c) 投影面垂直于丝轴

图 4-36　冷拉铝丝{111}的 I_φ-φ 曲线及其丝织构极图

图 4-36(a)为冷拉铝丝{111}的 I_φ-φ 曲线。结果表明在丝轴方向,即 $\varphi=0°$（ $\cos\varphi=\dfrac{1\times1+1\times1+1\times1}{\sqrt{1^2+1^2+1^2}\sqrt{1^2+1^2+1^2}}=1,\varphi=0°$ ）及与丝轴方向夹 70°（ $\cos\varphi=$

$\dfrac{1\times1+1\times1+\bar{1}\times1}{\sqrt{1^2+1^2+1^2}\sqrt{1^2+1^2+(-1)^2}}=\dfrac{1}{3}$,$\varphi=70°$)处具有较高的<111>极密度,说明丝材大部分晶粒的<111>晶向平行于丝轴,即丝材具有很强的<111>织构。图中在 $\varphi=55°$ 处存在另一矮峰,铝为立方晶系,其 <100> 与 {111} 的夹角为 54.73°（ $\cos\varphi=$

$\dfrac{1\times1+1\times0+1\times0}{\sqrt{1^2+1^2+1^2}\sqrt{1^2+0^2+0^2}}=\dfrac{\sqrt{3}}{3}$,$\varphi=54.73°$),在 $\varphi=55°$ 处出现一定大小的{111}极密度峰,表示丝材中还有部分晶粒的<100>晶向平行于丝轴,部分晶粒的{111}与<100>成 55°,即丝材还具有弱的<100>织构。每种织构的分量正比于 I_φ-φ 曲线上相应峰的面积。计算结果得<111>织构体积分数为 0.85,<100>织构体积分数为 0.15。其对应的丝织构极图见图 4-36(b)和 4-36(c)。

4.7.3 板织构的测定与分析

板织构的测定与分析通常有极图、反极图和三维取向分布函数3种方法。

1）极图测定与板织构分析

板织构的极图法测定需在测角仪轴上安装专门的极图附件（图4-37）完成。附件上有三个刻度盘（A、B和C，其中A盘面垂直于B盘面）、三根转轴、三台电动机（M_1、M_2和M_3）、两手动调节旋钮（S_1和S_2）。附件通过底盘与测角仪轴相连，可随测角仪轴转动，得到合适的θ角。试样安装在B盘面上的环形孔中，试样表面与B盘面共面，通过电动机M_2使试样在B盘面上绕其表面法线作$0°\sim360°$的β转动。同时，该盘面与试样可在电动机

图4-37 极图附件

M_1的带动下沿A盘面的内孔作α转动，A盘面上的刻度范围$10°\sim90°$，可通过S_1手动调节。为使试样中更多的晶粒参与衍射，在作β转动的同时，通过电动机M_3使试样随B盘面沿其面$45°$方向振动，振动幅度为γ。通过S_2手动旋钮可调节极图附件在测角仪轴上的位置，分别实现极图的透射法和反射法测定，从反射法位置逆时转动$90°$即为透射法位置。反射法和透射法测定极图时，α倾角还可分别通过S_1和S_2手动调节旋钮进行设定，S_1、S_2通过一调节开关实现两者互锁。

极图附件原理是在$0°\sim90°$范围内按一定间隔选取α角（一般$\Delta\alpha=5°$），重复进行$0°\sim360°$的β扫描，从而获得多晶粒试样中某一设定晶面的X射线衍射强度，再经一定的数据处理或绘制成极图，把相关极点的密度分布展现出来，反映材料中择优取向的程度。板织构的测定一般采用X射线衍射仪进行，具体测定时，采用透射法测绘极图的边缘部分，反射法测定极图的中央部分，再将两部分的测量数据经过归一化处理后，合并绘制出板织构的完整极图。

（1）透射法

采用透射法测量板织构，为使X射线穿透试样，要求试样厚度足够薄，保证产生足够的衍射强度，可取$t=1/\mu_l$，μ_l为线吸收系数，通常试样厚度为$0.05\sim0.1$ mm。待测试样在衍射仪上的安装以及极图附件的布置及其原理如图4-38所示。欲探测试样中绝大部分晶粒的空间择优取向，必须使试样能够在空间的几个方向上转动，以便使各晶体都有机会处于衍射位置。图4-38(a)中的计数器安装在2θ角驱动盘上（固定不动），欧拉环（Eulerian Cradle）安装在驱动盘上，它可以绕衍射仪上测角仪轴单独地转动；为保证全方位检测试样中某一晶面的极点分布，试样在附件上分别进行2种转动1种振动：绕衍射仪轴的α转动、绕试样表面法向轴的β转动及试样面内$45°$方向的γ振动。

图4-38(b)为透射测量法的衍射几何。试样绕衍射仪轴作α转动：循衍射仪轴往下看，试样逆时针转动时α角为正值。试样绕自身表面法线作β转动：顺入射X射线束看去，顺时针转动β角为正。试样的初始位置：轧面平分入射线与反射线间夹角时，衍射晶面的法线与轧面共面，$\alpha=0°$；轧向RD与衍射仪轴重合时$\beta=0°$。此时，欲探测的衍射晶面(hkl)法线ON（衍射角2θ）与试样横向TD重合。

极图是(hkl)晶面在轧面上的极射赤面投影，图示位置$\alpha=\beta=0°$。此时β顺时针转动至

$360°$，测得的 $I_{hkl}(\alpha=0°，\beta)$ 反映了晶面 hkl 极密度沿极图圆周的分布。试样绕衍射仪轴逆时针转动 $5°$ 或 $10°$，即 $\alpha=5°$，再令 β 自顺时针转动 $360°$，则所得的 $I_{hkl}(\alpha=5°，\beta)$ 反映了极图 $5°$ 圆上极密度的分布。

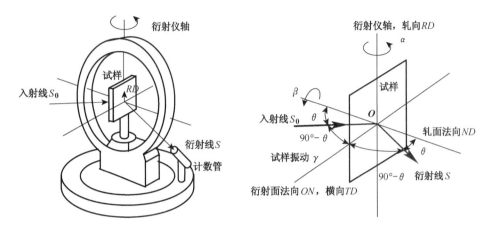

（a）透射法实验装置示意图　　　　　　　（b）透射法衍射几何图

图 4-38　板材织构的衍射仪透射法测量

显然 α 的转动范围为 $0°\sim90°-\theta$，当 α 接近 $90°-\theta$ 时，计数器收集困难，因此透射法适合于低 α 角区的极图测量，即极图的边缘部分，α 一般取 $0°\sim30°$ 为宜。

注意点：①测量过程中入射线与收集衍射线的计数管位置不动。依次设定不同的 α，在每一 α 下，试样绕其表面法线转动一周 $360°$，测量并记录其衍射强度。②透射法应考虑吸收效应，对其衍射强度进行校正。图示位置（$\alpha=0°$）时，试样平面为入射线与衍射线的对称面，此时入射线与衍射线在试样中的光程相同。当 $\alpha\neq0°$ 时，入射线与衍射线光程之和将大于 $\alpha=0°$ 时的值，此时试样对 X 射线的吸收增加，需对其衍射强度进行如下校正：

$$R = I_\alpha/I_{0°} = \cos\theta[\mathrm{e}^{-\mu_l t/(\cos\theta-\alpha)} - \mathrm{e}^{-\mu_l t/(\cos\theta+\alpha)}]/\{\mu_l t \,\mathrm{e}^{-\mu_l t/\cos\theta}[\cos(\theta-\alpha)/\cos(\theta+\alpha)-1]\}$$

$$(4-76)$$

式中：μ_l 为线吸收系数，t 为试样厚度。将测得的不同角度 α 下的衍射强度用相应的 R 去除，就能得到消除了吸收因素的衍射强度。

（2）反射法

反射法的实验布置与透射法有诸多不同之处，除了入射束与计数管在板材表面的同侧之外，在样品的初始状态，样品旋转方式上也有所不同，与透射法相互补充。反射法采用足够厚的试样，以保证透射部分的 X 射线被样品全部吸收（以消除二次衍射效应）。反射法的一个重要优点在于衍射强度无须进行吸收校正。

将待测样品安放在欧拉环内中心位置见图 4-39（a），在图示的初始状态下轧向 TD 平行于测角仪轴，其对应的衍射几何如图 4-39（b）所示。试样绕 A 盘面轴线即试样内一轴在马达 M_1 的作用下作 α 转动：顺入射 X 射线束看去，逆时针转动 α 角为正，由该图可知 α 的转动范围 $0°\sim90°$。设定：试样水平位置时，衍射晶面法线方向与轧面重合，$\alpha=0°$；垂直位置时衍射晶面法线方向与轧面垂直，$\alpha=90°$。但在 α 接近 $0°$ 时，衍射强度过低，计数管无法测量，通常反射法的测量范围在 α 的高角区，以 $30°\sim90°$ 之间为宜，故反射法适合高 α 角区极图测量,绘制极图的中心部分。试样绕自身表面法线作 β 转动:沿着入射 X 射线束看去,顺时针转动 β 角为正;试样的初始位置:轧向 RD 水平,TD 与衍射仪轴重合时 $\beta=0°$。从而保证试样绕 RD 轴转动,实现极图高 α 角区的测量。反射法测量的入射线与反射线在试样中的光程差不随 α 角的改变而改变,足够厚度(试样厚度远大于射线穿透深度)的试样可不考虑其吸收效应,而对于有限厚度的试样,即有部分 X 射线穿透试样,不同 α 角时 X 射线的作用体积不同,存在吸收差异,显然 $\alpha=90°$ 时,作用体积最小即吸收最小,衍射强度最大。$\alpha<90°$ 时,可采用以下公式对衍射强度进行校正。

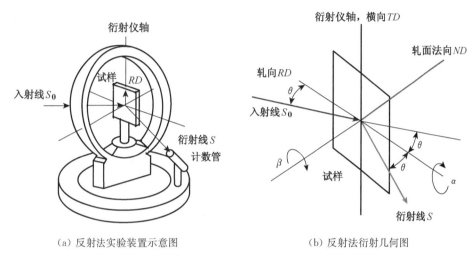

(a) 反射法实验装置示意图　　　　　(b) 反射法衍射几何图

图 4-39　板材织构的衍射仪反射法测量

$$R = I_a/I_{90°} = (1 - \mathrm{e}^{-2\mu_l t/\sin\theta})/[1 - \mathrm{e}^{-2\mu_l t/(\sin\theta\sin\alpha)}] \tag{4-77}$$

具体过程如下:

① 确定衍射半角 θ。由待测试样特选的晶面 (hkl) 和特征 X 射线波长 λ,根据布拉格方程 $2d_{hkl}\sin\theta = n\lambda$ 算出衍射半角 θ,按衍射几何确定探测器的位置,使其在 2θ 处扫描寻峰,并固定在峰值位置。

② 测极图边缘部分(α 低角区)。采用透射法,试样平面为入射线和衍射线的角平分线处,衍射晶面的法线与试样表面共面,α 为起始位置 $0°$,轧向 RD 垂直位置时为 β 的起点,α 依次取值,间隔为 $5°$ 或 $10°$,令试样积分转动,α 依次为 $0°$、$5°$、$10°$、$\cdots$、$30°$,每一 α 角时,β 从 $0°\sim360°$ 转动,并记录各 (α,β) 角下的衍射强度 $I_{(\alpha,\beta)}$。

③ 测极图中心部分(α 高角区)。采用反射法,试样平面垂直位置时,衍射晶面的法线垂直于试样表面,α 为起始位置 $90°$,轧向 RD 水平方向,令试样积分转动,α 依次为 $85°$、$80°$、$75°$、$\cdots$、$30°$,β 从 $0°\sim360°$ 转动,并记录各 (α,β) 角下的衍射强度 $I_{(\alpha,\beta)}$。

④ 强度校正和分级。对透射法和反射法的强度均需进行校正,它们交界处的衍射强度还需归一化校正,从作出不同 α 角下背底强度与强度分级。每一 α 下的 $I_{(\alpha,\beta)}$ 曲线强度分级,其基准可以任意单位,从而获得各级强度下的 β 角度值。

⑤ 绘制极图。在由 α 和 β 构成的极网坐标中标出各 β 所对应的强度等级,见图 4-40,连接相同强度等级的各点成光滑曲线,这些等极密度线就构成了极图。该工作由计算机完成。

⑥ 分析极图。确定织构类型,具体过程如下:

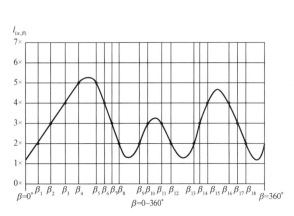

(a) $\alpha=0°$，$\beta=0°\sim360°$衍射强度曲线

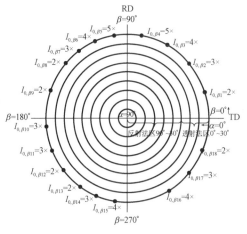

(b) $\alpha=0°$时极图示意图

图 4-40　极图绘制过程示意图

　　将标准投影极图逐一地与被测$\{h_1k_1l_1\}$极图对心重叠，转动其中之一进行观察，一直到标准投影极图中的$\{h_1k_1l_1\}$极点全部落在被测极图的极密度分布区为止，此时标准投影极图的中心点指数(hkl)即为轧面指数。此时极图中与轧向投影点重合的极点指数即为轧向指数$[uvw]$。这样便确定了一种理想板织构$(h_1k_1l_1)[uvw]$，轧面指数与轧向指数满足关系式：$h_1u+k_1v+l_1w=0$。

　　注意：若被测极图上尚有极密度极大值区域未被对上，则说明还有其他类型的织构存在，需重复上述步骤定出其他类型的织构。若标准投影极图上的极点，落入绘制极图的空白区，则不存在这类织构。由于极图是晶体三维空间分布的二维投影，因此在定出织构时，要注意是否有错判。这可选取同一试样的另一衍射线$\{h_2k_2l_2\}$，重复上述步骤，绘出$(h_2k_2l_2)$极图，依上述尝试法定出织构。如果用$\{h_2k_2l_2\}$极图所定出的织构与用$\{h_1k_1l_1\}$极图所定出的织构相同，则表明所定出的织构正确。

　　图 4-41 就是两幅典型的板织构极图。对于 FCC 结构的冷轧铝薄板材料，$\{111\}$晶面在多晶极图上的空间取向分布，比丝织构的极图要复杂得多。在图 4-41(a)中，$\{111\}$晶面极点分布区域每条曲线上的极密度相等(来源于计数器获得的衍射强度)，称为极密度等高线，反映了$\{111\}$晶面在该区域内择优取向的聚集程度。在图中标出了两种可能的板织构的理想位置，显然其中的$(110)[\bar{1}\bar{1}2]$织构情况下$\{111\}$晶面的对称分布特性较吻合，更重要的是，将该极图与(110)的单晶标准投影极图相对照，确定$[\bar{1}\bar{1}2]$方向后，看标准投影极图上$\{111\}$晶面的各个位置与实测的多晶极图$\{111\}$晶面的一致性，从而判别多晶板织构的指数。将图 4-41(a)与面心立方的(110)标准投影极图比较，可以确定铝薄板材此幅极图的指数为$(110)[\bar{1}\bar{1}2]$。

　　对于 BCC 结构的纯铁样品，图 4-41(b)是采用照相法获得的$\{100\}$极图，因为$\{100\}$面是系统消光的，该图实际上是通过$\{200\}$衍射环绘出的。照片上$\{100\}$晶面的衍射强度只能用目测的方法大致地分为三级(强级，次级，空区)，反映了$\{100\}$晶面在不同区域内的极密度分布特点，从图上可以看出明显的$\{100\}$织构特征。为了帮助判定该板织构的指数，图中已标出了常见的几种理想板材织构指数的相应位置，实际上这三种织构(多重织构)的确定是按下列步骤进行的:将图 4-41(b)的极图与立方晶系的{100}、{110}、{111}和{112}标准投影极图依次对照,观察轧制方向 RD 在标准投影极图大圆上哪个位置情况下,使该标准投影极图上的相应极点落在多晶极图的强点位置区域(注意,多晶极图总是以 RD 方向为轴,左右对称的)。首先考虑 RD 取[110]方向的(001)极图,得图 4-41(b)中{100}的五个极点(▲)的位置,其中一个在多晶极图的中央,另外四个在极图大圆边上;再考虑 RD 取[$\bar{1}$10]或[$1\bar{1}$0]方向的{112}极图,得图 4-41(b)中{100}的另外六个极点(▲)的位置,这六个{100}极点和(001)[110]边缘上的四个极点都分布在多晶极图的极强衍射区。为了分析图 4-41(b)中次强区的织构类型,最后考虑 RD 取[$\bar{1}$12]或[$1\bar{1}$2]方向的{111}极图,得图 4-40(b)中{100}的六个极点(△)位置,这六个{100}极点恰皆处在极图的次强衍射区。至此,图 4-41(b)中的板材多重织构类型已基本确定,较多的晶粒按(001)[110]和(112)[$\bar{1}$10]方式择优取向地排列(对应{100}极密度的强出现区域),少数晶粒以(111)[$\bar{1}$12]方式择优取向,三种形式共存形成多重织构。由于板材织构的漫散(不完全性),使理想取向的强极点连接成一个小区域,次强区也分布在一定的范围内。

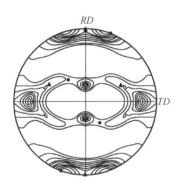
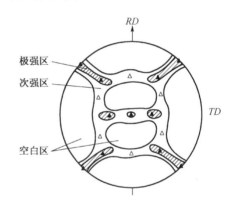

(a) 冷轧铝箔{111}极图(不同等高线)　　(b) 纯铁经过 98.5％压延率轧制后{100}极图

图 4-41　板材织构的极图测量举例

一般情况下,为了获得较大的衍射强度和简单对称的多晶极图(尤其是透射法),FCC 结构的板材测定,常取{111}晶面作为分析参考面,在极图上研究其极点分布密度;BCC 结构的板材织构测量,常取{100}晶面(实验中测的是{200})作为分析参考面,研究该晶面择优取向的程度与方位,从而判别板织构的指数类型。

需注意:①有些试样不仅具有一种织构,即用一张标准晶体投影图不能使所有极点高密度区均得到较好的吻合,须再与其他标准投影极图对照才能使所有极点高密度区得到归属,显然,此时试样具有双织构或多重织构。

② 当试样中的晶粒粗大时,入射光斑不能覆盖足够的晶粒,其衍射强度的测量就失去统计意义,此时利用极图附件中的振动装置使试样在做 β 转动的同时进行 γ 振动,以增加参加衍射的晶粒数。

③ 当试样中的织构存在梯度时,表面与内部晶向的择优取向程度就不同,α 变化时 X 射线的穿透深度也不同,这样会造成一定的织构测量误差。

④ 为使反射法与透射法衔接,通常 α 角需有 10°左右的重叠。

⑤ 理论上讲,完整极图需要透射法与反射法结合共同完成,以制备和测量方便考虑,一般不采用透射法。透射法的试样制备要求较高,需足够薄,否则会产生较大的测量误差。反射法的 α 角可以从 0°到 90°,只是在 α 低角区时散焦严重,强度迅速下降,但反射法扫测角度范围宽,制作方便,若选得合适晶面,往往只需测反射区极图即可基本判定织构。Meieran 等人对试样进行适当改进形成复合试样或采用不完整极图测算 ODF 法均可省去透射法。反射法便于测表层织构和逐层测试,结果比较准确,故被广泛应用。

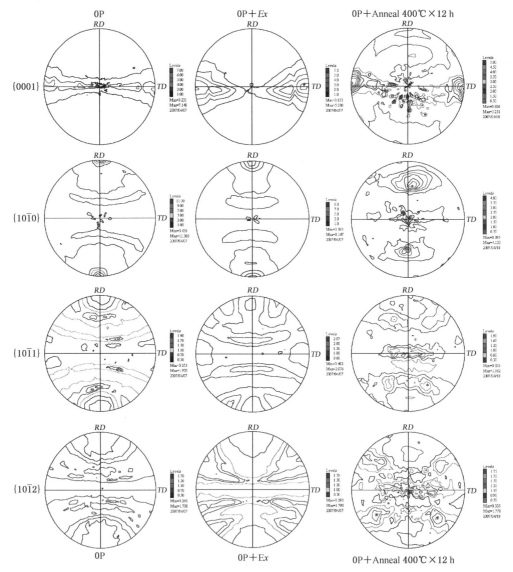

图 4-42　AZ31 镁合金试样在不同挤压条件下 {0001}、{10$\bar{1}$0}、{10$\bar{1}$1} 和 {10$\bar{1}$2} 面的极图

图 4-42 为镁合金 AZ31 试样分别经过 0P、0P+Ex、0P+Anneal×12h 变形处理后, {0001}、{10$\bar{1}$0}、{10$\bar{1}$1} 和 {10$\bar{1}$2} 面的极图,其中 0P 表示 0 道次等径角挤压,Ex 表示挤压比为 9 的正向挤压。极图由型号为 X′Pert Pro MRD 织构测量仪,采用 Schulz 背反射法测定(CoK$_\alpha$ 辐射,Fe 滤片,管压 35 kV,管流 40 mA)。

由图 4-42 中 0P 和 0P＋Ex 试样的{0001}面极图可以发现晶体以{0001}面平行于挤压方向，0P 样品的{0001}极图最强点基本在圆的中心位置，最大极密度为 6。极图基本以中心点和横向对称，不以挤压方向对称；0P＋Ex 试样的{0001}面极图最强点分布在横向（TD）的两端，极密度为 5.176。极图基本以中心点对称，而不以横向和挤压方向对称。比较 0P 和 0P＋Ex 试样{0001}、{10$\bar{1}$0}、{10$\bar{1}$1}、{10$\bar{1}$2}各面的极图还可以发现，对于这两组同为挤压态的试样，极图上等高线的分布规律基本保持不变，只发生了少量偏移，有些封闭等高线缩小，这说明其织构基本保持不变。

比较试样经 0P＋Anneal 400℃×4h 处理后{0001}、{10$\bar{1}$0}、{10$\bar{1}$1}、{10$\bar{1}$2}面的极图可以看出，退火后样品的织构变得散漫，但其强点的分布位置与退火前在大部分位置还基本保持不变。退火后基面的最大极密度变为 5，与退火前相差不大。

极图也可通过已知的织构指数画出。例如：立方取向板织构(001)[010]，即轧面为(001)，轧向为[010]，试画出{111}极图。

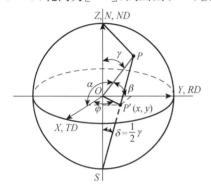 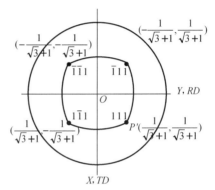

图 4-43　极点 P 的投影几何示意图　　**图 4-44　板织构为(001)[010]时立方取向的{111}极图**

立方晶系{111}晶面族有八个，考虑到球面投影的对称性，仅需考虑四个晶面即(111)($\bar{1}$11)($\bar{1}\bar{1}$1)($1\bar{1}$1)。已知试样上宏观坐标轴：轧面法向 $ND=[001]$，轧向 $RD=[010]$，则横向 $TD=[100]$。{111}极图即为(111)($\bar{1}$11)($\bar{1}\bar{1}$1)($1\bar{1}$1)四个晶面的法线与其投影球面形成的四个交点(极点)分别在轧面 RD-TD 上的极射赤面投影，故只需分别求出各极点在投影面上的坐标即可。

设(111)的法向[111]与三轴[100]，[010]，[001]的夹角分别为 α，β，γ，如图 4-43 所示。球面上的极点为 P，球径为整数 1，轧面（X-O-Y 或 RD 和 TD 构成的面）为投影面，连接极点 P 与投影点 S，PS 交投影面于 P'，PS 与 SZ 轴的夹角为 δ，显然 $\delta=\frac{1}{2}\gamma$，连接 OP'，坐标为 $(x，y)$，OP' 与 OX 夹角为 φ，由于 $OP'\perp SZ$，则 φ 即为面 XOZ 与面 PZS 的夹角。

由晶向夹角公式得法向[111]与三轴的夹角分别为

$$\cos\alpha=\frac{1\times1+1\times0+1\times0}{\sqrt{1^2+1^2+1^2}\sqrt{1^2+0+0}}=\frac{1}{\sqrt{3}} \tag{4-78}$$

$$\cos\beta=\frac{1\times1+1\times0+1\times0}{\sqrt{1^2+1^2+1^2}\sqrt{0+1^2+0}}=\frac{1}{\sqrt{3}} \tag{4-79}$$

$$\cos\gamma = \frac{1\times1+1\times0+1\times0}{\sqrt{1^2+1^2+1^2}\sqrt{0+0+1^2}} = \frac{1}{\sqrt{3}} \tag{4-80}$$

面 PZS 的法向矢量为：$\overrightarrow{OP}\times\overrightarrow{OZ}$，其法向为 $[\bar{1}10]$，面 XOZ 的法向为 $[010]$，故面 XOZ 与面 PZS 的夹角为

$$\cos\varphi = \frac{\bar{1}\times0+1\times1+0}{\sqrt{2}\times\sqrt{1}} = \frac{1}{\sqrt{2}}$$

由几何图得 $OP' = SO\tan\delta = \tan\frac{1}{2}\gamma = \frac{\sqrt{3}-1}{\sqrt{2}}$，即

$$x = OP'\sin\varphi = \frac{\sqrt{3}-1}{\sqrt{2}}\times\frac{1}{\sqrt{2}} = \frac{1}{1+\sqrt{3}}, \quad y = OP'\cos\varphi = \frac{1}{1+\sqrt{3}}。$$

同理，另三个取向（$\bar{1}11$）、（$\bar{1}\bar{1}1$）和（$1\bar{1}1$）在赤面上的坐标分别是：（$-\frac{1}{\sqrt{3}+1}$，$\frac{1}{\sqrt{3}+1}$），（$-\frac{1}{\sqrt{3}+1}$，$-\frac{1}{\sqrt{3}+1}$），（$\frac{1}{\sqrt{3}+1}$，$-\frac{1}{\sqrt{3}+1}$），可以画出立方取向的 {111} 极图，如图 4-44 所示。

将所测极图的投影面（轧面）与立方晶系（001）的标准极投影面重合，并使标准极图的 [010] 方向与轧向 RD 重合，所测得的 {111} 极点分布与（001）标准投影图中的 {111} 极点重合，由此可确定板织构为（001）[010]。

同理可得板织构为（001）[010] 时 {001} 和 {110} 的极图，见图 4-45。

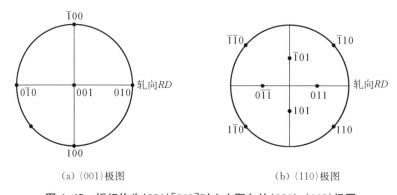

(a) {001}极图　　　　　　　　(b) {110}极图

图 4-45　板织构为（001）[010] 时立方取向的 {001}、{110} 极图

2）反极图测定与板织构分析

极图是晶体学方向（微观晶轴）相对于织构试样的宏观特征方向（横向 TD、轧向 RD、轧面法向 ND 构成）构成的宏观坐标轴的取向分布。倒之即为反极图，即织构试样的宏观坐标轴（TD、RD、ND）相对于微观晶轴的取向分布，反映了宏观特征方向（横向 TD、轧向 RD、轧面法向 ND）在晶体学空间中的分布。三个宏观特征方向分别产生三张反极图，在每张反极图上，分别表明了相应的特征方向的极点分布。如轧向反极图，即表示了各晶粒平行于轧向的晶向的极点分布；轧面法向反极图，表示了各晶粒平行于轧面法线的晶向的极点分布；横向反极图，表示了各晶粒平行于横向的晶向的极点分布。反极图投影面上的坐标是单

晶体的标准投影极图。由于晶体的对称性特点，取其单位投影三角形即可。从立方晶系单晶体(001)标准投影极图可知,(001)、(011)和(111)晶面及其等同晶面的投影,将上半投影球面分成 24 个全等的球面三角形,每个三角形的顶点都是这三个主晶面(轴)的投影。从晶体学角度看,这些三角形是等同的,任何方向都可以表示在任一三角形内,一般采用(001)—(011)—(111)组成的单位标准投影三角形。

反极图能形象地表达丝织构或板织构,而且便于进行取向程度的定量比较,反极图的测量比正极图简单。取样规定:对于丝织构试样,可以取轴向的横截面作为测量平面,如果试样呈细丝状,则可以把丝状试样密排成束,再垂直地截取以获得平整的横截面。对于板织构样品,可以由轧向 RD、轧面法向 ND、横向 TD 三个正交方向上分别截取出平整的横断面进行分析与测试,测量面即为所测宏观坐标轴对应的法平面。光源要求:波长较短,一般选 Mo 或 Ag 作靶材,以获得尽可能多数目的衍射线。扫描方式:以常规的 $\theta/2\theta$ 进行,扫描速度较慢以获得准确的积分强度,测量时不用织构附件。实验中样品与标样(无织构)要在相同的实验条件下进行,记录下每个所测晶面 $\{hkl\}$ 衍射线的积分强度,扫描过程中试样应以表面为轴旋转,转速为 $0.5\sim2$ r/s,以使更多的晶粒参与衍射,达到统计平均的效果,也可进行多次测量以求得平均值,然后代入公式:

$$ f_{hkl} = \frac{I_{hkl}}{I_{hkl}^{标} \cdot P_{hkl}} \cdot \frac{\sum\limits_{i=1}^{n} P_{hkl}^{i}}{\sum\limits_{i=1}^{n} \frac{I_{hkl}^{i}}{I_{hkl}^{标i}}} \tag{4-81} $$

式中各 (hkl) 晶面相应的 P_{hkl}（多重因子）可查表,I_{hkl}^{i} 和 $I_{hkl}^{标}$ 由实验测得,n 为衍射线条数,i 为衍射线条序号。计算得到极点密度 f_{hkl}（即织构系数）。$f_{hkl} > 1$ 表示 $\{hkl\}$ 晶面在该平面法向偏聚。f_{hkl} 值越大,表示 $\{hkl\}$ 晶面法向在板材法线方向上的分布概率越高,板材织构的程度越明显。将计算所得的 f_{hkl} 标注在标准投影三角形中,立方晶系常选用 $\{001\}$ 标准极图上的 $[001]$—$[011]$—$[111]$ 这个三角区域,把求得的 f_{hkl} 值直接标注在相应的极点位置,再把同级别的 f_{hkl} 点连接起来构成等高线,就得到反极图。当存在多级衍射时,如 111,222 等,只取其一进行计算,重叠峰也不能计入其中,如体心立方中(411)与(330)线等。

注意:对于单一的纤维织构(或丝织构),只要用一张反极图就可以表示出该织构的类型。图 4-46 为挤压铝棒的反极图,由图中极点密度高的部位可知该挤压铝棒存在丝织构,且为 <001> 和 <111> 双织构;而对于板材织构,则至少需要两张反极图才能较全面反映板织构的形态和织构指数。有些板织构类型仍难于用反极图作出判断,有时可能误判、漏判。图 4-47 为低碳钢 70% 轧制后的反极图,图 4-47(a) 为 ND 轴的极点密度分布,最大极点密度分布在(111)-(112)-(100) 大圆上,这些

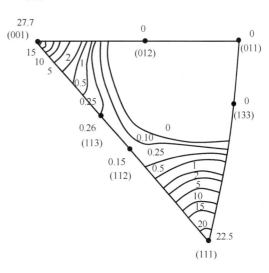

图 4-46　挤压铝棒的反极图(丝织构)

晶面均属于[110]晶带轴,而[110]方向恰好是轧向,平行于轧面的晶面有(111)、(112)和(100)。图 4-47(b)为 RD 轴的极点密度分布,最大极点密度分布在(110)到(112)的大圆上,这个圆与[111]垂直,主要轧向为[110]和[112]。结合图 4-47(a)分析得主要织构为:(111)[1$\bar{1}$0]、(111)[11$\bar{2}$]、(112)[1$\bar{1}$0]和(100)[011]。

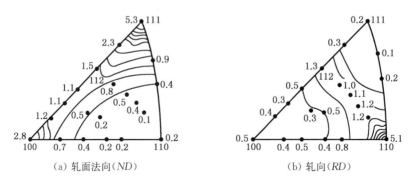

（a）轧面法向（ND）　　　　（b）轧向（RD）

图 4-47　低碳钢 70% 轧制后的反极图(板织图)

这里使用的极图是指多晶体极图,不同于单晶体的标准投影极图。单晶体的标准投影极图,是假设单晶体居于球心中央,标记出晶体若干个最重要的晶面极点于参考球面上,再将相应的极点投影到赤平面上获得的极图。而多晶体极图,是多个晶体居于参考球心中央,仅仅标记多晶体中某一个设定的{hkl}晶面在球面上的极点,然后再采用极射赤面投影的方法所获得的极图。这种极图只表示某一个{hkl}晶面的极点在赤平面上分布的统计性规律或特点,而与晶体的其他晶面或晶向无关,也不能确定某个晶粒的具体位向。

反极图也可通过已知的板织构指数画出。例如:用反极图表示铜的板织构(112)[$\bar{1}\bar{1}$1]。

由板织构指数可知面心立方结构铜的轧面是(112),其轧面法向为[112],微观晶体学坐标[001]—[011]—[111],见图 4-48。

为确定[112]在坐标系中的位置,首先确定[001]与[011]和[111]之间及[011]与[111]的夹角,再与它们之间的长度相除即为单位长度对应的角度。三坐标间的夹角分别为

$$[001]与[011]:\cos\varphi_1 = \frac{1}{\sqrt{2}},\varphi_1 = 45°,[001]与[111]:$$

$$\cos\varphi_2 = \frac{1}{\sqrt{3}},\varphi_2 = 54.7°,[011]与[111]:\cos\varphi_3 = \frac{2}{\sqrt{6}},\varphi_3 = 35.3°。$$

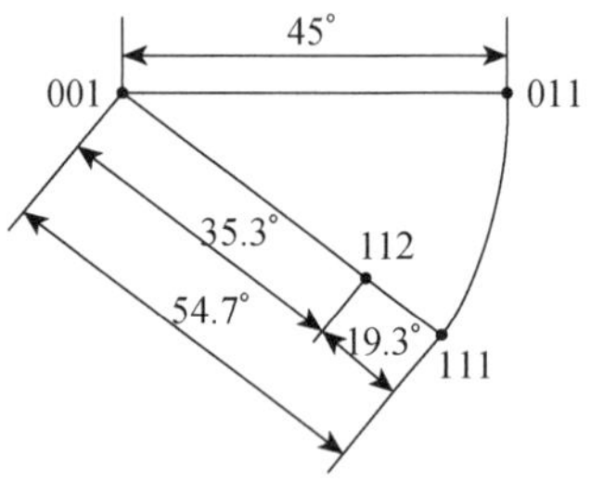

图 4-48　铜的板织构(112)[$\bar{1}\bar{1}$1]反极图示意图

然后确定[112]与[001]、[011]和[111]之间的夹角,分别为

$$[112]与[001]:\cos\alpha_1 = \frac{2}{\sqrt{6}},\alpha_1 = 35.3°;[112]与[011]:\cos\alpha_2 = \frac{\sqrt{3}}{2},\alpha_2 = 30°;[112]与$$

$$[111]:\cos\alpha_3 = \frac{2\sqrt{2}}{3},\alpha_3 = 19.3°。$$

由于 $\alpha_1 + \alpha_3 = \varphi_2$,因此[112]极点在[001]与[111]的连线上与[111]同属于一晶带大

圆,位置可由单位长度角度确定。

3) 三维取向分布函数测定与板织构分析

极图或反极图方法均是将三维空间的晶体取向分布,通过极射赤面投影法在二维平面上投影来处理三维问题的,这会造成三维信息的部分丢失。三维取向分布函数法与反极图的构造思路相似,即将待测样品晶粒中那些平行于轧面法向、轧向和横向各晶面的极点在晶体学三维空间中的分布情况,用一函数表达出来。该法能够完整、精确和定量地描述织构的三维特征,但计算量大,算法繁杂,必须借助计算机完成。需要指出的是:①在利用 X 射线进行物相定量分析、应力测量等实验中,织构往往起着干扰作用,使衍射线的强度与标准卡片之间存在较大误差,因此实验中必须弄清楚织构存在与否;②晶粒的外形与织构的存在无关,仅靠金相法或几张透射电镜照片是不能判断多晶体材料中织构是否存在的;③丝织构只是板织构的特例。

多晶体中的晶粒相对于宏观坐标的取向用一组欧拉角(φ_1, Φ, φ_2)表示。设宏观坐标系 $O\text{-}ABC$,表示试样的外观取向。板料:OA—轧向(RD),OB—横向(TD),OC—轧面法向(ND)。微观晶系:$O\text{-}XYZ$,固定在晶粒上,表示晶体学空间取向,与主要晶向重合。如正交晶系时,OX—[100]、OY—[010]、OZ—[001]。微观晶系 $O\text{-}XYZ$ 相对于宏观坐标系的取向用一组欧拉角(φ_1, Φ, φ_2)来表示,即每一晶粒的取向可通过三个欧拉角的转动获得,如图4-46所示。以两个坐标系完全重合为起始位置,如图 4-49(a)所示。固定 $O\text{-}ABC$ 坐标系,转动 $O\text{-}XYZ$ 坐标系,规定沿坐标系向原点看,逆转为正,顺转为负。先让 $O\text{-}XYZ$ 绕 OZ 轴转动 φ 角,为 OX_1Y_1 位置,如图 4-49(b)所示。再以转动过的 OY 轴即 OY_1 为轴,$O\text{-}XYZ$ 转动 Φ 角,如图 4-49(c)所示。然后,再以转动过的 OZ 轴即 OZ_1 为轴,$O\text{-}XYZ$ 转动 φ_2 角,如图 4-49(d)所示。这组转动的三个角度值(φ_1, Φ, φ_2)完全规定了 $O\text{-}XYZ$ 相对 $O\text{-}ABC$ 的取向。

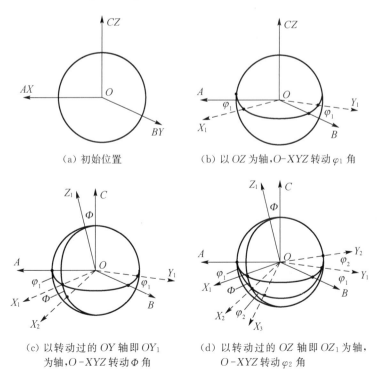

(a) 初始位置

(b) 以 OZ 为轴,$O\text{-}XYZ$ 转动 φ_1 角

(c) 以转动过的 OY 轴即 OY_1 为轴,$O\text{-}XYZ$ 转动 Φ 角

(d) 以转动过的 OZ 轴即 OZ_1 为轴,$O\text{-}XYZ$ 转动 φ_2 角

图 4-49　$O\text{-}XYZ$ 相对 $O\text{-}ABC$ 坐标系的关系图

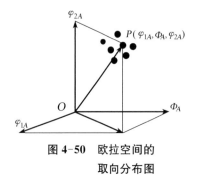

图 4-50 欧拉空间的
取向分布图

建立直角坐标系 $O\text{-}\varphi_1$，Φ，φ_2，如图 4-50 所示，每一种取向即为坐标系 $O\text{-}\varphi_1$，Φ，φ_2 中的一个点，所有晶粒的取向均可标注于该坐标系中，该空间称欧拉空间或取向空间。

每组欧拉角（φ_1，Φ，φ_2）只对应一种取向，表达一种 $(HKL)[uvw]$ 织构。如（$0°$，$0°$，$0°$）取向对应 $(001)[100]$ 织构，见图 4-51；（$0°$，$90°$，$45°$）取向表示 $(\bar{1}10)[100]$ 织构，见图 4-52。

由欧拉角（φ_1，Φ，φ_2）可以通过空间解析几何获得正交晶系和六方晶系的轧面指数 (HKL) 和轧向指数 $[uvw]$。

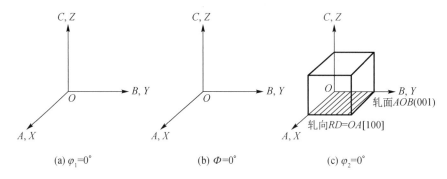

图 4-51　（$0°,0°,0°$）取向时的织构

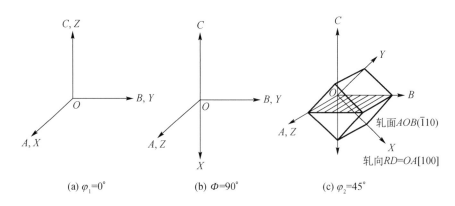

图 4-52　（$0°,90°,45°$）取向时的织构

正交晶系：

$$H : K : L = -a\sin\Phi\cos\varphi_2 : b\sin\Phi\sin\varphi_2 : c\cos\Phi \tag{4-82}$$

$$u : v : w = \frac{1}{a}(\cos\Phi\cos\varphi_1\cos\varphi_2 - \sin\varphi_1\sin\varphi_2) : \frac{1}{b}(-\cos\Phi\cos\varphi_1\sin\varphi_2 - \sin\varphi_1\cos\varphi_2) :$$

$$\frac{1}{c}\sin\Phi\cos\varphi_1 \tag{4-83}$$

六方晶系：令 $OX \perp (10\bar{1}0)$，$OY \perp (\bar{1}2\bar{1}0)$，$OZ \perp (0001)$，则有

$$\begin{Bmatrix} H \\ K \\ i \\ L \end{Bmatrix} = \begin{bmatrix} \dfrac{\sqrt{3}}{2} & -\dfrac{1}{2} & 0 \\ 0 & 1 & 0 \\ -\dfrac{\sqrt{3}}{2} & -\dfrac{1}{2} & 0 \\ 0 & 0 & \dfrac{c}{a} \end{bmatrix} \begin{bmatrix} -\sin\Phi\cos\varphi_2 \\ \sin\Phi\sin\varphi_2 \\ \cos\Phi \end{bmatrix} \tag{4-84}$$

$$\begin{Bmatrix} u \\ v \\ t \\ w \end{Bmatrix} = \begin{bmatrix} \dfrac{1}{\sqrt{3}} & -\dfrac{1}{3} & 0 \\ 0 & \dfrac{2}{3} & 0 \\ -\dfrac{1}{\sqrt{3}} & -\dfrac{1}{3} & 0 \\ 0 & 0 & \dfrac{a}{c} \end{bmatrix} \begin{bmatrix} \cos\Phi\cos\varphi_1\cos\varphi_2 - \sin\varphi_1\sin\varphi_2 \\ -\cos\Phi\cos\varphi_1\sin\varphi_2 - \sin\varphi_1\cos\varphi_2 \\ \sin\Phi\cos\varphi_1 \end{bmatrix} \tag{4-85}$$

已知欧拉角通过解析式可方便获得轧面指数和轧向指数。如 $\varphi_1 = 0°$，$\Phi = 55°$，$\varphi_2 = 45°$，则织构类型为 $(111)[11\bar{2}]$。

欧拉空间中，晶粒取向用坐标点 $P(\varphi_1, \Phi, \varphi_2)$ 表示。若将每个晶粒的取向均逐一绘制于欧拉空间中，即可获得所有晶粒的空间取向分布图，当取向点集中于空间中某点附近时，表明存在择优取向分布区。晶粒取向分布情况可用取向密度 $\omega(\varphi_1, \Phi, \varphi_2)$ 来表征：

$$\omega(\varphi_1, \Phi, \varphi_2) = \frac{K_\omega \dfrac{\Delta V}{V}}{\sin\Phi\Delta\Phi\Delta\varphi_1\Delta\varphi_2} \tag{4-86}$$

式中：$\sin\Phi\Delta\Phi\Delta\varphi_1\Delta\varphi_2$ 为取向元；ΔV 为取向落在该取向元中的晶粒体积；V 为试样体积；K_ω 为比例系数，取值为 1。

通常以无织构时的取向密度为 1 作为取向密度的单位，此时的取向密度称为相对取向密度。$\omega(\varphi_1, \Phi, \varphi_2)$ 随空间取向而变化，能确切、定量地表达试样中晶粒取向的分布情况，故称之为取向分布函数，简称 ODF。

取向分布是三维空间的立体图，通常采用若干个恒定 φ_1 或 φ_2 的截面来替代立体图。

4.8 晶粒大小的测定

由于 X 射线对试样作用的体积基本不变，晶粒细化（$< 0.1\ \mu m$）时，参与衍射的晶粒数增加，这样稍微偏移布拉格条件的晶粒数也增加，它们同时参与衍射，从而使衍射线出现了宽化。也可从单晶体干涉函数的强度分布规律来深入解释。由其流动坐标：$\xi = H \pm \dfrac{1}{N_1}$，$\eta = K \pm \dfrac{1}{N_2}$ 和 $\zeta = L \pm \dfrac{1}{N_3}$ 可知当晶粒细化时，单晶体三维方向上的晶胞数 N_1、N_2 和 N_3 减小，故其对应的流动坐标变动范围增大，即倒易球增厚，其与反射球相交的区域扩大，从而导致衍射线宽化。

设由晶粒细化引起衍射线宽化的宽度为 β，简称晶粒细化宽度，则 β 与晶粒尺寸 L 存在以下关系：

$$L = \frac{K\lambda}{\beta\cos\theta} \tag{4-87}$$

式中：K 为常数，一般为 0.94，简化起见也可取 1；λ 为入射线波长；L 为晶粒尺寸；θ 为某衍射晶面的布拉格角。该式由谢乐推导而得，故称谢乐公式，推导过程如下：

利用衍射原理推导衍射线宽度与晶粒尺寸的定量关系。

设晶粒在垂直于(HKL)方向上有 $m+1$ 个晶面，面间距为 d，则该方向上的尺寸为 md，如图 4-53 所示。当衍射角为 2θ，相邻两条衍射线的光程差 $\delta = 2d\sin\theta$。若 θ 有一很小的变化 ω 时，则相邻两条衍射线的光程差为

$$\delta = 2d\sin(\theta+\omega) = 2d(\sin\theta\cos\omega + \cos\theta\sin\omega)$$
$$= n\lambda\cos\omega + 2d\cos\theta\sin\omega \tag{4-88}$$

由于 ω 很小方可有衍射线，故 $\cos\omega \approx 1$，$\sin\omega \approx \omega$，即

$$\delta = n\lambda + 2\omega d\cos\theta \tag{4-89}$$

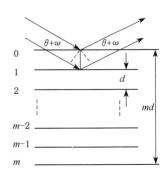

图 4-53 晶块上 X 射线衍射

则相邻晶面的相位差为

$$\varphi = \frac{2\pi}{\lambda}\delta = 2\pi n + \frac{4\pi}{\lambda}\omega d\cos\theta \tag{4-90}$$

故

$$\varphi = \frac{4\pi}{\lambda}\omega d\cos\theta \tag{4-91}$$

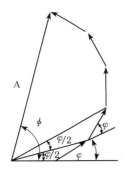

图 4-54 振幅的合成矢量

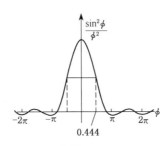

图 4-55 $\dfrac{\sin^2\phi}{\phi^2}$-$\phi$ 函数关系曲线

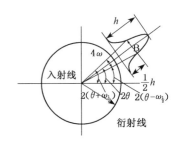

图 4-56 衍射线宽化的几何关系

由光学原理可知，当有 n 个相同振幅的矢量，相邻夹角均相同，其合成振幅（见图 4-54）为

$$A = an\frac{\sin\alpha}{\alpha} \tag{4-92}$$

α-为合成振幅矢量与起矢量的夹角。

因此，第 m 个晶面反射线的合成振幅与初始晶面反射线的夹角为

$$\phi = \frac{m\varphi}{2} = \frac{2\pi m\omega d\cos\theta}{\lambda} \tag{4-93}$$

半高处的 $\phi = \dfrac{2\pi m\omega_{1/2}d\cos\theta}{\lambda} = 0.444\pi$，见图 4-55，即

$$\omega_{1/2} = \frac{0.444\lambda}{2md\cos\theta} \tag{4-94}$$

由衍射几何关系(图 4-56)可以得出,衍射线的半高宽度

$$\beta = 4\omega_{1/2} = 4 \times \frac{0.444\lambda}{2md\cos\theta} = \frac{0.89\lambda}{md\cos\theta} \tag{4-95}$$

因为 md 为反射面法线方向上晶块尺寸的平均值,用 L 表示,则

$$\beta = \frac{0.89\lambda}{L\cos\theta}$$

统一表达为

$$L = \frac{K\lambda}{\beta\cos\theta} \tag{4-96}$$

式中:K 为常数,一般取 $0.89 \sim 0.94$,式(4-96)即为谢乐公式。

晶粒的大小可通过衍射峰的宽化测量得 β,再由谢乐公式计算出来。但需指出的是晶粒只有细化到亚微米以下时,衍射峰宽化才明显,测量精度才高,否则由于参与衍射的晶粒数太少,峰形宽化不明显,峰廓不清晰,测定精度低,计算的晶粒尺寸误差也较大。

当被测试样为粉末状时,测定其晶粒尺寸相对容易得多,因为可以通过退火处理使晶粒完全去应力,并可在待测粉末试样中添加标准粉末,比较两者的衍射线,运用作图法和经验公式获得晶粒细化宽度 β,代入谢乐公式便可近似得出晶粒尺寸的大小,但该法未作 K_α 双线分离,计算精度不高,可作一般粗略估计,具体过程简述如下:

(1) 样品去应力,以消除内应力宽化的影响;

(2) 在待测样中加入标准样($\alpha\text{-}Al_2O_3$、$\alpha\text{-}SiO_2$ 粒度较粗一般在 10^{-4} cm 左右)均匀混合,标准样中没有晶粒大小引起宽化的问题,仅有仪器宽化和 K_α 双线宽化,其中 K_α 双线宽化忽略;

(3) 进行粉末样品的 XRD 分析,产生粗颗粒的明锐峰和待测样的弥散峰;

(4) 选择合适的衍射峰进行分析,运用作图法分别测定两类峰的半高宽 w_1 和 w_0;

(5) 由经验公式计算晶粒细化宽度

$$\beta = \sqrt{w_1^2 - w_0^2} \tag{4-97}$$

(6) 由 β 值代入谢乐公式算得晶粒尺寸的大小。

4.9 小角 X 射线散射

小角 X 射线散射(Small Angle X-ray Scattering, SAXS)是指当 X 射线透过试样时,在靠近原光束 $2° \sim 5°$ 的小角度范围内发生的相干散射现象。产生该现象的根本原因在于物质内部存在着尺度在 $1 \sim 100$ nm 范围内的电子密度起伏,因而,完全均匀的物质,其散射强度为零。当出现第二相或不均匀区时将会发生散射,且散射角度随着散射体尺寸的增大而减小。小角 X 射线散射强度受粒子尺寸、形状、分散情况、取向及电子密度分布等的影响。

4.9.1 小角 X 射线散射的两个基本公式

1) Guinier 公式

对于 M 个不相干涉的粒子体系,其散射强度为

$$I(h) = I_e n^2 M \exp\left(-\frac{h^2}{3}R_g^2\right) \tag{4-98}$$

式中 $h = \dfrac{4\pi}{\lambda}\sin\theta$，$R_g$ 为散射粒子的旋转半径，即散射粒子中各个电子与其质量中心的均方根距离；n 为散射元的电子数。显然 $I(h) \sim h$ 曲线以纵轴对称分布。对该式两边取对数得：

$$\ln I(h) = \ln(I_e n^2 M) - \frac{h^2}{3}R_g^2 \tag{4-99}$$

$\ln I(h) \sim h^2$ 曲线为直线，其斜率为

$$\alpha = -\frac{1}{3}R_g^2 \tag{4-100}$$

散射粒子的旋转半径

$$R_g = \sqrt{-3\alpha} \tag{4-101}$$

当散射粒子的形状已知时，可求出粒子的大小。如当粒子为球形、半径为 R 时，则 R_g 与 R 的关系如下：

$$R_g = \sqrt{\frac{3}{5}}R = 0.77R \tag{4-102}$$

当粒子为椭圆形球体，有两个轴的半径为 a，另一轴的半径为 νa，则

$$R_g = \sqrt{\frac{2+\nu^2}{5}}a \tag{4-103}$$

凡是针状或圆片状的粒子都可以近似地用椭圆形球体来表征，求出 R_g，进而求得其半径 R 及厚度或长度。

假定粒子的平均密度为 ρ_0，体积为 V，则 $n = \rho_0 V$。当粒子分散于密度为 ρ_s 的介质中时，式(4-98)中 M、n 应该用两相间的电子密度差 $(\rho_0 - \rho_s)$ 与体积 V 来代替，此时

$$I(h) = I_e (\rho_0 - \rho_s)^2 V^2 \exp\left(-\frac{h^2}{3}R_g^2\right) = I_e (\rho_0 - \rho_s)^2 V^2 \exp\left(-\frac{h^2 R^2}{5}\right) \tag{4-104}$$

注意：Guinier 公式仅适用于稀松散体系，实际上粒子间有相干干涉，并对散射强度产生影响。

2）Porod 公式

Porod 研究了具有相同电子密度的散射体在空间无规分布的散射。假定这种体系具有特殊的不均匀结构，设体系中任一端的电子密度为 $\rho(r)$。

$$\rho(r) = (\rho_A - \rho_B)\sigma(r) + \rho_B \tag{4-105}$$

式中 ρ_A、ρ_B 分别为散射体和介质中的密度，$\sigma(r)$ 表征颗粒的形状因子，在散射体和介质中的值分别为 1 和 0。在 $h \to \infty$ 时，散射强度为

$$I(h \to \infty) = I_e (\rho_A - \rho_B)^2 \frac{2\pi S}{h^4} \tag{4-106}$$

式中的 S 为散射粒子的表面积，该式即为 Porod 公式。将 $I(h) \propto h^{-4}$ 称作 Porod 定律。

如果体系是由 n 个相同的粒子（表面积为 S）组成，总表面积为 nS，假定每个粒子不受其他粒子的存在而影响时，Porod 公式应为

$$I(h) = nI_e (\rho_A - \rho_B)^2 \frac{2\pi S}{h^4} \tag{4-107}$$

即总散射强度为每个粒子散射强度的 n 倍。

对于两相边界分明的体系,其散射强度在无限长狭缝准直系统情况下满足:

$$\lim_{h \to 大值} [h^3 I(h)] = K_P \tag{4-108}$$

式中,K_P 为 Porod 常数。即当 h 趋于大值时,$h^3 I(h)$ 趋于一个常数,表明粒子具有明锐的相界面;若 $h^3 I(h)$ 不趋于一常数,则表明粒子没有明锐的界面,即表现为对 Porod 定律的偏离,如图 4-57 所示。

其中,正偏离源于材料中的热密度起伏以及粒子内电子密度的起伏。负偏离来自模糊的相界面,即两相间存在一定宽度的过渡区,因此由负偏离可以计算出界面层厚度 t。在长狭缝准直系统情况下出现负偏离时,会有:

$$I(h) = K_P/h^3 \left(1 - \frac{2\pi^2 t^2 h^2}{3}\right) \tag{4-109}$$

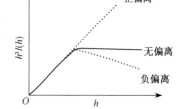

图 4-57　Porod 定律及其偏离

由式(4-109)以 $h^3 I(h)$ 对 $1/h^2$ 作图,就可以确定出两相间过渡区的厚度 t。

因 SAXS 起源于散射体内的电子密度涨落,所以散射强度的变化反映了电子密度涨落程度的变化。平均电子均方密度涨落与散射强度的关系为

$$\overline{(\rho - \bar{\rho})^2}/\bar{\rho} = 2\pi \int_0^\infty h \cdot I(h) \mathrm{d}h \tag{4-110}$$

式中 ρ 和 $\bar{\rho}$ 分别为电子密度和电子密度的平均值。

4.9.2　小角 X 射线散射技术的特点

透射电镜(TEM)和扫描电镜(SEM)都可以用来观察亚微颗粒和微孔,并可直接观察颗粒的形状,确定其尺寸,区分开微孔和颗粒,观察微小区域内的介观结构,区分界面上不同本质的颗粒等,这是小角 X 射线散射技术所不具备的。然而,相比于 TEM 和 SEM,SAXS 仍具有以下独特的优点:

(1) 对溶液中的微粒研究相当方便。

(2) 可研究生物活体的微结构或其动态变化过程。

(3) 对某些高分子材料可以给出足够强的小角 X 射线散射信号,而由 TEM 却得不到清晰有效的信息。

(4) 可用于研究高聚物的动态过程,如熔体到晶体的转变过程。

(5) 可确定颗粒内部密闭的微孔,如活性炭中的小孔,而电镜做不到这一点。

(6) 可得到样品的统计平均信息,而电镜虽可得到精确的数据,但其统计性差。

(7) 可准确确定两相间比内表面和颗粒体积分数等参数,而电镜很难得到这些参量的准确结果,因为在电镜的视场范围内,并非所有颗粒均能显示和被观察到。

(8) 制样方便。

因此电镜和 SAXS 各有优、缺点,不能互相代替,但可互相补充,联合使用。

4.9.3 小角 X 射线散射技术的应用

小角 X 射线散射是一种有效的材料亚微观结构表征手段,可用于纳米颗粒尺寸的测量,合金中的空位浓度、析出相尺寸以及非晶合金中晶化析出相的尺寸测量,高分子材料中胶粒的形状、粒度以及其分布的测量,以及高分子长周期体系中片晶的取向、厚度、晶化率和非晶层厚度的测量等,以时效分析为例。

小角 X 射线散射技术可用于合金时效过程分析,进行相变动力学研究。合金Ⅰ(含锂)成分:Zn 5.13%、Mg 1.22%、Cu 1.78%、Li 0.98%、Mn 0.34%、Zr 0.11%、Cr 0.23%、其余为铝;合金Ⅱ(不含锂)成分:Zn 5.17%、Mg 1.26%、Cu 1.73%、Mn 0.36%、Zr 0.13%、其余为铝。在 490℃的盐浴中固溶 1 h,快速水淬后,再在硅油槽中进行人工时效。对于铝合金而言,析出相体积分数一般不超过 5%,且析出相颗粒间距远远大于析出相本身。因此可近似认为析出相与基体构成稀疏均匀系统。经小角 X 射线散射测试,运用 Guinier 公式及相关理论可以得出合金Ⅰ和合金Ⅱ在 120℃、160℃和 180℃条件下的析出相半径随时效时间变化的关系,如图 4-58 所示。

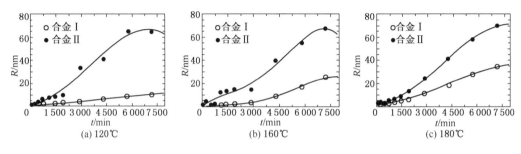

图 4-58　析出相半径 R 随时效时间的变化关系

由图 4-58 可知:合金中析出物的半径随时效时间的变化可分为形核、长大和粗化三个阶段。在形核阶段,析出相半径变化很小;在长大过程中,析出相基本满足抛物线长大规律;在粗化阶段,析出相半径变化满足 Lifshitz-Slyozov-Wangner(LSW)定律。在形核阶段这两种铝合金析出相半径随时效时间变化的差距较小,但随时效时间的延长,两者之间的差距逐渐变大。由此说明锂抑制了析出相的长大和粗化进程。

4.10　淬火钢中残余奥氏体的测量

由于马氏体转变的不完全性,在淬火钢中总会产生一定量的残余奥氏体,尤其是在高碳、高合金钢中,残余奥氏体的含量甚至可达 20 vol% 以上。残余奥氏体硬度较马氏体的低,结构也不稳定,在使用过程中会逐渐转变为马氏体,引起体积膨胀,产生内应力,甚至引起工件变形,因此,对淬火钢中残余奥氏体的测量极具实际意义。

淬火钢中残余奥氏体一般采用 X 射线法测量,即根据衍射花样中某一奥氏体衍射线条的强度和标准试样中含有已知份量残余奥氏体的同一衍射指数线条强度相比得出。然而在实际工作中这一标准试样不一定会有,为此可根据同一衍射花样中残余奥氏体和邻近马氏体线条强度的测定比较求得。由本章 4.2 介绍可知,在衍射花样中,某线条的相对强度为

$$I_j = F_{HKL}^2 \cdot \frac{1 + \cos^2 2\theta}{\sin^2\theta\cos\theta} \cdot P \cdot \frac{1}{2\mu_l} \cdot e^{-2M} \cdot \frac{V_j}{V_{0j}^2}, \text{令} \ C_j = F_{HKL}^2 \cdot \frac{1 + \cos^2 2\theta}{\sin^2\theta\cos\theta} \cdot P \cdot \frac{1}{2V_{0j}^2} \cdot e^{-2M}, \text{即得}$$

$$I_j = C_j \cdot \frac{1}{\mu_l} \cdot f_j \tag{4-111}$$

则
$$\frac{I_r}{I_\alpha} = \frac{C_r \cdot f_r}{C_\alpha \cdot f_\alpha} \tag{4-112}$$

式中 I_r、I_α 分别为残余奥氏体和马氏体某一衍射线的相对强度，C_r、C_α 为相应的常数。

$\dfrac{I_r}{I_\alpha}$ 可由实验结果测出，$\dfrac{C_r}{C_\alpha} = \dfrac{\left(F_{HKL}^2 \cdot \dfrac{1+\cos^2 2\theta}{\sin^2\theta\cos\theta} \cdot P \cdot \dfrac{1}{2V_{0j}^2} \cdot e^{-2M}\right)_r}{\left(F_{HKL}^2 \cdot \dfrac{1+\cos^2 2\theta}{\sin^2\theta\cos\theta} \cdot P \cdot \dfrac{1}{2V_{0j}^2} \cdot e^{-2M}\right)_\alpha}$ 也可算出，再由

$f_r + f_\alpha = 1$ 即可得到淬火钢中的残余奥氏体的体积分数 f_r。

实际工作中，可以选择几个 r-α 线对进行测量计算，然后取其平均值更为精确。常用于计算的奥氏体衍射线条有：(200)、(220)及(311)，马氏体线条有：(002)—(200)、(112)—(211)等。

若淬火钢中有未溶解的碳化物（如渗碳体），即衍射花样由马氏体、残余奥氏体和渗碳体三相组成时，同理可分别由 I_r/I_c、C_r/C_c 算出 f_r/f_c，I_α/I_c、C_α/C_c 算出 f_α/f_c，再利用 $f_r + f_c + f_\alpha = 1$ 算得 f_r。

应注意的是：为获得比较准确的相对强度，扫描速度应比较慢，一般为每分钟 $(1/2)°$ 或 $(1/4)°$ 等，当残余奥氏体含量较少时扫描速度要求更慢。

4.11 薄膜的测量

4.11.1 薄膜厚度的测量

基体表面镀膜或气相沉膜是材料表面工程中的重要技术，膜的厚度直接影响其性能，故需对其进行有效测量。膜厚的测量是在已知膜对 X 射线的线吸收系数的条件下，利用基体有膜和无膜时对 X 射线吸收的变化所引起衍射强度的差异来测量的。它具有非破坏、非接触等特点。测量过程（见图 4-59）：首先分别测定有膜和无膜时基体的同一条衍射线的强度 I_0 和 I_f，再利用吸收公式得到膜的厚度

$$t = \frac{\sin\theta}{2\mu_l} \cdot \ln\frac{I_0}{I_f} \tag{4-113}$$

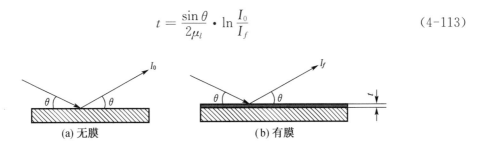

图 4-59 X 射线衍射强度测量膜厚示意图

4.11.2 薄膜应力的测量

薄膜在生长过程中往往会产生内应力,薄膜应力宏观上表现为平面应力,理论上讲当膜结晶非常好即形成薄膜晶体时可以采用平面应力测量方法进行,然而实际测量时由于薄膜的衍射强度低,常规应力测量法会遇到困难,测量误差大,故需对常规应力测量法进行改进。

考虑到掠射法能获得更多的薄膜衍射信息,应力的侧倾法(测量面与扫描面垂直)可确保衍射几何的对称性,内标法能降低系统测量误差,因此,将三者有机结合可有效测定薄膜的内应力。

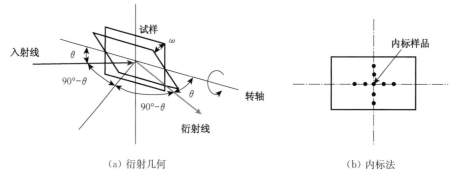

(a) 衍射几何   (b) 内标法

图 4-60 薄膜应力 X 射线测定的衍射几何与内标法

图 4-60 为薄膜应力 X 射线测定的衍射几何与内标法,采用侧倾法,ω 为试样转动的方位角,内标样品为粉状,附着在试样表面,此时系统误差 $\Delta 2\theta$ 为

$$\Delta 2\theta = 2\theta_{c, 0} - 2\theta_c \qquad (4\text{-}114)$$

式中 θ 衍射半角或布拉格角,$2\theta_c$ 为标样衍射角实测值,$2\theta_{c, 0}$ 为标样衍射角真实值。

假定薄膜的实测衍射角为 2θ,则其真实值 $2\theta'$ 为

$$2\theta' = 2\theta + \Delta 2\theta = 2\theta + 2\theta_{c, 0} - 2\theta_c \qquad (4\text{-}115)$$

由于 $2\theta_{c, 0}$ 为常数,即 $\dfrac{\partial 2\theta_{c, 0}}{\partial \sin^2 \psi} = 0$,结合上式(4-115),并假定薄膜中存在平面应力,则

$$\sigma = K\left(\frac{\partial 2\theta'}{\partial \sin^2 \psi}\right) = K\left[\frac{\partial (2\theta - 2\theta_c)}{\partial \sin^2 \psi}\right] \qquad (4\text{-}116)$$

式中 ψ 为测量面(hkl)法线与试样表面法线的夹角,由图 4-60 中的几何关系,可以得 $\psi = \omega$。此时选择不同的转角 ω 即不同的 ψ,可利用两点法或多点法求得 $\dfrac{\partial (2\theta - 2\theta_c)}{\partial \sin^2 \psi}$,再由式(4-116)计算薄膜中的内应力。由于式中出现了同一衍射谱的薄膜实测衍射角与标样实测衍射角之差,从而有效降低了仪器的系统误差。

本 章 小 结

本章主要介绍了 X 射线的多晶衍射法及其在材料研究中的应用,主要包括物相分析、宏观残余应力、微观残余应力、薄膜厚度测定及织构分析等。内容小结如下:

X射线仪:在X射线入射方向不变的情况下,通过测角仪保证样品的转动角速度为计数器的一半,当样品从0°转到90°时,记录系统可以连续收集并记录试样中所有符合衍射条件的各晶面所产生的衍射束的强度,从而获得该样品的X射线衍射花样。由此花样可以分析试样的晶体结构、物相种类及其含量、宏观应力、微观应力以及精确测量晶体的点阵参数等。

$$
物相分析
\begin{cases}
定性分析
\begin{cases}
依据:I\ 的大小取决于晶体结构的基本参数:点阵类型、单胞大小、单胞中原\\
\qquad 子位置、数目等,不同的物相(固溶体、单质、化合物)具有不同的衍射\\
\qquad 花样\\
方法:采用\ PDF\ 卡片或电脑程序进行分析
\end{cases}\\[2em]
定量分析
\begin{cases}
基本公式:体积分数:I_j = C_j \cdot \dfrac{1}{\rho \mu_m} \cdot f_j \quad 质量分数:I_j = C_j \cdot \dfrac{1}{\rho_j \mu_m} \cdot \omega_j\\[1em]
计算方法
\begin{cases}
(1)\ 单线条法 \quad I_j = C_j \cdot \dfrac{1}{\rho_j \mu_m} \cdot \omega_j = C_j^* \cdot \omega_j \quad \dfrac{I_j}{I_{j0}} = \dfrac{C_j^* \cdot \omega_j}{C_j^*} = \omega_j\\
\qquad 使用条件:各组成相的质量吸收系数相等,或试样由同素异构体组成\\
(2)\ 内标法 \quad \dfrac{I_A'}{I_S} = K_S \cdot \omega_A \quad 需先制定内标曲线\\
(3)\ K\ 值法 \quad \dfrac{I_A'}{I_S} = K_S^A \cdot \dfrac{(1-\omega_S)}{\omega_S} \cdot \omega_A \quad 不需制定内标曲线\\
(4)\ 参比强度法及绝热法
\end{cases}
\end{cases}
\end{cases}
$$

$$
点阵参数的精确测量
\begin{cases}
研究思路 \quad 理论上在\ \theta\ 为\ 90°时,衍射线的分辨率最高,点阵参数的测量误差\\
\qquad 最小,但实际上无法收集到衍射线,不能直接获得\ \theta\ 为\ 90°时的点\\
\qquad 阵参数值,故采用间接法如外延法来获取\\[1em]
测量方法
\begin{cases}
外延法
\begin{cases}
a - \cos^2\theta\\
a - \dfrac{1}{2}\left(\dfrac{\cos^2\theta}{\sin\theta} + \dfrac{\cos^2\theta}{\theta}\right)\\
线性回归法(最小二乘原理),获得拟合直线再外延至\ 90°
\end{cases}\\
标准样校正法
\end{cases}
\end{cases}
$$

$$
宏观残余应力测量
\begin{cases}
研究思路:宏观残余应力 \to 晶体中较大范围内均匀变化 \to d\ 变化 \to\\
\qquad \sin\theta = \dfrac{n}{2d}\lambda\ 变化 \to 峰位位移 \to \Delta\theta \to \dfrac{\Delta d}{d} = \varepsilon \to \sigma\\[1em]
基本前提:①单元体表面无剪应力;②所测应力为平面应力\\[0.5em]
基本公式:\sigma_\phi = K \cdot M \quad 式中:K = -\dfrac{E}{2(1+\nu)} \cdot \cot\theta_0 \cdot \dfrac{\pi}{180},\ M = \dfrac{\partial(2\theta_\psi)}{\partial \sin^2\psi}\\[1em]
\qquad K\ 的获取方法:查表法和测量计算法\\
\qquad M\ 的获取方法:两点法(0\sim45°)和多点法(拟合)\\[0.5em]
测量仪器:(1)\ X\ 射线仪:小试样可动,仪器固定\\
\qquad\qquad (2)\ X\ 射线应力仪:大试样固定,仪器可动
\end{cases}
$$

微观残余应力测量 {
  研究思路:微观残余应力→晶体中数个晶粒或单晶粒中数个晶胞甚至数个原子范围存在→d 有的增加有的减小,呈统计分布→衍射线宽化但无位移→宽化程度决定其微观应力的大小

  计算公式:$\sigma = E \cdot \varepsilon = E\dfrac{n}{4\tan\theta_0}$　　式中:n 为峰线宽度;E 为弹性模量
}

晶粒尺寸测量 {
  研究思路:晶粒细化→参与衍射的晶粒数增加→倒易球面的密度和厚度提高→与反射球的交线宽度增加→衍射线宽化,峰位未发生移动,宽化程度决定了晶粒细化的程度

  计算公式:$L = \dfrac{K\lambda}{m\cos\theta}$　　式中:m 为峰线宽度,L 为晶粒尺寸,K 为常数,θ 和 λ 分别为布拉格角和 X 射线的波长
}

非晶态物质的研究 {
  研究思路:非晶态物质不存在周期性,无点阵等概念,也无尖锐衍射峰,而是一漫散峰,通过系列处理获得非晶态物质的径向分布函数
  表征函数:径向分布函数
  结构常数:配位数、最近邻原子的平均距离、短程有序畴、原子的平均位移
  晶化过程:衍射峰由漫散过渡到尖锐
}

织构 {
  概念 {
    择优:多晶体中部分晶粒取向规则分布的现象
    织构:指多晶体中众多已经处于"择优取向"位置的晶粒的协调一致的排列状态
    关系:织构是择优取向的结果
  }

  后果:各向异性 { 利:硅钢片　弊:板料冲压 }

  织构分类 {
    丝织构:多晶体中晶粒因择优取向而使其晶向 $\langle uvw \rangle$ 趋于平行的一种位向状态
    板织构:多晶体中晶粒的某一晶面 $\{hkl\}$ 平行于多晶体材料某一特定的外观平面,而且某一晶向 $\langle uvw \rangle$ 必须平行于某一特定的方向
  }

  织构的表征 {
    指数法
    极图法
    反极图法
    三维取向分布函数法
  }
}

小角 X 射线散射 {
  定义:当 X 射线透过试样时,在靠近原光束 2°～5°的小角度范围内发生的相干散射
  原因:在于物质内部存在着尺度在 1～100 nm 范围内的电子密度起伏
  影响因素:散射体尺寸、形状、分散情况、取向及电子密度分布等
  原理:1) Guinier 公式　$I(h) = I_e n^2 M\exp\left(-\dfrac{h^2}{3}R_g^2\right)$

  散射粒子的旋转半径　$R_g = \sqrt{-3\alpha} = 0.77R$

  当粒子为椭圆形球体,两轴半径为 a,另一轴半径为 va,则 $R_g = \sqrt{\dfrac{2+v^2}{5}}\,a$

  2) Porod 公式

  $$I(h \to \infty) = I_e(\rho_A - \rho_B)^2\dfrac{2\pi S}{h^4}$$
}

对于两相边界分明的体系，其散射强度在无限长狭缝准直系统情况下满足：$\lim\limits_{h\to 大值}\left[h^3 I(h)\right]=K_P$，$K_P$ 为 Porod 常数，当 h 趋于大值时，$h^3 I(h)$ 趋于一个常数，表明粒子具有明锐的相界面；若 $h^3 I(h)$ 不趋于一常数，则表明粒子没有明锐的界面，即表现为对 Porod 定律的偏离

应用：表征物质的长周期、准周期结构、界面层以及呈无规则分布的纳米体系；测定金属和非金属纳米粉末、胶体溶液、生物大分子以及各种材料中所形成的纳米级微孔、合金中的非均匀区和沉淀析出相尺寸分布以及非晶合金在加热过程中的晶化和相分离等方面的研究

残余奥氏体的测量
- 原理：根据同一衍射花样中残余奥氏体和邻近马氏体线条强度的测定比较求得
- 扫描速度：一般为每分钟 (1/2)° 或 (1/4)° 当残余奥氏体量较少时扫描速度应更慢
- 当淬火钢由马氏体和残余奥氏体两相组成时，由 $\dfrac{I_r}{I_\alpha}=\dfrac{C_r\cdot f_r}{C_\alpha\cdot f_\alpha}$ 与 $f_r+f_\alpha=1$ 联立方程组求得 f_r
- 当淬火钢由马氏体、残余奥氏体及未溶碳化物(渗碳体)三相组成时，可分别由 I_r/I_c、C_r/C_c 算出 f_r/f_c，I_α/I_c、C_α/C_c 算出 f_α/f_c，再利用 $f_r+f_c+f_\alpha=1$ 算得 f_r

薄膜厚度测定
- 研究思路：利用有膜和无膜时物质对 X 射线吸收程度的不同，从而导致衍射强度的变化来进行薄膜厚度测量的
- 计算公式：$t=\dfrac{\sin\theta}{2\mu_l}\cdot\ln\dfrac{I_0}{I_f}$ 式中 θ 为布拉格角，μ_l 为线吸收系数，I_0 和 I_f 分别为无膜和有膜下的衍射强度，t 为薄膜厚度

薄膜应力测定
- 研究思路：薄膜应力宏观上表现为平面应力，理论上薄膜晶体可采用平面应力测量方法进行，实际上由于薄膜的衍射强度低，常规应力测量误差大，需对其进行改进。一般采用掠射法、侧倾法和内标法，三者结合测定薄膜的内应力
- 计算公式：$\sigma=\left(\dfrac{\partial 2\theta'}{\partial\sin^2\psi}\right)=K\left[\dfrac{\partial(2\theta-2\theta_c)}{\partial\sin^2\psi}\right]$ 式中 ψ 为测量面 (hkl) 法线与试样表面法线的夹角，θ 为衍射半角，K 为应力常数，σ 为薄膜应力

思 考 题

4.1　X 射线衍射花样可以分析晶体结构，确定不同的物相，为什么？

4.2　为什么不能用 X 射线进行晶体微区形貌分析？

4.3　X 射线的成分分析与物相分析的机理有何区别？

4.4　运用厄瓦尔德图解说明多晶衍射花样的形成原理。倒易球与反射球的区别是什么？两球的球心位置有何关系？衍射锥的顶点、母线、轴线表示什么含义？

4.5　常见物相定量分析的方法有哪些？它们之间的区别与联系是什么？

4.6　运用 PDF 卡片定性分析物相时，一般要求对照八强峰而不是七强峰，为什么？

4.7　题表 4-1 和 4-2 为未知物相的衍射数据，请运用 PDF 卡片及索引进行物相鉴定。

题表 4-1					
d(nm)	I/I_0	d(nm)	I/I_0	d(nm)	I/I_0
0.366	50	0.146	10	0.106	10
0.317	100	0.142	50	0.101	10
0.224	80	0.131	30	0.096	10
0.191	40	0.123	10	0.085	10
0.183	30	0.112	10		
0.160	20	0.108	10		

题表 4-2					
d(nm)	I/I_0	d(nm)	I/I_0	d(nm)	I/I_0
0.240	50	0.125	20	0.081	20
0.209	50	0.120	10	0.080	20
0.203	100	0.106	20		
0.175	40	0.102	10		
0.147	30	0.093	10		
0.126	10	0.085	10		

4.8 采用 CuK_α 射线作用 Ni_3Al 所得 $I-2\theta$ 衍射花样($0°\sim90°$),共有十强峰,其衍射半角 θ 分别是 $21.89°$、$25.55°$、$37.59°$、$45.66°$、$48.37°$、$59.46°$、$69.64°$、$69.99°$、$74.05°$ 和 $74.61°$。已知 Ni_3Al 为立方系晶体,试标定各线条衍射晶面指数,确定其布拉菲点阵,计算其点阵常数。

4.9 某立方晶系采用 CuK_α 测得其衍射花样,部分高角度线条数据见题表 4-3 所示,请运用 a-$\cos^2\theta$ 图解外推法求其点阵常数(精确至小数点后 5 位)。

题表 4-3

HKL	522,611	443,540,621	620	541
$\theta(°)$	72.68	77.93	81.11	87.44

4.10 一根无残余应力的钢丝试样,从垂直丝轴方向用单色 X 射线照射,其平面底片像为同心圆环,假定试样受到轴向拉伸或压缩(未发生弯曲)时,其衍射花样发生怎样的变化?为什么?

4.11 非晶态物质的 X 射线衍射花样与晶态物质的有何区别?表征非晶态物质的结构参数有哪些?

4.12 有一碳含量为 1% 的淬火钢,仅含有马氏体和残余奥氏体两种物相,用 CoK_α 射线测得奥氏体(311)晶面反射的积分强度为 2.33(任意单位),马氏体的(112)与(211)线重合,其积分强度为 16.32(任意单位),试计算钢中残余奥氏体的体积分数。已知马氏体的 $a=0.2860$ nm,$c=0.2990$ nm,奥氏体的 $a=0.3610$ nm,计算多重因子 P 和结构因子 F 时,可将马氏体近似为立方晶体。

4.13 测定轧制某黄铜试样的宏观残余应力,用 CoK_α 照射(400)晶面,当 $\psi=0°$ 时,测得的 $2\theta=150.1°$,当 $\psi=45°$ 时,$2\theta=150.99°$,试求试样表面的宏观残余应力有多大?(已知 $a=0.3695$ nm,$E=9.0\times10^4$ MPa,$\nu=0.35$)

4.14 运用 CoK_α X 射线照射 α-黄铜,测定其宏观残余应力,在 ψ 等于 $0°$、$15°$、$30°$、$45°$ 时的 2θ 值分别为 $151.00°$、$150.95°$、$150.83°$ 和 $150.67°$,试求黄铜的宏观残余应力。已知 α-黄铜的弹性模量 $E=9.0\times10^4$ MPa,泊松比 $\nu=0.35$。

4.15 晶粒细化和微观残余应力均会引起衍射线宽化,试比较两者宽化机理有何不同?

4.16 用 CuK_α X 射线照射弹性模量 E 为 2.15×10^5 MPa 的冷加工金属片试样,观察 $2\theta=150°$ 处的一根衍射线条时,发现其较来自再结晶试样的同一根衍射线条要宽 $1.28°$。若假定这种宽化是由于微观残余应力所致,则该微观残余应力是多少?若这种宽化完全是由于晶粒细化所致,则其晶粒尺寸是多少?

4.17 铝丝具有 $\langle111\rangle\langle100\rangle$ 双织构,试绘出投影面平行于丝轴的 $\{111\}$ 及 $\{100\}$ 极图及轴向反极图的示意图。

4.18 用 CoK_α X 射线照射具有 $[110]$ 丝织构的纯铁丝,平面底片记录其衍射花样,试问在 $\{110\}$ 衍射环上出现几个高强度斑点?它们在衍射环上出现的角度位置又分别是多少?

5 电子显微分析的基础

大家知道人眼能分辨的最小距离在 0.2 mm 左右,要观察和分析更小的距离时,就必须借助于专门仪器。第一台光学显微镜于 1595 年诞生,尽管其放大倍数仅有十几倍,但随着科技的迅猛发展,放大倍数显著增加,使得人们认识物质世界从毫米尺度跨入到微米尺度。但由于光学显微镜是采用可见光(波长为 390 ~ 770 nm)作为信息载体,通过玻璃或树脂透镜折射聚焦成像,其极限分辨率(成像物体上能分辨出来的两个物点间的最小距离)受可见光波长的限制,约为波长的一半,即 0.2 μm 左右,因此光学显微镜只能从微观尺度观察和分析物质的内部世界。由于原子间距为 Å 量级,属于纳米尺度(1 Å = 0.1 nm),光学显微镜无法满足人们对物质内部原子结构的观察要求。虽然,X 射线的衍射能提供晶体材料的结构信息,但无法提供其形貌信息,因此为了能同时分析物质微区的结构和形貌,有必要发展出分辨率更强,放大倍数更大,同时能分析微区结构和形貌的现代分析手段。

透射电子显微镜(Transmission Electron Microscope)简称透射电镜就是在这种背景下产生的。1897 年,汤姆逊(J. J. Thomson)研究阴极射线时发现了电子,德布罗意(D. Broglie)于 1925 年在理论上提出了电子具有波粒二象性的假设,两年后被戴维逊(Davission)等人的衍射实验所证实,1927 年,布施(H. Busch)成功地实现了电磁线圈对电子的聚焦,于是,德国科学家鲁斯卡(E. Ruska)等在 1931 年制成了第一台透射电子显微镜。虽然其放大倍数只有 12 倍,与第一台光学显微镜(1595 年)的放大倍数相当,但它成功实现了由电子束取代可见光的跨越,具有划时代的意义。1939 年德国的西门子公司生产出了分辨率高于 10 nm 的透射电镜。20 世纪 70 年代,又发展了高分辨电子显微技术,点分辨率达 0.3 nm,晶格分辨率达 0.1~0.2 nm。从而可在纳米尺度上分析材料,获取纳米尺度的成分和结构信息,也可直接观察纳米材料的原子结构和纳米材料的动态过程,如团簇、界面和表面的扩散、纳米碳管的疲劳过程等。

近年来,为适应不同的需要,透射电镜发展产生了多种不同的类型,如高分辨电镜(HR-TEM)、扫描透射电镜(STEM)、分析型电镜(AEM)等,特别是与计算机的一体化,如计算机控制电子显微镜 CAEM(Computer Assisted Electron Microscope)可以完成除了装卸试样外的所有操作,实现了多种功能的复合,使得即使无 TEM 操作经验者也能在计算机的帮助下完成电镜的基本操作,如电镜的合轴、消像散、调焦等,并能拍摄高质量的图像,还可通过因特网查阅图像数据库,进行对比分析,大大简化了分析过程,提高了工作效率。

与此同时,20 世纪 60 年代,以电子为信息载体,用以观察物质微区形貌的第一台商用扫描电子显微镜(SEM)问世,其制样简单、放大倍数的可调范围宽,分辨率高,景深大,已广泛用于化学、生物、电子、材料、医学、冶金等领域。特别是 1981 年,美国 IBM 公司设在瑞士苏黎世研究实验室的两位科学家宾尼希(G. Binning)和罗雷尔(H. Rohrer)利用量子力学隧道效应的基本原理研制成功了世界上第一台扫描隧道电子显微镜(STM),其分辨率可达 0.1 nm,STM 的发明又为人类探索微观、纳观世界提供了强有力的工具。

为适应不同的分析要求,电子显微镜正朝着多功能复合的方向发展,即在计算机控制下,将扫描、透射、电子探针等结合在一起,实现了表面形貌、微区成分与结构的同步分析,大大简化了操作程序,使其更加实用方便。

电子显微镜的诞生标志着人类在研究和探索物质内部世界方面已由微观进入了纳观,透射电镜和扫描隧道电镜均已成了 20 世纪最重要的发明之一。第一台透射电镜的发明者之一鲁斯卡(E. Ruska)和第一台扫描隧道电镜的发明者宾尼希(G. Binning)和罗雷尔(H. Rohrer)因此而获得了 1986 年度的诺贝尔物理学奖。

本章主要就电子显微分析的基础理论作一简单介绍和分析。

5.1 电子波的波长

电子是一种实物粒子,具有波粒二象性,其波长在一定条件下可变得很小,电场和磁场均能使其发生折射和聚焦,从而实现成像,因此电子波是一种理想的照明光源。由德布罗意的观点可知运动的电子具有波动性,其波长由波粒二象性方程可得

$$\lambda = \frac{h}{mv} \tag{5-1}$$

式中:h—— 普朗克常数,约 6.626×10^{-34} J·s;

$\quad\quad m$—— 电子的质量;

$\quad\quad v$—— 电子的运动速度,其大小取决于加速电压 U,即

$$\frac{1}{2}mv^2 = eU \tag{5-2}$$

则

$$v = \sqrt{\frac{2eU}{m}} \tag{5-3}$$

e 为电子的电荷,其值为 1.6×10^{-19} C。

所以

$$\lambda = \frac{h}{\sqrt{2emU}} \tag{5-4}$$

显然,提高加速电压,可显著降低电子波的波长,见表5-1。当电子速度不高时,$m \approx m_0$,m_0 为电子的静止质量,当加速电压较高时,电子速度极高,此时需要对此进行相对论修整,即

$$m = \frac{m_0}{\sqrt{1 - \left(\frac{v}{c}\right)^2}} \tag{5-5}$$

其中 c 为光速。

表 5-1 不同加速电压时电子波的波长

加速电压 U(kV)	电子波长 λ(nm)	加速电压 U(kV)	电子波长 λ(nm)
1	0.033 8	40	0.006 01
2	0.027 4	50	0.005 36
3	0.022 4	60	0.004 87

加速电压 U(kV)	电子波长 λ(nm)	加速电压 U(kV)	电子波长 λ(nm)
4	0.019 4	80	0.004 18
5	0.071 3	100	0.003 70
10	0.012 2	200	0.002 51
20	0.008 59	500	0.001 42
30	0.006 98	1 000	0.000 87

由于光学显微镜采用可见光为信息载体,其极限分辨率约为 200 nm,而透射电镜的信息载体为电子,且电子波的波长可随加速电压的增加而显著减小,从表 5-1 可知,在加速电压为 100~200 kV 时,电子波的波长仅为可见光波长的 10^{-5},因此透射电镜的分辨率要比光学显微镜高出 5 个量级。

5.2 电子与固体物质的作用

当一束聚焦的电子沿一定方向入射到固体样品时,入射电子必然受到样品物质原子的库仑场作用,运动电子与物质发生强烈作用,并从相互作用的区域中发出多种与样品结构、形貌、成分等有关的物理信息,通过检测这些相关信息,就可分析样品的表面形貌、微区的成分和结构。透射电镜、扫描电镜、电子探针等,就是分别利用电子束与样品作用后产生的透射电子、二次电子、特征 X 射线所携带的物理信息进行工作的。电子与固体物质的作用包括:入射电子的散射、入射电子对固体的激发和受激发的粒子在固体中的传播等。

5.2.1 电子散射

电子散射是指电子束受固体物质作用后,物质原子的库仑场使其运动方向发生改变的现象。根据发生散射前后电子的能量是否变化,电子散射又分为弹性散射和非弹性散射。电子能量不变的散射称为弹性散射,电子能量减小的散射称为非弹性散射。弹性散射仅仅改变了电子的运动方向,而没有改变电子的波长。而非弹性散射不仅改变了电子的运动方向,同时还导致了电子波长的增加。根据电子的波动特性,还可将电子散射分为相干散射和非相干散射。相干散射的电子在散射后波长不变,并与入射电子有确定的位相关系,而非相干散射的电子与入射电子无确定的位相关系。

电子散射源自物质原子的库仑场,这不同于光子在物质中的散射。而原子由原子核和核外电子两部分组成,这样物质原子对电子的散射可以看成是原子核和核外电子的库仑场分别对入射电子的散射,由于原子核由质子和中子组成,每一个质子的质量为电子的1 836倍,因此原子核的质量远远大于电子的质量,这样原子核和核外电子对入射电子的散射就具有不同的特征。

1) 弹性散射

当入射电子与原子核的作用为主要过程时,入射电子在散射前后的最大能量损失 ΔE_{max} 可通过动量和能量守恒定理推导得

$$\Delta E_{\max} = 2.17 \times 10^{-3}\, \frac{E_0}{A} \sin^2\theta \qquad (5-6)$$

式中：$\Delta E_{\max}$——电子散射前后的最大能量损失；

$\qquad A$——原子的质量数（质子数和中子数之和）；

$\qquad \theta$——散射半角，散射角(2θ)为散射方向与入射方向的夹角，当散射角小于 $90°$ 时，称为前散射，大于 $90°$ 时为背散射；

$\qquad E_0$——入射电子的能量。

显然，电子散射后的能量损失主要取决于散射角的大小，以 $100\ \text{keV}$ 的电子为例，当散射角 $\theta < 5°$ 即发生小角度散射时，$\Delta E_{\max}$ 在 $10^{-3} \sim 10^{-1}\ \text{eV}$ 之间；背散射($\theta \approx \pi/2$)时，$\Delta E_{\max}$ 可达数个 eV。而入射电子的能量高达 $100 \sim 200\ \text{keV}$，散射电子的能量损失相比于入射时的能量可以忽略不计，因此原子核对入射电子的散射可以看成是弹性散射。

2）非弹性散射

当入射电子与核外电子的作用为主要过程时，由于两者的质量相同，发生散射作用时，入射电子将其部分能量转移给了原子的核外电子，使核外电子的分布结构发生了变化，引发多种如特征 X 射线、二次电子等激发现象。这种激发是由于入射电子的作用而产生的，故又称之为电子激发。电子激发属于一种非电磁辐射激发，它不同于电磁辐射激发如光电效应等。入射电子被散射后其能量将显著减小，是一种非弹性散射。

3）散射的表征：散射截面

当入射电子被一孤立原子核散射时，如图 5-1(a)所示，散射的程度通常用散射角来表征，散射角 2θ 主要取决于原子核的电荷 Ze、电子的入射方向与原子核的距离 r_n、入射电子的加速电压 U 等因素，其关系为

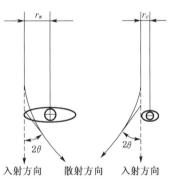

(a) 原子核的散射　　(b) 核外电子的散射

图 5-1　电子散射示意图

$$2\theta = \frac{Ze}{Ur_n} \quad \text{或} \quad r_n = \frac{Ze}{U(2\theta)} \qquad (5-7)$$

可见，对于一定的入射电子(U 一定) 和原子核(Ze 一定) 时，电子的散射程度主要决定于 r_n，r_n 愈小，核对电子的散射作用就愈大。凡入射电子作用在以核为中心，r_n 为半径的圆周之内时，其散射角均大于 2θ。我们通常用 πr_n^2(以核为中心、r_n 为半径的圆面积) 来衡量一个孤立原子核把入射电子散射到 2θ 角度以外的能力，由于原子核的散射一般为弹性散射，因此该面积又称为孤立原子核的弹性散射截面，用 σ_n 表示。

同理，当入射电子与一个孤立的核外电子作用时，其散射角与 U、e、r_e 的关系为

$$2\theta = \frac{e}{Ur_e} \quad \text{或} \quad r_e = \frac{e}{U(2\theta)} \qquad (5-8)$$

式中：r_e——电子的入射方向与核外电子的距离。

同样，我们用 πr_e^2 来衡量一个孤立的核外电子对入射电子散射到 2θ 角度以外的能力，并称之为孤立核外电子的散射截面，由于核外电子的散射是非弹性的，故又称之为非弹性散射截面，用 σ_e 表示。

一个孤立原子的总的散射截面为原子核的弹性散射截面 σ_n 和所有核外电子的非弹性散射截面 $Z\sigma_e$ 的和：

$$\sigma = \sigma_n + Z\sigma_e \tag{5-9}$$

其中弹性散射截面与非弹性散射截面的比值为

$$\frac{\sigma_n}{Z\sigma_e} = \frac{\pi r_n^2}{Z\pi r_e^2} = \frac{\pi\left(\dfrac{Ze}{U(2\theta)}\right)^2}{Z\pi\left(\dfrac{e}{U(2\theta)}\right)^2} = Z \tag{5-10}$$

显然同一条件下，一个孤立原子核的散射能力是其核外电子的 Z 倍。因此在一个孤立原子中，弹性散射所占份额为 $\dfrac{Z}{1+Z}$；非弹性散射所占份额为 $\dfrac{1}{1+Z}$。由此可见，随着原子序数 Z 的增加，弹性散射的比重增加，非弹性散射的比重减小。因此作用物质的元素愈轻，电子散射中非弹性散射比例就愈大，而重元素时主要是弹性散射了。

4）电子吸收

电子的吸收是指入射电子与物质作用后，能量逐渐减少的现象。电子吸收是非弹性散射引起的，由于库仑场的作用，电子被吸收的速度远高于 X 射线。不同的物质对电子的吸收也不同，入射电子的能量愈高，其在物质中沿入射方向所能传播的距离就愈大。电子吸收决定了入射电子在物质中的传播路程，即限制了电子与物质发生作用的范围。

5.2.2 电子与固体作用时激发的信息

入射电子束与物质作用后，产生弹性散射和非弹性散射，弹性散射仅改变电子的运动方向，不改变其能量，而非弹性散射不仅改变电子的运动方向，还使电子的能量减小，发生电子吸收现象，电子束中的所有电子与物质发生散射后，有的因物质吸收而消失，有的改变方向溢出表面，有的则因非弹性散射，将能量传递给核外电子，引发多种电子激发现象，产生一系列物理信息，如二次电子、俄歇电子、特征 X 射线等，见图 5-2。入射电子在物质中的作用因电子散射和吸收被限制在一定的范围内。该作用区的大小和形状主要取决于入射电子的能量、作用区内物质元素的原子序数以及样品的倾角等，其中电子束的能量主要决定了作用区域的大小。不难理解，入射电子能量大时，作用区域的尺寸就大，反之则小，且基本不改变其作用区的形状。而原子序数则决定了作用区的形状，原子序数低时，作用区为液滴状，见图 5-3，原子序数高时则为下半球状。

1）二次电子

在电子束与样品物质发生作用时，非弹性散射使原子核外的电子可能获得高于其电离的能量，挣脱原子核的束缚，变成了自由电子，那些在样品表层（$5\sim10$ nm），且能量高于材料逸出功的自由电子可能从样品表面逸出，成为真空中的自由电子，称之为二次电子，其强度用 I_S 表示。二次电子的能量较小，一般小于 50 eV，多为 $2\sim5$ eV。二次电子除了取样深度浅和能量较小外，还有以下特点：

（1）对样品表面形貌敏感

由于二次电子的产额 δ_{SE}（二次电子的电流强度与入射电子的电流强度之比）与入射电

子束相对于样品表面的入射角 θ(入射方向与样品表面法线的夹角)存在以下关系:$\delta_{SE} \propto 1/\cos\theta$,表面形貌愈尖锐,其产额就愈高,因此它常用于表面的形貌分析。但二次电子的产额与样品的原子序数没有明显的相关性,对表面的成分非常不敏感,不能用于成分分析。

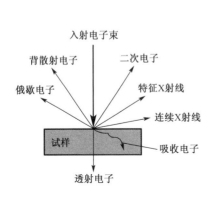

图 5-2　电子束与物质作用时产生的物理信息

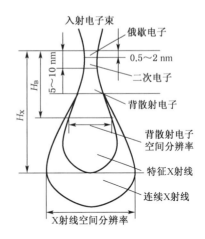

图 5-3　轻元素的各种物理信息产生区域示意图

(2) 空间分辨率高

由于二次电子产生的深度浅,此时的入射电子束还未有明显的侧向扩散,该信号反映的是与入射束直径相当、很小体积范围内的形貌特征,故具有高的空间分辨率。空间分辨率的大小一般与该信号的作用体积相当。目前,扫描电镜中二次电子像的空间分辨率在 3～6 nm,透射扫描电镜中可达 2～3 nm。

(3) 收集效率高

二次电子产生于样品的表层,能量很小,易受外电场的作用,只需在监测器上加一个5～10 kV 的电压,就可使样品上方的绝大部分的二次电子进入检测器,因此二次电子具有较高的收集效率。

2) 背散射电子

背散射电子是指入射电子作用样品后被反射回来的部分入射电子,其强度用 I_B 表示。背散射电子由弹性背散射电子和非弹性背散射电子两部分组成。弹性背散射电子是指从样品表面直接反射回来的入射电子,其能量基本未变;非弹性散射电子是指入射电子进入样品后,由于散射作用,其运行轨迹发生了变化,当散射角累计超过 $90°$,并能克服样品表面逸出功,又重返样品表面的入射电子。这部分背散射电子由于经历了多次散射,故其能量分布较宽,可从几个电子伏到接近入射电子的能量。但电子显微分析中所使用的主要是弹性背散射电子以及能量接近于入射电子能量的那部分非弹性背散射电子。背散射电子具有以下特点:

(1) 产额 η_{BSE} 对样品的原子序数敏感

电子散射与样品的原子序数密切相关,因此,背散射电子的产额(背散射电子的电流强度与入射电子的电流强度之比)随原子序数 Z 增加而单调上升,在低原子序数时尤为明显,但与入射电子的能量关系不大。因此背散射电子常用于样品的成分分析。

(2) 产额 η_{BSE} 对样品形貌敏感

当电子的入射角(入射方向与样品表面法线的夹角)增加时,入射电子在近表面传播的趋势增加,因而发生背散射的概率上升,背散射电子的产额增加,反之减小。一般在入射角小于 30°时,随着入射角的增加,背散射电子的产额增加不明显,但当入射角大于 30°时,背散射电子的产额显著增加,在高入射角时,所有元素的产额又趋于相同。

（3）空间分辨率低

由于背散射电子的能量与入射电子的能量相当,从样品上方收集到的背散射电子可能来自样品内较大的区域,因而这种信息成像的空间分辨率低,空间分辨率一般只有 50～200 nm。

（4）信号收集效率低

由于背散射电子的能量高,受外电场的作用就小,检测器只能收集到一定方向上且较小体积角范围内的背散射电子,所以,收集效率低。为此常采用环形半导体检测器来提高收集效率。

3）吸收电子

是指入射电子中进入样品后,经多次散射能量耗尽,既无力穿透样品,又无力逸出样品表面的那部分入射电子。其大小用电流强度 I_A 表示。

当样品较厚时,入射电子无力穿透样品,此时由物质不灭定律可得,入射电子束的电流 I_0 应为二次电子、背散射电子和吸收电子的电流强度之和,即:

$$I_0 = I_S + I_B + I_A \tag{5-11}$$

则
$$I_A = I_0 - (I_S + I_B) \tag{5-12}$$

由此可知,吸收电子与二次电子和背散射电子在数量上存在互补关系。原子序数增加时,背散射电子增加,则吸收电子减少。同理,吸收电子像与二次电子像和背散射电子像的反差也是互补的。吸收电子的空间分辨率一般为 100～1 000 nm。

4）透射电子

当入射电子的有效穿透深度大于样品厚度时,就有部分入射电子穿过样品形成透射电子,其电流强度表示为 I_T。显然,上述电子信号之间存在以下关系:$I_0 = I_S + I_B + I_A + I_T$。该信号反映了样品中电子束作用区域内的厚度、成分和结构,透射电子显微镜就是利用该信号进行分析的。

5）特征 X 射线

X 射线的产生原理同于 2.2.1,是样品中原子的内层电子受入射电子的激发而电离,留出空位,原子处于激发状态,外层高能级的电子回跃填补空位,并以 X 射线的形式辐射多余的能量,X 射线的能量是高能电子回跃前后的能级差,由莫塞莱定理可知该能级差仅与原子序数有关,即 X 射线能量与产生该辐射的元素相对应,故该 X 射线称为特征 X 射线。从样品上方检测出特征 X 射线的波长或能量,即可知道样品中所含的元素种类。当检测出的 X 射线的波长或能量有多种,则表明样品中含有多种元素。因此,特征 X 射线可用于微区成分分析,电子探针就是利用样品上方收集到的特征 X 射线进行分析的。

6）俄歇电子

俄歇电子的产生过程类似于 X 射线,同样是在入射电子将样品原子的内层电子激发形成空位后,外层高能电子回迁,但此时多余的能量不是以特征 X 射线的形式辐射,而是转移给了同层上的另一高能电子,该电子获得能量后发生电离,逸出样品表面形成二次电子,这种形式的二次电子称为俄歇电子。

俄歇电子具有以下特点：

（1）特征能量。俄歇电子的能量决定于原子壳层的能级，因而具有特征值。

（2）能量极低，一般为 $50\sim1\,500$ eV。

（3）产生深度浅。只有表层的 $2\sim3$ 个原子层，即表层 1 nm 以内范围，超出该范围时所产生的俄歇电子因非弹性散射，逸出表面后不再具有特征能量。

（4）产额随原子序数的增加而减少。

因此它特别适合于轻元素样品的表面成分分析。俄歇能谱仪就是靠俄歇电子这一信号进行分析的。

需要指出的是，X 射线和俄歇电子是样品原子的内层电子被入射电子击出处于激发态后，外层电子回迁释放能量的两种结果，对于一个样品原子而言，两者只具其一，而对大量样品原子则由于随机性，两者可同时出现，只是出现的概率不同而已。

7）阴极荧光

当固体是半导体（本征或掺杂型）以及有机荧光体时，电子束作用后将在固体中产生电子-空穴对，而电子-空穴对可以通过杂质原子的能级复合而发光，称该现象为阴极荧光。所发光的波长一般在可见光～红外光之间。阴极荧光产生的物理过程与固体的种类有关，并对固体中的杂质和缺陷的特征十分敏感，因此阴极荧光可用于鉴定物相、杂质和缺陷的分布。

8）等离子体振荡

金属晶体本身就是一种等离子体，呈电中性。它由离子实和价电子组成，离子实处于晶体点阵的平衡位置，并绕其平衡位置作晶格振动，而价电子则形成电子云弥散分布在点阵中。当电子束作用于金属晶体时，电子束四周的电中性被破坏，电子受排斥，并沿着垂直于电子束方向作径向离心运动，从而破坏了晶体的电中性，结果在电子束附近形成正电荷区，较远区形成负电荷区，正负吸引的作用又使电子云作径向向心运动，如此不断重复，造成电子云的集体振荡，这种现象称之为等离子体振荡。等离子体振荡的能量是量子化的，因此入射电子的能量损失具有一定的特征值，并随样品的成分不同而变化。如果入射电子在引起等离子体振荡后能逸出表面，则称这种电子为特征能量损失电子。若利用该信号进行样品成分分析的，称为能量分析电子显微技术；若利用该信号进行成像分析的，则称为能量选择电子显微技术。两种技术均已在透射电子显微镜中得到应用。

除了以上各种信号外，电子束与固体作用还会产生电子感生电导、电声效应等信号。电子感生电导是电子束作用半导体产生电子-空穴对后，在外电场的作用下产生附加电导的现象。电子感生电导主要用于测量半导体中少数载流子的扩散长度和寿命。电声效应是指当入射电子为脉冲电子时，作用样品后将产生周期性衰减声波的现象，电声效应可用于成像分析。

电子与固体物质作用后产生了一系列的物理信号，由此产生了多种不同的电子显微分析方法，常见的如表 5-2 所示。

表 5-2　物理信息及其对应的电子显微分析分法

物理信息	方	法
二次电子	SEM	扫描电子显微镜
弹性散射电子	LEED RHEED TEM	低能电子衍射 反射式高能电子衍射 透射电子衍射
非弹性散射电子	EELS	电子能量损失谱
俄歇电子	AES	俄歇电子能谱
特征 X 射线	WDS EDS	波谱 能谱
X 射线的吸收	XRF CL	X 射线荧光 阴极荧光
离子、原子	ESD	电子受激解吸

5.3　电子衍射

电子衍射是指入射电子与晶体作用后,发生弹性散射的电子,由于其波动性,发生了相互干涉作用,在某些方向上得到加强,而在某些方向上则被削弱的现象。在相干散射增强的方向产生了电子衍射波(束)。根据能量的高低,电子衍射又分为低能电子衍射和高能电子衍射。低能电子衍射的电子能量较低,加速电压仅有 10～500 V,主要用于表面的结构分析;而高能电子衍射的电子能量高,加速电压一般在 100 kV 以上,透射电镜采用的就是高能电子束。电子衍射在材料科学中已得到广泛应用,主要用于材料的物相和结构分析、晶体位向的确定和晶体缺陷及其晶体学特征的表征等三个方面。

5.3.1　电子衍射与 X 射线衍射的异同点

电子衍射的原理与 X 射线的衍射原理基本相似,根据与电子束作用单元的尺寸不同,可分为原子对电子束的散射、单胞对电子束的散射和单晶体对电子束的散射 3 种。原子对电子束的散射又包括原子核和核外电子两部分的散射,这不同于原子对 X 射线的散射,因为原子中仅核外电子对 X 射线产生散射,而原子核对 X 射线的散射反比于自身质量的平方,相比于电子散射就可忽略不计了,同时也表明了原子对电子的散射强度远高于原子对 X 射线的散射强度;单胞对电子束的散射也可以看成若干个原子对电子散射的合成,也有一个重要参数——结构因子 F_{HKL}^2,$F_{HKL}^2 = 0$ 时出现消光现象,遵循与 X 射线衍射相同的消光规律;单晶体对电子束的散射也可看成是三维方向规则排列的单胞对电子散射的合成,通过类似于 X 射线散射过程的推导,获得重要参数——干涉函数 G^2,并通过干涉函数的讨论,倒易阵点也发生类似于 X 射线衍射中发生的点阵扩展,扩展形态和大小取决于被观察试样的形状尺寸,但由于电子波有其本身的特性,两者存在以下区别:

1)电子波的波长短

通常加速电压为 100～200 kV,电子波的波长一般在 0.002 51～0.003 70 nm,而用于衍射分析的一般为软 X 射线,其波长在 0.05～0.25 nm 范围,因此电子波长远小于 X 射线。

同等衍射条件下,它的衍射半角 θ 很小,一般在 $10^{-3}\sim10^{-2}$ rad 左右,衍射束集中在前方,而 X 射线的衍射半角 θ 最大可以接近 $\frac{\pi}{2}$。

2) 反射球的半径大

由于厄瓦尔德球的半径为电子波长的倒数,因此在衍射半角 θ 较小的范围内,反射球的球面可以看成是平面,衍射图谱可视为倒易点阵的二维阵面在荧光屏上的投影,从而使晶体几何关系的研究变得简单方便,这为晶体的结构分析带来很大方便。

3) 散射强度高

物质对电子的散射比对 X 射线的散射强约 10^6 倍,电子在样品中的穿透距离有限,电子衍射适合研究微晶、表面、薄膜的晶体结构;由于电子衍射束的强度高,摄像时曝光时间短,仅数秒钟即可,而 X 射线则需一个小时以上,甚至数个小时。

4) 微区结构和形貌可同步分析

电子衍射不仅可以进行微区结构分析,还可进行形貌观察,而 X 射线衍射却无法进行形貌分析。

5) 采用薄晶样品

薄晶样品的倒易点阵为沿厚度方向的倒易杆,大大增加了反射球与倒易杆相截的机会,即使偏离布拉格方程的电子束也可能发生衍射。

6) 衍射斑点位置精度低

由于衍射角小,测量衍射斑点的位置精度远比 X 射线低,因此不宜用于精确测定点阵常数。

7) 相干散射的作用对象不同于 X 射线

X 射线的衍射是指 X 光子作用束缚紧的内层电子,能量全部转移给电子使之原位振动产生振动波,该波的波长与 X 光子的波长相等,X 射线束产生多个波长相同的振动波源,不同振动波之间由于波长相同,在一定条件下满足光程差为波长的整数倍,从而产生干涉现象即相干散射或衍射。此时 X 光子与电子的作用没有能量损耗可以看成是弹性散射。电子的衍射是指电子作用于原子核发生弹性散射,不同电子波之间由于波长相同,在一定条件下满足波程差为波长的整数倍时产生干涉现象即相干散射或衍射。

5.3.2 电子衍射的方向——布拉格方程

与 X 射线的衍射一样,电子衍射也有衍射的方向和强度,但由于电子衍射束的强度一般较强,衍射的目的是进行微区的结构分析,因此需要的是衍射斑点或衍射线的位置,而不是强度,因此电子衍射中主要分析的是其方向问题。而衍射强度在 X 射线的衍射分析中则起着非常重要的作用。

电子衍射方向与 X 射线一样,同样决定于布拉格方程:

$$2d_{hkl}\sin\theta = \lambda \tag{5-13}$$

因为

$$\sin\theta = \frac{\lambda}{2d_{hkl}} \leqslant 1 \tag{5-14}$$

$$\lambda \leqslant 2d_{hkl} \tag{5-15}$$

可见,当电子波的波长小于两倍晶面间距时,才能发生衍射。常见晶体的晶面间距都在 $0.2 \sim 0.4$ nm 之间,电子波的波长一般在 $0.002\ 51 \sim 0.003\ 70$ nm,因此电子束在晶体中产生衍射是不成问题的。且其衍射半角 θ 极小,一般在 $10^{-3} \sim 10^{-2}$ rad 之间。

5.3.3　电子衍射的厄瓦尔德图解

与 X 射线中的厄瓦尔德图解一样,电子衍射的厄瓦尔德图解也可以由布拉格方程推演而来。将式(5-14)改写为

$$\sin \theta = \frac{\dfrac{1}{d_{hkl}}}{2 \times \dfrac{1}{\lambda}} \tag{5-16}$$

这样构筑直角三角形 PO^*G,如图 5-4 所示,并将斜边垂直向下,以斜边长为直径作圆,考虑全方位衍射时即为厄瓦尔德球。

图 5-4 中:P 为电子源,球心 O 为晶体的位置,PO 为电子束的入射方向,OG 为电子束的衍射方向,OO^* 为电子束的透射束方向,O^* 点和 G 点分别为透射束和衍射束与球的交点,衍射晶面为 (hkl),其晶面间距为 d_{hkl},法线方向为 N_{hkl},$O^*G = \dfrac{1}{d_{hkl}}$,由几何知识可知 $\angle GOO^* = 2\theta$。

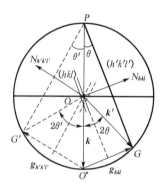

图 5-4　电子衍射的厄瓦尔德图解

令 $\overrightarrow{OO^*} = \boldsymbol{k}$,$k = 1/\lambda$,$\boldsymbol{k}$ 为入射矢量;

令 $\overrightarrow{OG} = \boldsymbol{k}'$,$k' = 1/\lambda$,$\boldsymbol{k}'$ 为衍射矢量;

令 $\overrightarrow{O^*G} = \boldsymbol{g}_{hkl}$,$g_{hkl} = \dfrac{1}{d_{hkl}}$,则 $\triangle OO^*G$ 构成矢量三角形,得

$$\boldsymbol{g}_{hkl} = \boldsymbol{k}' - \boldsymbol{k} \tag{5-17}$$

式(5-17)即为电子衍射矢量方程或布拉格方程的矢量式。不难理解式(5-17)与式(5-16)具有同等意义,电子衍射的厄瓦尔德图解,直观地反映了入射矢量、衍射矢量和衍射晶面之间的几何关系。

由图 5-4 可知,$\boldsymbol{g}_{hkl} \parallel \boldsymbol{N}_{hkl}$,$\boldsymbol{g}_{hkl} \perp (hkl)$,又因为 $g_{hkl} = \dfrac{1}{d_{hkl}}$,所以由倒易矢量的定义可知 $\boldsymbol{g}_{hkl}$ 为衍射晶面 (hkl) 的倒易矢量。O^* 即为倒易点阵的原点,G 为该衍射晶面所对应的倒易阵点,倒易阵点在球面上。

设在球上任意取一点 G',将 G' 与 O^* 和 P 相连构成直角三角形 $\triangle PG'O^*$,再连接 OG',同样导出布拉格方程的矢量式,此时的衍射晶面为 $(h'k'l')$,其对应的倒易矢量为 $\boldsymbol{g}_{h'k'l'}$。也就是说凡是倒易阵点在球面上的晶面,必然满足布拉格方程。反过来,凡满足布拉格方程的阵点必落在厄瓦尔德球上。厄瓦尔德球又称衍射球或反射球,一方面可以几何解释电子衍射的基本原理,另一方面也可用作衍射的判据。将厄瓦尔德球置于晶体的倒易点阵中,凡被球面

截到的阵点,其对应的晶面均满足布拉格衍射条件。由 O^* 与各被截阵点相连,即为各衍射晶面的倒易矢量,通过坐标变换,就可推测出各衍射晶面在正空间中的相对方位,从而了解晶体结构,这就是电子衍射要解决的主要问题。

5.3.4 电子衍射花样的形成原理及电子衍射的基本公式

电子衍射花样即为电子衍射的斑点在正空间中的投影,其本质上是零层倒易阵面上的阵点经过空间转换后并在正空间记录下来的图像。图 5-5 为电子衍射花样形成原理图。所测试样位于反射球的球心 O 处,电子束从 PO 方向入射,作用于晶体的某晶面 (hkl) 上,若该晶面恰好满足布拉格条件,则电子束将沿 OG 方向发生衍射并与反射球相交于 G。设入射矢量为 $\boldsymbol{k}$,衍射矢量为 $\boldsymbol{k}'$,倒易原点为 O^*,由几何关系可知 $\boldsymbol{g}_{hkl}$ 的大小为 (hkl) 晶面间距的倒数,方向与晶面 (hkl) 垂直,$\boldsymbol{g}_{hkl}$ 即为晶面 (hkl) 的倒易矢量,G 为衍射晶面 (hkl) 的倒易阵点。假设在试样下方 L 处,放置一张底片,就可让入射束和衍射束同时在底片上感光成像,如图 5-5(a),结果在底片上形成两个像点 O' 和 G'。实际上 O' 和 G' 也可以看成是倒易阵点 O^* 和 G,在以球心 O 为发光源的照射下,在底片上的投影。

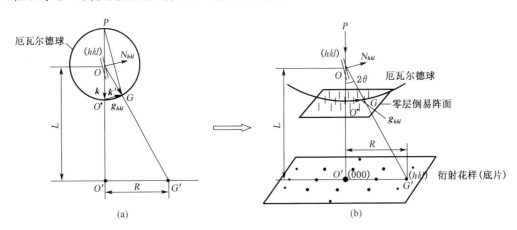

图 5-5 衍射花样的形成原理图

当晶体中有多个晶面同时满足衍射条件时,即球面上有多个倒易阵点,光源从 O 点出发,在底片上分别成像,从而形成以 O' 为中心,多个像点(斑点)分布四周的图谱,这就是该晶体的衍射花样谱,如图 5-5(b)。此时,O^* 和 G 点均是倒空间中的阵点,虚拟存在点,而底片上像点 G' 和 O' 则已经是正空间中的真实点了,这样反射球上的阵点通过投影转换到了正空间。

设底片上的斑点 G' 距中心点 O' 的距离为 R,底片距样品的距离为 L,由于衍射角很小,可以认为 $\boldsymbol{g}_{hkl} \perp \boldsymbol{k}$,这样 $\triangle OO^*G \backsim \triangle OO'G'$,因而存在以下关系:

$$\frac{R}{L} = \frac{g_{hkl}}{\dfrac{1}{\lambda}} \tag{5-18}$$

即

$$R = \lambda L g_{hkl} \tag{5-19}$$

令 $\overrightarrow{O'G'} = \boldsymbol{R}$ $\boldsymbol{R}$ 为透射斑点 O' 到衍射斑点 G' 的连接矢量,显然 $\boldsymbol{R} \parallel \boldsymbol{g}_{hkl}$。

令 $K = L\lambda$，所以

$$\boldsymbol{R} = K\boldsymbol{g}_{hkl} \tag{5-20}$$

式(5-20)即为电子衍射的基本公式。式中 $K = L\lambda$ 称为相机常数，L 为相机长度。这样正倒空间就通过相机常数联系在一起了，即晶体中的微观结构可通过测定电子衍射花样(正空间)，经过相机常数 K 的转换，获得倒空间的相应参数，再由倒点阵的定义就可推测各衍射晶面之间的相对位向关系了。

5.3.5 零层倒易面及非零层倒易面

由电子衍射原理可知，衍射斑点为反射球上的倒易阵点在投影面上的投影，由于反射球的半径非常大，在衍射角范围内可视为平面，这样衍射斑点也可认为是过倒易原点的二维倒易面在底片上的投影。

如图5-6，设3个晶面 $(h_1k_1l_1)$、$(h_2k_2l_2)$、$(h_3k_3l_3)$ 为过同一晶带轴 $[uvw]$ 的晶带面，三个晶面对应的法向矢量分别为 $\boldsymbol{N}_{h_1k_1l_1}$、$\boldsymbol{N}_{h_2k_2l_2}$ 和 $\boldsymbol{N}_{h_3k_3l_3}$，晶带轴矢量为 $\boldsymbol{r} = u\boldsymbol{a} + v\boldsymbol{b} + w\boldsymbol{c}$；设 O^* 为倒空间中的原点，过原点分别作3个晶面的倒易矢量 $\boldsymbol{g}_{h_1k_1l_1}$、$\boldsymbol{g}_{h_2k_2l_2}$ 和 $\boldsymbol{g}_{h_3k_3l_3}$，由倒易矢量的定义可知这3个倒矢量共面，并同垂直于晶带轴。我们把垂直于晶带轴方向，并过倒易原点的倒易阵面称为零层倒易面，表示为 $(uvw)_0^*$。不难看出，零层倒易面上的各倒易矢量均与晶带轴矢量垂直，满足：

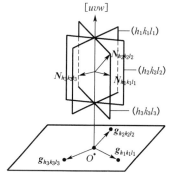

图 5-6 晶带及其倒易面

$$\boldsymbol{g}_{hkl} \cdot \boldsymbol{r} = 0 \tag{5-21}$$

即

$$\begin{cases} (h_1\boldsymbol{a}^* + k_1\boldsymbol{b}^* + l_1\boldsymbol{c}^*) \cdot (u\boldsymbol{a} + v\boldsymbol{b} + w\boldsymbol{c}) = 0 \\ (h_2\boldsymbol{a}^* + k_2\boldsymbol{b}^* + l_2\boldsymbol{c}^*) \cdot (u\boldsymbol{a} + v\boldsymbol{b} + w\boldsymbol{c}) = 0 \\ (h_3\boldsymbol{a}^* + k_3\boldsymbol{b}^* + l_3\boldsymbol{c}^*) \cdot (u\boldsymbol{a} + v\boldsymbol{b} + w\boldsymbol{c}) = 0 \end{cases} \tag{5-22}$$

得

$$h_1u + k_1v + l_1w = h_2u + k_2v + l_2w = h_3u + k_3v + l_3w = 0 \tag{5-23}$$

由此可见，零层倒易面上的所有阵点均满足：

$$hu + kv + lw = 0 \tag{5-24}$$

式(5-24)即为零层晶带定律。

非零层倒易阵面如第 N 层如图5-7，表示为 $(uvw)_N^*$，设 (HKL) 为该层上的一个阵点，则相应的倒易矢量 $\boldsymbol{g}_{HKL} = H\boldsymbol{a}^* + K\boldsymbol{b}^* + L\boldsymbol{c}^*$，因为 $\boldsymbol{r} = u\boldsymbol{a} + v\boldsymbol{b} + w\boldsymbol{c}$，所以

$$\boldsymbol{g}_{HKL} \cdot \boldsymbol{r} = (H\boldsymbol{a}^* + K\boldsymbol{b}^* + L\boldsymbol{c}^*) \cdot (u\boldsymbol{a} + v\boldsymbol{b} + w\boldsymbol{c})$$

$$= Hu + Kv + Lw \tag{5-25}$$

又因为 $\boldsymbol{g}_{HKL} \cdot \boldsymbol{r} = |\boldsymbol{g}| \cdot |\boldsymbol{r}| \cos\alpha = |\boldsymbol{g}| \cdot \cos\alpha \cdot |\boldsymbol{r}| = N \cdot \dfrac{1}{d_{uvw}} \cdot |\boldsymbol{r}| = N \cdot \dfrac{1}{d_{uvw}} \cdot d_{uvw}$

$$= N$$

或 $\boldsymbol{g}_{HKL} \cdot \boldsymbol{r} = |\boldsymbol{g}| \cdot |\boldsymbol{r}| \cos\alpha = |\boldsymbol{g} \cdot \cos\alpha \cdot \boldsymbol{r}| =$

$$N \cdot d_{uvw}^* \cdot \frac{1}{d_{uvw}^*} = N$$

所以

$$\boldsymbol{g}_{HKL} \cdot \boldsymbol{r} = N \qquad (5\text{-}26)$$

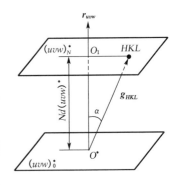

图 5-7 零层和非零层倒易面

式(5-26)为广义晶带定律,N 为整数,当 N 为正整数时,倒易层在零层倒易面的上方,当 N 为负整数时,则在零倒易层面的下方。

需要指出的是,晶体的倒易点阵是三维分布的,过倒易原点的二维阵面有无数个,只有垂直于电子束入射方向,并过倒易原点的那个二维阵面才是零层倒易面。电子衍射分析时,主要是以零层倒易面上的阵点为分析对象的,衍射斑点花样实际上是零层倒易面上的阵点在底片上的成像,也就是说一张衍射花样图谱,反映了与入射方向同向的晶带轴上各晶面之间的相对关系。

5.3.6 标准电子衍射花样

标准电子衍射花样是指零层倒易面上的阵点在底片上的成像。而零层倒易面上的阵点所对应的晶面属于同一晶带轴,因此一张底片上的花样反映的是同一晶带轴上各晶带面之间的相互关系。电子衍射与 X 射线衍射相同(见 X 射线部分),同样存在结构因子 F_{hkl}^2 为零的所谓消光现象,常见晶体的消光规律如下:

简单点阵:无消光现象,即只要满足布拉格方程的晶面均能发生衍射,产生衍射斑点。

底心点阵:$h+k =$ 奇数时,$F_{hkl}^2 = 0$。

面心点阵:hkl 奇偶混杂时,$F_{hkl}^2 = 0$。

  hkl 全奇全偶时,$F_{hkl}^2 \neq 0$。

体心点阵:$h+k+l =$ 奇数时,$F_{hkl}^2 = 0$。

  $h+k+l =$ 偶数时,$F_{hkl}^2 \neq 0$。

密排六方点阵:$h+2k = 3n$,$l =$ 奇数时,$F_{hkl}^2 = 0$。

需指出的是,①前 4 种结构中的消光是由点阵本身决定的,属于点阵消光,而第五种密排六方点阵的消光是由两个简单点阵套构所导致的,属于结构消光。点阵消光和结构消光合称系统消光。②在电子衍射中,满足布拉格方程仍然只是发生衍射的必要条件,不是充分条件。

标准电子衍射花样还可以通过作图法求得,即零层倒易阵面。具体步骤如下:

(1) 作出晶体的倒易点阵(可暂不考虑系统消光),定出倒易原点。

(2) 过倒易原点并垂直于电子束的入射方向,作平面与倒易点阵相截,保留截面上原点四周距离最近的若干阵点。

(3) 结合消光规律,除去截面上的消光阵点,该截面即为零层倒易阵面。各阵点指数即为标准电子衍射花样的指数。

必须注意的是,标准电子衍射花样是零层倒易阵面在底片上的投影或比例图像,阵点指数与衍射斑点指数相同。此外,零层倒易阵面不仅取决于晶体结构,还取决于电子束的入射方向。同一倒易点阵,不同的入射方向,则有不同的零层倒易阵面,也就有不同的标准电子衍射花样。

1) 体心立方点阵,晶带轴分别为[001]和[$\bar{1}$10],求其零层倒易阵点图

基本过程:作出正空间的体心立方点阵如图 5-8(a),标出晶带轴[001],其点阵矢量为 **a**、**b**、**c**;由正、倒空间基矢的关系,作出倒空间点阵如图 5-8(b),注意体心点阵的消光规律: $h+k+l=$ 奇数时,$F_{hkl}=0$,即指数的代数和为奇数时,该阵点不出现,得其倒空间的阵胞,此时倒易阵胞三维方向的单位矢量分别为 $2\boldsymbol{a}^*$、$2\boldsymbol{b}^*$ 和 $2\boldsymbol{c}^*$;零层倒易阵面的斑点及其斑点指数如图 5-8(c)所示,距中心原点最近的 8 个阵点转置后即为图 5-8(d)。

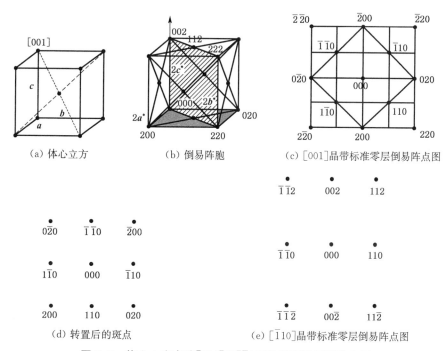

（d）转置后的斑点　　　　　　（e）[$\bar{1}$10]晶带标准零层倒易阵点图

图 5-8　体心立方点阵[001]和[$\bar{1}$10]晶带零层倒易阵点图

同理,当晶带轴为[$\bar{1}$10]时,作出过原点并垂直于[$\bar{1}$10]方向的零层倒易阵面,可得距中心最近的 8 个斑点转置后的图,如图 5-8(e)所示。

当晶体点阵为面心点阵时,见图 5-9(a),由倒易点阵的定义和面心点阵的消光规律(指数奇偶混杂时不出现),作出倒易点阵的阵胞,该阵胞为体心结构,三维方向的单位矢量分别为 $2\boldsymbol{a}^*$、$2\boldsymbol{b}^*$ 和 $2\boldsymbol{c}^*$,如图 5-9(b),当晶带轴方向分别为[001]和[$\bar{1}$10]时,其标准零层倒易阵点图分别为图 5-9(c)、5-9(d),图 5-9(d)转置后即为图 5-9(e)。

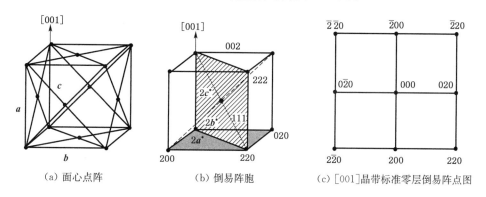

（a）面心点阵　　　　　　（b）倒易阵胞　　　　　　（c）[001]晶带标准零层倒易阵点图

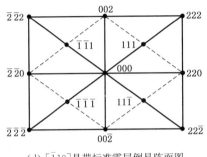

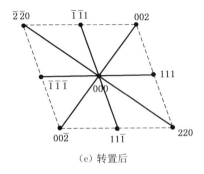

（d）[$\bar{1}$10]晶带标准零层倒易阵面图　　　　　（e）转置后

图 5-9　面心点阵中晶带轴为[001]和[$\bar{1}$10]时的零层倒易阵点图

2）绘出面心立方零层倒易面$(321)_0^*$

解法 1：

（1）试探：当$h_1=1$，$k_1=-1$，$l_1=-1$时，$3\times1+2\times(-1)+1\times(-1)=0$，即$(h_1k_1l_1)$为$(1\bar{1}\,\bar{1})$面合适，得第一个倒矢量$g_{1\bar{1}\bar{1}}$

（2）定$(h_2k_2l_2)$。设$g_{h_2k_2l_2}\perp g_{1\bar{1}\bar{1}}$，则

$$g_{h_2k_2l_2}\perp g_{321}\ 即\ 3h_2+2k_2+l_2=0 \tag{5-27}$$

$$g_{h_2k_2l_2}\perp g_{1\bar{1}\bar{1}}\ 即\ h_2-k_2-l_2=0 \tag{5-28}$$

由式(5-27)和(5-28)联立方程组，解之得其一组解：$h_2=1$，$k_2=-4$，$l_2=5$。由于$1\bar{4}5$为消光点，故放大为$2\bar{8}10$。

（3）作图

由晶面间距公式得倒矢量$g_{1\bar{1}\bar{1}}$和$g_{2\bar{8}10}$的长度分别为$\sqrt{3}$和$\sqrt{168}$，由于两者垂直，可由矢量合成法则及点阵消光规律依次得到其他各倒易点，如图 5-10 所示。

当合成的新矢量指数含有公约数时，该矢量方向上可能含有多个倒易点，由消光规律确定其存在的可能性。如本例中由矢量$g_{1\bar{1}\bar{1}}$和$g_{2\bar{8}10}$合成得到矢量$g_{3\bar{9}9}$时，因含有公约数，故该矢量方向上有两个倒易点$1\bar{3}3$和$2\bar{6}6$，由消光规律可知它们均不消光。

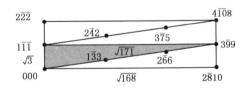

图 5-10　面心立方$(321)_0^*$的倒易面（解法 1）

注意：解法 1 存在不足：(1)试探法确定第一个倒易矢量，有时较困难；(2)第二个矢量通过解方程组求得，有不确定解；(3)不适用于非立方点阵。为此，作者依据倒易面指数的形成过程，进行逆向运算可方便求解，且该法同样适用于非立方结构。

解法 2：

（1）由倒易面指数 321 逆向推得三个面截距分别为$\frac{1}{3}$，$\frac{1}{2}$和 1，作出该截面，三顶点分别为$\frac{1}{3}$00，0$\frac{1}{2}$0 和 001，见图 5-11(a)。

（2）同时放大三截距 6 倍(3、2、1 的最小公倍数)，分别得 2，3 和 6，作出该倒易阵面，三个顶点指数分别为 200，030，006，见图 5-11(a)。

（3）平移该倒易阵面的任一顶点至倒易原点 O^*，如顶点 200 移至原点 O^*，另两顶点同步位移，分别为 $\overline{2}30$ 和 $\overline{2}06$，并计算三个边长，分别为 $\sqrt{13}$、$\sqrt{40}$ 和 $\sqrt{45}$。

（4）由三个边长、矢量合成法则及点阵消光规律可得其他各倒易阵点，见图 5-11(b)。结果与解法 1 相同。注意图中的 $2\overline{3}0$ 和 $\overline{2}30$ 均为消光点。

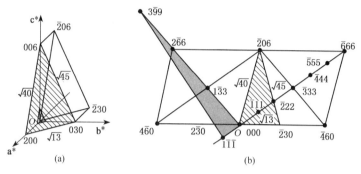

图 5-11　面心立方 $(321)_\circ^*$ 的倒易面(解法 2)

3）绘制六方结构中与 $[010]$ 方向垂直且过倒易点阵原点的标准电子衍射花样

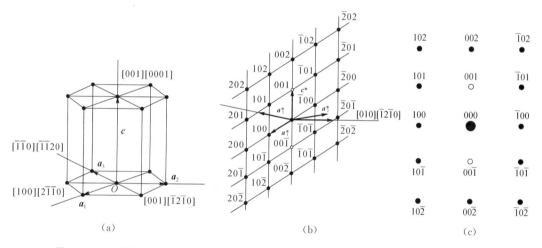

图 5-12　六方点阵阵胞(a)及 $[010]$ 方向垂直过倒阵原点的倒阵面斑点(b)及摆正图(c)

对于六方结构的作图，三指数、四指数通用，按三指数作图方便。由倒矢量单位的定义：$a^* = \dfrac{b \times c}{a \cdot (b \times c)}$；$b^* = \dfrac{c \times a}{b \cdot (c \times a)}$；$c^* = \dfrac{a \times b}{c \cdot (a \times b)}$ 可知 a^* 垂直于 b、c 所在面；b^* 垂直于 c、a 所在面；c^* 垂直于 a、b 所在面。同理在六方结构中基矢量：a_1、a_2 和 c，其中 a_1 与 a_2 夹角为 $120°$，倒阵空间的基矢量分别为：$a_1^* = \dfrac{a_2 \times c}{a_1 \cdot (a_2 \times c)}$；$a_2^* = \dfrac{c \times a_1}{a_2 \cdot (c \times a_1)}$；$c^* = \dfrac{a_1 \times a_2}{c \cdot (a_1 \times a_2)}$，可知 a_1^* 垂直于 a_2、c 所在面，a_2^* 垂直于 c、a_1 所在面，c^* 垂直于 a_1、a_2 所在面。因此，倒空间的 a_1^* 和 a_2^* 的矢量方向为正空间的 a_1 和 a_2 绕 c 转动 $30°$，而 c^* 与 c 轴平行。因此六方结构中，与 $[010]$ 方向垂直过倒阵原点的倒阵面的斑点指数作图过程如下：

（1）作出六方点阵阵胞图 5.12(a)，基矢量为 $\boldsymbol{a}_1$、$\boldsymbol{a}_2$、$\boldsymbol{c}$。

（2）由正倒空间基矢量之间的关系，算得倒空间的基矢量 $\boldsymbol{a}_1^* = \dfrac{\boldsymbol{a}_2 \times \boldsymbol{c}}{\boldsymbol{a}_1 \cdot (\boldsymbol{a}_2 \times \boldsymbol{c})}$；$\boldsymbol{a}_2^* = \dfrac{\boldsymbol{c} \times \boldsymbol{a}_1}{\boldsymbol{a}_2 \cdot (\boldsymbol{c} \times \boldsymbol{a}_1)}$；$\boldsymbol{c}^* = \dfrac{\boldsymbol{a}_1 \times \boldsymbol{a}_2}{\boldsymbol{c} \cdot (\boldsymbol{a}_1 \times \boldsymbol{a}_2)}$。

（3）作出倒阵空间基矢量 $\boldsymbol{a}_1^*$、$\boldsymbol{a}_2^*$ 和 $\boldsymbol{c}^*$，标出[010]方向见图 5.12(b)，作出其阵面 $\boldsymbol{a}_1^* - O^* - \boldsymbol{c}^*$，由六方点阵的消光规律 $h + 2k = 3n, l = 2n + 1$ 得 001 和 00$\bar{1}$ 阵点消光。[010]方向与倒阵面 $\boldsymbol{a}_1^* - O^* - \boldsymbol{c}^*$ 垂直。摆正即为图 5.12(c)。

5.3.7 偏移矢量

我们已经知道，当电子束的入射方向与某一晶带轴方向重合（对称入射）时，标准电子衍射花样就是该晶带轴的零层倒易面在底片上的成像。然而，尽管反射球的半径很大，但从几何意义上讲，零层倒易阵面上除了原点外不可能有其他阵点落在球面上，如图 5-13，也就是说从理论上讲标准电子衍射花样只能有一个中心斑点，没有任何其他晶面参与衍射。若要让某一晶面或多个晶面参与衍射，就得让一个或多个阵点落在反射球面上，为此就需稍稍转动晶体一个 θ 角（非对称入射），如图 5-14 所示。然而，事实上保持对称入射时，仍可获得多个晶带面参与衍射的标准电子衍射花样，如图 5-15 所示，这是由于倒易点阵的阵点发生了扩展，其扩展规律和原理可参考 X 射线衍射部分，倒易阵点扩展后的形状和尺寸取决于样品的形状和尺寸，且扩展方向总是样品尺寸相对较小的方向，扩展后的尺寸两倍于样品较小尺寸的倒数。而衍射中使用的样品一般是薄晶试样，其倒易阵点将扩展成垂直于薄晶试样方向的倒易杆，见图 5-16。电子入射时，反射球可以同时截到多个倒易杆，从而形成以倒易原点为中心，多个阵点绕其周围的零层倒易面。样品厚度愈薄，其倒易杆愈长，被反射球截的机会就愈大。由于沿倒易杆长度方向上各点的强度不同，其分布规律如图 5-17 所示，这样，反射球与倒易杆相截的位置不同，其衍射斑的亮度、大小和形状也就不同。倒易杆的总长为 $2/t$，只要反射球能与倒易杆相截就可产生衍射，出现衍射斑点，但此时的相截点已偏移了理论阵点（倒易杆中心），出现了一个偏移矢量 $\boldsymbol{s}$。矢量 $\boldsymbol{s}$ 的始点为倒易杆的中心，端点为球与倒易杆的截点。衍射角 2θ 也因此偏移了 $\Delta\theta$。$\Delta\theta$ 为正时，$\boldsymbol{s} > 0$，反之为负。精确符合布拉格条件时，$\Delta\theta = 0$，$\boldsymbol{s} = 0$。反射球与倒易杆相截的 3 种典型情况如图 5-18 所示。

若以图 5-18(a)方式入射时，即电子束的入射方向与晶带轴的方向一致（对称入射），此时 $\Delta\theta < 0$，$\boldsymbol{s} < 0$，衍射矢量方程为

$$\boldsymbol{k}' - \boldsymbol{k} = \boldsymbol{g} - \boldsymbol{s} \tag{5-29}$$

若以图 5-18(b)方式入射时，即电子束的入射方向与晶带轴的方向不一致（非对称入射），此时 $\Delta\theta = 0$，$\boldsymbol{s} = 0$，精确符合布拉格条件，此时衍射方程为

$$\boldsymbol{k}' - \boldsymbol{k} = \boldsymbol{g} \tag{5-30}$$

若以图 5-18(c)方式非对称入射时，此时 $\Delta\theta > 0$，$\boldsymbol{s} > 0$，此时的衍射方程为

$$\boldsymbol{k}' - \boldsymbol{k} = \boldsymbol{g} + \boldsymbol{s} \tag{5-31}$$

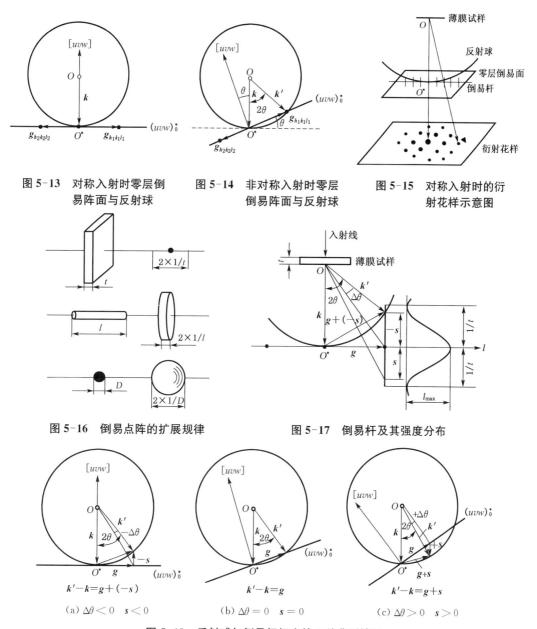

图 5-13　对称入射时零层倒
　　　　　易阵面与反射球

图 5-14　非对称入射时零层
　　　　　倒易阵面与反射球

图 5-15　对称入射时的衍
　　　　　射花样示意图

图 5-16　倒易点阵的扩展规律

图 5-17　倒易杆及其强度分布

(a) $\Delta\theta < 0$　$s < 0$

(b) $\Delta\theta = 0$　$s = 0$

(c) $\Delta\theta > 0$　$s > 0$

$k' - k = g + (-s)$

$k' - k = g$

$k' - k = g + s$

图 5-18　反射球与倒易杆相交的 3 种典型情况

偏移矢量 s 的变化范围为 $-\dfrac{1}{t} \sim \dfrac{1}{t}$，一旦超出范围，反射球就无法与倒易杆相截，衍射也就无从产生了。对称入射时，中心斑点四周各对称位置上的斑点形状、尺寸和强度（亮度）均相同。当零层倒易面的法线即晶带轴 $[uvw]$ 偏移入射方向，即样品发生偏转时，只要偏转引起的偏移矢量 s 在许可的范围内，仍能保证反射球与倒易杆相截产生衍射，但此时衍射斑点的形状、尺寸和大小等不再像对称入射时那样了，此时斑点的位置将发生微量变动，因变动量微小，通常也可忽略不计。

需注意以下几点：

169

（1）电子衍射采用薄晶样品，倒易阵点发生了扩展，倒易杆的长度为样品厚度倒数的两倍。样品愈薄，倒易杆的长度愈长，与反射球相截的机会就愈大，产生衍射的可能性就愈大。

（2）在样品较薄，倒易杆较长时，反射球可能同时与零层及非零层倒易杆相截，如图 5-19 所示，反射球与零层和第一层倒易杆同时相截，凡相截的倒易杆均可能成像，这样衍射花样成了零层和第一层倒易截面的混合像。实际上，非零层成像的斑点距中心较远，且亮度较暗，较容易区分开来。我们把非零层倒易阵点的成像称为高阶劳埃带。

（3）注意以下因素：①电子波长的波动，会使反射球的半径变化；②波长愈小，反射球的半径愈大，较小衍射角范围内时，反射球面愈接近于平面；③电子束本身具有一定的发散度等均会促进电子衍射的发生。

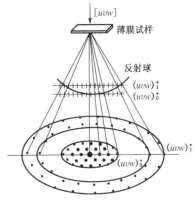

图 5-19　零层与非零层倒易截面同时成像

本 章 小 结

本章主要讨论了电子衍射的基本原理，它是透射电子显微镜的理论基础。与 X 射线衍射原理类似，也分为衍射方向和衍射强度两部分，衍射原理同样可用厄瓦尔德球进行图解，存在倒易阵点的扩展现象，但由于电子波长较 X 射线短得多，以及电子荷电等特点，两者又存在诸多不同点。本章内容小结如下：

光学显微镜的分辨率：$r_0 = \dfrac{0.61\lambda}{n\sin\alpha} \approx \dfrac{1}{2}\lambda$，可见光的极限分辨率约为 200 nm。

电子显微镜的分辨率：$\lambda = \dfrac{h}{\sqrt{2emU}}$，提高管压 U，可降低波长，提高分辨率。

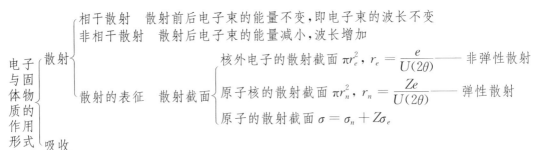

二次电子:产生于浅表层(5~10 nm),能量 $E<50$ eV,产额对形貌敏感,用于形貌分析,空间分辨率为 3~6 nm,是扫描电子显微镜的工作信号

背散射电子:产生于表层(0.1~1 μm),能量可达数千至数万 eV,产额与原子序数敏感,一般用于形貌和成分分析。空间分辨率为 50~200 nm

吸收电子:与二次电子和背散射电子互补,其空间分辨率为 100~1 000 nm

透射电子:穿出样品的电子,反映样品中电子束作用区域的结构、厚度和成分等信息,是透射电镜的工作信号

电子与固体物质作用激发的信息

特征 X 射线:具有特征能量,反映样品的成分信息,是电子探针的工作信号

俄歇电子:产生于表层(1 nm 以内),能量范围为 50~1 500 eV,用于样品表面成分分析,是俄歇能谱仪的工作信号

阴极荧光:波长在可见光~红外光之间,对固体物质中的杂质和缺陷十分敏感,用于鉴定样品中杂质和缺陷的分布情况

等离子体振荡:能量具有量子化特征,可用于分析样品表面的成分和形貌

电子衍射

电子衍射方向:布拉格方程 $2d\sin\theta = n\lambda$

电子衍射强度
原子的散射:原子对电子的散射因子远大于原子对 X 射线的散射因子
单胞的散射:结构因子 F_{HKL}^2,当 $F_{HKL}^2 \neq 0$ 时将产生衍射花样。$F_{HKL}^2 = 0$ 时系统消光,消光规律同 X 射线
单晶体的散射:干涉函数 G^2,倒易阵点扩展{倒易球,倒易面,倒易杆,倒易点}

厄瓦尔德球:电子衍射几何图解的有效工具。凡与厄瓦尔德球相截的倒易阵点均可能产生衍射

电子衍射基本公式:$\boldsymbol{R} = K\boldsymbol{g}_{hkl}$, $K = L\lambda$ 为相机常数。建立了正倒空间之间的关系,从而可在倒空间直接研究正空间中晶面之间的位向关系,分析晶体的微观结构

标准电子衍射花样:本质上是过倒易点阵原点与入射电子方向垂直的倒易阵面上的未消光阵点的比例投影

偏移矢量:是一个附加矢量,沿倒易杆方向,有正负之分。显然,倒易杆愈长,偏移布拉格衍射条件的允许范围就愈大,参与衍射的阵点就愈多,衍射花样的复杂性也就愈高

电子衍射与 X 射线衍射的区别

(1) 电子波的波长短,衍射半角 θ 小,一般在 10^{-3}~10^{-2} rad 左右,而 X 射线的衍射角最大可以接近 $90°$

(2) 反射球的半径大,θ 较小的范围内,反射球的球面可以看成是平面

(3) 衍射强度高。电子衍射强度一般比 X 射线的强约 10^6 倍,摄像曝光时间仅数秒钟即可,而 X 射线的则要一个小时以上,甚至数个小时

(4) 微区结构和形貌可同步分析,而 X 射线衍射无法进行微区形貌分析

(5) 采用薄晶样品。其倒易阵点扩展为沿厚度方向的倒易杆,使偏离布拉格方程的晶面也有可能发生衍射

(6) 难以精确测定点阵常数。由于衍射角小,测量衍射斑点的位置精度远比 X 射线低,很难精确测定点阵常数

思　考　题

5.1　电子衍射与 X 射线衍射的异同点?

5.2　电子与固体物质作用产生的物理信号有哪些? 各自的用途是什么?

5.3　原子对电子的散射与原子对 X 射线的散射有何差异?

5.4　为什么电子衍射的试样一般为薄膜试样?

5.5　电子衍射花样的本质是什么?

5.6　电子衍射中的厄瓦尔德球与 X 射线衍射中的厄瓦尔德球有何不同,对电子衍射产生怎样的影响?

5.7　推导电子衍射的基本公式,简述其作用。

5.8　结合厄瓦尔德球及布拉格方程简述倒易点阵建立的意义。

5.9　证明晶面(hkl) 对应的倒易矢量 $\boldsymbol{g}_{hkl}$ 可以表示为 $\boldsymbol{g}_{hkl} = h\boldsymbol{a}^* + k\boldsymbol{b}^* + l\boldsymbol{c}^*$。

5.10　分别绘出面心立方点阵和体心立方点阵的倒易点阵,设晶带轴指数为[100],标出其 $N = 1,0,-1$ 时的倒易阵面,绘出零层衍射斑点花样。当晶带轴指数为[111]时,其零层倒易阵面上的斑点花样又如何?

5.11　衍射斑点的形状取决于哪些因素? 为何中心斑点一般呈圆点且最亮?

5.12　电子束对称入射时,理论上仅有倒易点阵的原点在反射球上,除了中心斑点外,为何还可得到其他一系列斑点?

6 透射电子显微镜

6.1 工作原理

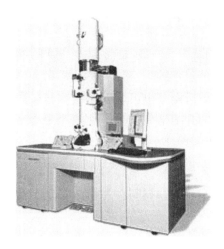

一、主要参数

1. 点分辨率:0.19 nm;
2. 线分辨率:0.14 nm;
3. 加速电压:80,100,120,160,200 kV;
4. 倾斜角:25°;
5. STEM 分辨率:0.20 nm。

二、性能特点

1. 高亮度场发射电子枪;
2. 束斑尺寸小于 0.5 nm;
3. 新式侧插测角台,更容易倾转、旋转、加热和冷冻,无机械飘移;
4. 稳定性好、操作简便;
5. 微处理器和 PC 两套系统控制,防止死机。

图 6-1　JEM-2100F 型透射电子显微镜

图 6-1 为 JEM-2100F 型透射电子显微镜的外观照片,镜体内是真空状态,它是在光学显微镜的基础上发展而来的,其工作原理与光学显微镜相似。图 6-2 分别为光学显微镜和电子显微镜的光路图。电子显微镜中由电子枪发射出来的电子,在阳极加速电压的作用下,经过聚光镜汇聚成电子束作用在样品上,透过样品后的电子束携带样品的结构和成分信息,经物镜、中间镜和投影镜的聚焦、放大等过程,最终在荧光屏上形成图像或衍射花样。电子显微镜不同于光学显微镜,两者存在以下几点区别:

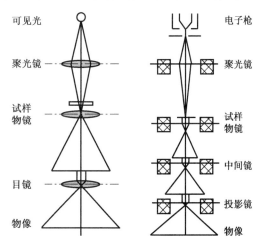

(a) 光学显微镜的光路图　(b) 透射电子显微镜的光路图

图 6-2　透射电子显微镜与光学显微镜的光路图

（1）透射电子显微镜的信息载体是透射电子束,而光学显微镜则为可见光;电子束的波长可通过调整加速电压获得所需值。

（2）透射电子显微镜的透镜是由线圈通电后形成的磁场构成,故名为电磁透镜,透镜焦距也可通过励磁电流来调节,而光学显微镜的透镜由玻璃或树脂制成,焦距固定无法调节。

（3）透射电子显微镜在物镜和投影镜之间增设了中间镜,用于调节放大倍数,或进行衍射操作。

（4）电子波长一般比可见光的波长低5个数量级，因而具有较高的图像分辨能力，并可同时分析材料微区的结构和形貌，而光学显微镜仅能分析材料微区的形貌。

（5）透射电子显微镜的成像必须在荧光屏上显示，而光学显微镜可在毛玻璃或白色屏幕上显示。

6.2 分辨率

分辨率是指成像物体上能分辨出来的两个物点间的最小距离。透射电子显微镜的分辨率远高于光学显微镜。

6.2.1 光学显微镜的分辨率

在光学显微镜中，由于光波的波动性，经透镜折射后发生相互干涉，会产生衍射效应，这样一个理想的物点，经透镜成像后，在像平面上形成的并不是一个点，而是一个中心最亮、周围环绕着明暗相间的同心圆环 Airy（埃利）斑，如图 6-3(a)所示。

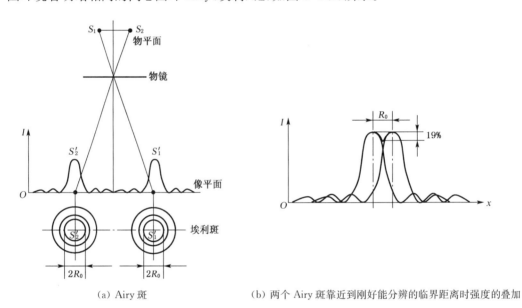

（a）Airy 斑 　　　　　　（b）两个 Airy 斑靠近到刚好能分辨的临界距离时强度的叠加

图 6-3　两个理想物点成像时形成的 Airy 斑

Airy 斑的强度大约 84% 集中于中心亮斑上，其大小一般以第一暗环的半径 R_0 来表征，由衍射理论推导得

$$R_0 = \frac{0.61\lambda}{n\sin\alpha}M \tag{6-1}$$

式中：λ——光波的波长；

　　　　α——透镜的孔径半角；

　　　　n——透镜物方介质折射率；

M——透镜放大倍率。

设样品上两个物点 S_1、S_2 经透镜成像后,在像平面上形成两个 Airy 斑,当两物点相距较远时,两 Airy 斑也各自分开,当两物点靠近时,两 Airy 斑也相互接近,直至发生部分重叠,如图 6-1(b)。当两斑的中心间距为 Airy 斑的半径 R_0 时,两 Airy 斑叠加后的峰谷强度比峰顶强度降低 19% 左右,此时仍能分辨出两个物点的像,如果两物点 S_1、S_2 进一步靠近时,其对应的两个 Airy 斑的间距小于 R_0 值,人眼就无法分清两个物点的像了。因此,R_0 为分清两像点的临界值。由 R_0 折算到物平面上时,两物点 S_1、S_2 的间距为

$$r_0 = \frac{R_0}{M} \tag{6-2}$$

即

$$r_0 = \frac{0.61\lambda}{n\sin\alpha} \tag{6-3}$$

r_0 通常定义为透镜分辨率,即透镜能分辨物平面上两物点的最小间距。透镜分辨率又称为透镜分辨本领。显然,透镜的分辨率取决于光波长、介质折射率及透镜的孔径半角。降低波长,提高 $n\sin\alpha$ 值有利于提高透镜的分辨率。对于光学显微镜,$n\sin\alpha$ 最大值约为 1.2($n=1.5$,$\alpha = 70° \sim 75°$),上式可简化为

$$r_0 \approx \frac{\lambda}{2} \tag{6-4}$$

上式说明光学显微镜的分辨率主要决定于照明光源的波长,半波长是光学显微镜分辨率的理论极限,可见光的波长为 $390 \sim 770$ nm,因此光学显微镜的极限分辨率为 200 nm($0.2\ \mu m$)左右。

一般情况下人眼的分辨率约为 0.2 mm,光学显微镜的分辨率为 $0.2\ \mu m$,因此光学显微镜的有效放大倍数约为 1 000 倍,虽然光学显微镜的放大倍数可以做得更高,但高出的部分,只是改善了人眼观察时的舒适度,对提高分辨率没有贡献。通常光学显微镜的最高放大倍数为 1 000~1 500 倍。

由式(6-4)还可以看出,降低照明光源的波长,就可提高显微镜的分辨率。可见光只是电磁波谱中的一小部分,比其波长短的还有紫外线、X 射线和 γ 射线,由于紫外线易被多数物质强烈吸收,而 X 射线和 γ 射线无法折射和聚焦,它们均不能成为显微镜的照明光源。

电子是一种实物粒子。运动的电子,同样具有波粒二象性,其波长在一定条件下可变得很小,电场和磁场均能使其发生折射和聚焦,从而实现成像,因此电子波是一种理想的照明光源。

6.2.2 透射电子显微镜的分辨率

透射电子显微镜的分辨率分为点分辨率和晶格分辨率两种。

1)点分辨率

点分辨率是指电镜刚能分辨出两个独立颗粒间的间隙。点分辨率的测定方法如下:

(1)制样。采用重金属(金、铂、铱等)在真空中加热使之蒸发,然后沉积在极薄的碳膜上,颗粒直径一般都在 0.5~1.0 nm 之间,控制得当时,颗粒在膜上的分布均匀,且不重叠,颗粒间隙在 0.2~1 nm 之间。

（2）拍片。将样品置入已知放大倍数为 M 的电子显微镜中成像拍照。

（3）测量间隙，计算点分辨率。用放大倍数为 5～10 倍的光学放大镜观察所拍照片，寻找并测量刚能分清时颗粒之间的最小间隙，该间隙值除以总的放大倍数，即为该电镜的点分辨率。

图 6-4(a) 为铂铱颗粒照片。图中颗粒间隙的最小值为 1 mm，光学放大镜和电镜的放大倍数分别为 10 倍和 100 000 倍，这样实际间隙为 1 nm，即该电镜的分辨率为 1 nm。

需要指出的是，应采用重金属为蒸发材料，其目的是重金属的密度大、熔点高、稳定性好，经蒸发沉积后形成的颗粒尺寸均匀、分散性好，成像反差大，图像质量高，便于观察和测量。此外还要已知电镜的放大倍数，才能测量电镜的点分辨率。

2）晶格分辨率

晶格分辨率（又称线分辨率）是让电子束作用于标准样品后形成的透射束和衍射束同时进入透射电镜的成像系统，因两电子束存在相位差，造成干涉，在像平面上形成反映晶面间距大小和晶面方向的干涉条纹像，在保证条纹清晰的前提条件下，最小晶面间距即为透射电镜的晶格分辨率，图像上的实测面间距与理论面间距的比值即为透射电镜的放大倍数。常用标准样如表 6-1 所示。

图 6-4(b) 为标准样金晶体，电子束分别平行入射衍射面(200)和(220)时的晶格条纹示意图。晶面(200)的面间距 $d_{200} = 0.204$ nm，与之成 45°的晶面(220)的面间距 $d_{220} = 0.144$ nm。

表 6-1 常用标准样

晶体材料	衍射晶面	晶面间距(nm)
铜酞青	(001)	1.260
铂酞青	(001)	1.194
亚氯铂酸钾	(001)	0.413
金	(100)	0.699
	(200)	0.204
	(220)	0.144
钯	(111)	0.224
	(200)	0.194
	(400)	0.097

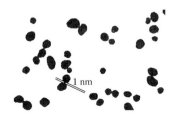

（a）点分辨率（真空镀金颗粒）

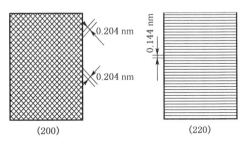

（b）晶格分辨率(200)和(220)的晶格条纹示意图

图 6-4 电镜分辨率的测定

需要注意以下几点：

（1）晶格分辨率本质上不同于点分辨率。点分辨率是由单电子束成像，与实际分辨能力的定义一致。晶格分辨率是双电子束的相位差所形成干涉条纹，反映的是晶面间距的比例放大像。

（2）晶格分辨率的测定采用标准试样，其晶面间距均为已知值，选用晶面间距不同的标准样分别进行测试，直至某一标准样的条纹像清晰为止，此时标准样的最小晶面间距即为晶格分辨率。因此晶格分辨率的测定较为繁琐，而点分辨率只需一个样品测定一次即可。

（3）同一透射电镜的晶格分辨率高于点分辨率。

（4）晶格分辨率的标准样制备比较复杂。

（5）晶格分辨率测定时无需已知透射电镜的放大倍数。

6.3 电磁透镜

电子波不同于光波,玻璃或树脂透镜无法改变电子波的传播方向,无法使之汇聚成像,但电场和磁场却可以使电子束发生汇聚或发散,达到成像的目的。1927 年,物理学家布施(H. Busch)成功地实现了电磁线圈对电子束的聚焦,为电镜的诞生奠定了基础。1931 年,德国科学家鲁斯卡(E. Ruska)等成功制成了世界上第一台透射电子显微镜。电磁透镜是透射电镜的核心部件,是区别于光学显微镜的显著标志之一。

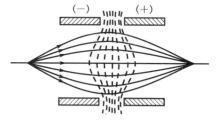

图 6-5   静电透镜原理图

6.3.1   静电透镜

两个电位不等的同轴圆筒就构成了一个最简单的静电透镜。图 6-5 为静电透镜的原理图,静电场方向由正极指向负极,静电场的等位面如图中的虚线所示。当电子束沿中心轴射入时,电子的运动轨迹为等位面的法线方向,使平行入射的电子束汇聚于中心光轴上,这就形成了最简单的静电透镜,透射电镜中的电子枪就属于这一类静电透镜(见§6.6)。

6.3.2   电磁透镜

通电的短线圈就构成了一个简单的电磁透镜,简称为磁透镜。图 6-6 为磁透镜的聚焦原理图。短线圈通电后,在线圈内形成图 6-6(a)的磁场,由于线圈较短,故中心轴上各点的磁场方向均在变化,但磁场为旋转对称磁场。当入射电子束沿平行于电磁透镜的中心轴以

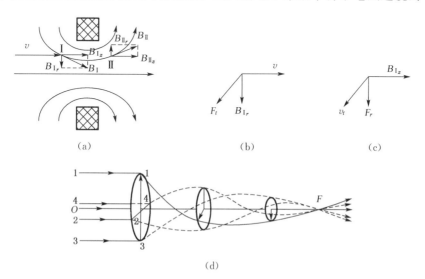

图 6-6   电磁透镜的聚集原理图

速度 v 入射至位置 I 处时，I 点的磁场强度 B_I（磁力线的切线方向）分解为沿电子束的运动方向的分量 B_{I_z} 和径向方向分量 B_{I_r}，电子束在 B_{I_r} 的作用下，受到垂直于 B_{I_r} 和 v 所在平面的洛伦兹力 F_t 的作用，见图 6-6(b)，使电子沿受力方向运动，获得运动速度 v_t，F_t 的作用使电子束围绕中心轴作圆周运动。又因为 v_t 方向垂直于轴向磁场 B_{I_z}，使电子束受到垂直于 v_t 和 B_{I_z} 所在平面的洛伦兹力 F_r 的作用，见图 6-6(c)，F_r 使电子束向中心轴靠拢，

综合 F_t 和 F_r 的共同作用以及入射时的初速度，电子束将沿中心方向螺旋汇聚，见图 6-6(d)。电子束在电磁透镜中的运行轨迹不同于静电透镜，是一种螺旋圆锥汇聚曲线，这样电磁透镜的成像与样品之间会产生一定角度的旋转。实际磁透镜是将线圈置于内环带有缝隙的软磁铁壳体中的，如图 6-7 所示。软磁铁可显著增强短线圈中的磁感应强度，缝隙可使磁场在该处更加集中，且缝隙愈小，集中程度愈高，

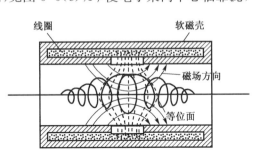

图 6-7　软磁铁为壳体的短线圈

该处的磁场强度就愈强。为了使线圈内的磁场强度进一步增强，还在线圈内加上一对极靴。极靴采用磁性材料制成，呈锥形环状，置于缝隙处，见图 6-8(a)。极靴可使电磁透镜的实际磁场强度将更有效地集中到缝隙四周仅几毫米的范围内，见图 6-8(b)。

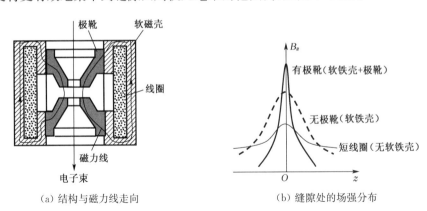

(a) 结构与磁力线走向　　　　　(b) 缝隙处的场强分布

图 6-8　带有极靴的磁透镜及场强分布

光学透镜成像时，物距 L_1、像距 L_2、焦距 f 三者满足以下成像条件：

$$\frac{1}{f} = \frac{1}{L_1} + \frac{1}{L_2} \tag{6-5}$$

光学透镜的焦距 f 无法改变，因此要满足成像条件，必须同时改变物距和像距。

电磁透镜成像时同样可以运用公式(6-5)，但电磁透镜的焦距 f 与多种因素有关，存在以下关系：

$$f \approx K \frac{U_r}{(IN)^2} \tag{6-6}$$

式中：K——常数；

　　　I——励磁电流；

N——线圈的匝数；

U_r——经过相对论修正过的加速电压；

IN——安匝数。

由此可见：①电磁透镜的成像可以通过改变励磁电流来改变焦距以满足成像条件；②电磁透镜的焦距总是正值，不存在负值，意味着电磁透镜没有凹透镜，全是凸透镜，即会聚透镜；③焦距 f 与加速电压成正比，即与电子速度有关，电子速度愈高，焦距愈长，因此为了减小焦距波动，以降低色差，需稳定加速电压。

6.4 电磁透镜的像差

电磁透镜的像差主要由内外两种因素导致，由电磁透镜的几何形状（内因）导致的像差称为几何像差，几何像差又包括球差和像散两种；而由电子束波长的稳定性（外因）决定的像差称色差（光的颜色决定于波长）。像差直接影响电磁透镜的分辨率，是电磁透镜的分辨率达不到理论极限值（波长之半）的根本原因。如常用的日立 H800 电镜，在加速电压为 200 kV 时，电子束波长达 0.002 51 nm，理论极限分辨率应为 0.001 2 nm 左右，实际上它的点分辨率仅为 0.45 nm，两者相差数百倍。因此，了解像差及其影响因素十分必要，下面简单介绍球差、像散和色差的产生原因及其补救方法。

6.4.1 球差

球差是由于电磁透镜的近轴区磁场和远轴区磁场对电子束的折射能力不同导致的。因短线圈的原因，线圈中的磁场分布在近轴处的径向分量小，而在远轴区的径向分量大，因而近轴区磁场对电子束的折射能力（改变电子束方向的能力）低于远轴区磁场对电子的折射能力，这样在光轴上形成远焦点 A 和近焦点 B。设 P 为光轴上的一物点，其像不是一个固定的点，见图 6-9，若使像平面沿光轴在远焦点 A 和近焦点 B 之间移动，则在像平面上形成了系列散焦斑，其中最小的散焦斑半径为 R_s，除以放大倍数 M 后即为物平面上成像体的尺寸 $2r_s$，其大小为 $2R_s/M$（M 为磁透镜的放大倍数）。这样，光轴上物点 P 经电磁透镜后本应在光轴上形成一个像点，但由于球差的原因却形成了等同于成像体 $2r_s$ 所形成的散焦斑。用 r_s 代表球差，其大小为

$$r_s = \frac{1}{4}C_s\alpha^3 \tag{6-7}$$

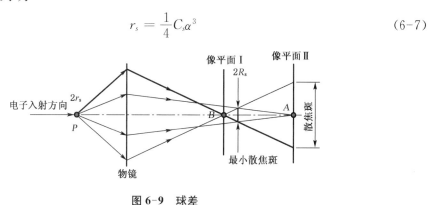

图 6-9 球差

式中：C_s——球差系数，一般为磁透镜的焦距，约 $1\sim3$ mm；

　　　α——孔径半角。

从该式可知，减小球差系数和孔径半角均可减小球差，特别是减小孔径半角，可显著减小球差。

6.4.2　像散

像散是由于形成透镜的磁场非旋转对称引起的。如极靴的内孔不圆、材质不匀、上下不对中以及极靴孔被污染等原因，造成了透镜磁场非旋转对称，呈椭圆形，椭圆磁场的长轴和短轴方向对电子束的折射率不一致，类似于球差也导致了电磁透镜形成远近两个焦点 A 和 B。这样光轴上的物点 P 经透镜成像后不是一个固定的像点，而是在远近焦点间所形成的系列散焦斑，如图 6-10 所示。设最小散焦斑的半径为 R_A，折算到物点 P 上时的成像体尺寸 $2r_A$ 为 $2R_A/M$（M 为磁透镜的放大倍数），这样散焦斑如同于 $2r_A$ 经透镜后所成的像，用 r_A 表示像散，其大小为

$$r_A = \Delta f_A \alpha \tag{6-8}$$

式中：Δf_A——透镜因椭圆度造成的焦距差；

　　　α——孔径半角。

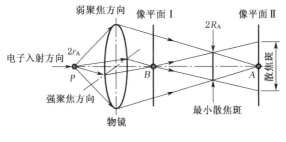

图 6-10　像散

可见，像散取决于磁场的椭圆度和孔径半角，而椭圆度是可以通过配置对称磁场来得到校正的，因此像散是可以基本消除的。

6.4.3　色差

色差是由于电子波长不稳定导致的。同一条件下，不同波长的电子聚焦在不同的位置，见图 6-11，当电子波长最大时，能量最小，被磁场折射的程度大，聚焦于近焦点 B；反之，当电子波长最小时，电子能量就最高，被折射的程度也就最小，聚焦于远焦点 A。这样，当电子波长在其最大值与最小值之间变化时，光轴上的物点 P 成像后将形成系列散焦斑，其中最小的散焦斑半径为 R_c，折算到成像体上的尺寸 $2r_c$ 为 $2R_c/M$，用 r_c 表示色散，其大小为

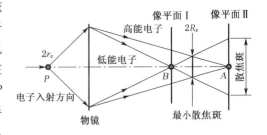

图 6-11　色差

$$r_c = C_c \alpha \left| \frac{\Delta E}{E} \right| \tag{6-9}$$

式中：C_c——色差系数；

α——孔径半角；

$\dfrac{\Delta E}{E}$——电子束的能量变化率。

能量变化率与加速电压的稳定性和电子穿过样品时发生的弹性散射有关，一般情况下，薄样品的弹性散射影响可以忽略，因此提高加速电压的稳定性可以有效地减小色差。

上述像差分析中，除了球差外，像散和色差均可通过适当的方法来减小甚至可基本消除它们对透镜分辨率的影响，因此，球差成了像差中影响分辨率的控制因素。球差与孔径半角的三次方成正比，减小孔径半角可有效地减小球差，但是孔径半角的减小却增加了埃利斑尺寸 r_0，降低透镜分辨率，因而孔径半角对透镜分辨率的影响具有双刃性，如何找到最佳的孔径半角呢？

在衍射效应中，分辨率与孔径半角的关系为 $r_0 = \dfrac{0.61\lambda}{n\sin\alpha}$，而在像差中，球差为控制因素，分辨率的大小近似为 $r_s = \dfrac{1}{4} C_s \alpha^3$，令 $r_0 = r_s$，得如下方程：

$$\frac{0.61\lambda}{n\sin\alpha} = \frac{1}{4} C_s \alpha^3 \tag{6-10}$$

因为在真空中，所以 $n = 1$，又因为透射电镜的孔径半角很小，一般仅有 $10^{-2} \sim 10^{-3}$ rad，故 $\sin\alpha \approx \alpha$。解方程（6-6）得

$$\alpha^4 = 2.44 \left(\frac{\lambda}{C_s} \right) \tag{6-11}$$

所以

$$\alpha = \sqrt[4]{2.44} \left(\frac{\lambda}{C_s} \right)^{\frac{1}{4}} = 1.25 \left(\frac{\lambda}{C_s} \right)^{\frac{1}{4}} \tag{6-12}$$

此 α 即为电磁透镜的最佳孔径半角，用 α_0 表示。

此时，电磁透镜的分辨率为

$$r_0 = \frac{1}{4} C_s \alpha_0^3 = \frac{1}{4} C_s 1.25^3 \left(\frac{\lambda}{C_s} \right)^{\frac{3}{4}} = 0.488 C_s^{\frac{1}{4}} \lambda^{\frac{1}{4}} \tag{6-13}$$

一般情况下，综合各种影响因素，电磁透镜的分辨率可统一表示为

$$r_0 = A C_s^{\frac{1}{4}} \lambda^{\frac{1}{4}} \tag{6-14}$$

其中 A 为常数，一般为 $0.4 \sim 0.55$。实际操作中，最佳孔径半角是通过选用不同孔径的光阑获得的。目前最高的电镜分辨率已达 0.1 nm 左右。

注意，光学显微镜的分辨率主要是由衍射效应决定的，而透射电镜的分辨率除了衍射效应外，还与像差有关，为衍射分辨率 r_0 和像差分辨率（球差 r_s，像散 r_A 和色差 r_c）中的最大值。

6.5 电磁透镜的景深与焦长

6.5.1 景深

景深是指像平面固定,在保证像清晰的前提下,物平面沿光轴可以前后移动的最大距离,如图 6-12(a)。理想情况下,即不考虑衍射和像差(球差、像散和色差)时,物点 P 位于光轴上的 O 点时,成像聚焦于像平面上一点 O',当物点 P 上移至 A 点时,则聚焦点也由 O' 移到了 A' 点,由于像平面不动,此时物点在像平面上的像就由点 O' 演变为半径为 R 的散焦斑。如果衍射效应是决定电磁透镜分辨率的控制因素,r_0、M 分别为透镜的分辨率和放大倍数,只要 $\dfrac{R}{M} \leqslant r_0$,像平面上的像就是清晰的。同理,当物点 P 沿轴向向下移动至 B 点时,其理论像点在 B' 点,在像平面上的像同样由点演变成半径为 R 的散焦斑,只要 $R \leqslant M \cdot r_0$,像就是清晰的,这样物点 P 在光轴

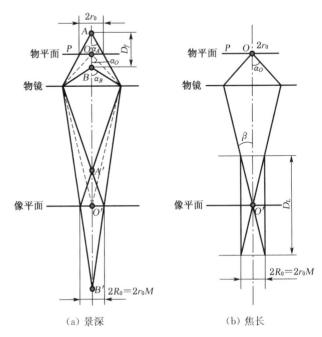

(a) 景深   (b) 焦长

图 6-12 电磁透镜的景深与焦长

上 A、B 两点范围内移动时,均能成清晰的像,A、B 两点的距离就是该透镜的景深。

由图 6-12(a)的几何关系可得景深的计算公式为

$$D_f = \frac{2r_0}{\tan \alpha} \approx \frac{2r_0}{\alpha} \tag{6-15}$$

式中:r_0——透镜的分辨率;

$\quad\quad \alpha$——孔径半角。

由于孔径半角很小,且 D_f 相对于物距小得多,因此,可以认为物点在 O、A、B 点时的孔径半角均相同,即 $\alpha_A = \alpha_B = \alpha_O = \alpha$。如果 $r_0 = 1\,\mathrm{nm}$,$\alpha = 10^{-2} \sim 10^{-3}\,\mathrm{rad}$ 时,$D_f = 200 \sim 2\,000\,\mathrm{nm}$,而透镜的样品厚度一般在 200 nm 左右,因此上述的景深范围可充分保证样品上各细微处的结构细节均能清晰可见。

6.5.2 焦长

焦长是指在样品固定(物平面不动),在保证像清晰的前提下,像平面可以沿光轴移动的最大距离范围,用 D_L 表示。

由图 6-12(b)所示,在不考虑衍射和像差(球差、像散和色差)的理想情况下,样品上某物点 O 经透镜后成像于 O'。当像平面轴向移动时,则在像平面上形成散焦斑,由 O' 向上移动时的散焦斑称为欠散焦斑,由 O' 向下移动时的散焦斑称为过散焦斑。假设透镜分辨率的控制因素为衍射效应,只要散焦斑的尺寸不大于 R_0,就可保证像是清晰的。

由图 6-12(b)的几何关系得

$$D_L = \frac{2r_0 M}{\tan\beta} \approx \frac{2r_0 M}{\beta} \tag{6-16}$$

式中:r_0——透镜的分辨率;

M——透镜的放大倍数。

因为 $\beta = \dfrac{\alpha}{M}$,焦长可化简为

$$D_L = \frac{2r_0 M^2}{\alpha} \tag{6-17}$$

如果 $r_0 = 1\,nm$,$\alpha = 10^{-2} \sim 10^{-3}\,rad$,$M = 200$ 倍,则 $D_L = 8 \sim 80\,mm$;通常电镜的放大倍数由于多级放大,可以很高,当 $M = 2\,000$ 倍时,同样光学条件下,其焦长可达 $80 \sim 800\,mm$。因此尽管荧光屏和照相底片之间的距离很大,但仍能得到清晰的图像,这为成像操作带来了方便。

从以上分析可知,电磁透镜的景深和焦长都反比于孔径半角 α,因此减小孔径半角如插入小孔光阑,就可使电磁透镜的景深和焦长显著增大。

6.6 电镜的电子光学系统

透射电镜主要由电子光学系统、电源控制系统和真空系统三大部分组成,其中电子光学系统为电镜的核心部分,它包括照明系统、成像系统和观察记录系统,以下主要介绍电子光学系统及其主要部件。

6.6.1 照明系统

照明系统主要由电子枪和聚光镜组成,电子枪发射电子形成照明光源,聚光镜是将电子枪发射的电子汇聚成亮度高、相干性好、束流稳定的电子束照射样品。

1) 电子枪

电子枪就是产生稳定电子束流的装置,根据产生电子束原理的不同,可分为热发射型和场发射型两种。

(1) 热发射型电子枪

电子枪主要由阴极、阳极和栅极组成。阴极由钨丝或硼化镧(LaB₆)单晶体制成的灯丝,在外加高压作用下发热,升至一定温度时发射电子,热发射的电子束为白色。图 6-13(a)为热发射型电子枪原理图。阴极由直径为 1.2 mm 的钨丝弯制成 V 形(如图 6-14(a)),尖端的曲率半径为 100 μm(发射截面),阴极发热体在外加高压的作用下升温至一定温度(2 800 K)时发射电子,电子通过栅极后穿过阳极小孔,形成一束电子流进入聚光镜系统。栅极围在阴极周围,通

过偏置电阻与阴极相连,阳极接地,栅极电位比阴极低数百伏左右,栅极与偏置电阻联合主要起到以下作用:①改变了阴极和阳极之间的等位场,使阴极发射的电子沿栅极区等位场的法线方向产生汇聚作用,形成电子束截面,即电子枪交叉斑,也称透镜的第一交叉斑,束斑直径约为50 μm。由于电子束斑比阴极发射截面还小,单位面积的电子密度高,照明电子束好像是从该处发出的,因此也称其为有效光源或虚光源。②稳定和控制束流,因为栅极电位比阴极更低,对阴极发射的电子产生排斥作用,可以控制阴极发射电子的有效区域。当束流量增大时,偏置电压增加,栅极电位更低,对阴极发射电子的排斥作用增强,使阴极发射有效区域减小,束流减弱;反之,则可增加阴极发射面积,提高束流强度,从而稳定束流。

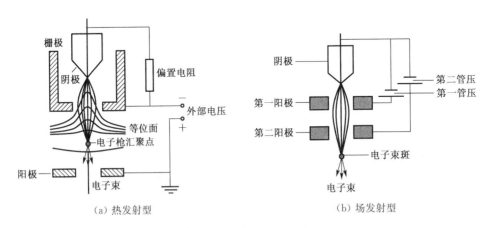

（a）热发射型　　　　　　　（b）场发射型

图 6-13　电子枪原理图

在电镜最初的使用中,V 形钨丝热发射电子枪一直占主导地位,但由于其发射面大,致使光源亮度低、束斑直径大和能量发散多,故需开发更优的发射极材料。1969 年,布鲁斯(Broers)提出由六硼化镧(LaB$_6$)单晶体用作发射极材料,并加工成锥状(见图 6-14(b)),由于其功函数远低于钨,发射率比钨高得多。当阴极的温度为 1 800 K 时所获得电子束亮度是 V 形钨丝在 2 800 K 时获得的 10 倍,而束斑直径仅为前者的 1/5。并且六硼化镧阴极尖端的曲率半径可以加工到很小($\phi 10\ \mu m \sim \phi 20\ \mu m$),因而能在相同束流时可获得比钨丝更细更亮的电子束斑光源,直径约 5～10 μm,从而进一步提高仪器的分辨率,特别适合于分析型透射电镜。与 V 形 W 丝相比,LaB$_6$ 的工作温度可相对低一些,但对真空度的要求高,加工困难,制备成本也高。

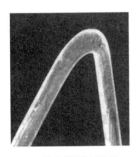　　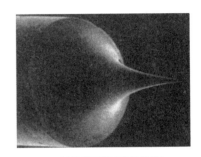

（a）热发射阴极 W 丝　　　（b）热发射阴极 LaB$_6$ 单晶体　　　（c）场发射阴极（W 单晶体）

图 6-14　电子枪阴极形状

（2）场发射型电子枪

场发射型电子枪同样也有三个极，分别为阴极、第一阳极和第二阳极，无需偏压（栅极）。在强电场作用下，发射极表面的势垒降低，由于隧道效应，内部电子穿过势垒从针尖表面发射出来，这种现象称场发射。场发射的电子束可以是某一种单色电子束，其结构原理如图6-13(b)所示。阴极与第一阳极的电压较低，一般为$3\sim5$ kV，可在阴极尖端产生高达$10^7\sim10^8$ V/cm的强电场，使阴极发射电子。该电压不能太高，以免打钝灯丝。阴极与第二阳极的电压较高，一般为数十kV甚至数万kV，阴极发射的电子经第二阳极后被加速、聚焦成直径为10 nm左右的束斑。

场发射又可分为冷场和热场两种，电镜一般多采用冷场。

冷场发射无需任何热能，室温下使用，阴极一般采用定向⟨111⟩生长的单晶钨，发射面(310)，针尖的曲率半径为$0.1\sim0.5$ μm（如图6-14(c)），其功函数低、能量发散小（$0.3\sim0.5$ eV）和电子发射率高，但冷场发射存在以下不足：①对真空度要求极高。因低功函数要求表面干净，无外来原子，故要求具有极高的真空度（$\sim10^{-5}$ Pa或更高）。②需定期进行闪光处理。因冷场发射是在室温下进行，发射极上易有残留气体吸附层，从而产生背底噪音、发射电流下降，电子束亮度降低，故需定期进行闪光处理，即瞬时加大发射电流，使发射极产生瞬间高温出现闪光现象，以蒸发阴极表面吸附的分子层，净化发射表面。

加热发射极进行热场发射即可克服以上冷场的不足。在强电场中，发射极表面势垒降低，在低于热发射温度时仍能发射电子，这种发射称肖特基发射，利用该原理工作的电子枪称肖特基电子枪。斯旺森（Swanson）于20世纪70年代开发了ZrO/W(100)新型发射极材料，ZrO融覆在W表面，ZrO的逸出功小仅$2.7\sim2.8$ eV，W(100)为4.5 eV，在外加高电场作用下，表面逸出功显著降低，加热至$1\,600\sim1\,800$ K远低于热发射温度时，已能发射电子，且发射表面干净、噪音低、光源亮度高、束斑直径小、稳定性好，成为高分辨电子显微镜的首选。该种电子枪又称扩展型肖特基电子枪。常用热发射型和场发射型电子枪的特性见表6-2。

表 6-2　常用热发射型和场发射型电子枪特性

性能特性	热发射型		场发射型		
			热场		冷场
	W	LaB$_6$	ZrO/W(100)	W(100)	W(310)
亮度(200 kV)/A·cm^{-2}·sr^{-1}	约5×10^5	约5×10^6	约5×10^8	约5×10^8	约5×10^8
光源直径/μm	50	10	$0.1\sim1$	$0.01\sim0.1$	$0.01\sim0.1$
能量发散度/eV	2.3	1.5	$0.6\sim0.8$	$0.6\sim0.8$	$0.3\sim0.5$
真空度/Pa	10^{-3}	10^{-5}	10^{-7}	10^{-7}	10^{-8}
阴极温度/K	2 800	1 800	1 800	1 600	300
使用寿命/h	$60\sim200$	1 000	$>5\,000$	$>5\,000$	$>5\,000$
发射电流/μA	约100	约20	约100	$20\sim100$	$20\sim100$
维护（闪光处理）	无	无	无	无	定时进行
价格	便宜	中等	较高	较高	较高
稳定性	好	好	好	好	较好

2）聚光镜

从电子枪的阳极板小孔射出的电子束,通过聚光系统后进一步汇聚缩小,以获得一束强度高,直径小,相干性好的电子束。电镜一般都采用双聚光镜系统工作,如图6-15。第一聚光镜是强磁透镜,焦距 f 很短,放大倍数为 $\frac{1}{50} \sim \frac{1}{10}$,也就是说第一聚光镜是将电子束进一步汇聚、缩小,第一级聚光后形成 $\phi 1 \sim 5~\mu m$ 的电子束斑;第二聚光镜是弱透镜,焦距很长,其放大倍数一般为2倍左右,这样通过二级聚光后,就形成 $\phi 2 \sim 10~\mu m$ 的电子束斑。

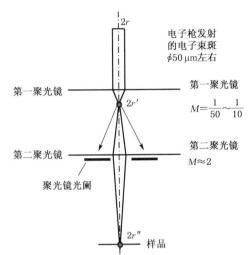

图 6-15　双聚光镜的原理图

双聚光具有以下优点:

（1）可在较大范围内调节电子束斑的大小;

（2）当第一聚光镜的后焦点与第二聚光镜的前焦点重合时,电子束通过二级聚光后应是平行光束,大大减小了电子束的发散度,便于获得高质量的衍射花样;

（3）第二聚光镜与物镜间的间隙大,便于安装其他附件,如样品台等;

（4）通过安置聚光镜光阑,可使电子束的孔径半角进一步减小,便于获得近轴光线,减小球差,提高成像质量。

6.6.2　成像系统

成像系统由物镜、中间镜和投影镜组成。

1）物镜

物镜是成像系统中第一个电磁透镜,强励磁短焦距（$f = 1 \sim 3~mm$）,放大倍数 M_O 一般为 $100 \sim 300$ 倍,分辨率高的可达 $0.1~nm$ 左右。

物镜是电子束在成像系统中通过的第一个电磁透镜,它的质量好坏直接影响到整过系统的成像质量。物镜未能分辨的结构细节,中间镜和投影镜同样不能分辨,它们只是将物镜的成像进一步放大而已。因此提高物镜分辨率是提高整个系统成像质量的关键。

提高物镜分辨率的常用方法有:①提高物镜中极靴内孔的加工精度,减小上下极靴间的距离,保证上下极靴的同轴度。②在物镜后焦面上安置物镜光阑,以减小孔径半角,减小球差,提高物镜分辨率。

2）中间镜

中间镜是电子束在成像系统中通过的第二个电磁透镜,位于物镜和投影镜之间,弱励磁长焦距,放大倍数 M_i 在 $0 \sim 20$ 倍之间。

中间镜在成像系统中具有以下作用:

（1）调节整个系统的放大倍数。设物镜、中间镜和投影镜的放大倍数分别为 M_O、M_I、M_P,总放大倍数为 $M（M = M_O \times M_I \times M_P）$,当 $M_I > 1$ 时,中间镜起放大作用;当 $M_i < 1$ 时,则起缩小作用。

（2）进行成像操作和衍射操作。通过调节中间镜的励磁电流,改变中间镜的焦距,使中间镜的物平面与物镜的像平面重合,在荧光屏上可获得清晰放大的像,即所谓的成像操作如图 6-16(a);如果中间镜的物平面与物镜的后焦面重合,则可在荧光屏上获得电子衍射花样,这就是所谓的衍射操作,如图 6-16(b)所示。

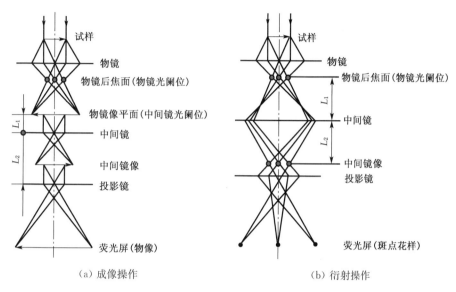

（a）成像操作　　　　　　　　（b）衍射操作

图 6-16　中间镜的成像操作与衍射操作

3）投影镜

投影镜是成像系统中最后一个电磁透镜,强励磁短焦距,其作用是将中间镜形成的像进一步放大,并投影到荧光屏上。投影镜具有较大的景深,即使中间镜的像发生移动,也不会影响在荧光屏上得到清晰的图像。

6.6.3　观察记录系统

观察记录系统主要由荧光屏和照相机构组成。荧光屏是在铝板上均匀喷涂荧光粉制得,主要是在观察分析时使用,当需要拍照时可将荧光屏翻转 90°,让电子束在照相底片上感光数秒钟即可成像。荧光屏与感光底片相距有数厘米,但由于投影镜的焦长很大,这样的操作并不影响成像质量,所拍照片依旧清晰。

整个电镜的光学系统均在真空中工作,但电子枪、镜筒和照相室之间相互独立,均设有电磁阀。可以单独抽真空。更换灯丝、清洗镜筒、照相操作时,均可分别进行,而不影响其他部分的真空状态。为了屏蔽镜体内可能产生的 X 射线,观察窗由铅玻璃制成,加速电压愈高,配置的铅玻璃就愈厚。此外在超高压电子显微镜中,由于观察窗的铅玻璃增厚,直接从荧光屏观察微观细节比较困难,此时可运用安置在照相室中的 TV 相机来完成,曝光时间由图像的亮度自动确定。

6.7　主要附件

透射电镜的主要附件有样品倾斜装置、电子束倾斜和平移装置、消像散器、光阑等。

6.7.1 样品倾斜装置(样品台)

样品台是位于物镜的上下极靴之间承载样品的重要部件,见图6-17,并使样品在极靴孔内平移、倾斜、旋转,以便找到合适的区域或位向,进行有效观察和分析。

样品台根据插入电镜的方式不同分为顶插式和侧插式两种。顶插式即为样品台从极靴上方插入,具有以下优点:

(1)保证试样相对于光轴旋转对称,上下极靴间距可以做得很小,提高了电镜的分辨率。

(2)具有良好的抗振性和热稳定性。但其不足是:①倾角范围小,且倾斜时无法保证观察点不发生位移;②顶部信息收集困难,分析功能少。因此目前的透射电镜通常采用侧插式,即样品台从极靴的侧面插入,这样顶部信息如背散射电子和X射线等收集方便,增加了分析功能。同时,试样倾斜范围大,便于寻找合适的方位进行观察和分析。但侧插式的极靴间距不能过小,这就影响了电镜分辨率的进一步提高。图6-18为双倾侧插式样品台的工作示意图,通过样品杆的控制,使样品同时绕x—x和y—y轴转动,倾转的度数由镜筒外的刻度盘读出,从而实现双倾操作。

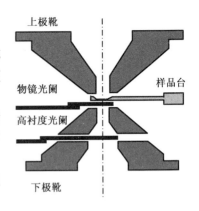

图6-17 样品台在极靴中的
位置(JEM-2010F)

由于电镜的样品薄,强度低,电子束与样品作用后产生多种物理信息,特别是样品受热膨胀变形,造成样品损伤,影响成像质量,因此,对样品台提出以下要求:①样品夹持牢固,保证样品在平移、翻转过程中与样品座有良好的热和电的接触,减小试样的热变形和因电荷堆积产生的样品损伤。②样品移动翻转机构的精度要高,否则影响聚焦操作。

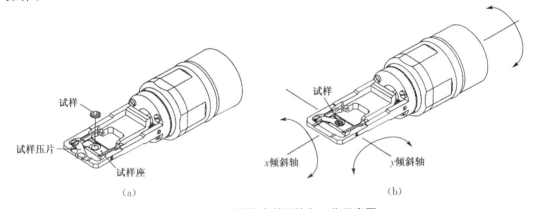

(a)   (b)

图6-18 双倾样品台的结构和工作示意图

6.7.2 电子束的平移和倾斜装置

电镜中是靠电磁偏转器来实现电子束的平移和倾斜的。图6-19为电磁偏转器的工作原理图,电磁偏转器由上下两个偏置线圈组成,通过调节线圈电流的大小和方向可改变电子束偏转的程度和方向。若上下偏置线圈的偏转角度相等,但方向相反,如图6-19(a)所示,实现了电子束的平移。若上偏置线圈使电子束逆时针偏转 θ 角，而下偏置线圈使之顺时针偏转 $\theta+\beta$ 角，如图6-19(b)所示，则电子束相对于入射方向倾转 β 角，此时入射点的位置保持不变，这可实现中心暗场操作。

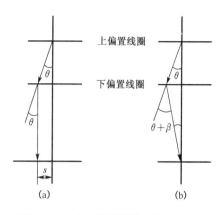

图 6-19　电磁偏转器的工作原理图

6.7.3　消像散器

像散是由于电磁透镜的磁场非旋转对称导致的，直接影响透镜的分辨率，为此，在透镜的上下极靴之间安装消像散器，就可基本消除像散。图 6-20 为电磁式消像散器的原理图及像散对电子束斑形状的影响。从图 6-20(b)和 6-20(c)可知未装消像散器时，电子束斑为椭圆形，加装消像散器后，电子束斑为圆形，基本上消除了聚光镜的像散对电子束的影响。

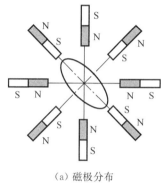
（a）磁极分布

（b）有像散时的电子束斑

（c）无像散时的电子束斑

图 6-20　电磁式消像散器示意图及像散对电子束斑形状的影响

消像散器有机械式和电磁式两种，机械式是在透镜的磁场周围对称放置位置可调的导磁体，调节导磁体的位置，就可使透镜的椭圆形磁场接近于旋转对称形磁场，基本消除该透镜的像散。另一种形式是电磁式，共有两组四对电磁体排列在透镜磁场的外围，如图 6-20(a)所示，每一对电磁体均为同极相对，通过改变电磁体的磁场方向和强度就可将透镜的椭圆磁场调整为旋转对称磁场，从而消除像散的影响。

6.7.4　光阑

光阑是为挡掉发散电子，保证电子束的相干性和电子束照射所选区域而设计的带孔小片。根据安装在电镜中的位置不同，光阑可分为聚光镜光阑、物镜光阑和中间镜光阑 3 种。

1）聚光镜光阑

聚光镜光阑的作用是限制电子束的照明孔径半角。在双聚光镜系统中通常位于第二聚光镜的后焦面上。聚光镜光阑的孔径一般为 $20\sim400\ \mu m$，作一般分析时，可选用孔径相对大一些的光阑，而在作微束分析时，则要选孔径小一些的光阑。

2）物镜光阑

物镜光阑位于物镜的后焦面上，其作用是：①减小孔径半角，提高成像质量；②进行明场和暗场操作,当光阑孔套住衍射束成像时,即为暗场成像操作;反之,当光阑孔套住透射束成像时,即为明场成像操作。利用明暗场图像的对比分析,可以方便地进行物相鉴定和缺陷分析。

物镜光阑孔径一般为 $20\sim120~\mu m$。孔径愈小,被挡电子愈多,图像的衬度就愈大,故物镜光阑又称衬度光阑。每光阑孔的周围开有不连续的环形小缝,使光阑孔受电子照射后产生的热量不易散出,常处于高温状态,从而阻止污染物沉积,堵塞光阑孔。

3) 中间镜光阑

中间镜光阑位于中间镜的物平面或物镜的像平面上,让电子束通过光阑孔限定的区域,对所选区域进行衍射分析,故中间镜光阑又称选区光阑。样品直径为 3 mm,可用于观察分析的是中心透光区域。由于样品上待分析的区域一般仅为微米量级,如果直接用光阑在样品上进行选择分析区域,则光阑孔的制备非常困难,同时光阑小孔极易被污染,因此选区光阑一般放在物镜的像平面或中间镜的物平面上(两者在同一位置上)。例如,物镜的放大倍数为 100 倍,物镜像平面上的孔径为 100 μm 的光阑相当于选择了样品上的 1 μm 区域,这样光阑孔的制备以及污染后的清理均容易得多。一般选区光阑的孔径为 $20\sim400~\mu m$。

光阑一般由无磁性金属材料(Pt 或 Mo 等)制成,还可根据需要,制成 4 个或 6 个一组的系列光阑片,将光阑片安置在光阑支架上,分档推入镜筒,以便选择不同孔径的光阑。

注意:

(1) 衍射操作与成像操作:是通过改变中间镜励磁电流的大小来实现的。调整励磁电流即改变中间镜的焦距,从而改变中间镜物平面与物镜后焦面之间的相对位置。当中间镜的物平面与物镜的像平面重合时,投影屏上将出现微区组织的形貌像,这样的操作称为成像操作;当中间镜的物平面与物镜的后焦面重合时,投影屏上将出现所选区域的衍射花样,这样的操作称为衍射操作。

(2) 明场操作与暗场操作:是通过平移物镜光阑,分别让透射束或衍射束通过所进行的操作。仅让透射束通过的操作称为明场操作,所成的像为明场像;反之,仅让某一衍射束通过的操作称为暗场操作,所成的像为暗场像。

(3) 选区操作:是通过平移在物镜像平面上的选区光阑,让电子束通过所选区域进行成像或衍射的操作。

6.8 透射电镜中的电子衍射

6.8.1 有效相机常数

由第 5 章电子衍射的基本原理可知,凡在反射球上的倒易阵点均满足衍射的必要条件——布拉格方程,该阵点所表示的正空间中的晶面将参与衍射。透射电镜中的衍射花样即为反射球上的倒易阵点在底片上的投影,由于实际电镜中除了物镜外还有中间镜、投影镜等,其成像原理如图 6-21 所示。由三角形的相似原理得 $\triangle OAB \backsim \triangle O'A'B'$,这样,相机长度 L 和斑点距中心距离 R 相当于图中

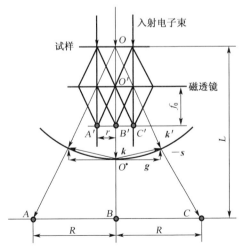

图 6-21 透射电镜电子衍射原理图

物镜焦距 f_0 和 r（物镜副焦点 A' 到主焦点 B' 的距离），进行衍射操作时，物镜焦距 f_0 起到了相机长度的作用，由于 f_0 将被中间镜、投影镜进一步放大，因此最终的相机长度为 $f_0M_IM_P$，M_I 和 M_P 分别为中间镜和投影镜的放大倍数。同样 r 也被中间镜和投影镜同倍放大，于是有

$$L' = f_0M_IM_P; \quad R' = rM_IM_P$$

类似于式（5-18）得

$$\frac{R'}{L'} = \frac{g}{\frac{1}{\lambda}} \tag{6-18}$$

所以

$$R' = L'\lambda g \tag{6-19}$$

令 $K' = L'\lambda$，得

$$R' = K'g \tag{6-20}$$

式中的 L' 和 K' 分别称为有效相机长度和有效相机常数。但需注意的是式中的 L' 并不直接对应于样品至照相底片间的实际距离，因为有效相机长度随着物镜、中间镜、投影镜的励磁电流改变而变化，而样品到底片间的距离却保持不变，但由于透镜的焦长大，这并不会妨碍电镜成清晰图像。因此，实际上我们可不加区分 K 与 K'、L 与 L' 和 R 与 R' 了，并用 K 直接取代 K'。

由此可见，透射电镜中的电子衍射花样仍然满足与电子衍射基本公式（式 5-20）相似的公式，只是相机长度和相机常数均放大了 M_IM_P 倍，有效相机常数 $L'\lambda$ 有时也被称为电子衍射的放大率，即为厄瓦尔德球上的所有倒易阵点所形成的图像的放大倍数。电子衍射花样中每一个斑点的矢量 $\boldsymbol{R}$，通过有效相机常数可直接换算成倒空间中的倒易矢量 $\boldsymbol{g}$，倒易矢量的端点即为各衍射晶面所对应的倒易阵点，这样正空间中的衍射晶面就可通过其倒易阵点在底片上的投影斑点反映出来。

有效相机长度 $L' = f_0M_IM_P$ 中的 f_0、M_I、M_P 分别取决于物镜、中间镜和投影镜的励磁电流，只有在 3 个电磁透镜的电流一定时，才能标定透射电镜的相机常数，从而确定 $\boldsymbol{R}$ 与 $\boldsymbol{g}$ 之间的比例关系。目前，由于计算机引入了自控系统，电镜的相机常数和放大倍数已可自动显示在底片的边缘，无需人工标定。

6.8.2 选区电子衍射

选区电子衍射就是对样品中感兴趣的微区进行电子衍射，以获得该微区电子衍射图的方法。选区电子衍射又称微区衍射，它是通过移动安置在中间镜上的选区光阑来完成的。

图 6-22 即为选区电子衍射原理图。平行入射电子束通过试样后，由于试样薄，晶体内满足布拉格衍射条件的晶面组（hkl）将产生与入射方向成 2θ 角

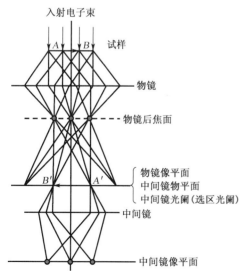

图 6-22　选区电子衍射原理图

入射电子束
A　B　试样
物镜
物镜后焦面
B'　A'　物镜像平面
中间镜物平面
中间镜光阑（选区光阑）
中间镜
中间镜像平面

的平行衍射束。由透镜的基本性质可知,透射束和衍射束将在物镜的后焦面上分别形成透射斑点和衍射斑点,从而在物镜的后焦面上形成试样晶体的电子衍射谱,然后各斑点经干涉后重新在物镜的像平面上成像。如果调整中间镜的励磁电流,使中间镜的物平面分别与物镜的后焦面和像平面重合,则该区的电子衍射谱和像分别被中间镜和投影镜放大,显示在荧光屏上。

显然,单晶体的电子衍射谱为对称于中心透射斑点的规则排列的斑点群。多晶体的电子衍射谱则为以透射斑点为中心的衍射环。

如何获得感兴趣区域的电子衍射花样呢? 即通过选区光阑(又称中间镜光阑)套在感兴趣的区域,分别进行成像操作或衍射操作,获得该区的像或衍射花样,实现对所选区域的形貌分析和结构分析。具体的选区衍射操作步骤如下:

(1)由成像操作使物镜精确聚焦,获得清晰形貌像。

(2)插入尺寸合适的选区光阑,套住被选视场,调整物镜电流,使光阑孔内的像清晰,保证了物镜的像平面与选区光阑面重合。

(3)调整中间镜的励磁电流,使光阑边缘像清晰,从而使中间镜的物平面与选区光阑的平面重合,这也使选区光阑面、物镜的像平面和中间镜的物平面三者重合,进一步保证了选区的精度。

(4)移去物镜光阑(否则会影响衍射斑点的形成和完整性),调整中间镜的励磁电流,使中间镜的物平面与物镜的后焦面共面,由成像操作转变为衍射操作。电子束经中间镜和投影镜放大后,在荧光屏上将产生所选区域的电子衍射图谱,对于高档的现代电镜,也可操作"衍射"按钮自动完成。

(5)需要照相时,可适当减小第二聚光镜的励磁电流,减小入射电子束的孔径角,缩小束斑尺寸,提高斑点清晰度。微区的形貌和衍射花样可成在同一张底片上。

6.9 常见的电子衍射花样

由前一章的电子衍射知识可知,电子束作用晶体后,发生电子散射,相干的电子散射在底片上形成衍射花样。根据电子束能量的大小,电子衍射可分为高能电子衍射和低能电子衍射,本章主要介绍高能电子衍射(加速电压高于 100 kV)。根据试样的结构特点可将衍射花样分为单晶电子衍射花样、多晶电子衍射花样和非晶电子衍射花样,见图 6-23 所示。根据衍射花样的复杂程度又可分为简单电子衍射花样和复杂电子衍射花样。通过对衍射花样的分析,可以获得试样内部的结构信息。

(a)单晶   (b)多晶   (c)非晶   (d)织构

图 6-23 电子衍射花样

6.9.1 单晶体的电子衍射花样

1) 单晶体电子衍射花样的特征

由电子衍射的基本原理可知,若电子束的方向与晶带轴$[uvw]$的方向平行,则单晶体的电子衍射花样实际上是垂直于电子束入射方向的零层倒易阵面上的阵点在荧光屏上的投影,衍射花样由规则的衍射斑点组成,如图 6-24 所示,斑点指数即为零层倒易阵面上的阵点指数(去除结构因子为零的阵点)。

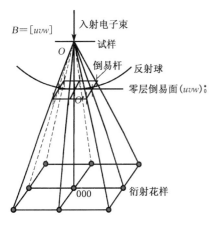

图 6-24 单晶体电子衍射花样产生的原理图

2) 单晶体电子衍射花样的标定

电子衍射花样的标定即衍射斑点指数化,并确定衍射花样所属的晶带轴指数$[uvw]$,对未知其结构的还包括确定点阵类型。单晶体的电子衍射花样有简单和复杂之分,简单衍射花样即电子衍射谱满足晶带定律($hu + kv + lw = 0$),其标定通常又有已知晶体结构和未知晶体结构两种情况,而复杂衍射花样的标定不同于简单衍射花样的标定,过程较为繁琐,请见本章§6.9.3,本小节主要介绍简单电子衍射花样的标定。

(1) 已知晶体结构的花样标定

标定步骤:

① 确定中心斑点,测量距中心斑点最近的几个斑点的距离,并按距离由小到大依次排列:R_1、R_2、R_3、R_4、$\cdots$,同时测量各斑点之间的夹角依次为 φ_1、φ_2、φ_3、φ_4、$\cdots$,各斑点对应的倒易矢量分别为 $\boldsymbol{g}_1$、$\boldsymbol{g}_2$、$\boldsymbol{g}_3$、$\boldsymbol{g}_4$、$\cdots$。

② 由已知的相机常数 K 和电子衍射的基本公式:$R = K\dfrac{1}{d}$,分别获得相应的晶面间距 d_1、d_2、d_3、d_4、$\cdots$。

③ 由已知的晶体结构和晶面间距公式,结合 PDF 卡片,分别定出对应的晶面族指数 $\{h_1 k_1 l_1\}$、$\{h_2 k_2 l_2\}$、$\{h_3 k_3 l_3\}$、$\{h_4 k_4 l_4\}$、$\cdots$。

④ 假定距中心斑点最近的斑点指数。若 R_1 最小,设其晶面指数为$\{h_1 k_1 l_1\}$晶面族中的一个,即从晶面族中任取一个$(h_1 k_1 l_1)$作为 R_1 所对应的斑点指数。

⑤ 确定第二个斑点指数。第二斑点指数由夹角公式校核确定,若晶体结构为立方晶系,则其夹角公式如下:

$$\cos \varphi_1 = \frac{h_1 h_2 + k_1 k_2 + l_1 l_2}{\sqrt{(h_1^2 + k_1^2 + l_1^2)(h_2^2 + k_2^2 + l_2^2)}} \tag{6-21}$$

由晶面族$\{h_2 k_2 l_2\}$中取一个$(h_2 k_2 l_2)$代入公式计算夹角 φ_1,当计算值与实测值一致时,即可确定$(h_2 k_2 l_2)$。当计算值与实测值不符时,则需重新选择$(h_2 k_2 l_2)$,直至相符为止,从而定出$(h_2 k_2 l_2)$。注意$(h_2 k_2 l_2)$是晶面族$\{h_2 k_2 l_2\}$中的一个,因此,第二个斑点指数$(h_2 k_2 l_2)$的确定仍带有一定的任意性。

⑥ 由确定了的两个斑点指数$(h_1 k_1 l_1)$和$(h_2 k_2 l_2)$,通过矢量合成法:$\boldsymbol{g}_3 = \boldsymbol{g}_1 + \boldsymbol{g}_2$ 导出其

他各斑点的指数。

⑦ 定出晶带轴。由已知的两个矢量右手法则叉乘后取整即为晶带轴指数：$[uvw] = \boldsymbol{g}_1 \times \boldsymbol{g}_2$，得

$$
\begin{cases}
u = k_1 l_2 - k_2 l_1 \\
v = l_1 h_2 - l_2 h_1 \\
w = h_1 k_2 - h_2 k_1
\end{cases}
\tag{6-22}
$$

⑧ 系统核查各过程，算出晶格常数。

例如 γ-Fe 某电子衍射谱如图 6-25 所示，已知 γ-Fe 面心立方结构，$a = 0.36$ nm，衍射谱中 $R_1 = 16.7$ mm，$R_2 = 37.3$ mm，$R_3 = 40.9$ mm，$\widehat{\boldsymbol{R}_1 \boldsymbol{R}_2} = 90°$，$\widehat{\boldsymbol{R}_1 \boldsymbol{R}_3} = 65.9°$，$L\lambda = 3.0$ nm·mm。

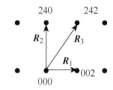

标定过程如下：

a. $R_1 = 16.7$ mm，$R_2 = 37.3$ mm，$R_3 = 40.9$ mm。

b. $d_1 = L\lambda/R_1 = 0.179\ 6$ nm，$d_2 = L\lambda/R_2 = 0.080\ 4$ nm，$d_3 = L\lambda/R_3 = 0.073\ 3$ nm。

图 6-25　γ-Fe 某电子衍射谱图

c. 查阅 γ-Fe 的 PDF 卡片，可知 $\boldsymbol{R}_1$ 和 $\boldsymbol{R}_2$ 对应的晶面族指数分别为{200}和{420}。

d. 考虑到 $\boldsymbol{R}_1$ 垂直于 $\boldsymbol{R}_2$，即

$$
\cos \widehat{\boldsymbol{R}_1 \boldsymbol{R}_2} = \frac{\boldsymbol{R}_1 \cdot \boldsymbol{R}_2}{|\boldsymbol{R}_2||\boldsymbol{R}_2|} = \frac{H_1 H_2 + K_1 K_2 + L_1 L_2}{\sqrt{(H_1^2 + K_1^2 + L_1^2)}\sqrt{(H_2^2 + K_2^2 + L_2^2)}} = 0
$$

故 $H_1 H_2 + K_1 K_2 + L_1 L_2 = 0$

由此令 $\boldsymbol{R}_1$ 对应的晶面为(002)，$\boldsymbol{R}_2$ 对应的晶面可取(240)，此时 $\boldsymbol{R}_1 \cdot \boldsymbol{R}_2 = 0$，即 $\cos \widehat{\boldsymbol{R}_1 \boldsymbol{R}_2} = 0$，符合 $\boldsymbol{R}_1 \perp \boldsymbol{R}_2$。

e. 由矢量合成 $\boldsymbol{R}_3 = \boldsymbol{R}_1 + \boldsymbol{R}_2$ 得 $\boldsymbol{R}_3$ 对应的晶面为(242)。

$$
\cos \widehat{\boldsymbol{R}_1 \boldsymbol{R}_3} = \frac{\boldsymbol{R}_1 \cdot \boldsymbol{R}_3}{|\boldsymbol{R}_1||\boldsymbol{R}_3|} = \frac{H_1 H_3 + K_1 K_3 + L_1 L_3}{\sqrt{(H_1^2 + K_1^2 + L_1^2)}\sqrt{(H_3^2 + K_3^2 + L_3^2)}} = \frac{1}{\sqrt{6}} = 0.408\ 1
$$

$\widehat{\boldsymbol{R}_1 \boldsymbol{R}_3} = 65.91°$ 与测量值吻合。

f. 晶带轴指数 $[uvw] = \boldsymbol{R}_1 \times \boldsymbol{R}_2 = [\bar{2}10]$

（2）未知晶体结构的花样标定

当晶体的点阵结构未知时，首先分析斑点的特点，确定其所属的点阵结构，然后再由前面所介绍的 7 步骤标定其衍射花样。如何确定其点阵结构呢？主要从斑点的对称特点（见表 6-3）或 $1/d^2$ 值的递增规律（见表 6-4）来确定点阵的结构类型。斑点分布的对称性愈高，其对应晶系的对称性也愈高。如斑点花样为正方形时，则其点阵可能为四方或立方点阵，假如该点阵倾斜时，斑点分布能变为正六边形，则可推断该点阵属于立方点阵，其他规则斑点及其指数标定可参见附录 13。

表 6-3 衍射斑点的对称特点及其可能所属的晶系

斑点花样的几何图形	电子衍射花样	可能所属点阵
平行四边形 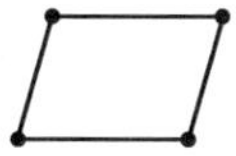		三斜、单斜、正交、四方、六方、三方、立方
矩形 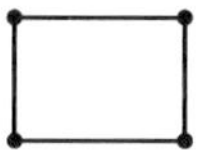	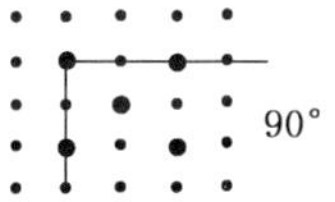 90°	单斜、正交、四方、六方、三方、立方
有心矩形 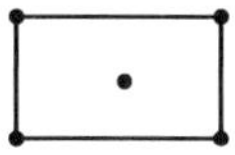	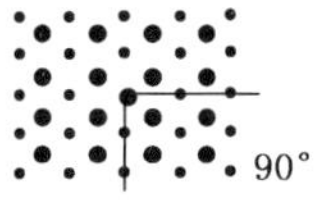 90°	单斜、正交、四方、六方、三方、立方
正方形 	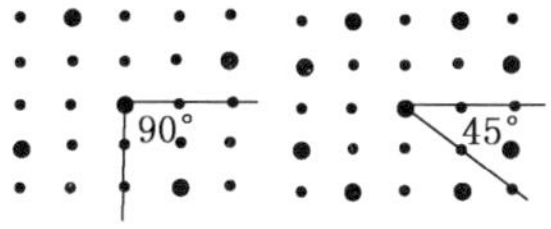 90° 45°	四方、立方
正六边形 	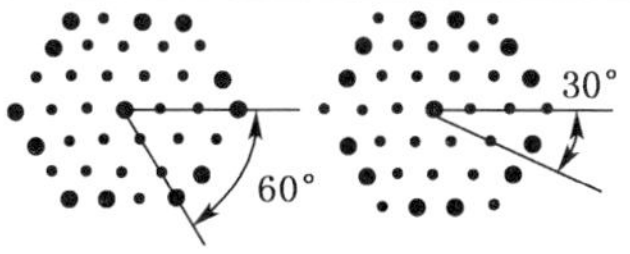 60° 30°	六方、三方、立方

需注意以下几点:①有时衍射斑点相对于中心斑点对称得不是很好,因此花样斑点构成的图形难以准确判定;②由于斑点的形状、大小的测量非常困难,故 $\frac{1}{d^2}$ 的计算也难以非常精确,其连比规律也不一定十分明显,可能会形成模棱两可的结果,此时,可与所测 d 值相近的 PDF 卡片进行比较计算,来推断晶体所属的点阵;③第一个斑点指数可以从 $\{h_1k_1l_1\}$ 的晶面族中任取,第二个斑点指数受到相应的 N 值以及它与第一个斑点间的夹角约束,其他斑点指数可由矢量合成法获得,因此,单晶体的点阵花样指数存在不唯一性,其对应的晶带轴指数也不唯一;④可借助于其他手段如 X 射线衍射、电子探针等来进一步验证核实所分析的结论。

6.9.2 多晶体的电子衍射花样

多晶体的电子衍射花样等同于多晶体的 X 射线衍射花样,为系列同心圆,即从反射球中心出发,经反射球与系列倒易球的交线所形成的系列衍射锥在平面底片上的感光成像。其花样标定相对简单,同样分以下两种情况:

1) 已知晶体结构

具体步骤如下:

(1) 测定各同心圆直径 D_i,算得各半径 R_i;

(2) 由 R_i/K(K 为相机常数)算得 $1/d_i$;

(3) 对照已知晶体 PDF 卡片上的 d_i 值,直接确定各环的晶面指数 $\{hkl\}$。

2）未知晶体结构

具体标定步骤如下：

（1）测定各同心圆的直径 D_i，计得各系列圆半径 R_i；

（2）由 R_i/K（K 为相机常数）算得 $1/d_i$；

（3）由 $\dfrac{1}{d^2}$ 由小到大的连比规律，见表 6-4，推断出晶体的点阵结构；

（4）写出各环的晶面族指数 $\{hkl\}$。

表 6-4　$\dfrac{1}{d^2}$ 的连比规律及其对应的晶面指数

点阵结构	晶面间距	$\dfrac{1}{d^2}$ 的连比规律：$\dfrac{1}{d_1^2}:\dfrac{1}{d_2^2}:\dfrac{1}{d_3^2}:\dfrac{1}{d_4^2}:\cdots=N_1:N_2:N_3:N_4:\cdots$									
简单立方	$\dfrac{1}{d^2}=\dfrac{h^2+k^2+l^2}{a^2}=\dfrac{N}{a^2}$ 令：$N=h^2+k^2+l^2$	N	1	2	3	4	5	6	8	9	10	11
		$\{hkl\}$	100	110	111	200	210	211	220	221 300	310	311
体心立方	$\dfrac{1}{d^2}=\dfrac{h^2+k^2+l^2}{a^2}=\dfrac{N}{a^2}$ 令：$N=h^2+k^2+l^2$	N	2	4	6	8	10	12	14	16	18	20
		$\{hkl\}$	110	200	211	220	310	222	321	400	411 330	420
面心立方	$\dfrac{1}{d^2}=\dfrac{h^2+k^2+l^2}{a^2}=\dfrac{N}{a^2}$ 令：$N=h^2+k^2+l^2$	N	3	4	8	11	12	16	19	20	24	27
		$\{hkl\}$	111	200	220	311	222	400	331	420	422	333 511
金刚石	$\dfrac{1}{d^2}=\dfrac{h^2+k^2+l^2}{a^2}=\dfrac{N}{a^2}$ 令：$N=h^2+k^2+l^2$	N	3	8	11	16	19	24	27	32	35	40
		$\{hkl\}$	111	220	311	400	331	422	333 511	440	531	620
六方	$\dfrac{1}{d^2}=\dfrac{4}{3}\times\dfrac{h^2+hk+k^2}{a^2}+\dfrac{l^2}{c^2}$ 令：$N=h^2+hk+k^2$，$l=0$	N	1	3	4	7	9	12	13	16	19	21
		$\{hkl\}$	100	110	200	210	300	220	310	400	320	410
简单四方	$\dfrac{1}{d^2}=\dfrac{h^2+k^2}{a^2}+\dfrac{l^2}{c^2}=\dfrac{N}{a^2}$ 令：$N=h^2+k^2$，$l=0$	N	1	2	4	5	8	9	10	13	16	18
		$\{hkl\}$	100	110	200	210	220	300	310	320	400	330
体心四方	$\dfrac{1}{d^2}=\dfrac{h^2+k^2}{a^2}+\dfrac{l^2}{c^2}=\dfrac{N}{a^2}$ 令：$N=h^2+k^2$，$l=0$	N	2	4	8	10	16	18	20	32	36	40
		$\{hkl\}$	110	200	220	310	400	330	420	440	600	620

6.9.3　复杂的电子衍射花样

1）超点阵斑点

当合金有序化时，不同种原子将重新排列，或晶体中的原子发生有规则性的位移时，各斑点的结构因子 F_{HKL}^2 将发生变化，原来结构因子为零的消光斑点出现了，这种额外出现的斑点称为超点阵斑点。如 $AuCu_3$ 合金，在高于 395℃时为无序固溶体，此时的点阵结构如图 6-26(a)所示，各阵点的散射因子为 Au 和 Cu 的平均值 $f_{平均}$，由于阵胞中共有 1 个 Au 原子和 3 个 Cu 原子,因此,Au 和 Cu 原子在各阵点上出现的概率分别为 $\frac{1}{4}$ 和 $\frac{3}{4}$,这样 $f_{平均} =$ $\frac{1}{4}f_{Au} + \frac{3}{4}f_{Cu}$,阵胞结构为面心点阵,4 个原子的位置坐标分别为:$\left(\frac{1}{2}, \frac{1}{2}, 0\right)$、$\left(\frac{1}{2}, 0, \frac{1}{2}\right)$、$\left(0, \frac{1}{2}, \frac{1}{2}\right)$、$(0, 0, 0)$,则

$$F_{HKL}^2 = f^2[1 + \cos(K+L)\pi + \cos(L+H)\pi + \cos(H+K)\pi]^2 \tag{6-23}$$

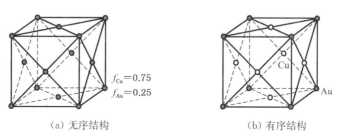

(a) 无序结构　　　　　　　　(b) 有序结构

图 6-26　$AuCu_3$ 合金无序和有序时的结构

当 H、K、L 全奇或全偶时,$F_{HKL}^2 = 16f^2$,系统无消光现象。当 H、K、L 奇偶混杂时,$F_{HKL}^2 = 0$,出现消光现象,见图 6-27(a)。一定条件下有序化后,Au 原子的坐标为 $(0, 0, 0)$,3 个 Cu 原子的坐标分别为 $\left(\frac{1}{2}, \frac{1}{2}, 0\right)$、$\left(\frac{1}{2}, 0, \frac{1}{2}\right)$、$\left(0, \frac{1}{2}, \frac{1}{2}\right)$,见图 6-26(b),原子的散射因子分别为 f_{Au} 和 f_{Cu}。则

$$F_{HKL}^2 = \left[f_{Au} + f_{Cu}\cos(H+K)\pi + f_{Cu}\cos(H+L)\pi + f_{Cu}\cos(K+L)\pi\right]^2 \tag{6-24}$$

(1) 当 H、K、L 全奇或全偶时

$$F_{HKL}^2 = \left[f_{Au} + 3f_{Cu}\right]^2$$

(2) 当 H、K、L 奇偶混杂时

$$F_{HKL}^2 = \left[f_{Au} - f_{Cu}\right]^2 \neq 0$$

可见 $AuCu_3$ 在有序化后,H、K、L 奇偶混杂时的结构因子并不为零,出现了衍射,但结构因子值相对较小,故其衍射斑点也相对较暗,见图 6-27(b) 和 6-27(c)。这种无序固溶体中因消光不出现的斑点,通过有序化后出现了,这种斑点即为超点阵斑点。

  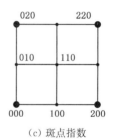

(a) 无序时斑点　　　　　　(b) 有序时斑点　　　　　　(c) 斑点指数

图 6-27　$AuCu_3$ 合金的超点阵斑点

2）孪晶斑点

材料在凝固、相变和形变过程中,晶体中的一部分在一定的切应力作用下沿着一定的晶面(孪晶面)和晶向(孪晶方向)在一个区域内发生连续顺序的切变,即形成了孪晶。孪晶部分的晶体取向发生了变化,但晶体结构和对称性并未改变,孪晶部分与基体保持着一定的对称关系。

孪晶花样的标定相对复杂,下面以面心立方晶体为例,说明孪晶指数标定的基本原理和过程。图6-28为面心立方晶体$(1\bar{1}0)$晶面上的原子排列,孪晶面为(111)晶面,孪晶方向为$[11\bar{2}]$。孪晶点阵与

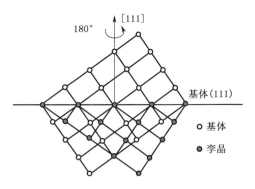

图 6-28 面心立方晶体$(1\bar{1}0)$晶面上原子排列及孪晶与基体的对称关系

基体点阵镜面对称于(111)晶面,同样孪晶点阵也可看成是(111)晶面下的基体点阵绕$[111]$晶向旋转180°形成。既然正空间中孪晶点阵与基体点阵存在镜面对称关系,其倒易点阵也应存在同样的镜面对称关系。故其衍射花样为基体和孪晶两套单晶斑点花样的重叠。

设电子束方向为$[1\bar{1}0]_M$,其基体的斑点花样为与入射方向垂直,并过倒阵原点的零层倒易阵面上的阵点的投影,孪晶的斑点花样为对称于孪晶面的斑点,其作图步骤如下：

(1) 作出面心点阵的倒易点阵,如图6-29(a)。

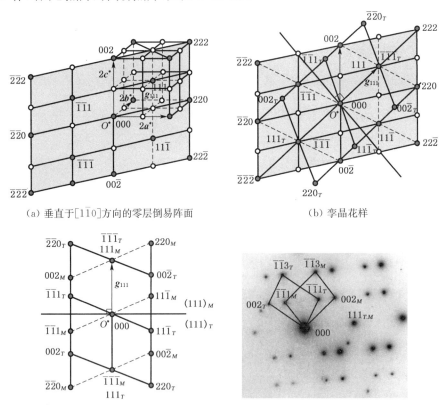

(a) 垂直于$[1\bar{1}0]$方向的零层倒易阵面

(b) 孪晶花样

(c) 转置后的孪晶花样

(d) 某面心立方晶体的孪晶花样

图 6-29 孪晶花样形成过程示意图及某面心立方晶体的孪晶花样照片

（2）过倒易点阵的原点，作出垂直于$[1\bar{1}0]$方向的倒易阵面，并考虑消光规律，标注斑点指数，见图 6-29(b)。

（3）过倒易点阵的原点 O^* 作 $\boldsymbol{g}_{111}$ 的垂直线，并以该直线为对称轴，作出基体斑点花样的镜面对称斑点，两套斑点的重叠即孪晶斑点花样，如图 6-29(c)。

图 6-29(d)即为某面心立方晶体在电子束方向与孪晶面平行时的孪晶花样。

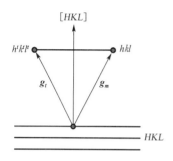

图 6-30 基体与孪晶的倒易点阵关系图

如果以 $\boldsymbol{g}_{111}$ 为轴旋转 180°，两套斑点也将重合。如果入射电子束的方向与孪晶面不平行，得到的衍射花样就不能直观地反映孪晶与基体之间取向的对称性，几何法标定孪晶花样将非常困难，此时可采用矩阵代数法算出孪晶斑点指数，立方系的变换矩阵推导过程简述如下：

设孪晶面为(HKL)，孪晶轴即孪晶面的法线为$[HKL]$，基体中的任一倒易矢量为 $\boldsymbol{g}_m$，其对应的倒易点指数为 hkl，孪晶后该点的指数为 $h^tk^tl^t$，对应的倒矢量为 $\boldsymbol{g}_t$。

由孪晶的特点可知，孪晶中的倒易点可以通过基体中任一倒易矢量或倒易阵点绕孪晶轴旋转 180°获得，如图 6-30，有下列关系：

$$\begin{cases} |\boldsymbol{g}_t| = |\boldsymbol{g}_m| \\ \boldsymbol{g}_t + \boldsymbol{g}_m = \boldsymbol{n}[HKL] \end{cases} \tag{6-25}$$

$\boldsymbol{n}$ 为孪晶轴的单位矢量，大小取决于 HKL 的值，即

$$[hkl] + [h^tk^tl^t] = n[HKL] \tag{6-26}$$

式(6-26)可表示成分量式即

$$\begin{cases} h + h^t = nH \\ k + k^t = nK \\ l + l^t = nL \end{cases} \tag{6-27}$$

立方系中：$a = b = c, \alpha = \beta = \gamma = 90°$；
基体中的晶面间距为

$$d = \frac{a}{\sqrt{h^2 + k^2 + l^2}} \tag{6-28}$$

对于孪晶该式同样成立，即

$$d = \frac{a}{\sqrt{(nH-h)^2 + (nK-k)^2 + (nL-l)^2}} \tag{6-29}$$

比较式(6-28)与式(6-29)，得

$$n = \frac{2(hH + kK + lL)}{H^2 + K^2 + L^2} \tag{6-30}$$

由式(6-30)代入式(6-27)得孪晶斑点的指数矩阵：

$$\begin{cases} h^t = -h + \dfrac{2H(hH+kK+lL)}{H^2+K^2+L^2} \\[2mm] k^t = -k + \dfrac{2K(hH+kK+lL)}{H^2+K^2+L^2} \\[2mm] l^t = -l + \dfrac{2L(hH+kK+lL)}{H^2+K^2+L^2} \end{cases} \qquad (6\text{-}31)$$

对体心立方,$HKL = 112$,即 $H = 1$,$K = 1$,$L = 2$,代入式(6-30)得

$$n = \frac{1}{3}(hH+kK+lL) \qquad (6\text{-}32)$$

由式(6-32)代入式(6-31)得体心立方晶系孪晶斑点的矩阵计算公式:

$$\begin{cases} h^t = -h + \dfrac{1}{3}H(hH+kK+lL) \\[2mm] k^t = -k + \dfrac{1}{3}K(hH+kK+lL) \\[2mm] l^t = -l + \dfrac{1}{3}L(hH+kK+lL) \end{cases} \qquad (6\text{-}33)$$

式中(HKL)为孪晶面,体心立方结构中的孪晶面是$\{112\}$,共 12 个;(hkl)是基体中将产生孪晶的晶面,$(h^tk^tl^t)$是(hkl)晶面形成孪晶后的孪晶晶面。

对面心立方,$HKL = 111$,即 $H = K = L = 1$,代入 6-30 得

$$n = \frac{2}{3}(hH+kK+lL) \qquad (6\text{-}34)$$

由式(6-34)代入式(6-31)得面心立方晶系孪晶斑点的矩阵计算公式:

$$\begin{cases} h^t = -h + \dfrac{2}{3}H(hH+kK+lL) \\[2mm] k^t = -k + \dfrac{2}{3}K(hH+kK+lL) \\[2mm] l^t = -l + \dfrac{2}{3}L(hH+kK+lL) \end{cases} \qquad (6\text{-}35)$$

面心立方晶体的孪晶面(HKL)是(111),共有 4 个,其他同于公式(6-33)中的说明。

3）高阶劳埃斑点

当晶体的点阵常数较大(即倒易面间距较小)、或晶体试样较薄(即倒易杆较长)、或入射束的波长较大(即反射球半径较小)时,反射球就可能同时与多层倒易阵面相截,产生多套重叠的电子衍射花样,不同层的电子衍射花样分布的区域不同,此时可用广义的晶带定律 $hu + kv + lw = N$ 来表征,其中$[uvw]$为晶带轴指数,(hkl)为一晶带面。当 $N = 0$ 时,表示零层倒易阵面上的倒易阵点与反射球相截,所获得的衍射斑点称为零层劳埃斑点或零阶劳埃带,当 $N \neq 0$ 时,即非零层倒易阵面上的阵点与反射球相截所形成的斑点称为高阶劳埃斑点或高阶劳埃带。高阶劳埃斑点的常见形式有 3 种:对称劳埃带、不对称劳埃带和重叠劳埃

带,分别如图 6-31(a)、(b)、(c)所示。

（1）对称劳埃带　当入射电子束与晶带轴[uvw]的方向一致时,反射球与多层倒易阵面相截,形成半径不同并且同心的斑点圆环带,如图 6-31(a),位于中心的小圆区为零阶劳厄带,其他圆环带的斑点为高阶劳埃带。带间一般情况下没有斑点,但有时会由于倒易杆拉长而形成很弱的斑点。

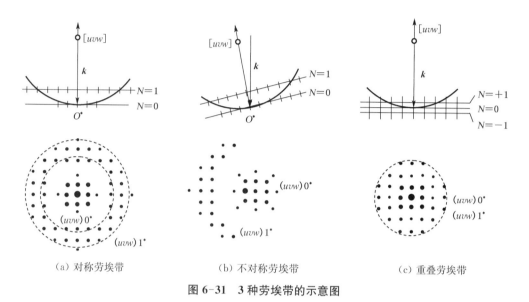

图 6-31　3 种劳埃带的示意图

（2）不对称劳埃带　入射电子束的方向与晶带轴[uvw]的方向不一致时,形成非对称劳埃带,此时的衍射斑点为同心圆弧带,如图 6-31(b),根据圆弧带偏移透射斑点的距离,可以求出晶带轴偏移的角度。

（3）重叠劳埃带　当晶体的点阵常数较大,其倒易面的面间距较小,在晶体试样较薄时,其倒易杆较长,当上层倒易杆扩展到零层并与反射球相截,形成高阶劳埃带与零阶劳埃带重叠,如图 6-31(c)所示,斑点的分布规律相同,有时会有一点位移,因此重叠劳埃带是对称劳埃带中的一种。

由零层劳埃带的存在范围 R_0 和相机长度 L,可以估算晶体在入射方向上的厚度 t:

$$t = L^2 \frac{2\lambda}{R_0^2} \tag{6-36}$$

由高阶劳埃带的半径 R、相机长度 L 及晶带轴的 N 可以估算晶体的点阵常数 c:

$$c = L^2 \frac{2N\lambda}{R^2} \tag{6-37}$$

4）二次衍射

由于晶体对电子的散射能力强,故衍射束的强度往往很强,它又将成为新的入射源,在晶体中产生二次衍射,甚至多次衍射。这样会使晶体中原本相对于入射束不参与衍射的晶面,在相对于衍射束时,却满足了衍射条件产生衍射,此时的电子衍射花样将是一次衍射、二次衍射甚至多次衍射所产生的斑点叠加。当二次衍射的斑点与一次衍射的斑点重合时,增加了这些斑点的强度,并使衍射斑点的强度分布规律出现异常;当两次衍射的斑点不重合时,则在一次衍射斑点的基础上出现附加斑点,甚至出现了相对于一次衍射本应消光的斑点,这些均为衍射分析增添了困难,在花样标定前应先将二次衍射花样区分出来。

图 6-32(a)为产生二次衍射的晶面示意图。设晶面 $h_1k_1l_1$、$h_2k_2l_2$、$h_3k_3l_3$ 分别属于单晶体中 3 个不同的晶面族,入射电子束作用于晶面 $h_3k_3l_3$ 时,由于消光不产生衍射,但作用于晶面 $h_1k_1l_1$ 时产生了正常的一次衍射,一次衍射束又作用于晶面 $h_2k_2l_2$ 时,恰好满足衍射条件,即产生了二次衍射。一定条件下,二次衍射束的方向与消光晶面 $h_3k_3l_3$ 的衍射方向一致,使本不应出现的 $h_3k_3l_3$ 消光斑点出现了。其实这个斑点并非是晶面 $h_3k_3l_3$ 自己的贡献,而是晶面 $h_2k_2l_2$ 衍射的结果。该过程还可用反射球示意出来,如图 6-32(b)。设 $h_1k_1l_1$、$h_2k_2l_2$、$h_3k_3l_3$ 三组晶面所对应的倒易矢量分别为 $\boldsymbol{g}_1$、$\boldsymbol{g}_2$、$\boldsymbol{g}_3$,其对应的倒易阵点分别为 G_1、G_2、G_3,其中 G_1、G_3 在反射球上,G_2 不一定在反射球上,$h_3k_3l_3$ 为消光晶面不产生衍射,如图中空心点所示,且 $\boldsymbol{g}_3 = \boldsymbol{g}_1 + \boldsymbol{g}_2$,即 $h_3 = h_1 + h_2$,$k_3 = k_1 + k_2$,$l_3 = l_1 + l_2$。当入射电子束作用在晶面 $h_1k_1l_1$ 上时,G_1 在反射球上,由于未发生消光,此时产生了方向为平行于 OG_1 方向的一次衍射,一次衍射束的方向恰好满足晶面 $h_2k_2l_2$ 的衍射条件,且未发生消光,即产生了二次衍射,二次衍射的方向平行于 OG_3。当晶面 $h_1k_1l_1$ 的衍射束作为入射方向时,反射球的倒易原点应从 O^* 移到 G_1,此时的 $\boldsymbol{g}_2$ 同步平移,由 $\boldsymbol{g}_3 = \boldsymbol{g}_1 + \boldsymbol{g}_2$ 的矢量关系可知,晶面 $h_2k_2l_2$ 的衍射方向与 OG_3 重合,而晶面 $h_3k_3l_3$ 为消光晶面,本不产生衍射,但此时由于晶面 $h_1k_1l_1$ 上的一次衍射束在 $h_2k_2l_2$ 上发生二次衍射,使本应消光的 OG_3 方向出现了衍射,显然,此时的衍射并不是 $h_3k_3l_3$ 晶面产生,而是晶面 $h_2k_2l_2$ 贡献的。

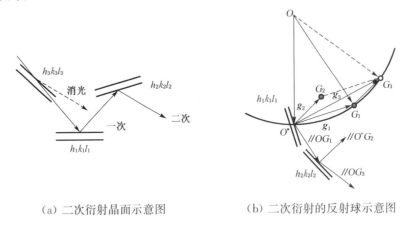

(a) 二次衍射晶面示意图　　　　(b) 二次衍射的反射球示意图

图 6-32　二次衍射原理图

需注意以下几点:

① 超点阵中,出现了本应消光的斑点,那是由于晶体的结构因子发生了变化所致,且该斑点仍是原消光晶面衍射产生。而二次衍射中消光点的出现,是由于其他晶面在一次衍射束的作用下发生二次衍射所致,并非原消光晶面产生。

② 二次衍射可使金刚石立方和密排六方晶体中的消光点出现。

金刚石立方结构为面心立方点阵沿其对角线移动 1/4 对角线长的复式点阵,其消光规律除了面心点阵的消光规律（H、K、L 奇偶混杂消光）外，尚有附加消光规律即 $h+k+l=4n+2$ 时消光，此时 110 晶带轴过倒阵原点的倒阵面如图 6-33。$\overline{1}11$ 移至中心 000 时，消光点 $\overline{2}22$、$22\overline{2}$ 出现衍射斑点，发生二次衍射。六方结构为简单点阵套构形成的复式点阵，简单点阵无消光，套构后产生附加消光，即 $h+2k=3n, l=2n+1$ 时消光。100 晶带方向的零层倒易阵面如图 6-34，001 和 $00\overline{1}$ 消光，当 010 为入射束时，两消光点均出现衍射斑点，发生二次衍射。

③ 体心和面心点阵中无二次衍射产生。体心点阵中，如图 6-35，消光规律为 $h+k+l=$ 奇数，每列中总有消光和非消光点，第 Ⅳ 列中，由于中心点 010 为消光点，无衍射束存在，只有第 Ⅴ 列中 020 不消光，移至中心作新的入射束时，消光点与衍射点未变，故无二次衍射产生。同理，在面心点阵中，如图 6-36，第 Ⅳ 列全部消光，而第 Ⅴ 列与中心列 Ⅲ 的消光相同，故移动也不会改变中心列中各点的消光与衍射，故无二次衍射产生。

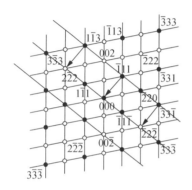

图 6-33　金刚石立方[110]晶带标准
零层倒易阵面图

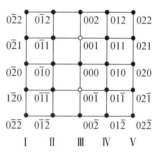

图 6-34　六方[100]晶带标准零层
倒易阵面图

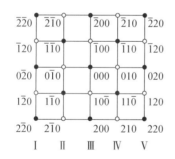

图 6-35　体心立方[001]晶带标准
零层倒易阵面图

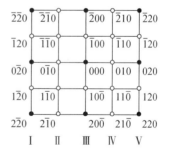

图 6-36　面心立方[001]晶带标准
零层倒易阵面图

④ 消光斑点产生二次衍射，不是原晶面衍射产生，而是新晶面衍射产生。

⑤ 二次衍射产生的原因：样品具有一定的厚度；TEM 衍射的布拉格角很小。随着样品厚度增加，衍射束增强，由于 TEM 衍射中非常小的布拉格角度，这些衍射束在方向上接近入射布拉格角度，这些衍射束可以作为产生相同类型衍射花样的入射束。

5）菊池线花样

菊池（S. Kikuchi）于 1928 年用电子束穿透较厚试样（$>0.1\ \mu m$），且内部缺陷密度较低的完整单晶试样时,发现其衍射花样中除了斑点花样外,还有亮暗平行线对,且亮线一般在衍射斑点区,暗线在透射斑点区或其附近。当厚度继续增加时,衍射斑点消失,仅剩大量亮暗平行线对,如图 6-37。菊池认为这是电子经过非弹性散射失去较少能量,然后又受到弹性散射所致,这些亮暗线对称为菊池线对,菊池线对之间的区域又称菊池带。

图 6-37 菊池线对

入射电子在样品内受到的散射有两种:一类是弹性散射,即电子被散射前后的能量不变,由于晶体中的质点排列规则,可使弹性散射电子彼此相互干涉,满足布拉格衍射条件产生衍射环或衍射斑点;另一类是非弹性散射,即在散射过程中不仅方向发生改变,而且其能量减少,这是衍射花样中背底强度的主要来源。

试样较薄时,试样中的原子对电子束中电子的散射次数也少,原子对电子的单次非弹性散射,只引起入射电子损失极少的能量(<50 eV),此时可近似认为其波长未发生变化。而对于厚度大于 100 nm 的试样,由于入射电子束与试样的非弹性散射次数增加、作用增强,使溢出试样的电子能量(波长)和方向都相差较大,在晶体内出现了在空间所有方向上传播的子波,形成均匀的背底强度,中间较亮、旁边较暗,散射角愈大,强度愈低,这些子波在符合布拉格衍射条件的情况下,同样可使晶面发生衍射,即发生再次的相干散射,所以这也是一种动力学效应。

当电子束入射较厚晶体时,在 O 点受到非相干散射后成为球形子波的波源,非相干散射电子的强度和发生概率均是散射角的函数。在入射束方向相同或接近方向上电子高度密集,散射电子强度极大,随着散射角的增大,其强度单调减小。如果以方向矢量的长度表示其强度,则从 O 点发出的散射波的强度分布为图 6-38(a)所示的液滴状,OQ 方向的电子散射强度高于 OP 方向,即 $I_{OQ}>I_{OP}$。由 O 点发出的散射波入射到晶体中的 (HKL) 晶面上,其中部分将满足布拉格衍射条件在 P、Q 处产生衍射,如图 6-38(b),衍射线分别为 PP' 和 QQ',假定晶面反射系数为 c,即透射束转给衍射束的能量分数,c 一般大于 $1/2$,则其对应的衍射强度分别为

$$I_{PP'} = (I_{OQ} - cI_{OQ}) + cI_{OP} = I_{OQ} - c(I_{OQ} - I_{OP}) < I_{OQ} \tag{6-38}$$

$$I_{QQ'} = (I_{OP} - cI_{OP}) + cI_{OQ} = I_{OP} + c(I_{OQ} - I_{OP}) > I_{OP} \tag{6-39}$$

(a) 非弹性散射电子强度分布示意图

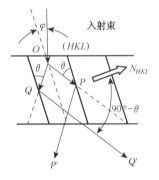

(b) 菊池线产生几何示意图

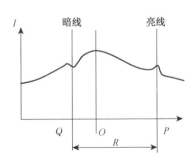

(c) 菊池衍射引起的背底强度变化

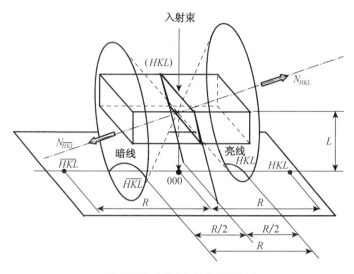

（d）菊池线对的产生及其衍射几何

图 6-38　菊池线对的产生原理示意图

因为 $I_{OQ} > I_{OP}$，故 PP' 方向的散射强度相对于入射波强度 I_{OQ} 减弱了，而 QQ' 方向相对于入射波强度 I_{OP} 增强了，如图 6-38(c) 所示。

非相干散射电子相对于 (HKL) 晶面族产生的可能衍射方向一定分布于晶面 (HKL) 和 $(\overline{HKL})$ 法线为轴、半顶角为 $90° - \theta$ 的衍射锥面上，且衍射束与入射束在同一个圆锥面上。这两个衍射锥面与厄瓦尔德球(接近于平面)相截，相截处为两条双曲线，因 θ 很小，样品至底片的距离(相机长度 L)较长，故双曲线近似为一对平行直线，如图 6-38(d) 所示。

因为 $I_{OQ} > I_{OP}$，且 $c > 1/2$，所以

$$I_{QQ'} - I_{PP'} = (2c - 1)(I_{OQ} - I_{OP}) > 0 \qquad (6\text{-}40)$$

即总的背底沿着 QQ' 衍射增强、PP' 衍射减弱，这样就形成了一对菊池线，背底增强的线称增强线(亮线)，背底减弱的线称减弱线(暗线)。由于晶体中其他晶面也可产生类似的线对，因此将形成许多亮暗线对构成的菊池线谱。由图 6-38(d) 可以看出，菊池线对的间距 $R = L \times 2\theta$，由于非弹性散射过程中波长的变化不大，所以衍射角的变化也不大，于是，菊池线对的间距 R 实际上等于衍射斑点 HKL 或 $\overline{HKL}$ 至中心斑点的距离，线对的公垂线也与中心斑点和衍射斑点的连线平行，同时，菊池线对的中分线即为衍射晶面 (HKL) 与底片的交线(又称晶面迹线)。如果已知相机常数 K，也可由线对间距 R 计算晶面间距 d。

图 6-39 为不同入射条件下菊池线对的位置。对称入射时，即入射束平行于衍射晶面，$\varphi = 0°$，菊池线对出现在中心透射斑点两侧，衍射晶面的迹线正好过透射斑(图 6-39(a))。理论上讲此时的背底强度净增与净减均为零，不应出现菊池线对，实际上在线对间出现暗带(试样较厚)或亮带(试样较薄)，可能是反常吸收效应所致。非对称入射时，如 $\varphi = \theta$ 时，如图 6-39(b)，此时衍射晶面 (HKL) 的倒易点恰好在反射球上，菊池线对中亮线 P 和暗线 Q 正好分别通过衍射斑点 HKL 和透射斑点 000，此时菊池线对特征不太明显。当电子束以任意角入射时，菊池线对位于透射斑的同侧，如图 6-39(c) 所示；也可在两侧，如图 6-39(d) 所示。一般情况下，菊池线对的位置相对于透射斑是不对称的，相对靠近中心斑点的为暗线，

其电子强度低于背底强度,而远离中心斑点的为亮线,其电子强度高于背底强度。菊池线对始终对称分布在该衍射晶面的迹线两侧。

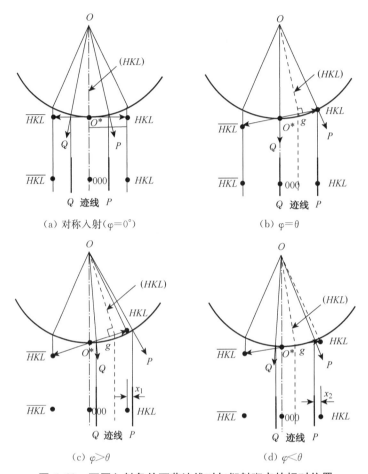

图 6-39　不同入射条件下菊池线对与衍射斑点的相对位置

　　菊池线对的位置对晶体取向十分敏感,样品作微小倾转时,菊池线对在像平面上以相机长度 L 绕倾斜轴扫动。从图 6-39(a)到图 6-39(b),试样倾转了 θ 角,菊池线对扫过 $\frac{1}{2}R$,而衍射斑点位置却基本不变,但衍射斑点的强度发生了较大变化,这是由于反射球与倒易杆相截的位置发生了变化所致。与此同时,一些新的衍射斑点出现,一些原有的衍射斑点消失。如试样倾转 $\varphi=1°$,相机长度为 500 mm,此时菊池线对扫过的位移 $x=L\times\varphi=500\times\dfrac{\pi}{180}=8.6\,mm$。故菊池线可用于精确测定晶体取向,精度可达 $0.1°$,远高于衍射斑点所测的精度($3°$)。

　　图 6-40 为面心立方晶体在电子束方向为[001]对称入射时的菊池线和相应的衍射斑点位置示意图。由于对称入射,菊池线总是位于中心斑点和衍射斑点之间的中心位置。同一晶带轴的不同晶带面所产生的菊池线对的中线(迹线)必相交于一点,该交点是晶带轴与投影面的交点,又称菊池极。相交于同一个极点的菊池线对的中线所对应的晶面必属于同一个晶带。单晶体的一套斑点花样反映同一晶带轴的系列晶面,而菊池花样中可能存在多个晶带轴,即同一张菊池花样中可能有多个菊池极,图 6-41 即为面心立方晶体含有多个菊池极的菊池图。

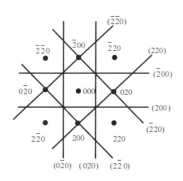
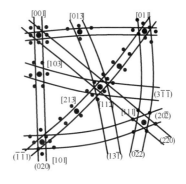

图 6-40　菊池极与衍射斑示意图　　图 6-41　面心立方晶体菊池图

注意：(1) 在菊池线谱中的衍射斑点和菊池线对均满足布拉格衍射条件，不同的是产生衍射斑点的入射电子束有固定的方向，而菊池线对是由入射电子束中非弹性散射电子（前进方向改变，且损失了部分能量）的衍射。

(2) 同一晶面可以不产生衍射斑点，但可能会产生菊池线对。菊池线对的出现与样品厚度和晶体的完整性有关，当晶体完整超薄时无菊池花样，仅有明锐的单晶衍射斑点花样。在样品超过一定厚度且晶体完整时才会出现清晰的菊池花样，仅有一定厚度但晶体不完整时，菊池花样不清晰。随着样品厚度的增加，吸收增强，菊池花样和斑点花样均逐渐减弱直至消失。

6.10　透射电镜的图像衬度理论

6.10.1　衬度的概念与分类

前面讨论了电子衍射的基本原理，电子衍射花样为我们分析材料结构提供了有力依据，同时电子衍射还可提供材料形貌信息，那么在电镜中的显微图像是如何形成的呢？这就需要由衬度理论来解释。所谓衬度是指两像点间的明暗差异，差异愈大，衬度就愈高，图像就愈明晰。电镜中的衬度(Contrast)可表为

$$C = \frac{I_1 - I_2}{I_1} = \frac{\Delta I}{I_1} \tag{6-41}$$

式中 I_1、I_2 分别表示两像点的成像电子的强度。衬度源于样品对入射电子的散射，当电子束（波）穿透样品后，其振幅和相位均发生了变化，因此，电子显微图像的衬度可分为振幅衬度和相位衬度，这两种衬度对同一幅图像的形成均有贡献，只是其中一个占主导而已。根据产生振幅差异的原因，振幅衬度又可分为质厚衬度和衍射衬度两种。

1）质厚衬度

质厚衬度是由于试样中各处的原子种类不同或厚度、密度差异所造成的衬度。图 6-42 为质厚衬度形成示意图，高质厚处，即该处的原子序数或试样厚度较其他处高，由于高序数的原子对电子的散射能力强于低序数的原子，成像时电子被散射出光阑的概率就大，参与成像的电子强度就低，与其他处相比，该处的图像就暗；同理，试样厚处对电子的吸收相对较

多,参与成像的电子就少,导致该处的图像就暗。非晶体主要是靠质厚衬度成像。

电子被散射到光阑孔外的概率可用下式表示:

$$\frac{\mathrm{d}N}{N} = -\frac{\rho N_{\mathrm{A}}}{A}\left(\frac{Z^2 e^2 \pi}{U^2 \alpha^2}\right) \times \left(1 + \frac{1}{Z}\right)\mathrm{d}t \qquad (6\text{-}42)$$

式中:α——散射角;

ρ——物质密度;

e——电子电荷;

A——原子质量;

N_{A}——阿伏加德罗常数;

Z——原子序数;

U——电子枪加速电压;

t——试样厚度。

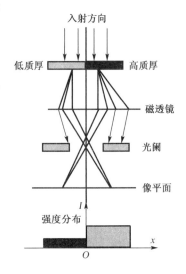

图 6-42 质厚衬度原理示意图

由上式可知试样愈薄、原子序数愈小,加速电压愈高,电子被散射到光阑孔外的概率愈小,通过光阑孔参与成像的电子就愈多,该处的图像就愈亮。

但需指出的是,质厚衬度取决于试样中不同区域参与成像的电子强度的差异,而不是成像的电子强度,对相同试样,提高电子枪的加速电压,电子束的强度提高,试样各处参与成像的电子强度同步增加,质厚衬度不变。仅当质厚变化时,质厚衬度才会改变。

2)相位衬度

当晶体样品较薄时,可忽略电子波的振幅变化,让透射束和衍射束同时通过物镜光阑,由于试样中各处对入射电子的作用不同,致使它们在穿出试样时相位不一,再经相互干涉后便形成了反映晶格点阵和晶格结构的干涉条纹像,见图 6-43,并可测定物质在原子尺度上的精确结构。这种主要由相位差所引起的强度差异称为相位衬度,晶格分辨率的测定以及高分辨图像就是采用相位衬度来进行分析的。

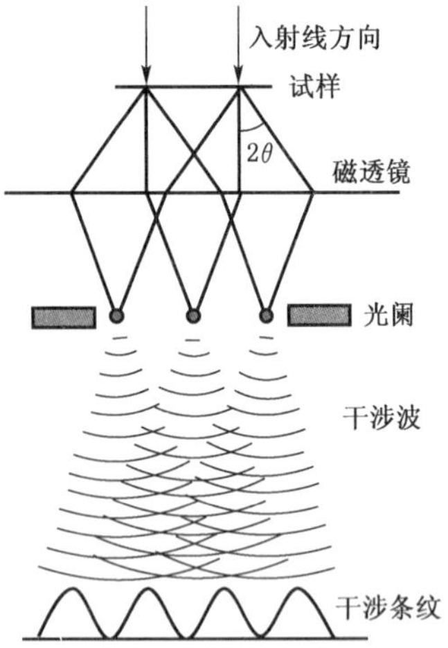

3)衍射衬度

图 6-44 为衍射衬度形成原理图,设试样仅由 A、B 两个晶粒组成,其中晶粒 A 完全不满足布拉格方程的衍射条件,而晶粒 B 中为简化起见也仅有一组晶面(hkl)满足布拉格衍射条件产生衍射,其他晶面均远离布拉格条件,这样入射电子束作用后,将在晶粒 B 中产生衍射束 I_{hkl},形成衍射斑点 hkl,而晶粒 A 因不满足衍射条件,无衍射束产生,仅有透射束 I_0,此时,移动物镜光阑,挡住衍射束,仅让透射束通过,见图 6-44(a),晶粒 A 和 B 在像平面上成像,其电子束强度分别为 $I_{\mathrm{A}} \approx I_0$ 和 $I_{\mathrm{B}} \approx I_0 - I_{hkl}$,晶粒 A 的亮度远高于晶粒 B。若以 A 晶粒的强度为背景强度,则 B 晶粒像的衍射衬度为:$\left(\frac{\Delta I}{I_{\mathrm{A}}}\right)_{\mathrm{B}} = \frac{I_{\mathrm{A}} - I_{\mathrm{B}}}{I_{\mathrm{A}}} \approx \frac{I_{hkl}}{I_{\mathrm{A}}}$。这种由满足布拉格衍射条件的程度不同造成的衬度称为衍射衬度。并把这种挡住衍射束,让透射束成像的操作称为明场操作,所成的像称为明场像。

图 6-43 相位衬度原理示意图

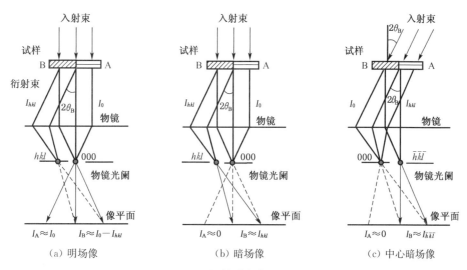

图 6-44　衍射衬度产生原理图

如果移动物镜光阑挡住透射束,仅让衍射束通过成像,得到所谓的暗场像,此成像操作称为暗场操作,见图 6-44(b)。此时两晶粒成像的电子束强度分别为 $I_A \approx 0$ 和 $I_B \approx I_{hkl}$,像平面上晶粒 A 基本不显亮度,而晶粒 B 由衍射束成像亮度高。若仍以 A 晶粒的强度为背景强度,则 B 晶粒像的衍射衬度为

$$\left(\frac{\Delta I}{I_A}\right)_B = \frac{I_A - I_B}{I_A} \approx \frac{I_{hkl}}{I_A} \to \infty$$

但由于此时的衍射束偏离了中心光轴,其孔径半角相对于平行于中心光轴的电子束要大,因而磁透镜的球差较大,图像的清晰度不高,成像质量低,为此,通过调整偏置线圈,使入射电子束倾斜 $2\theta_B$ 角,如图 6-44(c)所示,晶粒 B 中的($\bar{h}\,\bar{k}\,\bar{l}$)晶面组完全满足衍射条件,产生强烈衍射,此时的衍射斑点移到了中心位置,衍射束与透镜的中心轴重合,孔径半角大大减小,所成像比暗场像更加清晰,成像质量得到明显改善。我们称这种成像操作为中心暗场操作,所成像为中心暗场像。

由以上分析可知,通过物镜光阑和电子束的偏置线圈可实现明场、暗场和中心暗场 3 种成像操作,其中暗场像的衍射衬度高于明场像的衍射衬度,中心暗场的成像质量又因孔径角的减小比暗场高,因此在实际操作中通常采用暗场或中心暗场进行成像分析。以上 3 种操作均是通过移动物镜光阑来完成的,因此物镜光阑又称衬度光阑。需要指出的是,进行暗场或中心暗场成像时,采用的是衍射束进行成像的,其强度要低于透射束,但其产生的衬度却比明场像高。

6.10.2　衍射衬度运动学理论与应用

衍射衬度理论简称衍衬理论,所讨论的是电子束穿出样品后透射束或衍射束的强度分布,从而获得各像点的衬度分布。衍衬理论可以分析和解释衍射成像的原理,也可由该理论预示晶体中一些特定结构的衬度特征。由电子束与样品的作用过程可知,电子束在样品中可能要发生多次散射,且透射束和衍射束之间也将发生相互作用,因此,穿出样品后的衍射强度的计算过程非常复杂,需要对此简化。根据简化程度的不同,衍衬理论

可分为运动学理论和动力学理论两种。当考虑衍射的动力学效应,即透射束与衍射束之间的相互作用和多重散射所引起的吸收效应时,衍衬理论称为动力学理论。当不考虑动力学效应时,衍衬理论称为运动学理论。衍衬运动学理论尽管做了较大程度的简化,但在一定的条件下可以对一些衍衬现象作出定性和直观的解释,但由于其过于简化,仍有一些衍衬现象无法解释,因此,该理论的运用仍具有一定的局限性。而衍射动力学理论简化较少,衍射强度的计算更加严密,可以解释一些运动学理论无法解释的衍衬现象,但该理论的推导过程繁琐,本书未作介绍,感兴趣的读者可参考相关文献。衍衬运动学理论只是衍衬动力学理论的一种近似。

1) 基本假设

衍衬运动学理论的两个基本假设:

① 衍射束与透射束之间无相互作用,无能量交换;

② 不考虑电子束通过样品时引起的多次反射和吸收。

以上两个基本假设在一定的条件下是可以满足的,当样品较薄,偏移矢量较大时,由强度分布曲线可知衍射束的强度远小于透射束的强度,因此,可以忽略透射束与衍射束之间的能量交换。由于样品很薄,同样可以忽略电子束在样品中的多次反射和吸收。在满足上述两个基本假设后,运动学理论还作了以下两个近似:

(1) 双光束近似

电子束透过样品后,除了一束透射束外还有多个衍射束。双光束近似是指在多个衍射束中,仅有一束接近于布拉格衍射条件(仍有偏离矢量 s),其他衍射束均远离布拉格衍射条件,衍射束的强度均为零,这样电子束透过样品后仅存在一束透射束和一束衍射束。

双光束近似可以获得以下关系: $I_0 = I_T + I_g$,式中 I_0、I_T、I_g 分别表示入射束、透射束和衍射束的强度。透射束和衍射束保持互补关系,即透射束增强时,衍射束减弱,反之则反。通常设 $I_0 = 1$,这样,$I_T + I_g = 1$,当算出 I_g 时,即可知道 $I_T = 1 - I_g$。

(2) 晶柱近似

晶柱近似是把单晶体看成是由一系列晶柱平行排列构成的散射体,各晶柱又由晶胞堆砌而成,晶柱贯穿晶体厚度,晶柱与晶柱之间不发生交互作用。假设样品厚度 t 为 200 nm,在加速电压为 100 kV 时,电子束的波长 λ 为 0.003 7 nm,晶面间距 d 为 0.1 nm 量级,由布拉格方程可知 θ 角很小约 $10^{-3} \sim 10^{-2}$ rad,可见衍射束与透射束在穿过样品后,两者间的距离为 $t \times 2\theta$,约 1 nm。在这样薄的晶体内,无论透射振幅还是衍射振幅,都可看成是包括透射波和衍射波在内的晶柱内的原子或晶胞散射振幅的叠加。每个晶柱被看成晶体的一个成像单元。只要算出各晶柱出口处的衍射强度或透射强度,就可获得晶体下表面各成像单元的衬度分布,从而建立晶体下表面上每点的衬度和晶柱结构的对应关系,这种处理方法即为晶柱近似。通过晶柱近似后,每一晶柱下表面的衍射强度即可认为是电子束在晶柱中散射后离开下表面时的强度,该强度可以通过积分法获得。

图 6-45 为晶体双光束近似和晶柱近似的示意图,样品厚度为 t,通过双光束近似和晶柱近似后,

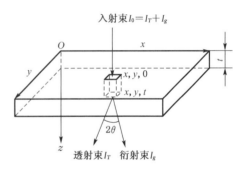

图 6-45 晶体的双光束近似和晶柱近似

就可计算晶体下表面各物点的衍射强度 I_g，从而解释暗场像的衬度，也可由 $I_T = 1 - I_g$ 关系，获得各物点的 I_T，解释明场像的衬度。晶体有理想晶体和实际晶体之分，理想晶体中没有任何缺陷，此时的晶柱为垂直于晶体表面的直晶柱，而实际晶体由于存在缺陷，晶柱发生弯曲，因此，理想晶体和实际晶体的衍射强度计算有别，下面分别讨论之，并由此解释一些常见的衍射图像。

2）理想晶体的衍射束强度

理想晶体中没有任何缺陷，晶柱为垂直于样品表面的直晶柱。图 6-46(a) 为理想晶体中晶柱底部的衍射强度计算示意图。电子波进入晶柱多次散射后，从晶柱底部穿出，设入射波的强度为 I_0，衍射束强度和透射束强度分别为 I_g 和 I_T。薄晶体的厚度为 t；偏移矢量为 s；入射矢量和衍射矢量分别为 k 和 k'；r 为晶胞的位置矢量，$r = xa + yb + zc$，(x, y, z) 为位置坐标是整数；g 为倒易矢量，$g = ha^* + kb^* + lc^*$；衍射几何见图 6-46(b)，由菲涅尔 (Fresnel) 衍射原理可得在衍射方向上衍射波振幅的微分为

$$d\phi_g = \frac{i\pi}{\xi_g} e^{-i\varphi} \cdot dr = \frac{i\pi}{\xi_g} \exp[-2\pi i(k' - k) \cdot r] \cdot dr \qquad (6-43)$$

式中：ϕ_g——衍射波的振幅；

φ——散射波的相位，$\varphi = 2\pi(k' - k) \cdot r$；

ξ_g——消光距离。

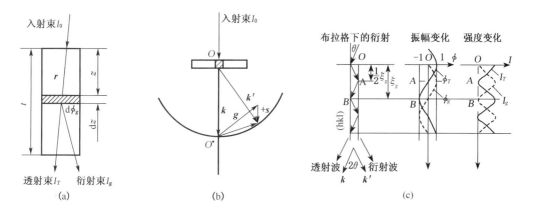

图 6-46　理想晶体晶柱的衍射束强度

消光距离 ξ_g 是衍衬理论中的一个动力学概念，表示精确满足布拉格衍射条件时，由于晶柱中衍射波和透射波之间的相互作用，引起衍射强度（或透射强度）在晶柱深度方向上发生周期性的振荡（见图 6-46(c)），这个沿晶柱深度方向的振荡周期即为消光距离，其大小为相邻最大或最小振幅间的距离，可表示为

$$\xi_g = \frac{\pi V_c \cos \theta}{\lambda F_g} \qquad (6-44)$$

式中：V_c——晶胞体积；

F_g——晶胞的结构因子；

λ——入射波的波长；

θ——衍射半角。

消光距离具有长度量纲，与晶体的成分、结构、加速电压等有关，多数金属晶体低指数反射的消光距离一般在数十纳米左右。

只需求得相位 φ，晶柱底部的衍射振幅就可由式(6-43)在 $0\sim t$ 范围内的积分获得。

由图 6-46(b)可知：$\boldsymbol{k}' - \boldsymbol{k} = \boldsymbol{g} + \boldsymbol{s}$，因此

$$\varphi = 2\pi(\boldsymbol{k}' - \boldsymbol{k}) \cdot \boldsymbol{r} = 2\pi(\boldsymbol{g} + \boldsymbol{s}) \cdot \boldsymbol{r} = 2\pi\boldsymbol{g} \cdot \boldsymbol{r} + 2\pi\boldsymbol{s} \cdot \boldsymbol{r} \tag{6-45}$$

因为 $\boldsymbol{g} = h\boldsymbol{a}^* + k\boldsymbol{b}^* + l\boldsymbol{c}^*$，$\boldsymbol{r} = x\boldsymbol{a} + y\boldsymbol{b} + z\boldsymbol{c}$，$\boldsymbol{s} /\!/ \boldsymbol{r} /\!/ \boldsymbol{z}$，所以 $\boldsymbol{g} \cdot \boldsymbol{r} = hx + ky + lz$ 为整数，设为 n。

$\boldsymbol{s} \cdot \boldsymbol{r} = |\boldsymbol{s}| \cdot |\boldsymbol{r}| \cos\alpha$，$\alpha$ 为 $\boldsymbol{s}$ 与 $\boldsymbol{r}$ 的夹角，显然 $\alpha = 0°$，因此

$$\boldsymbol{s} \cdot \boldsymbol{r} = |\boldsymbol{s}| \cdot |\boldsymbol{r}| \cos\alpha = sr$$

得
$$\varphi = 2n\pi + 2\pi sr \tag{6-46}$$

由于仅需考虑晶柱深度方向上的衍射，因此 $\mathrm{d}r = \mathrm{d}z$。

这样晶柱底部的衍射振幅为

$$\begin{aligned}
\phi_g &= \frac{\mathrm{i}\pi}{\xi_g}\int_0^t \mathrm{e}^{-\mathrm{i}\varphi}\mathrm{d}r = \frac{\mathrm{i}\pi}{\xi_g}\int_0^t \mathrm{e}^{-\mathrm{i}(2n\pi + 2\pi sr)}\mathrm{d}r = \frac{\mathrm{i}\pi}{\xi_g}\int_0^t \mathrm{e}^{-\mathrm{i}(2n\pi + 2\pi sz)}\mathrm{d}z \\
&= \frac{\mathrm{i}\pi}{\xi_g}\left[\int_0^t \mathrm{e}^{-\mathrm{i}2n\pi}\mathrm{d}z \cdot \int_0^t \mathrm{e}^{-\mathrm{i}2\pi sz}\mathrm{d}z\right] = \frac{\mathrm{i}\pi}{\xi_g}\int_0^t \mathrm{e}^{-\mathrm{i}2\pi sz}\mathrm{d}z \\
&= \frac{\mathrm{i}\pi}{\xi_g} \cdot \frac{1}{-2\pi\mathrm{i}s}(\mathrm{e}^{-2\pi\mathrm{i}st} - 1) \\
&= \frac{1}{2s\xi_g}(1 - \mathrm{e}^{-2\pi\mathrm{i}st}) = \frac{1}{2s\xi_g}(\mathrm{e}^{\pi\mathrm{i}st} \cdot \mathrm{e}^{-\pi\mathrm{i}st} - \mathrm{e}^{-\pi\mathrm{i}st} \cdot \mathrm{e}^{-\pi\mathrm{i}st}) \\
&= \frac{1}{2s\xi_g}\mathrm{e}^{-\pi\mathrm{i}st}(\mathrm{e}^{\pi\mathrm{i}st} - \mathrm{e}^{-\pi\mathrm{i}st}) \\
&= \frac{1}{2s\xi_g}\mathrm{e}^{-\pi\mathrm{i}st}[(\cos\pi st + \mathrm{i}\sin\pi st) - (\cos(-\pi st) + \mathrm{i}\sin(-\pi st))] \\
&= \frac{1}{2s\xi_g} \cdot 2\mathrm{i}\sin\pi st \cdot \mathrm{e}^{-\pi\mathrm{i}st} \\
&= \frac{1}{s\xi_g} \cdot \mathrm{i}\sin\pi st[(\cos(-\pi st) + \mathrm{i}\sin(-\pi st))] \\
&= \frac{1}{s\xi_g} \cdot \sin\pi st[\sin\pi st + \mathrm{i}\cos\pi st]
\end{aligned} \tag{6-47}$$

因 ϕ_g 为复数，其共轭复数为

$$\phi_g^* = \frac{1}{s\xi_g}\sin\pi st[\sin\pi st - \mathrm{i}\cos\pi st] \tag{6-48}$$

所以衍射波振幅的平方为

$$|\phi_g|^2 = \phi_g \cdot \phi_g^* = \frac{\pi^2}{\xi_g^2} \cdot \frac{\sin^2(\pi st)}{(\pi s)^2} \tag{6-49}$$

因为衍射强度正比于其振幅的平方，所以晶柱底部的衍射束强度可以表示为

$$I_g = \frac{\pi^2}{\xi_g^2} \cdot \frac{\sin^2(\pi st)}{(\pi s)^2} \tag{6-50}$$

上式(6-50)是在理想晶柱(直晶柱)和运动学假设的基础上推导而来的,即为理想晶体衍射束强度的运动学方程。该式表明理想晶体的衍射束强度I_g主要取决于晶体的厚度t以及偏移矢量的大小s。

运动学理论认为衍射束强度和透射束强度是互补的,所以,理想晶体透射束强度的运动学方程为

$$I_T = 1 - I_g = 1 - \frac{\pi^2}{\xi_g^2} \cdot \frac{\sin^2(\pi st)}{(\pi s)^2} \tag{6-51}$$

3) 衍射束强度运动学方程的应用

衍射束强度运动学方程可以解释晶体中常见的两种衍衬像:等厚条纹和等倾条纹。

(1) 等厚条纹(I_g-t)

如果晶体保持在固定的位向,即衍射晶面的偏移矢量的大小s为恒定值,式(6-50)可以表示为

$$I_g = \frac{1}{(s\xi_g)^2} \cdot \sin^2(\pi st) \tag{6-52}$$

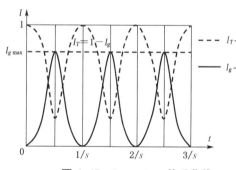

图 6-47 I_g-t, I_T-t 关系曲线

根据该式可以绘制衍射强度I_g与样品厚度t之间的关系曲线(见图 6-47),显然,衍射强度随样品厚度呈周期性变化,变化周期为$\frac{1}{s}$,即消光距离$\xi_g = \frac{1}{s}$。当样品厚度$t = n \times \frac{1}{s}$时,$I_g = 0$;当$t = \left(n + \frac{1}{2}\right) \times \frac{1}{s}$时,$I_g$取得最大值:

$$I_{g\,max} = \frac{1}{(s\xi_g)^2} \tag{6-53}$$

由衍射衬度原理可知,暗场像的强度为衍射束的强度,明场像的强度为透射束的强度。在双光束中,两者互补,因此图 6-47 中的虚线即为透射束的强度随样品厚度变化的关系曲线,$I_T = 1 - I_g$。由于衍射强度随样品厚度呈周期性变化,它可以定性解释晶体中厚度变化区域所出现的条纹像。图 6-48 为晶界处出现的条纹像,这是由于晶粒与晶粒在晶界处形成了楔形结合,见图 6-49,晶界处的厚度连续变化,当上方晶粒(晶体 1)符合衍射条件(但有一定的s存在),而下方晶粒(晶体 2)远离衍射条件(s甚大),电子束穿过样品时,上方晶体发生衍射,而下方晶体无衍射,这样样品下表面的衍射强度可看成是上方晶体所产生,衍射强度的周期性变化,在晶界处出现了明暗相间的条纹像。由于每一条纹所对应的样品厚度相等,因此,该图像又称等厚条纹像。并且根据亮暗条纹的数目以及变化周期可以估算样品的厚度。如图 6-49 中,暗场时,由衍射强度I_g成像,当$I_g = 0$时为暗线,I_g取最大值 时为亮线,变化周期为$\frac{1}{s}$,即消光距离$\xi_g = \frac{1}{s}$,该图共有 4 条暗线。样品厚度为

$$t = \left(4 + \frac{1}{2}\right) \times \xi_g = \left(4 + \frac{1}{2}\right) \times \frac{1}{s}$$

等厚条纹还可出现在孪晶界、相界面等晶体厚度连续变化的区域。

图 6-48 晶体中晶界处的等厚条纹像

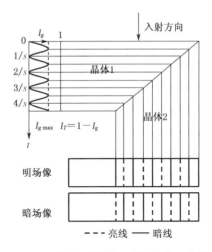
图 6-49 楔形晶界的明暗场像的示意图

(2) 等倾条纹($I_g - s$)

当样品的厚度 t 一定时,衍射强度随偏移矢量的大小 s 呈周期性变化,此时衍射强度与 s 的关系可表示为

$$I_g = \frac{(\pi t)^2}{(\xi_g)^2} \cdot \frac{\sin^2(\pi s t)}{(\pi s t)^2} \tag{6-54}$$

其变化规律类似于干涉函数如图 6-50 所示。变化周期为 $\frac{1}{t}$,在 $s = \pm\frac{1}{t}$,$\pm\frac{2}{t}$,$\pm\frac{3}{t}$ 等时,衍射强度 I_g 为零,在 $s = 0$,$\pm\frac{3}{2t}$,$\pm\frac{5}{2t}$ 等时,衍射强度取得极值,其中 $s = 0$ 时取得最大值 $I_g = \frac{(\pi t)^2}{\xi_g^2}$,由于衍射强度相对集中于 $-\frac{1}{t} \sim +\frac{1}{t}$ 的一次衍射峰区,而二次衍射峰已很弱,因此 $-\frac{1}{t} \sim +\frac{1}{t}$ 为产生衍射的范围,当偏移矢量 s 超出该范围时,衍射强度近似为零,无衍射产生,该界限也为倒易杆的长度 $\frac{2}{t}$,可见晶体样品愈薄,其倒易杆愈长,产生衍射的条件愈宽。当样品在电子束作用时,受热膨胀或受某种外力作用而发生弯曲时,衍衬图像上可出现平行条纹像,每条纹上的偏移矢量 s 相同,故称等倾条纹,如图 6-51 所示。等倾条纹呈现两条平行的弯曲条纹,这是由于衍射强度集中分布于 $-\frac{1}{t} \sim +\frac{1}{t}$ 之间,其他区域近乎为零,且在 $s = \pm\frac{1}{t}$ 时,衍射强度 $I_g = 0$,故暗场时,在 $s = \pm\frac{1}{t}$ 处分别形成暗线,组成弯曲平行条纹像,很显然,每一条纹上的偏移矢量 s 相同,即样品的弯曲倾斜程度相同。其他区域因无衍射强度而不显衍衬图像。还可能出现相互交叉的等倾条纹。

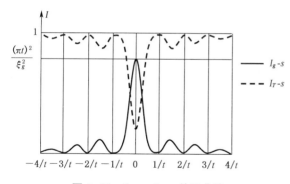

图 6-50 I_g-s，I_T-s 关系曲线

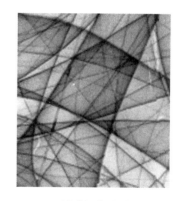

图 6-51 TiAl 膜暗场像中的弯曲等倾条纹

需指出以下两点：①等倾条纹一般为两条平行的亮线（明场）或暗线（暗场），平行线的间距取决于晶体样品的厚度，厚度愈薄，则间距愈宽。此外，同一区域可能有多组这样取向不同的等倾条纹像，这是由于满足衍射的晶面族有多个所致。每组平行条纹的间距不相同，但各组平行条纹分别具有相同的偏移矢量，即为同一倾斜程度。而等厚条纹则为平行的多条纹，平行条纹的条数及条纹间距取决于样品的厚度和消光距离的大小。②等倾条纹又称弯曲消光条纹，随着样品弯曲程度的变化，等倾条纹会发生移动，即使样品不动，特别是样品受电子束照射发热时，只要稍许改变晶体样品的取向，就有等倾条纹扫过现象。

6.10.3　非理想晶体的衍射衬度

由于晶体中存在缺陷，晶格发生畸变，晶柱不再是理想晶体的直晶柱，而呈弯曲状态，如图 6-52 所示，缺陷矢量用 $\boldsymbol{R}$ 表征，这样晶柱中的位置矢量应为理想晶柱的位置矢量 $\boldsymbol{r}$ 和缺陷矢量 $\boldsymbol{R}$ 的和，用 $\boldsymbol{r}'$ 表示，则 $\boldsymbol{r}' = \boldsymbol{r} + \boldsymbol{R}$，相应的相位角 φ' 为

$$\varphi' = 2\pi(\boldsymbol{k}' - \boldsymbol{k}) \cdot \boldsymbol{r}' = 2\pi(\boldsymbol{g} + \boldsymbol{s}) \cdot (\boldsymbol{r} + \boldsymbol{R})$$
$$= \varphi + 2\pi \boldsymbol{g} \cdot \boldsymbol{R} + 2\pi \boldsymbol{s} \cdot \boldsymbol{R} \tag{6-55}$$

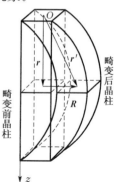

图 6-52　缺陷矢量 $\boldsymbol{R}$

因为 $\boldsymbol{s}$ 与 $\boldsymbol{R}$ 近似垂直，所以 $\boldsymbol{s} \cdot \boldsymbol{R}$ 可忽略不计，即

$$\varphi' = \varphi + 2\pi \boldsymbol{g} \cdot \boldsymbol{R} \tag{6-56}$$

令 $\alpha = 2\pi \boldsymbol{g} \cdot \boldsymbol{R}$，则

$$\varphi' = \varphi + \alpha \tag{6-57}$$

这样晶柱底部的衍射波的振幅为

$$\phi_g = \frac{i\pi}{\xi_g} \int_0^t e^{-i\varphi'} dr' = \frac{i\pi}{\xi_g} \int_0^t e^{-i(\varphi + \alpha)} dz = \frac{i\pi}{\xi_g} \int_0^t e^{-i\varphi} \cdot e^{-i\alpha} dz \tag{6-58}$$

式中的 α 为非理想晶体中存在缺陷而引入的附加相位角，这样晶柱底部的衍射振幅会因缺陷矢量的不同而不同，产生衬度像。但缺陷能否显现，还取决于 $\boldsymbol{g} \cdot \boldsymbol{R}$ 的值。在给定的缺陷（$\boldsymbol{R}$ 矢量一定），通过倾转样品台，可选择不同的 $\boldsymbol{g}$ 成像，当 $\boldsymbol{g} \cdot \boldsymbol{R} = n$（$n$ 为整数）时，$\alpha = 2n\pi$，$\varphi' = \varphi + \alpha = 2n\pi + \varphi$，此时晶柱底部的衍射振幅与理想晶体相同，缺陷就无衬度，不显缺陷像。

6.10.4　非理想晶体的缺陷成像分析

晶体缺陷根据其存在的范围大小可分为点、线、面、体 4 种缺陷,本节主要介绍层错(面缺陷)、位错(线缺陷)和第二相粒子(体缺陷)的衍衬像。

1) 层错

层错是平面型缺陷,一般发生在密排面上,层错两侧的晶体均为理想晶体,且保持相同位向,两者间只是发生了一个不等于点阵平移矢量的位移 R,层错的边界为不全位错。

例如,在面心立方晶体中,层错面为密排面(111),层错时的位移有两种:

① 沿垂直于(111)面方向上的移动,缺陷矢量 $R = \pm\frac{1}{3}\langle 111 \rangle$,表示下方晶体沿 $\langle 111 \rangle$ 方向向上或向下移动,相当于抽出或插入一层(111)面,可形成内禀层错或外禀层错。

② 在(111)面内的移动,缺陷矢量 $R = \pm\frac{1}{6}\langle 112 \rangle$,表示下方晶体沿 $\langle 112 \rangle$ 方向向上或向下切变位移,也可形成内禀层错或外禀层错。

设层错的缺陷矢量为 $R = \pm\frac{1}{6}\langle 112 \rangle$,则

$$\alpha = 2\pi(h\boldsymbol{a}^* + k\boldsymbol{b}^* + l\boldsymbol{c}^*) \cdot \frac{1}{6}(1\boldsymbol{a} + 1\boldsymbol{b} + 2\boldsymbol{c}) = \frac{\pi}{3}(h + k + 2l) \tag{6-59}$$

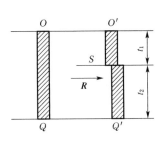

图 6-53　平行于薄膜表面的层错示意图

根据面心立方晶体的消光规律(h、k、l 奇偶混杂时消光)可得 α 的可能取值为:0,2π,$\pm\frac{2\pi}{3}$。显然在 α 为 0 和 2π 时,层错无衬度,不显层错像。因此,可能显现的只是 $\alpha = \pm\frac{2\pi}{3}$ 时的层错。下面简要讨论层错衬度的一般特征。根据层错的存在形式可分为平行于样品表面、倾斜于样品表面、垂直于样品表面和层错重叠等 4 种形式,其中层错垂直于样品表面时,层错不显衬度,因而不可见,下面仅讨论其他 3 种层错。

(1) 平行于薄膜表面的层错

图 6-53 为平行于薄膜表面的层错示意图,OQ 为理想晶体的晶柱,$O'Q'$ 为含有层错的晶柱,层错上方晶体 $O'S$ 和下方晶体 SQ' 均为理想晶体,厚度分别为 t_1 和 t_2,两者间沿层错面平移了一缺陷矢量 R,R 矢量平行于薄膜的表面。

由非理想晶体的衍射振幅计算式(6-58)可得

$$\phi'_g = \frac{\mathrm{i}\pi}{\xi_g}\int_0^t \mathrm{e}^{-\mathrm{i}\varphi'}\,\mathrm{d}r' = \frac{\mathrm{i}\pi}{\xi_g}\int_0^t \mathrm{e}^{-\mathrm{i}(\varphi+\alpha)}\,\mathrm{d}z = \frac{\mathrm{i}\pi}{\xi_g}\int_0^t \mathrm{e}^{-\mathrm{i}\varphi} \cdot \mathrm{e}^{-\mathrm{i}\alpha}\,\mathrm{d}z$$

$$= \frac{\mathrm{i}\pi}{\xi_g}\int_0^{t_1} \mathrm{e}^{-\mathrm{i}\varphi}\,\mathrm{d}z + \frac{\mathrm{i}\pi}{\xi_g}\int_{t_1}^{t_2} \mathrm{e}^{-\mathrm{i}(\varphi+\alpha)}\,\mathrm{d}z = \frac{\mathrm{i}\pi}{\xi_g}\Big[\int_0^{t_1} \mathrm{e}^{-2\pi\mathrm{i}sz}\,\mathrm{d}z + \mathrm{e}^{-\mathrm{i}\alpha}\int_{t_1}^{t_2} \mathrm{e}^{-2\pi\mathrm{i}sz}\,\mathrm{d}z\Big]$$

$$\tag{6-60}$$

现以振幅-相位图讨论之。

令 $\dfrac{\mathrm{i}\pi}{\xi_g}\displaystyle\int_0^{t_1} \mathrm{e}^{-2\pi\mathrm{i}sz}\,\mathrm{d}z = A(t_1)$,　　$\dfrac{\mathrm{i}\pi}{\xi_g}\displaystyle\int_{t_1}^{t_2} \mathrm{e}^{-2\pi\mathrm{i}sz}\,\mathrm{d}z = A(t_2)$,　　$\dfrac{\mathrm{i}\pi}{\xi_g}\mathrm{e}^{-\mathrm{i}\alpha}\displaystyle\int_{t_1}^{t_2} \mathrm{e}^{-2\pi\mathrm{i}sz}\,\mathrm{d}z = A'(t_2)$

在振幅-相位图中,层错上方晶体 t_1 的变化,相当于 S 点在振幅圆 O_1 上运动,层错下方晶体 t_2 的变化相当于 Q 点在振幅圆 O_2 上运动,振幅圆半径为单位长度,如图 6-54。

因为 $\quad \phi_g = \dfrac{\mathrm{i}\pi}{\xi_g}\int_0^{t_1}\mathrm{e}^{-2\pi\mathrm{i}sz}\,\mathrm{d}z + \dfrac{\mathrm{i}\pi}{\xi_g}\int_{t_1}^{t_2}\mathrm{e}^{-2\pi\mathrm{i}sz}\,\mathrm{d}z,\quad \phi'_g = \dfrac{\mathrm{i}\pi}{\xi_g}\int_0^{t_1}\mathrm{e}^{-2\pi\mathrm{i}sz}\,\mathrm{d}z + \dfrac{\mathrm{i}\pi}{\xi_g}\mathrm{e}^{-\mathrm{i}\alpha}\int_{t_1}^{t_2}\mathrm{e}^{-2\pi\mathrm{i}sz}\,\mathrm{d}z$

则 $\quad \phi_g = A(t_1) + A(t_2),\quad \phi'_g = A(t_1) + A'(t_2)$

① 在 $\alpha = 0$ 或 2π 时,$\mathrm{e}^{-\mathrm{i}\alpha} = 1$,振幅-相位的关系如图 6-54(a),两振幅圆重合,此时 $A(t_1) + A(t_2) = A(t_1) + A'(t_2)$,即 $\phi'_g = \phi_g$,表明缺陷不显衬度。

② 在 $\alpha = \pm\dfrac{2\pi}{3}$ 时,$\mathrm{e}^{-\mathrm{i}\alpha} \neq 1$,缺陷能否现衬度取决于层错上方晶体的振幅 $A(t_1)$,此时,有两种情况,以 $\alpha = -\dfrac{2\pi}{3}$ 为例:

a. 当 $t_1 = n \cdot \dfrac{1}{s}$ (n 为整数,s 为偏移矢量的大小),则 $A(t_1) = \int_0^{t_1}\mathrm{e}^{-2\pi\mathrm{i}sz}\,\mathrm{d}z = 0$ 时,O、S 点重合,如图 6-54(b),振幅圆 O_1 顺时针偏转 $\dfrac{2\pi}{3}$ 即为振幅圆 O_2 $\left(\alpha = +\dfrac{2}{3}\pi\text{ 时逆时针转动}\right)$,因 $A(t_2) = A'(t_2)$,故 $\phi'_g = \phi_g$,此时缺陷不显衬度。

b. 当 $t_1 \neq n \cdot \dfrac{1}{s}$,$A(t_1) = \int_0^{t_1}\mathrm{e}^{-2\pi\mathrm{i}sz}\,\mathrm{d}z \neq 0$ 时,如图 6-54(c),振幅圆 O_2 同样是振幅圆 O_1 顺时针偏转 $\dfrac{2\pi}{3}$ 的所在位置,虽然 $A(t_2) = A'(t_2)$,但 $A(t_1) \neq 0$,故 $A(t) \neq A'(t)$,即 $\phi_g \neq \phi'_g$,此时缺陷显衬度,层错区显示为均匀的亮条或暗条。

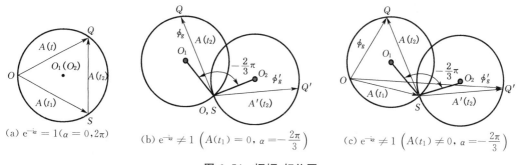

(a) $\mathrm{e}^{-\mathrm{i}\alpha} = 1(\alpha = 0,2\pi)$ \qquad (b) $\mathrm{e}^{-\mathrm{i}\alpha} \neq 1\left(A(t_1) = 0,\ \alpha = -\dfrac{2\pi}{3}\right)$ \qquad (c) $\mathrm{e}^{-\mathrm{i}\alpha} \neq 1\left(A(t_1) \neq 0,\ \alpha = -\dfrac{2\pi}{3}\right)$

图 6-54 振幅-相位图

综上所述,当层错平行于样品表面,且 $\alpha = 2n\pi$ (n 为整数)时,层错不显衬度;在 $\alpha \neq 2n\pi$ 时,层错将显衬度,表现为均匀的亮区或暗区。成暗场像时,当 $A'(t) > A(t)$ 时,层错为亮区,$A'(t) < A(t)$ 时,层错为暗区;但在特定的深度 $\left(t_1 = n \cdot \dfrac{1}{s}\right)$ 时,$A(t_1) = 0$,层错区的亮度与无层错区相同,层错不显衬度了。

(2) 倾斜于样品表面的层错

当层错面倾斜于薄膜表面时,如图 6-55,层错与上下表面的交线分别为 T 和 B,其衬度讨论类似于层错平行于样品表面的讨论。晶柱由于层错被分割成上方晶柱 t_1 和下方晶柱 t_2 两部分,在振幅-相位图中,t_1 的变化,相当于 S 点在振幅圆 O_1 上运动,t_2 的变化相当于 Q' 点在振幅圆 O_2 上运动。合成振幅同样可表示为

$$\phi'_g = \frac{\mathrm{i}\pi}{\xi_g}\int_0^{t_1} \mathrm{e}^{-2\pi \mathrm{i} s z}\, \mathrm{d}z + \mathrm{e}^{-\mathrm{i}a}\frac{\mathrm{i}\pi}{\xi_g}\int_{t_1}^{t_2} \mathrm{e}^{-2\pi \mathrm{i} s z}\, \mathrm{d}z \qquad (6\text{-}61)$$

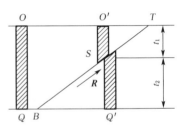

图 6-55　倾斜于薄膜表面的层错示意图

当 $t_1 = n \cdot \dfrac{1}{s}$ 时，$A(t_1)=0$，$A(t)=A'(t)$，层错不显衬度。

当 $t_1 \neq n \cdot \dfrac{1}{s}$，$A(t)\neq A'(t)$，层错将显衬度。但此时的衬度类似于厚度连续变化所产生的等厚条纹，显示为亮暗相间的条纹，条纹方向平行于层错与上下表面的交线方向，其深度周期为 $\dfrac{1}{s}$。

层错条纹不同于等厚条纹，存在以下几点区别：①层错条纹出现在晶粒内部，一般为直线状态，而等厚条纹发生在晶界，一般为顺着晶界变化的弯曲条纹；②层错条纹的数目取决于层错倾斜的程度，倾斜程度愈小，层错导致厚度连续变化的晶柱深度愈小，条纹数目愈少，在不倾斜（即平行于表面）时，条纹仅为一条等宽的亮带或暗带，层错条纹与等厚条纹的深度周期均为 $\dfrac{1}{s}$；③层错的亮暗带均匀，且条带亮度基本一致，而等厚条纹的亮度渐变，由晶界向晶内逐渐变弱。

层错条纹也不同于孪晶像，孪晶像是亮暗相间、宽度不等的平行条带，同一衬度的条带处在同一位向，而另一衬度条带为相对称的位向；层错一般为等间距的条纹像，位于晶粒内，在层错平行于样品表面时，条纹表现为一条等宽的亮带或暗带。图 6-56 为层错、孪晶和等厚条纹的衬度像。

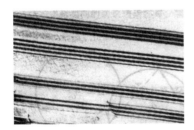

（a）NiTiHf 合金中的层错像

（b）Nimonic 高温合金 γ 基体中的层错

（c）单斜 ZrO_2 中的孪晶

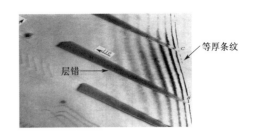

（d）Ni 基超合金中的层错与等厚条纹

图 6-56　层错、孪晶及等厚条纹衍射衬度像

（3）重叠层错

在较厚的样品晶体中，与层错面平行的相邻晶面上也可能存在层错，即出现重叠层错，此时层错的条纹像衬度完全取决于它们各自附加相位角在重叠区的合成情况。当附加相位角的合成值为 0 或 $2n\pi$ 时，重叠层错在重叠区无衬度，即在重叠区不显层错条纹像，出现层错条纹断截；而当附加相位角的合成值不为零或 $2n\pi$ 时，则层错将在重叠区产生衬度，显条

纹像。图 6-57 即为面心立方晶体中重叠层错示意图,图 6-57(a)为两种同类型层错重叠 $\left(\alpha_1 = \alpha_2 = -\dfrac{2}{3}\pi\right)$,重叠部分附加相位角 $\alpha = +\dfrac{2}{3}\pi$,有条纹衬度;图 6-57(b)为 3 个同类型层错重叠 $\left(\alpha_1 = \alpha_2 = \alpha_3 = -\dfrac{2}{3}\pi\right)$,显然,二重部分的合成相位角 $\alpha = +\dfrac{2}{3}\pi$,层错显衬度,而三重部分 $\alpha = 0$,不显条纹像;图 6-57(c)为两相反类型的层错重叠 $\left(\alpha_1 = -\dfrac{2}{3}\pi,\ \alpha_2 = +\dfrac{2}{3}\pi\right)$,此时 $\alpha = 0$,同样在重叠部分不显衬度,无条纹像出现。图 6-58 即为不锈钢中的层错像,有的部位因合成相位角为 0 或 2π 的整数倍,不显衬度,层错消失,如图中的 P 区,有的区域发生重叠后仍显衬度如 L 区、T 区等。

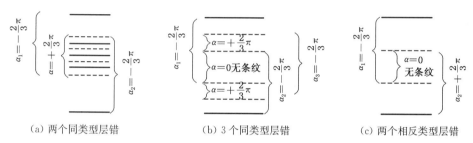

(a) 两个同类型层错   (b) 3 个同类型层错   (c) 两个相反类型层错

图 6-57　面心立方晶体中的重叠层错示意图

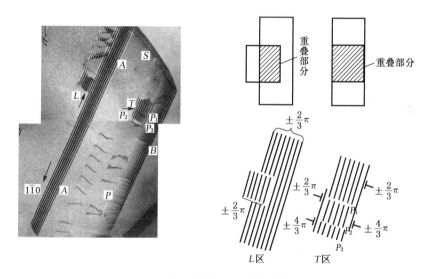

图 6-58　不锈钢中的重叠层错

　　总之,层错能否显现,关键在于附加相位角 α 的大小。而 $\alpha = 2\pi \boldsymbol{g} \cdot \boldsymbol{R}$,对于确定的层错而言,缺陷矢量 $\boldsymbol{R}$ 为定值,因此,还可通过选择不同的操作矢量 $\boldsymbol{g}$,以获得不同的层错衬度。

　　2)位错

　　位错的存在,使晶格发生畸变,由非理想晶体的运动学方程可知,缺陷矢量将产生附加相位角,产生衬度,位错有螺旋型位错、刃型位错和混合型位错三种。不管何种位错均可引起位错附近的晶面发生一定程度的畸变,位错线两侧的晶面畸变方向相反,离位错线愈远畸变愈小。若采用这些畸变晶面作为操作反射,其衍射强度将产生变化从而产生衬度。螺旋位错的柏氏矢量与位错线平行,刃型位错的柏氏矢量与位错线垂直,混合位错的柏氏矢量与位错线相交,即既不平行也不垂直。刃型和螺旋型位错的衬度像均为直线状,而混合型位错则为曲线状。由于混合位错均可分解为螺旋型位错和刃型位错的组合,故下面仅讨论螺旋型位错和刃型位错。

(1)螺旋型位错

图 6-59 为平行于膜表面的螺旋型位错示意图,AB 为螺旋型位错中心线,其柏氏矢量为 b,理想晶柱为 PQ,位错线距表面的距离为 y,晶柱的深度用 z 表示,晶柱距位错线的水平距离为 x,样品厚度为 t。

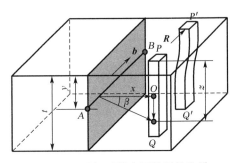

图 6-59　平行于膜表面的螺旋位错

螺旋型位错周围的应变场使晶柱 PQ 畸变为 $P'Q'$,晶柱中的不同部位产生的扭曲不同,其缺陷矢量 R 也不相同,R 的方向与 b 平行,大小取决于晶柱距位错线的水平位置 x 及其角坐标 β。

绕位错线一周,缺陷矢量 R 应为一个柏氏矢量 b,因此,在晶柱中当角坐标为 β 时,R 的大小为

$$| \boldsymbol{R} | = \frac{\beta}{2\pi} \cdot | \boldsymbol{b} | \tag{6-62}$$

即

$$\boldsymbol{R} = \frac{\beta}{2\pi} \cdot \boldsymbol{b} \tag{6-63}$$

角坐标 β 可以通过位置参量表示为

$$\beta = \arctan \frac{z-y}{x} \tag{6-64}$$

这样

$$\boldsymbol{R} = \frac{\beta}{2\pi} \cdot \boldsymbol{b} = \frac{\boldsymbol{b}}{2\pi} \cdot \arctan \frac{z-y}{x} \tag{6-65}$$

缺陷矢量 R 为位置坐标和柏氏矢量的函数。附加相位角

$$\alpha = 2\pi \boldsymbol{g}_{hkl} \cdot \boldsymbol{R} = 2\pi \boldsymbol{g}_{hkl} \cdot \frac{\boldsymbol{b}}{2\pi} \cdot \arctan \frac{z-y}{x}$$

$$= \boldsymbol{g}_{hkl} \cdot \boldsymbol{b} \cdot \arctan \frac{z-y}{x} = \boldsymbol{g}_{hkl} \cdot \boldsymbol{b} \cdot \beta \tag{6-66}$$

由于 b 可表示为正空间中晶格常数的矢量合成,$\boldsymbol{g}_{hkl}$ 为倒空间矢量,因此 $\boldsymbol{g}_{hkl} \cdot \boldsymbol{b} = n$($n$ 为整数)。

$$\alpha = n \cdot \beta = n \cdot \arctan \frac{z-y}{x} \tag{6-67}$$

当 $n = 0$ 时,$\alpha = 0$,螺旋位错存在,此时 $\boldsymbol{g}_{hkl} \perp \boldsymbol{b}$,不显衬度;

当 $n \neq 0$ 时，$\alpha \neq 0$，此时可通过下式求得晶柱的合成振幅

$$\phi_g' = \frac{\mathrm{i}\pi}{\xi_g} \int_0^t \mathrm{e}^{-\mathrm{i}(\varphi+\alpha)} \mathrm{d}z = \frac{\mathrm{i}\pi}{\xi_g} \int_0^t \mathrm{e}^{-2\pi\mathrm{i}sz} \, \mathrm{e}^{-\mathrm{i}n\arctan\frac{z-y}{x}} \mathrm{d}z \tag{6-68}$$

而理想晶柱的振幅为 $\phi_g = \dfrac{\mathrm{i}\pi}{\xi_g} \int_0^t \mathrm{e}^{-\mathrm{i}(\varphi)} \mathrm{d}z$，显然 $\phi_g \neq \phi_g'$，因此螺旋型位错显衬度。

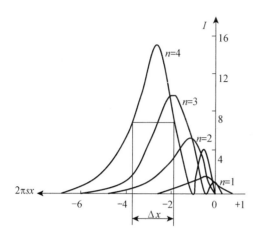

图 6-60 不同 x 及 n 时的衍射强度分布曲线

由式(6-68)可得螺旋型位错的衍射强度分布曲线，当 s 为正时，强度分布曲线如图 6-60 所示，可发现：①强度分布不对称，强度峰分布在 x 为负的一边，表明位错的衍衬像与位错线的真实位置不重合，有一个偏移；②$n=1$ 和 2 时，衍射强度为单峰分布，在 $n=3$ 和 4 时，出现多峰，表明将出现多重像；③在 s 一定时，离位错远的一侧，曲线平缓，即像的衬度下降得慢些。

当 s 改变符号时，像将分布在另一边。一般情况下位错像的宽度为其强度峰的半高宽 Δx，且 $\Delta x \sim \left(\dfrac{1}{\pi s}\right)$，可见位错线宽随 s 的减小而增大。在 $s=0$ 时，运动学理论失效，需由动力学理论解释。

由上分析可知，$\boldsymbol{g}_{hkl} \cdot \boldsymbol{b} = 0$ 成了位错能否显现的判据，电镜分析中，可利用该判据测定位错的柏氏矢量。具体的方法如下：

① 调好电镜的电流中心和电压中心，使倾动台良好对中；

② 明场下观察到位错，拍下相应选区的衍射花样；

③ 衍射模式下，缓缓倾动试样，观察衍射谱强斑点的变化，得到一个新的强斑点时，停下来回到成像模式，检查所分析位错是否消失，如果消失，此新斑点即作为 $\boldsymbol{g}_{h_1 k_1 l_1}$；

④ 反向倾动试样，重复步骤 2，得到使同一位错再次消失的另一强斑点，即为 $\boldsymbol{g}_{h_2 k_2 l_2}$；

⑤ 联立方程组：

$$\begin{cases} \boldsymbol{g}_{h_1 k_1 l_1} \cdot \boldsymbol{b} = 0 \\ \boldsymbol{g}_{h_2 k_2 l_2} \cdot \boldsymbol{b} = 0 \end{cases} \tag{6-69}$$

求得位错的柏氏矢量 $\boldsymbol{b}$ 为

$$\boldsymbol{b} = \begin{bmatrix} \boldsymbol{a} & \boldsymbol{b} & \boldsymbol{c} \\ h_1 & k_1 & l_1 \\ h_2 & k_2 & l_2 \end{bmatrix} \tag{6-70}$$

面心立方晶体中的滑移面、衍射操作矢量 $\boldsymbol{g}_{hkl}$ 和位错线的柏氏矢量 $\boldsymbol{b}$ 三者之间的关系见表 6-5。

表 6-5　面心立方晶体全位错的 $g_{hkl} \cdot b$ 的值

滑移面	矢量 b	g_{hkl}						
		111	$\bar{1}11$	$1\bar{1}1$	$11\bar{1}$	200	020	002
$(1\bar{1}1)$，$(\bar{1}11)$	$\frac{1}{2}[110]$	1	0	0	1	1	1	0
$(\bar{1}11)$，$(11\bar{1})$	$\frac{1}{2}[\bar{1}10]$	0	1	$\bar{1}$	0	$\bar{1}$	1	0
$(\bar{1}11)$，$(11\bar{1})$	$\frac{1}{2}[101]$	1	0	1	0	1	0	1
(111)，$(1\bar{1}1)$	$\frac{1}{2}[10\bar{1}]$	0	$\bar{1}$	0	$\bar{1}$	1	0	$\bar{1}$
$(1\bar{1}1)$，$(11\bar{1})$	$\frac{1}{2}[011]$	1	1	0	0	0	1	1
(111)，$(\bar{1}11)$	$\frac{1}{2}[0\bar{1}1]$	0	0	1	$\bar{1}$	0	$\bar{1}$	1

图 6-61 为面心立方晶体中，不同操作矢量时全位错的衍射示意图，图中右下角插入衍射成像所用的操作矢量。g_{020} 成像时，出现 A、B、C、D 位错像；g_{200} 成像时，C、D 位错像消失，但新出现 E 位错像；$g_{11\bar{1}}$ 成像时，A、C 位错像消失，仅存 B、D、E 位错像，其柏氏矢量分析如下：

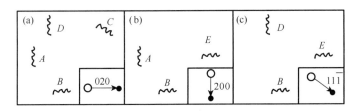

图 6-61　面心立方晶体中不同操作矢量下的位错像示意图

由图 6-61 可知共有 $ABCDE$ 五根位错，图 6-61(a)显示 g_{020} 成像时，E 消失，由表 6-5 得消光位错的柏氏矢量：$\frac{1}{2}[101]$，$\frac{1}{2}[10\bar{1}]$；图 6-61(b)显示 g_{200} 成像时，C、D 消失，同样由表 6-5 得消光位错的柏氏矢量：$\frac{1}{2}[011]$，$\frac{1}{2}[0\bar{1}1]$；图 6-61(c)显示 $g_{11\bar{1}}$ 成像时，A、C 消失，表 6-5 得消光位错的柏氏矢量：$\frac{1}{2}[\bar{1}10]$，$\frac{1}{2}[101]$，$\frac{1}{2}[011]$。对比分析得 A、B、C、D 和 E 位错的柏氏矢量分别为：$\frac{1}{2}[\bar{1}10]$，$\frac{1}{2}[110]$，$\frac{1}{2}[011]$，$\frac{1}{2}[0\bar{1}1]$，$\frac{1}{2}[10\bar{1}]$。

（2）刃型位错

刃型位错是晶体在滑移过程中产生的，为多余原子面与滑移面的交线。刃型位错的存在必然导致其四周晶格畸变，引起衍射条件发生变化，导致刃型位错产生衬度像。图 6-62 为刃型位错像产生的原理图，(hkl) 为晶体的一组衍射晶面，没有刃型位错时，其偏移矢量为 s_0，假定 $s_0 > 0$，以它作为操作反射用于成像，此时各点衍射强度相同，无衬度产生。设此时的衍射强度为 I_0，当晶体中出现刃型位错 D 时，必然使位错线附近的衍射晶面(hkl)发生位向变化，产生额外偏移矢量 s'，显然，距位错线愈远，s' 愈小。设在 D 的左侧 $s' < 0$，在 D 的右侧 $s' > 0$，如图 6-62(a)。由于在没有位错时，各处的偏移矢量 s_0 相同均大于零，D 处出现位错后，左侧附加偏移矢量小于零，从而使位错左侧的总偏移矢量 $s_0 + s' < s_0$，当 $s_0 + s' = 0$，如 D' 处严格

满足布拉格衍射条件,该处的衍射强度增至最高值,$I_{D'} = I_{max}$,如图6-62(b)。而在位错线的右侧,总偏移矢量 $s_0 + s' > s_0$,衍射强度下降,如 B 处的 $I_B < I_0$。在远离位错线的区域,如 A、C 等处,晶格未发生畸变,衍射强度保持原值 I_0。这样由于刃型位错在 D 处出现后,使位错线附近的衍射强度发生了变化,位错线的左侧衍射强度增强,右侧衍射强度减弱,而远离位错线的衍射强度未变,从而形成了新的衍射强度分布,如图 6-62(c),显然,暗场成像时,在位错线的左侧位置将产生亮线,明场时产生暗线,如图6-62(d)。由以上分析可知,位错像总是出现在位错的一侧,该侧的总偏移矢量减小,甚至为零。

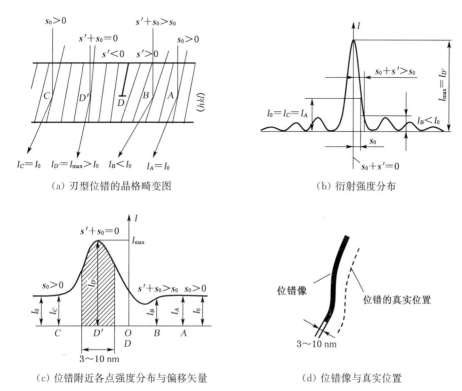

(a) 刃型位错的晶格畸变图　　　　　(b) 衍射强度分布

(c) 位错附近各点强度分布与偏移矢量　　　(d) 位错像与真实位置

图 6-62　刃型位错的衬度形成原理图

由于位错像是因位错四周的晶格畸变所产生的应变场导致的,因此,位错衬度又称应变场衬度。由位错附近的衍射强度分布可知,衍射峰具有一定的宽度,并距位错中心有一定的距离,因此,位错像也具有一定的宽度(3~10 nm 左右),位错像偏离位错中心的距离一般与位错像的宽度在同一个量级。当位错倾斜于样品表面时,位错像显示为点状(又称位错头)或锯齿状。当位错平行于样品表面时,位错像一般显示为亮度均匀的线。图 6-63 为 $(\alpha\text{-Al}_2\text{O}_3 + \text{TiB}_2)/\text{Al}$ 铝基体中的位错线像,图6-64 为不锈钢中的位错组态。

注意:(1) 螺旋型位错和刃型位错均不在其真实位置,分别如图6-60 和图6-62。螺旋型位错中偏移矢量 s 为正时,像在真实位置的负方向侧,当偏移矢量 s 改变符号时,像将分布在另一边。刃型位错像位置取决于偏移矢量和附加偏移矢量的和。

(2) 位错像的宽度为其强度峰的半高宽 Δx,且 Δx 正比于 $\dfrac{1}{\pi s}$,因此随着 s 的减小位错像宽增大,在 $s=0$ 时,位错像宽无穷宽,显然运动学理论失效,需由动力学理论解释。

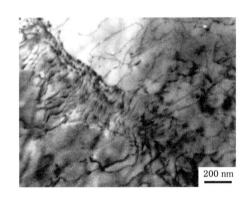

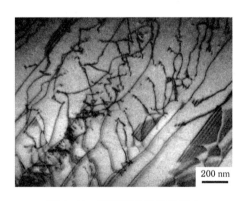

图 6-63　(α-Al₂O₃＋TiB₂)/Al 基体中的位错像　　　　图 6-64　不锈钢中的位错组态

（3）同 n 值时，刃型位错的强度主峰离中心位置更远，半高宽更大，如图 6-65，即表明同 n 值时的刃型位错比螺旋型位错偏离中心更远，位错线的像更宽。在衍射条件完全相同的条件下，理论推导可得刃型位错的附加相位角 $\alpha = n \cdot \operatorname{arctan2}\left(\dfrac{z-y}{x}\right)$，为螺旋型位错的 2 倍，表明刃型位错像的宽度为螺旋型的 2 倍。

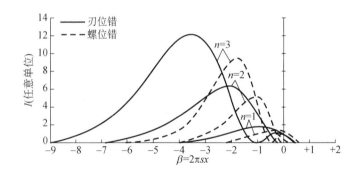

图 6-65　不同 n 值时刃型和螺旋型位错的强度分布曲线（位错中心在 $x＝0$ 处）

（4）三种常见位错不可见性判据如表 6-6，其中刃型位错不可见判据除了满足螺旋型位错的不可见判据 $\boldsymbol{g} \cdot \boldsymbol{b} = 0$ 外，还应满足 $\boldsymbol{g} \cdot (\boldsymbol{b} \times \boldsymbol{u}) = 0$（$\boldsymbol{u}$ 为沿位错线方向的单位矢量）。当然同时满足很困难，一般认为残余衬度不超过远离位错处的基体衬度的 10%，就可认为衬度消失。

表 6-6　三种常见位错不可见性判据

位错类型	不可见性判据
螺旋型	$\boldsymbol{g} \cdot \boldsymbol{b} = 0$
刃型	$\begin{cases} \boldsymbol{g} \cdot \boldsymbol{b} = 0 \\ \boldsymbol{g} \cdot (\boldsymbol{b} \times \boldsymbol{u}) = 0 \end{cases}$
混合型	$\begin{cases} \boldsymbol{g} \cdot \boldsymbol{b} = 0 \\ \boldsymbol{g} \cdot \boldsymbol{b}_e = 0 \\ \boldsymbol{g} \cdot (\boldsymbol{b} \times \boldsymbol{u}) = 0 \end{cases}$

注：表中 b_e 为位错的刃型分量；u 为沿位错线方向的单位矢量。

3）第二相粒子

第二相粒子是一种体缺陷，从基体中析出，使基体晶格发生畸变，显示衬度像，但影响其衬度的因素较多，如析出相的形状、大小、位置、基体的结构、第二相与基体的位向关系以及界面处的浓度梯度或缺陷等，因此第二相的衬度分析较为复杂，我们主要采用运动学理论进行一般的定性解释。

图6-66为第二相粒子衬度产生原理图。设第二相粒子为球形颗粒，其四周基体晶格由于粒子的存在发生畸变，基体的理想晶柱发生弯曲，产生缺陷矢量 **R**，运用运动学方程可以计算理想晶柱和弯曲晶柱底部的衍射波的振幅，两者将存在差异，使粒子显示衬度。很显然，基体中过粒子中心的所有垂直晶面和水平晶面均未发生畸变，这些晶面上不存在任何缺陷矢量，不显缺陷衬度。在粒子与基体的界面处，基体晶格的畸变程度最大，然后随着距粒子中心距离的增加，基体晶格畸变的程度逐渐减小直至消失。因此，各晶柱底部的衍射强度分布反映的是应变场的存在范围，并非粒子的真实大小。粒子愈大，应变场就愈大，其像的形貌尺寸也就愈大。该衬度是基体畸变造成的，间接反映了粒子像的衬度，又称间接衬度或基体衬度。

由于基体中过粒子中心的垂直晶面未发生任何畸变，电子束平行于该晶面入射时，即以该晶面为操作矢量 **g**，这样在明场像中，将形成过应变场中心并与操作矢量 **g** 垂直的线状亮区，该亮线将像分割成两瓣，见图6-67。选用不同的操作矢量 **g** 时，亮线的方向也将随之变化。

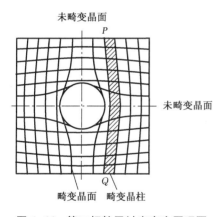

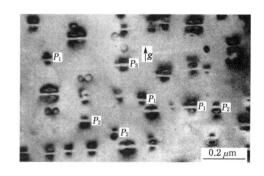

图 6-66　第二相粒子衬度产生原理图　　图 6-67　不锈钢中沉淀相的明场像

需要指出的是，薄膜样品中，当第二相粒子与基体完全非共格，或完全共格，但无错配度时，粒子不会引起基体晶格发生畸变，此时第二相粒子衬度像产生的原因是：①粒子与基体的结构及位向差异；②粒子与基体的散射因子不同。

由于衬度运动学理论是建立在两个基本假设的基础上的，因此，它存在着一定的不足，如理想晶体底部的衍射强度为：$I_g = \dfrac{\pi^2}{\xi_g^2} \cdot \dfrac{\sin^2(\pi st)}{(\pi s)^2}$，主要取决于样品厚度 t 和偏移矢量的大小 s，在 $s \to 0$ 时，衍射强度取得最大值：$I_{g\max} = \dfrac{(\pi t)^2}{\xi_g^2}$，如果样品厚度 $t > \dfrac{\xi_g}{\pi}$ 时，则 $I_g > 1$，而入射矢量 $I_0 = 1$，显然不合理了。为此，运动学理论假定双束之间无作用，即要求 $I_{g\max} \ll 1$，此时，样品厚度应远远小于 $\dfrac{\xi_g}{\pi}$，为极薄样品。此外，由 $I_g = \dfrac{\pi^2}{\xi_g^2} \cdot \dfrac{\sin^2(\pi st)}{(\pi s)^2}$ 关系式导出 s 为常

数时的衍射束强度极大值为：$I_{g\max}=\dfrac{1}{(s\xi_g)^2}$，在 $(s\xi_g)^2<1$ 时，同样会出现 $I_g>1$ 的不合理现象，因此，要求 $I_{g\max}\ll 1$ 时，就要求 $(s\xi_g)^2$ 足够大，对于加速电压为 100 kV 的电子来说，一般材料低指数的消光距离 ξ_g 为 15～50 nm，这就要求 s 较大方可。为了克服运动学理论存在的不足，动力学理论应运而生，但由于其数学推导过程复杂，本书不作介绍，感兴趣的读者可参考相关文献。

6.11 透射电镜的样品制备

透射电镜是利用电子束穿过样品后的透射束和衍射束进行工作的，因此，为了让电子束顺利透过样品，样品就必须很薄，一般在 50～200 nm 之间。样品的制备方法较多，常见的有两种：复型法和薄膜法。其中复型法，是利用非晶材料将试样表面的结构和形貌复制成薄膜样品的方法。由于受复型材料本身的粒度限制，无法复制出比自己还小的细微结构。此外，复型样品仅仅反映试样表面形貌，无法反映内部的微观结构（如晶体缺陷、界面等），因此，复型法在应用方面存在较大的局限性。薄膜法则是从各个分析的试样中取样，制成薄膜样品的方法。利用电镜可直接观察试样内的精细结构。动态观察时，还可直接观察到相变及其成核长大过程、晶体中的缺陷随外界条件变化而变化的过程等。结合电子衍射分析，还可同时对试样的微区形貌和结构进行同步分析。本节主要介绍薄膜法。

6.11.1 基本要求

为了保证电子束能顺利穿透样品，就应使样品厚度足够的薄，虽然可以通过提高电子束的电压，来提高电子束的穿透能力，增加样品厚度，以减轻制样难度，但这样会导致电子束携带样品不同深度的信息太多，彼此干扰，且电子的非弹性散射增加，成像质量下降，为分析带来麻烦，但也不能过薄，否则会增加制备难度，并使表面效应更加突出，成像时产生许多假象，也为电镜分析带来困难，因此，样品的厚度应当适中，一般在 50～200 nm 之间为宜。薄膜样品的具体要求如下：

（1）材质相同。从大块材料中取样，保证薄膜样品的组织结构与大块材料相同。

（2）薄区要大。供电子束透过的区域要大，便于选择合适的区域进行分析。

（3）具有一定的强度和刚度。因为在分析过程中，电子束的作用会使样品发热变形，增加分析困难。

（4）表面保护。保证样品表面不被氧化，特别是活性较强的金属及其合金，如 Mg 及 Mg 合金，在制备及观察过程中极易被氧化，因此在制备时要做好气氛保护，制好后立即进行观察分析，分析后真空保存，以便重复使用。

（5）厚度适中。一般在 50～200 nm 之间为宜，便于图像与结构分析。

6.11.2 薄膜样品的制备过程

1）切割

当试样为导体时，可采用线切割法从大块试样上割取厚度为 0.3～0.5 mm 的薄片。线切割的基本原理是以试样为阳极，金属线为阴极，并保持一定的距离，利用极间放电使导体熔化，往复移动金属丝来切割样品的，该法的工作效率高。

当试样为绝缘体如陶瓷材料时，只能采用金刚石切割机进行切割，工作效率低。

2）预减薄

预减薄常有两种方法：机械研磨法和化学反应法。

（1）机械研磨法

其过程类似于金相试样的抛光，目的是消除因切割导致的粗糙表面，并减至 $100~\mu m$ 左右。也可采用橡皮压住试样在金相砂纸上，手工方式轻轻研磨，同样可达到减薄目的。但在机械或手工研磨过程中，难免会产生机械损伤和样品升温，因此，该阶段样品不能磨至太薄，一般不应小于 $100~\mu m$，否则损伤层会贯穿样品深度，为分析增加难度。

（2）化学反应法

将切割好的金属薄片浸入化学试剂中，使样品表面发生化学反应被腐蚀，由于合金中各组成相的活性差异，应合理选择化学试剂。化学反应法具有速度快、样品表面没有机械硬伤和硬化层等特点。化学减薄后的试样厚度应控制在 $20\sim50~\mu m$，为进一步的终减薄提供有利条件，但化学减薄要求试样应能被化学液腐蚀方可，故一般为金属试样。此外，经化学减薄后的试样应充分清洗，一般可采用丙酮、清水反复超声清洗，否则，得不到满意的结果。

3）终减薄

根据试样能否导电，终减薄的方法通常有两种，电解双喷法和离子减薄法。

（1）电解双喷法

当试样导电时，可采用双喷电解法抛光减薄，其工作原理见图 6-68。将预减薄的试样落料成直径为 3 mm 的圆片，装入装置的样品夹持器中，与电源的正极相连，样品两侧各有一个电解液喷嘴，均与电源的负极相连，两喷嘴的轴线上设置有一对光导纤维，其中一个与光源相接，另一个与光敏器件相连，电解液由耐酸泵输送，通过两侧喷嘴喷向试样进行腐蚀，一旦试样中心被电解液腐蚀穿孔时，光敏元器件将接收到光信号，切断电解液泵的电源，停止喷液，制备过程完成。电解液有多种，最常用的是 10％高氯酸酒精溶液。

电解双喷法工艺简单，操作方便，成本低廉；中心薄处范围大，便于电子束穿透；但要求试样导电，且一旦制成，需立即取下试样放入酒精液中漂洗多次，否则电解液会继续腐蚀薄区，损坏试样，甚至使试样报废。如果不能即时上电镜观察，则需将试样放入甘油、丙酮或无水酒精中保存。

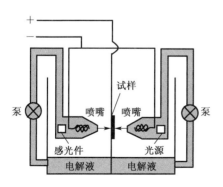

图 6-68　电解双喷装置原理图

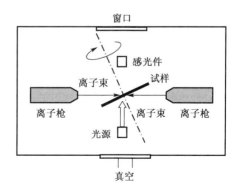

图 6-69　离子减薄装置原理图

（2）离子减薄法

工作原理如图 6-69 所示，离子束在样品的两侧以一定的倾角（5°～30°）同时轰击样品，使之减薄。离子减薄所需时间长，特别是陶瓷、金属间化合物等脆性材料，需时较长，一般在十几小时甚至更长，工作效率低，为此，常采用挖坑机（dimple 仪）先对试样中心区域挖坑减薄，然后再进行离子减薄，单个试样仅需 1 h 左右即可制成，且薄区广泛，样品质量高。离子减薄法可适用于各种材料。当试样为导电体时，也可先双喷减薄，再离子减薄，同样可显著缩短减薄时间，提高观察质量。

对于粉末样品，可先在专用铜网上形成支撑膜（火棉胶膜或碳膜），再将粉末在溶剂中超声分散后滴在铜网上静置、干燥，即可用于电镜观察。为防粉末脱落，可在粉末上再喷一层碳膜。

本 章 小 结

透射电子显微镜是材料微观结构分析和微观形貌观察的重要工具，是材料研究方法中最为核心的手段，但因透射电镜结构复杂、理论深奥，只有在未来的工作中才能逐渐理解和深入掌握。本章主要介绍了透射电子显微镜的基本原理、结构，常见电子衍射花样的标定，及电子显微图像的衬度理论等。本章主要介绍了三种衬度，其中振幅衬度最为重要，晶体中的缺陷不一定都能显现，出现的也不一定是其真实位置和真实形貌，要视具体情况而定。振幅衬度是研究晶体缺陷的有效手段；质厚衬度主要用于研究非晶体成像；相位衬度取决于多束衍射波在像平面干涉成像时的相位差，可在原子尺度显示样品的晶体结构和晶体缺陷，直观地看到原子像和原子排列，用于高分辨成像。本章内容小结如下：

透镜
- 有形透镜：光学显微镜系统中采用，其形状和焦距固定
- 无形透镜
  - 静电透镜：由电位不等的正负两极组成，电子束可以偏转汇聚，用于透射电镜中的电子枪
  - 电磁透镜：是透射电镜中的核心部件，可使电子束绕磁透镜中心轴螺旋汇聚，通过调整磁透镜中励磁电流的大小，可改变磁透镜的焦距

磁透镜的像差
- 几何像差
  - 球差：$r_s = \dfrac{1}{4}C_s\alpha^3$，减小孔径半角是减轻球差的最佳途径
  - 像散：$r_A = \Delta f_A\alpha$，可通过消像散器消除或减轻像散
- 色差：$r_c = C_c\alpha\left|\dfrac{\Delta E}{E}\right|$，通过稳压器可有效减轻色差

像差中像散和色差可通过适当措施得到有效控制甚至基本消除，唯有球差控制较难，又因球差正比于孔径半角的立方，所以减小孔径半角即让电子束平行于中心光轴入射是减轻球差的首选方法。

最佳孔径半角：同时考虑球差和衍射效应所得的孔径半角，$\alpha = \sqrt[4]{2.44}\left(\dfrac{\lambda}{C_s}\right)^{\frac{1}{4}} = 1.25\left(\dfrac{\lambda}{C_s}\right)^{\frac{1}{4}}$

此时电镜分辨率：$r_0 = AC_s^{\frac{1}{4}}\lambda^{\frac{1}{4}}$（$A = 0.4 \sim 0.55$）

景深：$D_f = \dfrac{2r_0}{\tan\alpha} \approx \dfrac{2r_0}{\alpha}$　景深为观察样品的微观细节提供了方便

焦长：$D_L = \dfrac{2r_0 M^2}{\alpha}$　焦长为成像操作提供了方便

透射电
镜分辨
率 { 点分辨率:首先让 Pt 或 Au 通过蒸发沉积在极薄碳支撑膜上,再让透射束或衍射
　　　束两者之一进入成像系统测取其颗粒像来确定
晶格分辨率:首先形成定向生长的单晶体薄膜,再让衍射束和透射束两者平行于某
　　　一晶面方向进入成像系统,摄取该晶面的间距条纹(晶格条纹)像来确
　　　定晶格分辨率

透射电
镜的结
构组成 {
　电子光学系统 {
　　照明系统:由电子枪、聚光镜、聚光镜光阑等组成。作用:产生
　　　　一束亮度高、相干性好、束流稳定的电子束
　　成像系统 {
　　　　物镜
　　　　中间镜　调整中间镜励磁电流可完成成像操作
　　　　　　　　和衍射操作
　　　　投影镜
　　记录系统
　电源控制系统
　真空系统

光阑 {
聚光镜光阑:限制照明孔径角,让电子束平行于中心光轴进入成像系统
物镜光阑:位于物镜的后焦面上,又称衬度光阑,可完成明场和暗场操作
　　　当光阑挡住衍射束,仅让透射束通过,所形成的像为明场像
　　　当光阑挡住透射束,仅让衍射束通过,所形成的像为暗场像
中间镜光阑:位于中间镜的物平面或物镜的像平面上,又称为选区光阑,可完成
　　　选区衍射操作

电子衍射花样的标定 {
单晶体电子衍射花样的标定　规则斑点
多晶体电子衍射花样的标定　同心圆环
复杂电子衍射花样的标定 {
　　超点阵斑点花样
　　孪晶花样
　　高阶劳埃斑点花样

衬度 {
相位衬度:由相位差引起的衬度,应用于晶格分辨率和高分辨像
振幅衬度 {
　质厚衬度:质厚衬度是由于试样中各处的原子种类不同或厚度差异造
　　　成的衬度,用于非晶体成像
　衍射衬度:满足布拉格衍射条件的程度不同造成的衬度,用于各种晶
　　　体结构及晶体缺陷成像

衬度
理论 {
动力学衬度理论:考虑衍射束与透射束之间的作用
运动学衬度理论:不考虑衍射
束与透射束
之间的作用 {
两个假设 {
　忽略衍射束与透射束之间的作用
　忽略电子在样品中的多次反射与吸收
两个近似 {
　双光束近似
　晶柱近似

理想晶体的运动学衬度 $\left\{\begin{array}{l}\text{等厚条纹}\quad s \text{ 恒定}, I_g\text{-}t \text{ 曲线，一般位于晶界，亮暗相间}\\\text{等倾条纹}\quad t \text{ 恒定}, I_g\text{-}s \text{ 曲线，两条等间距的平行条带}\end{array}\right.$

$$I_g = \frac{\pi^2}{\xi_g^2} \cdot \frac{\sin^2(\pi st)}{(\pi s)^2}$$

非理想晶体的运动学衬度 $\phi_g = \dfrac{\mathrm{i}\pi}{\xi_g}\displaystyle\int_0^t \mathrm{e}^{-\mathrm{i}\varphi}\,\mathrm{d}r' = \dfrac{\mathrm{i}\pi}{\xi_g}\displaystyle\int_0^t \mathrm{e}^{-\mathrm{i}(\varphi+\alpha)}\,\mathrm{d}z,\quad \alpha = 2\pi \boldsymbol{g} \cdot \boldsymbol{R}$

缺陷衬度像 $\left\{\begin{array}{l}\text{层错}\left\{\begin{array}{l}\text{平行于样品表面：显衬度时衍衬像为均匀的亮带或暗带}\\\text{不平行于样品表面：显衬度时衍衬像为位于晶粒内部亮暗相间的直条纹}\end{array}\right.\\\text{螺旋位错：}\alpha = 2\pi \boldsymbol{g}_{hkl}\cdot\boldsymbol{R} = \boldsymbol{g}_{hkl}\cdot\boldsymbol{b}\cdot\beta = n\cdot\beta\\\qquad n = 0 \text{ 时，不显衬度；} n \neq 0 \text{ 时，显衬度，并可由此选择不同的操作矢量}\\\qquad \boldsymbol{g}_{hkl}\text{，联立方程组，求得位错的柏氏矢量 } \boldsymbol{b} = \begin{bmatrix} a & b & c \\ h_1 & k_1 & l_1 \\ h_2 & k_2 & l_2 \end{bmatrix}\\\text{刃型位错：像位于真实位置的一侧}\\\text{第二相粒子：像中有一根与操作矢量方向垂直的亮带}\end{array}\right.$

薄膜样品制备 $\left\{\begin{array}{l}\text{导体：电解双喷法或离子减薄法}\\\text{绝缘体：离子减薄法}\end{array}\right.$

粉末样品制备　粉末在溶剂中超声分散，滴至铜网支撑膜上静置、干燥

不同方法下试样的花样汇总

方法	试样				
	单相单晶	单相多晶	多相	非晶	织构
XRD	规则斑点(少)	数个尖锐峰	更多尖锐峰	漫散峰	若干个强峰
TEM	规则斑点(多)	数个同心圆	更多同心圆	晕斑	不连续弧对

思　考　题

6.1　简述透射电镜与光学显微镜的区别与联系。

6.2　在透射电镜的成像系统中，采用电磁透镜而不采用静电透镜，为什么？

6.3　什么是电磁透镜的像差？有几种？各自产生的原因是什么？是否可以消除？

6.4　什么是最佳孔径半角？

6.5　什么是景深与焦长？各有何作用？

6.6　什么是电磁透镜的分辨本领？其影响因素有哪些？为什么电磁透镜要采用小孔径角成像？

6.7　简述点分辨率与晶格分辨率的区别与联系。

6.8　物镜和中间镜的作用各是什么？

6.9　透射电镜中的光阑有几种？各自的用途是什么？

6.10　简述选区衍射的原理和实现步骤。

6.11　高阶劳埃斑有几种？各自产生的机理是什么？

6.12 题图 6-1 为 18Cr2N4WA 经 900℃ 油淬、400℃ 回火后在透射电镜下摄得的渗碳体选区电子衍射花样示意图,请进行花样指数标定。$R_1 = 9.8\,mm$, $R_2 = 10.0\,mm$, $L\lambda = 2.05\,mm \cdot nm$, $\phi = 95°$。

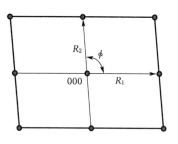

题图 6-1 渗碳体的电子衍射花样

6.13 已知某晶体相为四方结构,$a = 0.3624\,nm$, $c = 0.7406\,nm$,求其(111)晶面的法线$[uvw]$。

6.14 多晶体的薄膜衍射衬度像为系列同心圆环,设现有 4 个同心圆环像,当晶体的结构分别为简单、体心、面心和金刚石结构时,请标定 4 个圆环的衍射晶面族指数。

6.15 什么是衬度? 衬度的种类? 各自的应用范围是什么?

6.16 说明衍射成像的原理。什么是明场像、暗场像和中心暗场像? 三者之间的衬度关系如何?

6.17 衍射衬度运动学的基本假设是什么? 两假设的基本前提又是什么? 如何来满足这两个基本假设?

6.18 运用理想晶体衍射运动学的基本方程 $I_g = \dfrac{\pi^2}{\xi_g^2} \cdot \dfrac{\sin^2(\pi st)}{(\pi s)^2}$,来解释等厚条纹和等倾条纹像。

6.19 当层错滑移面不平行于薄膜表面时,出现了亮暗相间的条纹,试运用衍射运动学理论解释该条纹像与理想晶体中的等厚条纹像有何区别? 为什么?

6.20 当层错滑移面平行于薄膜表面时,出现亮带或暗带,试运用衍射运动学理论解释该亮带或暗带与孪晶像的区别?

6.21 如何通过调整中间镜的励磁电流的大小,分别实现电镜的成像操作和衍射操作?

6.22 什么是螺旋位错缺陷的不可见判据? 如何运用不可见判据来确定螺旋位错的柏氏矢量?

6.23 要观察试样中基体相与析出相的组织形貌,同时又要分析其晶体结构和共格界面的位向关系,简述合适的电镜操作方式和具体的分析步骤。

6.24 由选区衍射获得某碳钢 α、γ 相的衍射花样,如题图 6-2 所示,已知相机常数 $K = 3.36\,mm \cdot nm$,两套衍射斑点的 R 值,α 和 γ 相的晶面间距如下表所示。(1)试确定它们的物相;(2)并由此验证它们符合 α-γ 的 N-W 取向关系:$(002)_\alpha // (0\bar{2}2)_\gamma$; $[\bar{1}10]_\alpha // [\bar{1}11]_\gamma$; $(110)_\alpha // (422)_\gamma$。

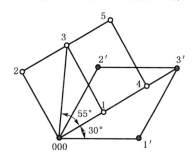

题图 6-2 α 和 γ 相的衍射花样

序号	1	2	3	4	5	1′	2′	3′
$R(mm)$	16.5	23.2	28.7	33.2	40.5	26.5	26.5	46.0
$HKL(\alpha)$	110	200	211	220	310		222	321
$d(nm)$	0.2027	0.1433	0.1170	1.1013	1.0906		0.0823	0.0766
$HKL(\gamma)$	111	200	220	311	222	400	331	420	422
$d(nm)$	0.2070	0.1793	0.1268	0.1081	0.1035	0.0896	0.0823	0.0802	0.0732

7 薄晶体的高分辨像

高分辨电子显微术是一种基于相位衬度原理的成像技术。入射电子束穿过很薄的晶体试样,被散射的电子在物镜的背焦面处形成携带晶体结构的衍射花样,随后衍射花样中的透射束和衍射束的干涉在物镜的像平面处重建晶体点阵的像。这样两个过程对应着数学上的傅里叶变换和逆变换。

高分辨操作:物镜光阑同时让透射束和一个或多个衍射束通过,共同达到像平面干涉成像的操作。此时,由于试样为薄膜试样,厚度极小,电子波通过样品后的振幅变化忽略不计,像衬度是由透射波和衍射波的相位差引起的相位衬度,忽略其振幅衬度。

物镜光阑可以完成 4 种操作:明场操作、暗场操作、中心暗场(需在偏置线圈的帮助下)操作及高分辨操作。前 3 种成像靠的是单束成像,获得振幅衬度,形成衍衬像,而高分辨成像则是多束成像,获得相位衬度,形成相位像。

注意:(1)任何像衬度的产生均包含振幅衬度和相位衬度,振幅衬度又包含衍射衬度和质厚衬度,只是贡献程度不同而已。

(2)衍衬成像靠的是满足布拉格方程的程度不同导致的强度差异,可由干涉函数的分布曲线获得解释,它只能是透射束或衍射束单束通过物镜光阑成像;而高分辨像靠的是相位差异导致强度差异,需多束(至少两束)通过物镜光阑后相互干涉形成的像。

(3)高分辨像衬度的主要影响因素是物镜的球差和欠焦量,其中选择合适的欠焦量是成像关键。

高分辨电子显微镜(HRTEM)与透射电子显微镜(TEM)存在以下区别:

(1)成像束:HRTEM 为多电子束成像,而 TEM 则为单电子束成像。

(2)结构要求:HRTEM 对极靴、光阑要求高于 TEM。

(3)成像:HRTEM 仅有成像分析,包括一维、二维的晶格像和结构像,而 TEM 除了成像分析还可衍射分析。

(4)试样要求:HRTEM 试样厚度一般小于 10 nm,可视为弱相位体,即电子束通过试样时振幅几乎无变化,只发生相位改变,而 TEM 试样厚度通常为 50~200 nm。

(5)像衬度:HRTEM 像衬度主要为相位衬度,而 TEM 则主要是振幅衬度。

7.1 高分辨电子显微像的形成原理

高分辨成像过程分两个环节,包含三个重要函数,即试样透射波函数、衬度传递函数和像面波函数。

(1)电子波与试样的相互作用,电子波被试样调制,在试样的下表面形成透射波,又称物面波,反映入射波穿过试样后相位变化情况,其数学表达为试样透射波函数或物面波函数

$A(x，y)$。

（2）透射波经物镜成像，经多级放大后显示在荧光屏上，该过程又分为两步：从透射波函数到物镜后焦面上的衍射斑点（衍射波函数），再从衍射斑点到像平面上成像，这两个过程为傅里叶的正变换与逆变换。该过程的数学表达为衬度传递函数 $S(u,v)$，最终成像的像面波函数为 $B(x，y)$。

7.1.1 试样透射函数 $A(x，y)$

不考虑相对论修正的情况下，由高压 U 加速的电子波波长为 $\lambda = \dfrac{h}{\sqrt{2meU}}$，电子进入晶体时，如图 7-1，由于晶体中的原子规则排列，原子由核和核外电子组成，规则排列的核和核外电子具有周期性分布的晶体势场 $V(x，y，z)$，电子波波长将随电子的位置而变化，入射后电子波波长 λ' 为

$$\lambda' = \frac{h}{\sqrt{2me(U+V(x，y，z))}} \tag{7-1}$$

每穿过厚度为 $\mathrm{d}z$ 的晶体片层时，电子波经历的相位改变为

$$\mathrm{d}\phi = 2\pi\frac{\mathrm{d}z}{\lambda'} - 2\pi\frac{\mathrm{d}z}{\lambda} = 2\pi\frac{\mathrm{d}z}{\lambda}\left[\sqrt{\frac{U+V(x，y，z)}{U}}-1\right] \tag{7-2}$$

考虑到 $\dfrac{V(x，y，z)}{U} \ll 1$，运用 $\sqrt{1+\dfrac{V(x，y，z)}{U}} \approx 1 + \dfrac{V(x，y，z)}{2U}$

得

$$\mathrm{d}\phi \approx 2\pi\frac{\mathrm{d}z}{\lambda}\cdot\frac{1}{2}\frac{V(x，y，z)}{U} = \frac{\pi}{\lambda U}V(x，y，z)\mathrm{d}z \tag{7-3}$$

令 $\sigma = \dfrac{\pi}{\lambda U}$，即 $\mathrm{d}\phi = \sigma V(x，y，z)\mathrm{d}z$ \hfill (7-4)

$$\phi = \sigma\!\int V(x，y，z)\mathrm{d}z = \sigma\varphi(x，y) \tag{7-5}$$

式中：σ——相互作用常数，不是散射横截面，而是弹性散射的另一种表述；

ϕ——相位；

$V(x，y，z)$——晶体势函数；

$\varphi(x，y)$——试样的晶体势场在 z 方向上的投影并受晶体结构调制的波函数。

入射波透出试样时的相位取决于入射的位置 $(x，y)$，从试样底部透射出来的电子波又称物面波，包含透射束和若干衍射束，其相位反映了不同通路晶体势场的分布，或者说透射函数携带了晶体结构的二维信息。

由式（7-5）可知总的相位差仅依赖于晶体的势函数 $V(x，y，z)$。如果考虑晶体对电子波的吸收效应，则应在试样透射函数的表达式中增加吸收函数 $\mu(x，y)$ 项，即

$$A(x，y) = \mathrm{e}^{\mathrm{i}\phi} = \exp[\mathrm{i}\sigma\varphi(x，y) + \mu(x，y)] \tag{7-6}$$

而对于薄晶体，可以认为仅有相位改变，忽略吸收因素，即

$$A(x, y) = e^{i\phi} = \exp[i\sigma\varphi(x, y)] \tag{7-7}$$

由于样品极薄，可认为是弱相位体，此时 $\varphi(x, y) \ll 1$，这一模型可进一步简化。按指数函数展开该式，忽略高阶项，即得试样透射函数的近似表达式：

$$A(x, y) = 1 + i\sigma\varphi(x, y) \tag{7-8}$$

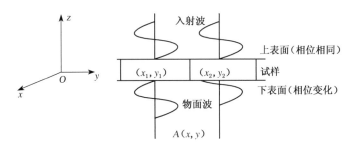

图 7-1 试样透射函数形成示意图

式(7-8)即为弱相位体近似，它表明对极薄试样，透射函数的振幅与晶体的投影势呈线性关系。弱相位体近似被广泛应用于高分辨显微技术的计算机模拟。

入射波透过薄晶试样后产生的物面波作用于物镜，物镜成像经历两次傅里叶变换过程（如图 7-2）：

(1) 第一次傅里叶变换：物镜将物面波分解成各级衍射波（透射波可看成是零级衍射波），在物镜后焦面上得到衍射谱。

入射波通过试样，相位受到试样晶体势的调制，在试样的下表面得到物面波 $A(x, y)$，物面波携带晶体的结构信息，经物镜作用后，在其后焦面上得到衍射波 $Q(u, v)$，此时物镜起到频谱分析器的作用，即将物面波中的透射波（看成零级）和各级衍射波分开了。频谱分析器的原理即为数学上的傅里叶变换。

(2) 第二次傅里叶变换：各级衍射波相干重新组合，得到保留原有相位的像面波 $B(x, y)$，在像平面处得到晶格条纹像，即进行了傅里叶逆变换：

$$物面波\ A(x, y) \xrightarrow{F} 衍射波\ Q(u, v) \xrightarrow{F^{-1}} 像面波\ B(x, y)$$

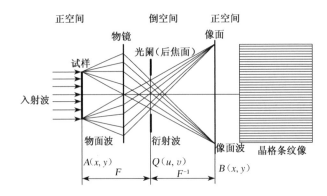

图 7-2 物镜成像过程的二次傅里叶变换示意图

如果物镜是一个理想透镜，无像差，则从试样到后焦面，再从后焦面到像平面的过程，分

别经历了两次傅里叶变换。设像面波函数为 $B(x, y)$，则理论上

$$B(x, y) = F^{-1}\{Q(u, v)\} = F^{-1}\{F(A(x, y))\} = A(x, y) \tag{7-9}$$

表明像是物的严格再现。对于相位体而言，此时的像强度为

$$I(x, y) = A(x, y)A^*(x, y) = e^{i\varphi}e^{-i\varphi} = e^0 = 1 \tag{7-10}$$

这表明对于理想透镜，相位体的像不可能产生任何衬度。实际上由于物镜存在球差、色差、像散（离焦）以及物镜光阑、输入光源的非相干性等因素，此时可产生附加相位，从而形成像衬度，看到晶格条纹像。研究表明操作时有意识地引入一个合适的欠焦量，即让像不在准确的聚焦位置，可使高分辨像的质量更好。这些因素的集合体即为相位衬度传递函数。

7.1.2 衬度传递函数 $S(u, v)$

衬度传递函数 $S(u, v)$ 即为一个相位因子，它综合了物镜的球差、离焦量及物镜光阑等诸多因素对像衬度（相位）的影响，是多种影响因素的综合反映。以下主要讨论三个因素（欠焦量、球差、物镜光阑）对附加相位的影响，而其他因素可通过适当的措施得到解决，如物镜的色差可通过稳定加速电压，减小电子波长的波动得到解决，入射波的相干性可通过聚光镜光阑减小入射孔径角得到保证等。

1）欠焦量

理论焦面为正焦面（$\Delta f = 0$）；加大电镜电流，聚焦度增大，聚焦在理论焦面之前称欠焦（$\Delta f < 0$）；反之，减小电镜电流，在理论焦面之后聚焦称过焦（$\Delta f > 0$），欠焦与过焦统称为离焦，如图 7-3(a) 所示。

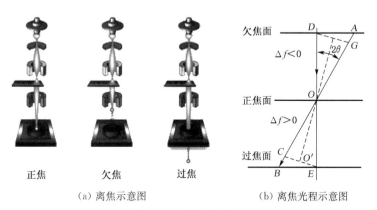

正焦　　　　　欠焦　　　　　过焦

（a）离焦示意图　　　　　　　（b）离焦光程示意图

图 7-3　离焦原理图

欠焦引起的相位差可由光程差获得。如图 7-3(b)，作 $OD = OG$，则 $\triangle ODG$ 为等腰三角形，此时，欠焦光程差

$$AG = DA \times \sin\theta = \Delta f \times \tan 2\theta \times \sin\theta = \Delta f \times 2\theta \times \theta = 2\Delta f\theta^2 \tag{7-11}$$

相位差

$$\chi_1 = \frac{2\pi}{\lambda}AG = \frac{\pi}{\lambda}\Delta f(2\theta)^2 \tag{7-12}$$

2）球差

在图 7-4 中，衍射角（2θ）及 δ 都是很小的角度，可以认为 $BD - BC = DC \cdot \sin\delta = \mathrm{d}R \cdot \delta$，这里 $\delta = \dfrac{\mathrm{d}R}{f}$，依据球差定义 $\mathrm{d}R = C_\mathrm{s}(2\theta)^3$（$C_\mathrm{s}$ 为球差系数），且 $2\theta = \dfrac{R}{f}$，于是

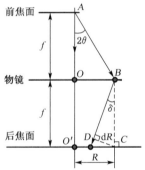

图 7-4　球差光程示意图

$$微量光程差 = BD - BC = C_\mathrm{s}\left(\frac{R}{f}\right)^3 \cdot \frac{\mathrm{d}R}{f} = C_\mathrm{s}\frac{R^3}{f^4}\mathrm{d}R \tag{7-13}$$

则球差引起的微小相位差

$$\mathrm{d}\chi_2 = \frac{2\pi}{\lambda}(BD - BC) = \frac{2\pi}{\lambda} \cdot C_\mathrm{s} \cdot \frac{R^3}{f^4}\mathrm{d}R \tag{7-14}$$

该式只表示了衍射光束 AB 受球差的影响情况，晶体衍射时尚有诸多与 AB 平行的衍射束分布在半径 R 的范围内，且都受球差影响。因此总体的影响效果必须通过积分来获得，于是在 R 取 $[0, R]$ 范围时，球差对衍射束的影响为

$$\chi_2 = \frac{2\pi C_\mathrm{s}}{\lambda f^4}\int_0^R R^3\mathrm{d}R = \frac{2\pi C_\mathrm{s}}{\lambda} \cdot \frac{R^4}{4f^4} = \frac{\pi C_\mathrm{s}}{2\lambda} \cdot \left(\frac{R}{f}\right)^4 \tag{7-15}$$

即

$$\chi_2 = \frac{\pi}{\lambda} \cdot \frac{1}{2}C_\mathrm{s} \cdot (2\theta)^4 \tag{7-16}$$

综合欠焦和球差引起的附加相位为

$$\chi = \chi_1 + \chi_2 = \frac{\pi}{\lambda}\Delta f(2\theta)^2 + \frac{\pi}{\lambda} \cdot \frac{1}{2}C_\mathrm{s}(2\theta)^4 \tag{7-17}$$

又根据衍射几何图，得（透射电镜中 2θ 很小）

$$\frac{1}{\lambda} \times (2\theta) = |\boldsymbol{g}| = \sqrt{u^2 + v^2} \tag{7-18}$$

将 $2\theta = \lambda\sqrt{u^2 + v^2}$ 代入得由离焦和球差引起的相位差

$$\chi(u, v) = \pi\Delta f\lambda(u^2 + v^2) + \frac{\pi}{2} \cdot C_\mathrm{s}\lambda^3(u^2 + v^2)^2 \tag{7-19}$$

3）物镜光阑

物镜光阑对相位衬度的影响用物镜光阑函数 $A(u, v)$ 表示，其大小取决于后焦面上距中心的距离，即

$$A(u, v) = \begin{cases} 1 & \sqrt{u^2 + v^2} \leqslant r \\ 0 & \sqrt{u^2 + v^2} > r \end{cases} \tag{7-20}$$

式中:r——物镜光阑的半径。

显然,在光阑孔径范围内时取 1,而在光阑孔径外的取 0,即衍射波被光阑挡住,不参与成像,故通常情况下取 $A(u, v) = 1$。

这样,综合其他因素,得衬度传递函数为

$$S(u, v) = A(u, v)\exp[\mathrm{i}\chi(u, v)]B(u, v)C(u, v) \tag{7-21}$$

式中:$\chi(u, v)$ ——物镜的球差和离焦量综合影响所产生的相位差;

$A(u, v)$ ——物镜光阑函数;

$B(u, v)$ ——照明束发散度引起的衰减包络函数;

$C(u, v)$ ——物镜色差效应引起的衰减包络函数。

由于照明束发散度和物镜的色差可分别通过聚光镜的调整和稳定电压得到有效控制,因此可忽略之。

这样衬度传递函数可表示为

$$S(u, v) = \exp[\mathrm{i}\chi(u, v)] = \cos\chi + \mathrm{i}\sin\chi \tag{7-22}$$

说明:物镜的像差共有三种:球差、色差和像散。其中色差通过稳定电压得到控制,甚至消除,而球差是无法消除的,是影响成像的关键因素。物镜的像散即焦距差,又称离焦量,这里有意保留并适度调整它,可使高分辨像成得更好。

需指出的是:电镜的欠焦或过焦称离焦,可通过调整电镜的励磁电流来实现。在正焦基础上加大电镜电流,聚焦面上移,处于欠焦态。反之减小电镜电流,聚焦面下移,呈过焦态。

7.1.3 像平面上的像面波函数 $B(x, y)$

像面波函数为衍射波函数 $Q(u, v)$ 的傅里叶逆变换获得,可以表示为

$$B(x, y) = [1 - \sigma\varphi(x, y) \cdot F^{-1}\sin\chi] + \mathrm{i}[\sigma\varphi(x, y) \cdot F^{-1}\sin\chi] \tag{7-23}$$

如不考虑像的放大倍数,像平面上观察到的像强度为像平面上电子散射振幅的平方。设其共轭函数为 $B^*(x, y)$,则像强度为

$$I(x, y) = B(x, y) \cdot B^*(x, y) \tag{7-24}$$

并略去其中 $\sigma\varphi$ 的高次项,可得

$$I(x, y) = 1 - 2\sigma\varphi(x, y) \cdot F^{-1}\sin\chi \tag{7-25}$$

令 $I_0 = 1$,则像衬度为

$$\frac{I - I_0}{I_0} = I - 1 = -2\sigma\varphi(x, y) \cdot F^{-1}\sin\chi \tag{7-26}$$

式(7-26)中的函数 $\sin\chi$ 十分重要,它直接反映了物镜的球差和离焦量对高分辨图像的影响结果,有时也把 $\sin\chi$ 称为衬度传递函数。在对 χ 的两个影响因素中,球差的影响在一定条件下可基本固定,此时主要取决于离焦量的大小,故离焦量成了高分辨相位衬度

的核心影响因素。离焦量对 $\sin\chi$ 函数的影响可用曲线来分析,但曲线较复杂,需由作图法获得。

当 $\sin\chi=-1$ 时,像衬度为 $2\sigma\varphi(x,y)$,可见像衬度与晶体的势函数投影成正比,反映样品的真实结构,故 $\sin\chi=-1$ 是高分辨成像的追求目标,即在高分辨成像时追求 $\sin\chi$ 在倒空间中有一个尽可能宽的范围内接近于 -1。从 χ 的影响因素来看,关键在于离焦量 Δf,图 7-5 是不同离焦量时的 $\sin\chi$ 曲线。

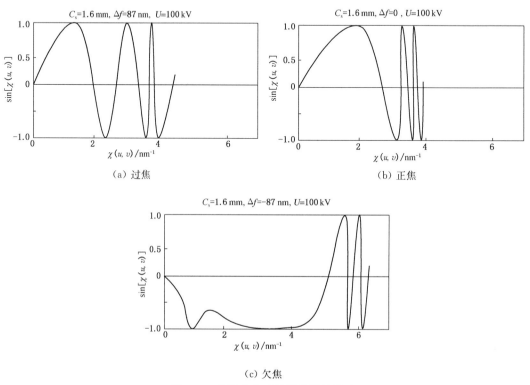

（a）过焦

（b）正焦

（c）欠焦

图 7-5　物镜离焦对函数曲线的影响

三种情况下,表明欠焦时 $\sin\chi$ 有一个较宽的 -1 平台,因为 $\sin\chi=-1$ 时意味着衍射波函数受影响小,能得到清晰可辨不失真的像。-1 平台的宽度愈大愈好。即只有在弱相位体和最佳欠焦(-1 平台最宽)时拍摄的高分辨像才能正确反映晶体的结构。实际上弱相位体的近似条件较难满足,当样品中含有重元素或厚度超过一定值时,弱相位体的近似条件就不再满足,此时尽管仍能拍到清晰的高分辨像,但像衬度与晶体结构投影已经不是一一对应的关系了,有时甚至会出现衬度反转。同样,改变离焦量也会引起衬度改变,甚至反转,此时只能通过计算机模拟与实验像的仔细匹配方可解释了。此外,对于非周期特征的界面结构高分辨像,也需要建立结构模型后计算模拟像来确定界面结构,计算机模拟已成了高分辨电子显微学研究中的一个重要手段。

特别需要注意的是高分辨成像时采用了孔径较大的物镜光阑,让透射束和至少一根衍射束进入成像系统,因它们之间的相位差而形成干涉图像。透射束的作用是提供一个电子波波前的参考相位。

7.1.4 最佳欠焦条件及电镜最高分辨率

1) 最佳欠焦条件——Scherzer 欠焦条件(谢尔策条件)

使 $\sin\chi = -1$ 的平台最宽时的欠焦量即为最佳欠焦量。欠焦量可由下式表示：

$$\Delta f = kC_s^{\frac{1}{2}}\lambda^{\frac{1}{2}} \tag{7-27}$$

式中：$k = \sqrt{1-2n}$；n 为零或负整数。一般取 $C_s^{\frac{1}{2}}\lambda^{\frac{1}{2}}$ 为欠焦量的度量单位，称为 Sch。

注意：相位成像追求的是最佳欠焦，此时具有良好的衬度；而衍衬成像追求的是严格正焦。

2) 电镜最高分辨率

电镜最高分辨率是指最佳欠焦条件下的电镜分辨率。可由 $\sin\chi$ 曲线中第一通带($\sin\chi$ 绝对值为-1 的平台)与横轴的交点值的倒数获得。

最高分辨率通常可表示为

$$\delta = k_1 C_s^{\frac{1}{4}}\lambda^{\frac{3}{4}} \tag{7-28}$$

式中：k_1 取值为 0.6~0.8，一般取 $C_s^{\frac{1}{4}}\lambda^{\frac{3}{4}}$ 为分辨率的单位，称为 Gl。

图 7-6 即为 JEM2010 透射电镜在加速电压为 200 kV、球差系数 $C_s = 0.5$ mm 时的 $\sin\chi$ 函数曲线。

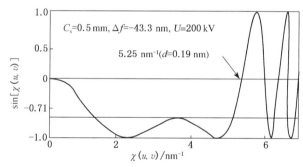

图 7-6　JEM2010 透射电镜最佳欠焦条件下的函数曲线

曲线上 $\sin\chi$ 值为-1 的平台(称通带)展得愈宽愈好，展得最宽时的欠焦量即为最佳欠焦量(又称最佳欠焦条件)，即称为 Scherzer 欠焦量(或称 Scherzer 欠焦条件)。在该条件下，电镜的点分辨率为 0.19 nm。第一通带与横轴的右交点值 5.25 nm^{-1}，该值是倒矢量的绝对值，颠倒后即为 0.19 nm。其含义为在符合弱相位体的条件下，像中不低于 0.19 nm 间距的结构细节可以认为是晶体投影势的真实再现，该值即为电镜最高分辨率。

7.1.5 第一通带宽度($\sin\chi = -1$)的影响因素

设 $\dfrac{1}{d} = |\boldsymbol{g}| = \sqrt{u^2+v^2}$，代入式(7-19)得

$$\chi = \pi\Delta f\lambda\frac{1}{d^2} + \frac{\pi}{2}\cdot C_s\lambda^3\frac{1}{d^4} = \frac{\lambda\pi}{d^2}\left(\Delta f + \frac{1}{2}\cdot C_s\frac{\lambda^2}{d^2}\right) \tag{7-29}$$

由于电子波的波长 λ 是由电镜加速电压 U 决定的,由式(7-29)可知影响函数 sin χ 第一通带宽度的主要因素为离焦量 Δf、加速电压 U 和球差系数 C_s,现分别讨论如下:

1) 离焦量 Δf

以 200 kV 的透射电镜 JEM 2010 为例,高分辨时球差系数取 $C_s = 1.0$ mm(HR 结构型),电子波长 λ=0.002 51 nm 代入式(7-29)得 χ,则

$$\sin \chi = \sin \frac{0.007\,8854}{d^2}\left(\frac{3.150\,05}{d^2} + \Delta f\right) \qquad (7\text{-}30)$$

以 $\left(\dfrac{1}{d}\right)$ 作为横坐标画出该曲线,分别取 Δf = 0,±30 nm,±60 nm,±90 nm,计算机作图如图 7-7 所示。这里首先取 Δf = 0,是为了说明正焦时,相位传递函数的曲线形态。离焦量取 Δf =± 30 nm 和±90 nm,是作为比较量而特意选择的。

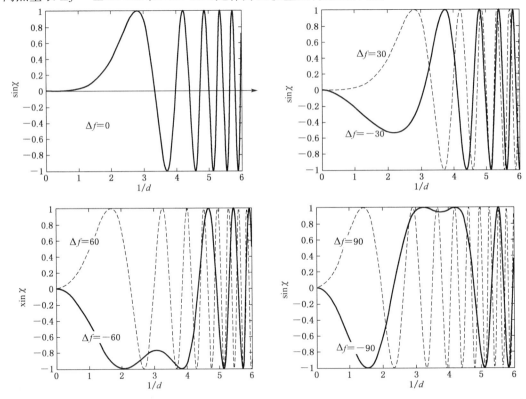

图 7-7　不同离焦量对函数 sin χ 曲线形态影响的比较

离焦量 Δf =−61 nm(欠焦)是该条件下的最佳值,所以这里选择了与该离焦量接近的 Δf =±60 nm 作为参考值,描述离焦量对传递函数的影响。该图表明,欠焦情况下,Δf =−60 nm 时,接近 sin χ =−1 条件下出现了较宽的"平台",显然在这段曲线内,样品各点的反射电子波因相位传递函数而引起附加相位的变化可以近似地看成是相同的。该"平台"对应的区域内 $\left(\dfrac{1}{d_1} \sim \dfrac{1}{d_2}\right)$,确保了附加相位差对晶格干涉条纹(一级)像的影响已降到了最低,可以认为物镜此时能够将样品的物点相位信息无畸变地传递下去,使样品的物点细节无

畸变地"同相位相干"而形成几乎理想的干涉像。一旦越过这一台阶区域,曲线波动变得复杂,附加相位差的不同会引起晶格条纹像分析与解释上的困难。

最佳离焦量的计算:

如果想获得曲线上最大范围的"平台"区域,就必须找出最佳的离焦值 Δf_{opt}。为了表达式或计算上的方便,将式(7-29)中的 $\dfrac{1}{d}$ 用 x 代替,则

$$\sin \chi = \sin \pi\lambda\left(\frac{C_s\lambda^2}{2}x^4 + \Delta f x^2\right) \tag{7-31}$$

欲获得 $\sin \chi = -1$ 的理想值,则

$$\pi\lambda\left(\frac{C_s\lambda^2}{2}x^4 + \Delta f x^2\right) = 2n\pi - \frac{\pi}{2} \quad (\text{式中 } n = 0, \pm 1, \pm 2, \pm 3, \cdots) \tag{7-32}$$

解得

$$x^2 = \frac{1}{C_s\lambda^2}\left[-\Delta f \pm \sqrt{\Delta f^2 + (4n-1)C_s\lambda}\right] \tag{7-33}$$

当取

$$\Delta f = \begin{cases} -\sqrt{(4n-1)C_s\lambda} & (\text{式中 } n > 0) \\ -\sqrt{(1-4n)C_s\lambda} & (\text{式中 } n \leqslant 0) \end{cases} \tag{7-34}$$

得

$$x^2 = \frac{-\Delta f}{C_s\lambda^2} \tag{7-35}$$

再将 Δf 的值代入,即得 $x^2 = \sqrt{\dfrac{4n-1}{C_s\lambda^3}}$。该值代入式(7-31),能使 $\sin \chi = -1$ 成立。因此式(7-34)对应的离焦值是较合适的,能够使干涉条纹像衬度较清晰。实际上,常取 $\sqrt{C_s\lambda}$ 作为高分辨电子显微学中欠焦量的一个单位,称作 Sch(纪念 Scherzer 对相位衬度理论的贡献)。显然,由式 7-34 可知,合适的离焦量可取值较多,例如 $n = 0, -1, -2$,则对应的 $\Delta f = -1\mathrm{Sch}, -\sqrt{5}\mathrm{Sch}, -\sqrt{9}\mathrm{Sch}$。

事实上,式(7-34)只是上述方程解的特例。当取 $n = 1, 2, 3$,及对应的 $\Delta f = -\sqrt{3}\mathrm{Sch}$, $-\sqrt{7}\mathrm{Sch}, -\sqrt{11}\mathrm{Sch}$ 时,这些值的各自对应点虽然使 $\sin \chi = -1$,但不能保证曲线较宽平台的出现。现分别选择这些数值定量地作图(见图 7-8),当 Δf 取式(7-34)中某些数值时,虽然 $\sin \chi = -1$,但曲线上几乎不出现较宽的平台或平台的对应 x 值的范围较小,这就严重地限制了晶格条纹像的适用分析范围。稍一偏离该条件会导致相衬的变化或消失,不便于实际操作。一般总是希望平台在 x 值较小(对应的 d 值较大)的区域内呈现,即 $\sin \chi$ 首次出现的平台是实验追求的条件,这个区域内的欠焦条件才是最佳的,称为 Scherzer 条件。由图 7-8 不难看出,最佳的欠焦值 Δf 在 $[-1\mathrm{Sch}, -\sqrt{3}\mathrm{Sch}]$ 区间内,对应的分别是 $\sin\left(-\dfrac{\pi}{2}\right) = -1(n = 0)$

和 $\sin\left(-\dfrac{3}{2}\pi\right)=-1(n=1)$ 的情况，即图 7-8 中曲线 $\Delta f=-50$ nm$(-1\mathrm{Sch})$ 和曲线 $\Delta f=-86$ nm$(-\sqrt{3}\mathrm{Sch})$，图中 $\Delta f=-112$ nm$(-\sqrt{5}\mathrm{Sch})$ 的曲线所对应的 $n=-1$。

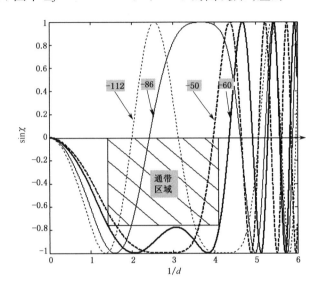

图 7-8　不同离焦量时的 $\sin\chi$ 函数曲线

虽然在 $\Delta f=-1\mathrm{Sch}$ 和 $\Delta f=-\sqrt{3}\mathrm{Sch}$ 条件下，$\sin\chi$ 函数曲线上都展现了较宽的第一平台，但两者都不是最宽的平台，最佳的离焦量 Δf_{opt} 对应最宽的平台通带尚未找到。当 Δf_{opt} 取得最佳值时，必须保证 $\sin\chi=-1$。由式(7-31)对 x 求一阶导数，并令 $\sin'\chi=0$ 求极值，则

$$\cos\pi\lambda\left(\frac{C_{\mathrm{s}}\lambda^2}{2}x^4+\Delta fx^2\right)\cdot\pi\lambda(2C_{\mathrm{s}}\lambda^2x^3+2\Delta fx)=0 \tag{7-36}$$

由 $2C_{\mathrm{s}}\lambda^2x^3+2\Delta fx=0$ 得

$$x^2=\frac{-\Delta f}{C_{\mathrm{s}}\lambda^2} \tag{7-37}$$

表达式(7-35)与(7-37)虽然形式上完全一致，但其含义却完全不同，前者是确定了 Δf 值之后，求得的 x^2 的值，该值代入式(7-31)后满足 $\sin\chi=-1$；而后者(式 7-37)中的 Δf 有待确定，是未知的，将该式代入式(7-31)得：

$$\sin\chi=\sin\left(-\frac{\pi}{2}\cdot\frac{\Delta f^2}{C_{\mathrm{s}}\lambda}\right) \tag{7-38}$$

这里追求的是通过确定 Δf 以获得最大范围内的通带区域。当 $\sin\chi$ 存在极值，由图 7-8 中 $\Delta f=-60$ nm 曲线可知，$\sin\chi=-1$ 的两个极小值之间有一个极大值。这个极大值是很值得注意的，该值过大将严重影响"平台"的形状，甚至使平台消失。为了保证该通带平台的合适长度和足够高度(图 7-8 中细实线矩形)，以获得可以直接解释的高分辨晶格相衬，

要求此时 $\sin\chi$ 函数有足够的稳定性,一般要求 $|\sin\chi|\geqslant|-1|\cdot 70\%=0.7$。

可取 $\left|\sin\left(-\dfrac{\pi}{2}\cdot\dfrac{\Delta f^2}{C_s\lambda}\right)\right|=\dfrac{\sqrt{2}}{2}$,于是 $-\dfrac{\pi}{2}\cdot\dfrac{\Delta f^2}{C_s\lambda}=-\dfrac{3}{4}\pi$(在 $\left[-\dfrac{\pi}{2},-\dfrac{3\pi}{2}\right]$ 之间),所以

$$\Delta f_{\mathrm{opt}}=-\sqrt{\frac{3}{2}C_s\lambda}\qquad(7-39)$$

这就是最佳的离焦值表达式。理论上,从离焦量与像差引起衍射波的相位移动方面,也能获得如下的结论:当式(7-31 中)$\sin\chi=\sin\left[-\left(\dfrac{3}{4}\pi+2n\pi\right)\right]$ 成立时,$\sin\chi$ 将会得到更宽的平台。将式(7-39)代入式(7-31)得

$$\sin\chi=\sin\pi\lambda\left(\frac{C_s\lambda^2}{2}x^4-\sqrt{\frac{3}{2}C_s\lambda}x^2\right)\qquad(7-40)$$

若令 $\pi\lambda\left(\dfrac{C_s\lambda^2}{2}x^4-\sqrt{\dfrac{3}{2}C_s\lambda}x^2\right)=-n\pi-\dfrac{\pi}{2}$ (式中 n 取 0 或正整数)

$$\frac{C_s\lambda^2}{2}x^4-\sqrt{\frac{3}{2}C_s\lambda}x^2+\frac{2n+1}{2\lambda}=0\qquad(7-41)$$

得

$$x^2=\frac{\sqrt{3}\pm\sqrt{1-4n}}{\lambda\sqrt{2C_s\lambda}}\qquad(7-42)$$

显然 $n=0$ 时

$$x_1=\sqrt{\frac{\sqrt{3}-1}{\lambda\sqrt{2C_s\lambda}}}\qquad(7-43)$$

$$x_2=\sqrt{\frac{\sqrt{3}+1}{\lambda\sqrt{2C_s\lambda}}}\qquad(7-44)$$

再将式(7-39)的最佳离焦量 Δf_{opt} 代入式(7-37)得

$$x_3=\sqrt{\frac{\sqrt{3}}{\lambda\sqrt{2C_s\lambda}}}\qquad(7-45)$$

所以,此时"平台"部分存在三个极值点,式(7-43)和式(7-44)对应两个极小值 $\sin\chi=-1$,式(7-45)对应上述两个极小值中间存在的一个极大值点。正是这三个极值点的存在,才使得"平台"最宽。另外,将 x 还原成 $\dfrac{1}{d}$,由式(7-40)得

$$\sin\chi=\sin\frac{\lambda\pi}{d^2}\left(\frac{C_s\lambda^2}{2}\frac{1}{d^2}-\sqrt{\frac{3}{2}C_s\lambda}\right)\qquad(7-46)$$

在最佳离焦量条件下,该表达式对应的曲线是相位传递函数的完整表达。对于每一台高分辨电镜(C_s固定值),在特定加速电压下工作(λ固定值)时,式(7-46)将是晶格干涉条纹像成像的重要依据。曲线中首次出现的"平台"(通带)范围及其相应的d值或$\frac{1}{d}$值与式(7-43)、式(7-44)或式(7-45)相对应,该平台直接关系到所得高分辨像能否被直接解释。

2)加速电压

加速电压是电子波长的决定性因素,加速电压越大,则相应的被加速电子的波长就越小。虽然研究表明,电子的波长与物镜的球差系数有一定的对应关系,但这里仍然假设电子波长变化时,球差系数为常量,令$C_s = 1.0 \text{ mm} = 10^6 \text{ nm}$,在Scherzer聚焦条件下,由式(7-46)得

$$\sin \chi = \sin \frac{\lambda \pi}{d^2} \left(\frac{5 \times 10^5 \lambda^2}{d^2} - 10^3 \sqrt{1.5\lambda} \right) \tag{7-47}$$

分别将加速电压为100 kV,200 kV,500 kV和1 000 kV相应的波长$\lambda = 0.003\ 71 \text{ nm}$,$0.002\ 51 \text{ nm}$,$0.001\ 42 \text{ nm}$和$0.000\ 87 \text{ nm}$代入上式,以$\frac{1}{d}$为横坐标,作图7-9。该图表明,随着电子波长的减小,类似于"弹簧"的$\sin \chi$曲线将被逐渐拉开,尤其是第一平台部分变得更宽了,且平台扩展后,靠右端$\frac{1}{d_2}$的值趋于增大,d值更小,使晶格条纹的分辨率更高。因此增加电镜的加速电压,能使相位传递函数的平台增宽,高分辨可观察研究的晶面间距极限更小,分辨能力提高,较容易获得高清晰的晶格像或结构像。

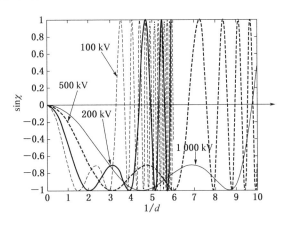

图7-9　最佳离焦量条件下加速电压对$\sin \chi$函数曲线形态的影响

3)球差系数

参照上述方法,忽略加速电压与物镜球差系数的某种对应关系。在200 kV的条件下,$\lambda = 0.002\ 51 \text{ nm}$代入式(7-46)(Scherzer聚焦)得

$$\sin \chi = \sin \left(0.024\ 84 \frac{C_s}{d^4} - 0.483\ 845 \frac{\sqrt{C_s}}{d^2} \right) \tag{7-48}$$

将物镜球差系数取 $C_s = 2.0,1.6,1.2,0.8$ mm 分别代入上式，并作图 7-10。可见随球差系数减小，也能够使第一"平台"区域拉宽，使电镜的分辨率提高。

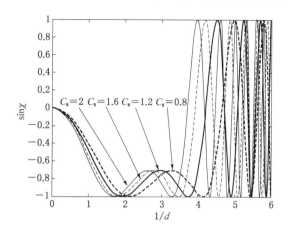

图 7-10　最佳离焦量条件下物镜球差系数 C_s 对 $\sin\chi$ 函数曲线形态的影响

一般情况下，物镜的球差系数是恒定不变的，随电镜出厂时已经有了固定的数值，最短波长的选择也是有限的，因此相位传递函数的影响因素中，离焦量是最有效的可调节参数，合适的欠焦值是获得清晰的可直接解释的晶格条纹像或结构像的关键。

7.2　高分辨像举例

根据衍射条件和试样厚度的不同，高分辨像可以大致分为晶格条纹像、一维结构像、二维晶格像（单胞尺寸的像）、二维结构像（原子尺度上的晶体结构像）以及特殊的高分辨像等。下面通过图片说明前四种高分辨像的成像条件与特征。

7.2.1　晶格条纹像

成像条件：一般的衍衬像或质厚衬度像都是采用物镜光阑只选择衍射花样上的透射束（对应明场像）或某一衍射束（对应暗场像）成像。如果使用较大的物镜光阑，在物镜的后焦面上，同时让透射束和某一衍射束（非晶样品对应其"晕"的环上一部分）这两只波相干成像，就能得到一维方向上强度呈周期性变化的条纹花样，从而形成了"晶格条纹像"，如图 7-11 所示。

晶格条纹像的成像条件较低，不要求电子束对准晶带轴严格平行于晶格平面，试样厚度也不是极薄，可以在不同样品厚度和聚焦条件下获得，无特定衍射条件，拍摄比较容易，是高分辨像分析与观察中最容易的一种。但正是由于成像时衍射条件的不确定性，使得拍摄的条纹像与晶体结构的对应性方面存在困难，几乎无法推定晶格条纹像上的暗区域是否对应着晶体中的某原子面。

晶格条纹像可用于观察对象的尺寸、形态、区分非晶态和结晶区，在基体材料中区分夹杂和析出物，但不能得出样品晶体结构的信息，不可模拟计算。图 7-11 展示了几种典型晶格条纹像，下面分别说明其图片中所包含的信息及衬度特点。

(a) 非晶样品典型的无序点状衬度

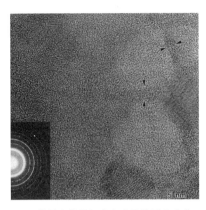

(b) 样品中非晶组分和小晶粒形态分布

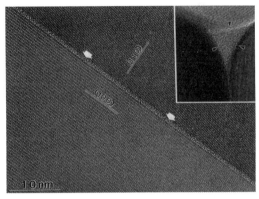

(c) Si_3N_4-SiC 陶瓷中的平直晶界与三叉晶界

(d) Al_2O_3-ZrO_2 复合陶瓷的三叉晶界

图 7-11　几种常见的晶格条纹像应用举例

　　图 7-11(a)是软磁材料(称为 FINEMET)经液态急冷而获得的非晶样品的高分辨电子显微照片。该图呈现高分辨条件下非晶材料所特有的"无序的点状衬度",这种衬度特征均匀地分布在整个非晶态样品区域。

　　图 7-11(b)是软磁材料 FINEMET 的非晶样品,经 550℃ 1 h 热处理后结晶状态(程度)的高分辨晶格条纹像,其左下方为该试样的电子衍射花样。根据衍射花样和图示的衬度分布状况分析,样品中的大部分非晶组分已经转化为微小的晶体,尚有少量的非晶成分存在(存在宽化的德拜环)。其中非晶存在单元的辨别可以通过与图 7-11(a)图的比较获得。高分辨晶格条纹像揭示了该颗粒必然是晶体,并且显示了该颗粒的形态特征。还有两点需要重申,已经显示高分辨晶格条纹像的晶粒,由于彼此之间满足衍射条件程度的不同,所以产生的晶格条纹有的清晰,有的模糊;另一点就是,还有一些已经结晶的颗粒因所处位向的不利而没有显示其应有的衬度(看不见条纹),只形成"单调衬度"。图中箭头所示的中间区域为非晶态衬度,箭头本身所处的几个颗粒恰是已结晶的但没有形成晶格条纹的情况,即形成所谓的"单调衬度"。不显现晶格条纹但已经结晶的微小颗粒,由于各自所处的位向关系不同,因此彼此之间存在衬度上的差异,有的颗粒衬度深一点,有的则浅一点。所以,高分辨晶格条纹像可以判别非晶样品内已结晶颗粒的形状、大小与分布特点等。

图 7-11(c)显示的是用 HIP(热等静压)方法烧结制备的 Si_3N_4-SiC 陶瓷中 Si_3N_4 晶界结合状态(照片是用 400 kV 高分辨电镜拍摄的)。从图中可以看到,两个 Si_3N_4 晶粒的交接界面上和其三叉晶界上都有一定量的非晶成分存在。另外,就界面上已显示的非晶区域而言,不难看出非晶的衬度较均匀,没有其他杂质存在,相邻晶粒是通过非晶薄层而直接结合的。图中展示的两个主要晶粒都恰能显示其各自的晶格条纹像,这种成像条件并不太容易获得。

图 7-11(d)的高分辨晶格条纹像,为高纯度原料粉(不加添加剂)高温常压下烧结法制备的 Al_2O_3-ZrO_2(ZrO_2 占 24%Vol)复合陶瓷样品,经离子减薄制样后在 400 kV 的透射电镜(JEM-4 000EX, C_s=1.0 mm)上观察得到的。该图片是为了研究不具备特定取向关系的混乱晶界结合状况而选择的。由于不同的位向关系,图中两个 Al_2O_3 晶粒,右上方的晶粒呈现清晰的晶格条纹像,而左下方的晶粒则无晶格条纹,只显示"单调衬度"。在这两个 Al_2O_3 晶粒与 ZrO_2 晶粒共同组成的三叉晶界上,没有杂质相的出现,表明这种材料的晶界和相界面是没有界面相而直接结合的。在垂直方向上 Al_2O_3 晶粒与 ZrO_2 晶粒的相界面,虽然在箭头所示地方晶格条纹彼此之间有些偏离,但仍然可看到 ZrO_2 晶粒的(100)面与 Al_2O_3 晶粒的(012)面位向偏差不大,即在混乱取向的相界面上都能各自形成比较稳定的晶界。

7.2.2 一维结构像

成像条件:通过试样的双倾操作,使电子束仅与晶体中的某一晶面族发生衍射作用,形成如图 7-12 (b)所示的衍射花样,衍射斑点相对于原点强度分布是对称的。当使用大光阑让透射束与多个衍射束共同相干成像时,就获得了图 7-12 (a)所示晶体的一维结构像。虽然这种图像也是干涉条纹,与晶格条纹像很相似,但它包含了晶体结构的某些信息,通过模拟计算,可以确定其中的像衬度与原子列的一一对应性,如图 7-12(a)或(c)中的亮条纹对应原子列。

图像特征:图 7-12 中的(c)为(a)的局部放大,其中的数字代表亮(白)条纹的数目,也表明了其中原子面的个数。该图是 Bi 系超导氧化物(Bi-Sr-Ca-Cu-O)的一维结构像,明亮的细线条对应 Cu-O 的原子层,从中可以知道该原子面的数目和排列规律,对于弄清多层结构等复杂的层状堆积方式是有效的。

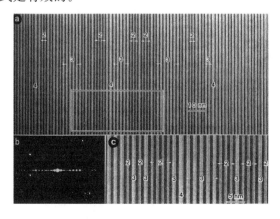

图 7-12 Bi 系超导氧化物的一维结构像(400 kV)应用举例

7.2.3 二维晶格像

1）成像条件

当入射电子束沿平行于样品某一晶带轴入射时，能够得到衍射斑点及其强度都关于原点对称的电子衍射花样。此时透射束（原点）附近的衍射波携带了晶体单胞的特征（晶面指数），在透射波与附近衍射波（常选两束）相干成像所生成的二维图像中，能够观察到显示单胞的二维晶格像。该像只含单胞尺寸的信息，而不含有原子尺寸（单胞内的原子排列）的信息，称其为"晶格像"。

2）图像特征

二维晶格像只利用了少数的几束衍射波，可以在各种样品厚度或离焦条件下观察到，即使在偏离 Scherzer 聚焦情况下也能进行分析。因此大部分学术论文中发表的高分辨电子显微像几乎都是这种晶格像。需要特别注意的是，二维晶格像拍摄条件要求较宽松，较容易获得规则排列的明（或暗）的斑点，但是，很难从这种图像上直接确定或判断其"明亮的点"是对应原子位置呢，还是对应于没有原子的空白处？因为随着离焦量的改变或样品厚度的变化，计算机模拟结果表明，图像上的黑白衬度可能会有（数次）的反转。欲确定其明亮的点是否对应原子的位置，必须根据拍摄条件，辅助以计算机模拟花样与之比较。

3）用途

二维晶格像的最大用途就是直接观察晶体内的缺陷。图 7-13(a)是电子束沿 SiC 的 [110]晶带轴入射而获得的晶格像，参与干涉的三只光束为 $000,002,1\bar{1}0$。图中箭头所示的是孪晶界，S 为层错的位置，b-c、d-e 展示的为位错，连线 f-g-h-i-j-k-l 显然是一个倾斜晶界。

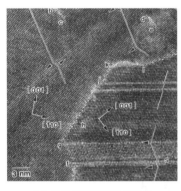

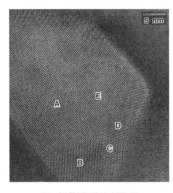

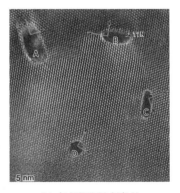

(a) 化学气相沉积法制备的 β型碳化硅　　(b) 气体喷雾法制备的 Al-Si 合金粉末　　(c) 气相沉积法制备的 Si_3N_4-TiN 陶瓷

图 7-13　二维晶格像（分析晶体缺陷、晶界状况、析出相等）的应用举例

在图 7-13(b)的 Al-Si 合金（w_{Si}＝20％，气体喷雾急冷凝固法制备）粉末晶格像中，标注字母的区域为 Si 晶体，其余为 Al 晶体（基体）。此时，入射电子束平行于 Al 的[110]和 Si 的[110]轴，两种晶体的交接界面几乎垂直于纸面，能较好地显示界面结构。在 Si 晶体区域的内部存在由 5 个孪晶界组成的围绕[110]轴的多重孪晶结构。由于 Si 晶体是从 Al 基体上析出的，所以存在一定的位向关系，A，E 畴分别与基体界面很整齐地对应排列（两个

($(1\bar{1}1)$面平行)。而 B，C 畴与基体 Al 无取向关系存在，且界面上有非晶组分。图 7-13 (c) 上的长轴为 TiN 晶体的[001]，短轴为[$\bar{1}$10]，除 D 晶体之外，A，B，C 皆与 Si_3N_4 有确定的位向关系。

需注意的是，二维晶格像可用于分析位错、晶界、相界、析出和结晶等信息，但二维晶格像的花样随着欠焦量、样品厚度及光阑尺寸的改变而变化，不能简单指定原子的位置。在不确定的成像条件下不能得到晶体的结构信息，需计算机辅助分析。

7.2.4 二维结构像

成像条件：在分辨率允许的范围内，用透射束与尽可能多的衍射束通过光阑共同干涉而成像，就能够获得含有试样单胞内原子排列正确信息的图像，参与成像的衍射波数目越多，像中所包含的有用信息也就越多。但是结构像只在参与成像的波与试样厚度保持比例关系激发的薄区域（常要求试样厚度小于 8 nm）才能观察到，在试样的厚区域是不能获得结构像的。但对于由轻原子构成的低密度物质，直到试样较厚的区域也能观察到结构像，特别对于没有强反射、产生许多低角反射、具有较大单胞结构的物质，其结构像所要求的厚度也可大一些。一般认为对于含有比较重的元素或密度较大的合金，拍摄结构像是困难的。

图像特征：图 7-14 是几种二维结构像的实例，结构像的最大特点就是：图像上原子位置是暗的，没有原子的地方是亮的，每一个小的暗区域能够与投影的原子列一一对应。这样，把势高（原子）的位置对应暗、势低（原子的间隙）的地方对应亮的图像称作二维结构像或晶体结构像。它与二维晶格像是不同的。

注意：二维结构像是严格控制条件下的二维晶格像。严格条件：样品极薄、入射束严格平行于某晶带轴和最佳欠焦等。此外，晶体结构和原子位置并不能简单从图像上看到，欠焦量和样品厚度控制着晶格像的亮暗分布，需采用计算机的图像模拟分析技术，才能确定晶体结构和原子位置。

图 7-14(a)和(b)为沿 c 轴入射的氮化硅结构像，在 400 kV 条件下沿[001]方向展现了原子列的排布规律。(a)或(b)图中右上方的插图为计算机模拟像，右下方为原子的排列像，从中可以看到原子在图像中暗区域内的具体位置。同时也在原子尺度上展示了 α-Si_3N_4 与 β-Si_3N_4 原子有规则的排列方式的不同。

图 7-14(c)和(d)都为超导氧化物的结构像，在 400 kV 条件下分别展现了原子列的排布规律。在(c)图 $Tl_2Ba_2CuO_6$ 超导氧化物的结构像中，大的暗点对应于重原子 Tl、Ba 的位置，小的暗点对应于 O、Cu 原子位置。如果将这些分析结果再与化学成分分析、XRD 分析的结论相对照，就可以唯一地确定阳离子的原子排列方式或较精确的原子坐标，甚至氧离子的排列等。在(d)图 $YBa_2Cu_3O_7$ 超导氧化物解理表面的结构像中，阳离子对应的是黑点，从其排列就能够直接知道解理面的结构，即图示的解理面是沿 Ba 面和 Cu 面之间展开的。

所谓的准晶（quasicrystal），可以认为是一种具有与通常晶体周期不同的准周期（quasi-period）结构，它既不同于长程无序的非晶体，也不同于一般的晶体。这种独特的结构是 1984 年 Shechtman 等人用液体急冷法制备 Al-Mn（x_{Mn}＝14%）合金时首次发现的。后来，又在许多合金系中发现了各种亚稳相或稳定相的准晶结构。准晶大致可分为两种，一种具有三维准周期排列的正二十面体准晶（icosahedral quasicrystal）；另一种在一个方向上具有周期排列、在垂直这个方向上的平面内具有准周期排列的二维准晶(又称为正十边形准晶,decagonal quasicrystal)。

图 7-14(e)和(f)为正十边形准晶的 2 种近似晶体的结构像。准晶是机械脆性的,用粉碎法很容易得到薄试样。图 7-14(e)为电子束平行于原子柱的轴入射而拍摄的结构像,可以看到环形衬度(中心暗,环亮)。其左下方的插图是沿 Al_3Mn 结晶相的柱体轴投影的原子排列模型(左)和它的计算机模拟像,由此可以知道像的环状衬度与原子柱对应。原子柱投影图中央的原子对应于环形衬度中央的暗点,中央的原子和周围的十边形原子环之间就对应着亮的环形衬度。也即,原子的位置暗,没有原子的间隙亮。图 7-14(f)是由原子柱构成的六边形单元(H-单元)和五角星形单元(P-单元)两种拼接而成的呈周期结构的近似晶体的结构像。这种结构是在电子衍射中被发现的,根据高分辨电子显微观察能确定其结构。

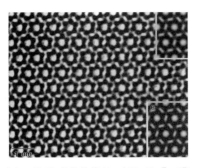

(a) β-Si_3N_4 的结构像(400 kV, Z=[001])

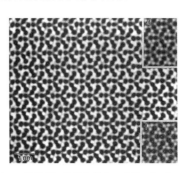

(b) α-型 Si_3N_4 的结构像(400 kV, Z=[001])

(c) $Tl_2Ba_2CuO_6$ 超导氧化物结构像

(d) $YBa_2Cu_3O_7$ 超导氧化物解理表面的结构像

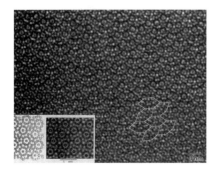

(e) Al_3Mn 的正十边形准晶结构像

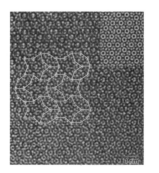

(f) $Al_{72}Pd_{18}Cr_{10}$ 的正十边形准晶结构像

图 7-14 二维晶体结构像(直接观察晶体内的原子排列)的应用举例

分析准晶原子排列,除了上述的二维结构像之外,晶格条纹像可以在较大范围内较厚的样品中观察到准晶的特征衬度图案。

本 章 小 结

高分辨电子显微像是利用物镜后焦面上的数束衍射波干涉而形成的相位衬度。因此,衍射花样对高分辨电子显微像有决定性的影响。除了二维晶体结构像(原子尺度)之外,一般高分辨图像(二维晶格像)的衬度(黑点或白点)并不能与样品的原子结构(原子列)形成一一对应关系。但是,高分辨电子显微方法仍然是直接观察材料微观结构的最有效的实验技术之一,可用来分析晶体、准晶体、非晶体、空位、位错、层错、孪晶、晶界、相界、畴界、表面等。

高分辨像原理
$\left\{\begin{array}{l}\text{两重要环节}\left\{\begin{array}{l}\text{1)电子波穿透试样形成透射波}\\\text{2) 透射波经物镜聚焦成斑点再在像平面上成像。}\end{array}\right.\\\text{三重要函数}\left\{\begin{array}{l}\text{透射波函数}:A(x,y)=\mathrm{e}^{\mathrm{i}\phi}=\exp[\mathrm{i}\sigma\varphi(x,y)]\\\text{衬度传递函数}:S(u,v)=\exp[\mathrm{i}\chi(u,v)]=\cos\chi+\mathrm{i}\sin\chi\\\text{像面波函数}:B(x,y)=[1-\sigma\varphi(x,y)\cdot F^{-1}\sin\chi]+\mathrm{i}[\sigma\varphi(x,y)\cdot F^{-1}\sin\chi]\end{array}\right.\\\text{成像条件}\left\{\begin{array}{l}\text{欠焦成像,高分辨像为相位衬度像,成像过程追求最佳欠焦而非正焦,}\\\text{形成最宽通带,从而获得最高电镜分辨率}\end{array}\right.\end{array}\right.$

高分辨像种类
$\left\{\begin{array}{l}\text{晶格条纹像}\left\{\begin{array}{l}\text{成像条件}:1\text{透射束}+1\text{衍射束}\\\text{像作用}:\text{观察对象的尺寸、形态、区分晶区与非晶区,区分夹杂和析出物,}\\\text{不反映晶体结构信息,不可模拟计算}\end{array}\right.\\\text{一维结构像}\left\{\begin{array}{l}\text{成像条件}:\text{一维衍射斑点花样中}1\text{透射束}+\text{多个衍射束}\\\text{像作用}:\text{反映一维晶体结构信息,可模拟计算}\end{array}\right.\\\text{二维晶格像}\left\{\begin{array}{l}\text{成像条件}:\text{二维斑点花样中}1\text{透射束}+2\text{衍射束}\\\text{像作用}:\text{直接观察晶体内的缺陷,可模拟计算}\end{array}\right.\\\text{二维结构像}\left\{\begin{array}{l}\text{成像条件}:\text{二维斑点中}1\text{透射束}+\text{尽可能多的衍射束}\\\text{像作用}:\text{反映晶体结构信息,可模拟计算}\end{array}\right.\end{array}\right.$

思 考 题

7.1 什么是相位衬度? 欠焦、过焦的含义是什么?

7.2 高分辨像的衬度与原子排列有何对应关系?

7.3 高分辨像的类型? 各自的用途是什么?

7.4 解释高分辨像应注意的问题是什么?

7.5 晶格条纹像的形成原理、本质特征是什么?

7.6 衍射衬度与相位衬度的区别是什么?

7.7 离焦的形成原理是什么?

7.8 举例说明高分辨显微术在材料分析中的应用。

8 扫描电子显微镜及电子探针

扫描电子显微镜(Scanning Electron Microscope, SEM)是继透射电镜之后发展起来的一种电子显微镜,简称扫描电镜。它是将电子束聚焦后以扫描的方式作用于样品,产生一系列物理信息(见§5.2.2),收集其中的二次电子,经处理后获得样品表面形貌的放大图像。扫描电镜的原理首先是由德国人 M. Knoll 于 1935 年提出,并进行大量的试验工作; M. V. Ardenne 于 1938 年利用电子束照射薄膜样品,用感光片记录透过样品的电子束形成样品图像,制成了第一台透射扫描电镜。1942 年 V. K. Zworykin 等人采用电子束照射厚样品,探测反射电子得到试样的扫描像。1965 年后,扫描电镜便以商品形式出现,并获得了迅猛发展。扫描电镜具有以下特点:

(1) 分辨本领强。其分辨率可达 1 nm 以下,介于光学显微镜的极限分辨率(200 nm)和透射电镜的分辨率(0.1 nm)之间。

(2) 有效放大倍率高。光学显微镜的最大有效放大倍率为 1 000 倍左右,透射电镜为几百到 80 万,而扫描电镜可从数十到 20 万,且一旦聚焦后,可以任意改变放大倍率,无需重新聚焦。

(3) 景深长。其景深比透射电镜高一个量级,可直接观察各种如拉伸、挤压、弯曲等断口形貌以及松散的粉体试样,得到的图像富有立体感;通过改变电子束的入射角度,可对同一视野进行立体观察和分析。

(4) 制样简单。对于金属等导电试样,在电镜样品室许可的情况下可以直接进行观察分析,也可对试样进行表面抛光、腐蚀处理后再进行观察;对于一些陶瓷、高分子等不导电的试样,需在真空镀膜机中镀一层金膜后再进行观察。

(5) 电子损伤小。扫描电镜的电子束直径一般为 3～几十纳米,强度约为 10^{-9}～10^{-11} mA,电子束的能量较透射电镜的小,加速电压可以小到 0.5 kV,并且电子束作用在试样上是动态扫描,并不固定,因此对试样的电子损伤小,污染也轻,这尤为适合高分子试样。

(6) 实现综合分析。扫描电镜中可以同时组装其他观察仪器,如波谱仪、能谱仪等,实现对试样的表面形貌、微区成分等方面的同步分析。

SEM 已成为当前分析材料最为有力的手段之一,特别是计算机、信息数字化技术在扫描电镜上的应用,使其应用范围进一步扩大,它除了在材料领域得到广泛应用外,在其他领域如矿产、生物医学、物理学和化学等领域也得到了普遍应用。

8.1 扫描电镜的结构

扫描电镜主要由电子光学系统;信号检测处理、图像显示和记录系统及真空系统三大系统组成。其中电子光学系统是扫描电镜的主要组成部分,其外形和结构原理如图 8-1 所示。

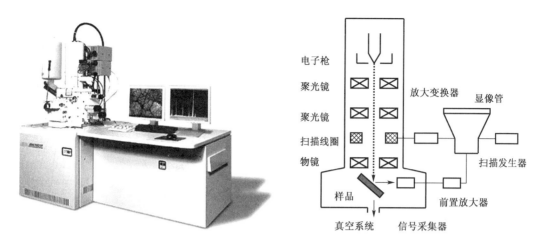

图 8-1　JEOL2100 型扫描电镜及其原理框图

8.1.1　电子光学系统

SEM 的电子光学系统主要由电子枪、电磁透镜、光阑、扫描线圈、样品室等组成。其作用是产生一个细的扫描电子束,照射到样品上产生各种物理信号。为了获得高的图像分辨率和较强的物理信号,要求电子束的强度高直径小。

1）电子枪

扫描电镜的电子枪与透射电镜的电子枪相似,只是加速电压没有透射电镜的高。透射电镜的加速电压一般在 $100 \sim 200$ kV 之间,而扫描电镜的加速电压相对要小,有时根据需要加速电压仅为 0.5 kV 即可,电子枪的作用是产生束流稳定的电子束。与透射电镜一样扫描电镜的电子枪也有两种类型:热发射型和场发射型。

2）电磁透镜

扫描电镜中的电磁透镜均不是成像用的,它们只是将电子束斑(虚光源)聚焦缩小,由开始的 50 μm 左右聚焦缩小到数个纳米的细小斑点。电磁透镜一般有 3 个,前两个电磁透镜为强透镜,使电子束强烈聚焦缩小,故又称聚光镜。第三个电磁透镜(末级透镜)为弱透镜,除了汇聚电子束外,还能将电子束聚焦于样品表面的作用。末级透镜的焦距较长,这样可保证样品台与末级透镜间有足够的空间,方便样品以及各种信号探测器的安装。末级透镜又称为物镜。作用在样品上的电子束斑的直径愈细,相应的成像分辨率就愈高。若采用钨丝作阴极材料热发射时,电子束斑经聚焦后可缩小到 6 nm 左右,若采用六硼化镧作阴极材料热发射和场发射时,电子束直径还可进一步缩小。

3）光阑

每一级电磁透镜上均装有光阑,第一级、第二级电磁透镜上的光阑为固定光阑,作用是挡掉大部分的无用电子,使电子光学系统免受污染。第三级透镜(物镜)上的光阑为可动光阑,又称物镜光阑或末级光阑,它位于透镜的上下极靴之间,可在水平面内移动以选择不同孔径(100 μm、200 μm、300 μm、400 μm)的光阑。末级光阑除了具有固定光阑的作用外,还能使电子束入射到样品上的张角减小到 10^{-3} rad 左右,从而进一步减小电磁透镜的像差,增加景深,提高成像质量。

4) 扫描线圈

扫描线圈是扫描系统中的一个重要部件,它能使电子束发生偏转,并在样品表面有规则地扫描。扫描方式有光栅扫描和角光栅扫描两种,如图 8-2 所示。表面形貌分析时采用光栅扫描方式,见图 8-2(a),此时电子束进入上偏置线圈时发生偏转,随后经下偏置线圈后再一次偏转,经过两次偏转的电子束汇聚后通过物镜的光心照射到样品的表面。在电子束第一次偏转的同时带有一个逐行扫描的动作,扫描出一个矩形区域,电子束经第二次偏转后同样在样品表面扫描出相似的矩形区域。样品上矩形区域内各点受到电子束的轰击,发出各种物理信号,通过信号检测和信号放大等过程,在显示屏上反映出各点的信号强度,绘制出扫描区域的形貌图像。如果电子束经第一次偏转后,未进

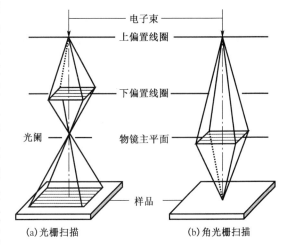

图 8-2　电子束的扫描方式

行第二次偏转,而是直接通过物镜折射到样品表面,这样的扫描方式称为角光栅扫描或摆动扫描,见图 8-2(b)。显然,当上偏置线圈偏转的角度愈大,电子束在样品表面摆动的角度也就愈大。该种扫描方式应用很少,一般在电子通道花样分析中才被采用。

5) 样品室

样品室中除了样品台外,还要安置有多种信号检测器和附件。因此样品台是一个复杂的组件,不仅能夹持住样品,还能使样品进行平移、转动、倾斜、上升或下降等运动。目前,样品室已成了微型试验室,安装的附件可使样品升温、冷却,并能进行拉伸或疲劳等力学性能测试。

8.1.2　信号检测处理、图像显示和记录系统

1) 信号检测处理系统

信号检测和信号处理系统的作用是检测、放大转换电子束与样品发生作用所产生的各种物理信号,如二次电子、背散射电子、特征 X 射线、俄歇电子、透射电子等,形成用以调制图像或作其他分析的信号。不同的物理信号需要有不同的检测器来检测,二次电子、背散射电子、透射电子采用电子检测器进行检测,而特征 X 射线则采用 X 射线检测器进行检测。

SEM 上的电子检测器通常采用闪烁式计数器进行检测,其结构参见图 8-3,基本过程是信号电子进入闪烁体后引起电离,当离子和自由电子复合后产生可见光,可见光通过光导管送入光电倍增器,经放大后又转化成电流信号输出,电流信号经视频放大器放大后就成为调制信号。

SEM 上的特征 X 射线的检测一般采用分光晶体或 Si(Li)探头进行,通过检测特征 X 射线的波长和能量,进行样品微区的成分分析,检

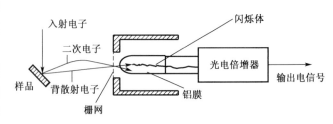

图 8-3　电子检测器的工作原理图

测器的结构和原理将在电子探针中介绍。

2）图像显示和记录系统

该系统由图像显示和记录两部分组成，主要作用是将信号检测处理系统输出的调制信号转换为荧光屏上的图像，供观察或照相记录。由于扫描样品的电子束与显像管中的电子束同步，荧光屏上的每一个亮点是由样品上被激发出来的信号强度来调制的，当样品上各点的状态不同时，所产生的信号强度也就不同，这样在荧光屏上就能显示出一幅反映样品表面状态的电子显微图像。

随着计算机技术的发展与运用，图像的记录已多样化，除了照相外还可做拷贝、存储以及其他多种处理。

8.1.3　真空系统

真空系统的主要作用是提高灯丝的使用寿命，防止极间放电和样品在观察中受污染，保证电子光学系统的正常工作，镜筒内的真空度一般要求在 $1.33 \times 10^{-3} \sim 1.33 \times 10^{-2}\,Pa$ 即可。

8.2　扫描电镜的主要性能参数

扫描电镜的主要性能参数有分辨率、放大倍数和景深等。

8.2.1　分辨率

分辨率是扫描电镜的主要性能指标。微区成分分析时，表现为能分析的最小区域；而形貌分析时，则表现为能分辨两点间的最小距离。影响分辨率的主要因素有：

1）电子束直径

电子束的直径愈细，扫描电镜的分辨率就愈高。电子束直径主要取决于电子光学系统，特别是电子枪的种类，钨灯丝热发射电子枪的分辨率为 3.5～6 nm，LaB_6 灯丝热发射的分辨率约 3 nm；而钨灯丝场发射（冷场）的分辨率为 1 nm 左右，最高的已达 0.5 nm。

2）信号的种类

不同的信号，其调制后所成像的分辨率也不同。此时的分辨率与样品中产生该信号的广度直径相当。如以二次电子为调制信号，因二次电子的能量小（<50 eV），在固体中的平均自由程短，仅为 1～10 nm，故检测到的二次电子只能来自样品的浅表层（5～10 nm），入射电子束进入样品浅表层时，尚未扩展开来，因而可以认为检测到的二次电子主要来自样品中直径与束斑直径相当的圆柱体内。因为束斑直径就是一个成像检测单元的大小，所以二次电子的分辨率相当于束斑的直径。由于扫描电镜是用二次电子为调制信号进行成像分析的，因此，扫描电镜的分辨率一般以二次电子的分辨率来表征。由图 5-3 可知，电子束与物质作用后，各种信号所产生的深度与广度均不相同。背散射电子由于其能量大，产生于样品中的深度和广度也较大，因此，以背散射电子为调制信号成像时的分辨率就远低于二次电子的分辨率，一般为 50～200 nm。

3）原子序数

随着试样的原子序数增大，电子束进入样品后的扩散深度变浅，但扩散广度增大，作用区域不再像轻元素的倒梨状，而是半球状。因此在分析重元素时，即使电子束斑的直径很细小,也不能达到高的分辨率,此时二次电子的分辨率明显下降,与背散射电子的分辨率的差距也明显变小。因此检测部位的原子序数也是影响分辨率的重要因素。

4）其他因素

除了以上三个主要因素外,还有信噪比、机械振动、磁场条件等因素也影响扫描电镜的分辨率。噪声干扰会造成图像模糊;机械振动会引起束斑漂移;杂散磁场将改变二次电子的运行轨迹,降低图像质量。

8.2.2　放大倍数

扫描电镜的放大倍率可从数十连续变化到数十万,填补了光学显微镜和透射电镜之间的空隙。当电子束在样品表面作光栅扫描时,扫描电镜的放大倍率 M 为荧光屏上阴极射线的扫描幅度 A_C 与样品上的同步扫描幅度 A_S 之比,即 $M = \dfrac{A_C}{A_S}$。

由于荧光屏上的扫描幅度 A_C 固定,如果减小扫描偏置线圈中的电流,电子束的偏转角度减小,在样品上的扫描幅度 A_S 变小,这样就可增大放大倍率;反之,则减小放大倍率。因此扫描电镜的放大倍率是可以通过调节扫描线圈中的电流来实现的,并可连续调节。

目前,一般扫描电镜的放大倍率为数十至 20 万,场发射的放大倍率更高,高达 60 万~80 万倍,S-5200型甚至可达 200 万倍,因而扫描电镜的放大倍率完全可以满足各种样品的观察需要。

8.2.3　景深

由 §6.5 介绍可知,透镜的景深是指保证图像清晰的条件下,物平面可以移动的轴向距离。其大小为

$$D_f = \frac{2r_0}{\tan \alpha} \approx \frac{2r_0}{\alpha} \tag{8-1}$$

式中：r_0——透镜的分辨率;

$\quad\quad \alpha$——孔径半角。

很显然,景深主要取决于透镜的分辨率和孔径半角。由于扫描电镜中的末级焦距较长,其孔径半角很小,一般在 10^{-3} rad 左右,因此,扫描电镜的景深较大,比一般光学显微镜的景深长 100~500 倍,比透射电镜的景深长 10 倍左右。由于景深大,扫描电镜的成像富有立体感,特别是对粗糙表面,如断口、磨面等,光学显微镜因景深小无能为力,透射电镜由于制样困难,观察表面形貌必须采用复型样品,且难免有假象,而扫描电镜则可清晰成像,直接观察。因此扫描电镜是断口分析的最佳设备。

8.3　表面成像衬度

由于样品表面各点的状态不同,因而电子束作用后产生的各种物理信号的强度也就不同,当采用某种电子信号为调制信号成像时,其阴极射线管上相应的各部位将出现不同的亮度,该亮度的差异即形成了具有一定衬度的某种电子图像。表面形貌衬度实际上就是图像上各像单元的信号强度差异。用作调制成图像的电子信号主要有背散射电子和二次电子。电子信号不同,其产生图像的衬度也不同。SEM 常采用二次电子调制成像。下面分别介绍二次电子和背散射电子成像的衬度原理。

8.3.1 二次电子成像衬度

二次电子主要被用于分析样品的表面形貌。入射电子束作用样品后,在样品上方检测到的二次电子主要来自样品的表层(5～10 nm),当深度大于 10 nm 时,因二次电子的能量低(<50 eV)、扩散程短,无法达到样品表面,只能被样品吸收。二次电子的产额与样品的原子序数没有明显关系,但对样品的表面形貌非常敏感。二次电子可以形成成分衬度和形貌衬度。

1) 成分衬度

二次电子的产额与原子序数不敏感,在原子序数大于 20 时,二次电子的产额基本不随原子序数而变化,但背散射电子对原子序数敏感,随着原子序数的增加,背散射电子额增加。在背散射电子穿过样品表层(<10 nm)时,将激发产生部分二次电子,此外,二次电子检测器也将接收能量较低(<50 eV)的部分背散射电子,这样二次电子的信号强弱在一定程度上也就反映了样品中原子序数的变化情况,因而也可形成成分衬度。但由于二次电子的成分衬度非常弱,远不如背散射电子形成的成分衬度,故一般不用二次电子信号来研究样品中的成分分布,且在成像衬度分析时予以忽略。

2) 形貌衬度

当样品表面的状态不同时,二次电子的产额也不同,用其调制成形貌图像时的信号强度也就存在差异,从而形成反映样品表面状态的形貌衬度。如图 8-4,当入射电子束垂直于平滑的样品表面即 $\theta = 0°$ 时,此时产生二次电子的体积最小,产额最少;当样品倾斜时,此时入射电子束穿入样品的有效深度增加,激发二次电子的有效体积也随之增加,二次电子的产额增多。显然,倾斜程度愈大,二次电子的产额也就愈大。二次电子的产额直接影响了调制信号的强度,从而使得荧光屏上产生与样品表面形貌相对应的电子图像,即形成二次电子的形貌衬度,图 8-5 表示样品表面 4 个区域 A、B、C、D,相对于入射电子束,其倾斜程度依次为 $C > A = D > B$,则二次电子的产额 $i_c > i_a = i_d > i_b$,这样在荧光屏上产生的图像 C 处最亮,A、D 次之,B 处最暗。

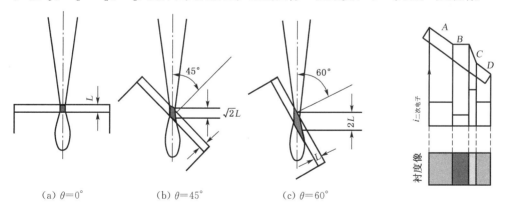

(a) $\theta = 0°$ (b) $\theta = 45°$ (c) $\theta = 60°$

图 8-4 不同倾角时产生二次电子的体积示意图   **图 8-5 二次电子的形貌衬度示意图**

8.3.2 背散射电子成像衬度

背散射电子是指被固体样品中的原子核反弹回来的一部分入射电子,包括弹性散射电子和非弹性散射电子两种。弹性背散射电子是指被原子核反弹回来,基本没有能量损失的入射电子,散射角(散射方向与入射方向间的夹角)大于 90°,能量高达数千～数万 eV,而非弹性背散射电子由于能量损失、甚至经多次散射后才反弹出样品表面,故非弹性背散射电子的能量范围较宽,从数十～数千 eV。由于背散射电子来自样品表层数百纳米深的范围,其中弹性背散射电子的数量远比非弹性背散射电子多。背散射电子的产额主要与样品的原子序数和表面形貌有关,其中原子序数最为显著。背散射电子可以用来调制成多种衬度,主要有成分衬度、形貌衬度等。

1) 成分衬度

背散射电子的产额对原子序数十分敏感,其产额随着原子序数的增加而增加,特别是在原子序数 $Z < 40$ 时,这种关系更为明显。因而在样品表面原子序数高的区域,产生的背散射电子信号愈强,图像上对应部位的亮度就愈亮,反之,较暗,这就形成了背散射电子的成分衬度。

2) 形貌衬度

背散射电子的产额与样品表面的形貌状态有关,当样品表面的倾斜程度、微区的相对高度变化时,其背散射电子的产额也随之变化,因而可形成反映表面状态的形貌衬度。

当样品为粗糙表面时,背散射电子像中的成分衬度往往被形貌衬度掩盖,其实两者同时存在,均对像衬度有贡献。对一些样品既要进行形貌分析又要进行成分分析时,可采用两个对称分布的检测器同时收集样品上同一点处的背散射电子,然后输入计算机进行处理,分别获得放大的形貌信号和成分信号,并避免了形貌衬度与成分衬度之间的干扰。图 8-6 即为这种背散射电子的检测示意图。A 和 B 为一对半导体 Si 检测器,对称分布于入射电子束的两侧,分别从两对称方向收集样品上同一点的背散射电子。当样品表面平整(无形貌衬度),但成分不均,对其进行成分分析时,A、B 两检测器收集到的信号强度相同,见图 8-6(a),两者相加(A+B)时,信号强度放大一倍,形成反映样品成分的电子图像;两者相减(A−B)时,强度为一水平线,表示样品表面平整。当样品表面粗糙不平,但成分一致,对其进行形貌分析时,见图 8-6(b),如图中位置 P 时,倾斜面正对检测器 A,背向检测器 B,则 A 检测器收集到的电子信号就强,B 检测器中收集到的信号就弱。两者相加(A+B),信号强度为一水平线,产生样品成分像;两者相减(A−B)时,信号放大产生形貌像。如果样品既成分不均,又表面粗糙时,仍然是两者相加(A+B)为成分像,两者相减为形貌像。

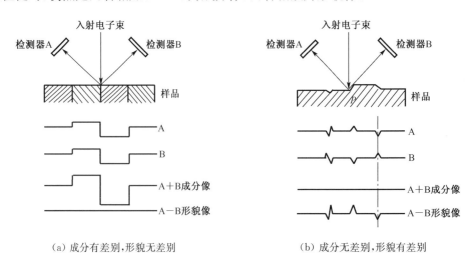

(a) 成分有差别,形貌无差别   (b) 成分无差别,形貌有差别

图 8-6　半导体 Si 对检测器的工作原理图

需要指出的是，二次电子和背散射电子成像时，形貌衬度和成分衬度两者都存在，均对图像衬度有贡献，只是两者贡献的大小不同而已。二次电子成像时，像衬度主要取决于形貌衬度，而成分衬度微乎其微；背散射电子成像时，两者均可有重要贡献，并可分别形成形貌像和成分像。

8.4　二次电子衬度像的应用

二次电子衬度像的应用非常广泛，已成了显微分析最为有用的手段之一。由于其景深大，特别适用于各种断口形貌的观察分析，成像清晰、立体感强，并可直接观察，无需重新制样，这是其他设备都无法比拟的，此外，还可对样品的表面形态（组织）、磨面形貌以及断裂过程进行记录和原位观察分析。

1）表面形态（组织）观察

图 8-7 为 Al-ZrO$_2$ 反应体系微波热爆反应合成（α-Al$_2$O$_3$＋Al$_3$Zr）/Al 复合材料的组织形貌，α-Al$_2$O$_3$ 颗粒和 Al$_3$Zr 块均非常清晰，块的表面光滑，与基体的界面干净。图 8-8 为 Al-TiO$_2$-B$_2$O$_3$ 反应体系反应产生（α-Al$_2$O$_3$＋TiB$_2$）/Al 复合材料的组织形貌，此时白色的 α-Al$_2$O$_3$ 和灰色的 TiB$_2$ 颗粒清晰可辨，两者尺寸细小、分布均匀。图 8-9 和图 8-10 分别为纯铝的三角晶和 TiB$_2$ 颗粒溶入 α-Al$_2$O$_3$ 的组织形貌，可见运用扫描电镜的二次电子成像原理可以清晰观察显微组织，特别是复合材料中增强体的大小、形貌、分布规律以及各种增强体之间的相互关系和增强体与基体之间的界面等均可清晰显示，这为复合材料的进一步研究提供了可靠的理论依据。

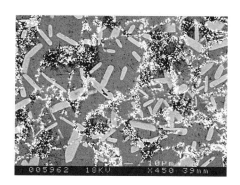

图 8-7　（α-Al$_2$O$_3$＋Al$_3$Zr）/Al
复合材料的组织形貌

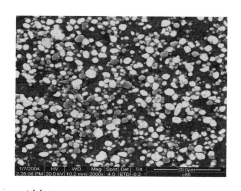

图 8-8　（α-Al$_2$O$_3$＋TiB$_2$）/Al
复合材料的组织形貌

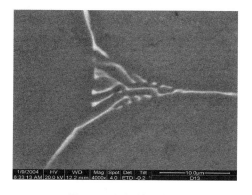

图 8-9　纯铝的三角晶

图 8-10　TiB$_2$ 溶入 α-Al$_2$O$_3$ 中的组织形貌

2）断口形貌观察

图 8-11 为(α-Al₂O₃＋Al₃Zr)/Al 复合材料的拉伸断口,由图清晰可见 Al₃Zr 棒发生了解理断裂;而图 8-12 为(α-Al₂O₃＋TiB₂)/Al 复合材料的拉伸断口,有大量韧窝出现,有的韧窝中还留有增强体颗粒。图 8-13 为(α-Al₂O₃＋Al₃Ti＋TiB₂)/Al 复合材料拉伸时,Al₃Ti 棒断裂后的形貌图,Al₃Ti 发生层状碎裂。图 8-14 为纯铝液在真空状态下的生长形态。可见,SEM进行断口二次电子成像时,图像的立体感强,较深处的组织形态仍清晰可见。

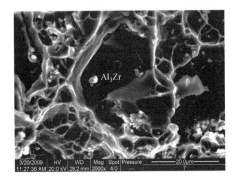

图 8-11　(α-Al₂O₃＋Al₃Zr)/Al 复合材料的拉伸断口

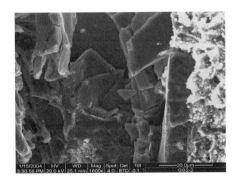

图 8-13　拉伸时 Al₃Ti 组织碎裂形貌

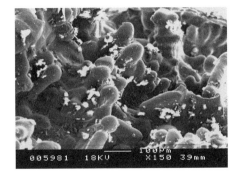

图 8-12　(α-Al₂O₃＋TiB₂)/Al 复合材料的拉伸断口

图 8-14　纯铝生长形貌

3）磨面观察

图 8-15 为(α-Al₂O₃＋Al₃Ti)/Al 复合材料的磨面形貌,磨面产生大量犁沟和磨粒。图 8-16 则为 N7-2 钢磨面的纵剖面,从图中可看出其亚表层组织在滑动方向上的分布形貌。

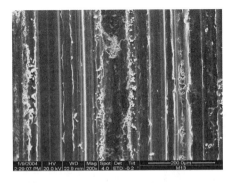

图 8-15　(α-Al₂O₃＋Al₃Ti)/Al
复合材料的磨面形貌

图 8-16　N7-2 磨面的纵剖面

8.5 背散射电子衬度像的应用

运用背散射电子进行形貌分析时,由于其成像单元较大,分辨率远低于二次电子,因此,一般不用它来进行形貌分析。背散射电子主要用于成分衬度分析,通过成分衬度像可以方便地看到不同元素在样品中的分布情况,也可结合二次电子像,定性地分析和判断样品中的物相。

图 8-17 为 Ni 基高温合金组织的背散射电子的成分衬度像,图中高原子序数的 Hf 元素明显偏析到晶界的共晶相中,用能谱分析可进一步得到证实。图 8-18 为 NiTiSi 激光熔铸组织背散射电子的成分衬度像,从图中不同区域的衬度差别可以看出,材料的成分分布不均匀,其组织主要由 3 种不同成分的相组成,结合能谱分析,可以方便地给出 3 种相的种类。

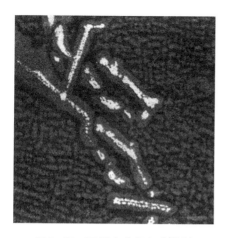

图 8-17　Ni 基合金组织背散射
电子的成分衬度像

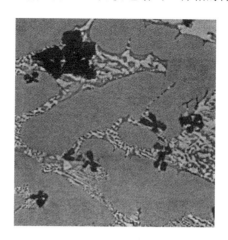

图 8-18　NiTiSi 激光熔铸组织背散射
电子的成分衬度像

在用 SEM 进行成像分析时,要注意以下两点:①试样表面的荷电现象。当试样为导体时,入射电子束产生的电荷可以通过试样接地而导走,不存在荷电现象,但在非导体试样(陶瓷、高分子等)中,会产生局部荷电,使二次电子像的衬度过大,荷电处亮度过高,影响观察和成像质量,如图 8-19,为此需对非导体试样表面进行喷金或喷碳处理,一般喷涂厚度为 10～100 nm。涂层虽然解决了试样荷电问题,但掩盖了试样表面的真实形貌,因此在 SEM 观察时,尽量不作喷涂处理,荷电严重时可通过减小工作电压,一般在工作电压小于 1.5 kV 时,就可基本消除荷电现象,但分辨率下降。②试样损伤和污染。尤其是高分子材料和生物材料在用扫描电镜观察时,易被电子束损伤,此外真空中游离的碳还会污染试样。随着放大倍数的提高,电子束直径变细,作用范围减小,作用区域热量积累温度升高,试样损伤加大,污染加重,为此需要适当减小放大倍数,在低倍率下可放心观察,或采用低加速电压扫描电镜进行观察。

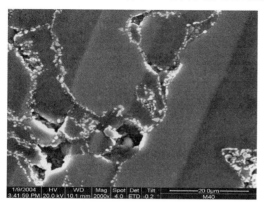

图 8-19　表面荷电现象

8.6 电子探针

电子探针是一种利用电子束作用样品后产生的特征 X 射线进行微区成分分析的仪器，其结构与扫描电镜基本相同，所不同的只是电子探针检测的是特征 X 射线，而不是二次电子或背散射电子，因此，电子探针可与扫描电镜融为一体，在扫描电镜的样品室配置检测特征 X 射线的谱仪，即可形成多功能于一体的综合分析仪器，实现对微区进行形貌、成分的同步分析。当谱仪用于检测特征 X 射线的波长时，称为电子探针波谱仪（WDS），当谱仪用于检测特征 X 射线的能量时，则称为电子探针能谱仪（EDS）。当然，电子探针也可与透射电镜融为一体，进行微区结构和成分的同步分析。

8.6.1 电子探针波谱仪

电子探针波谱仪与扫描电镜的不同处主要在于检测器采用的是波谱仪，波谱仪是通过晶体对不同波长的特征 X 射线进行展谱、鉴别和测量的。主要由分光系统和信号检测记录系统组成。

1）分光系统

分光系统的主要器件是分光晶体，其工作原理如图 8-20 所示。

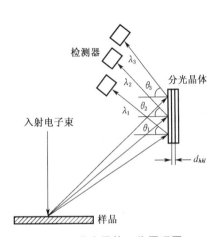

图 8-20　分光晶体工作原理图

当入射电子束作用于样品后，样品上方产生的特征 X 射线类似于点光源向四周发射，由莫塞莱公式可知，不同原子将产生不同波长的特征 X 射线，而分光晶体为已知晶面间距 d_{hkl} 的平面单晶体，不同波长的特征 X 射线作用后，根据布拉格方程 $2d\sin\theta = \lambda$ 可知，只有那些特定波长的 X 射线作用后方能在特定的方向上产生衍射。若面向衍射束方向安置一个接收器，便可记录不同波长的特征 X 射线。显然，分光晶体起到了将含有不同波长的入射特征 X 射线按波长的大小依次分散、展开的作用。

虽然平面单晶体可以将样品产生的多种波长的 X 射线分散展开，但由于同一波长的特征 X 射线从样品表面以不同的方向发射出来，作用于平面分光晶体后，仅有满足布拉格角的入射线才能产生衍射，被检测器检测到，因此，对某一波长 X 射线的收集效率非常的低。为此，需对分光晶体进行适当的弯曲，以聚焦同一波长的特征 X 射线。根据弯曲程度的差异，通常有约翰（Johann）和约翰逊（Johannson）两种分光晶体。两种分光晶体分别如图 8-21(a) 和 8-21(b) 所示。约翰（Johann）分光晶体的弯曲曲率半径为聚焦圆的直径，此时，从点光源发射的同一波长的特征 X 射线，射到晶体上的 A、B、C 点时，可以认为三者的入射角相同，这样三者均满足衍射条件，聚焦于 D 点附近，从图中可以看出，衍射束并不能完全聚焦于 D 点，仅是一种近似聚焦。另一种约翰逊（Johannson）分光晶体的曲率半径为聚焦圆的半径，此时从点光源发射来的同一波长的特征 X 射线，衍射后可完全聚焦于点 D，又称之为完全聚焦法。

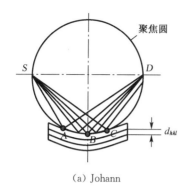

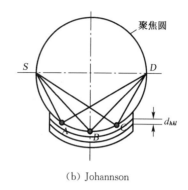

（a）Johann　　　　　　　　　　　　　　　（b）Johannson

图 8-21　两种分光晶体

需要指出的是,采用弯曲的分光晶体,特别是采用 Johannson 分光晶体后,虽可大大提高特征 X 射线的收集效率,但也不能保证所有的同一波长的特征 X 射线均能衍射后聚焦于 D 点,在垂直于聚焦圆平面的方向上仍有散射。此外,每种分光晶体的晶面间距 d 和反射晶面(hkl)都是固定的,分光晶体为曲面,聚焦圆实为聚焦球。

为了使特征 X 射线分光、聚焦,并被顺利检测,谱仪在样品室中的布置形式通常有两种:直进式和回转式,图 8-22 即为两种谱仪的布置方式。

直进式波谱仪(图 8-22(a))即 X 射线照射晶体的方向固定,其在样品中的路径基本相同,因此样品对 X 射线的吸收条件也就相同。分光晶体位于同一直线上,由聚焦几何可知,分光晶体直线移动时会发生相应的转动,不同的位置 L 时,可以收集不同波长的特征 X 射线。

直进式波谱仪中,发射源 S 及分光晶体 C 和检测器 D 三者位于同一聚焦圆上,分光晶体距发射源的距离 L、聚焦圆半径 R 及布拉格角 θ 存在以下关系:

$$L = 2R\sin\theta \tag{8-2}$$

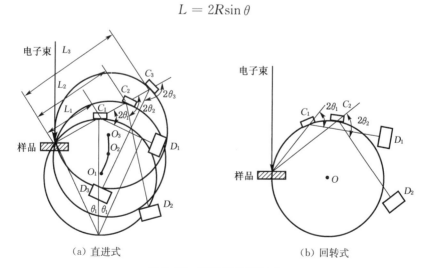

（a）直进式　　　　　　　　　　　　　　　（b）回转式

图 8-22　谱仪的分布方式

L 可直接在仪器上读得,R 为常数,故由 L 即可算得布拉格角 θ,再由布拉格方程得到特征 X 射线的波长:

$$\lambda = 2d\sin\theta = 2d\frac{L}{2R} \tag{8-3}$$

显然,改变 L 即可检测不同波长的特征 X 射线,如果分光晶体在几个不同的位置上均收集到了特征 X 射线的衍射束,则表明样品中含有几种不同的元素,且衍射束的强度与对应元素的含量成正比。

实际测量时,θ 一般在 $15°\sim65°$,$\sin\theta < 1$,聚焦圆半径 R 为常数（20 cm）,故 L 的变化范围有限,一般仅为 $10\sim30$ cm。目前,电子探针波谱仪的检测元素范围是原子序数为 4 的 Be 到原子序数为 92 的 U,为了保证顺利检测该范围内的每种元素,就必须选择具有不同面间距 d 的分光晶体,因此,直进式波谱仪一般配有多个分光晶体供选择使用。常用的分光晶体及其特点见表 8-1。

表 8-1 常用分光晶体及特点

分光晶体	化学式	反射晶面	晶面间距 （nm）	波长范围 （nm）	可测元素范围	反射率	分辨率
氟化锂	LiF	(200)	0.201 3	$0.08\sim0.38$	K：20Ca～37Rb L：51Sb～92U	高	高
异戊四醇	$C_5H_{12}O_4$ （PET）	(002)	0.437 5	$0.20\sim0.77$	K：14Si～26Fe L：37Rb～65Tb M：72Hf～92U	高	低
石 英	SiO_2	$(10\bar{1}1)$	0.334 3	$0.11\sim0.63$	K：16S～29Cu L：41Nb～74W M：80Hg～92U	高	高
邻苯二甲酸氢铷	$C_8H_5O_4Rb$ （RAP）	$(10\bar{1}0)$	1.306 1	$5.8\sim2.3$	K：9F～15P L：24Cr～40Zr M：57La～79Au	中	中
硬脂酸铅	$(C_{14}H_{27}O_2)_2Pb$ （STE）	—	5	$22\sim88$	K：5B～8O L：20Ca～23V	中	中

回转式分光晶体的工作原理如图 8-22(b)所示。此时,分光晶体在一个固定的聚焦圆上移动,而检测器与分光晶体的转动角速度比为 $2:1$,以保证满足布拉格方程。检测器在同一聚焦圆上的不同位置即可检测不同波长的特征 X 射线。相对于直进式,回转式波谱仪结构简单,但因 X 射线来自样品的不同方向,X 射线在样品中的路径就各不相同,被样品吸收的条件也不一致,这就可能导致分析结果产生较大误差。

2）检测记录系统

检测记录系统类似于 X 射线衍射仪中的检测记录系统,主要包括检测器和分析电路。该系统的作用是将分光晶体衍射而来的特征 X 射线接收、放大并转换成电压脉冲信号进行计数,通过计算机处理后以图谱的形式记录或输出,实现对成分的定性和定量分析。

常见的探测器有气流式正比计数管、充气正比计数管和闪烁式计数管等。一个 X 光子经过探测器后将产生一次电压脉冲。

8.6.2 电子探针能谱仪

电子探针能谱仪是通过检测特征 X 射线的能量,来确定样品微区成分的。此时的检测器是能谱仪,它将检测到的特征 X 射线按其能量进行展谱。电子能谱仪可作为 SEM 或 TEM 的附件,与主件共同使用电子光学系统。电子探针能谱仪主要由检测器和分析电路组成。检测器是能谱仪中的核心部件,主要由半导体探头、前置放大器、场效应晶体管等组成,而分析电路主要包括模拟数字转换器,存储器及计算机、打印机等。其中半导体探头决定能谱仪的分辨率,是检测器的关键部件。图 8-23 即为半导体 Si(Li)探头的能谱仪工作原理框图。

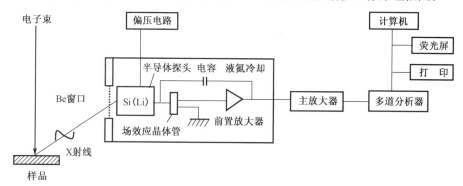

图 8-23　Si(Li)能谱仪原理方框图

探头为 Si(Li)半导体,本征半导体具有高电阻、低噪音等特性,然而,实际上 Si 半导体中,由于杂质的存在,会使其电阻率降低,为此向 Si 晶体中注入 Li 原子。Li 原子半径小,仅为 0.06 nm,电离能低,易放出价电子,中和 Si 晶体中杂质的影响,从而形成 Si(Li)锂漂移硅半导体探头。当电子束作用于样品后,产生的特征 X 射线通过 Be 窗口进入 Si(Li)半导体探头。Si(Li)半导体探头的原理是 Si 原子吸收一个 X 光子后,便产生一定量的电子—空穴对,产生一对电子—空穴对所需的最低能量 ε 是固定的,为 3.8 eV,因此,每个 X 光子能产生的电子-空穴对的数目 N 取决于 X 光子所具有的能量 E,即 $N = \dfrac{E}{\varepsilon}$。这样 X 光子的能量愈高,其产生的电子—空穴对的数目 N 就愈大。利用加在 Si(Li)半导体晶体两端的偏压收集电子—空穴对,经前置放大器放大处理后,形成一个电荷脉冲,电荷脉冲的高度取决于电子—空穴对的数目,也即 X 光子的能量,从探头中输出的电荷脉冲,再经过主放大器处理后形成电压脉冲,电压脉冲的大小正比于 X 光子的能量。电压脉冲进入多道分析器后,由多道分析器依据电压脉冲的高度进行分类、统计、存储,并将结果输出。多道分析器本质上是一个存储器,拥有许多(一般有 1 024 个)存储单元,每个存储单元即为一个设定好地址的通道,与 X 光子能量成正比的电压脉冲按其高度的大小分别进入不同的存储单元,对于一个拥有1 024 个通道的多道分析器来说,其可测的能量范围分别为:0~10.24 keV;0~24.48 keV 和

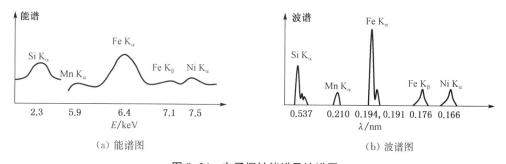

（a）能谱图　　　　　　　　　　（b）波谱图

图 8-24　电子探针能谱及波谱图

0～48.96 keV,实际上 0～10.24 keV 能量范围就能完全满足检测周期表上所有元素的特征 X 射线了。经过多道分析器后,特征 X 射线以其能量的大小在存储器中进行排队,每个通道记录下该通道中所进入特征 X 射线的数目,再将存储的结果通过计算机输出设备以谱线的形式输出,此时横轴为通道的地址,对应于特征 X 射线的能量,纵轴为特征 X 射线的数目(强度),由该谱线可进行定性和定量分析。图 8-24(a)、(b)分别为电子探针能谱图和波谱图。

8.6.3　能谱仪与波谱仪的比较

能谱仪与波谱仪相比具有以下特点:

优点:

(1)探测效率高。Si(Li)探头可靠近样品,特征 X 射线直接被收集,不必通过分光晶体的衍射,故探测效率高,甚至可达 100%,而波谱仪仅有 30% 左右。为此,能谱仪可采用小束流,空间分辨率高达纳米级,而波谱仪需采用大束流,空间分辨率仅为微米级,此外大束流还会引起样品和镜筒的污染。

(2)灵敏度高。Si(Li)探头对 X 射线的检测率高,使能谱仪的灵敏度高于波谱仪一个量级。

(3)分析效率高。能谱仪可同时检测分析点内所有能测元素所产生的特征 X 射线的特征能量,所需时间仅为几分钟;而波谱仪则需逐个测量每种元素的特征波长,甚至还要更换分光晶体,需要耗时数十分钟。

(4)能谱仪的结构简单,使用方便,稳定性好。能谱仪没有聚焦圆,没有机械传动部分,对样品表面也没有特殊要求,而波谱仪则需样品表面为抛光状态,便于聚焦。

缺点:

(1)分辨率低。能谱仪的谱线峰宽,易于重叠,失真大,能量分辨率一般为 145～150 eV,而波谱仪的能量分辨率可达 5～10 eV,谱峰失真很小。

(2)能谱仪的 Si(Li)窗口影响对超轻元素的检测。一般铍窗时,检测范围为 11 Na～92 U;仅在超薄窗时,检测范围为 4 Be～92 U。

(3)维护成本高。Si(Li)半导体工作时必须保持低温,需设专门的液氮冷却系统。

总之,波谱仪与能谱仪各有千秋,应根据具体对象和要求进行合理选择。

8.7　电子探针分析及应用

电子探针分析主要包括定性分析和定量分析,定性分析又分为点、线、面三种分析形式。

8.7.1　定性分析

1)点分析

将电子束作用于样品上的某一点,波谱仪分析时改变分光晶体和探测器的位置,收集分析点的特征 X 射线,由特征 X 射线的波长判定分析点所含的元素;采用能谱仪工作时,几分钟内可获得分析点的全部元素所对应的特征 X 射线的谱线,从而确定该点所含有的元素及其相对含量。

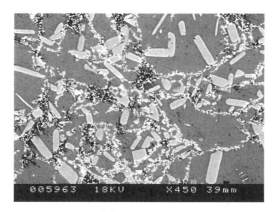

（a）反应结果显微组织 SEM 图

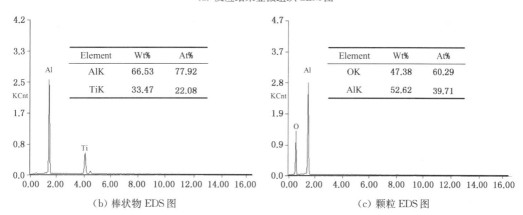

Element	Wt%	At%
AlK	66.53	77.92
TiK	33.47	22.08

Element	Wt%	At%
OK	47.38	60.29
AlK	52.62	39.71

（b）棒状物 EDS 图　　　　　　（c）颗粒 EDS 图

图 8-25　Al-TiO₂ 系热爆反应结果的 SEM 图及棒状物和颗粒的 EDS 图

图 8-25 为 Al-TiO$_2$ 反应体系的反应结果的 SEM 图及其棒状物和颗粒组织的 EDS 图,由能谱分析可知棒状物为 Al$_3$Ti,颗粒为 Al$_2$O$_3$。需指出的是:能谱分析只能给出组成元素及其成分之间的原子比,而无法知道其结构。如 Al$_2$O$_3$ 有 α、β、γ 等多种结构,能谱分析给出的是颗粒组成元素为 Al 和 O,且原子数比为 2∶3,组成了 Al$_2$O$_3$,但无法知道它到底属于何种结构,即原子如何排列,此时需采用 X 射线衍射或 TEM 等手段来判定。

2）线分析

将探针中的谱仪固定于某一位置,该位置对应于某一元素特征 X 射线的波长或能量,然后移动电子束,在样品表面沿着设定的直线扫描,便可获得该种元素在设定直线上的浓度分布曲线。改变谱仪位置,则可获得另一种元素的浓度分布曲线。图 8-26 为 Al-Mg-Cu-Zn 铸态组织线扫描分析的结果图,可以清楚地看出,主要合金元素 Mg、Cu、Zn 沿枝晶间呈周期性分布。

3）面分析

将谱仪固定于某一元素特征 X 射线信号(波长或能量)位置上,通过扫描线圈使电子束在样品

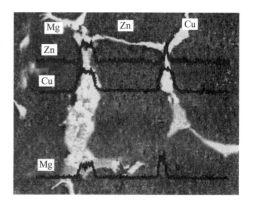

图 8-26　Al-Mg-Cu-Zn 铸态组织电子探针线扫描分析

表面进行光栅扫描(面扫描),用检测到的特征 X 射线信号调制成荧光屏上的亮度,就可获得该元素在扫描面内的浓度分布图像。图像中的亮区表明该元素的含量高。若将谱仪固定于另一位置,则可获得另一元素的面分布图像。图 8-27 为铸态 Al-Zn-Mg-Cu 合金 SEM 组织及其面扫描分析图,从中可以清楚地看出 3 种元素 Zn、Cu、Mg 的分布情况。

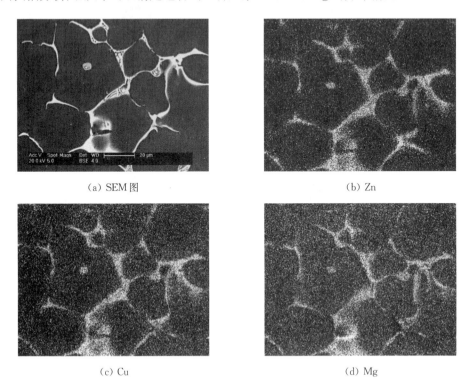

(a) SEM 图   (b) Zn

(c) Cu   (d) Mg

图 8-27 铸态 Al-Zn-Mg-Cu 合金 SEM 组织及其面扫描分析

8.7.2 定量分析

定量分析的具体步骤如下:

(1) 测出试样中某元素 A 的特征 X 射线的强度 I'_A;

(2) 同一条件下测出标准样纯 A 的特征 X 射线强度 I'_{A0};

(3) 扣除背底和计数器死时间对所测值的影响,得相应的强度值 I_A 和 I_{A0};

(4) 计算元素 A 的相对强度 K_A:

$$K_A = \frac{I_A}{I_{A0}} \tag{8-4}$$

理想情况下,K_A 即为元素 A 的质量分数 m_A,由于标准样不可能绝对纯和绝对平均,此外还要考虑样品原子序数、吸收和二次荧光等因素的影响,为此,K_A 需适当修正,即

$$m_A = Z_b A_b F K_A \tag{8-5}$$

式中:Z_b——原子序数修整系数;

A_b——吸收修整系数;

F——二次荧光修整系数。

一般情况下，原子序数 $Z > 10$，质量浓度$>10\%$时，修正后的浓度误差可控制在 5% 之内。

需指出的是，电子束的作用体积很小，一般仅为 $10\ \mu m^3$，故分析的质量很小。如果物质的密度为 $10\ g/cm^3$，则分析的质量仅为 $10^{-10}\ g$，故电子探针是一种微区分析仪器。

8.8 扫描透射电子显微镜

扫描透射电子显微镜（Scanning Transmission Electron Microscope，STEM）是在透射电子显微镜中加装扫描附件，是透射电子显微镜（Transmission Electron Microscope，TEM）和扫描电子显微镜（Scanning Electron Microscope，SEM）的有机结合，综合了扫描和普通透射电子分析的原理和特点的一种新型分析仪器。像 SEM 一样，STEM 用电子束在样品的表面扫描进行微观形貌分析，不同的是探测器置于试样下方，接受透射电子束流荧光成像；又像 TEM，通过电子穿透样品成像进行形貌和结构分析。STEM 能获得 TEM 所不能获得的一些特殊信息。

1）扫描透射电子显微镜的工作原理

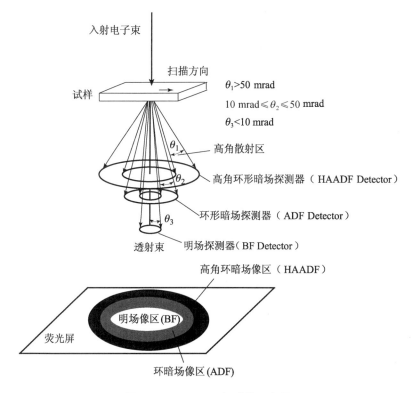

图 8-28　STEM 环场成像示意图

图 8-28 为扫描透射电子显微镜的成像示意图。为减少对样品的损伤，尤其是生物和有机样品对电子束敏感，组织结构容易被高能电子束损伤，为此采用场发射，电子束经磁透镜和光阑聚焦成原子尺度的细小束斑，在线圈控制下电子束对样品逐点扫描，试样下方置有独

特的环形检测器。分别收集不同散射角度 θ 的散射电子(高角区 $\theta_1 > 50$ mrad；低角区 $10 \leqslant \theta_2 \leqslant 50$ mrad；中心区 $\theta_3 < 10$ mrad)，由高角度环形探测器收集到的散射电子产生的暗场像，称高角环形暗场像(High Angle Annual Dark Field，HAADF)。因收集角度大于 50 mrad 时，非相干电子信号占有主要贡献，此时的相干散射逐渐被热扩散散射取代，晶体同一列原子间的相干影响仅限于相邻原子间的影响。在这种条件下，每一个原子可以被看作独立的散射源，散射横截面可做散射因子，且与原子序数 Z 的平方成正比，故图像亮度正比于原子序数的平方(Z^2)，该种图像又称为原子序数衬度像(或 Z 衬度像)。通过散射角较低的环形检测器的散射电子所产生的暗场像称 ADF 像，因相干散射电子增多，图像的衍射衬度成分增加，其像衬度中原子序数衬度减少，分辨率下降。而通过环形中心孔区的电子可利用明场探测器形成高分辨明场像。

2) 扫描透射电子显微镜的特点

(1) 分辨率高。首先，由于 Z 衬度像几乎完全是非相干条件下的成像，而对于相同的物镜球差和电子波长，非相干像分辨率高于相干像分辨率，因此 Z 衬度像的分辨率高于相干条件下的成像。同时，Z 衬度不会随试样厚度或物镜聚焦有较大的变化，不会出现衬度反转，即原子或原子列在像中总是一个亮点。其次，透射电子显微镜的分辨率与入射电子的波长 λ 和透镜系统的球差 C_s 有关，因此，大多数情况下点分辨率能达到 $0.2 \sim 0.3$ nm；而扫描透射电子显微镜图像的点分辨率与获得信息的样品面积有关，一般接近电子束的尺寸，目前场发射电子枪的电子束直径能小于 0.13 nm。最后，高角度环形暗场探测器由于接收范围大，可收集约 90% 的散射电子，比普通透射电子显微镜中的一般暗场更灵敏。

(2) 对化学组成敏感。由于 Z 衬度像的强度与其原子序数的平方(Z^2)成正比，因此 Z-衬度像具有较高的组成(成分)敏感性，在 Z 衬度像上可以直接观察夹杂物的析出、化学有序和无序，以及原子排列方式。

(3) 图像解释简明。Z 衬度像是在非相干条件下成像，具有正衬度传递函数。而在相干条件下，随空间频率的增加，其衬度传递函数在零点附近时，不显示衬度。也就是说，非相干的 Z 衬度像不同于相干条件下成像的相位衬度像，它不存在相位翻转问题，因此图像的衬度能够直接反映客观物体。对于相干像，需要计算机模拟才能确定原子列的位置，最后得到样品晶体信息。

(4) 图像衬度大。特别是生物材料、有机材料在透射电子显微镜中需要染色才能看到衬度。扫描透射电子显微镜因为接收的电子信息量大，而且这些信息与原子序数、物质的密度相关，这样原子序数大的原子或密度大的物质被散射的电子量就大，对分析生物材料、有机材料、核壳材料非常方便。

(5) 对样品损伤小，可以应用于对电子束敏感材料的研究。

(6) 利用扫描透射模式时物镜的强激励，可实现微区衍射。

(7) 利用后接能量分析器的方法可以分别收集和处理弹性散射和非弹性散射电子，以及进行高分辨率分析、成像及生物大分子分析。

(8) 可以观察较厚或低衬度试样。

但扫描透射电子显微镜存在以下不足：

(1) 对环境要求高，特别是电磁场。

(2) 图像噪音大。

（3）对样品洁净度要求高,如果表面有碳类物质,很难得到理想图片。

（4）真空度要求高。

（5）电子光学系统比 TEM 和 SEM 都要复杂。

注意:① STEM 不同于扫描电镜。扫描电镜是利用电子束作用样品表面产生的二次电子或背散射电子进行成像的,其强度是试样表面倾角的函数。试样表面微区形貌差别实际上就是微区表面相对于入射束的倾角不同,从而表现为信号强度的差别,显示形貌衬度。二次电子像的衬度是最典型的形貌衬度。

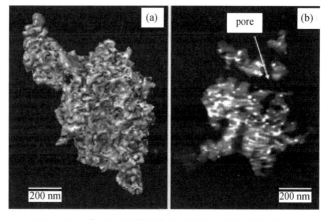

图 8-29　非晶二氧化硅与钌/铂双金属纳米粒子多相异质催化剂 HAADF-STEM 像 (a)及局部放大像(b)

② STEM 与 TEM 的成像存在一定的关联性。它们均是透射电子成像,STEM 主要成 HAADF、ADF 像,它以透射电子中非弹性散射电子为信号载体,而 TEM 则主要以近轴透射电子中弹性散射电子为信号载体。TEM 的加速电压较高(一般为 120～200 kV),而 STEM 的加速电压较低(一般为 10～30 kV)。STEM 可同时成二次电子像和透射像,即可同时获得试样表面形貌信息和内部结构信息。

图 8-29 为非晶二氧化硅与钌/铂双金属纳米粒子构成的多相异质催化剂 HAADF 像。图 8-29(a)显示二氧化硅外表面分布有纳米颗粒,图 8-29(b)为图 8-29(a)的局部放大像,可清晰看到纳米颗粒在催化剂孔内的分布。图 8-30 则为 MoS_2 颗粒在衬底介孔分子筛(SBA-15)上分布的 HAADF-STEM 像,由于是 Z 衬度,颗粒与衬底非常清晰可辨。

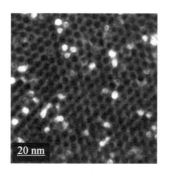

图 8-30　MoS_2 颗粒在介孔分子筛中的 HAADF-STEM 像

8.9　扫描电镜的发展

随着科学技术的迅猛发展,扫描电镜的性能在不断改善和提高,功能在不断增强,现已成了冶金、生物、考古、材料等各领域广泛应用的重要手段,特别是对各种断口的观察更是无可替代的有力工具。目前,扫描电镜的发展主要表现在以下几个方面:

1）场发射电子枪

场发射电子枪的工作原理可见§6.6，它可显著提高扫描电镜的分辨率，目前场发射式扫描电镜的分辨率已达 0.6 nm（加速电压 30 kV）或 2.2 nm（加速电压 1 kV），场发射电子枪还促进了高分辨扫描电镜技术和低能扫描电镜显微技术的迅速发展。

2）低能扫描电镜

当加速电压低于 5 kV 时的扫描电镜即称为低压或低能扫描电镜。虽然加速电压减小会显著减小电子束的强度，降低信噪比，不利于显微分析，但使用场发射电子枪就可保证即使在较低的加速电压下，电子束强度仍然较强，仍能满足显微分析的基本要求。低压扫描电镜具有以下优点：①显著减小试样表面的荷电效应，在加速电压低于 1.5 kV 时，可基本消除荷电效应，这对非导体样品尤为适合；②可减轻试样损伤，特别是生物试样；③可减轻边缘效应，进一步提高图像质量；④有利于二次电子的发射，使二次电子的产额与表面形貌和温度更加敏感，一方面可提高图像的真实性，另一方面还可开拓新的应用领域。

3）低真空扫描电镜

即样品室在低真空（3 kPa 左右）状态下进行工作的扫描电镜称为低真空扫描电镜。其工作原理与普通的高真空扫描电镜基本一样，唯一的区别是在普通扫描电镜中，当样品为导电体时，电子束作用产生的表面荷电可通过样品接地而释放；当样品为不良导体时，一般通过喷金或喷碳形成导电层并接地，使表面荷电释放，而在低真空扫描电镜中，由于样品室内仍保持一定的气压，样品表面上的荷电可被样品室内的残余气体离子（电子束使残余气体电离产生）中和，因而即使样品不导电，也不会产生表面荷电效应。低真空扫描电镜具有以下优点：①可观察含液体的样品，避免干燥损伤和高真空损伤。用普通扫描电镜观察含液体样品时，需要对样品进行干燥脱水处理或冷冻处理，这些过程会使样品变形，甚至破坏其微观结构，而低真空扫描电镜可直接对此观察，无需任何处理，从而获得样品表面的自然真实信息。②可直接观察绝缘体和多孔物质。在普通电镜中观察绝缘体样品或多孔物质时，样品表面易产生荷电效应，而在低真空扫描电镜中，样品表面的荷电可被残余气体离子中和，消除了荷电效应，因此对不良导体、绝缘体、多孔物质也可直接观察。③可观察一些易挥发、分解放气的样品。以往在普通扫描电镜中，当样品发生挥发、分解放气时，会破坏样品室的真空度，而低真空扫描电镜中则可通过调节抽气阀的抽气速率，就可使样品室处于所允许的真空度下，保证观察正常进行。④可连续观察一些物理化学反应过程，通过人为调节样品室内的气体成分、温度和湿度，便可观察样品表面发生的一些反应过程，如金属的生锈、氧化等。⑤可高温观察相变过程，最高温度可达 1 500 ℃。

本 章 小 结

本章主要介绍了扫描电子显微镜的结构、原理、特点和应用，同时还介绍了与扫描电镜融于一体的电子探针。扫描电镜是利用电子束作用于样品后产生的二次电子进行成像分析的，二次电子携带的是样品表面的形貌信息，故扫描电镜主要用于样品表面的形貌分析，因扫描电镜的景深大，它特别适用于断口观察和分析。电子探针有波谱仪和能谱仪两种，均是利用电子束作用于样品后产生的特征 X 射线来工作的，可用于微区的成分分析。本章内容小结如下：

扫描电镜
工作信息:二次电子
结构
　电子光学系统:电子枪、电磁透镜、光阑、扫描线圈等
　信号检测处理、图像显示和记录系统
　真空系统
性能参数:分辨率、放大倍数、景深
应用:形貌分析、断口、磨面观察等
特点:分辨率高、放大倍率大、景深长、制样简单、对样品损伤小、可实现对样品的综合分析

电子探针
工作信息:特征 X 射线
分类
　波谱仪　通过测定特征 X 射线的波长分析微区成分(I-λ)
　能谱仪　通过测定特征 X 射线的能量分析微区成分(I-E)
应用:微区成分分析,包括定性分析和定量分析,定性分析又包括点、线和面 3 种类型

扫描透射电镜
工作信息:高角透射非相干电子
结构特点:试样下方增设环形检测装置
像衬度:Z 衬度或原子序数衬度
应用:具有 SEM＋TEM 功能
特点:分辨率高、对化学组成敏感、图像解释简明、图像衬度大、对样品损伤小、可实现样品的 SEM＋TEM 综合分析

思 考 题

8.1　简述扫描电镜的结构、原理、特点。

8.2　二次电子的特点是什么?

8.3　试分析扫描电镜的景深长、图像立体感强的原因。

8.4　影响扫描电镜分辨率的因素有哪些?

8.5　扫描电镜的成像原理与透射电镜有何不同?

8.6　一般扫描电镜能否进行微区的结构分析? 为什么?

8.7　表面形貌衬度和成分衬度各有什么特点?

8.8　波谱仪中的分光晶体有几种,各自的特点是什么?

8.9　试比较直进式和回转式波谱仪的优缺点。

8.10　相比于波谱仪,能谱仪在分析微区成分时有哪些优缺点。

8.11　现有一种复合材料,为了研究其增强和断裂机理,对试样进行了拉伸试验,请问观察断口形貌采用何种仪器为宜? 要确定断口中某增强体的成分,又该选用何种仪器? 如何进行分析? 能否确定增强体的结构? 为什么?

8.12　电子探针有几种工作方式? 举例说明它们在分析中的应用。

9 表面分析技术

表面分析技术是指通过一个探束(光子或原子、电子、离子等)或探针(机械加电场)去探测样品表面,并检测从样品表面发射及散射的各种物理信号,从而对样品表面特性、表面现象进行分析和测量的技术。通过表面分析,可以获得许多重要信息:①表面的化学过程信息,如腐蚀、吸附、氧化、钝化等;②表面微观形貌特征信息;③表面成分信息,包括元素种类、含量及其分布规律等;④表面电子结构、化学价态、官能团的种类与分布等信息。表面分析所涉及的深度很浅,一般为微米级,有时仅指表面单个原子层或几个原子层。因表面污染易造成假象和误差,故要求分析仪器应具有高的真空度(扫描隧道电镜除外);此外表面分析信号的采样体积小,强度弱,故分析仪器还应具有高的灵敏度。目前,用于表面分析的常见方法有俄歇电子能谱(Auger Electron Spectroscopy, AES)、X射线光电子能谱(X-Ray Photoelectron Spectroscopy, XPS)、X射线荧光光谱(X-ray Fluorescence Spectroscopy, XRFS)、扫描隧道电镜(Scanning Tunneling Microscopy, STM)、原子力显微镜(Atom Force Microscopy, AFM)、聚焦离子束(Focused Ion Beam, FIB)、低能电子衍射(Lower Energy Electron Diffraction, LEED)等,本章就其结构原理、特点及应用作一简单介绍。

9.1 俄歇电子能谱

由§5.2.2分析可知,俄歇电子的能量具有特征值,且能量较低,一般仅有50～1 500 eV,平均自由程也很小(1 nm左右),较深区域产生的俄歇电子在向表层运动时必然会因碰撞而消耗能量,失去具有特征能量的特点,故仅有浅表层1 nm左右范围内产生的俄歇电子逸出表面后方具有特征能量,因此,俄歇电子特别适合于材料表层的成分分析。此外根据俄歇电子能量峰的位移和峰形的变化,还可获得样品表面化学态的信息。

9.1.1 俄歇电子能谱仪的结构原理

俄歇电子能谱仪主要由检测装置和信号放大记录系统两部分组成,其中检测装置一般采用圆筒镜分析器,结构如图9-1所示。圆筒镜分析器主体为两个同心的圆筒,内筒上开有圆环状的电子出入口,与样品同时接地,两者电位相同,电子枪位于内筒中央。外筒上施加

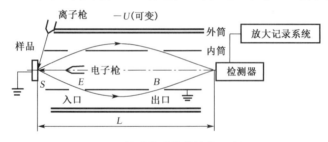

图 9-1 俄歇能谱仪的结构示意图

一负的偏转电压,当电子枪的电子束作用于样品后将产生系列能量不同的俄歇电子,这些俄歇电子离开样品表面后,从内筒的入口进入内外筒间,由于外筒施加的是负电压,故俄歇电子将在该负压的作用下逐渐改变运行方向,最后又从内筒出口进入检测器。当连续改变外筒上负压的大小时,就可依次检测到不同特征能量的俄歇电子。并通过信号放大和记录系统输出俄歇电子的计数 N_E 随能量 $E(eV)$ 的分布曲线。

需指出以下几点:

(1) 圆筒镜分析器中还带有一个离子枪,其功用主要有两个:①清洗样品表面,保证分析时样品表面干净无污染;②刻蚀(剥层)样品表面,以测定样品成分沿深度方向的分布规律。

(2) 激发俄歇电子的电子枪也可置于圆筒镜分析器外,这样安装维护方便,但会降低仪器结构的紧凑性。

(3) 样品台能同时安装 6～12 个样品,可依次选择不同样品进行分析,以减少更换样品的时间和保持样品室中的高真空度。

9.1.2 俄歇电子谱

俄歇电子的能量较低,仅有 50～1 500 eV,由俄歇电子形成的电子电流表示单位时间内产生或收集到俄歇电子的数量。俄歇电子具有特征能量值,但由于俄歇电子在向样品表面逸出时不可避免地受到碰撞而消耗了部分能量,这样具有特征能量的俄歇电子的数量就会出现峰值,有能量损失的俄歇电子和其他电子将形成连续的能量分布。在分析区域内,某元素的含量愈多,其对应俄歇电子数量(电子电流)也就愈大。不同的元素,具有不同的俄歇电子特征能量和不同的电子能量分布。俄歇电子与二次电子、弹性背散射电子等的存在范围并不重叠。

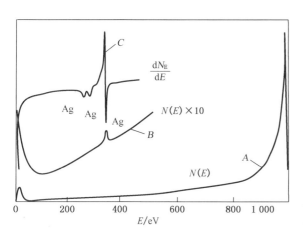

图 9-2 Ag 原子的俄歇电子谱

图 9-2 为 Ag 原子的俄歇电子能谱曲线,其中 A 曲线为 $N_E \sim E$ 的正常能量分布,又称直接谱,由于俄歇电子仅来自样品的浅表层(λ 量级),数量少、信号弱,电子电流仅为总电流的 0.1% 左右,所表现的俄歇电子谱峰很小,难以分辨,即使放大十倍后也不明显(见曲线 B),但经微分处理后使原来微小的俄歇电子峰转化为一对正负双峰,用正负峰的高度差来表示俄歇电子的信号强度(计数值),这样俄歇电子的特征能量和强度清晰可辨(见曲线 C)。我们将微分处理后的谱线称为微分谱。直接谱和微分谱统称为俄歇电子谱,俄歇电子峰所对应的能量为俄歇电子的特征能量,与样品中的元素相对应,谱峰高度反映了分析区内该元素的浓度,因此,可利用俄歇电子谱对样品表面的成分进行定性和定量分析。不过由俄歇电子产生的原理可知,能产生俄歇电子的最小原子序数为 3(Li 非孤立),而低于 3 的 H 和 He 均无法产生俄歇电子,因此俄歇电子谱只能分析原子序数 $Z > 2$ 以上的元素。需注意的是:对于孤立的 Li 原子,L 层上仅一个电子,无法产生俄歇电子,因此,孤立原子中能产生俄歇电子的最小元素是 Be。由于大多数原子具有多个壳层和亚壳层,因此电

子跃迁的形式有多种可能性。图9-3为主要俄歇电子能量图,从图中可以看出:当原子序数为3～14时,俄歇峰主要由 KLL 跃迁形成;当原子序数为15～41时,主要俄歇峰由 LMM 跃迁产生;而当原子序数大于 41 时,主要俄歇峰则由 MNN 及 NOO 跃迁产生。

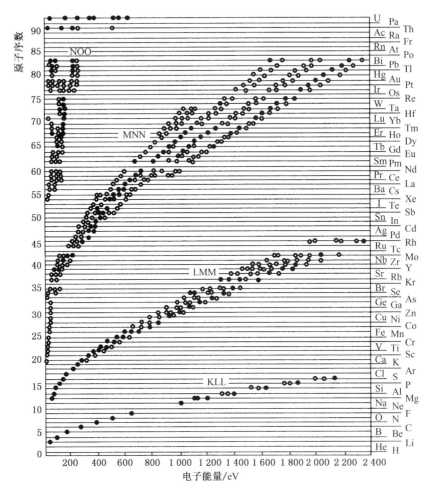

图 9-3　俄歇电子能量图

9.1.3　定性分析

每种元素均有与之对应的俄歇电子谱,所以,样品表面的俄歇电子谱实际上是样品表面所含各元素的俄歇电子谱的组合。因此,俄歇电子谱的定性分析即为根据谱峰所对应的特征能量由手册查找对应的元素。具体方法如下:①选取实测谱中一个或数个最强峰,分别确定其对应的特征能量,根据俄歇电子能量图或已有的条件,初步判定最强峰可能对应的几种元素;②由手册查出这些可能元素的标准谱与实测谱进行核对分析,确定最强峰所对应的元素,并标出同属于此元素的其他所有峰;③重复上述步骤,标定剩余各峰。

定性分析时应注意以下几点:①由于可能存在化学位移,故允许实测峰与标准峰有数电子伏特的位移误差。②核对的关键在于峰位,而非峰高。元素含量少时,峰高较低,甚至不显现。③某一元素的俄歇峰可能有几个,不同元素的俄歇峰可能会重叠,甚至变形,特别是当样品中含有微量元素时,由于强度不高,其俄歇峰可能会湮没在其他元素的俄歇强峰中,而俄歇强峰并没有明显的变异。④当图谱中有无法对应的俄歇电子峰时,应考虑到这可能不是该元素的俄歇电子峰,而是一次电子的能量损失峰。

随着计算机技术的发展和应用,俄歇电子谱的定性分析可由电子计算机的软件自动完成,但对某些重叠峰和弱峰还需人工分析来进一步确定。

9.1.4 定量分析

由于影响俄歇电子信号强度的因素很多,分析较为复杂,故采用俄歇电子谱进行定量分析的精度还较低,基本上只是半定量水平。常规情况下,相对精度仅为30%左右。当然如果能正确估计俄歇电子的有效深度,并能充分考虑表面以下的基底材料背散射电子对俄歇电子产额的影响,就可显著提高定量分析的相对精度,达到与电子探针相当的水平。定量分析常有两种方法:标准样品法和相对灵敏度因子法。

1) 标准样品法

标准样品法又可分为纯元素样品法和多元素样品法。纯元素样品法即在相同的条件下分别测定被测样和标准样中同一元素 A 的俄歇电子的主峰强度 I_A 和 I_{AS},则元素 A 的原子分数 C_A 为

$$C_A = \frac{I_A}{I_{AS}} \tag{9-1}$$

而多元素标准样品法是首先制成标准试样,标准样应与被测样品所含元素的种类和含量尽量相近,此时,元素 A 的原子浓度为

$$C_A = C_{AS} \frac{I_A}{I_{AS}} \tag{9-2}$$

其中 C_{AS} 为标准样中 A 元素的原子浓度。

但由于多元素标准样制备困难,一般采用纯元素标准样进行定量分析。

2) 相对灵敏度因子法

相对灵敏度因子法不需要标准样,应用方便,但精度相对低一些。它是指将各种不同元素(Ag 除外)所产生的俄歇电子信号均换算成同一种元素纯 Ag 的当量(又称相当强度),利用该当量来进行定量计算的。具体方法如下:相同条件下分别测出各种纯元素 X 和纯 Ag 的俄歇电子主峰的信号强度 I_X 和 I_{Ag},其比值 $\frac{I_X}{I_{Ag}}$ 即为该元素的相对灵敏度因子 S_X,并已制成相关手册。当样品中含有多种元素时,设第 i 个元素的主峰强度为 I_i,其对应的灵敏度因子为 S_i,所求元素为 X,其灵敏度因子为 S_X,则所求元素的原子分数为

$$C_X = \frac{I_X}{S_X} \bigg/ \sum_i \frac{I_i}{S_i} \tag{9-3}$$

式中的 S_i 和 S_X 均可由相关手册查得。

由上式可知,通过实测谱得到各组成元素的俄歇电子主峰强度 I_i,通过定性分析获得样品中所含有的各种元素。再分别查出各自对应的相对灵敏度因子 S_i,即可方便求得各元素

的原子分数。计算精度相对较低,但无需标样,故成了俄歇能谱定量分析中最常用的方法。

9.1.5 化学价态分析

俄歇电子的产生通常有 3 种形式:KLL、LMM、MNN,它涉及 3 个能级,只要有电荷从一个原子转移到另一个原子,元素的化学价态变化时,就会引起元素的终态能量发生变化,同时俄歇电子峰的位置和形状也随之改变,即引起俄歇电子峰位位移。有时化学价态变化后的俄歇峰与原来零阶态的峰位相比有几个电子伏特的位移,故可通过元素的俄歇峰形和峰位的比较获得其化学价态变化的信息。

9.1.6 AES 的应用举例

俄歇电子能谱分析仪已成了材料表面分析的重要工具之一,由俄歇电子的产生机理决定了它具有以下特点:①俄歇电子的能量小(<50 eV),逸出深度浅(0.4~2 nm),纵向分辨率可达 1 nm,而横向分辨率则取决于电子束的直径;②可分辨 H、He 以外的各种元素;③分析轻元素时的灵敏度更高;④结合离子枪可进行样品成分的深度分析。

俄歇电子能谱分析法常用于以下研究:表面物相鉴定、表面元素偏析、表面杂质分布、晶界元素分析、表面化学过程、表面的力学性质、表面吸附以及集成电路的掺杂等。

1)物相鉴定

由于俄歇电子能谱分析的灵敏度高,对轻元素尤其敏感,此时采用电子探针、X 射线衍射分析均难以检测和判定,而俄歇能谱则能方便地进行含量极小相的鉴定分析。图 9-4 为铸造铜铍合金中的微量沉淀相的俄歇电子能谱图,该图可清楚地表明沉淀相为硫化铍。在物相鉴定前应首先用离子轰击表面,以清除表面污物。

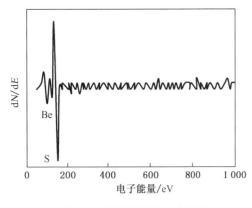

图 9-4 铸造铜铍合金中沉淀
相的俄歇能谱图

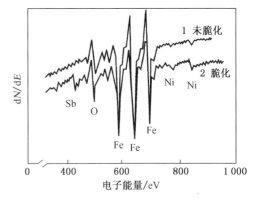

图 9-5 Ni-Cr 合金回火前后晶界
断裂表面俄歇能谱图

2)回火脆化机理分析

图 9-5 为 Ni-Cr 合金结构钢 550℃回火前后晶间断裂时晶界表面俄歇能谱图,含碳量为 0.39%,主加元素 Ni 的含量为 3.5%,Cr 的含量为 1.6%,附加元素 Sb 含量为 0.062%,发现回火后晶界表面的俄歇能谱发生了变化,出现有 Sb 和 Ni 元素,当用 He 离子轰击表面剥层 0.5 nm 后,Sb 的含量下降为 1/5,因此,Sb 元素在晶界存在严重偏析,且偏析范围集中

在 2～3 nm 范围内,超过 10 nm 时,Sb 含量已达平均值。由此可以认为脆化的根本原因是元素 Sb 在晶界的偏析所致。经研究表明引起晶界脆化的元素可能还有 S、P、Sn、As、O、Te、Si、Se、Cl、I 等,它们的平均浓度有时仅有 10^{-6}～10^{-3},晶界偏析时在数个原子层内富集,浓度上升 10～10^4 倍。

3) 定量分析

俄歇能谱仪的定量分析可通过计算机自动完成,也可通过人工测量计算获得。图 9-6 为 304 不锈钢新鲜断口表面的俄歇电子能谱图。电子束的能量为 3 keV,具体测量计算步骤如下:

(1) 对照元素能谱图确定所测俄歇电子能谱谱线的所属元素,定出各元素的最强峰;

(2) 测量各元素最强峰的峰峰高;

(3) 根据不同入射电子束能量(3 keV 或

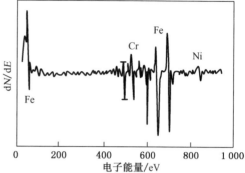

图 9-6　304 不锈钢断口表面俄歇电子能谱图

5 keV)所对应的灵敏度因子手册查得各种元素的灵敏度因子,分别代入公式(9-3)计算各自的相对含量。

由该图可知,测定谱线中含有 Cr、Fe、Ni 3 种元素,其对应的峰峰高分别为:$I_{Cr} = 4.7$、$I_{Fe} = 10.1$、$I_{Ni} = 1.5$,其对应的灵敏度因子分别是:$S_{Cr} = 0.29$、$S_{Fe} = 0.20$、$S_{Ni} = 0.27$,代入公式(9-3)算得其原子分数分别是:$C_{Cr} = 0.22$、$C_{Fe} = 0.70$、$C_{Ni} = 0.08$。

4) 表面纵向成分分析

图 9-7 为俄歇能谱仪用于高温氧化层分析的一个实例。将 AISI316L 型不锈钢在温度分别为 1 000 K 和 1 300 K 的含氧气氛中氧化 4 min,表面形成氧化层后采用俄歇能谱仪进行氩离子溅射剥层分析。图 9-7 即为氧化层中组成元素的浓度随溅射剥层时间的关系曲线。图 9-7(a)清楚表明在 1 000 K 氧化时,表面氧化物的最外层主要是铁的氧化物,而 Cr 和 Ni 的氧化物主要分布在氧化层的里层。但在 1 300 K 氧化时,情况发生了变化见图 9-7(b),氧化层的最外层铁的氧化物含量减少,相应的 Cr 的氧化物含量增加,特别是还出现了 Mn 的氧化物。因 Mn 元素在该不锈钢中的含量很低不能够被 AES 检测到,但在 1 300 K 氧化时 Mn 元素发生了扩散,并偏析于最表层形成了 Mn 的氧化物。

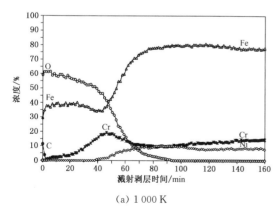

(a) 1 000 K

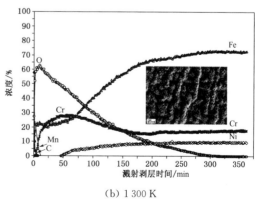

(b) 1 300 K

图 9-7　AISI316L 型不锈钢表面氧化层组成元素的浓度与 Ar 离子溅射剥层时间的关系曲线

图 9-8 为硅板上镀有 Cr-Ni 合金膜的俄歇电子能谱图。图 9-8(a)表示膜表面未经离子剥层时的俄歇电子能谱图,谱线中除了 Ni 和 Cr 峰外还含有大量的 O 峰,表明膜表面被氧化;表面经过剥层 10 nm 后,膜表面的俄歇电子能谱图见图 9-8(b),此时 O 元素峰几乎消失,而 Ni、Cr 峰明显增强,表明 Ni、Cr 的含量增加,O 元素大幅减少;当进一步剥层至 20 nm 时,见图 9-8(c),此时 Cr、Ni 峰大大减小,而 Si 元素峰显著增强,C 含量也逐渐减少。因此,结合剥层技术俄歇电子能谱可有效地分析表面成分沿表层深度的变化情况。

虽然,俄歇电子能谱具有广泛的应用性,是表面分析中重要方法之一,但也存在着以下不足:①不能分析 H 和 He 元素,即所分析元素的原子序数 $Z > 2$;②定量分析的精度不够高;③电子束的轰击损伤和因不导电所致的电荷积累,限制了它在生物材料、有机材料和某些陶瓷材料中的应用;④对多数元素的探测灵敏度一般为原子摩尔数的 $0.1\% \sim 1.0\%$;⑤对样品表面的要求较高,需要离子溅射样品表面、清洁表面以及高真空来保证。

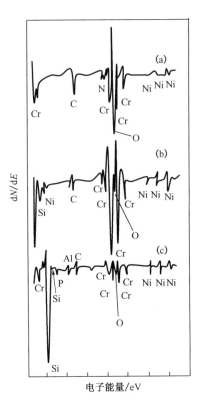

图 9-8 硅板表面 Ni-Cr 合金膜的俄歇电子能谱图

9.1.7 俄歇能谱仪的最新进展

近年来 AES 分析仪在以下几方面取得了进展:①进一步提高了空间分辨率,为此采用细聚焦强光源,采用场发射电子源等,此时的工作电压低(如 3 kV)、束斑细(≤20 nm)、束流强(如 1 nA/20 nm);②开发新电子源,正电子与样品的作用不同于负电子与样品的作用,开发正电子源,可供分析时选用;③发展新型能量分析器、发展俄歇化学成像;④开发新型电子检测器,如多通道电子倍增器等,以提高仪器接收信息的灵敏度和速度;⑤加速软件开发与应用,一方面可使谱图更加清晰,另外还可直接给出对样品定性和定量的分析结果,给出元素和化学态图像;⑥发展新方法新理论,如表面扩展能量损失精细结构:SEELFS、Auger 电子衍射(AED)等,以提高定量准确度和指导对化学态的鉴别。

9.2 X 射线光电子能谱

X 射线光电子能谱,应用较为广泛,是材料表面分析的重要方法之一。

9.2.1 X 射线光电子能谱仪的工作原理

其原理是利用电子束作用靶材后,产生的特征 X 射线(光)照射样品,使样品中原子内层电子以特定的概率电离,形成光电子(光电效应),光电子从产生处输运至样品表面,克服表面逸出功离开表面,进入真空被收集、分析,获得光电子的强度与能量之间的关系谱线即 X 射线光电子谱。显然光电子的产生依次经历电离、输运和逸出三个过程,而后两个过程与俄歇电子一样,因此,只有深度较浅的光电子才能能量无损地输运至表面,逸出后保持特征能量。与俄歇能谱一样,它仅能反映样品的表面信息,信息深度与俄歇能谱相同。由于光电子的能量具有特征值,因此可根据光电子谱线的峰位、高度及峰位的位移确定元素的种类、含量及元素的化学状态,分别进行表面元素的定性分析、定量分析和表面元素化学状态分析。

为什么 X 射线光电子的动能具有特征值呢? 设光电子的动能为 E_k,入射 X 射线的能量为 $h\nu$,电子的结合能为 E_b,即电子与原子核之间的吸引能,则对于孤立原子,光电子的动能 E_k 可表示为

$$E_k = h\nu - E_b \tag{9-4}$$

考虑到光电子输运到样品表面后还需克服样品表面功 φ_s,以及能量检测器与样品相连,两者之间存在着接触电位差 $(\varphi_A - \varphi_s)$,故光电子的动能为

$$E'_k = h\nu - E_b - \varphi_s - (\varphi_A - \varphi_s) \tag{9-5}$$

所以

$$E'_k = h\nu - E_b - \varphi_A \tag{9-6}$$

其中 φ_A 为检测器材料的逸出能,是一确定值,这样通过检测光电子的能量 E'_k 和已知的 φ_A,可以确定光电子的结合能 E_b。由于光电子的结合能对于某一元素的给定电子来说是确定的值,因此,光电子的动能具有特征值。

9.2.2 X 射线光电子能谱仪的系统组成

XPS 仪的基本构成如图 9-9 所示,主要由 X 射线源、样品室、电子能量分析器、检测器、显示记录系统、真空系统及计算机控制系统等部分组成。

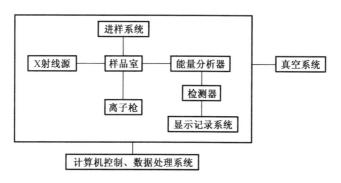

图 9-9 XPS 仪基本构成示意图

1) X 射线源

X 射线源必须是单色的,且线宽愈窄愈好,因重元素的 K_α 线能量虽高,但峰过宽,一般不用作激发源,通常采用轻元素 Mg 或 Al 作为靶材,其产生的 K_α 特征 X 射线为 X 射线源,其产生原理可见 §2.3.2。Mg 的 K_α 能量为 1 253.6 eV,线宽为 0.7 eV;Al 的 K_α 能量为 1 486.6 eV,线宽为 0.85 eV。为获得良好的单色 X 射线源,提高信噪比和分辨率,还装有单色器,即波长过滤器,以使辐射线的线宽变窄,去掉因连续 X 射线所产生的连续背底,但

单色器的使用也会降低特征 X 射线的强度,影响仪器的检测灵敏度。

2)电子能量分析器

电子能量分析器是 XPS 的核心部件,其功能是将样品表面激发出来的光电子按其能量的大小分别聚焦,获得光电子的能量分布。由于光电子在磁场或电场的作用下能偏转聚焦,故常见的能量分析器有磁场型和电场型两类。磁场型的分辨能力强,但结构复杂,磁屏蔽要求较高,故应用不多。目前通常采用的是电场型的能量分析器,它体积较小,结构紧凑,真空度要求低,外磁场屏蔽简单,安装方便。电场型又有筒镜形和半球形两种,其中半球形能量分析器更为常用。

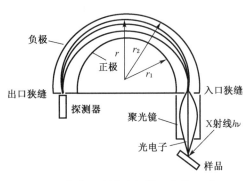

图 9-10　半球形能量分析器工作原理图

图 9-10 为半球形能量分析器的工作原理图。由两同心半球面构成,球面的半径分别为 r_1 和 r_2,内球面接正极,外球面接负极,两球间的电位差为 U。入射特征 X 射线作用样品后,所产生的光电子经过电磁透镜聚光后进入球形空间。设光电子的速度为 v,质量为 m,电荷为 e,球形电场中半径为 r 处的电场强度为 $E(r)$,则光电子受的电场力为 $eE(r)$,动能为 $E_k = \frac{1}{2}mv^2$,这样光电子在电场力的作用下作圆周运动,设其运动半径为 r,则

$$eE(r) = m\frac{v^2}{r} \tag{9-7}$$

$$\frac{1}{2}erE(r) = \frac{1}{2}mv^2 = E_k \tag{9-8}$$

两球面之间电势:

$$\varphi(r) = \frac{U}{(\frac{1}{r_1} - \frac{1}{r_2})}(\frac{1}{r} - \frac{1}{r_2}) \tag{9-9}$$

两球面之间的电场强度:

$$E(r) = \frac{U}{r^2(\frac{1}{r_1} - \frac{1}{r_2})} \propto U \tag{9-10}$$

因此光电子动能与两球面之间所加电压的关系为:

$$E_k = \frac{erE(r)}{2} = \frac{eU}{2r(\frac{1}{r_1} - \frac{1}{r_2})} \propto U \tag{9-11}$$

通过调节电压 U 的大小,就在出口狭缝处依次接收到不同动能的光电子,获得光电子的能量分布,即 XPS 图谱。实际上 XPS 图谱中横轴坐标用的不是光电子的动能,而是其结合能。这主要是由于光电子的动能不仅与光电子的结合能有关,还与入射 X 光子的能量有关,而光电子的结合能对某一确定的元素而言则是常数,故以光电子的结合能为横坐标更为合适。

3) 检测器

检测器的功能是对从电子能量分析器中出来的不同能量的光电子信号进行检测。一般采用脉冲计数法进行,即采用电子倍增器来检测光电子的数目。电子倍增器的工作原理类似于光电倍增管,只是始脉冲来自电子而不是光子。输出的脉冲信号,再经放大器放大和计算机处理后打印出谱图。多数情况下,可进行重复扫描,或在同一能量区域上进行多次扫描,以改善信噪比,提高检测质量。

4) 高真空系统

高真空系统是保证 XPS 仪正常工作所必需的。高真空系统具有以下两个基本功能:①保证光电子在能量分析器中尽量不再与其他残余气体分子发生碰撞;②保证样品表面不受污染或其他分子的表面吸附。为了能达到高真空(10^{-7} Pa),常用的真空泵有扩散泵、离子泵和涡轮分子泵等。

5) 离子枪

主要是用氩离子剥蚀样品表层污染,保证光电子谱的真实性。但在使用离子枪进行表面清污时,应考虑到离子剥蚀的择优性,也就是说易被溅射的元素含量降低,不易被溅射的元素含量相对增加,有的甚至还会发生氧化或还原反应,导致表面化学成分发生变化,因此,需用一标准样品来选择溅射参数,以免样品表面被氩离子还原或改变表面成分影响测量结果。

9.2.3　X 光电子能谱及表征

1) 光电子能谱

由式(9-4)可知,光电子的动能取决于入射光子的能量以及光电子本身的结合能。当入射光子的能量一定时,光电子的动能仅取决于光电子的结合能。结合能小的,动能就大;反之,动能就小。由于光电子来自不同的原子壳层,其发射过程是量子化的,故光电子的能量分布也是离散的。光电子通过能量分析器后,即可按其动能的大小依次分散,再由检测器收集产生电脉冲,通过模拟电路,以数字方式记录下来,计算机记录的是具有一定能量的光电子在一定时间内到达检测器的数目,即相对强度(Counts Per Second, CPS)。能量分析器记录的是光电子的动能,但可通过简单的换算关系获得光电子的结合能。因此,谱线的横坐标有两种,一种是光电子的动能 E_k,另一种是光电子的结合能 E_b,分别形成对应的两种谱线:相对强度—E_k 和相对强度—E_b。

由于光电子的结合能对于某一确定的元素而言是定值,不会随入射 X 射线的能量变化而变化,因此横坐标一般采用光电子的结合能。对于同一个样品,无论采用何种入射 X 射线 MgK_α 还是 AlK_α,光电子的结合能的分布状况都是一样的。每一种元素均有与之对应的标准光电子能谱图,并制成手册,如 Perkin-Elmer 公司的《X 射线光电子手册》。图 9-11 为纯 Fe 及其氧化物 Fe_2O_3 在 MgK_α 作用下的标准光电子能谱图。注意每种元素产生的光电子可能来自不同的电子壳层,分别对应于不同的结合能,因此同一种元素的光电子能谱峰有多个。图 9-12 为不同元素的电子结合能示意图。当原子序数小于 30 时,对应于 K 和 L 层电子有两个独立的能量峰;对于原子序数在 35~70 之间的元素,可见到 $L_I L_{II} L_{III}$ 三重峰;对于原子序数在 70 以上的元素时,由 M 和 N 层电子组成的图谱变得更为复杂。通过对样品在整个光电子能量范围进行全扫描,可获得样品中各种元素所产生的光电子的相对强度

CPS 与结合能 E_b 的关系图谱,即实测 X 光电子能谱,图 9-13 为月球土壤的光电子能谱图,然后将实测光谱与各元素的标准光谱进行对比分析即可。

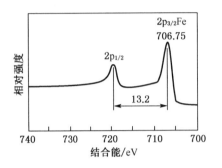
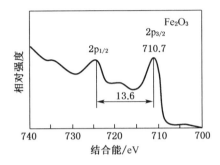

图 9-11　Fe 及 Fe₂O₃ 的标准光电子能谱图

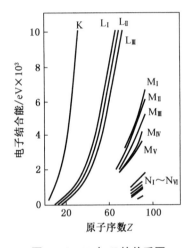

图 9-12　E_b 与 Z 的关系图

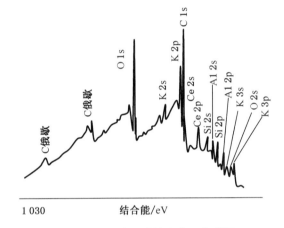

图 9-13　月球土壤的光电子能谱图

2) 光电子能谱峰的表征

光电子能谱峰由三个量子数来表征,即

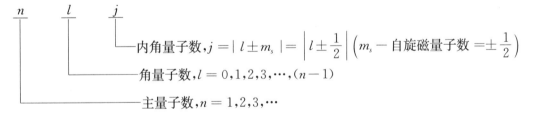

K 层:$n=1$,$l=0$;$j=\left|0\pm\dfrac{1}{2}\right|=\dfrac{1}{2}$,此时 j 可不标,光电子能谱峰仅一个,表示为 1s。

L 层:$n=2$ 时,则 $l=0,1$;此时 j 分别为 $\left|0\pm\dfrac{1}{2}\right|$、$\left|1\pm\dfrac{1}{2}\right|$,光电子能谱峰有三个,分别为 2s、$2p_{1/2}$ 和 $2p_{3/2}$。

M 层：$n=3$ 时，则 $l=0$、1、2；此时 j 分别为 $\left|0\pm\frac{1}{2}\right|$、$\left|1\pm\frac{1}{2}\right|$、$\left|2\pm\frac{1}{2}\right|$；光电子能谱峰有五个，分别为 3s、$3p_{1/2}$、$3p_{3/2}$、$3d_{3/2}$、$3d_{5/2}$。

N 层、O 层等类推。

9.2.4　X 光电子能谱仪的功用

光电子能谱仪是材料表面分析中的重要仪器之一，广泛应用于表面组成变化过程的测定分析，如表面氧化、腐蚀、物理吸附和化学吸附等，可对表面组成元素进行定性分析、定量分析和化学态分析。

光电子从样品表面离开后，会引起样品表面不同程度的正电荷荷集，从而影响光电子的进一步激发，导致光电子的能量降低。绝缘样品表面荷集现象更为严重。表面荷集会产生以下两种现象：①光电子的结合能高于本征结合能，主峰偏向高结合能端，一般情况下偏离 3～5 eV，严重时偏离可达 10 eV；②谱线宽化，这也是图谱分析的主要误差来源。因此，为了标识谱线的真实位置，必须检验样品的荷电情况，以消除表面荷电引起的峰位偏移。常见的方法有消除法和校正法两种。消除法又包括电子中和法和超薄法；校正法又包括外标法和内标法，其中外标法又有碳污染法、镀金法、石墨混合法、Ar 气注入法等。上述方法中最为常用的是污染 C1s 外标法，它是利用 XPS 谱仪中扩散真空泵中的油来进行校正的，即将样品置于 XPS 谱仪中抽真空至 10^{-6} Pa，真空泵中的油挥发产生的碳氢污染样品，在样品表面产生一层泵油挥发物，直至出现明显的 C1s 光电子峰为止，此时泵油挥发物的表面电势与样品相同，C1s 光电子的结合能为定值 284.6 eV，以此为标准校正各谱线即可。

1）定性分析

待定样品的光电子能谱即实测光电子能谱本质上是其组成元素的标准光电子能谱的组合，因此，可以由实测光电子能谱结合各组成元素的标准光电子能谱，找出各谱线的归属，确定组成元素，从而对样品进行定性分析。

定性分析的一般步骤：

（1）扣除荷电影响，一般采用 C1s 污染法进行；

（2）对样品进行全能量范围扫描，获得该样品的实测光电子能谱；

（3）标识那些总是出现的谱线：C1s、C_{KLL}、O1s、O_{KLL}、O2s 以及 X 射线的各种伴峰等；

（4）由最强峰对应的结合能确定所属元素，同时标出该元素的其他各峰；

（5）同理确定剩余的未标定峰，直至全部完成，个别峰还要对其窄扫描进行深入分析；

（6）当俄歇线与光电子主峰干扰时，可采用换靶的方式，移开俄歇峰，消除干扰。

光电子能谱的定性分析过程类似于俄歇电子能谱分析，可以分析 H、He 以外的所有元素。分析过程同样可由计算机完成，但对某些重叠峰和微量元素的弱峰，仍需通过人工进行分析。

2）定量分析

定量分析是根据光电子信号的强度与样品表面单位体积内所含原子数成正比的关系，由光电子的信号强度确定元素浓度的方法，常见的定量分析方法有理论模型法、灵敏度因子

法、标样法等,使用较广的是灵敏度因子法。其原理和分析过程与俄歇电子能谱分析中的灵敏度因子法相似,即

$$C_X = \frac{I_X}{S_X} \Big/ \sum_i \frac{I_i}{S_i} \tag{9-12}$$

式中：C_X——待测元素的原子分数(浓度);

$\quad\quad I_X$——样品中待测元素最强峰的强度;

$\quad\quad S_X$——样品中待测元素的灵敏度因子;

$\quad\quad I_i$——样品中第 i 元素最强峰的强度;

$\quad\quad S_i$——样品中第 i 元素的灵敏度因子。

光电子能谱中是以 F1s(氟)为基准元素的,其他元素的 S_i 为其最强线或次强线的强度与基准元素的比值。每种元素的灵敏度因子均可通过手册查得。

请注意以下几点:①由于定量分析法中,影响测量过程和测量结果的因素较多,如仪器类型、表面状态等均会影响测量结果,故定量分析只能是半定量。②光电子能谱中的相对灵敏度因子有两种,一是以峰高表征谱线强度,另一种是以面积表征谱线强度,显然面积法的精确度要高于峰高法,但表征难度增大。而在俄歇电子能谱中仅用峰高表征其强度。③相对灵敏度因子的基准元素是 F1s,而俄歇能谱中是 Ag 元素。

3）化学态分析

元素形成不同化合物时,其化学环境不同,导致元素内层电子的结合能发生变化,在图谱中出现光电子的主峰位移和峰形变化,据此可以分析元素形成了何种化合物,即可对元素的化学态进行分析。

元素的化学环境包括两方面含义:①与其结合的元素种类和数量;②原子的化合价。一旦元素的化学态发生变化,必然引起其结合能改变,从而导致峰位位移。图 9-14 为纯铝表面经不同的处理后的 XPS 图谱。干净表面时,Al 为纯原子,化合价为 0 价,此时 $Al^0 2p$ 的结合能为 72.4 eV,见图中 A 谱线。当表面被氧化后,Al 由 0 价变为 +3 价,其化学环境发生了变化,此时 $Al^{3+} 2p$ 结合能为 75.3 eV,Al2p 光电子峰向高结合能端移动了 2.9 eV,即产生了化学位移 2.9 eV,如图中 B 谱线。随着氧化程度的提高,Al 的化合价未变,故其对应的结合能未变,

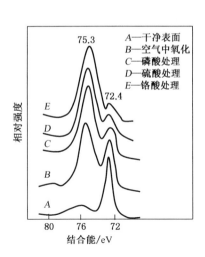

图 9-14 铝箔表面经不同处理后 Al2p 的 XPS 图

$Al^{3+} 2p$ 光电子峰仍为 75.3 eV,但峰高在逐渐增高,而 $Al^0 2p$ 的峰高在逐渐变小,这是由于随着氧化的不断进行,氧化层在不断增厚,$Al^{3+} 2p$ 光电子增多,而 $Al^0 2p$ 的光电子量因氧化层增厚,逸出难度增大,数量逐渐减少,如图 9-14 中 C、D、E 谱线。

元素的化学态分析是 XPS 的最具特色的分析技术,虽然它还未达到精确分析的程度,但已可以通过与已有的标准图谱和标样的对比来进行定性分析了。

XPS 与 AES 均是材料表面分析的重要仪器,两者存在以下区别,见表 9-1。

表 9-1　XPS 与 AES 特性比较

分析技术	探测粒子	检测粒子	信息深度（nm）	检测限（%）单层	横向分辨率（μm）	不能检测元素	化学信息	损伤程度	谱线横坐标
XPS	光子	电子	1～3	1	$10～10^3$	H，He	成分、价态	弱	结合能
AES	电子	电子	0.5～2.5	10^{-1}	$10^{-2}～10^3$	H，He	成分、价态、结构	弱	动能

9.2.5　XPS 的应用举例

1）表面涂层的定性分析

图 9-15 为溶胶凝胶法在玻璃表面形成 TiO_2 膜试样的 XPS 图谱。结果表明表面除了含有 Ti 和 O 元素外，还有 Si 元素和 C 元素。出现 Si 元素的原因可能是由于膜较薄，入射线透过薄膜后，引起背底 Si 的激发，产生的光电子越过薄膜逸出表面；或者是 Si 已扩散进入薄膜所致。出现 C 元素是由于溶胶以及真空泵中的油挥发污染所致。

2）功能陶瓷薄膜中所含元素的定量分析

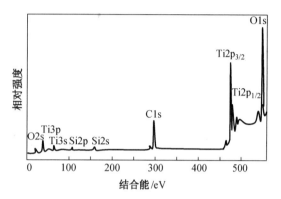

图 9-15　玻璃表面 TiO_2 膜的全扫描 XPS 图

图 9-16(a)(b)(c)分别为薄膜中三元素 Ti、Pb、La 的窄区 XPS 图。由手册查得三元素的灵敏度因子、结合能。分别计算对应光电子主峰的面积，再代入公式(9-12)即可算得三元素的相对含量，结果如表 9-2 所示。

表 9-2　三元素 Ti、Pb、La 光电子峰定量计算值

元素	谱线	结合能(eV)	峰面积	灵敏度因子	相对原子含量(%)
Ti	$Ti2p_{3/2}$	458.05	469 591	1.10	37.65
Pb	$Pb4f_{7/2}$	138.10	1 577 010	2.55	54.55
La	$La3d_{5/2}$	834.20	592 352	6.70	7.80

注：峰面积＝峰高×半峰宽

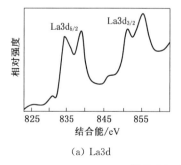

（a）La3d

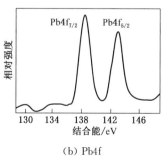

（b）Pb4f

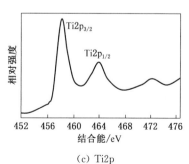

（c）Ti2p

图 9-16　某功能陶瓷中 La、Pb、Ti 三元素的窄区 XPS 图

3）确定化学结构

图 9-17(a)、(b)、(c)分别为 1，2，4，5-苯四甲酸、1，2-苯二甲酸和苯甲酸钠的 C1s 的 XPS 图谱。由该图可知三者的 C1s 的光电子峰均为分裂的两个峰，这是由于 C 分别处在苯环和甲酸基中，具有两种不同的化学状态所致。3 种化合物中两峰强度之比分别约为 4∶6、2∶6 和 1∶6，这恰好符合化合物中甲酸碳与苯环碳的比例，并可由此确定苯环上的取代基的数目，从而确定它的化学结构。

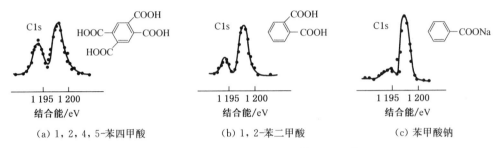

(a) 1，2，4，5-苯四甲酸　　(b) 1，2-苯二甲酸　　(c) 苯甲酸钠

图 9-17　不同化学结构时 C1s 的 XPS 图谱

4）背底 Cu 元素在电解沉积 Fe-Ni 合金膜中的纵向扩散与偏析分析

在背底材料 Cu 上电解沉积 Fe-Ni 合金膜时，发现背底 Cu 元素会在沉积层纵向扩散，并在沉积层中产生偏析。由于 Fe-Ni 沉积膜很薄，常规的手段很难胜任，而光电子能谱仪却能对此进行有效分析。图 9-18 即为 Fe-Ni 沉积膜通过氩离子溅射剥层，不同溅射时间时的 XPS 能谱图。该图表明沉积膜未剥层时，表层元素主要为 C 和 O，这是由于膜被污染和氧化所致；氩离子溅射 30 min 后，C 元素消失，而 Cu、Ni、Fe 元素含量增加，表明污染层被剥离，沉积层中除了 Fe、Ni 元素外还有 Cu 元素，说明背底 Cu 元素沿沉积膜厚度方向发生了扩散；溅射 150 min 时，Cu 元素的光电子主峰高度降低，而 Fe、Ni 元素的光电子主峰高度增高，表明 Cu 元素在沉积层中的分布是不均匀的，存在着沿薄膜深度方向由里向外浓度逐渐增加的偏析现象。

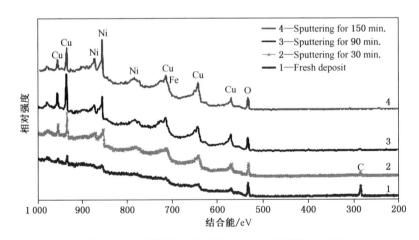

图 9-18　不同溅射时间下的 Fe-Ni 合金膜的 XPS 图

5）MgNd 合金表面氧化分析

MgNd 合金表面极易被氧化形成氧化膜，但氧化的机理研究非常困难，运用 XPS 光电子能谱仪并结合 AES 俄歇电子能谱仪可方便地对此研究分析。表面氧化层沿深度方向上

的成分分布规律可由 AES 能谱仪获得,而氧化层中氧化物的种类即定性分析可由 XPS 能谱仪完成。图 9-19 即为 MgNd 合金在纯氧气氛中氧化 90 min 后,全程能量及三个窄区能量扫描 XPS 能谱图。图 9-19(a)为全程能量扫描的 XPS 能谱图,表明氧化层中含有 Mg、Nd、O、C 等多种不同元素,即存在多种不同的氧化物。其中 C 元素是由于表面污染所致,可通过氩离子溅射得到清除。图 9-19(b)为 Nd3d5/2 光电子主峰图,表明其存在方式为 Nd^{3+} 状态,即氧化物形式为 Nd_2O_3;同理,由图 9-19(c)和图 9-19(d)分别得知 Mg 和 O 分别以 +2 和 -2 价态存在,即以 MgO 的形式存在。此外在图 9-19(d)中,还有峰位结合能分别为 532.0 eV 和 533.2 eV 的光电子主峰,这两峰位分别对应于化合物 $Nd(OH)_3$ 和 H_2O,其中 H_2O 是由于样品表面吸附所致。

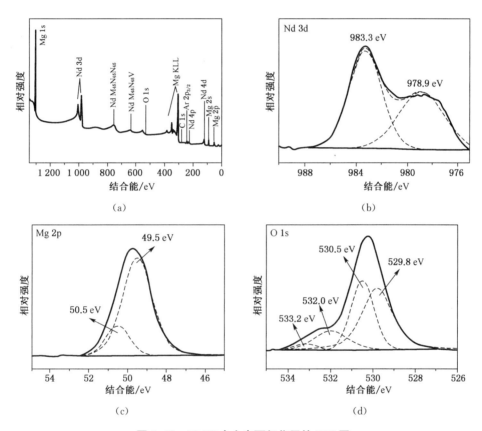

图 9-19　MgNd 合金表面氧化层的 XPS 图

9.2.6　XPS 的发展趋势

20 世纪 90 年代后半期以来,XPS 谱仪获得了较大的发展,主要表现在以下几个方面:①通过改进激发源(X 光束反射会聚扫描)或电子透镜(傅里叶变换及反傅里叶变换)或能量分析器(球镜反射半球能量分析器与半球能量分析器同心组合),显著提高了成像 X 射线光电子能谱仪的空间分辨率,现已小于 3 μm;②激发光源的单色化、微束化、能量可调化以及束流增强化;③发展新型双曲面型能量分析器和电子透镜,以进一步提高能量和空间分辨率及传输率;④采用新型位敏检测器、多通板等电子检测器,以提高仪器灵敏度和能量及空间分辨率。为了使 X 光电子能谱仪得到更好的发展,还需发展 XPS 的相关理论,如发展更成熟的化学位移理论,以有效鉴别化学态;发展更成熟的定量分析理论,以提高定量分析的精度;完善弛豫跃迁理论,更有效地指导对各种伴峰、多重分裂峰的确认;开发新方法如 XPD (X 光电子衍射),研究电子结构等;采用双阳极(Al/Mg)发射源,可方便区分光电子能谱中的俄歇峰,这对多元素复杂体系的 XPS 分析尤为重要;与其他表面分析技术如 AES 技术等联合应用,使分析结果更全面、准确、可靠。

需要指出的是,电子探针中的 X 射线能谱分析(EDS)和波谱分析(WDS)同样也能进行元素分析,也可得到表面元素的二维分布图像,但俄歇能谱和 X 光电子能谱与之相比具有表面灵敏度高、可进行化学态分析等更突出的特点。

9.3　X 射线荧光光谱

1896 年法国物理学家乔治发现了荧光 X 射线,1948 年德国的费里德曼和伯克斯制成第一台波长色散 X 射线荧光分析仪。X 射线荧光光谱是电子束轰击靶材产生的特征 X 射线,作用试样产生系列具有不同波长的荧光 X 射线所组成的光谱。荧光 X 射线具有特征能量,对应于不同的元素 Z,可用于试样表层的成分分析,但不能进行形貌分析。

9.3.1　工作原理

试样在特征 X 射线辐射下,如果其能量大于或等于试样中原子某一轨道电子的结合能,该电子电离成自由电子,对应产生一空位,使原子呈激发态(见图 9-20(a)),外层电子回迁至空位,同时释放能量,产生 X 辐射,该辐射称荧光 X 射线。荧光 X 射线的产生过程又称光致发光。荧光 X 射线具有特征能量,始终为跃迁前后的能级差,与入射 X 射线的能量无关,收集荧光 X 射线,获得荧光 X 射线谱,再由荧光 X 射线谱的峰位(能量或波长)、峰强可对试样中的成分进行定性和定量分析。

9.3.2　结构组成

X 射线荧光光谱主要由激发光源、色散处理系统和检测记录系统三大部分组成(见图 9-20(b))。激发光源主要产生 X 射线,产生原理同第 2 章,靠电子束作用靶材,使靶材内层电子被激形成自由电子,同时留下空位呈激发态,外层电子回迁并辐射出跃迁前后能级差的 X 射线,该 X 射线又称一次 X 射线,以其作为激发荧光 X 射线的辐射源。为能顺利产生荧光 X 射线,一次 X 特征射线(射线源)的波长应稍短于受激元素的吸收限,这样一次特征 X 射线能被试样强烈吸收,从而有效激发出试样的荧光 X 射线。

对一次特征 X 射线作用试样后产生的荧光 X 射线(二次特征 X 射线),有两种方式处理即波长色散处理和能量色散处理,分别产生荧光 X 射线波谱仪和能谱仪。

波长色散处理的工作原理同电子探针波谱仪,即利用已知晶面间距的分光晶体,将不同波长的 X 射线依据布拉格方程 $2d \sin \theta = n\lambda$ 分开,从而形成光谱。若同一波长的 X 射线以 θ 入射到晶面间距为 d 的分光晶体时,则在衍射角为 2θ 方向会同时测到波长为 λ 的一级衍射,以及波长为 $\lambda/2$、$\lambda/3$ 等高级衍射。若改变 θ 即可观测其他波长的 X 射线,从而可对不同波长的荧光 X 射线分别检测、记录,形成荧光 X 射线波谱。

能量色散处理同电子探针能谱仪,即利用不同波长的荧光 X 射线具有不同能量的特点,大多采用半导体探测器将其分开,形成荧光 X 射线能谱。半导体探测器有多种,常见的

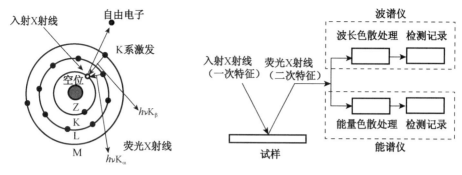

(a) 荧光 X 射线的产生示意图　　　　　(b) X 射线荧光光谱工作原理图

图 9-20　荧光 X 射线的产生及及其光谱工作原理图

有 Si(Li)锂漂移硅,其工作原理为不同波长(能量)的荧光 X 射线进入半导体探测器产生不同数量的电子-空穴对,电子-空穴再在电场作用下形成电脉冲,脉冲的幅度即强度正比于 X 射线的能量,从而得到一系列不同高度的电脉冲,再经放大器放大、多道脉冲分析器处理,得到随光子能量分布的荧光 X 射线能谱。除了半导体探测器外,还有正比计数式、闪烁式等,其目的均是将不同波长的 X 射线的能量转化为不同高度的电脉冲,即电能。

能谱仪可以测定样品中几乎所有的元素,且分析速度快。相比于波谱仪,能谱仪具有:①检测效率高,可使用较小功率的 X 光管激发荧光 X 射线;②结构简单,体积小,工作稳定性好。不足:①能量分辨率差;②探测器需在较低温度下保存;③对轻元素检测相对困难。

总之,X 射线荧光光谱分析具有分析元素范围广(4Be～92U)、元素含量范围大(0.000 1%～100%)、固态试样不作要求(固体、粉体、晶体和非晶体等)等特点,分析不受元素化学状态的影响,属于物理分析过程,试样无化学反应,无损伤。

9.3.3　应用

X 射线荧光光谱的应用类似于 AES、XPS,可用于表面成分的定性和定量分析。

1) 定性分析

由于不同元素的荧光 X 射线具有特定的波长(或能量),依据莫塞莱公式,对不同波长或能量的荧光 X 射线与电脑中已存有的元素标准特征谱线进行比对,直至所有谱线比对完毕,获得元素组成。该过程一般可由计算机上的软件自动识别谱线,完成定性分析。如果元素含量过低或存在谱线干扰时,还需人工进行核实,特别是在分析未知任何信息的试样时,应同时考虑样品的来源、性质进行综合判断。

2) 定量分析

即依据荧光 X 射线的强度与被测元素的含量呈正比关系。定量分析实为一种比较过程,是将所测样品与标准样品进行比对,从而获得所测样品中分析元素的浓度。主要分三步进行:①测定分析线的净强度 I_i,即对具有浓度梯度的一系列标准样品用适当的样品制备方法处理,并在适当条件下测量获得分析线的净强度,此时扣除了背底和可能存在的谱线重叠干扰;②建立校正曲线,即建立特征谱线强度与相应元素浓度之间的函数关系 $C_i = f(I_i)$;③测量试样中分析元素的谱线强度,依据所建的函数关系得分析元素的浓度。注意:①建立校正曲线为定量分析的关键,其影响因素较多,主要有入射 X 射线的强度、入射的角度、照射面积、荧光发射检测角、被测元素用于分析检测荧光光谱线的效率以及被测元素对入射 X 射线和荧光 X 射线的吸收性质等。②校正曲线仅在少数情况下方可近似为线性,如基体变化很小或样品很薄时。

AES、XPS 和 XRF 均是材料表面分析的重要方法,三者比较见表 9-3。

表 9-3　AES、XPS、XRF 三者之间的特性比较

分析技术	探测粒子	检测粒子	信息深度/nm	检测质量极限/%	检测浓度极限/10^{-6}	横向分辨率/μm	不能检测元素	检测信息	损伤程度	谱线横坐标
XPS	光子	电子	1～3	10^{-18}	1 000	$10\sim10^3$	H，He	成分、价态	弱	结合能
AES	电子	电子	0.5～2.5	10^{-18}	10～100	$10^{-2}\sim10^3$	H，He	成分、价态、结构	弱	动能
XRFS	光子	光子	金属:≤0.1 mm 树脂:≤3 mm	10^{-2}	1	—	H，He，Li	成分	无	波谱(波长);能谱(能量)

9.4　扫描隧道电镜

1981 年,科学家宾尼希(G. Binning)和罗雷尔(H. Rohrer)利用量子力学隧道效应原理成功制成了世界上第一台扫描隧道电镜,从而使人类能够观察到原子在物质表面的排列状况态,了解与表面电子行为有关的物理、化学性质。它成了材料表面分析的重要手段之一,并克服了 SEM 扫描电镜不能提供表面原子级结构和形貌等信息的不足。

9.4.1　STM 的基本原理

STM 的理论基础是量子力学中的隧道效应,即在两导体板之间插入一块极薄的绝缘体,见图 9-21(a),当在两导体极间施加一定的直流电压时,便在绝缘区域形成势垒,发现负极上的电子可以穿过绝缘层到达正极,形成隧道贯穿电流。隧道电流密度 J_T 的大小为

$$J_T = KU_T \mathrm{e}^{-A\cdot z\sqrt{\phi}\, l} \tag{9-13}$$

式中:U_T——所加电压;

　　　l——势垒区的宽度;

　　　$\overline{\phi}$——势垒区平均高度;$A = \left(\dfrac{1}{2}meh^2\right)^{\frac{1}{2}}$,它是与电子电荷 e、电子质量 m 和普朗克常数 h 相关的常量。

由于隧道电流密度与绝缘体的厚度呈指数关系,因此 J_T 对 l 特别敏感,当 l 变化 0.1 nm 时,J_T 将有好几个量级的变化,这也是 STM 具有高精度的基本原因。

STM 的基本原理如图 9-21(b)所示。将待测导体作为一个电极,另一极为针尖状的探头,探头材料一般为钨丝、铂丝或金丝,针尖长度一般不超过 0.3 mm,理想的针尖端部只有一个原子。针尖与导体试样之间有一定的间隙,共同置于绝缘性气体、液体或真空中,检测针尖与试样表面原子间隧道电流的大小,同时通过压电管(一般为压电陶瓷管)的变形驱动针尖在样品表面精确扫描。目前,针尖运动的控制精度已达 0.001 nm。代表针尖的原子与样品表面原子

并没有接触,但距离非常小(<1 nm),于是形成隧道电流。当针尖在样品表面逐点扫描时,就可获得样品表面各点的隧道电流谱,再通过电路与计算机的信号处理,可在终端的显示屏上呈现出样品表面的原子排列等微观结构形貌,并可拍摄、打印输出表面图像。

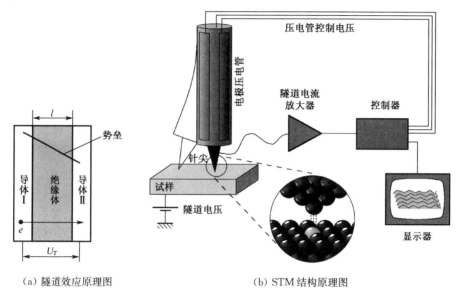

（a）隧道效应原理图　　　　（b）STM 结构原理图

图 9-21　隧道效应与 STM 结构原理图

9.4.2　STM 的工作模式

扫描隧道电镜的工作模式有多种,常用的有恒流式和恒高式两种,见图 9-22,其中恒流式最为常用。

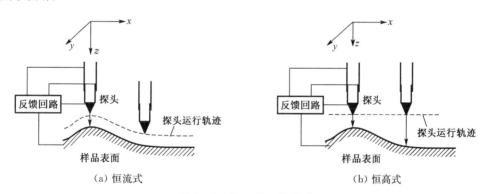

（a）恒流式　　　　　　　　　　（b）恒高式

图 9-22　STM 的工作模式

1) 恒流式

让针尖安置在控制针尖移动的压电管上,由反馈电路自动调节压电管中的电压,使针尖在扫描过程中随着样品表面的高低上下移动,并保持针尖与试样表面原子间的距离不变,即保持隧道电流的大小不变(恒流),通过记录压电管上的电压信号即可获得样品表面的原子结构信息。该模式测量精度高,能较好地反映样品表面的真实形貌,但有反馈电路,跟踪比较费时,扫描速度慢。

2) 恒高式

即针尖在扫描过程中保持高度不变,这样针尖与样品表面原子间的距离在改变,因而隧道电流随之发生变化,通过记录隧道电流的信号即可获得样品表面的原子结构信息。恒高工作模式无反馈电路,扫描效率高,但要求试样表面相对平滑,因为隧道效应只是在绝缘体厚度极薄的条件下才能发生,当绝缘体厚度过大时,不会发生隧道效应,也无隧道电流,因此当样品表面起伏大于 1 nm 时,就不能采用该模式工作了。

9.4.3 STM 的特点

STM 与前述的表面分析仪相比具有以下优点:

(1) 在平行和垂直于样品表面方向上的分辨率分别达到 0.1 nm 和 0.01 nm,而原子间距为 0.1 nm 量级,故可观察原子形貌,分辨出单个原子,克服了 SEM、TEM 的分辨率受衍射效应限制的特点,因而 STM 具有原子级的高分辨率。

(2) 可实时观察表面原子的三维结构像,用于表面结构研究,如表面原子扩散运动的动态观察等。

(3) 可观察表面单个原子层的局部结构,如表面缺陷、表面吸附、表面重构等。

(4) 工作环境要求不高,可在真空、大气或常温下工作。

(5) 一般无需特别制备样品,且对样品无损伤。

STM 虽具有以上优点,但也存在以下不足:

(1) 恒流工作时,对样品表面微粒间的某些沟槽不能准确探测,与此相关的分辨率也不高。

(2) 样品需是导体或半导体。对不良导体虽然可以在其表面涂敷导电层,但涂层的粒度及其均匀性会直接影响图像对真实表面的分辨率,故对不良导体的表面成像宜采用其他手段,如原子力显微镜等进行观察。

9.4.4 STM 的应用举例

1) Mo(110)表面 Ni 膜的生长研究

表面膜的生长过程非常复杂,从沉积到形核再到长大,可通过 STM 动态观察、拍照,记录其生长过程,有时还可结合低能电子衍射等其他分析手段共同研究其形成过程,从而更全面地揭示薄膜的生长机理。

图 9-23 为 Mo(110)表面室温生长 Ni 膜过程的 STM 图。从该图可以清楚地看出,清洁表面为[$1\bar{1}1$]方向的原子台阶组成,台阶宽度约 10～20 nm(如图 9-23(a));当沉积量为 1.5 ML 时(注:ML 是 Monolayer 的缩写,为沉积量的单位),Ni 膜在台阶上形核,形成分散的岛状核,各岛核又以平面方式生长成分散的片状 Ni 膜,如图 9-23(b);随着沉积量的增加,膜片的第二层、第三层……相继生成,同样方式长大,如图 9-23(c);当沉积量增至 11.6 ML 时,膜片层数进一步增加,并以重叠方式推进,重叠方向与原来 Mo 表面的台阶方向[$1\bar{1}1$]几乎呈垂直关系,在 Mo 表面形成了相对粗糙的 Ni 膜,如图 9-23(d)。STM 可以从原子级水平观察到 Ni 膜的生长过程,即沉积的 Ni 原子首先在台阶处形成分散的岛状核,然后各岛状核平面生长,并以叠片方式推进,重叠程度随沉积量的增加而增加,重叠方向与 Mo 面的[$1\bar{1}1$]方向近似垂直。

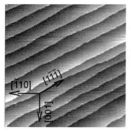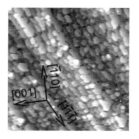

| (a) 清洁表面 | (b) 1.5 ML | (c) 3.9 ML | (d) 11.6 ML |

图 9-23 **Mo(110)面生长 Ni 膜过程中的 STM 图**

2）氧化膜的形成研究

运用 STM 可方便地观察到氧化膜在形成过程中不同阶段时的微结构,这有助于我们对氧化膜的形成机理作更深入的分析。

图 9-24 为金属间化合物 NiAl(16 14 1)表面在通入少量的 O_2(60 L)作用后,再以 1 000 K 退火所得表面的 STM 图,此时氧化膜尚未完整形成(如图中的 A)。氧化前,表面为规则的三角形凸台阶状,这是由 NiAl(16 14 1)的生长机理决定的。台阶宽度约(2.5±0.5)nm,台阶方向为[110]方向,即 STM 图中的平整部位。少量氧(60 L)氧化后,台阶形貌发生了显著变化,在 NiAl 表面的大台阶处出现了细小台阶,其放大图为 B,即在氧化开始阶段,氧化膜的形核是在 NiAl 表面的大台阶处。再放大台阶的边缘,如图中的 C,可见边缘处出现了簇状的氧化膜。因此通过 STM 观察可知:表面的氧化首先发生在 NiAl 表面的大台阶的边缘处,氧化膜在此形核并以细台阶状生长。

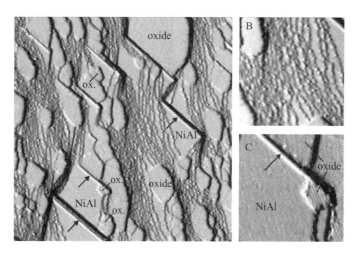

图 9-24 **NiAl(16 14 1)面氧化膜形成约 20%时的 STM 照片**

A—总貌(200×200 nm^2)； B—膜核(45×45 nm^2)； C—膜簇(45×45 nm^2)

当 STM 为原子级分辨率水平时,还可观察到单个原子堆积成膜的过程。如图 9-25 即为 MoS_2 单原子层生长过程的 STM 照片及其对应的模型图,从该图可以清晰地看到 MoS_2 单层纳米晶体膜的生长过程,即 Mo 原子和 S 原子均通过扩散运动以三角形的堆积方式逐渐长大成膜。

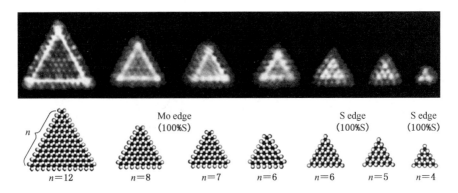

图 9-25　MoS_2 生长过程 STM 图(n—每边 Mo 原子数)

3) 表面形貌观察

运用 STM 可以直接观察试样表面的原子级形貌;三维扫描时,还可获得试样表面的三维立体图。图 9-26 即为铂铱合金丝表面的二维和三维 STM 图。从二维扫描图(图 9-26(a))可以看到金属丝表面的小颗粒状原子团,还有很清晰的两条突出的条纹,条纹方向与金属丝的走向一致,可以认为条纹的形成与金属拉成丝的过程有关。从三维扫描图(图 9-26(b))能很清楚地看到表面的原子团颗粒。

(a) 二维

(b) 三维

图 9-26　铂铱合金丝表面的 STM 扫描图

4) 原子、分子组装

STM 针尖与样品表面原子之间总是存在着一定的作用力,即静电引力和范德华作用力,调节针尖的位置即可改变这个作用力的大小和方向。移动单个原子的作用力要比该原子离开表面所需的力小得多,通过控制针尖的位置和偏压,可实现对吸附在材料表面上的单个原子进行移动操作,这样表面上的原子就可按一定的规律进行排列。如我国科学家运用 STM 技术成功实现了在 Si 单晶表面直接取走 Si 原子书写文字,如图 9-27(a)。还可利用 STM 技术对原子或分子的单独操作,实现纳米器件的组装,如纳米齿轮、纳米齿条以及纳米轴承等,如图 9-27(b),(c)。

(a) 原子汉字

(b) 齿轮与齿条

(c) 滚动轴承

图 9-27　STM 技术的原子操纵与纳米器件的组装

5）有机材料及生物材料的研究

由于 STM 不需要高能电子束在样品表面上聚焦，并可在非真空状态下进行实验，从而避免了高能电子束对样品的损伤。我国科学家利用 STM 技术在一种新的有机分子 4′-氰基-2，6-二甲基-4-羟基偶氮苯形成的薄膜上实现了纳米信息点的写入和信息的可逆存储。此外，STM 技术还可用于研究单个蛋白质分子、观察 DNA、重组 DNA 等。

9.5　原子力显微镜

扫描隧道电镜不能测量绝缘体的表面形貌，IBM 公司的 Binning 与斯坦福大学的 Quate 于 1985 年发明了原子力显微镜（AFM），利用针尖与样品之间的原子力（引力和斥力）随距离改变，能给出几纳米到几百微米区域的表面结构的高分辨像，可用于表面微观粗糙度的高精度和高灵敏度定量分析，能观测到表面物质的组成分布，高聚物的单个大分子、晶粒和层状结构以及微相分离等物质微观结构。在许多情况下还能显示次表面结构。AFM 还可用于表征固体样品表面局部区域的力学性质（弹性、塑性、硬度、黏着力和摩擦力等）、电学、电磁学等物理性质，与试样的导电性无关。

9.5.1　原子力显微镜的工作原理

原子力显微镜与扫描隧道电镜的区别在于它是利用原子间的微弱作用力来反映样品表面形貌的，而扫描隧道电镜利用的则是隧道效应。假设两个原子，一个在纳米级探针上，探针被固定在一个对力极敏感的可操控的微米级弹性悬臂上，悬臂绵薄而修长，另一个原子在试样表面，如图 9-28 所示。当探针针尖与样品的距离不同，其作用力的大小和性质也不相同，如图 9-29。开始时，两者相距较远，作用表现为吸引力；随着两者间距的减小，吸引力增加，增至最大值后又减小，在 $z = z_0$ 时，吸引力为 0。当 $z < z_0$ 时，作用表现为斥力，且提高迅速。

当对样品表面进行扫描时，针尖与样品之间的作用力会使微悬臂发生弹性变形，微悬臂形变的检测方法一般有电容、隧道电流、外差、自差、激光二极管反馈、偏振、偏转等方法，其中偏转方法采用最多，也是原子力显微镜批量生产所采用的方法。根据扫描样品时探针的偏移量或改变的振动频率重建三维图像，就能间接获得样品表面的形貌。

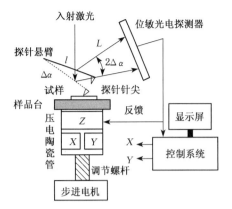

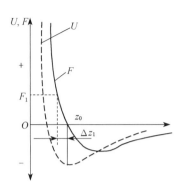

图 9-28　原子力显微镜光束偏转法的原理图　　图 9-29　能量 U 及作用力 F 随表面距离 z 的变化关系

9.5.2　原子力显微镜的工作模式

原子力显微镜主要有三种工作模式:接触模式、非接触模式和轻敲模式。

1) 接触模式(1986 年发明)

针尖和样品物理接触并在样品表面上简单移动,针尖受范德华力和毛细力的共同作用,两者的合力形成接触力,该力为排斥力,大小为 $10^{-8} \sim 10^{-11}$ N,会使微悬臂弯曲。针尖在样品表面扫描(压电扫描管在 X, Y 方向上移动)时,由于样品表面起伏使探针带动微悬臂的弯曲量变化,从而导致激光束在位敏光电检测器上发生改变,这个信号反馈到电子控制器,驱动压电扫描管在 Z 方向上移动以维护微悬臂弯曲的形变量维持一定,这样针尖与样品表面间的作用力维持一定,并同时记录压电扫描管在 X, Y, Z 方向上的位移,从而得到样品表面的高度形貌像。这种反馈控制系统工作以维持作用力恒定的情况,一般被称为恒力模式。如果反馈控制系统关闭,则针尖恒高并不随样品表面形貌的变化而改变,这种模式称为恒高模式。恒高模式一般只用于表面很平的样品。接触模式的不足:①研究生物大分子、低弹性模量以及容易变形和移动的样品时,针尖和样品表面的排斥力会使样品原子的位置改变,甚至使样品损坏;②样品原子易黏附在探针上,污染针尖;③扫描时可能使样品发生很大的形变,甚至产生假象。

2) 非接触模式(1987 年发明)

针尖在样品上方(1～10 nm)振荡(振幅一般小于 10 nm),针尖检测到的是范德华吸引力和静电力等长程力,样品不会被破坏,针尖也不会被污染,特别适合柔软物体的样品表面;然而,在室温大气环境下样品表面通常有一薄薄的水层,该水层容易导致针尖"突跳"与表面吸附在一起,造成成像困难。多数情况下,为了使针尖不吸附在样品表面,常选用一些弹性系数在 20～100 N/m 的硅探针。由于探针与样品始终不接触,从而避免了接触模式中遇到的破坏样品和污染针尖的问题,灵敏度也比接触式高,但分辨率相对接触式较低,且非接触模式不适合在液体中成像。

3) 轻敲模式(1993 年发明)

它是介于接触模式和非接触模式之间新发展起来的成像技术,微悬臂在样品表面上方以接近于其共振频率的频率振荡(振幅大于 20 nm),在成像过程中,针尖周期性地间断接触样品表面,探针的振幅被阻尼,反馈控制系统确保探针振幅恒定,从而针尖和样品之间相互作用力恒定,获得样品表面高度图像。在该模式下,探针与样品之间的相互作用力包含吸引力和排斥力。在大气环境下,该模式中探针的振幅能够抵抗样品表面薄薄水层的吸附。轻敲模式通常用于与基底只有微弱结合力的样品或者软物质样品(高分子、DNAs、蛋白质/多肽、脂双层膜等)。由于该模式对样品的表面损伤最少并且与该模式相关的相位成像可以检测到样品组成、摩擦力、黏弹性等的差异,因此在高分子样品成像中应用广泛。

9.5.3 试样制备

AFM 的试样制备简单易行。为检测复合材料的界面结构,需将界面区域暴露于表面。若仅检测表面形貌,试样表面不需做任何处理,可直接检测。若检测界面的微观结构,例如结晶结构或其他微观聚集结构单元,则必须将表面磨平抛光或用超薄切片机切平。

9.5.4 形貌成像的应用

1) 石英薄片的 AFM 二维和三维表面形貌分析

图 9-30 为石英薄片 AFM 二维(a)和三维(b)的形貌图。样品的观察尺寸为59 nm × 59 nm,Z 轴最高突起为 11.79 nm,从图看出该样品的颗粒分布大致比较均匀,清晰可辨,结构致密,大部分颗粒高度接近一致,没有大尺度的起伏,但也存在几个比较尖的突起颗粒,还有两个发白的颗粒顶端看上去像被平整的切割了,说明这两个颗粒的高度超出了高度测量范围。突起晶粒的存在可能是因为石英矿本身硬度高,抛光不均造成的。

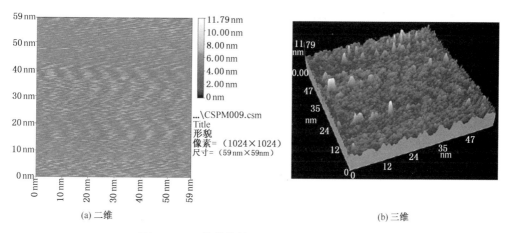

图 9-30　石英薄片的 AFM 二维和三维形貌图

2) 晶体生长

原子力显微镜可提供原子级观测研究晶体生长界面过程的有效工具。利用它的高分辨率和可以在溶液与大气环境下工作的能力,精确实时观察生长界面的原子级分辨图像、了解界面生长过程和机理。图 9-31 为原子力显微镜观察到的 BaB_2O_4 单晶固液界面形状的演化和晶体(0001)面上的台阶形貌。晶体表面台阶的形貌与晶体生长方向密切相关,沿着⟨1010⟩方向运动的台阶束构成台阶流形貌,而沿着⟨0110⟩方向运动的台阶束则表现为台阶片段的形貌。

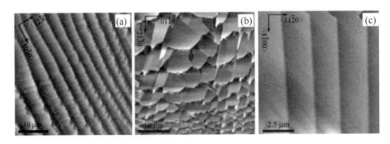

图 9-31　BaB$_2$O$_4$ 单晶(0001)表面不同区域的 AFM 观察形貌

3）羟基磷灰石片煅烧过程观察

图 9-32 和图 9-33 分别为 HAP(Hydroxy Apatite Piece)原粉和 800℃烧结 6 h 的原子力显微镜二维和三维图，由图可见颗粒粒径明显增大，由 50.40 nm 增至 317.40 nm。

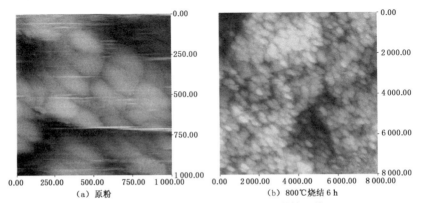

（a）原粉　　　　　　　　　　（b）800℃烧结 6 h

图 9-32　两种情形下 HAP 的原子力显微镜二维图

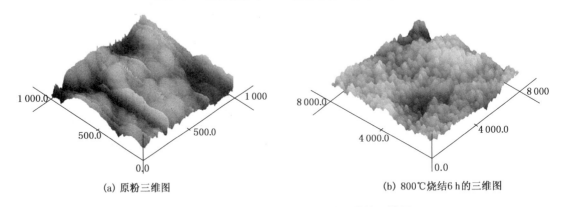

（a）原粉三维图　　　　　　　　　（b）800℃烧结 6 h 的三维图

图 9-33　两种情形下 HAP 的原子力显微镜三维图

AFM 具有分辨率高，对样品无特殊要求，不受其导电性、干燥度、形状、硬度、纯度等限制，可在大气、常温环境中成像，观测操作简便易行，样品制备简单等优点。AFM 可观察到样品表面的真实形貌，确定样品中颗粒的大小。

此外，AFM 可利用扫描过程中微悬臂的振荡相位和压电陶瓷驱动信号的振荡相位之间的差值进行所谓的相位成像。由于样品的组成、摩擦性能和黏弹性等均影响相位，故相位成像可以检测样品的组成、摩擦力和黏弹性等的差异，再结合样品的表面形貌图可全面揭示材料的表面性质。

9.6　聚焦离子束

聚焦离子束系统是利用静电透镜将离子束聚焦成极小尺寸的显微加工仪器。聚焦的离子束在电场作用下可被加速或减速,以任何能量与靶材发生作用,并且在固体中有很好的直进性。离子具有元素性质,因此 FIB 与物质相互作用时能产生许多可被利用的效应。通过荷能离子轰击材料表面,实现材料的剥离、沉积、注入和改性。目前商用系统的离子束为液相金属离子源,金属材质为镓,因为镓元素具有低熔点、低蒸气压及良好的抗氧化力。现代先进 FIB 系统为双束配合,即离子束+电子束(FIB+SEM)的系统。在 SEM 微观成像实时观察下,用离子束进行微加工。

离子束的发展与点离子源的开发密切相关,其应用已经有近百年的历史。自 1910 年 Thomson 建立了气体放电型离子源后,离子束技术主要应用于物质分析、同位素分离与材料改性。由于早期的等离子体放电式离子源均属于大面积离子源,很难获得微细离子束。真正的聚焦离子束始于液态金属离子源的出现。1975 年美国阿贡国家实验室的 V. E. Krohn 和 G. R. Ringo 发现在电场作用下毛细管管口的液态镓变形为锥形,并发射出 Ga^+ 离子束。1978 年美国加州休斯研究所的 R. L. Seliger 等人建立了第一台装有镓离子源的 FIB 系统,其束斑直径仅为 100 nm(目前已可获得只有 5 nm 的束斑直径)。束流密度为 $1.5A/cm^2$,亮度达 $3.3\times10^6 A/(cm^2 \cdot sr)$,从而使 FIB 技术走向实用化。

9.6.1　工作原理

离子束系统的“心脏”是离子源。目前技术较成熟,应用较广泛的是液态金属离子源,其源尺寸小、亮度高、发射稳定,可以进行微纳米加工。同时其要求工作条件低,(气压小于 10 Pa,可在常温下工作),能提供 Al、As、Au、B、Be、Bi、Cu、Ga、Fe、In、P、Pb、Pd、Si、Sn 及 Zn 等多种离子。由于 Ga(镓)具有低熔点、低蒸气压及良好的抗氧化力,成为目前商用系统采用的离子源。液态金属离子源结构有多种形式,但大多数由发射尖钨丝、液态金属贮存池组成。典型的 FIB 的离子源结构示意图如图 9-34 所示。

在离子柱顶端外加电场于液态金属离子源,可使液态金属形成细小尖端,再加上负电场牵引尖端的金属,从而导出离子束。然后通过静电透镜聚焦,经过一连串可变化孔径可决定离子束的大小,而后通过八极偏转装置及物镜将离子束聚焦在样品上并扫描。离子束轰击样品,产生的二次电子和离子被收集并成像或利用物理碰撞来实现切割或研磨。

将离子束和电子束集合在一台分析设备中,集样品的信息采集、定位加工于一身,是现代聚焦离子束的普

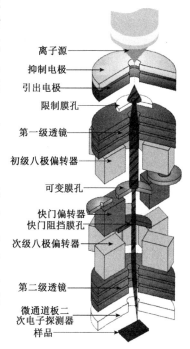

离子源
抑制电极
引出电极
限制膜孔
第一级透镜
初级八极偏转器
可变膜孔
快门偏转器
快门阻挡膜孔
次级八极偏转器
第二级透镜
微通道板二次电子探测器
样品

图 9-34　FIB 的离子源结构示意图

遍应用载体。其优势是兼有扫描镜高分辨率成像的功能及聚焦离子束精密加工功能。用扫描电镜可以对样品精确定位并能实时原位地观察和监控聚焦离子束的加工过程,得到所需要的样品尺寸或者外形。聚焦离子束切割后的样品也可以立即通过扫描电镜观察和测量。FIB双束系统由离子束柱、电子枪、工作腔体、真空系统、气体注入系统及纳米机械手等组成,如图9-35。

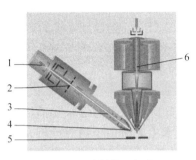

（a）FIB/SEM 系统结构示意图
1. 离子源　2. 可调光阑　3. 离子束
4. 物镜　5. 样品台　6. 电子枪

（b）双束系统实物舱室构造

图 9-35　双束系统结构及实物图

9.6.2　离子束与材料的相互作用

正电荷的聚焦离子束可具有 $5 \sim 150$ keV 的能量,其束斑直径为几纳米到几微米,束流从几皮安到几十纳安。这样的束流照射到固体材料表面时,离子与固体材料的原子核和电子相互作用,可产生各种物理化学现象。

1）离子注入

离子束与材料中的原子或分子将发生一系列物理的和化学的相互作用,入射离子逐渐损失能量,最后停留在材料中,并引起材料表面成分、结构和性能发生变化。

2）产生二次电子

入射离子轰击固体材料表面,与表面层的原子发生非弹性碰撞,入射离子的一部分能量转移到被撞原子上,产生二次电子、X 射线等,同时材料中的原子被激发、电离产生可见光、紫外光、红外光等。

3）材料溅射

入射离子在与固体材料中原子发生碰撞时,将能量传递给固体材料中的原子,如果传递的能量足以使原子从固体材料表面分离出去,该原子就被弹射出材料表面,形成中性原子溅射。

4）照射损伤

离子束轰击固体表层材料造成材料晶格损伤,由晶态向非晶态转变的现象

5）温升

高能量离子作用于材料表面,能量散发使材料温度升高,偏离稳定状态,产生晶粒长大、位错消退等现象。

9.6.3 聚焦离子束的应用

1) 离子束成像

离子光学柱将离子束聚焦到样品表面,偏转系统使离子束在样品表面做光栅式扫描,同时控制器作同步扫描。电子信号检测器接收产生的二次电子或二次离子信号去调制显示器的亮度,在显示器上得到反映样品形貌的图像(见图9-36)。由于镓离子质量大,成像时通道效应明显,因此材料不同取向的晶粒间衬度对比明显。

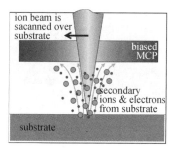

(a) 离子束成像示意图　　　(b) 铝多晶体离子通道衬度扫描图

图 9-36　离子束成像

2) 离子束刻蚀

聚焦离子束轰击材料表面,将基体材料的原子溅射出表面,通过真空系统抽离,实现材料的刻蚀,这是聚焦离子束最重要的应用,实现微米级和亚微米级高精度微观加工见图9-37。包括平面刻蚀(图9-37(a))、剖面切割(图9-37(b))、三维切面重构(图9-37(c))等。

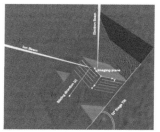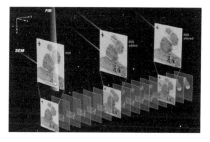

(a) 平面刻蚀　　　　(b) 离子束切片示意图　　　　(c) 三维重构示意图

图 9-37　离子束刻蚀

3) 透射电子显微镜(TEM)样品制备

配合气体沉积系统、纳米机械手等辅助装置,可定点制备厚度小于100 nm 的 TEM 样品薄片,制备过程为(a)→(b)→(c)→(d)→(e)→(f),见图9-38。

4) 三维原子探针(Atomprobe Tomography,APT)样品制备

针对非导电或者定点分析的样品,如晶界偏析、多层膜界面和团簇等,可用聚焦离子束来制备直径50~100 nm 的 APT 样品针尖,见图9-39。

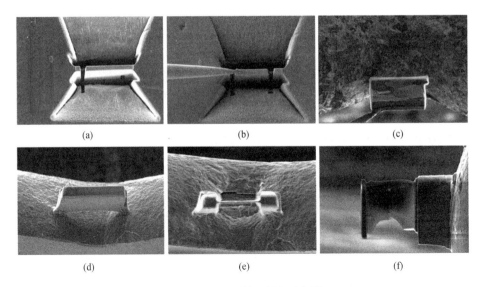

(a)   (b)   (c)

(d)   (e)   (f)

图 9-38   TEM 样品制备过程图

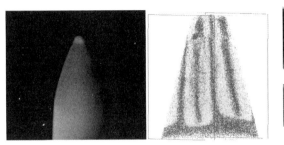 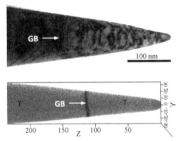

（a）FIB 加工半导体槽样品及 APT 后三维重构效果图   （b）FIB 制备 B 在 Ni 基晶界处偏析
样品及 APT 后三维重构效果图

图 9-39   三维原子探针(APT)样品制备示例

5）气体辅助沉积

在 FIB 入射区通入诱导气体，跟随离子束流吸附在固体材料表面，入射离子束的轰击致使吸附气体分子分解，将金属留在固体表面。可沉积铂、钨、碳等材料，如图 9-40。

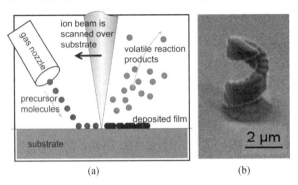

(a)   (b)

图 9-40   FIB 诱导沉积示意图(a)及铂沉积实例(b)

9.7　低能电子衍射

　　AES 和 XPS 分析仪可以揭示材料表面的元素组成、化学价态及其分布规律,但对表面几个原子层的微结构分析就无能为力了。虽然 X 射线也可用于结构分析,但因 X 射线的穿透力强,一般可达微米级,反映的不再是数个原子层的结构信息。前述的 TEM 电镜,也因入射电子的能量高,穿透能力强,同样无法获得表面数个原子层的结构信息,为此降低加速电压,使入射电子的能量降至 10~500 eV,从而形成低能电子束照射样品表面,然后通过分析弹性背散射电子所产生的衍射花样,就可获得表面微结构的信息。但是为了防止样品表面被污染,低能电子衍射仪应满足以下要求:①高真空度($<10^{-8}$ Pa)。真空度不高时,样品表面极易被污染,如当真空度为 1.33×10^{-4} Pa 时,仅需 1 s 样品表面即可形成一个原子单层的污染;在真空度为 1.33×10^{-7} Pa 时,则需 1 000 s 方可形成单原子层气体吸附;而在真空度为 1.33×10^{-8} Pa 时,基本可保证样品在电子衍射期间表面不被污染。②需配有离子溅射装置。通过离子剥层可进一步保证样品表面干净无污染。③无油真空系统。高真空时由于油挥发会污染样品表面,一般应采用离子泵或升华泵抽真空,并辅以 250℃烘烤加热,以促进气体分子的热运动,从而保证顺利达到所需的真空度。

9.7.1　低能电子衍射的基本原理

　　低能电子衍射原理类似于高能电子衍射(透射),不过用于低能电子衍射的入射电子能量低,穿透能力弱。试样表面参与衍射的原子层数随入射电子的能量降低而减少,但弹性散射电子的占有比例却随之增加。例如,当入射电子的能量为 20 eV 时,只有一个原子层参与衍射,散射电子中约20%~50%的电子为弹性散射电子;当入射电子具有100 eV 的能量时,约有 3 个原子层参与衍射,此时弹性散射电子仅占散射电子总数的 1%~5%。低能电子束的作用深度仅在样品表面的数个原子层,产生的电子衍射属于二维衍射,不足以形成真正意义上的三维衍射。由于数个原子

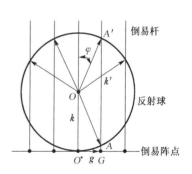

图 9-41　低能电子衍射的几何图解

层的厚度仅有数个原子间距,故其对应的倒易杆较长,同时由于入射电子的能量小,波长较大(0.05~0.5 nm),其对应的反射球半径相对较小,与倒易杆的长度在同一个量级上,这样反射球将淹没在倒易杆中,同根倒易杆上将会有两个截点,如图 9-41 中的 A 和 A' 点,即满足衍射的方向有两个,显然透射方向为样品的深度方向,衍射束进入样品后最终被样品吸收,只有背散射方向的衍射束才可能在样品上方的荧光屏上聚焦成像,因此低能电子衍射成像是由相干的背散射电子所为。

　　由图 9-41 可得

$$\frac{1}{\lambda}\sin\varphi = |\boldsymbol{g}| = \frac{1}{d} \tag{9-14}$$

即

$$d\sin\varphi = \lambda \tag{9-15}$$

式(9-15)即为二维点阵衍射的布拉格定律,这也是低能电子衍射的理论基础。

由于低能电子衍射是一种二维平面衍射,故其倒易点阵为倒易平面,正倒空间基矢量之间的关系即为三维基矢量之间关系的简化,即

$$\boldsymbol{a} \cdot \boldsymbol{a}^* = \boldsymbol{b} \cdot \boldsymbol{b}^* = 1 \tag{9-16}$$

$$\boldsymbol{a} \cdot \boldsymbol{b}^* = \boldsymbol{b} \cdot \boldsymbol{a}^* = 0 \tag{9-17}$$

$$\boldsymbol{a}^* = \frac{\boldsymbol{b}}{A}, \boldsymbol{b}^* = \frac{\boldsymbol{a}}{A} \tag{9-18}$$

其中 $A = |\boldsymbol{a} \times \boldsymbol{b}|$,是二维点阵的"单胞"面积。

三维点阵中倒易矢量 $\boldsymbol{g}_{hkl}$ 具有两个重要性质:①方向为晶面(hkl)的法线方向;②大小为晶面间距的倒数,即 $|\boldsymbol{g}_{hkl}| = \frac{1}{d_{hkl}}$。同样在二维倒易点阵中,倒易矢量 $\boldsymbol{g}_{hk}$ 的方向垂直于(hk)点列,大小为点列间距的倒数即 $|\boldsymbol{g}_{hk}| = \frac{1}{d_{hk}}$。

因此,类似于三维倒易点阵的形成原理,可得二维点阵为一系列的点列组成(如图9-42(a)),其倒易点阵由这样的倒易矢量构成,倒易矢量的方向为各点列的垂直线方向,大小为各点列间距的倒数,各倒易阵点也构成了面,各点指数为二维指数,如图9-42(b)所示。

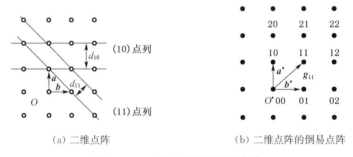

(a) 二维点阵　　　　　　　　(b) 二维点阵的倒易点阵

图 9-42　二维点阵及其倒易点阵

9.7.2　低能电子衍射仪的结构与花样特征

图9-43为低能电子衍射装置的结构示意图。衍射装置主要由电子枪、样品室、接收极(半球形显示屏)及真空系统组成。阴极发射的电子经过聚焦杯聚焦加速后形成直径约 0.5 nm 的束斑照射样品,样品位于球形显示屏的球心处,在样品与显示屏之间还有数个球径不同但同心的栅极,分别表示为 G_1、G_2、G_3 和 G_4,其中 G_1 和 G_4 与样品共同接地,三者电位相同,从而使样品与 G_1 之间无电场存在,这就保证了背散射电子衍射束不会发生畸变。G_4 接地可起到对接收极的屏蔽作用,减少 G_3 与接受极之间的电容。G_2 和 G_3 同电位,并略低于灯丝(阴极)的电位,从而可排斥损失了部分能量的非弹性散射电

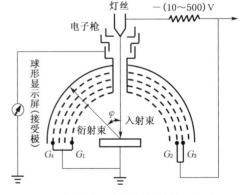

图 9-43　低能电子衍射装置结构示意图

子。接收极为半球形荧光屏，并接有 5 kV 的正电位，对穿过球形栅极的背散射电子衍射束（由弹性背散射电子组成）起加速作用，提高能量，以保证衍射束在荧光屏上聚焦成像，显示衍射花样。

9.7.3 LEED 的应用举例

低能电子衍射在材料表面二维结构分析中起着非常重要的作用，并与其他检测手段如 STM、XPS 等联用，可使人们对材料表面的分析更加全面和深入。LEED 常用于材料表面的原子排列、气相沉积所形成的膜结构、金属表面的吸附与氧化等研究。

1）气相沉积膜的生长研究

通过观察薄膜在初期生长过程中的结构变化，研究衬底的吸附行为，可以更好地认识和控制膜的生长过程，最终达到改善薄膜结构，提高器件性能的目的。图 9-44 为 W(110)面在不同沉积量时 In 膜的 LEED 图。图 9-44(a)为衬底，花样斑点数较少，为 W 晶体的(110)面所产生；随着沉积量的增加，表面 In 膜逐渐生成，衍射斑点逐渐增多，在沉积量为 0.2 ML 时，形成了（3×1）超点阵结构的衍射花样，当沉积量进一步增至 0.65 ML 时，就形成了（1×4）超点阵结构；当沉积量为 0.8 ML 时，则形成了（1×5）超点阵结构，继续增加沉积量时，衍射花样基本不变，这表明在 W(110)表面已形成了结构稳定的 In 膜。

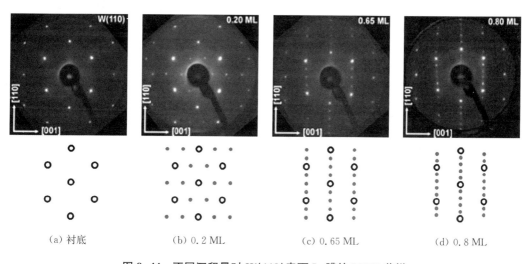

（a）衬底 （b）0.2 ML （c）0.65 ML （d）0.8 ML

图 9-44 不同沉积量时 W(110)表面 In 膜的 LEED 花样

图 9-45 为 Ag(110)表面气相沉积并五苯分子生长成膜的过程中实时 LEED 图。发现在蒸发温度从室温升到 140℃时，LEED 图案均未发生任何变化，仍保持如图 9-45(a)所示的衍射花样，表明还没有分子沉积。当蒸发温度缓慢升至 145℃时，LEED 图案显示出图 9-45(b)所示的扩散晕环，表明有少许并五苯分子沉积到衬底上。当蒸发温度继续上升时，衍射斑点开始形成并逐渐增强，见图 9-45(c)，此时椭圆形光晕演变为一些单个的衍射斑点；随着蒸发温度的进一步提高，衍射斑点的强度逐渐增强和清晰，见图 9-45(d)，表明并五苯分子在 Ag(110)衬底上形成了结构稳定的晶体膜。因此可以得出：145℃开始沉积，在成膜的前期，沉积的分子呈无序状态，在后期即在形成单分子层的前后，沉积的分子发生了有序化转变，最终形成了具有稳定结构的晶体膜。

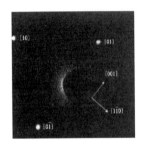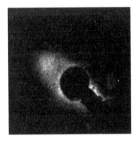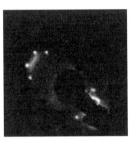

（a）衬底 $E=29$ eV，$T_v=20℃$　　（b）$E=13$ eV，$T_v=145℃$　　（c）$E=13$ eV，$T_v=152℃$　　（d）$E=13$ eV，$T_v=153℃$

图 9-45　Ag(110)不同蒸发温度时的 LEED 花样(试样温度 $T_S=20℃$)

2）联用技术

表面分析中大量采取联用技术，这样可综合各种分析技术的特点，达到对材料表面更全面、更深入分析的目的，常见的有 STM-LEED 联用、STM-XPS 联用等。

图 9-46 即为 W(100)表面气相沉积生长 Ni 膜过程中的 STM 图及其 LEED 衍射花样。STM 图可以直观地观察到表面形膜的形貌演变规律，而实时 LEED 花样则可反映膜在生长过程中的结构演变规律。图 9-46(a)、(b)分别表示沉积量为 0.5 ML 和 1.8 ML 时 W(100)表面的 STM 图。可以清楚地看到，Ni 膜在 W(100)面的台阶上逐渐形成孤立、分散的岛状核，并沿 W 的[011]方向平面生长，其放大图(见图 9-46(c))可以看到岛状膜已基本相连，并在岛状膜表面出现涟纹，且涟纹方向平行于衬底 W 的[011]方向。图 9-46(d)即为沉积量为 2.7 ML 时的 LEED 花样，在原有的背底花样基础上增添了新的衍射斑点，可参见其示意图 9-46(e)，图中空心方框表示衬底的 LEED 衍射花样，而实心圆点为 Ni 膜的

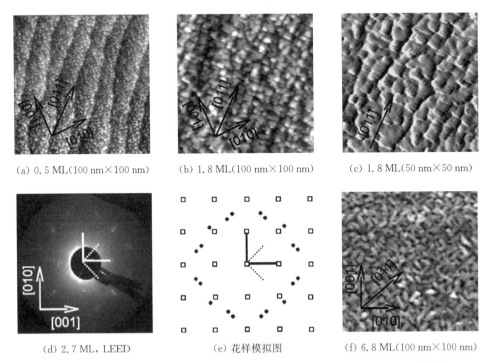

（a）0.5 ML(100 nm×100 nm)　　（b）1.8 ML(100 nm×100 nm)　　（c）1.8 ML(50 nm×50 nm)

（d）2.7 ML，LEED　　　　　　（e）花样模拟图　　　　　　（f）6.8 ML(100 nm×100 nm)

图 9-46　室温下不同沉积量时 W(100)面生长 Ni 膜的 STM 图及 LEED 衍射花样

LEED 衍射花样,表明膜已完整形成,且为晶体膜。图 9-46(f)为沉积量增至 6.8 ML 时的 STM 图。

本 章 小 结

本章主要介绍了 AES、XPS、STM、LEED 4 种材料表面分析技术。AES 主要用于表面的化学分析、表面吸附分析、断面成分分析等,而 XPS 主要用于化学元素的组成、化学态及其分布,特别是原子的电子密度和能级结构;STM 主要用于表面原子级微观形貌的观察与分析,而 LEED 则主要用于表面的微结构分析,主要内容小结如下:

俄歇能谱仪
- 工作信号:俄歇电子($Z > 2$)
- 结构
  - 检测系统:圆筒镜分析器
  - 放大系统:放大电路
  - 记录系统及真空系统
- 应用
  - 定性分析:由所测谱与标准谱对照分析,确定元素组成,对照工作可由人工或计算机完成,对一些弱峰一般仍由人工完成
  - 定量分析:标准样品法;灵敏度因子法
  - 化学态分析

X 光电子能谱仪
- 工作信号:光电子
- 结构:检测系统;记录系统;真空系统
- 应用
  - 定性分析:由所测谱与标准谱对照分析,确定元素组成,对照过程可由人工或计算机完成,对一些弱峰一般仍由人工完成
  - 定量分析:理论模型法;灵敏度因子法;标样法
  - 化学态分析

扫描隧道电镜
- 工作信号:隧道电流
- 结构:检测系统;记录系统;真空系统
- 工作模式:恒流式;恒高式
- 特点
  - 优点:(1) 具有原子级的高分辨率
    - (2) 可实现表面原子的二维、三维结构成像
    - (3) 能观察单原子层的局部结构
    - (4) 对工作环境要求不高
    - (5) 无需特别制备样品,且对样品无损伤
  - 不足:(1) 恒流工作时,对表面微粒间的某些沟槽的分辨率不高
    - (2) 必须为导体样品,否则需在样品表面涂敷导电层
- 应用
  - (1) 表面膜的生长机理分析:微观形貌、生长过程等分析
  - (2) 表面形貌微观观察:二维、三维图像分析
  - (3) 原子、分子组装
  - (4) 高分子材料、生物材料等方面的研究

原子力显微镜
- 工作信号:原子间的作用力
- 工作模式:接触模式——探针与样品之间的相互作用力为排斥力
  - 非接触模式——探针与样品之间的相互作用力为吸引力
  - 轻敲模式——探针与样品之间的相互作用力包含吸引力和排斥力
- 主要应用:导体、绝缘体原子级形貌观察、晶体生长等

聚焦离子束
- 双工作束:电子束、离子束
- 工作信号:电子束产生二次电子、背散射电子用于 SEM 工作模式,离子束-微区加工
- 工作模式:SEM、SEM+微区加工
- 主要应用:形貌观察:电子束产生的二次电子、背散射电子成像、离子束成像
- 微区加工:离子束刻蚀,TEM、APT 样品制备
- 气体辅助沉积

低能电子衍射
- 工作信号:弹性背散射电子
- 结构:检测系统、记录系统、真空系统
- 工作原理:二维衍射布拉格定律 $d\sin\varphi = \lambda$
- 特点
  - 优点:
    - (1) 实现二维电子衍射,可进行数个原子层的微结构研究
    - (2) 可研究单原子层的局部结构
    - (3) 对样品无损伤
    - (4) 与其他技术联合使用,可实现对材料表面全方位、深层次的研究
  - 不足:
    - (1) 需高真空度
    - (2) 对样品表面清洁质量要求高,一般由离子溅射装置完成表面清洁
- 主要应用
  - (1) 表层原子的排列结构
  - (2) 气相沉积膜的微结构
  - (3) 金属表面的吸附与氧化
  - (4) 表面原子的扩散等

思 考 题

9.1 简述 XPS 和 AES 的工作原理。

9.2 简述 X 光电子能谱仪的分析特点。

9.3 AES 定性分析应注意些什么?

9.4 运用 AES 进行表面分析时存在的不足是什么?

9.5 光电子能谱中峰的种类?

9.6 XPS 的化学态分析与 AES 的化学态分析有何不同?

9.7 试比较 XPS、AES、LEED、STM、XRF 各表面分析技术之间的异同点。

9.8 简述扫描隧道电镜的基本原理及其特点。

9.9 扫描隧道电镜 STM 与扫描电镜 SEM 之间的原理区别是什么?

9.10 扫描隧道电镜的工作模式有哪些? 各有何特点?

9.11 简述扫描隧道电镜的应用,并举例说明之。

9.12 简述原子力显微镜的工作原理。

9.13 原子力显微镜的工作模式有哪几种? 各自的特点是什么?

9.14 低能电子衍射与高能电子衍射的原理有何区别?

9.15 低能电子衍射的基本理论基础是什么?

9.16 低能电子衍射中对样品制备有何特殊要求?

9.17 低能电子衍射特点是什么?

9.18 简述低能电子衍射的应用,试举例说明之。

10 热分析技术

热分析(Thermal Analysis，TA)技术是指在程序控温和一定气氛下，测量试样的物理性质随温度或时间变化的一种技术。其定义包含 3 个方面的内容：①试样要承受程序温控的作用，即以一定的速率等速升(降)温，该试样物质包括原始试样和在测量过程中因化学变化产生的中间产物和最终产物；②选择一种可观测的物理量，它可以是热学的，也可以是其他方面的，如光学、力学、电学及磁学的等；③观测的物理量随温度而变化。热分析技术主要用于测量和分析试样物质在温度变化过程中的一些物理变化(如晶型转变、相态转变及吸附等)、化学变化(分解、氧化、还原、脱水反应等)及其力学特性的变化，通过这些变化的研究，可以认识试样物质的内部结构，获得相关的热力学和动力学数据，为材料的进一步分析提供理论依据。

10.1 热分析方法

根据被测量物质的物理性质的不同，热分析方法可分为：热重分析法(Thermogravitry，TG)、差热分析法(Differential Thermal Analysis，DTA)、差示扫描量热法(Differential Scanning Calorimetry，DSC)和热机械分析法(Thermal Mechanical Analysis TMA；Dynamic Mechanical Analysis，DMA)等，应用最广的是前 3 种，本书主要介绍这 3 种分析方法的原理及其特点，其他热分析方法可参见相关文献。

10.1.1 热重分析法(TG)

许多物质在加热或冷却过程中除了产生热效应外，往往还伴有质量的变化。质量变化的大小及变化时的温度与物质的化学组成和结构密切相关，因此利用试样在加热或冷却过程中质量变化的特点，可以区别和鉴定不同的物质。热重法(TG)就是在这种背景下产生的，即在程序控温下，测量物质的质量随温度变化的关系。热重法是研究化学反应动力学的重要手段之一，具有试样用量少、测试速度快，并能在所测温度范围内研究物质发生热效应的全过程等优点。日本人本多光太郎于 1915 年制作了热重法的装置：零位型热天平(如图 10-1)。热天平不同于一般的天平，它能自动、连续地进行动态测量与记录，并能在称量过程中按一定的温控程序改变试样温度，以及调控样品四周的气氛。其工作原理如下：在加热过程中如果试样无质量变化，热天平将保持初始的平衡状态，一旦样品中有

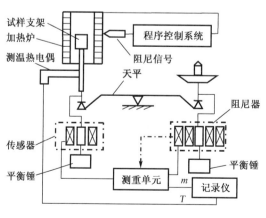

图 10-1　零位型热天平的结构原理图

质量变化时,天平就失去平衡,并立即由传感器检测并输出天平失衡信号。这一信号经测重系统放大后,用以自动改变平衡复位器中的线圈电流,使天平又回到初时的平衡状态,即天平恢复到零位。平衡复位器中的电流与样品质量的变化成正比,因此,记录电流的变化就能得到试样质量在加热过程中连续变化的信息,而试样温度或炉膛温度由热电偶测定并记录。这样就可得到试样质量随温度(或时间)变化的关系曲线即热重曲线。热天平中装有阻尼器,其作用是加速天平趋向稳定。天平摆动时,就有阻尼信号产生,经放大器放大后再反馈到阻尼器中,促使天平快速停止摆动。

图 10-2 即为典型的 TG 曲线示意图,横坐标表示时间或温度,纵坐标有两种:一种是试样剩余质量,单位为 mg,另一种是质量变化率,即剩余质量占原质量的比率($1-\Delta m/m_0$),单位为%,应用较多的是质量变化率。曲线中的水平线为稳定质量值,表明该阶段被测物质的质量未发生任何变化,如图中的 AB 段,质量为 m_0;当曲线拐弯转向时,表明被测物质的质量发生了变化,当曲线又处于水平线

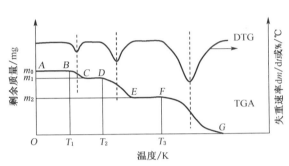

图 10-2　热重曲线

时,质量稳定在一个新的量值上,如图中的 CD 段,质量为 m_1,曲线 BC 段即为质量变化阶段;同理,曲线中的 DE 和 FG 均为质量变化阶段,EF 为又一新的质量值 m_2。由 TG 曲线可以分析试样物质的热稳定性、热分解温度、热分解产物以及热分解动力学等,获得相关的热力学数据。与此同时,还可根据 TG 曲线获得质量变化的速率与温度或时间的关系即微商热重曲线 DTG(Differential Thermogravimetry),微商热重曲线可使 TG 曲线的质量变化阶段更加明晰显著,并可据此研究不同温度下的质量变化速率,这对研究分解反应开始的温度和最大分解速率所对应的温度是非常有用的。当试样质量为零时,即曲线中的 G 点,称试样完全失重。

10.1.2　差热分析法(DTA)

差热分析(DTA)是指在程序控温下,测量试样物质与参比物的温差随温度或时间变化的一种技术。在所测温度范围内,参比物不发生任何热效应,如 $\alpha\text{-}Al_2O_3$ 在 0℃~1 700℃范围内无热效应产生,而试样却在某温度区间内发生了热效应,如放热效应(氧化反应、爆炸、吸附等)或吸热反应(熔融、蒸发、脱水等),释放或吸收的热量会使试样的温度高于或低于参比物,从而在试样与参比物之间产生温差,且温差的大小取决于试样产生热效应的大小,由 X-Y 记录仪记录下温差随温度 T 或时间 t 变化的关系即为 DTA 曲线。

测定 DTA 曲线的差热分析仪主要由加热炉、热电偶、参比物、温差检测器、程序温度控制器、差热放大器、气氛控制器、X-Y 记录仪等组成,其中较关键的部件是加热炉、热电偶和参比物。

1) 加热炉

加热炉根据热源的特性可分为电热丝加热炉、红外加热炉、高频感应加热炉等几种,其中电热丝加热炉最为常见,电热丝材料取决于使用温度,常见的有:钨丝、钼丝、硅碳棒等,使

用温度分别可达 900℃ 甚至 2 000℃ 以上。加热炉应满足以下要求：①炉内应具有均匀的炉温区，可使试样和参比物均匀受热；②炉温的控制精度要高，在程序控温下能以一定的速率升温或降温；③热容量要小，便于调节升降温速度；④炉体体积要小、质量要轻，便于操作与维护；⑤炉体中的线圈不能对热电偶中的电流产生感应现象，以免相互干扰，影响测量精度。

2）热电偶

热电偶原理见图 10-3，物理基础为材料的热电效应或塞贝克效应。将两种具有不同电子逸出功的导体材料或半导体材料 A 与 B 两端分别相连形成回路（如图 10-3 (a)），如果两端的温度 T_1 和 T_0 不等，就会产生一个热电动势，并在回路中形成循环电流，电流的大小可由检流计测出。因热电动势的大小与两端温差保持良好的线性关系，因此在已知一端温度时，便可由检流计中的电流大小得出另一端的温度，这就是热电偶的基本原理。如果反向串联热电偶，即将两个热电偶同极相连，就形成了温差热

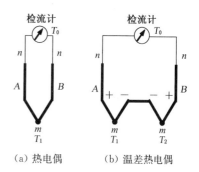

图 10-3　热电偶与温差热电偶

电偶，如图 10-3(b)。当两个热电偶分别插入两种不同的物质中，并使两物质在相同的加热条件下升温，就可测定升温过程中两物质的温差，从而获得温差与炉温或加热时间之间的变化关系，这便是差热分析的基本原理。

热电偶的材料选择非常重要。热电偶材料应具有以下特点：①在同一温度下能产生较高的温差热电动势，并与温度保持良好的线性关系；②在高温下不被氧化和腐蚀，其电阻随温度的变化小，导电率高，物理性能稳定；③使用寿命长，价格便宜等。常用的热电偶材料有：镍铬-镍铝、铂铑-铂、铱铑-铱等，测试温度在 1 000℃ 以下的多采用镍铬-镍铝，而在 1 000℃ 以上的则应采用铂铑-铂为宜。

3）参比物

差热分析中所用的参比物均为惰性材料，要求参比物在测定的温度范围内不发生任何热效应，且参比物的比热容、热传导系数等应尽量与试样相近，常用的参比物有 α-Al_2O_3、石英、硅油等。使用石英做对比物时，测量温度不能高于 570℃。测试金属试样时，不锈钢、铜、金、铂等均可做对比物。测有机物时，一般用硅烷、硅酮等做对比物。有时也可不用参比物。

图 10-4 中 S 与 R 分别为试样和参比物，各自装入坩埚后置于支架上，坩埚材料一般为陶瓷质、石英玻璃质、刚玉质或钼、铂、钨等材料，支架材料一般为导热性好的材料，在使用温度低于 1 300℃ 时，通常采用镍金属，当使用温度高于 1 300℃ 时则应选用刚玉质为宜。差热分析时需对试样和参比物进行以下假定：

（1）两者的加热条件完全相同；

（2）两者的温度分布均匀；

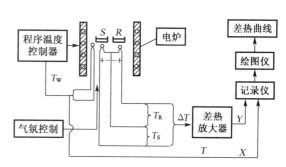

图 10-4　DTA 差热分析结构原理图

（3）两者的热容都不随温度变化，但试样有热效应时，其热容会随温度发生变化；

（4）两者与加热体之间的热导率非常相近，即 $K_R \approx K_S$，且两者各自的热导率不随温度变化而变化，是固定的常数。

温差热电偶的两个触点分别与安装试样和参比物的坩埚底部接触，或者分别插入试样和参比物中，这样试样和参比物的加热或冷却条件就完全相同。当炉体温度在程序温度控制下以一定的升温速率 ϕ 加热时，如果试样无热效应，试样与参比物间就没有温差，即 $\Delta T = 0$；如果试样有热效应，温差热电偶便有温差电动势输出，经差热放大器放大后输入 X-Y 函数记录仪，由 X-Y 函数记录仪记录下温差 ΔT 与温度 T 或时间 t 的变化关系，并由绘图仪绘出差热分析曲线。这个温度可以是试样温度 T_S、参比物温度 T_R 或炉腔温度 T_W，一般采用炉腔温度 T_W 作为横坐标。图 10-5 即为典型的 DTA 差热分析曲线。DTA 曲线包括以下几个部分：

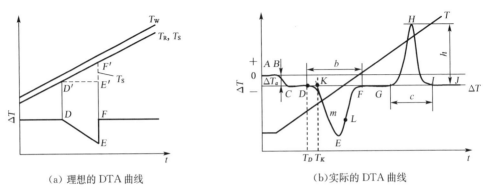

（a）理想的 DTA 曲线　　　　　（b）实际的 DTA 曲线

图 10-5　DTA 差热分析曲线

（1）基线

即 DTA 曲线中的水平部分，如图 10-5(b)中的 AB、CD、FG、IJ 等，它们是平行于横轴（时间轴）的水平线，$\Delta T = 0$。在理想的 DTA 曲线中，如图 10-5(a)，炉温等速升温时，试样和参比物以同样的速率升温，升温过程中两者温度相同，但因导热等原因，相对于炉温有一个滞后。由于试样温度与参比物温度相同，即 $T_S = T_R$，故 $\Delta T = T_S - T_R = 0$，差热线表现为水平线。如果试样为理想的纯晶体，并在某一温度发生了热效应如液化，此时试样的温度保持一恒定值，如图 10-5(a)中的 $D'E'$ 段，熔化完毕时试样温度又与参比物一起同时上升，其差热线表现为折线 DE 和 EF，热效应消失时，$\Delta T = 0$，差热线又回到水平线。而实际上的差热线如图 10-5(b)，其基线发生了偏移，其偏移的程度用 ΔT_a 表示。基线偏移的可能原因有以下 4 个方面：①试样和参比物支架的对称性不高；②试样与参比物的热容不一致；③试样和参比物与发热体间的传热系数不等；④升温速率的大小。由于支架的对称性通过调整后一般能做到较好，故可以忽略其对基线漂移的影响，此时

$$\Delta T_a = \frac{C_R - C_S}{K} \cdot \phi \tag{10-1}$$

式中：C_S——试样热容；

　　　C_R——参比物热容；

　　　K——传热系数；

ϕ——升温速率。

显然,参比物与试样的热容相差愈大,升温速率愈高,基线的偏移程度愈大。为了减小基线偏移,应尽量使参比物与试样的热容相近,即参比物的化学结构与试样相似。如果试样出现了热效应,其差热曲线就要偏离基线,由 DTA 曲线便可知道热容发生急剧变化时的温度,这个通常被用于玻璃化转变温度的测定。

（2）峰

即差热曲线离开基线后又回到基线的部分。位于基线上方的峰为放热峰,位于基线下方的峰为吸热峰。热效应在理想差热曲线上表现为折线峰,如图 10-5(a) 中的 DEF 峰,而在实际差热曲线上则为曲线峰,如图 10-5(b) 中的 DEF 峰和 GHI 峰,这是由于试样支架的热容量所决定的。在试样发生热效应时,差热线偏移基线,如图中的 D 点,E 点时为峰谷,偏离基线最远,到达 L 点时吸热结束,但此时试样的温度低于参比物温度,它将按指数规律升至参比物温度,从而表现为曲线 EF。图中 DEF 为吸热峰,GHI 为放热峰。

（3）峰宽

即差热曲线偏离基线的始点与返回基线的终点间的距离,如图 10-5(b) 中的 b 和 c。

（4）峰高

表示试样和参比物之间的最大温差,即从峰顶到该峰所在基线(内插基线)间的垂直距离,如图 10-5(b) 中的 h。

（5）外延始点

当试样发生热效应时,差热曲线将偏离基线,如图 10-5(b) 中的 DmE,作 DmE 曲线上最大斜率处的切线,其延长线与基线的交点为 K,该点即为外延始点。一般取外延始点为热效应发生的开始点,所对应的温度 T_K 为热效应的始点温度,这是由于外延始点的确定过程相对容易,人为因素少,且该点温度与其他方法所测的温度较为一致。

（6）峰面积

即为差热曲线的热效应峰与基线间所包围的面积。确定峰面积的方法有积分仪法和装有机械、电子积分仪的笔式记录仪法等。峰面积可用来表征试样的热效应,其关系如下:

$$\Delta H = \frac{A}{R} \tag{10-2}$$

式中：ΔH——热焓;

A——峰面积;

R——热阻。

显然,R 为定值时,可直接由峰面积来表征热效应的大小。虽然在理论推导中进行了一些假设,如热阻 R 为常数,试样内部的温度均匀等,但实际上炉膛中的热传递过程非常复杂,且试样和参比物的热损失、试样与参比物之间的热传递系数均是温度的函数,因此热阻 R 也是温度的函数,并随着温度的升高而下降,这样不同温度段的峰面积就不能直接用来表征热效应,也就是说不同温度的相同峰面积并不代表它们的热效应相同。为此,引入修正系数 K,即 $\Delta H = KA$,K 又称仪器常数,其大小可由标准样来测定。经校正过的差热分析仪就可定量测定试样的热效应了,这种差热分析仪即为热流式差示扫描量热仪。

DTA 虽然广泛用于材料物理、化学性能变化的研究,但 DTA 本身却不能确定变化的性质,即物质内部发生的变化是物理变化还是化学变化,变化过程是一步完成还是分步完成,变化过程中的质量有无改变等。与 TG 相比,DTA 更依赖于实验条件,这是因为温差比质量变化更加依赖于传热的机理与条件,只有在理想情况和加热条件严格相同时,同一试样的 TG 和 DTA 曲线中的各个变化温度范围才可能一致,TG-DTA 联合仪就可做到这一点。

在 DTA 曲线分析中必须注意:①峰顶温度没有严格的物理意义。峰顶温度并不代表反应的终了温度,反应的终了温度应是后续曲线上的某点。如图 10-5(b)中的 DEF 峰,峰顶温度 T_E 并不是放热反应的终了温度,终了温度应在曲线 EF 段上的某点 L 处。②最大反应速率也不是发生在峰顶,而是在峰顶之前。峰顶温度仅表示此时试样与参比物间的温差最大。③峰顶温度不能看做是试样的特征温度,它受多种因素的影响,如升温速率、试样的颗粒度、试样用量、试样密度等。

10.1.3　差示扫描量热法(DSC)

差示扫描量热(DSC)是指在程序控温下,测量单位时间内输入到样品和参比物之间的能量差(或功率差)随温度变化的一种技术。按测量方法的不同,DSC 仪可分为功率补偿式和热流式两种。图 10-6 即为功率补偿式差示扫描量热仪原理示意图。样品和参比物分别具有独立的加热器和传感器,整个仪器有两条控制电路,一条用于控制温度,使样品和参照物在预定的速率下升温或降温;另一条用于控制功率补偿器,给样品补充热量或减少热量以维持样品和参比物之间的温差为零。当样品发生热效应时,如放热效应,样品温度将高于参比物,在样品与参比物之间出现温差,该温差信号被转化为温差电势,再经差热放大器放大后送入功率补偿器,使样品加热器的电流 I_S 减小,而参比物的加热器电流 I_R 增加,从而使样品温度降低,参比物温度升高,最终导致两者温差又趋于零。因此,只要记录样品的放热速度或吸热速度(即功率),即记录下补偿给样品和参比物的功率差随温度 T 或时间 t 变化的关系,就可获得试样的 DSC 曲线。图 10-7 即为一种典型的 DSC 曲线。

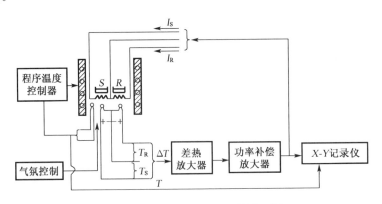

图 10-6　功率补偿式 DSC 的原理图

DSC 分析仪是在 DTA 分析仪的基础上改进而来,基本克服了 DTA 的不足,两者存在以下区别:

1) 曲线的纵坐标含义不同

DSC 曲线的纵坐标表示样品放热或吸热的速度，单位为 $mW \cdot mg^{-1}$，又称热流率，表示为 $\dfrac{d(\Delta H)}{dt}$，而 DTA 曲线的纵坐标则表示温差，单位为温度℃（或 K）。

2) DSC 的定量水平高于 DTA

试样的热效应可直接通过 DSC 曲线的放热峰或吸热峰与基线所包围的面积来度量，不过由于试样和参比物与补偿加热丝之间总存在热阻，使补偿的热量或多或少产生损耗，因此峰

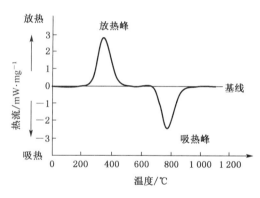

图 10-7　DSC 曲线

面积得乘以一修正常数（又称仪器常数）方为热效应值。仪器常数可通过标准样品来测定，即为标准样品的熔变与仪器测得的峰面积之比，它不随温度、操作条件而变化，是一个恒定值。

3) DSC 分析方法的灵敏度和分辨率均高于 DTA

DSC 中曲线是以热流或功率差直接表征热效应的，而 DTA 则是用 ΔT 间接表征热效应的，因而 DSC 对热效应的响应更快、更灵敏，峰的分辨率也更高。

另一种热流式 DSC 仪，其结构原理与差热分析仪相近（如图 10-8）。炉体在程序控温下以一定的速率升温，均温块受热后通过气氛和热垫片（康铜）两路径将热传递给试样和参比物，使它们均匀受热。康铜片具有耐腐蚀和化学性好等优点。试样和参比物的热流差和试样温度分别由差热电偶和试样热电偶测量。热流式 DSC 的原理虽近似于 DTA 差热分析仪，但它可定量测定热效应。因为该仪器在等速升温过程中，可自动改变差热放大器的放大倍数，一定程度上弥补了因温度变化对热效应测量所产生的影响。但热流式 DSC 仍存在以

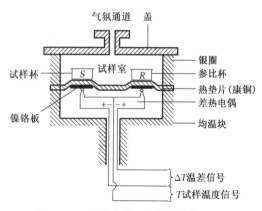

图 10-8　热流式差示扫描量热仪

下不足：①由于辐射热与绝对温度的四次方成正比，高温时的热阻大大减小，故热流式 DSC 不宜在高温下工作；②温差电动势和热阻均与温度呈非线性关系，精确测定试样的热效应时，必须使用校准曲线，换样品杯时需重新测定校准曲线，因此热流式 DSC 使用不太方便。但随着计算机技术的发展，校准曲线的工作可由计算机完成。

虽然 DSC 克服了 DTA 的不足，但是它本身也有一定的局限性：①允许的样品量相对较小；②在个别情况下，传感器可能会受到某些特殊样品的污染，需小心操作。

10.2　热分析测量的影响因素

热分析测量的影响因素较多，主要包括实验条件和试样特性两个方面，其中实验条件包

括样品盘材料、升温速率、挥发物的冷凝、气氛及仪器的灵敏度与分辨率等因素;而试样特性包括样品状态、样品用量和样品粒度等。

10.2.1 实验条件

1) 样品盘材料

样品盘与试样之间在测试过程中不应发生任何化学反应,一般采用惰性材料制备,如铂、陶瓷等,但对一些碱性试样却不能采用石英和陶瓷样品盘,它们间在升温过程中会发生化学反应,影响热分析曲线。特别是铂金对许多有机化合物和某些无机物起催化作用,促进发生不该发生的反应,也影响了热分析曲线的真实性。

2) 挥发物的冷凝

当被测试样具有挥发性时,挥发的物质在仪器的低温区冷凝,这不仅污染仪器,还影响测量精度,甚至使测量结果产生严重偏差。对于挥发性试样,解决冷凝的方法通常有两种:一是减小样品用量或选用合适的净化气体;二是试样上方安装屏蔽罩或采用水平结构的热天平。

3) 升温速率

升温速率有快慢之分,无论是快还是慢,对测定过程和结果均有着十分明显的影响。

快速升温可使某些反应尚未来得及进行,便进入高温阶段,造成反应滞后,反应的起始温度、峰值温度和终止温度均提高,样品内温度梯度增大,峰形分离能力下降,并使热分析曲线的基线漂移加大,但可提高分析仪的灵敏度。此外,快速升温还使反应向高温区移动,并以更快的速度进行,从而使热分析曲线 DSC(或 DTA)的峰高增加,峰宽变窄,峰形呈尖高状。图 10-9 即为不同升温速率对 Al-Ni$_2$O$_3$-B 系反应过程的影响,可见随着升温速率的提高,热效应峰均向高温方向移动,吸热峰峰顶从 668℃移至 671℃,放热峰峰顶从 891℃移至 895℃,且峰高显著增加。

慢速升温有利于分阶段的反应呈现为分离的多重峰,使 TG 曲线本来快速升温时的转折转而趋向于平台;使 DSC 基线漂移减小,DTA 曲线的峰面积减小,但相差不大;慢速升温还可使试样的内外温差变小,内应力减小,但会导致分析仪的灵敏度下降。

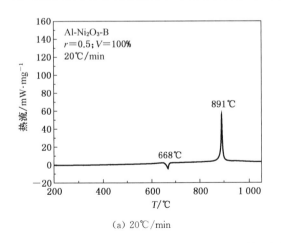
(a) 20℃/min

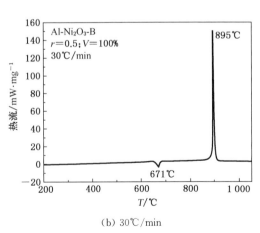
(b) 30℃/min

图 10-9　不同升温速率对 DSC 曲线的影响

4）气氛

变换气氛可以辨别热分析曲线热效应的物理化学归属。例如在空气中测量的热分析曲线呈现放热峰，在惰性气体中检测时就会产生不同的情况，由此可判断反应类型：放热峰大小不变的是结晶或固化反应；如为吸热峰则表明反应是分解反应；如无峰或呈现很小的放热峰，则为金属被氧化的一类反应。对于形成气体产物的反应，如不将气体产物及时排出，将提高气氛中气体产物的分压，使反应向高温移动。

若气氛气的导热性良好，会有利于向体系提供更充分的热量，提高分解反应的速率。氩、氮、氦这3种惰性气体热导率与温度的关系是依次递增的，因此，碳酸钙的热分解速率在氦气中最快，在氮气中次之，氩气中更次。

5）仪器的灵敏度与分辨率

仪器的灵敏度与分辨率是一对矛盾体。要提高灵敏度必须提高升温速率，加大样品量；而要提高分辨率则必须采用慢速升温，减小样品量。由于增大样品量对灵敏度影响较大，对分辨率影响相对较小，而加快升温速率对两者影响都大，因此在热效应微弱的情况下，通常选择较慢的升温速率（以保持良好的分辨率），并适当增加样品量来提高灵敏度。

10.2.2 试样特性

1）试样用量

试样用量小时能减小样品内的温度梯度，所测温度较为真实；有利于气体产物扩散，减少化学平衡中的逆向反应；相邻峰分离能力增强、分辨率提高，但 DSC 的灵敏度会有所降低。

试样用量大时能提高 DSC 的灵敏度，但峰形变宽并向高温漂移，相邻峰（平台）趋向于合并，峰分离能力下降；且样品内温度梯度较大，气体产物的量增多、扩散变差。

一般在保证灵敏度足够时，取较少的试样用量。

2）试样状态

试样状态一般分为粉状和块状两种，粉状试样相比于块状试样具有比表面积大、活性强，反应提前，但导热性能下降，反应过程延长，峰宽增大，峰高下降。图 10-10 为 Al-Ni$_2$O$_3$ 反应体系，增强体的体积分数为 30%，升温速率为 30℃/min 时的 DSC 曲线。可以清楚地看出，粉体试样时峰位前移，峰高下降。

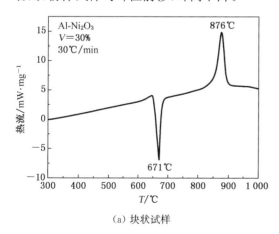
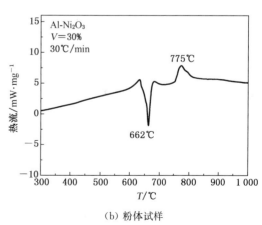

（a）块状试样   （b）粉体试样

图 10-10 试样状态对 DSC 曲线的影响

粉体试样中粉体粒度与粉体堆积密度对热分析影响也较大。试样粒度愈小,比表面积愈大,活性愈强,反应的起始温度降低,热效应峰前移,但峰高降低;反之则反。粉体的堆积密度高时,试样的导热性能改善、温度梯度变小,其峰值温度和热效应的始点温度均有所提高。在气—固反应中,粉体试样的堆积密度高时,粉体试样与气氛的接触减少,使反应滞后;若有气体产物时,则气体产物的扩散变差,并影响化学平衡。

10.3 热分析的应用

热分析的应用非常广泛,热重分析(TG)主要用于空气中或惰性气体中材料的热稳定性、热分解和氧化降解等涉及质量变化的所有过程。差热分析(DTA)虽然受到检测热现象能力的限制,但是可以应用于单质和化合物的定性和定量分析、反应机理研究、反应热和比热容的测定等方面。差示扫描量热(DSC)分析应用范围最为广泛,特别是在材料的研发、性能检测与质量控制等方面有着独特的作用,利用 DSC 可以测量物质的热稳定性、氧化稳定性、结晶度、反应动力学、熔融热焓、结晶温度及纯度、凝胶速率、沸点、熔点和比热等,也广泛应用于非晶材料的研究。

10.3.1 块体金属玻璃

金属玻璃的一个突出特点是在升温过程中会发生玻璃化转变,在玻璃化温度 T_g 以下,分子运动基本冻结,到达 T_g 时,分子运动活跃起来,热容量增大,基线向吸热一侧偏移。图 10-11 即为玻璃化转变时的 DSC 曲线示意图,因为玻璃转化发生在一个温度区域,而不是一个确定的温度,且 T_g 会随着实验时间的长短和升温速率的快慢在一定的范围内变化,故 T_g 的确定目前尚无统一的方法,一般随研究者不同而异。通常有4 种确定方法:①取偏移基线的始点温度 T_A;

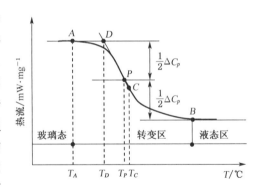

图 10-11 玻璃化转变温度的确定示意图

②取外延始点温度 T_D;③取拐点温度 T_C;④取上下两基线延长线的中点所对应的温度 T_P,即由转变前后的比容差(采用外推作图法)变化到一半时所对应的温度。以上4 种方法中,应用较多的是取外延始点温度为玻璃转化温度。DSC 曲线偏移基线的开始点(图中的 A 点)和终止点(图中的 B 点)分别称为玻璃转变的开始温度和终止温度。

热分析技术可直接用于金属玻璃的晶化研究,根据对 DSC 曲线上的晶化放热峰的一系列计算,就可得到晶化过程的一系列动力学参数,并对晶化的机制做出判断。

大块非晶合金由于具有优异的玻璃形成能力、较宽的过冷液相区、较强的抗晶化能力和独特的性能,引起了材料学家和物理学家们的广泛重视。对大块非晶合金淬火态和退火态晶化动力学的研究不仅可以加深对大块非晶合金晶化本质的理解,还可深入理解玻璃形成能力的本质,获得控制晶化以及反映其内部结构特征的有用参数。

1)大块非晶合金 $Zr_{60}Al_{15}Ni_{25}$ 晶化动力学的研究

吸铸的 $Zr_{60}Al_{15}Ni_{25}$ 试样为单一的非晶相。以加热速度为 10℃/min 连续加热,测得其

DSC 曲线如图 10-12 所示。该曲线有一吸热峰,对应的是玻璃转变,随后有一个强放热峰,对应于大块非晶的晶化过程。由图可知,其玻璃转变温度 $T_g = 413℃$,晶化开始温度 $T_x = 485℃$,因此其过冷液相区的温度范围为 72℃。

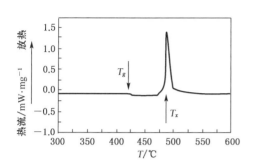

图 10-12　$\mathbf{Zr_{60}Al_{15}Ni_{25}}$ 大块非晶合金
连续加热的 DSC 曲线

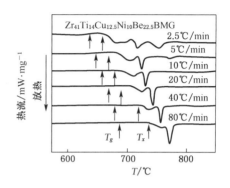

图 10-13　淬火态 $\mathbf{Zr_{41}Ti_{14}Cu_{12.5}Ni_{10}Be_{22.5}}$ 大块非
晶合金在不同加热速度下的 DSC 曲线

图 10-13 是淬火态的 $Zr_{41}Ti_{14}Cu_{12.5}Ni_{10}Be_{22.5}$ 大块非晶合金在 2.5,5,10,20,40 和 80℃/min 等不同加热速度下的 DSC 曲线。随着加热速度的增加,T_g、T_x 均向高温区移动,其过冷液相区也逐渐变宽并向高温区移动,其晶化行为和玻璃转变行为均与加热速度有关,这一现象说明玻璃转变和晶化均具有显著的动力学效应。

2)大块非晶合金 $Zr_{60}Al_{15}Ni_{25}$ 等温退火研究

$Zr_{60}Al_{15}Ni_{25}$ 大块非晶合金等温退火过程的 DSC 分析是在其过冷液相区进行的,等温退火的 DSC 曲线如图 10-14 所示。由图可知所有的 DSC 曲线都只有一个放热峰,随着等温退火温度的降低,其晶化峰高降低,但其峰宽增大,说明晶化速度降低,晶化过程变慢。

3)氢原子对 $Mg_{63}Ni_{22}Pr_{15}$ 金属玻璃热稳定性的影响研究

H 原子能够改变非晶态原子移动过程及短程结构,对晶化行为以及玻璃化转变温度有着明显的影响,所以采用电化学方法对 $Mg_{63}Ni_{22}Pr_{15}$ 块状非晶合金充入 H 原子,使用差示扫描量热仪 DSC 在高纯 Ar 保护下进行量热分析。

图 10-15 是淬火态和储氢态的金属玻璃 $Mg_{63}Ni_{22}Pr_{15}$ 在升温速率为 20℃/min 时的

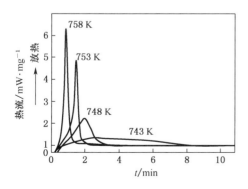

图 10-14　$\mathbf{Zr_{60}Al_{15}Ni_{25}}$ 大块非晶合金在不同
温度下等温退火的 DSC 曲线

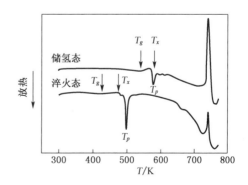

图 10-15　金属玻璃 $\mathbf{Mg_{63}Ni_{22}Pr_{15}}$ 淬火态与
储氢态的 DSC 曲线

DSC 曲线。从图中可以明显地看出，两种状态都发生了玻璃化转变，但是充氢后的金属玻璃的玻璃化转变温度 T_g、开始晶化温度 T_x 以及晶化峰位温度 T_p 均已经向高温区偏移，其原因是由于 H 原子的存在，降低了合金元素的扩散作用，抑制了晶化开始前的相分离及合金成分的浓度起伏。显然，充氢后 $Mg_{63}Ni_{22}Pr_{15}$ 金属玻璃的热稳定性有了很大的提高，同样氢对锆基金属玻璃的热稳定性也有较好的影响。

10.3.2 硅酸盐

图 10-16 为水泥砂浆的 TG-DSC 曲线图，由 DSC 图可知第一个较大的吸热峰发生在 100℃ 附近，吸热的温度范围为 20℃～200℃，失重 4％ 左右。这一吸热峰所对应的是含水矿石的脱水反应，它包括水化硅酸钙凝胶、钙矾石的脱水过程和水化铝酸盐及单硫型水化硫铝酸钙的脱水过程。第二个吸热峰发生在 430℃ 附近，对应的温度区间为 400℃～470℃，失重约 1％。主要是因为混凝土中的 $Ca(OH)_2$ 晶体在该温度附近发生了分解、脱水反应，吸收了一定的热量所致；第三个吸热峰在 710℃ 附近，对应的温度范围是 560℃～950℃，失重 3％ 左右，该温度区间 $CaCO_3$ 发生了如下分解反应：

$$CaCO_3 \longrightarrow CaO + CO_2 \uparrow \tag{10-3}$$

而且还有水化硅酸盐的结构水脱水。从失重曲线上易知前 200℃ 的失重损失远大于后面 200℃～950℃ 的失重损失。

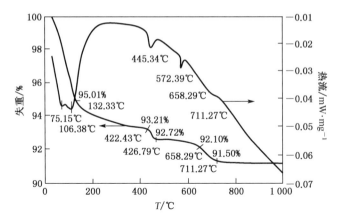

图 10-16 水泥砂浆试样的 TG-DSC 曲线

10.3.3 陶瓷反应合成

热分析在原位反应中的应用已非常广泛，是研究反应过程的热力学、动力学的有力手段。图 10-17 即为 $Al-TiO_2$ 体系反应过程的 DSC 曲线及反应结果的 XRD 图，升温速率为 30℃/min。由图 10-17(a) 可见该曲线主要有 3 个峰，第一个峰为吸热峰，发生在 667℃，对应于 Al 液化吸热过程；随着温度升高，在 950℃ 左右时出现了第二个峰，为放热峰，表明试样中发生了以下化学反应：

$$4Al + 3TiO_2 \longrightarrow 2Al_2O_3 + 3[Ti] \tag{10-4}$$

该反应由热力学计算可知为强放热反应，反应产生的活性 Ti 原子随后又与 Al 原子结合生成 Al₃Ti,该反应也为强放热反应,峰位在 1 000℃ 左右。因此,Al-TiO₂ 体系在升温过程中依次经历了一个物理反应(Al 液化)和两个化学反应,分别产生 Al_2O_3 陶瓷和 Al_3Ti 金属间化合物,反应结果的 X 射线衍射花样(如图 10-17(b))进一步说明了 Al_2O_3 为 α 型结构。

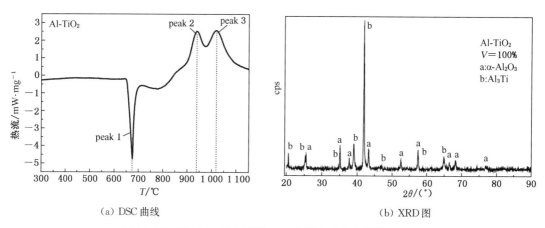

(a) DSC 曲线　　　　　　　　　　(b) XRD 图

图 10-17　Al-TiO₂ 反应过程 DSC 曲线及反应产物的 XRD 图

尖晶石具有高硬度、高熔点和低热膨胀系数等特点,锌铝尖晶石即为其中的一种,广泛应用于钢液中铜元素的过滤器、高温炉中陶瓷材料的制备等,一般可用 $Al(OH)_3$ 和 ZnO 为原料通过化学反应来制备,其反应过程的 DSC-TG 曲线如图 10-18 所示。从图中可以看出,当温度升至 203℃ 时,有一个吸热峰,质量损失开始,继续升温至 320℃ 时,吸热峰出现极值,对应的 DTG 曲线也同时出现极值,质量损失率达到最大;此后质量损失曲线基本没有发生变化。可见 $Al(OH)_3$ 的分解温度为 203℃ 左右,此吸热峰即为分解脱水反应所致,当温度升至 320℃ 时,脱水反应最为剧烈。继续升温时,质量损失基本无变化,出现放热峰,峰的极值点在 356℃ 左右,结束于 516℃,该放热峰对应于 $Al(OH)_3$ 脱水后形成的 Al_2O_3 与ZnO 反应生成 $ZnO \cdot Al_2O_3$ 新相的过程。

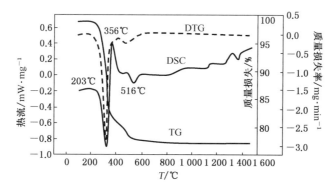

图 10-18　Al(OH)₃-ZnO 尖晶石反应过程的 TG-DSC 曲线

10.3.4　内生型复合材料

内生型复合材料是一种新型复合材料,其增强体是通过化学反应在基体中原位反应产生,反应过程的研究成了该类复合材料研究的重要内容。图 10-19 为 Al-TiO$_2$-B 系(B/TiO$_2$ 摩尔比为 2)热爆反应过程的 DSC 曲线,增强体体积分数为 30%。由图可以清楚地看出整个过程出现 4 个峰,峰 1 为吸热峰,对应于 Al 的液化吸热;峰 2 为低的放热峰,对应于液态 Al 与 B 所发生的如下反应:

$$Al + 2B \longrightarrow AlB_2 \tag{10-5}$$

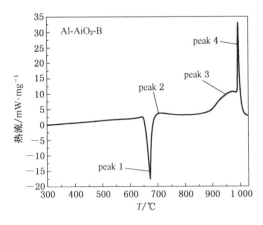

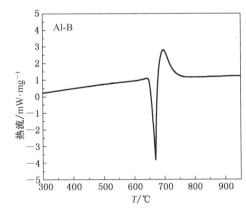

图 10-19　Al-TiO$_2$-B 系反应过程的 DSC 曲线　　　图 10-20　Al-B 反应过程 DSC 曲线

热力学计算表明该反应为弱放热反应,在 Al-B 系的 DSC 曲线中表现得较为明显,如图 10-20,Al 液化后与 B 结合生成了 AlB$_2$ 化合物;峰 3 为放热峰,对应于如下反应:

$$4Al + 3TiO_2 \longrightarrow 2Al_2O_3 + 3[Ti] \tag{10-6}$$

随后活性 Ti 原子与 AlB$_2$ 结合,发生如下反应:

$$AlB_2 + [Ti] \longrightarrow TiB_2 + Al \tag{10-7}$$

反应为强放热反应,形成高而尖的放热峰(见峰 4)。增强体 TiB$_2$ 和 Al$_2$O$_3$ 均为颗粒状,反应结果的显微组织及其对应的 XRD 图如图 10-21 所示,XRD 图进一步表明 Al$_2$O$_3$ 为 α 型结构。

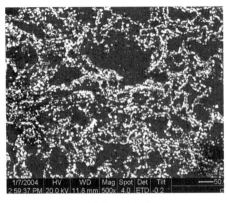

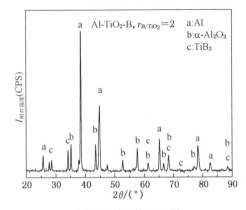

　　　　(a) 反应结果的 SEM 图　　　　　　　　　　(b) 反应结果的 XRD 图

图 10-21　Al-TiO$_2$-B 反应结果的 SEM 图及其对应的 XRD 图

10.3.5 含能材料

含能材料在化学、化工、尤其是军工领域占有非常重要的位置,通过测定和分析含能材料的热分析曲线,可清晰地了解含能材料的热分解过程及其产生热效应的大小,为进一步研究热分解过程的动力学和反应机理提供理论依据。

图 10-22 为含能材料二硝基对二氮己环(1,4 dinitropiperazine,简称 DNP)在不同的升温速率下的 TG 和 DTG 曲线,由 TG 曲线(如图 10-22(a))可知随着升温速率的提高,失重的开始温度逐渐降低,且在失重至原质量的 75% 左右时,失重速度加快,TG 曲线呈现陡降趋势,在失重至原质量的 15% 左右时,DNP 的质量又趋于稳定,TG 曲线趋于水平。曲线的两次急剧变化所发生的温度范围分别在 160℃～220℃ 和 220℃～280℃。DNP 在不同升温速率下的失重速率即 DTG 曲线(如图 10-22(b)),由该图可知随着升温速率的提高,失重速率最大值所在温度逐渐变小,在升温速率分别为 2.5℃/min、5.0℃/min、10℃/min 和 20℃/min 时,其失重速率最高值所对应的温度分别为 245.8℃、225.6℃、220.5℃ 和 205.3℃。

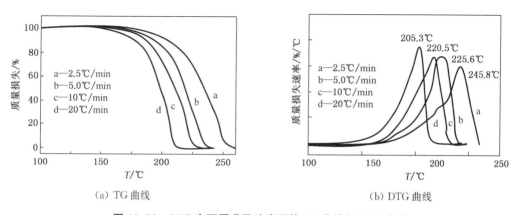

(a) TG 曲线   (b) DTG 曲线

图 10-22　DNP 在不同升温速率下的 TG 曲线和 DTG 曲线

图 10-23 为 DNP 在不同压力下、升温速率为 10℃/min 时的 DSC 曲线。当压力为 2 MPa 时,217.8℃ 处有一个吸热峰,251.2℃ 处有一放热峰,峰顶温度为 283.1℃,热效应的大小即峰面积为 1 346.2 J·g^{-1},而在压力为 0.1 MPa 时,除了在 217.0℃ 左右熔化有一较强的吸热峰

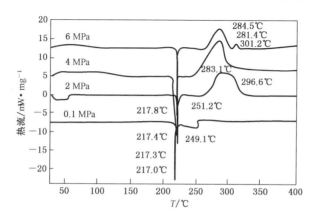

图 10-23　DNP 在不同压力下的 DSC 曲线

外,没有出现明显的放热峰,这意味着 DNP 在升温过程中没有发生放热反应。但随着压力的进一步增加,熔化时的吸热峰基本未变,但放热峰变化较大,特别是在压力为 6 MPa 时,除了一个大的放热峰外,还有一个近邻的放热小峰,表明反应放热过程由两个分反应组成。

10.3.6 反应活化能的计算

反应活化能的大小可以表示反应进行的难易程度,有关活化能的计算在各类化学反应速率、反应机理的研究中应用广泛。运用 DSC 曲线可方便计算反应活化能,具体步骤如下:

(1) 测定不同升温速率下反应过程的 DSC 曲线,并由 DSC 曲线中出现的反应热效应峰,分析总反应可能含有的各分步反应;

(2) 由各反应峰顶所对应的温度 T_m 及升温速率 β,分别计算 $\ln\left(\dfrac{\beta}{T_m^2}\right)$ 和 $\dfrac{1}{T_m}$ 值;

(3) 以 $\ln\left(\dfrac{\beta}{T_m^2}\right)$ 和 $\dfrac{1}{T_m}$ 为纵、横坐标值,作出三个或三个以上不同升温速率下的对应点,并拟合成直线,得其斜率值,代入公式

$$\frac{\mathrm{d}\left(\ln\dfrac{\beta}{T_m^2}\right)}{\mathrm{d}\left(\dfrac{1}{T_m}\right)} = -\frac{E}{R} \tag{10-8}$$

计算反应活化能 E。

显然,当总反应有几个分步反应时,同理可算得各分步反应的活化能。

（a）反应结果的 SEM

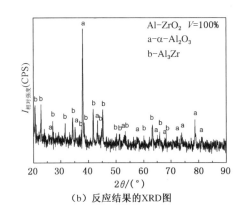
（b）反应结果的 XRD 图

图 10-24 Al-ZrO$_2$ 反应产物的 SEM 照片及其对应的 XRD 图

例如:Al-ZrO$_2$ 体系在一定条件下可发生化学反应,反应产物的 SEM 照片及其对应的 XRD 图(图 10-24),表明反应产物为 α-Al$_2$O$_3$ 和 Al$_3$Zr。图 10-25 显示反应过程由一个吸热反应和两个放热反应组成。显然,吸热峰对应于铝的熔化过程,两个放热峰分别对应于两个分步反应。依据 DSC 曲线,运用淬冷法可以证明两个分步反应为

$$\text{I} \quad 4\mathrm{Al} + 3\mathrm{ZrO}_2 \longrightarrow 2\alpha\text{-}\mathrm{Al}_2\mathrm{O}_3 + 3[\mathrm{Zr}] \tag{10-9}$$

$$\text{II} \quad [\mathrm{Zr}] + 3\mathrm{Al} \longrightarrow \mathrm{Al}_3\mathrm{Zr} \tag{10-10}$$

分别测定升温速率 β 分别为 $10℃/min$、$20℃/min$ 和 $30℃/min$ 时的 DSC 曲线,如图 10-25 (a)、(b)和(c)。由图 10-25 分别得两个分步反应在不同升温速率时的峰顶温度 T_m,计算各自对应的 $\ln\left(\dfrac{\beta}{T_m^2}\right)$ 和 $\dfrac{1}{T_m}$ 值,作图并拟合成直线(如图 10-26),得其斜率,代入公式 10-8,算得两个分步反应的活化能分别为 $315.8~kJ/mol$ 和 $191.1~kJ/mol$。

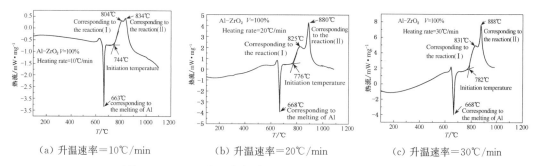

（a）升温速率＝10℃/min   （b）升温速率＝20℃/min   （c）升温速率＝30℃/min

图 10-25　不同升温速率时 Al-ZrO$_2$ 反应过程的 DSC 曲线

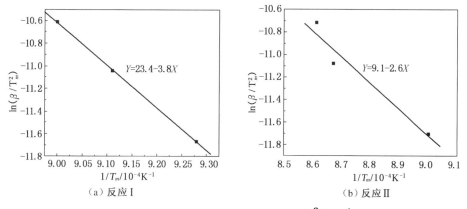

（a）反应 I   （b）反应 II

图 10-26　Al-ZrO$_2$ 体系中两个分步反应的 $\ln\left(\dfrac{\beta}{T_m^2}\right)-\dfrac{1}{T_m}$ 关系曲线

　　总之,热分析技术已广泛应用于材料、物理、化学等各个领域,特别是在材料反应研究中成了不可或缺的有力工具,随着科学技术和计算机技术的迅速发展,热分析技术的精度、灵敏度、重复性必将进一步提高,应用领域也将进一步扩大。

10.4　热分析技术的新发展

　　热分析技术的进展表现在以下两个方面:其一是原来应用较少的热分析方法,因技术进步,现得到了更普遍的应用,如动态热机械分析法等;其二是产生了许多新的热分析方法,如调制差示扫描量热法(Modulated Differential Scanning Calorimetry,MDSC)(或称为动态差示扫描量热法,Dynamic Differential Scanning Calorimetry,DDSC)。一般来说,每种热分析技术只能了解物质性质及其变化的某一或某些方面,解释其结果往往也有局限性。综合运用多种热分析技术,则能获得物质的更多信息,还可以互相补充和互相印证,对所得实验结果的认识也会更全面、更深入,结果更可靠。目前最常见的联用技术是 TG 与 DTA(或 DSC)的联用,形成 TG-DTA、TG-DSC 等联用热分析方法。

10.4.1 联用技术

1979年,著名的英国聚合物实验室率先推出了TG-DSC同时联用仪,即可在同一时间对同一试样完成TG和DSC的测试。这种仪器与热天平相比,主要区别在于将原有的TG试样支持器换成了能同时适用于TG和DSC测试的试样支架,并在电子仪器与记录仪上作了相应的改进。TG-DSC联用具有以下优点:

(1)一次实验可同时获得TG、DSC两种曲线,节约时间,节省试样。

(2)从不同侧面共同反映物质的变化过程,从而有利于对该物质的变化过程进行全面的分析和判断。DSC只能反映焓变而不能反映质量改变;TG只能反映质量改变而不能反映焓变,两者联用,则可同时搞清物质的焓和质量在升温过程中的变化情况。

(3)可消除试样的不均匀性、加热条件和气氛条件的差异以及人为的操作因素对实验结果的影响。

(4)可精确方便地进行温度标定。

图10-27为德国耐驰公司的STA449C型综合热分析仪,主要由加热炉、测量系统、温控系统、记录系统以及气氛装置等组成。该仪器集热重分析仪和差示扫描量热分析仪于一身,可同时获得TG、DSC曲线,测试温度范围:$-120\,℃\sim1\,650\,℃$,TG灵敏度为1 digit/$1.25\,\mu g$,DSC分辨率$1\,\mu W$,还备有TG、TG-DSC、TG-DTA、TG-DSC(C_p)等支架,广泛应用于材料、冶金、地矿等领域。

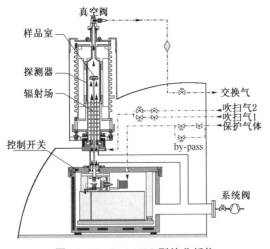

图10-27 STA449C型热分析仪

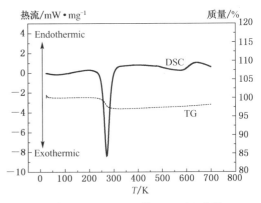

图10-28 Mg_2Ni的TG-DSC曲线

氢气氛下机械球磨Mg_2Ni,通过STA449C综合热分析仪的测试,同时得到TG和DSC两条曲线如图10-28所示。从TG曲线直观地看出,由于温度升高储氢合金逐渐放出氢气的同时,与之对应的DSC曲线相同温度段出现了一个明显的放热峰,表明合金排氢时为放热过程,如此对照,使研究和分析更加便捷和直观。

另外,TG-DSC同时联用技术还可用于测定吸潮聚合物的物理性能随温度的变化关系,获得相关物理性能参数;用于判断DSC纯度测定所得结果的有效性等。

10.4.2　温度调制式差示扫描量热技术

DSC 的热流量反映的是表观现象,对于发生在同样温度范围内的多重转变过程还不能从本质上给出一个准确的解释,也无法同时获得高灵敏度和高分辨率。对于一些微弱转变的表征在很大程度上还受到基线斜率和稳定性的影响。此外,传统 DSC 无法测量材料在恒温下的比热容变化。这些问题均限制了该技术的应用。20 世纪 90 年代,由 M. Reading 等人发展的“调制温度式差示扫描量热仪”(Modulated Differential Scanning Calorimetry, MDSC)很好地解决了这些问题。MDSC 是在线性加热的基础上又叠加了一个正弦振荡方式的加热,如图 10-29 所示,所以当缓慢线性加热时,可得到高的分辨率;同时正弦振荡方式加热时,又造成了瞬间剧烈的温度变化,故可获得较佳的灵敏度,因而弥补了传统 DSC 不能同时具备高灵敏度和高分辨率的不足。然后再运用傅里叶变换可将总热流分解成可逆成分和不可逆成分,从而将许多重叠的转变分开,据此可对材料的结构和特性作进一步的分析。

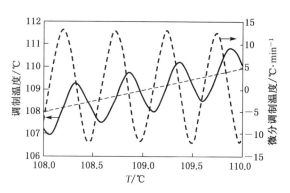

图 10-29　线性叠加正弦波的升温曲线

10.4.3　动态热机械分析技术

动态热机械法(Dynamic Thermal Mechanometry)是指让试样处于程序控温下,测量试样物质在振动负荷下的动态模量和力学损耗随温度变化的一种技术。事实上,动态热机械分析仪是在热机械分析仪基础上附加了一个加力电动机,在加力电动机中通入低频交流电,产生交变力叠加在试样上,这样就可测量材料的动态力学性能。它与差热分析方法不同,动态热机械分析法测定的不是温度、热焓等热力学参数,而是材料的力学性能参数如模量、内耗等。内耗科学在金属、高分子材料和生物材料等方面的发展较为突出,在钢铁、橡胶、纤维和涂料等方面应用广泛,特别适合于高聚物的固化、交联、结晶、玻璃化转变、热稳定性、老化等方面的研究。动态热机械分析仪通常有 4 种类型:①自由衰减振荡式,如扭摆仪、扭辫仪等;②共振式,如振动笛仪等;③非共振强迫振动式,如动态黏弹仪等;④波传播式,如动态模量测试仪等。

本 章 小 结

热分析技术是在程序控制温度下,测量试样的物理性质随温度变化的一种技术,它已成了材料研究领域中的重要手段之一,特别是在升温或降温过程中材料内部发生热效应时,热分析技术更显其独特的作用。通过热分析曲线,可以分析被测试样的某种物理性质随温度或时间的变化规律,常用的热分析方法有以下 3 种:即 TG 热重分析法、DTA 差热分析法、DSC 差示扫描量热法,现小结如下:

热重法——TG(Thermogravitry)

    测量对象：试样的质量。

    测量原理：在程序控温条件下，测量试样的质量随温度或时间变化的函数关系。

    温度范围：20℃～1 000℃

      特点：操作简单、使用方便，无参比物，分析精度高。

    应用范围：有质量变化的过程分析，如熔点、沸点的测定；热分解反应过程分析、脱水量测定等；有挥发性物质产生的固相反应及气-固反应等。

差热法——DTA(Differential Thermal Analysis)

    测量对象：试样与参比物之间的温差。

    测量原理：在程序控温条件下，测量试样与参比物之间的温差随温度或时间变化的函数关系。

    温度范围：20℃～1 600℃

      特点：操作方便快捷，曲线的物理意义清晰，试样用量少，适用范围广。

      仪器常数 K 假定为定值，实为随温度而变化的量，定量分析精度低，主要用于定性分析。

    应用范围：熔化、结晶转变、二级转变、氧化还原反应、裂解反应等。

差示扫描量热法——DSC(Differential Scanning Calorimetry)

    测量对象：热流量。

    测量原理：在程序控温条件下，测量输入到试样与参比物的功率差随温度或时间变化的函数关系。

    温度范围：−120℃～1 650℃

      特点：操作方便快捷，曲线的物理意义清晰，试样用量少，适用范围广。基本保持了 DTA 的优点，同时通过功率补偿方式，弥补了仪器常数的变化对热效应测量的影响，仪器常数为定值了。

    应用范围：应用范围与 DTA 大致相同，但能定量测定多种热力学和动力学参数，如反应活化能、比热容、反应热、转变热、反应速度、玻璃转化温度、高聚物的结晶度等。

热分析技术及应用

思 考 题

10.1 简述热分析的定义和内涵。

10.2 简述热重分析、差热分析和差示扫描量热分析的定义和原理各是什么？

10.3 举例说明热分析在金属玻璃研究中的应用。

10.4 比较 DSC 曲线与 DTA 曲线的异同点。

10.5 什么是 DSC 曲线的基线，基线的影响因素有哪些？

10.6 DTA 与 DSC 曲线中，峰的含义有何不同？ 峰的面积能否直接用于表征试样的热效应？

10.7 热重法与微分热重法的区别是什么？

10.8 综合热分析相比于单一热分析有何优点？

10.9 对热电偶的材料有何要求？

10.10 DTA 分析中，对参比物和加热炉各有何要求？

10.11 差热电偶与一般热电偶的区别是什么？

10.12 简述热分析技术在材料研究中的应用。

11　电子背散射衍射

　　材料的微观组织形貌、晶体结构与取向分布、化学成分是决定材料各类性能的关键。准确表征这些参数对全面认识材料制备以及材料结构-性能关系至关重要。通过扫描电镜和透射电镜可以获得微观组织形貌,而利用能谱技术可以确定材料的微区成分。测定材料的晶体结构与取向分布的传统方法主要是 X 射线衍射和透射电镜的电子衍射。X 射线衍射技术仅能获得结构和取向的宏观统计信息,不能将这些信息与微观组织形貌相对应;而透射电镜的电子衍射和衍衬分析相结合,可同时获取组织形貌和晶体结构及取向信息,但所得信息往往过于局域,不具宏观统计意义。

　　电子背散射衍射(Electron Backscatter Diffraction,EBSD)利用扫描电镜中电子束在样品表面所激发背散射电子的菊池衍射谱,分析晶体结构、取向及相关信息。通过电子束扫描,EBSD 逐点获取样品表面晶体取向的定量数据,并转化为图像,故也称为取向成像显微术(Orientation Imaging Microscopy,OIM)。取向成像不仅提供晶粒、亚晶粒和相的形状、尺寸及分布等形貌类信息,还提供包括晶体结构、晶粒取向、相邻晶粒取向差等定量的晶体学信息。同时,可以方便地利用极图、反极图或取向分布函数显示晶粒取向或取向差分布。目前,EBSD 已成功用于各类材料(如金属、陶瓷、矿物等)的结构分析,解决材料形变、再结晶、相变、断裂、腐蚀等各领域问题。

　　相对于其他表征技术,EBSD 原理和分析方法较为复杂,熟练的应用往往要求使用者掌握更多的晶体学基础知识。本章将主要介绍 EBSD 的基本原理和硬件系统组成,讨论菊池带的识别标定以及晶体取向确定方法,最后举例说明 EBSD 在材料研究中的应用。

11.1　基本原理

　　在透射电子显微镜中,入射到试样中的多数电子受到原子的散射作用而损失部分能量,即发生非弹性散射。这些非弹性散射电子中,总有一部分电子相对某一$(h\,k\,l)$晶面满足布拉格条件而发生衍射。非弹性散射电子相对晶面再次衍射的结果是产生一对对与衍射晶面相对应的平行衍射线,称之为菊池带(Kikuchi Band),或菊池线对,原理见 §6.9。当试样微小倾转时,菊池线对会有较大幅度扫动,故对晶面的取向十分敏感。与透射电镜相似,扫描电镜中电子束作用试样后同样也会产生非弹性散射电子,能量略有减小的非弹性散射电子也会满足布拉格衍射条件发生菊池衍射,这部分产生菊池衍射的背散射电子逸出样品表面,出射至荧光屏上,形成电子背散射衍射花样,该花样被 CCD 相机摄下,并由数据采集系统扣除背底并进行 Hough 变换,自动识别谱线标定。当电子束在样品表面进行面扫描时,通过数据采集系统的自动识别,标定样品每一分析点的衍射花样,从而获得各点的晶体结构和晶体取向等信息。

　　与透射电镜下的菊池带相比,扫描电镜下的菊池带具有以下特征:①EBSD 图捕获的角度范围比透射电镜下大得多,可超过 70°,而透射电镜下约 20°,这是实验设计所致,便于标定或鉴别对称元素;②EBSD下的菊池带没有透射电镜下的清晰,这是电子传输函数不同所致。带的亮度高,带的边线强度低,透射电镜下菊池带测量的精度更高。

EBSD技术利用菊池带对晶体取向变化敏感的特性,通过逐点分析试样表面产生的菊池带,获得丰富的晶体取向信息。这项技术发展于透射电镜中薄膜样品的小角菊池衍射,并且人们也是借助大量透射电镜下对菊池带的认识和理论分析EBSD的菊池花样。

11.1.1　电子背散射衍射(EBSD)

在扫描电镜中,入射电子束与样品表面作用也会产生大量沿各个方向运动的非弹性散射电子。这些非弹性散射电子入射到某一晶面亦可能发生类似于透射电镜下的菊池衍射。但是发生菊池衍射的背散射电子从试样表面逸出之前,要经历较长路径而可能被样品大量吸收,因此难以产生足够强的衍射信号。为了缩短电子运动路径,让更多的背散射电子参与衍射而获得更强的衍射信号,需要将样品倾转至 70°左右,如图 11-1 所示。透射电镜下菊池衍射方向与电子束入射方向夹角很小,而扫描电子下菊池衍射方向与电子束入射方向的夹角极大,因此称为背散射衍射或高角菊池衍射。20 世纪 50 年代初,Alam 等人首先系统研究背散射电子衍射得到的高角菊池花样。图 11-2 显示了实验获取的一幅 316L 不锈钢的 EBSD 花样。扫描电镜的相机长度 L(即样品到衍射谱探测器的距离)较小,EBSD 衍射谱角域比透射电镜菊池谱宽得多,因此图 11-2 中可看到多组相交的菊池带。每条菊池带的中心线对应着一个反射晶面。菊池带相交点称为区轴(Zone Axis)。相交于同一区轴的菊池带所对应晶面亦属于同一晶带,区轴实际上对应于该晶带的晶带轴。

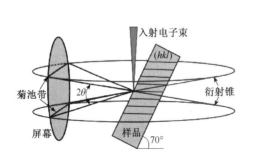 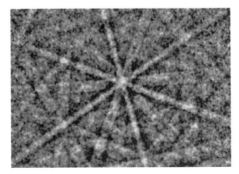

图 11-1　EBSD 衍射谱形成几何　　　　图 11-2　316L 不锈钢的 EBSD 花样

11.1.2　扫描电镜的透射菊池衍射

尽管 EBSD 技术获得显著的发展,传统 EBSD 的分辨率仍受限于电子束与样品较大的交互作用体积,不足以准确分析平均晶粒尺寸小于 100 nm 的纳米结构材料。近几年来,Trimby 发展了基于扫描电镜的透射菊池衍射(Transmission Kikuchi Diffraction,TKD)方法[77]。这项技术利用电子透明的透射电镜薄膜样品和传统的 EBSD 硬件和软件,其测试装置如图11-3(a)所示。薄膜样品垂直于传统 EBSD 样品方向放置,即相当于倾转了 20°,如图 11-3(b)所示。因此,电子束以较高角度入射样品,有助于降低交互作用体积,提高菊池衍射分析的空间分辨率。传统 EBSD 的衍射电子信号主要来自样品的上表面(反射面),而透射菊池衍射则主要发生于样品的下表面(透射面)。

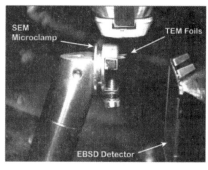

(a) 透射菊池衍射实验装置图

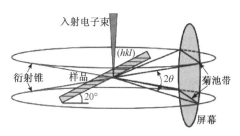

(b) 透射菊池衍射几何示意图

图 11-3　扫描电镜中透射菊池衍射

11.2　EBSD 仪器简介

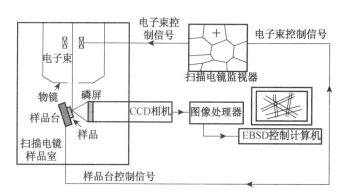

图 11-4　EBSD 系统的结构示意图

EBSD 系统由三部分组成:扫描电镜、图像采集设备以及软件系统。它们组成一个整体,其相互关系如图 11-4 所示。通常实验室中可能已配置扫描电镜。只要扫描电镜满足 EBSD 系统的控制要求,如电子光学系统计算机自动化控制并可受外部调节、加速电压可调、具有良好的电子束聚焦性能等,可以将 EBSD 系统作为附件安装于扫描电镜上。这样,扫描电镜不但能给出块体试样表面的形貌图像、成分分布,还可以给出电子束照射位置的晶体学信息。

EBSD 系统的核心是通过图像采集设备实现衍射谱的快速采集和分析。图像采集设备即 EBSD 探头,包括探头外表面的透明磷屏幕、屏幕后面的高灵敏度 CCD 相机以及配套的图像处理器。磷屏幕被入射电子撞击后对外发射出与入射电子数目成正比的可见光子,因此电子束与倾斜样品表面作用后产生的 EBSD 衍射谱到达磷屏后被转变为可见光图像,经 CCD 相机数字化采集后由图像处理器传输到计算机内存中。EBSD 探头从扫描电镜样品室的侧面(或后面)与电镜相连,使用时可手动或电动方式插入到预先设定的位置。磷屏通常平行于电子束和样品倾转轴。同时为了提高成像衬度,帮助寻找感兴趣的区域,EBSD 探头的周边通常还会再布置一组前置背散射电子探头。这些探头由于安装在有利于探测到大角度倾转样品背散射电子信号的前置位置,所采集图像具有更高组织衬度,有助于预览 EBSD 分析区域的微观组织。

图 11-5(a)为牛津仪器的 HKL Max EBSD 探头位于扫描电镜样品室外的部分。图 11-5(b)显示了 EBSD 探头深入样品室后,扫描电镜的物镜、倾转样品和 EBSD 探头三者的几何位置。

EBSD 系统还必须包含保证系统运行的控制软件和应用软件。这些软件实现 EBSD 谱图像采集的自动化控制、衍射谱自动标定和晶粒取向确定以及丰富的数据后处理,如织构计算、晶粒取向彩色绘图、晶界取向差分析等。

EBSD 系统支持两种计算机控制的自动扫描模式,即样品台扫描和电子束扫描。样品台扫描模式保持细聚焦电子束静止不动,而借助样品台平移实现不同样品位置衍射谱的采集。电子束扫描模式则保持样品台上样品静止不动,而借助扫描电镜偏转线圈实现细聚焦电子束在样品表面扫描并采集扫描位置的衍射谱。样品台扫描模式适合较大面积样品的分析,例如织构分析。在不同测量点,衍射几何参数,例如衍射谱中心位置、衍射点源到磷屏的距离、背底强度以及聚焦条件等均保持不变,因此衍射谱不存在几何畸变。电子束扫描模式则能够实现测量点的快速准确定位。但是,随着电子束的倾转,衍射几何参数均发生明显的变化,因此要求采集控制软件具有自动实时标定和动态聚焦的功能,否则测量会存在较大的误差甚至导致衍射谱无法成功标定。电子束扫描模式通常更适合小视场内的高分辨分析。

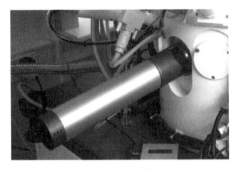

(a) EBSD 探头外部　　　　　　　(b) EBSD 探头在样品室里的布局

图 11-5　EBSD 探头

11.3　EBSD 衍射谱标定与晶体取向确定

EBSD 分析的核心是标定 EBSD 探头所采集到的衍射谱并确定晶体取向。商业化的 EBSD 系统均提供了自动标定菊池谱和确定晶体取向的程序。一般的 EBSD 使用者只要懂得如何操作分析程序,并不需要了解具体的工作原理。但是,理解其基本原理对开展更专业的 EBSD 分析还是大有裨益的。本节简单介绍 EBSD 衍射谱标定和晶体取向确定的基本原理。

11.3.1　EBSD 衍射谱标定

衍射谱的标定指的是确定谱中各菊池带的晶面指数。进行衍射谱标定的第一步是识别衍射谱的各个菊池带。早期,这项工作需要人工通过鼠标等工具标识菊池带,因此效率低下。为了摆脱繁重单调的手工标定过程,人们逐步探索自动提取菊池带的方法,并发展了所谓的 Burns 法和 Hough 变换法。这些方法本质上属于数字图像处理技术。实践证明 Hough 变换法比 Burns 法更可靠,可有效确定更弱的菊池带,并且自动识别时间更短,因此被广泛应用于多数 EBSD 分析软件。

Hough 变换将菊池谱的某一点坐标 (x, y) 按公式 $\rho = x \cos \theta + y \sin \theta$ 转变为 Hough 空间 (θ, ρ) 的一条正弦曲线,如图 11-6 所示。原始图像同一直线上的不同点对应的 Hough 空间正弦曲线相交于同一点。交点坐标 θ 为该直线的垂直线与 x 轴的夹角,ρ 为坐标原点到该直线的距离(若垂足与垂线所指正方向不在同一侧,ρ 取负值)。

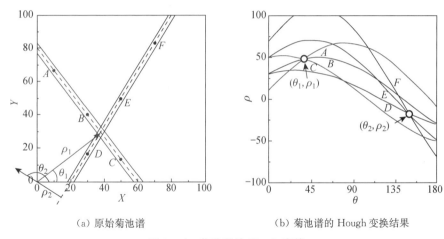

(a) 原始菊池谱　　　　　　　　　　(b) 菊池谱的 Hough 变换结果

图 11-6　菊池谱的 Hough 变换

　　衍射谱的 Hough 变换首先将 Hough 空间分割为离散的格子。例如，θ 轴每格 $1°$ 为 1 格，而 ρ 则在取值范围（$\rho_{min}-\rho_{max}$）内分为 100 格。然后衍射谱中 (x, y) 坐标位置的亮度值被添加到 Hough 空间对应的正弦曲线所穿过的所有格子中。这样，菊池带两条边界的暗线和中心的亮线被叠加到 Hough 空间中对应正弦曲线交点所在格子上，形成两个暗点和一个亮点。图 11-7(a) 和 (b) 分别为实验采集到的 EBSD 衍射谱和对应的 Hough 变换图像。背散射菊池带通常比较弥散，在 Hough 变换图像显示为"蝴蝶结"的图案。因此，菊池带定位转变为寻找 Hough 变换图像最亮点或"蝴蝶结"图案的位置。利用数字图像识别技术，将 Hough 变换图像与"蝴蝶结"蒙板图案卷积可以确定菊池带的准确位置坐标 (ρ, θ)。图 11-7(c) 显示利用 Hough 变换识别到的 5 条亮度最高的菊池带。

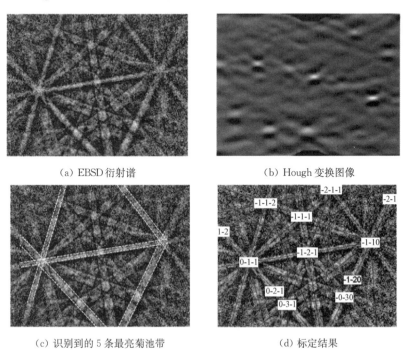

(a) EBSD 衍射谱　　　　　　　　　　(b) Hough 变换图像

(c) 识别到的 5 条最亮菊池带　　　　　　(d) 标定结果

图 11-7　EBSD 衍射谱中菊池带的识别

衍射谱标定的下一步是确定各菊池带对应晶面的晶面指数（hkl）。透射电镜中菊池带晶面指数可以利用菊池带宽度（即亮线和暗线的距离，正比于晶面间距）或角度确定。但是，由于放大倍率较低（相机长度 L 较短），扫描电镜 EBSD 衍射谱中菊池带宽度的测量精度较低，不足以准确标定晶面指数。因此，一般利用测量精度较高的晶面夹角。另外，由于采集角域较宽，EBSD 谱中两条菊池带的夹角并不等于对应晶面的夹角，因此其晶面夹角的确定也更复杂。根据背散射菊池带形成的几何关系，以及菊池带在衍射谱中的位置信息，还是可以计算出两条菊池带对应晶面的夹角。这里我们介绍一种根据 Hough 变换确定的菊池带位置坐标（θ, ρ）确定对应晶面的法线方向 $\boldsymbol{n}$，再计算出晶面夹角的方法。文献中也存在其他的分析方法，但基本原理是一致的。

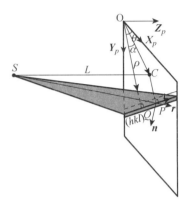

图 11-8　EBSD 菊池带标定示意图

如图 11-8 所示，衍射谱中菊池带由样品表面源点 S 发射并与磷屏相交，C 点为整个衍射谱的中心点，即磷屏与源点的最近距离（显然 $\overrightarrow{SC}$ 垂直于磷屏），据此建立衍射谱直角坐标系 CS_p，其坐标轴 $\boldsymbol{Z}_p$ 平行于 $\overrightarrow{SC}$，坐标平面 OX_pY_p 与磷屏重叠。对于谱中的某一菊池带，其位置坐标为（ρ,θ），那么由坐标原点作菊池带中心线的垂线 OQ，则 $OQ = \rho$，OQ 与 $\boldsymbol{X}_p$ 的夹角为 θ，$\overrightarrow{OQ}$ 对应的单位方向矢量 $\boldsymbol{m} = \cos\theta\,\boldsymbol{X}_p + \sin\theta\,\boldsymbol{Y}_p$。同样，由衍射谱中心 C 作菊池带中心线的垂线 CP，CP 与 $\boldsymbol{X}_p$ 的夹角也为 θ，并且有

$$CP = OQ - OC \cos\alpha = OQ - \overrightarrow{OC} \cdot \boldsymbol{m} = \rho - x_c \cos\theta - y_c \sin\theta \qquad (11\text{-}1)$$

式中，α 为 OC 与 OQ 的夹角，（x_c, y_c）为 C 点的坐标。显然，$\overrightarrow{SP}$ 为该菊池带所对应晶面内的一条直线，并且

$$\overrightarrow{SP} = \overrightarrow{CP} + \overrightarrow{SC} = CP \cos\theta\,\boldsymbol{X}_p + CP \sin\theta\,\boldsymbol{Y}_p + L\boldsymbol{Z}_p \qquad (11\text{-}2)$$

式中，L 为衍射源点 S 到衍射谱中心 C 的距离。$\overrightarrow{SP}$ 对应的单位方向矢量为

$$\boldsymbol{r} = \frac{\overrightarrow{SP}}{|\overrightarrow{SP}|} \qquad (11\text{-}3)$$

另外，菊池带中心线实际上即为所对应晶面与磷屏的交线，因此也是所对应晶面内的一条直线。由于该交线与 OQ 垂直，其单位方向矢量为

$$\boldsymbol{t} = \sin\theta\,\boldsymbol{X}_p - \cos\theta\,\boldsymbol{Y}_p \qquad (11\text{-}4)$$

晶面的法线方向 $\boldsymbol{n}$ 必定同时垂直于其面内直线 $\boldsymbol{r}$ 和 $\boldsymbol{t}$，因此

$$\boldsymbol{n} = \boldsymbol{r} \times \boldsymbol{t} \qquad (11\text{-}5)$$

结合公式(11-1)～式(11-5)，只要确定某一菊池带的位置参数（ρ, θ）和衍射谱几何参数，即源点到谱中心距离 L 以及谱中心的坐标（x_c, y_c），就可以计算出对应晶面在衍射谱坐标系中的单位方向矢量 $\boldsymbol{n}$。L 和（x_c, y_c）在开始 EBSD 测试之前均需要事先准确标定，因此在标定菊池带时可视为已知量。

为了确定衍射谱中各菊池带对应的晶面指数，需要至少获取三条菊池带，并根据前文介

绍的方法计算对应晶面的法向矢量 $\boldsymbol{n}_1$、$\boldsymbol{n}_2$ 和 $\boldsymbol{n}_3$。这些晶面两两之间的夹角即其法向方向的夹角，可通过法向矢量的点乘计算，$\alpha_{12} = \arccos(\boldsymbol{n}_1 \cdot \boldsymbol{n}_2)$，$\alpha_{23} = \arccos(\boldsymbol{n}_2 \cdot \boldsymbol{n}_3)$，$\alpha_{31} = \arccos(\boldsymbol{n}_3 \cdot \boldsymbol{n}_1)$。对于已知晶体结构的晶胞类型和点阵常数，可以根据理论的晶面夹角公式计算出两两晶面之间的夹角，形成比对数据表格。将测量得到的 α_{12}、α_{23} 和 α_{31} 与理论计算的数据表格对比，可以获得满足夹角关系并且相互自洽的三个晶面的晶面指数 $(h_1 k_1 l_1)$、$(h_2 k_2 l_2)$ 和 $(h_3 k_3 l_3)$，此即为三条菊池带对应的晶面指数的一组解。实践中，由于不可避免的测量误差，仅根据三条菊池带往往得到多组可能的解。为了获得准确的唯一解，通常采用"投票"算法。该算法要求至少提取衍射谱中最亮 5 条菊池带。从中选择三条菊池带并标定，获得多组解，每组解均视为可能的解，并计票。对 5 条（或更多）菊池带进行排列组合并分别求解，统计所有可能解的得票数。最终获票最多的解为准确解，因为它满足最多的菊池带组合。这样，我们就标定出 EBSD 衍射谱中各菊池带的晶面指数，同时也确定各菊池带在衍射谱坐标系中的单位方向矢量。图 11-7(d) 所示为图 11-7(a) 衍射谱的标定结果。

11.3.2 晶体取向确定

晶体取向指晶体空间点阵在样品坐标系的相对位向，一般用样品宏观坐标系向晶体微观坐标系的旋转变换矩阵 $\boldsymbol{g}$ 或欧拉角 $(\varphi_1, \Phi, \varphi_2)$ 表示。下面介绍如何根据指标化的菊池带确定晶体取向。

由于样品被倾转 $70°$，样品表面不再与 EBSD 探测器磷屏平行，扫描电镜下利用 EBSD 确定晶粒取向的过程需要进行相对复杂的坐标变换。如图 11-9 所示，坐标变换涉及以下 4 个坐标系：① 样品坐标系 CS_s，其 $\boldsymbol{Z}_s$ 坐标轴一般垂直于样品表面，$\boldsymbol{X}_s$ 和 $\boldsymbol{Y}_s$ 坐标轴平行样品平面内两个宏观特征方向。例如，对于轧制平板样品，可取 $\boldsymbol{Z}_s$ // 轧面法向 ND，$\boldsymbol{X}_s$ // 轧制方向 RD，$\boldsymbol{Y}_s$ // 轧面横向 TD。② 显微镜坐标系 CS_m，其 $\boldsymbol{Z}_m$ 坐标轴与电子束入射方向反平行，$\boldsymbol{X}_m$ 坐标轴平行于样品的倾转轴。③ 前文定义的衍射谱坐标系 CS_p。④ 晶体坐标系 CS_c，即固结于晶体点阵的坐标系。这样，由样品坐标系到晶体坐标系的取向矩阵 $\boldsymbol{g}$，可以分解为样品坐标系至显微镜坐标系的变换矩阵 $\boldsymbol{g}_1$，显微镜坐标系至衍射谱坐标系的变换矩阵 $\boldsymbol{g}_2$，以及衍射谱坐标系至晶体坐标系 $\boldsymbol{g}_3$ 的组合操作，即

$$\boldsymbol{g} = \boldsymbol{g}_3 \cdot \boldsymbol{g}_2 \cdot \boldsymbol{g}_1 \tag{11-6}$$

由于各扫描电镜厂家留给 EBSD 探头接口的几何位置不同，这几个坐标系具有不同的变换关系。但是一旦 EBSD 硬件系统和样品安装完毕，具体的变换矩阵是确定的。这里以图 11-9 所示的简单几何关系为例，分析各坐标系的变换矩阵。假设样品的倾转角度为 α（一般为 $70°$），则

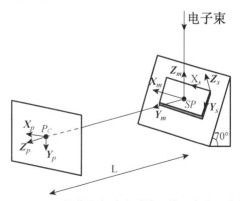

图 11-9　EBSD 晶体取向确定时涉及的 3 个宏观坐标系

（样品坐标系 CS_s；显微镜坐标系 CS_m；衍射谱坐标系 CS_p）

$$\boldsymbol{g}_1 = \begin{pmatrix} 1 & 0 & 0 \\ 0 & \cos\alpha & -\sin\alpha \\ 0 & \sin\alpha & \cos\alpha \end{pmatrix} \tag{11-7}$$

而图 11-9 中 EBSD 探测器磷屏平行于入射电子束(即平行于 $\boldsymbol{Z}_m$ 坐标轴)和倾转轴(即平行于 $\boldsymbol{X}_m$ 坐标轴),则

$$\boldsymbol{g}_2 = \begin{pmatrix} 1 & 0 & 0 \\ 0 & 0 & 1 \\ 0 & -1 & 0 \end{pmatrix} \tag{11-8}$$

最后还必须建立衍射谱坐标系 CS_p 至晶体坐标系 CS_c 的变换矩阵 $\boldsymbol{g}_3$。实际上,通过衍射谱菊池带的自动识别和标定,我们已经获得这两个坐标系的对应关系,即三条菊池带所对应晶面的法线方向在衍射谱坐标系 CS_p 的单位矢量 $\boldsymbol{n}_1^p = (x_1^p,\ y_1^p,\ z_1^p)$、$\boldsymbol{n}_2^p = (x_2^p,\ y_2^p,\ z_2^p)$、$\boldsymbol{n}_3^p = (x_3^p,\ y_3^p,\ z_3^p)$ 以及这些晶面的晶面指数 $(h_1k_1l_1)$、$(h_2k_2l_2)$、$(h_3k_3l_3)$,其法线方向在晶体倒易空间中可以表示成 $\boldsymbol{n}_1^c = h_1\boldsymbol{a}^* + k_1\boldsymbol{b}^* + l_1\boldsymbol{c}^*$、$\boldsymbol{n}_2^c = h_2\boldsymbol{a}^* + k_2\boldsymbol{b}^* + l_2\boldsymbol{c}^*$、$\boldsymbol{n}_3^c = h_3\boldsymbol{a}^* + k_3\boldsymbol{b}^* + l_3\boldsymbol{c}^*$,$\boldsymbol{a}^*$、$\boldsymbol{b}^*$ 和 $\boldsymbol{c}^*$ 为倒易点阵基矢量。一般情况下,倒易点阵基矢量并不正交。因此,还必须建立一个合适的直角坐标系,并把方向矢量 $\boldsymbol{n}_1^c$、$\boldsymbol{n}_2^c$、$\boldsymbol{n}_3^c$ 变换到该坐标系。图 11-10 为常见的建立晶体直角坐标系的一种方法,即

$$\left. \begin{aligned} \boldsymbol{X}_c &= \frac{\boldsymbol{a}}{|\boldsymbol{a}|} \\ \boldsymbol{Y}_c &= \boldsymbol{Z}_c \times \boldsymbol{X}_c \\ \boldsymbol{Z}_c &= \frac{\boldsymbol{c}^*}{|\boldsymbol{c}^*|} \end{aligned} \right\} \tag{11-9}$$

式中,$\boldsymbol{a}$、$\boldsymbol{b}$ 和 $\boldsymbol{c}$ 分别为晶体正空间点阵的基矢量,$\boldsymbol{X}_c$、$\boldsymbol{Y}_c$ 和 $\boldsymbol{Z}_c$ 为晶体直角坐标系的基矢量。倒易矢量 $\boldsymbol{n} = h\boldsymbol{a}^* + k\boldsymbol{b}^* + l\boldsymbol{c}^*$ 在晶体直角坐标系的坐标 (h',k',l') 可由以下公式计算得到[33]:

$$\begin{pmatrix} h' \\ k' \\ l' \end{pmatrix} = \begin{pmatrix} \dfrac{1}{a} & 0 & 0 \\ -\dfrac{1}{a\tan\gamma} & \dfrac{1}{b\sin\gamma} & 0 \\ \dfrac{bcF(\gamma,\alpha,\beta)}{\Omega\sin\gamma} & \dfrac{acF(\beta,\gamma,\alpha)}{\Omega\sin\gamma} & \dfrac{ab\sin\gamma}{\Omega} \end{pmatrix} \begin{pmatrix} h \\ k \\ l \end{pmatrix} \tag{11-10}$$

式中,a、b、c、α、β、γ 为晶格常数,Ω 为晶胞体积,函数 $F(\alpha,\beta,\gamma)$ 为

$$F(\alpha,\beta,\gamma) = \cos\alpha\cos\beta - \cos\gamma \tag{11-11}$$

将坐标 (h',k',l') 归一化,可得到 (hkl) 晶面法线方向单位矢量在晶体坐标系中的坐标 $(x^c,y^c,z^c) = (h'^2 + k'^2 + l'^2)^{-1/2}(h',k',l')$。

通过以上变换,三个菊池带对应晶面的法向单位矢量在晶体坐标系中可以表示为 $\boldsymbol{n}_1^c = (x_1^c,y_1^c,z_1^c)$、$\boldsymbol{n}_2^c = (x_2^c,y_2^c,z_2^c)$、$\boldsymbol{n}_3^c = (x_3^c,y_3^c,z_3^c)$。根据旋转矩阵的定义,它们实际上即为这些矢量在衍射谱坐标系中的坐标经旋转矩阵 $\boldsymbol{g}_3$ 变换的结果,即

$$\begin{bmatrix} x_1^c & x_2^c & x_3^c \\ y_1^c & y_2^c & y_3^c \\ z_1^c & z_2^c & z_3^c \end{bmatrix} = \boldsymbol{g}_3 \begin{bmatrix} x_1^p & x_2^p & x_3^p \\ y_1^p & y_2^p & y_3^p \\ z_1^p & z_2^p & z_3^p \end{bmatrix} \tag{11-12}$$

于是有

$$\boldsymbol{g}_3 = \begin{bmatrix} x_1^c & x_2^c & x_3^c \\ y_1^c & y_2^c & y_3^c \\ z_1^c & z_2^c & z_3^c \end{bmatrix} \begin{bmatrix} x_1^p & x_2^p & x_3^p \\ y_1^p & y_2^p & y_3^p \\ z_1^p & z_2^p & z_3^p \end{bmatrix}^{-1} \tag{11-13}$$

可见,为了求解转换矩阵 $\boldsymbol{g}_3$,必须计算公式(11-13)中衍射谱坐标系坐标构成的矩阵的逆矩阵,再右乘晶体坐标系坐标构成的矩阵。逆矩阵的计算是较复杂的过程。考虑到正交归一矩阵的逆矩阵即为其转置矩阵,通过以下变换可以获得两个坐标系中三个正交单位矢量,从而把公式(11-12)右边的矩阵转为正交归一矩阵,从而简化计算过程:

$$\tilde{\boldsymbol{n}}_1^p = \boldsymbol{n}_1^p \times \boldsymbol{n}_2^p, \quad \tilde{\boldsymbol{n}}_2^p = \tilde{\boldsymbol{n}}_1^p \times \boldsymbol{n}_3^p, \quad \tilde{\boldsymbol{n}}_3^p = \tilde{\boldsymbol{n}}_1^p \times \tilde{\boldsymbol{n}}_2^p \tag{11-14}$$

对晶体坐标系也做相应的矢量变换:

$$\tilde{\boldsymbol{n}}_1^c = \boldsymbol{n}_1^c \times \boldsymbol{n}_2^c, \quad \tilde{\boldsymbol{n}}_2^c = \tilde{\boldsymbol{n}}_1^c \times \boldsymbol{n}_3^c, \quad \tilde{\boldsymbol{n}}_3^c = \tilde{\boldsymbol{n}}_1^c \times \tilde{\boldsymbol{n}}_2^c \tag{11-15}$$

最终有

$$\boldsymbol{g}_3 = \begin{bmatrix} \tilde{x}_1^c & \tilde{x}_2^c & \tilde{x}_3^c \\ \tilde{y}_1^c & \tilde{y}_2^c & \tilde{y}_3^c \\ \tilde{z}_1^c & \tilde{z}_2^c & \tilde{z}_3^c \end{bmatrix} \begin{bmatrix} \tilde{x}_1^p & \tilde{y}_1^p & \tilde{z}_1^p \\ \tilde{x}_2^p & \tilde{y}_2^p & \tilde{z}_2^p \\ \tilde{x}_3^p & \tilde{y}_3^p & \tilde{z}_3^p \end{bmatrix} \tag{11-16}$$

获得三个转换矩阵 $\boldsymbol{g}_1$、$\boldsymbol{g}_2$ 和 $\boldsymbol{g}_3$,即可根据公式(11-6)计算出晶体取向矩阵 $\boldsymbol{g}$。而取向矩阵可以方便地转变为 Euler 角、旋转轴角对、Miller 指数等其他晶体取向表示方式。

综合以上分析,EBSD 衍射谱线的识别标定和晶体取向的确定涉及大量计算。因此,需要编写计算机程序来实现整个计算过程。好在目前商业化 EBSD 系统均提供了稳定可靠的应用软件,用于实现衍射谱自动标定和晶体取

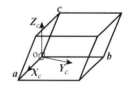

图 11-10　晶体直角坐标系的建立

向的计算。随着硬件的发展,目前 EBSD 系统每秒可分析 200 数据点,一些高速 EBSD 甚至实现接近 1 000 点/s 的分析速率,因此 EBSD 已成为一项方便的晶体取向表征技术。

11.4　EBSD 分辨率

EBSD 的空间分辨率远低于扫描电镜的图像分辨率。目前,即使是场发射枪扫描电镜,EBSD 的空间分辨率也局限于 10 nm,角分辨率精度约为 1°。如图 11-11 所示,由于样品处于倾转状态,电子束在样品表面的作用区并不对称,造成电子束在水平方向和垂直方向的分辨率有明显差异。EBSD 的垂直分辨率低于水平分辨率。影响 EBSD 分辨率的因素有:材料、样品几何位置、加速电压、电子束流和衍射花样清晰度。

1) 材料的影响

随着原子序数的增大,入射电子束与样品的交互作用体积减小,而产生的背散射电子的信号强度则增强。高原子序数样品产生的菊池谱包含更多的细节,菊池带清晰度也更高,从而更容易被解析和标定,因此 EBSD 的空间分辨率随样品原子序数增大而提高。例如,场发射枪扫描电镜中,Al 的 EBSD 分辨率约为 20 nm,而 α-Fe 的分辨率可达 10 nm。

2) 样品几何位置

EBSD 系统的三个关键的几何参数是:①样品到 EBSD 探头的距离;②样品的倾转角度;③样品的高度,即工作距离。这三个参数直接关系到菊池衍射谱的标定和晶体取向的确定,因此在每次开始 EBSD 测量之前都必须准确标定。

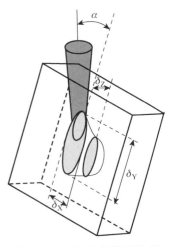

图 11-11　倾转条件下电子束与样品的交互作用体积示意图

样品到 EBSD 探头的距离影响到衍射谱的采集角域和放大倍数,一般较少改变。样品倾转是获得背散射衍射谱的前提。当样品倾转 45°以上,探头就可以采集到衍射谱。由于背散射电子运动路径随样品倾转角度的增大而减小,样品倾转角度越高,EBSD 探头采集到的衍射谱衬度越高。但是当样品倾角超过 80°时,样品作用区平行和垂直倾转轴的尺寸差异过大,衍射花样畸变严重,有效的 EBSD 测量变得不切实际。因此,70°的样品倾转角最理想,已成为 EBSD 分析的标准倾转角。在这个条件下,电子束与样品角度作用区平行和垂直倾转轴的尺寸比约为 1∶3。在扫描电镜的一般成像模式中,降低工作距离可以提高分辨率和降低聚焦畸变。但是在 EBSD 分析时,应选择合适的工作距离使样品出射电子更多地背散射到探测器磷屏上,并且使衍射谱中心接近探测磷屏的中心。工作距离过小,则探测器也有撞上电镜硬件的风险,特别是物镜极靴。因此,最佳的工作距离往往决定于扫描电镜和 EBSD 探测器的物理位置,一般介于 15~25 mm 范围内。

3) 加速电压

电子束与样品的交互作用区尺寸与加速电压成正比,因此,采用低的加速电压有利于提高分辨率,这对于表征一些细晶材料或形变组织尤其重要。除了分辨率外,在选择合适加速电压时,有几个其他因素也值得考虑。一般情况下,较高的加速电压,可以提高磷屏转换效率,产生更亮的衍射谱;降低样品室内漏磁干扰;同时电子束可以穿透更深样品,因此可以降低表层污染或表面变形的影响。但是对于一些不良导体材料,为了避免电荷聚集,不宜采用过高电压。对于易受电子束损伤的材料,需慎用高加速电压。

4) 电子束流

与加速电压相比,电子束流对空间分辨率影响较小。并且最佳分辨率并不对应于最小束流位置。尽管最佳绝对分辨率对应于最小电子束作用体积,但交互作用体积的减小也会降低衍射谱清晰度,准确标定变得困难。EBSD 最佳分辨率为交互作用体积和谱线清晰度之间的平衡点。

11.5　EBSD 样品制备

进行 EBSD 分析的前提是制备出能够代表试样微观结构的平整表面,避免在制样过程中引入表面塑性变形、化学污染或氧化层。作为一种表面分析技术,EBSD 所采集的电子信号仅来自样品表层 10~50 nm 厚的区域。任何表面缺陷的引入不仅会降低 EBSD 衍射谱的质量,还会影响分析的精度和分辨率。

EBSD 样品流程类似于传统的金相制样过程,只是对样品表面状态要求更高。一般样品的最后一道工序为精细的机械抛光、电解抛光或离子研磨,以获得平整的无应变表层。

1) 机械抛光

对于硬度较高的样品,如钢、金属间化合物,可利用机械抛光方法获得平整表面。抛光时一般使用硅胶抛光液。硅胶抛光液为碱性溶液,在机械抛光的同时轻度侵蚀样品表面,减少表面变形层。

2) 电解抛光

对于强度低而容易产生表面变形的金属材料,电解抛光通常是机械抛光的必须步骤。电解抛光通过电解作用去除表面变形层和浮凸。不同金属具有不同的电解液配方和抛光参数,需要一定的摸索方可建立理想的抛光条件。

3) 离子研磨

离子研磨主要用于透射样品试样的制备,最近也开始用于制备 EBSD 样品。其基本原理是用离子枪轰击倾斜样品表面,去除变形层。具体材料、离子枪电流、电压等参数均可能影响制样效率。通常采用低的入射角和小电流和电压,速度较慢。利用离子研磨需要 1~2 h 才能制备出一个样品。离子研磨基本适合所有材料,尤其是不导电和脆性材料。

11.6　EBSD 的应用

EBSD 技术具有分析精度高、检测速度快、样品制备简单以及空间分辨率高等优点,近年来应用范围不断扩大。归结起来,EBSD 主要存在以下几个方面的应用:利用取向衬度成像显示晶粒、亚晶粒或相的形貌、尺寸及分布;定量织构分析并绘制极图、反极图或取向分布函数;显示不同织构成分对应晶粒的形貌及分布;研究晶粒取向差的分布及随变形的演化规律;物相鉴定及相含量分析;根据菊池谱质量定性分析晶体缺陷等。

11.6.1　取向衬度成像

多晶材料的晶粒内部具有相近取向,而晶粒之间存在明显的取向差异。因此,利用不同颜色渲染不同的晶体取向可以清晰显示出晶粒的形貌,特别是传统化学方法难以侵蚀显示的小角晶界或特殊晶界。这使得晶粒尺寸测量更为准确,并可区分孪晶界或亚晶界的影响。图 11-12 所示为电沉积纳米孪晶铜沉积平面的 EBSD 取向衬度图像。图中颜色代表每个晶粒的沉积方向,如图 11-12 中反极图图例所示。沉积方向接近[1 1 1]、[0 1 1]、[0 0 1]晶向,分别显示为蓝色、绿色和红色。

除晶体取向颜色衬度成像外,亦可把晶体取向转变与之对应的物理量显示出来。例如利用晶体取向对应的 Schmid 因子或

图 11-12　电沉积纳米孪晶铜的 EBSD 取向衬度图像

Taylor 因子显示晶粒是呈现金属材料的力学性质的均匀性或各向异性行为的重要工具。

11.6.2 织构分析

许多材料在制备过程中或经诸如热处理或塑性变形等加工后,晶粒取向并非随机,而是呈明显的择优取向分布,即存在织构。晶体学织构显著影响材料的力学性能和物理性能,导致各向异性的出现。

EBSD 直接获取样品表面各点的晶体取向数据。这些晶体取向的统计分布在一定程度上可以反映样品的织构特征。一种直观呈现取向分布的方法是将 EBSD 获得的取向信息以散点图形式画于极图或反极图中。散点聚集状态定性反映织构弥散程度。但这种方法仅适用于取向数据点较少的情况。为了获得定量的织构相对密度,必须将 EBSD 获得的离散单晶取向数据转变为密度分布。晶体取向数据集对应的密度分布可以通过将极图角坐标 α 和 β 分割为角度单元,如 $\alpha \times \beta = 5° \times 5°$,并统计每个单元的数据点数。对于晶体取向 $\boldsymbol{g}$,$(h_i k_i l_i)$ 极点(如 $(1\,1\,1)$、$(1\,1\,\bar{1})$ 等)对应的极图角 (α_i, β_i) 可由以下公式算得:

$$\begin{pmatrix} \sin \alpha_i \cos \beta_i \\ \sin \alpha_i \sin \beta_i \\ \cos \alpha_i \end{pmatrix} = \boldsymbol{g}^{-1} \cdot \begin{pmatrix} x_i^c \\ y_i^c \\ z_i^c \end{pmatrix} \tag{11-17}$$

式中,(x_i^c, y_i^c, z_i^c) 为 $(h_i k_i l_i)$ 经公式(11-10)转换后的晶体直角坐标系 CS_c 的坐标。计算出 (α_i, β_i) 后,将 (α_i, β_i) 所在的单元格数值增 1。计算完所有的取向数据点后,所有角度单元格数据除以总的取向数据点数 N,即可得到 (hkl) 极图的分布密度。

同理,利用 EBSD 获得的单晶取向数据集也可以计算反极图和取向分布函数(Orientation Distribution Function,ODF)的密度分布。对于反极图的密度分布,公式(11-17)中 $\boldsymbol{g}^{-1}$ 应替换为 $\boldsymbol{g}$,而方向矢量 (x_i^c, y_i^c, z_i^c) 应替换为样品坐标系 CS_m 的特征方向矢量 (x_i^s, y_i^s, z_i^s),如轧制样品的轧制方向或拉伸样品的拉伸方向等。对于 ODF 的密度分布,需要分割 Euler 角三维空间为独立单元格 $\varphi_1 \times \Phi \times \varphi_2 = 5° \times 5° \times 5°$,将晶体取向矩阵 $\boldsymbol{g}$ 转变为欧拉角 $(\varphi_1, \Phi, \varphi_2)$,再进行密度函数统计。

EBSD 织构分析方法与传统的 X 射线衍射有明显的区别。X 射线衍射利用某一选择晶面的相对衍射强度表示该晶面在 X 射线照射范围内数千晶粒的平均取向分布,因此每次测量只能获得表示该晶面空间分布的极图。为了获得完整的三维取向信息,必须获得至少两个晶面的极图,再利用复杂的数值计算建立三维取向分布函数。EBSD 直接获得衍射源点单晶体的三维取向信息。为了获得具有统计意义的取向分布,需要将分析区域分成数万个点,并逐点测定晶体取向,然后统计出织构定量信息。根据分析区域内晶粒数量的不同,X 射线衍射获得的是宏观织构,而 EBSD 一般只能表征微观局域织构。如果样品织构相对均匀,EBSD 所得织构信息与 X 射线衍射结果是很接近的。

11.6.3 晶粒取向差及晶界特性分析

EBSD 技术可以测定样品表面每一点的晶体取向,因此也可以分析两个晶粒间的取向差和旋转轴。若两个相邻晶粒 A 和 B 的取向矩阵分别为 $\boldsymbol{g}_A$ 和 $\boldsymbol{g}_B$,晶粒 A 向晶粒 B 的转动矩阵 $\boldsymbol{g}_{A \to B}$ 即为取向差矩阵,可以表示为

$$\boldsymbol{g}_{A\to B} = \boldsymbol{g}_B \boldsymbol{\cdot} \boldsymbol{g}_A^{-1} \tag{11-18}$$

从取向差矩阵 $\boldsymbol{g}_{A\to B}$ 可以算出取向差 θ 和旋转轴 $[r_1\ r_2\ r_3]$：

$$\theta = \arccos\left(\frac{g_{11} + g_{22} + g_{33} - 1}{2}\right) \tag{11-19}$$

$$\left.\begin{array}{l} 2\,r_1\sin\theta = g_{23} - g_{32} \\ 2\,r_2\sin\theta = g_{31} - g_{13} \\ 2\,r_3\sin\theta = g_{12} - g_{21} \end{array}\right\} \tag{11-20}$$

如果考虑晶体对称性,存在多个等价的取向差矩阵以及相应的取向差和旋转轴,因此,一般取这些等价取向差的最小值作为两晶粒间的本征取向差 Ω。

根据两晶粒的取向差矩阵和取向差可以进一步分析两晶粒间的晶界特性。例如,当 $\Omega < 15°$ 时,晶界为小角晶界;当 $\Omega \geqslant 15°$ 时,晶界为大角晶界。大角晶界中还存在一些特殊晶界。这些特殊晶界可用重合位置点阵(Coincident Site Lattice, CSL)模型描述,并记为 Σ。Σ 的倒数代表两个晶粒的空间点阵重合点的密度。Σ 特殊晶界有相应的取向差矩阵 $\boldsymbol{g}_\Sigma$ 和取向差 Ω_Σ。如立方晶系中 $\Sigma 3$ 晶界即为孪晶界,取向差为 $60°$,孪晶界两侧晶粒在晶界面上完全共格。两晶粒 A 和 B 的取向差矩阵 $\boldsymbol{g}_{A\to B}$ 相对于 Σ 特殊晶界的偏差矩阵为

$$\Delta\boldsymbol{g} = \boldsymbol{g}_\Sigma \boldsymbol{\cdot} \boldsymbol{g}_{A\to B}^{-1} \tag{11-21}$$

由 $\Delta\boldsymbol{g}$ 计算得到的旋转角 $\Delta\Omega$ 代表晶粒 A 和 B 的晶界偏离 Σ 特殊晶界的程度。如果 $\Delta\Omega < 15°/\sqrt{\Sigma}$,则可以认为该晶界属于 Σ 特殊晶界。

通过分析 EBSD 获取的取向图像相邻像素的取向差数据,不仅可以获得样品的取向差分布,还可以根据晶界性质用不同的线条或颜色描绘晶界,直观地呈现晶界特性。图 11-13 为对应于图 11-12 取向图像的取向差分布。图中可以看出,样品中存在大量的孪晶界(取向差约为 $60°$),在图 11-12 中用灰色细线条描绘;除了孪晶界外,其他晶界的分布相对均匀,说明电沉积制备的纳米孪晶铜中柱状晶界具有相对随机的取向差。

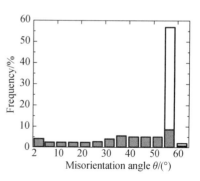

图 11-13　电沉积纳米孪晶铜的取向差分布图

11.6.4　物相鉴定

不同物相具有不同的晶体结构,对应的 EBSD 花样也必然存在一定的差异。通过菊池衍射花样特征的分析,可以确定具体的物相。早期,EBSD 仅能实现物相"识别",即从样品可能存在的几个物相(可用 X 射线衍射事先确定)中挑出最可能的相。为了实现这个目的,需要利用所有可能的物相对菊池衍射谱进行菊池带标定和晶体取向分析,再根据晶格参数和晶体取向反算出菊池衍射谱。如果计算出的菊池衍射谱与实验获取的菊池衍射谱相符程度高,即可判定衍射源点对应于该物相。仅通过电子能谱仪难以区分化学成分相似的物相,EBSD 技术在这方面则具有明显的优势,可实现诸如钢中铁素体和奥氏体的区分、金属中

M_7C_3 和 M_3C 析出相鉴别等。

近年来，扫描电镜中 EBSD 系统逐渐与电子能谱(EDS)分析集成。结合 EBSD 和 EDS 使未知相的鉴定更加有效和准确。首先利用 EDS 分析待测相的化学成分，并从晶体学数据库中检索出符合化学成分的所有物相，形成待定物相列表；然后利用 EBSD 进一步确定物相。EBSD 和 EDS 的集成实现了物相鉴定的自动化；通过逐点扫描分析可实现物相成像。物相图像可以清楚显示物相分布，并可分析物相的相对含量。

物相鉴定效率的不断提高极大程度拓展了 EBSD 的应用，弥补了传统 X 射线衍射物相鉴定的不足。X 射线衍射仅可以获得宏观物相的定性和定量分析，并且定量分析的精度也不高。例如，当金属析出相含量较少时，X 射线衍射可能检测不到对应的衍射峰。而只要析出颗粒尺寸大于 EBSD 的分辨率(~10 nm)，EBSD 不仅可以确定其存在，还可能清楚显示其分布状态和相对含量，如可以显示析出相位于晶界还是晶内。

11.6.5 晶格缺陷分析

晶格缺陷密度显著影响电子背散射衍射谱的质量和菊池带的清晰度。菊池带的清晰度随晶格缺陷密度增大而降低。因此，根据衍射谱的质量可以评价晶体缺陷的含量，如区分再结晶与形变晶粒、塑性应变量的大小等。但应注意，衍射谱质量同时也与扫描电镜状态、图像采集与处理设备以及样品状态等有关，因此只能定性地说明问题。EBSD 在采集和标定衍射花样的同时，能自动计算出衍射谱质量。各 EBSD 厂家表征衍射谱质量的参数和计算方法不太一样。如 HKL 公司的 Channel 软件使用菊池带衬度 BC(Band Contrast)表示菊池带质量好坏，而 EDAX-TSL 公司则使用图像质量 IQ(Image Quality)。图 11-14 为利用菊池带衬度形成的形貌像，图中亮区域衍射谱清晰，应变小，为再结晶区；暗区域衍射谱模糊不清，为形变区。图 11-15 为根据菊池带衬度阈值识别的再结晶区域，据此可方便地计算出再结晶体积分数。

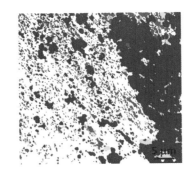

图 11-14　菊池带衬度形成的形貌像图　　　图 11-15　再结晶区域

晶格缺陷的存在亦可能导致晶粒内部相邻测量点出现晶格转动和局域取向差。一般地，局域塑性变形越大，缺陷密度越高，相应的取向差越大。因此，可以利用局域取向差的测量定性分析微观结构尺度的变形非均匀性。利用 EBSD 取向图，可方便地计算测量点的局域取向差，即所谓的核平均取向差(Kernel Averaged Misorientation，KAM)。如图 11-16 (a)所示，对于晶粒内部的测量点 P_0，KAM 定义为它与 4 个最近邻测量点(P_1，P_2，P_3 和 P_4) 之间取向差 Ω 的平均值：

$$KAM = \frac{1}{4}\left[\Omega(P_0,P_1)+\Omega(P_0,P_2)+\Omega(P_0,P_3)+\Omega(P_0,P_4)\right] \qquad (11\text{-}22)$$

取向差 Ω 利用公式(11-18)和(11-19)计算。为了排除晶界的影响,需要设置一个取向差阈值。当计算得到的相邻测量点的取向差超过该阈值,则认为两点之间存在晶界,不参与 KAM 的计算。如图 11-16(b)所示,P_3 和 P_4 与分析点 P_0 的取向差超过设定阈值而被排除,因此,KAM 计算仅考虑 P_1 和 P_2 与 P_0 的取向差,即:

$$KAM = \frac{1}{2}\left[\Omega(P_0,P_1)+\Omega(P_0,P_2)\right] \qquad (11\text{-}23)$$

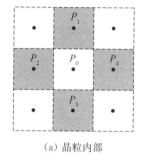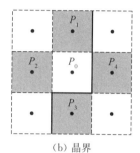

(a)晶粒内部　　　　　(b)晶界

图 11-16　KAM 的定义

目前有些商业 EBSD 分析软件已提供 KAM 的计算模块,用于计算 KAM 图。图11-17 为多晶纳米孪晶金属拉伸变形后的 KAM 图。ESBD 测量步长为 150 nm,晶界取向差阈值为 5°。图中可以明显看出,KAM 的分布十分不均匀。大部分晶界附近存在较高的 KAM,预示着晶界已经发生更大的局域塑性应变并积累更多的位错。这导致该材料在拉伸过程中随动应变硬化和最终沿晶界开裂的发生。

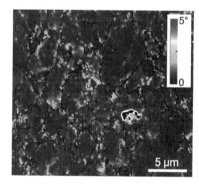

图 11-17　多晶纳米孪晶铜拉伸变形后 KAM 分布图

在晶粒内部,EBSD 两个相邻测量点之间的取向差 Ω 的存在说明两点之间存在晶体取向梯度或晶格曲率 ω。为了协调晶格曲率,保证晶格连续性,两点之间需要存储一定数量的几何必需位错(Geometrically Necessary Dislocations, GND)。因此,我们可以利用晶格曲率 ω 计算 GND 密度。以沿 x 轴的两个相邻分析点为例,GND 密度可由以下公式计算:

$$\rho_{GND} = \frac{\omega}{b} = \frac{\Omega}{b\Delta x} \qquad (11\text{-}24)$$

式中,b 为位错柏氏矢量的大小,Ω 为两个分析点的取向差,Δx 为两个分析点的距离。对于二维或三维的 EBSD 数据,需要先计算出分析点的 Nye 位错张量,然后利用最小化数值计算方法确定满足该位错张量的 9 个位错密度分量,详细过程可参考相关文献。

对于 KAM 和 GND 密度的计算,EBSD 扫描步长都是关键的实验参数。一方面,步长决定分析的微观结构尺度。因而,希望步长足够小,以获得更为局域的信息,如晶界附近的 KAM 或者 GND 密度等。另一方面,EBSD 取向数据的误差随扫描步长减小而增大,步长也需要足够大以过滤测量噪音。

11.6.6 三维取向成像

如果材料的微观结构十分均匀并且各向同性,二维截面观察结合体视学统计分析是可以有效揭示材料三维结构特性的。但是实际上,材料的三维结构往往极其复杂,存在明显的不均匀性和各向异性。大量案例显示真正的三维结构表征对准确理解微观结构的形成机理及其对材料宏观性能的影响至关重要。例如,晶粒长大实验需要确定晶粒的真正尺寸和三维形状。塑性变形行为研究需要了解应变场的三维分布和尺度。材料再结晶也往往与形核点的空间位置和分布有关。材料内部界面(晶界或相界)的晶体学特性至少包含 5 个自由度:两侧晶格的取向差(3 个自由度)和界面的空间取向(2 个自由度)。前文介绍的样品某一截面的 EBSD 可以确定各晶粒的晶体学取向和晶粒之间的取向差,但不能确定晶界面的空间取向。后者对于材料相变、晶粒长大过程以及晶界开裂机理十分重要。

在电子束/离子束双束显微镜系统中,结合聚焦离子束(Focused Ion Beam,FIB)逐层切片和 EBSD 逐层晶体取向分析是确定样品三维晶体取向图的有效方法。如图 11-18 所示,首先利用 EBSD 系统采集样品表面的取向数据;然后倾转样品至适合 FIB 加工的角度(EBSD和 FIB 一般要求样品具有不同的倾角),利用 FIB 精确移除一定厚度的样品;接着把样品倾转回 EBSD 分析的角度,重新进行 EBSD 数据采集。重复这个过程可以获得一系列不同厚度位置的二维取向数据。校准和对齐

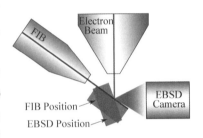

图 11-18　利用聚焦离子束(FIB)和 EBSD 确定三维取向图

这些二维取向数据即可构造出三维晶体取向图。借助自动化控制,国外已有研究组实现全自动的三维 FIB-EBSD 分析。图 11-19 给出了剧烈塑性变形和 650℃ 热处理的超细晶 Cu-0.17wt% Zr 样品的三维 EBSD 分析结果。图 11-19(a)为三维取向图,颜色代表平行挤压变形方向的晶向。据此可进一步分析晶界特性分布,特别是晶界面法线在晶体空间的取向分布,如图 11-19(b)所示。可以看出,有相当数量的晶界面平行于(111)晶面。结合晶界两侧晶粒取向分析,可确定这些晶界为共格孪晶界。

(a)三维取向图

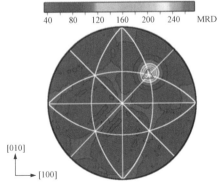

(b)晶界特性分析结果

图 11-19　剧烈塑性变形 Cu-Zr 样品的三维 EBSD 表征

本 章 小 结

电子背散射衍射(EBSD)是利用扫描电镜中非弹性背散射电子的菊池衍射效应分析晶体结构和取向的技术。本章主要介绍了 EBSD 的基本原理、硬件系统结构、菊池衍射谱标定和晶体取向确定的基本原理、EBSD 分辨率及其影响因素等内容,并分析了 EBSD 几个典型应用案例。本章主要内容小结如下:

基本原理 ┤ 菊池衍射原理
　　　　　 非弹性背散射电子
　　　　　 样品 70°倾转:增强衍射谱强度

EBSD 系统 ┤ 基本组成 ┤ 扫描电镜
　　　　　　　　　　　　 图像采集系统:EBSD 磷屏探头
　　　　　　　　　　　　 软件系统:控制软件及应用软件
　　　　　　 工作模式:样品台扫描、电子束扫描

菊池带分析 ┤ 识别:Hough 变换
　　　　　　 对应晶面的标定:晶面夹角计算及比对
　　　　　　 晶体取向确定 ┤ 坐标系变换
　　　　　　　　　　　　　　 晶体直角坐标系
　　　　　　　　　　　　　　 根据晶向或晶面对应关系确定旋转矩阵

分辨率 ┤ 电子束作用体积
　　　　 水平分辨率、垂直分辨率
　　　　 影响因素 ┤ 材料
　　　　　　　　　　 样品几何位置
　　　　　　　　　　 加速电压
　　　　　　　　　　 电子束流
　　　　　　　　　　 衍射花样清晰度

应用 ┤ 取向衬度成像:利用取向数据绘制晶粒形貌
　　　 织构分析:微区分析;直接获得三维取向信息;高度定量;分析简便
　　　 晶界取向差及晶界特性分析:小角晶界、大角晶界、特殊晶界
　　　 物相鉴定:结合 EDS,确定物相及其空间分布
　　　 晶格缺陷分析:区分再结晶与变形区
　　　 三维取向成像:晶粒三维形状和界面特性分析

思 考 题

11.1　简述菊池线形成的几何原理。

11.2　透射电镜的透射菊池衍射和扫描电镜的背散射电子衍射的区别。

11.3　相对于 X 射线衍射和透射电镜的选区电子衍射,扫描电镜 EBSD 在确定晶体取向上具有哪些优势?

11.4　EBSD 实验参数如何影响其分辨率?

11.5　EBSD 的织构分析与 X 射线衍射织构分析的区别。

12 原子探针显微分析

材料学家一直致力于材料微观结构的研究,进而阐明材料宏观性能的微观来源并有意识地调整或改善与性能相关联的微观结构,随着科学技术和仪器设备的不断进步和发展,人们逐渐开始尝试在纳米尺度甚至在原子尺度上"观察"材料内部结构的三维视图。原子探针层析(Atom Probe Tomography,APT)也称为三维原子探针(3DAP),它可以区分原子种类,同时反映出不同元素原子的空间位置,从而真实地显示出物质中不同元素原子的三维空间分布。原子探针是目前空间分辨率最高的分析测试手段之一,与透射电镜具有极强的互补作用。目前原子探针技术还在不断地发展和进步,本章主要介绍原子探针的基本原理及在材料科学中的应用。

12.1 原子探针技术的发展史

原子探针主要由场离子显微镜和质谱仪组成,1951 年,Müller 教授发明了场离子显微镜(Field Ion Microscope,FIM),并于 1955 年同其博士生 Kanwar Bahadur 利用 FIM 首次观察到单个钨原子的成像,这也是人类有史以来首次清晰地观察到单个原子的分布图像。FIM 利用场电离产生的正电荷气体离子来成像,具有很高的分辨率和放大倍数,但是却只能获得针尖样品表面原子排列和缺陷的信息。1967 年,Müller 教授在 FIM 基础上引入飞行时间质谱仪,利用场蒸发和质谱仪可以分析针尖样品微区范围的原子种类信息,称为原子探针场离子显微镜(Atom Probe Field Ion Microscope, APFIM)。而后,J. A. Panitz 发展了所谓的 10 cm 原子探针,也就是成像原子探针(Imaging Atom Probe,IAP),此时的原子探针已能同时实现表面原子的识别和表面原子结构的观察,这也是现代原子探针的雏形。

随后在 20 世纪 80 年代,研究者们又在原子探针中引入位置敏感探头,并进行了一系列的改良,可以获得样品中所有元素在原子尺度的三维空间分布,也即所谓的 APT 或 3DAP。APT 发展出来后很快获得商业应用,当时的 APT 生产商主要有法国的 Cameca 公司和英国的 Oxford Nanoscience 有限公司。2003 年,美国的 Imago 公司发明局域电极原子探针(Local Electrode Atom Probe, LEAP),大大提高了 APT 的采集效率和分析体积。2005 年,又在 LEAP 中引入激光脉冲激发模块,将原子探针的应用领域拓宽到半导体等弱导电材料。目前,法国的 Cameca 公司通过合并收购成为全世界唯一一家生产原子探针设备的商业公司。

12.2 场离子显微镜

原子探针的发展可以追溯到场离子显微镜,二者在结构和原理上也有共通之处,故在介绍原子探针前先来介绍场离子显微镜。FIM 主要是利用稀有气体在带正电的锐利针尖附近的电离,电离后的成像气体离子在强电场作用下迅速离开并撞击荧光屏留下图像,荧光屏上的图像反映了针尖样品尖端的电场分布,从而与样品尖端的局域表面形貌产生关联。通过表面电场强度的分布成像,FIM 可以提供一个表面自身的原子分辨率的图像。FIM 是最早达到原子分辨率,也就是最早能看得到原子尺度的显微镜。

12.2.1 场离子显微镜的结构原理

FIM 的基本结构如图 12-1 所示,显微镜的主体为一个真空容器,被研究材料的样品制成针尖形状,其顶端曲率半径为 50～100 nm。针状样品固定在沿真空容器的轴线、离荧光屏大约 50 mm 的位置。样品通过液氮或液氢冷却至低温,以减小原子的热振动,使得原子的图像稳定可辨,同时在样品上施以正高压(3～30kV)。

FIM 工作时,先将容器抽到 10^{-8} Pa 的真空度,然后在容器中充入低压(约 10^{-3} Pa)的惰性气体作为成像气体,通常是氦气或氖气。当施加在针状样品上的电势增高时,样品顶端周围的气体在强电场的作用下发生极化和电离,电离产生的带正电的气体离子在电场作用下射向荧光屏产生亮斑,并将样品表面的形貌在荧光屏上形成放大倍数很高的图像。由于场电离更易发生在样品表面较为突起的原子上,因此这些单个的突起原子形成的细离子束会在荧光屏上形成相应的亮点。

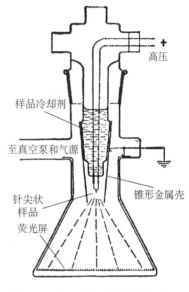

图 12-1　场离子显微镜结构示意图

由场离子显微镜样品所形成的成像气体的离子流通常都是很小的,所以直接通过气体离子在荧光屏上所成图像是非常弱的。为了增强图像,一般在荧光屏前面放置一块微通道板图像转换器,将入射离子束转换为更加增强的二次电子束,这样得到的成像亮度可以显著增强,能够方便地进行观察和记录。

最佳成像电场(BIF)或最佳成像电压(BIV)是场离子显微镜中的一个重要概念。对一种给定的成像气体,最佳成像电场是得到最好的成像衬度的电场,在针尖状样品的尖端曲率半径一定的条件下,这对应着一个特定的电压,称之为最佳成像电压。如果电压太低,从样品表面产生的离子流不足以形成满意的图像;如果施加的电压太高,在整个样品尖端表面上将形成均匀的电离,从而减小图像的衬度。

12.2.2 场电离

场离子显微镜是基于场电离理论而设计的,所谓场电离是指在外场作用下发生的原子电离过程。场电离所需的强电场可以通过采用针尖状的试样实现,当给针尖施以正的高电压 U 时,在具有曲率半径 R 的针尖试样顶点产生的电场强度为:

$$F = \frac{U}{k_f R} \qquad (12-1)$$

其中 k_f 称作电场折减系数,或者简称为电场因子,k_f 是一个随尖端锥体角稍有变化的几何场因子,近似值为 5～7,与针尖的形状有关。一般惰性气体场电离的电场是 20～45 V/nm,所以为了在应用 10 kV 电压时产生电离,样品尖端半径必须减小为 50～100 nm。

FIM 中的场电离过程如图 12-2 所示，在针尖附近的强电场作用下，成像气体原子发生极化并向样品尖端的表面运动。气体原子与样品表面碰撞时通过热交换损失部分动能，同时被陷进强电场区域中，于是气体原子在样品表面上经历一系列的减小幅度的跳跃。由于原子的不可分性，样品表面实际上是由许多原子平面的台阶所组成，处于台阶边缘的原子总是突出于平均的半球表面而具有更小的曲率半径，其附近的电场强度也更高。当电场足够强时，在表面原子突起处会发生场吸附，气体

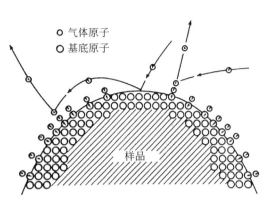

图 12-2 场电离过程的示意图

原子的场电离是由场吸附气体原子的电子隧道效应进入金属而产生的。然后，正的成像气体离子会在电场作用下离开样品表面并在荧光屏上形成场离子像。

图 12-3 所示为存在或不存在电场时金属表面附近一个气体原子的势能能级图，其中 I_0 为一次电离能，x_c 是电离的临界距离，E_F 是费米能，Φ_e 是表面的功函数。施加强电场会使气体原子发生极化，从而使势能曲线发生变形。当电场足够强时，气体原子外壳层的电子可以隧穿能垒进入金属表面的空能级。气体原子发生电离的概率取决于电子隧穿过程能垒的相对可穿透性，一般来说，能垒的宽度与电场强度呈负相关，电离的概率依赖于电场的强度，场电离在最接近表面的位置发生，因为此处的电场是最强的。

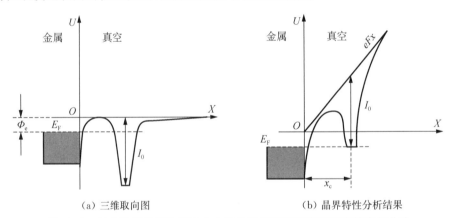

（a）三维取向图   （b）晶界特性分析结果

图 12-3 针尖附近的气体原子中电子的势能随着到表面距离的变化曲线

当气体原子接近金属表面直到临界距离 x_c 时，电子隧穿率增加。在此距离时气体原子中电子的能级恰好与金属的费米能级重合。当距离比临界距离更小时，由于金属内部没有适宜能量的空余的状态可以容纳电子，电子的隧穿作用会被泡利不相容原理所限定，场电离主要发生在距离样品表面一个 x_c 且厚度小于 $0.1x_c$ 的薄层内。临界距离 x_c 可用以下式子近似表示：

$$x_c = \frac{I_0 - \Phi_e}{eF} \tag{12-2}$$

其数值一般在几个埃左右。

12.2.3 场离子显微图像

由场电离的原理可知针尖样品尖端表面的突出原子处更容易产生场电离，场电离产生的带正电的气体离子在斥力的作用下，沿着基本垂直于样品表面切平面的轨迹离开针尖表面向荧光屏运动，从而在荧光屏产生亮的像点。如图 12-4 是一个典型的场离子显微图，可以看出场离子显微图像主要由大量环绕于若干中心的圆形亮点环所构成。要理解场离子显微图像中的这些亮环，需要对针尖表面的微观结构有所了解。针尖试样的尖端可以简单看成一个曲率半径很小的半球形，但从原子尺度看，样品表面实际上是由许多原子平面的台阶所组成，如图 12-5 模型图所示(图 12-5(b)中发亮小球代表边缘原子)。每一个原子层的横截面呈一个环形，边缘的原子

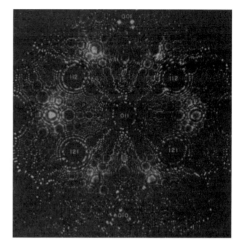

图 12-4 W(110)针尖样品的场离子显微图

是样品表面上最为突出的原子，这些原子用偏亮的硬球表示，这些原子在场离子显微镜中成像为亮点，相邻的平行原子台阶变形成一系列同心环。

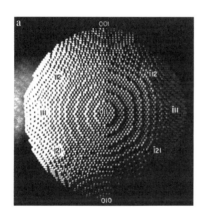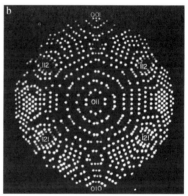

图 12-5 W(110)针尖硬球模型的顶视图

如图 12-6 显示了场离子显微图像中这些亮点环的形成原理，中间的(001)晶面与样品尖端半球形表面的交线即为一系列同心圆环，同时也是(001)原子平面的台阶边缘，而同心亮点环的中心则为该原子面法线的径向投影点，可以用它的晶面指数(001)表示。根据同样的原理可以分析尖端侧边的(011)以及其他原子平面所对应的同心亮点环，同心亮环中心点的位置也是对应不同晶面原子面的极点投影。可以看出，这些同心亮点环的形成与第 1 章中所学的"极射赤面投影"非常相似。实际上，二者极点所构成的图形基本上完全一致，因此可以借助晶体的投影来分析场离子显微图像。当然，实际实验中由于针尖状样品的尖端并不是精确的半球形，所得场离子显微图像中的极点图会有一定的畸变，但仍然能反映出晶体的对称性，利用这一点可以方便地确定样品的晶体学位向和各极点的指数，以及原子排列时

在晶体中可能产生的缺陷。

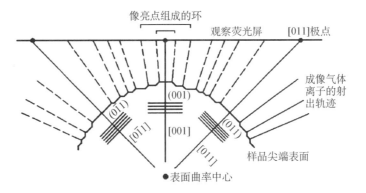

图 12-6　场离子显微镜图像中亮点环的形成及其极点的图解

根据图 12-6 我们还可以得到场离子显微镜的放大倍率 M：

$$M = \frac{L}{R} \qquad (12\text{-}3)$$

其中 L 是样品到荧光屏的距离，一般为 $5\sim10$ cm，所以放大倍数大约是 10^6 倍，可以实现单个原子位置的分辨率。场离子显微镜的实际分辨率还受其他因素的影响，主要包括：

（1）电离区的尺寸：每个像点对应的发生场电离区域的尺寸，该尺寸越小分辨率越高；

（2）横向速度：气体离子通过连续弹跳损失能量逐渐靠近表面电离区，因此，电离时产生的带正电离子会有一定的横向初速度，导致单个点的图像扩展成一个光斑，降低分辨率；

（3）海森堡测不准性：气体原子被约束在一个很小的体积内，因此必须考虑原子的量子本质，原子的位置和能量不能同时精确测定，会造成离子轨迹的宽化，一般通过将样品保持在低温减小其影响。

场离子显微镜主要用于表面原子的直接成像，可以获得针尖样品表面原子的直接成像，作为一种独特的分析手段，在材料科学的许多理论问题研究中，有着非常广泛的应用。图 12-7(a)为场离子显微镜中观察到的空位，FIM 可以直接观察到材料中的点缺陷，这是其他

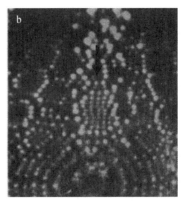

图 12-7　(a) 铂(012)面上的空位；(b) 钨(021)面上的刃型位错

表征方法很难实现的,与空位的观察类似,FIM 也可以用来研究掺杂元素和表面重构等;图 12-7(b)是刃型位错的场离子显微像,FIM 观察位错时需要位错在针尖样品表面露头;图 12-8(a)为金属钨中的大角晶界图,它可以清晰地反映界面两侧原子的排列和位向关系;图 12-8(b)为高速钢中的析出相的场离子显微像,可以利用 FIM 研究细小弥散的沉淀相析出的早期阶段,包括它们的形核和粗化。利用场离子显微镜开展研究时应注意虽然 FIM 分辨率很高,但是其研究区域的体积很小,因此主要研究在大块样品内分布均匀且密度较高的结构细节,否则观察到某一现象的概率有限。

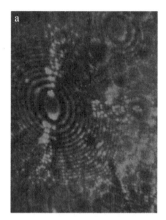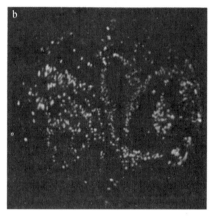

图 12-8　(a) 金属钨中的 87°大角晶界;(b) ASP 60 高速钢中的 M_2C 析出相

12.3　原子探针

12.3.1　场蒸发

在场离子显微镜中,选择合适的电压,针状试样尖端发生场电离,如果继续提高电压使场强超过某一临界值,则会发生场蒸发。所谓场蒸发是指在场诱发下从样品自身晶格中剥离原子的过程。场蒸发的过程涉及在强电场作用下原子从表面电离和解吸的过程,尖端表面的强电场导致表面原子的极化,当电场强度足够高时,原子的电子可能会被吸收进表面,而带正电的金属离子则从表面上被拖拽出来,从而诱发了原子的电离,产生的带正电离子则在尖端电场作用下加速离开表面。场蒸发的原理可以简单用热力学加以理解,其主要是通过施加电场时降低能垒,并在热激活的作用下使离子逃逸出表面。金属表面附近的原子和离子的势能图如图 12-9 所示,在没有电场的情况下,表面原子的离子态相对中性状态是亚稳态;但在有电场的情况下,离子状态会逐渐变得更稳定,同时离子和原子的势能曲线会发生交叉,此时只要热激活能超过减小了的势能能垒 $Q(F)$ 即可使离子剥离样品表面。

场蒸发在场离子显微镜中也有一定的应用,主要用于去除样品表面的污染物、吸附层和氧化物等,同时也可以将针状试样顶端表面的突起和毛刺去掉,得到平滑清洁的样品。另外,如果控制样品材料逐个原子层的连续剥落,则可以利用 FIM 逐层研究材料的三维原子结构。

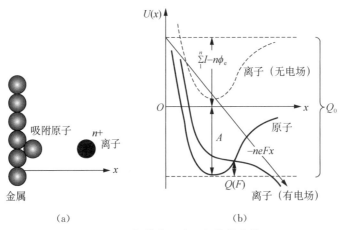

（a）   （b）

图 12-9　场蒸发示意图与势能曲线

12.3.2　原子探针的基本原理

原子探针是场蒸发的一个直接应用,原子探针可以认为是由场离子显微镜和质谱仪组合而成。早期的原子探针也称为原子探针场离子显微镜(APFIM),其基本原理如图 12-10所示,左侧对应场离子显微镜部分,右侧对应质谱仪部分可以分析元素种类,在微通道板和荧光屏上开一个小孔作为离子进入质谱仪的入口光阑,以选择元素分析区域。样品固定在一个可以转动的支架上,从而可以使样品上的不同区域对准探测孔,分析感兴趣区域内的元素种类。由于场离子显微镜的静电场中所形成的场电离离子和场蒸发离子轨迹相同,故而可以根据场离子像来选择单个原子进行元素分析。

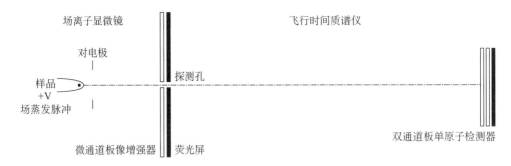

图 12-10　原子探针场离子显微镜原理图

原子探针操作的基本原理非常简单,首先形成样品的场离子像,其次通过转动样品使感兴趣区域的场离子图像对准探测孔,然后给样品施加高压脉冲使得表面原子发生场蒸发,当电离的原子从样品表面剥落后,只有轨迹通过荧光屏上小孔的离子才能进入质谱仪被分析。尽管当时的原子探针可分析单个原子,但更普遍的是用来分析探测孔所对应的一定深度的圆柱体积内样品的元素组分信息。

最早使用的质谱仪是磁偏转质谱仪,但使用最为普遍的却是后来开发的飞行时间质谱仪,飞行时间质谱仪可以有效地区分所有元素。通过记录离子离开样品表面和到达探测器的时间可以得到离子的飞行时间 t,进一步根据离子势能与动能之间的等量关系可以获得

离子的质荷比 m/n 与飞行时间 t 之间关系，即：

$$neU = \frac{1}{2}m\frac{d^2}{t^2} \tag{12-4}$$

$$\frac{m}{n} = 2eU\frac{t^2}{d^2} \tag{12-5}$$

其中 U 是总的加速电压，d 是从样品到单原子检测器的距离，可通过实验条件确定。

根据场蒸发离子的质荷比可以确定离子种类，再将一个一个离子的数据累积画成对应每一质荷比的离子数，就得到常用的质谱数据，如图 12-11 为电子束熔融制备的 718 合金中 γ 相的质谱，可以通过质谱获得材料的成分信息。

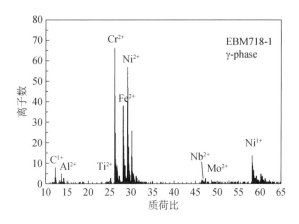

图 12-11　718 合金中 γ 相的质谱

12.3.3　原子探针层析

建立材料原子级化学完整的三维图像需要同时确定原子的元素种类和空间位置，利用飞行时间质谱仪可以确定原子的元素组成，而最新发明的位置敏感探测器则可以记录蒸发离子的空间位置，这就构成了所谓的原子探针层析技术（APT）。如图 12-12 是原子探针层析的基本原理图。由于电场对金属材料的穿透深度非常小（$<10^{-10}$ m），被有效地屏蔽于远小于单个原子尺寸的距离之外，所以只有在样品最表面的原子受到场蒸发过程的影响，该过程几乎是逐个原子，逐个原子层地进行。根据位置敏感探测器上记录的离子的横向坐标以及离子到达探测器的顺序，可以得到原子的空间位置。这一过程通过重构来实现，实际上是通过将探测到的位置逆投影到一个虚拟样品的表面上而逐个原子构建起来的，原子探针层析技术得到的结果具有一定的滞后性，而且原子的横向位置的计算先于深度坐标。

原子探针层析的空间分辨率具有各向异性，因为原子是逐层地发生场蒸发，所以其深度分辨率要高于横向分辨率，通常可达到 0.2 nm 左右，而横向上则由于蒸发离子的横向初始速度不同、飞行轨迹变形等导致分辨率显著下降，通常在 1 nm 左右。另外，虽然原子探针层析理论上可以分析所有原子的空间位置和元素种类，但是目前由于探测器的效率限制，实际上只能探测待分析区域内部分原子的信息，即使最新发展的局域电极原子探针层析的探测效率最高也只有 60% 左右。

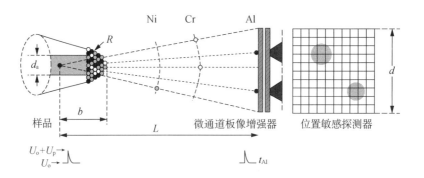

图 12-12　原子探针层析原理示意图

12.3.4　原子探针脉冲模式

1）高压脉冲技术

早期的场离子显微镜中是通过提高电压来产生场蒸发,因此许多后来发展的原子探针都是利用高压脉冲来逐层剥离表面原子。原子探针层析中所用的高压脉冲多为半高宽为几纳秒的快速高压脉冲,实验要求在直流电压下样品原子不应有场蒸发,而在电压脉冲作用下表面所有原子发生场蒸发的概率相同。所以,脉冲电压通常处在几个 kV 范围内,而且脉冲大小的起伏必须保持在很低的水平,脉冲上升时间应该小于 1 ns,这样才能保证离子在一个精确的时刻蒸发,飞行时间质谱仪才能够准确地区分不同离子。

如图 12-13 是一个典型的模拟高压脉冲和相应的蒸发概率函数,可以看出,几乎所有的离子都在接近脉冲最大值时发射出来,因此,场蒸发离子会受到外加电压的加速,其值为直流电压和脉冲电压之和。实际的场蒸发是概率事件,并非所有原子都在脉冲器件内同一时刻被场蒸发,不同时刻产生的离子受到的脉冲电场作用是不同的,因此具有不同的能量。离子没有获得脉冲的全部能量,这种效应称为能量欠额,它会降低确定离子质荷比的精确性。

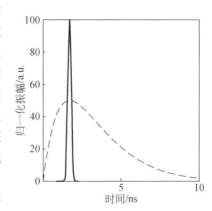

图 12-13　模拟高压脉冲(虚线)和相应的蒸发概率函数(实线)

高压脉冲技术要求样品具有一定的导电性,主要运用于金属样品。另外,原子探针层析中使用的典型电场的等价静电压力可高达几十 GPa,接近许多材料的理论强度,对于脆性材料,即使导电率足够高,脉冲高压所产生的附加循环应力也容易导致针状样品断裂。

2）激光脉冲技术

对于无法采用高压脉冲的低导电率或脆性材料,一般采用激光脉冲技术来进行原子探针实验。20 世纪 70 年代,Tsong 首先在原子探针中使用光源研究光子辅助的场电离或场蒸发问题。自 2006 年以来,亚纳秒、皮秒、飞秒激光源已应用在多种原子探针上。激光脉冲与原子探针样品之间的相互作用非常复杂,现在普遍认为激光脉冲原子探针中,激光脉冲的能量被样品吸收,诱发其表面的温度升高并触发场蒸发,因此激光脉冲实际上可以认为是热脉冲在起作用。在脉冲激光原子探针中,针尖表面的温度在几百皮秒内的升温可达几百开尔文量级,因而激光脉冲可以实现分辨率质量的巨大改进。激光脉冲技术更重要的作用在于拓宽了原子探针的应用领域,从单纯的金属材料扩展到半导体、一般的功能材料甚至是绝缘体。

12.3.5 原子探针样品制备

原子探针层析实验要求针状样品,获得高质量的针状样品是 APT 实验成功的一个重要保障。原子探针的针尖样品的主要要求如下:

(1) 试样尖端的曲率半径介于 50～150 nm。针尖曲率半径与实验中施加的高压大小关系紧密,曲率半径越大,样品发生场蒸发所需的电压也越高。若曲率半径过小,施加的电压过低则会导致到达微通道板的场蒸发离子运动轨迹也会发生扭曲,离子能量也可能由于过低而无法在质谱仪中识别。

(2) 尖端接近半球形,球表面应当光滑,无凸起、凹槽、裂纹和污染。半球形的尖端可以保证表面各处的放大倍数基本一致,这也是三维重构的基础,尖端形状的偏离容易导致重构数据出现假象。表面的几何不连续性则容易导致电场作用下的应力集中和试样断裂。

(3) 试样截面为圆形。非圆形的界面容易导致场蒸发行为不稳定,同时重构过程也容易出现假象。

(4) 适当的锥角。合适的锥角可以保证在样品断裂或者高压升至上限前采集到足够的数据量,一般在 1°～5°范围内。

(5) 感兴趣特征应在试样顶点约 100 nm 以内,以确保包含在所获得的数据集内。原子探针层析能够分析的范围是非常有限的,尽量让感兴趣特征分布在靠近样品尖端区域内可以保证获取数据的有效性,当然随着现在 APT 技术的进步,这个距离可以适当放宽。

原子探针针状样品的制备主要有电化学抛光和聚焦离子束两种方法。电化学抛光也称电解抛光,这种技术的使用最为广泛,也是许多材料样品的最佳制备方法。电解抛光具有设备简单、快速方便等特点,而且可以通过同时切割、研磨、抛光多个样品来提高制样效率。但是这种方法仅适用于具有足够导电性可进行电解抛光的样品,而且很难在试样内部的特定部位制样。近年来随着技术的进步,扫描电子显微镜-聚焦离子束(SEM-FIB)在原子探针样品制备方面大展身手,利用聚焦离子束可以在制备针尖试样的同时,将任何感兴趣特征(如晶界、相界等)定位在针尖尖端附近,但是聚焦离子束方法效率相对较低,设备昂贵,同时制备试样过程中还应注意调整条件以减少离子损伤和造成假象。

1) 电化学抛光

电化学抛光之前,先要制备细长条“火柴形”坯料,理想的坯料长度应在 15～25 mm(最小值为 10 mm 左右),截面尺寸约为 0.3 mm×0.3 mm(尺寸一定范围内可变,但是要求截面接近完美的正方形,以使得抛光结束后产生圆形截面的试样)。通常用低速精密锯或钢丝加工坯料,注意不要引入对微结构产生影响的热或变形。当然,对于线状或者丝状材料,可以直接通过切割金属线以获取适当的长度即可作为坯料。

原子探针针尖试样通常采用多步电解的方法来进行电解抛光。第一步为粗抛,将坯料进行抛光直到坯料的外周被锐化;第二步为精抛,用来锐化顶部以达到最终尺寸。不同的材料对应不同的电解液,而且粗抛和精抛阶段所用的溶液或者浓度也都有所不同。

一种常用的抛光方法为双层电解抛光法,如图 12-14 所示,在黏稠的惰性液体上注入一薄层(一般几个毫米厚)电解液,在电解液层金属快速溶解形成颈缩区,可以通过上下移动样品来控制颈缩区的锥角;精抛阶段,将样品放入只含有电解液的电解池中,控制抛光条件直到样品分为两半,这样可以获得两个 APT 样品。

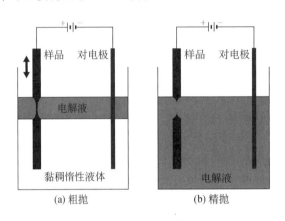

图 12-14　双层电解抛光法

另一种常见的电化学抛光方法称为"微抛光",如图 12-15 所示,粗抛阶段直接在含有电解液的烧杯中进行,当试样端部的直径足够小时粗抛阶段结束;最终抛光在悬挂着金属丝环的电解液中进行,样品多次放入金属环中导致电解质持续下降,把它抛光到足够锋利足以用于原子探针分析。在微抛光中还可以利用脉冲抛光逐步去除少量材料,使尖端部位的形状达到预期要求,通常与透射电镜结合来使感兴趣特征位于针尖附近。

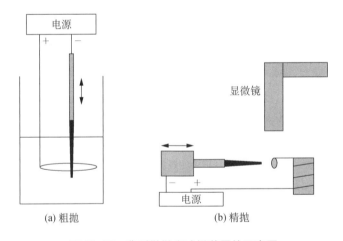

图 12-15　典型微抛光试样装置的示意图

2) 聚焦离子束

FIB 是利用高强度聚焦离子束来对材料进行微纳加工,理论上 FIB 可以将任何感兴趣特征定位于针尖附近。但实际的使用过程中,根据样品的形态(块体、粉末、带状、丝状、薄膜、涂层等)不同、感兴趣特征位置和分布不同,需要在 FIB 中选取不同的制备方法,而且针对不同材料的特性还要小心调控切割参数,否则容易造成离子损伤和假象。目前 FIB 中常用的一种方法是从试样表面切割出感兴趣特征,转移到支撑架上后,用环形切割的方式将端部切削成尖端,如图 12-16 是一个含有晶界的样品的"挖取"过程。

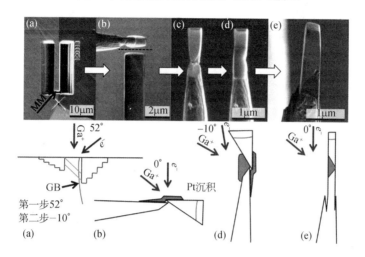

图 12-16 一个含有晶界的样品的"挖取"过程:(a)在特征位置处挖出棒;(b)将挖出的棒暂时焊接在支撑架上;(c)支撑架竖起后将棒和支撑架焊接牢固(d);(e)去除多余材料

12.3.6 原子探针层析的应用

原子探针层析技术是目前唯一能够检测到三维结构中所有元素的单个原子分布的技术,利用 APT 可以重构出材料中三维空间上的元素分布情况,对于材料学家探索材料的微观结构,研究结构、工艺和性能之间的关系意义重大。目前,APT 在研究析出相、界面、位错、团簇等特征的元素分布方面已经取得了广泛的应用。

1)析出相

许多材料中都有弥散分布的第二相,这些第二相的析出行为以及三维分布对材料的性能至关重要,原子探针层析技术可以获得元素在三维空间的分布情况,而且具有极高的空间和化学分辨能力,因此在研究析出相,特别是纳米第二相的成分、析出行为和三维空间分布方面具有独特的优势。如图 12-17(a)—(c)为一种铝合金中三种合金元素的三维分布情况,APT 可以准确地研究微量元素如 Ge 的分布,这是其他高空间分辨技术如透射电镜无法做到的。APT 还可以准确获得合金中纳米析出相的大小、成分和弥散状况的信息,如图 12-17(d)所示,9h 时效后铝合金中分布着细小的针状 Mg-Ge 相,富 Cu 的 θ' 相和 θ_{II}' 相,这些析出相的具体成分信息可以通过提取质谱分析得到。

2)界面

相界、晶界等界面对很多材料性能和行为起着决定性的作用,APT 可以准确地测量界面的结构、成分以及元素在界面的分布,而且通过数据处理实现可视化分析。图 12-18 显示了镍基高温合金中 γ/γ' 相界面的合金元素分布情况,说明 Re 元素会在相界面处富集,据此可以理解合金元素的强化机制。图 12-19 显示了纳米晶钢中 C 元素在晶界的富集情况、结合透射电镜得到的晶粒取向分布情况可以研究晶界面取向、晶界取向差等几何因素与合金元素偏聚之间的关系。

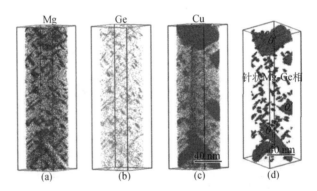

图 12-17　Al-3.5Cu-0.4Mg-0.2Ge 合金 200℃ 时效 9h 后 Mg、Ge、Cu 和析出相的三维分布

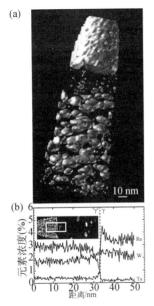

图 12-18　镍基高温合金中 γ' 相分布情况及 γ/γ' 相界面合金元素分布情况

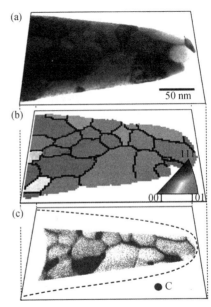

图 12-19　Fe-4.40C-0.30Mn-0.39Si-0.21Cr 纳米晶钢的原子探针针尖 TEM 照片(a)、晶粒取向分布情况(b)和 C 元素三维分布(c)

3）位错

许多晶体缺陷如位错、层错等附近经常会发生化学偏聚,这种偏聚可以在 APT 中清晰分辨出来,并能提供溶质分布及缺陷密度和弥散状况的信息。图 12-20(a)～(d)中利用 Mn 的等浓度面清晰反映出了 Fe-9at％ Mn 合金中 Mn 元素在晶界和位错上的富集情况,图 20(e)中提取了垂直位错线和沿位错线方向 Mn 元素的一维浓度谱线,说明 Mn 主要富集在 1 nm 范围内的位错核心区域,而且 Mn 元素沿位错线方向的富集区呈周期性分布,Mn 富集区间隔约为 5 nm。

4）团簇

多元固溶体中的三维原子堆垛情况是许多领域非常感兴趣的问题,半导体中溶质物质

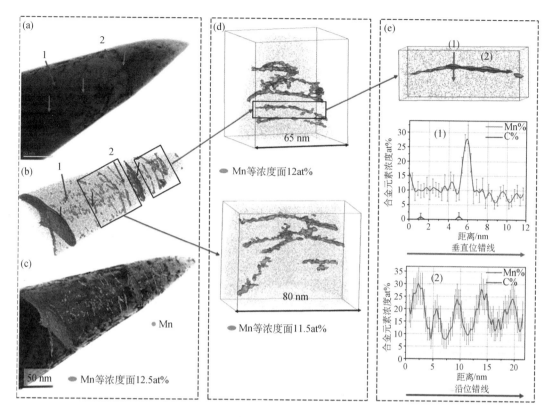

图 12-20　Fe-9at%Mn 合金中的 Mn 元素的偏聚情况

的非周期性分布可能会对材料的电、光、磁等性能有重要影响，而合金中团簇的形成则与沉淀相的析出息息相关。APT 数据中已经包含了溶质团簇化的关键信息，可通过一些复杂的算法提取这些信息。图 12-21 利用 APT 研究一种沸石中 Al 元素团簇分布的结果，可以发现 Al 元素团簇主要分布在晶界附近，在所定义的团簇范围内，Al 元素含量显著升高，Si 元素含量则显著下降，O 含量基本不变。

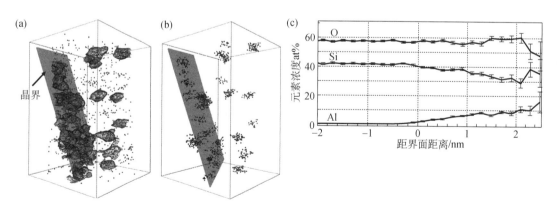

图 12-21　沸石(zeolite)中的 Al 元素团簇分布情况：(a)Al 等浓度面 2at%；(b)仅显示出团簇内的 Al 原子；(c)元素浓度随着距离(a)中等浓度面距离变化的分布曲线

本章小结

原子探针是由场离子显微镜发展而来,本章主要介绍了场离子显微镜、原子探针以及原子探针层析的基本原理、结构和应用。本章内容小结如下:

场离子显微镜
- 场电离:外场作用下发生的原子电离过程。
- 工作原理:场电离产生的带正电的成像气体离子在电场作用下射向荧光屏产生亮斑,并将样品表面的形貌在荧光屏上形成放大倍数很高的图像。
- 结构:针状样品、高压系统、真空系统、荧光屏。
- 成像特点:大量环绕于若干中心的圆形亮点环。
- 应用:表面结构观察包括点缺陷、位错、晶界、表面重构、析出相等。

原子探针
- 场蒸发:在场诱发下从样品自身晶格中剥离原子的过程。
- 工作原理:场蒸发离子与场离子显微镜的静电场中所形成的场电离离子轨迹相同,利用荧光屏上的探测孔选择感兴趣区域的场蒸发离子进入质谱仪,通过质谱仪进行元素种类分析。
- 结构:场离子显微镜+质谱仪。
- 原子探针层析:场离子显微镜+质谱仪+位置敏感探测器。
- APT 应用:元素的三维空间分布研究包括析出相、界面、位错、团簇等。

思 考 题

12.1 简述场离子显微镜、原子探针和原子探针层析之间的联系和区别。

12.2 简述场离子显微图像的特点和形成原理。

12.3 高压脉冲和激光脉冲各有什么优缺点?

12.4 为什么原子探针样品为针状?

12.5 简述原子探针对样品的要求和原因。

12.6 简述电化学抛光和 FIB 两种制备针状样品方法的优势和不足。

12.7 简述飞行时间质谱仪的工作原理。

12.8 结合场蒸发的过程思考影响质谱仪分析准确度的因素有哪些?

12.9 APT 是如何实现"层析"的?

12.10 原子探针层析技术有哪些应用?

12.11 原子探针层析和透射电镜都具有很高的空间分辨率,试比较两种技术的优势和不足。

13 光谱分析

由于每种原子都有自己的特征谱线,犹如人们的"指纹"一样各不相同,因此可以根据物质的光谱来鉴别物质及确定它的化学组成和相对含量,这种方法叫光谱分析(Spectral Analysis 或 Spectrum Analysis)。

光谱分析具有以下特点:

(1)分析速度快。原子发射光谱用于炼钢炉前的分析,可在 $1\sim2$ min 内,同时给出二十多种元素的分析结果。

(2)操作简便。有些样品不经任何化学处理,即可直接进行光谱分析。在毒剂报警、大气污染检测等方面,采用分子光谱法遥测,不需采集样品,在数秒钟内,便可发出警报或检测出污染程度。

(3)不需纯样品。只需利用已知谱图,即可进行光谱定性分析。这是光谱分析的一个十分突出的优点。

(4)可同时测定多种元素或化合物,省去复杂的分离操作。

(5)选择性好。可测定化学性质相近的元素和化合物。如测定铌、钽、锆、铪和混合稀土氧化物,它们的谱线可分开而不受干扰,成为分析这些化合物的得力工具。

(6)灵敏度高。可利用光谱法进行痕量分析,目前,相对灵敏度可达到千万分之一至十亿分之一,绝对灵敏度可达 $10^{-8}\sim10^{-9}$ g。

(7)样品损坏少,可用于古物以及刑事侦察等领域。

(8)随着新技术的采用(如应用等离子体光源),定量分析的线性范围变宽,使含量高低不同的元素可同时测定,还可以进行微区分析。

局限性:光谱定量分析建立在相对比较的基础上,必须有一套标准样品作为基准,而且要求标准样品的组成和结构状态应与被分析的样品基本一致,这常常比较困难。

光谱的分类:

按波长区域不同,光谱可分为红外光谱、可见光谱和紫外光谱。

按产生的方式不同,可分为发射光谱、吸收光谱和散射光谱。

按光谱表观形态不同,可分为线光谱、带光谱和连续光谱。

按产生的本质不同,可分为原子光谱和分子光谱。光谱分析的被测成分是原子的称为原子光谱,被测成分是分子的则称为分子光谱。原子光谱分为原子发射光谱(AES)、原子吸收光谱(AAS)、原子荧光光谱(AFS)以及 X 射线荧光光谱(XFS)等。分子光谱包括紫外-可见分光光度法(UV-Vis)、红外光谱(IR)、激光拉曼光谱(Raman)、分子荧光光谱(MFS)和分子磷光光谱(MPS)等。

本章拟介绍应用最为广泛的红外光谱(IR)、拉曼光谱(Raman)和最先进的电感耦合等离子体原子发射光谱(ICP-AES)。

13.1 红外光谱(Infrared Spectroscopy)

红外光谱又称为分子振动-转动光谱,是一种分子吸收光谱。当用一束红外光(具有连续波长)照射一物质时,该物质的分子就要吸收一部分光能,并将其变为另一种能量,即分子的振动能量或转动能量。因此,若将其透射过的光用单色器进行色散,就可以得到一带暗条的谱带。如果以波长或频率为横坐标,以百分吸收率或透过率为纵坐标,把该谱带记录下来,就得到了该物质的红外吸收光谱。通常,频率(有时又叫波数)的单位为 cm^{-1},波长的单位是 μm。波长与波数互为倒数关系。被分子吸收的某些特定频率,也即收集到的红外光谱相对于原入射光谱失去的某些特定频率的波段(吸收峰),与分子的结构特征具有一一对应关系。因此,红外光谱法主要用于研究和确认化学物质。其观察的试样可以是固体、液体,也可以是气体。红外光谱法使用的仪器就叫红外光谱仪(Infrared Spectrometer or Spectrophotometer)。

电磁光谱的红外部分根据其与可见光谱的关系,可分为:

① 近红外区:$0.78\sim2.5\ \mu m(12\ 820\sim4\ 000\ cm^{-1})$,能量较高,可以激发泛音和谐波振动,主要用来研究 O—H,N—H 及 C—H 键的振动倍频与组频。

② 中红外区:$2.5\sim25\ \mu m(4\ 000\sim400\ cm^{-1})$,具有中等能量,也最为有用,该区的吸收是由分子的振动能级跃迁引起的,主要用来研究分子的基础振动和相关的旋转-振动结构,在本章后面的讨论中主要涉及的就是该区的吸收情况。

③ 远红外区:$25\sim300\ \mu m(400\sim33\ cm^{-1})$,同微波毗邻,能量低,主要用于旋转光谱学,研究分子的纯转动能级跃迁以及晶体的晶格振动等。

13.1.1 基本原理

1) 产生红外吸收的条件

红外光谱是由于分子振动能级(同时伴有转动能级)跃迁而产生的,物质吸收红外辐射应满足两个条件:

(1) 被吸收的辐射光子具有的能量与发生振动跃迁时所需的能量相等。

当一定频率(能量)的红外光照射分子时,如果分子中某个基团的振动频率和外界红外辐射的频率一致,就满足了第一个条件。被吸收的通常是共振频率,取决于分子等势面的形状、原子质量和最终的相关振动耦合。具体地,在波恩-奥本海默和谐波近似中,当对应于电子基态的分子哈密顿量能利用平衡态分子几何结构附近的谐振子近似时,共振频率与对应于分子电子基态势能面的固有振型密切相关。此外,共振频率也与键的强度和键两端原子的质量有一定的关系。因此,振动频率与特定的分子振动模式和特定的键型联系在一起。

(2) 辐射与物质之间有耦合作用。

为满足这个条件,分子振动必须伴随偶极矩的变化。整个分子呈电中性,但因空间构型的不同以及构成分子的各原子价电子得失难易不同,正负电荷中心可能重合,也可能不重合。前者称为非极性分子(如 CO_2),后者称为极性分子(如 H_2S),分子极性大小用矢量偶极矩 $\boldsymbol{\mu}$ 来度量,偶极矩定义为:$\boldsymbol{\mu} = q\boldsymbol{d}$,$q$ 为正、负电荷中心所带的电荷量;矢量 $\boldsymbol{d}$ 的大小是正、负电荷中心间的距离,方向是从正电荷到负电荷。偶极矩的单位是库仑·米(C·m)或者德拜(Debye)。由于分子内原子处于在其平衡位置不断振动的状态,在振动过程中 **d** 的瞬时值亦在不断地发生变化,因此分子的 **μ** 也发生相应的改变,分子亦具有确定的偶极矩变化频率。对称分子(如 CO_2)由于其正负电荷中心重叠,$d=0$,故分子中原子的振动并不引起 **μ** 的变化。因此为了满足吸收辐射的第二个条件,实质上是外界辐射迁移它的能量到分子中去,而这种能量的转移是通过偶极矩的变化来实现的。

2)分子的振动

分子的运动由平动、转动和振动三部分组成。平动可视为分子的质心在空间的位置变化,转动可视为分子在空间取向的变化,振动则可看成分子在其质心和空间取向不变时,分子内原子相对位置的变化。

分子中原子的振动形式可分为三种类型:伸缩振动(υ)、弯曲振动和变形振动,后两种振动又统称为变角振动(δ)。伸缩振动过程中,原子沿着化学键方向伸缩,键长发生变化而键角不变。弯曲振动时,基团的原子运动方向与价键方向垂直。

(1)伸缩振动

双原子伸缩振动 AX 型,见图 13-1(a),这种振动属于面内伸缩振动,用 υ_β 表示。

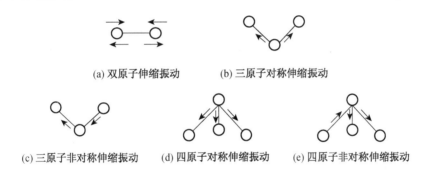

(a) 双原子伸缩振动　　(b) 三原子对称伸缩振动

(c) 三原子非对称伸缩振动　(d) 四原子对称伸缩振动　(e) 四原子非对称伸缩振动

图 13-1　伸缩振动示意图

三原子伸缩振动 AX_2 型,这种振动也属于面内伸缩振动,存在着对称和非对称伸缩振动,如图 13-1(b)、13-1(c),分别用符号 υ_s 和 υ_{as} 表示。通常非对称伸缩振动较之对称伸缩振动在较高的波数出现。

四原子伸缩振动 AX_3 型,这种振动属于面外伸缩振动 υ_γ,也存在对称 υ_s 和非对称 υ_{as} 之分,分别见图 13-1(d)和(e)。

(2)弯曲振动

双原子弯曲振动 AX 型,这种振动分为面内 β 和面外 γ 两种形式,见图 13-2(a)和(b),分子平面均与纸面垂直。

三原子弯曲振动 AX_2 型,这种振动也分为面内和面外两种类型,各有两种形式。它们是面内剪刀式摆动(Scissoring)、左右摇摆(Rocking)和面外前后摇摆(Wagging)、扭摆(Twisting),如图 13-2(c)~(f)。

四原子弯曲振动 AX_3 型,也存在对称和非对称振动两种形式,如图 13-2(g)、(h)。对称弯曲振动其三角夹角永远相等,同时产生相同的变化。外围的三个原子同时向中心原子或离开中心原子振动。非对称弯曲振动实际上存在两种形式,一种是外围的三个原

(a) 双原子面内弯曲振动　(b) 双原子面外弯曲振动　(c) 三原子面内剪刀式摆动　(d) 三原子左右摇摆

(e) 三原子面外前后摇摆　(f) 三原子扭摆　(g) 四原子对称弯曲振动　(h) 四原子非对称弯曲振动

图 13-2　弯曲振动示意图

子中的一个保持不动,另外两个原子对第一个原子作相对的变角运动。另一种形式是外围的三个原子中的两个保持不动,另一个原子对前两个原子作相对运动。可以证明这两种非对称的弯曲振动存在同样的能量变化,因此具有相同的吸收频率,在实际应用中可以认为只有一种弯曲振动。

（3）变形振动

芳环化合物、环烷以及其他类型的环状化合物,其光谱图中不少谱带与骨架的变形振动有关,这种振动也分面内及面外变形振动两种方式。以五元环为例,它们的振动方式如图 13-3(a)、(b)所示。

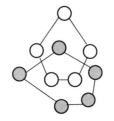 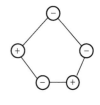

(a) 五元环面内变形振动　　(b) 五元环面外变形振动

图 13-3　变形振动示意图

13.1.2　红外光谱与分子结构间的关系

1) 分子振动自由度

对于一个原子数为 n 的分子来说,每个原子在空间都有 3 个自由度,因此 n 个原子组成的分子总共具有 $3n$ 个运动自由度。需要 3 个空间坐标 (x, y, z) 来确定这个分子质心的位置,如果这个分子是非直线的,则需要 3 个坐标来确定分子在空间的取向;如果是直线分子,2 个坐标就可以确定分子在空间的取向。因此需要 6 个坐标确定非线性分子的平动和转动自由度,5 个坐标确定线性分子的平动和转动自由度。在确定分子的平动和转动自由度数量后,剩下的就是分子的振动自由度。从以上的讨论可以看出,一个非线性(非直线)分子具有 $(3n-6)$ 个振动自由度,线性(直线)分子具有 $(3n-5)$ 个振动自由度。例如水分子是非线性分子,其振动自由度为 $3\times3-6=3$。

2) 分子振动自由度与红外吸收谱带

每个振动自由度代表一种独立的振动方式,称为简正模式(normal modal)。在简正模式中,分子的质心和空间取向保持不变,每个原子以相同的频率在平衡位置附近做简谐振动,同时通过平衡点。简正模式是分子最基本的振动方式。分子的振动自由度可以通过红外光谱的吸收峰来体现。

从原则上讲,每一个振动自由度相当于红外区的一个吸收峰,但实际的红外吸收峰的数目常少于振动自由度的数目,这是因为:不伴随偶极矩变化的振动没有红外吸收峰;振动频率相同的不同振动形式会发生简并;强宽峰往往要覆盖与它频率相近的弱而窄的吸收峰;吸收峰有时落在中红外区域以外;吸收强度太弱,灵敏度不够的仪器检测不出。

对于简单的双原子分子,只有一个键和一个振动谱带,其振动可近似地看作简正振动。如果分子结构是对称的,如 N_2,红外光谱中观察不到相应的峰,但在拉曼光谱中可以观察到相应的吸收峰。如果分子结构是非对称的,如 CO,在红外光谱中可以观察到明显的吸收峰。对于多原子分子,可能会有许多键,其振动可以分解成许多简正振动,并且振动可能会共轭出现,导致某种特征频率的红外吸收可以和化学组联系起来。如有机化合物常存在 CH_2X_2 组,X 代表任何其他的元素。其振动自由度为 $3\times5-6=9$,也即 CH_2X_2 组有 9 种不同的振动方式,其中 6 种振动方式与 CH_2 有关。CH_2 可以以"对称和非对称伸缩(Symmetric & Antisymmetric stretching)"、"剪刀式摆动(Scissoring)"、"左右摇摆(Rocking)"、"前后摇摆(Wagging)"和"扭摆(Twisting)"六种方式振动。尽管为了平衡整个分子 C 原子也会发生相应的振动,但 C 原子的振动幅度远远小于 H 原子的振动幅度,因为 C 的质量远远大于 H 的质量。如果结构中不存在 X_2 键组,那么振动方式将会减少,因为有些振动方式与附着的组分存在特定的关系。如常见的 H_2O 分子(振动方式如图 13-4 所示),"左右摇摆"、"前后摇摆"和"扭摆"三种振动方式不存在,因为 H 原子的这些运动方式将导致整个水分子发生转动而不仅仅是水分子内部的振动。

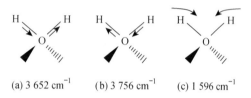

(a) 3 652 cm^{-1} (b) 3 756 cm^{-1} (c) 1 596 cm^{-1}

图 13-4 水分子振动

3) 红外光谱分析

红外光谱可以用振动方程和振转方程来进行谱分析,也可运用分子的对称因素以点阵图解法进行归属,但这些方法只适用于简单分子。基团频率法是基于实验为依据的归纳法,对简单分子和复杂分子均适用。经验发现,组成分子的各种基团如 O—H、C—H、C=C、C=O 等都有着自己特定的红外吸收区域,分子的其他部分对其吸收位置的变化仅有较小的影响。通常把这种能代表某基团存在并有着较高强度的吸收峰称为特征吸收峰,其所在的位置称为特征频率或基团频率。显然,这些特征吸收峰是非常有用的,它使我们有可能借助红外光谱推断出未知物的结构来。根据经验,中红外光谱可分成 4 000～1 330 cm^{-1} 和 1 330～600 cm^{-1} 两个区域,如图 13-5 所示。前者称为基团频率区、官能团区或特征区,区内的峰是由伸缩振动产生的吸收带,比较稀疏,易于辨认,常用于鉴定官能团。后者称为指纹区,除了单键的伸缩振动吸收峰外,还有因变形振动产生的谱带。指纹区对于指认结构类似的化合物很有帮助,而且可以作为某种化合物中存在某种基团的旁证。

① 基团频率区(4 000～1 330 cm^{-1})

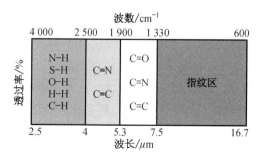

图 13-5 中红外光谱分区

当一种基团有多种振动模式时,它们的振动频率不一定都是基团频率。如 NO_3^- 有四种振动模式,只有反对称伸缩振动频率和面外弯曲振动频率是基团频率,而对称伸缩振动频率和面内弯曲振动频率吸收强度非常弱,不符合基团频率的定义,不是基团频率。

基团频率区根据经验可以划分为三个特征频率区:

$4\,000\sim2\,500\ cm^{-1}$ 为 X—H 伸缩振动频率区,X 可以是 O、H、C、N 或 S 原子。O—H 基的伸缩振动频率在 $3\,650\sim3\,200\ cm^{-1}$ 范围内,它可以作为判断醇类、酚类和有机酸类的重要依据。胺和酰胺的 N—H 伸缩振动出现在 $3\,500\sim3\,100\ cm^{-1}$ 范围内,与 O—H 基伸缩振动频率区有重合,可能会对 O—H 振动伸缩频率有干扰,但 N—H 伸缩振动吸收峰相对比较尖锐。C—H 伸缩振动可分为饱和碳和不饱和碳的 C—H 伸缩振动两类。饱和碳的 C—H 伸缩振动频率出现在 $3\,000\ cm^{-1}$ 以下,范围约为 $3\,000\sim2\,800\ cm^{-1}$,不饱和 C—H 伸缩振动出现在 $3\,000\ cm^{-1}$ 以上。可以以此来判断化合物中是否含有不饱和 C—H 键,如苯环的 C—H 伸缩振动出现在 $3\,030\ cm^{-1}$ 附近,它的特征是吸收峰强度比饱和 C—H 键稍弱,但峰形比较尖锐。叁键 C≡C 上的 C—H 伸缩振动出现在 $3\,300\ cm^{-1}$ 附近。

$2\,500\sim1\,900\ cm^{-1}$ 为叁键和累积双键伸缩振动吸收区,包括 C≡C、C≡N 等叁键的伸缩振动。

$1\,900\sim1\,500\ cm^{-1}$ 为双键伸缩振动吸收区。C═O 伸缩振动频率出现在 $1\,900\sim1\,650\ cm^{-1}$,一般是红外光谱中很特别且最强的吸收峰,以此很容易判断酮类、醛类、酸类、酯类、酰胺以及酸酐等化合物。关于 C═C 伸缩振动吸收峰,烯烃的 $\upsilon_{C=C}$ 在 $1\,680\sim1\,620\ cm^{-1}$ 范围内,一般较弱;单核芳烃 $\upsilon_{C=C}$ 在 $1\,600\ cm^{-1}$ 和 $1\,500\ cm^{-1}$ 附近,有 2～4 个峰,这是芳环的骨架振动,可用于确认有无芳核的存在。苯的衍生物泛频谱带在 $2\,000\sim1\,650\ cm^{-1}$ 范围内。

② 指纹区($1\,330\sim600\ cm^{-1}$)

指纹区出现的频率有基团频率和指纹频率。基团频率吸收强度较高,容易鉴别,如 $1\,330\sim900\ cm^{-1}$ 范围存在 C—O、C—N、C—F、C—P、C—S、P—O、Si—O 等单键的伸缩振动和 C═S、S═O、P═O 等双键的伸缩振动频率。指纹频率吸收峰强度较弱,指认困难。指纹频率不是某个基团的振动频率,而是整个分子或分子的一部分振动产生的。分子结构的微小变化都有可能引起指纹频率的变化,所以,不要企图能将全部指纹频率进行指认。指纹频率没有特征性,但对特定分子是有特征的,因此指纹频率可用于整个分子的表征。如 $1\,375\ cm^{-1}$ 左右对应的谱带为甲基的 δ_{C-H}(对称弯曲振动),可以用于判断甲基存在与否。$900\sim650\ cm^{-1}$ 范围内的某些吸收峰可以用来确认化合物的顺反构型,如可以利用芳烃的 C—H 面外弯曲振动吸收峰来确认苯环的取代类型。

③ 具体图谱分析

对于一张测得的红外光图谱,分析时应遵循以下原则:应先分析基团频率区内的吸收峰(特征峰),后分析指纹区内的吸收峰;先分析最强峰,后次强峰;先粗查,后细找;先否定,后肯定;抓一组相关峰。具体而言,一般先从基团频率区第一强峰入手,确认可能的归属,然后找出与第一强峰相关的峰;第一强峰确认后,再依次解析基团频率区第二强峰、第三强峰。对于简单光谱,一般解析一两组相关峰即可确定未知物的分子结构。对于复杂化合物的光谱由于官能团的相互影响,解析困难,可在粗略解析后,查对标准光谱或进行综合光谱解析。红外谱图库主要有 Sadtler Reference Spectra Collections。

4）影响基团频率的因素

（1）外部因素

试样状态、测试条件的不同及溶剂极性等外部因素的影响都会引起吸收频率的移位。如气体状态下 C＝O 伸缩振动频率最高，非极性溶剂中的稀溶液次之，液态或固态振动频率最低。同一化合物的气态和液态光谱差异较大，如图 13-6 所示甲醇在气态和液态时的红外光谱比较。因此，我们在查阅标准图谱时，一定要注意试样状态及制样方法等外部因素的影响。

最常见的稀释剂效应：当液体样品或固体样品溶于有机溶剂中时，样品分子和溶剂分子之间会发生相互作用，导致样品分子的红外振动频率发生变化。如果溶剂是非极性的，且样品中不存在极性基团，样品的红外光谱基本不受影响。但如果溶剂是极性的，且样品分子中含有极性基团，那么，样品的红外光谱肯定会发生变化。溶剂的极性越大，光谱变化越大。所以在红外光谱分析时，必须说明测定光谱时所用的溶剂。

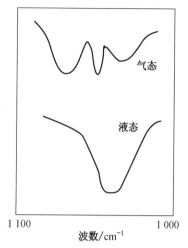

图 13-6　甲醇在气态和液态下红外光谱比较

固体样品采用压片法测定红外光谱时，通常采用卤化物作为稀释剂。卤化物分子的极性很强，肯定会影响样品分子中极性基团的振动频率，使极性基团的振动频率发生位移，而且还会使谱带变形。稀释剂对光谱的影响是不可避免的，所以制备红外样品时，要尽量避免使用稀释剂。

（2）内部因素

① 分子中原子的质量。有机化合物是以 C 原子为骨架的，如果与 C 原子相连的原子的质量远远小于或大于 C 原子的质量，例如 H 原子，则这些基团的振动吸收频率较为固定。这是因为 H 原子的质量与分子中其余部分比较起来非常小，可以近似认为 H 原子是在作自由的振动，而与分子其余部位的结构无关。υ_{C-H}（～3 000 cm^{-1}）、υ_{N-H}（3 500～3 300 cm^{-1}）、υ_{O-H}（3 600～3 300 cm^{-1}）等伸缩振动频率之所以变化不大，原因就在于此，它们都属于优良基因频率。同样的道理，如果 C 原子与原子质量较大的原子连接时，其振动过程也较少受分子其余部位变化的影响。例如 C—As 以及其他金属有机化合物，C—Cl、C—Br、C—I 等键的振动频率都比较固定。相反，对于 C—N、C—C 等键由于它们的原子质量相近，加上其他原因，导致它们的振动频率变化范围很大，显然在红外光谱分析中除了起到指纹作用外无多大的用途。

② 原子间的力常数。按照振动光谱的基本公式 $\overline{\nu} = \dfrac{1}{2\pi C}\sqrt{\dfrac{k}{m}}$ 可知波数与力常数 k 有关，如果某一基团涉及许多化学键，亦即与许多力常数有关，则该基团的吸收频率肯定存在较大的变化范围。如 —C—N （1 300～900 cm^{-1}）和 —C—C— （1 200～800 cm^{-1}），前者有 5 个键与分子的其余部分相联系，后者则有多达 6 个键受到分子其余部分的影响，因此

C—N 与 C—C 的伸缩振动极不固定。对于一些端位基团,如—C≡N、—NO₂、—C—X、C—H、—NH₂、O—H 等,由于它们的一端已没有任何键与分子的其余部位连接,因此键的力常数变化不大,属于优良基团。—C≡N 最为典型,它只有一个键与分子的其余部分连接,伸缩振动频率最为固定,位于 2 200 cm⁻¹左右。

影响原子间力常数的主要因素是振动耦合,包括:伸缩振动之间的耦合,伸缩振动与弯曲振动之间的耦合,弯曲振动之间的耦合,费米共振,诱导效应,共轭效应、氢键效应、空间位阻效应和环张力等。

13.1.3 红外吸收光谱仪

光谱仪通常由三部分组成:红外分光光度计、计算机和打印机。红外分光光度计是红外光谱仪最主要的部分。平时所说的红外光谱仪主要指红外分光光度计。红外光谱仪的各项性能指标都由红外分光光度计决定。目前,红外分光光度计应用最广的为干涉型分光光度计——傅里叶变换红外分光光度计。傅里叶变换红外分光光度计与其他仪器如 TA、GC、HPLC 的联用,扩大了其使用范围。而用计算机存储及光谱检索,使光谱分析更为方便、快捷。

傅里叶变换红外分光光度计主要由光源、干涉仪、检测器、计算机和记录系统组成。图 13-7 为其工作原理示意图。

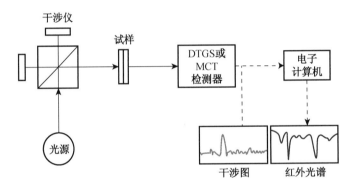

图 13-7　傅里叶变换红外分光光度计工作原理示意图

干涉仪是傅里叶变换红外分光光度计的核心组成部分,其最高分辨率和其他性能指标主要由干涉仪决定。迈克尔逊干涉仪是现代傅里叶变换红外分光光度计最常用的光学系统,其结构示意图如图 13-8 所示。

迈克尔逊干涉仪主要由定镜 F、动镜 M、分束器和检测器组成。F 固定,M 可沿镜轴方向前后移动,在 F 和 M 中间放置一个呈 45°角的分束器。从光源发出的红外光,经凹面镜反射成为平行光照射到分束器上。分束器为一块半反射半透射的膜片,入射的光束一部分透过分束器垂直射向动镜 M,一部分被反射,射向定镜 F。射向定镜的这部分光由定镜反射回分束器,一部分再被反射(成为无用光),一部

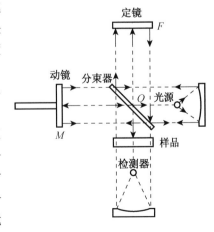

图 13-8　迈克尔逊干涉仪结构示意图

分透射进入后继光路,称为第一束光。射向动镜的光束由动镜反射回来射向分束器,一部分发生透射(成为无用光),一部分反射进入后继光路,称为第二束光。当两束光通过样品达到检测器时,由于存在光程差而发生干涉。干涉光的强度与两束光的光程差有关:当光程差为波长的半整数倍时,发生相消干涉,干涉光最弱;当光程差为波长的整数倍时,发生相长干涉,干涉光最强。对单色光来说,在理想状态下,其干涉图是一条余弦曲线;对复色光来说,由于多种波长的单色光在零光程差处都发生相长干涉,光强最强,随着光程差的增大,各种波长的干涉光发生很大程度的相互抵消,强度降低,因此,连续波长复色光的干涉图为一条中心具有极大值,两侧迅速衰减的对称干涉图。在复色光的干涉图的每一点上,都包含有不同波长单色光的光谱信息,通过傅里叶变换(计算机处理),即可将干涉图变成光谱图。

13.1.4　试样制备及处理

要得到一张高质量的光谱图,除了有性能优良的仪器外,选用合适的制样方法和制样技术也至关重要。相同的试样,相同的制样方法,不同操作者制备的试样得到的光谱可能会差别很大。此处简略归纳了不同状态的试样的主要制样方法及操作要点:

1) 液体和溶液试样

除了可以用红外显微镜或多次衰减全反射(ATR)附件测试外,一般地,液体样品可装在红外液体池里测试。液体池的种类很多,可以从红外仪器公司直接购买,也可以自己加工制作。液体池大体可以分为:可拆式液池,固定厚度液池和可变厚度液池。

红外光谱实验室测试有机液体红外光谱,最常用的液池窗片材料是溴化钾和氯化钠。这两种晶片都是无色透明的。氯化钠晶片的硬度比溴化钾晶片大一些,但溴化钾晶片的适用范围比氯化钠晶片宽一些。氯化钠低频端只能测到 $650\ cm^{-1}$,而溴化钾低频端可以测到 $400\ cm^{-1}$。所以在中红外区,测试有机液体最适合的窗片材料是溴化钾。

用于水溶液测试的窗片材料必须不溶于水,最常用的是氟化钡晶片(两片 3 mm 厚氟化钡晶片低频端能测到 800 cm^{-1}),其次是氟化钙晶片(两片 3 mm 厚氟化钙晶片低频端只能测到 1 300 cm^{-1})。

2) 气体试样

在玻璃气体池内测定,玻璃气体池两端粘有红外透光的 NaCl 或 KBr 窗片,先将气体池抽真空,再注入试样气体即可。

3) 固体试样

固体样品的测试方法有:常规透射光谱法,显微红外光谱法,ATR 光谱法,漫反射光谱法,光声光谱法,高压红外光谱法等。其中常用的常规透射光谱法制样方法有:压片法、糊状法和薄膜法。

① 压片法:将 1 mg 左右(对于具有非常强吸收峰的含强极性基团的样品,如含羰基化合物,样品量需要适当减少)的固体粉末样品用 150 mg 左右的溴化钾粉末稀释,研磨至颗粒尺寸小于 2.5 μm,然后转移至压片模具中铺平,施加一定的压力并保持一定的时间即可压出透明的锭片,即可用于红外光谱测定。为了避免中红外散射,颗粒粒度必须小于 2.5 μm。为避免光谱中出现水的吸收峰,试样和溴化钾都需要进行干燥处理。对分子式中含有 HCl 的化合物,则需选用氯化钾代替溴化钾做稀释剂,因为溴化钾和样品中的氯化氢会发生阴离子交换。

② 糊状法：在玛瑙研磨钵中将待测样品和糊剂（一般为石蜡油或氟油）一起研磨，研磨好之后，用硬质塑料片将糊状物从玛瑙研钵中刮下，均匀地涂在两片溴化钾晶片之间测定红外光谱。石蜡油研磨法可以有效地避免溴化钾压片法的缺点，既不会发生离子交换，又不会吸收空气中的水汽。而且制样速度快，石蜡油在样品表面形成薄膜，保护样品使之与空气隔绝。但石蜡油研磨法也存在明显的缺点：石蜡油糊剂是饱和直链碳氢化合物，在光谱中会出现碳氢吸收峰（位于 3 000～2 800 cm^{-1} 区间和 1 461、1 377、722 cm^{-1} 左右），干扰样品测定，另外所需样品比压片法要多。石蜡研磨法也会使红外光谱谱带发生位移，不过影响比卤化物压片法小得多，因此采用此方法测得的光谱可以作为标准光谱。氟油糊剂黏度比石蜡油大，光谱中没有碳氢吸收峰，但会出现碳氟吸收峰。碳氟吸收峰出现在 1 300 cm^{-1} 以下区间，因此氟油研磨法制备的试样只能观察 4 000～1 300 cm^{-1} 区间的样品光谱，而在这一区间石蜡油没有吸收谱带（除了 720 cm^{-1} 出现的一个弱的吸收峰外），两者可以互补。

③ 薄膜法：主要用于测定高分子材料的红外光谱。主要有溶液制膜法和热压制膜法。前者将样品溶于适当的溶剂中，然后将溶液滴在红外晶片（如溴化钾、氯化钾、氟化钡等）、载玻片或平整的铝箔上，待溶剂完全挥发后即可得到样品的薄膜，此法选用的溶剂应该是易挥发的。后者是将较厚的聚合物薄膜压成更薄的薄膜，也可从粒状、块状或板状聚合物上取下少许样品热压成薄膜。薄膜法制样需要注意制膜前和制膜后聚合物的结晶状态有可能发生变化。

13.1.5 应用实例

1）未知物的红外光谱分析

要求采用红外光谱分析某未知有机液体混合物的组成。分析过程如下：

（1）测试未知有机液体混合物光谱，如图 13-9A 所示。

（2）将混合物倒入小烧杯中，用氮气吹，体积减小 3/4 后测得的光谱如图 13-9B 所示。

（3）对光谱 B 进行谱库检索得知剩余液体为矿物油。

（4）用光谱 A 减去光谱 B 得到差减光谱 C。

（5）对光谱 C 进行谱库检索得到光谱 D，得知是四氯乙烯。

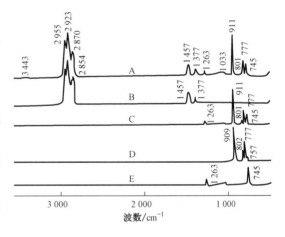

图 13-9　未知有机液体不同条件下的红外光谱

（6）将光谱 C 中的四氯乙烯谱带生成直线得到光谱 E。

（7）对光谱 E 进行谱库检索得知是二氯甲烷。

所以剖析结果为：未知有机液体混合物由不易挥发的矿物油和容易挥发的四氯乙烯和二氯甲烷三种组分组成。

2）材料结构分析

图 13-10 为壳聚糖-四氧化三铁的红外图谱，在 3 600～3 100 cm^{-1} 区间内宽吸收峰为羟基的 O—H 伸缩振动；2 919 cm^{-1} 和 2 846 cm^{-1} 出现的峰分别是壳聚糖内 CH$_2$ 非对称和对称伸缩振动；1 657 cm^{-1} 出现的峰可以与水分子耦合；1 561 cm^{-1} 出现的峰对应

—NH₂的变形振动；1 415 cm⁻¹和 1 310 cm⁻¹出现的峰对应 C—H 弯曲振动；1 310 cm⁻¹出现的峰还对应 C—O—C 非对称伸缩振动；CH—OH 中 C—O 伸缩振动导致的吸收峰在 1 080 cm⁻¹处观察到；四氧化三铁的吸收峰在 581 cm⁻¹处出现。

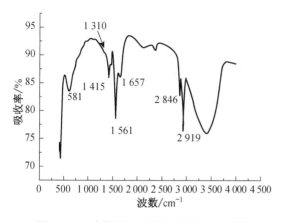

图 13-10 壳聚糖-四氧化三铁的红外图谱

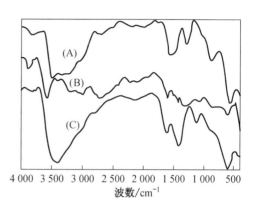

图 13-11 （A）四氧化三铁、（B）壳聚糖、（C）四氧化三铁-壳聚糖红外图谱

3）物相鉴定

图 13-11 分别展示了壳聚糖（A）四氧化三铁、（B）壳聚糖、（C）壳聚糖-四氧化三铁纳米复合材料的红外图谱。在图谱 A 中，3250～3 600 cm⁻¹和 1 550～1 700 cm⁻¹区间内的吸收峰与水分子有关，意味着在四氧化三铁样品或者用于制样的 KBr 晶片中含有结晶水；此外，在 610 cm⁻¹处出现的吸收峰正是金属—O 键的伸缩振动特征峰。在图谱 B 中，3 594 cm⁻¹处出现的特征峰揭示了羟基的存在，1 650 cm⁻¹和 1 449 cm⁻¹的吸收峰对应壳聚糖分子中酰胺Ⅰ型和酰胺Ⅱ型的伸缩振动。在图谱 C 中，可以看到图谱 A 和 B 展现的所有特征峰。

在制备中或制备完成后，光敏半导体表面都有可能被杂质污染，均会破坏器件的性能。火焰法制备的 ZnO 纳米颗粒和自组装 ZnO 薄膜中的缺陷和杂质含量可以用 FTIR 进行表征，如图 13-12 所示。3 455 cm⁻¹和 1 146 cm⁻¹对应的宽峰为羟基的 O—H 伸缩振动，这是由于有大气水分子的吸附。1 600 cm⁻¹和 1 400 cm⁻¹附近非常尖锐的峰分别为锌羧酸盐的非对称和对称伸缩振动。试样在经过 300℃烧结后，杂质 C—H 伸缩振动光谱信号完全消失。因此可以证明，烧结后的 ZnO 薄膜有非常高纯度的表面，表面上已经不存在可探测的无机或有机污染物。

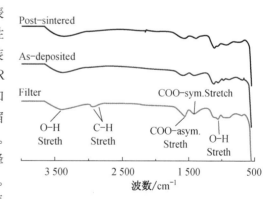

图 13-12 过滤器收集的 ZnO 颗粒和烧结前后基板的 FTIR 谱图

4）聚合物反应

红外光谱法广泛地应用在聚合物反应和聚合物的化学反应研究中。比较不同聚合条

件下所得聚合物的红外光谱图或聚合物反应前后的光谱图,可以了解聚合过程或反应过程的本质,进行红外光谱的定量测定,还可以提供反应动力学方面的数据。例如当用三乙基铝-四氯化钛做催化剂聚合正十八烯-[1]或正辛烯-[1]时,如果聚合条件不同,则所得聚十八烯或聚辛烯的产率和分子量也不同。用红外光谱和色谱分析未聚合的残留烯烃表明,其有反式 $R'\!-\!\!\overset{\text{H}}{\underset{\text{H}}{C\!=\!C}}\!-\!R''$ 构型的烯烃存在,说明单体在聚合过程中发生了异构化,如果进而用 965 cm^{-1}(代表反式 $-\!\!\overset{\text{H}}{\underset{\text{H}}{C\!=\!C}}\!-$ 构型)和 910 cm^{-1}(代表 $-\!CH\!=\!CH_2$ 构型)的峰高比测定残留烯烃中两种 C=C 双键的含量比,则可发现随着聚合温度的上升,反式 $-\!\!\overset{\text{H}}{\underset{\text{H}}{C\!=\!C}}\!-$ 构型的烯烃含量增加,所得聚合物的黏度降低(即分子量下降),再根据聚合物的红外光谱中有三取代烯烃的特征吸收峰(840 cm^{-1})出现,从而可以提出其聚合机理为:反式构型的烯烃加入到正在"生长"的聚合链上,使链的"生长"停止,进而分解成具有三取代 C=C 双键的聚合物,即

$$(1)\ =\!Al\!-\!(CH_2\!-\!\underset{\underset{\text{活泼}}{R}}{CH})_n\!-\!H + R'CH\!=\!CHR'' \longrightarrow =\!Al\!-\!\underset{R'}{CH}\!-\!\underset{\underset{\text{不活泼}}{R''}}{CH}\!-\!(CH_2\!-\!\underset{R}{CH})_n\!-\!H$$

$$(13\text{-}1)$$

$$(2)\ =\!Al\!-\!\underset{R'}{CH}\!-\!\underset{R''}{CH}\!-\!(CH_2\!-\!\underset{R}{CH})_n\!-\!H \longrightarrow =\!Al\!-\!H + R'CH\!=\!\underset{\overset{R''}{|}}{C}\!-\!(CH_2\!-\!\underset{R}{CH})_n\!-\!H$$

$$(13\text{-}2)$$

5)定量分析

图 13-13 是不同尺寸下氧化石墨烯的红外光谱图。C=C 伸缩振动峰在 1 620 cm^{-1} 附近,C=O 伸缩振动峰在 1 740～1 720 cm^{-1} 区间内,它们的峰强随着氧化石墨烯尺寸的增大而增强,而其他的含氧组(如:C—O—C,C—O,O—H)特征峰强度并不因氧化石墨烯尺寸的变化而变化。这些亲水的含氧官能团使得氧化石墨烯在水中有很好的分散性。

6)军事应用

战斗中,火炮射击会喷出许多燃气,除了一些气体杂质外,还含有大量的易燃成分。如一氧化碳、二氧化碳、氢气、氮气以及较高温度下的水蒸气。因此,伴随着炮口闪光,将发射出大量的红外辐射。图 13-14 是 155 mmM 火炮的二次闪光的相对红外辐射。

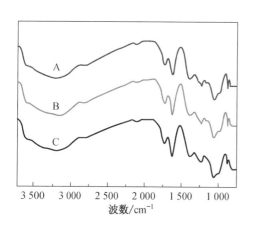

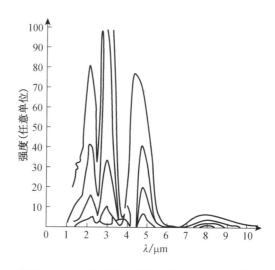

图 13-13　不同尺寸氧化石墨烯的红外光谱
(A) 小尺寸 (SGO) , (B) 中尺寸
(MGO) , (C)大尺寸(LGO)

图 13-14　二次闪光的辐射光谱分布与火炮距离
的变化关系

13.2　拉曼光谱(Raman Spectroscopy)

一束单色光(波数为 υ_0 的激光束)入射于透明试样时:大部分光可以透射过去;一部分光被吸收;还有一部分被散射。如果对散射光所包含的频率进行分析,会观察到散射光中的大部分波长与入射光相同,而一小部分波长产生偏移 $\upsilon = \upsilon_0 \pm \Delta\upsilon$。前者属于弹性散射,后者属于非弹性散射。在分子系统中,波数 $\Delta\upsilon$ 基本上落在与分子的转动能级、振动能级和电子能级之间的跃迁相关联的范围内,即在非弹性散射中,光子的一部分能量传递给分子,转变为分子的振动或转动能,或者光子从分子的振动或转动中得到能量。这种频率发生改变的辐射散射称为拉曼散射,相对激发光波长偏移的波数 $\Delta\upsilon$ 称为拉曼频移。这是以印度科学家拉曼(C. V. Raman)来命名的,因为他与 K. S. Krishnan 在 1982 年首先在液体中观察到这种现象。在散射的光谱中,新波数的谱线称作拉曼线或拉曼带,合起来构成拉曼光谱。拉曼光谱是入射光子和分子相碰撞时,分子的振动能量或转动能量和光子能量叠加的结果,利用拉曼光谱可以把处于红外区的分子能谱转移到可见光区来观测。因此拉曼光谱作为红外光谱的补充,是研究分子结构的有力武器。拉曼光谱是一种散射光谱,主要用于观察分子系统中的振动、转动以及其他低频模式。拉曼光谱中常出现一些尖锐的峰,是试样中某些特定分子的特征。因此,拉曼光谱具有进行定性分析并对相似物质进行区分的功能。而且,由于拉曼光谱峰的强度与相应分子的浓度成正比,拉曼光谱也能用于定量分析。通常,将获得和分析拉曼光谱以及与其应用有关的方法和技术称为拉曼光谱(Raman Spectroscopy)法。

13.2.1　基本原理

拉曼效应可以通过一个简单的实验观察到:在一暗室内,以一束绿光照射透明液体,例如戊烷,绿光看起来就像悬浮在液体上。若通过对绿光或蓝光不透明的橙色玻璃滤光片观察,将看不到绿光而是一束非常暗淡的红光,这束红光就是拉曼散射光。

拉曼效应可用能级图来表达,如图 13-15 所示。一绿色或蓝色光子使分子能量从基态跃迁到虚态,从量子力学观点知道虚态是分子的不稳定能态,因此分子将立即发射一光子从虚态返回到原始电子态。如果分子回到它原来的振动能级,那么它发射的光子具有与入射光子相同的能量,亦即相同的波长。此时,没有能量传递给分子,这就是瑞利散射(Rayleigh Scattering)。若分子回到较高的能级,发射光子具有相对入射光子较小的能量,亦即有比入射光子较长的波长,分子的振动能量增加了,这称为斯托克斯拉曼散射(Stocks Raman Scattering)。若分子回到较低的能级,发射光子就有相比入射光子较大的能量,亦即有比入射光子较短的波长,分子的振动能量减少,这称为反斯托克斯拉曼散射(Anti-Stocks Raman Scattering)。一般讨论的拉曼散射是指斯托克斯拉曼散射,除非另有说明。在以波数为变量的拉曼光谱图上,斯托克斯线和反斯托克斯线对称地分布在瑞利散射线的两侧,如图 13-16 所示,这是由于上述两种情况下分别相应于得到或者失去了一个振动量子的能量。

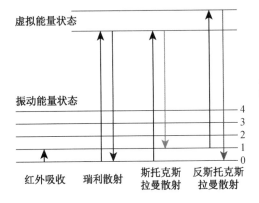

图 13-15　瑞利、斯托克斯和反斯托克斯
拉曼散射过程能级示意图

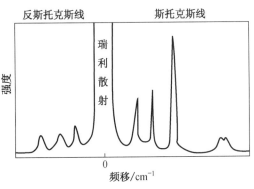

图 13-16　散射光谱

同一物质分子,随着入射光频率的改变,拉曼线的频率也改变,但拉曼频移 $\Delta\upsilon$ 始终保持不变。拉曼位移与入射光频率无关,只与物质分子的转动和振动能级有关。如以拉曼频移(波数)为横坐标,拉曼散射强度为纵坐标,激发光的波数(也即瑞利散射波数,υ_0)作为零点写在光谱的最右端,略去反斯托克斯拉曼散射谱带,即得到类似于红外光谱的拉曼光谱图,如图 13-17 所示。

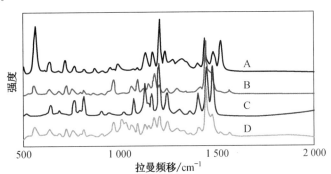

图 13-17　拉曼光谱
A:咖啡因;B:阿司匹林;C:对乙酰氨基酚;D:纤维素

瑞利散射光和拉曼散射光的强度与入射光照射的分子数成正比。所以斯托克斯拉曼强度正比于处于最低能级状态分子的数量，而反斯托克斯拉曼强度正比于处于次高振动能级的分子数。在热平衡时，处于一振动能级的分子数相对于另一能级的分子数之比服从玻尔兹曼(Boltzman)分布，因此在热平衡时低振动能级的分子数总是大于次高振动能级的分子数，即斯托克斯拉曼强度总是大于反斯托克斯拉曼强度。对于高能振动或在低温下，相对于斯托克斯拉曼强度，反斯托克斯拉曼强度小到近乎为零。应用玻尔兹曼方程，从斯托克斯拉曼强度和反斯托克斯拉曼强度的相对比值可以测定试样的温度。

散射的本质是入射光引起电子云振荡而导致的光发射。由化学键结合在一起的原子，其位置的变化会改变电子云的极化率。散射光的强度正比于电子云的位移大小，分子振动将导致散射光强度的周期性变化。拉曼散射光的强度并不是在所有方向都是相等的，所以讨论拉曼散射光强度必须指明入射光传播方向与所检测的拉曼散射光之间的角度。通常在与入射光方向成90°或180°的方向上观测拉曼散射。

一般的光谱只有两个基本参数，即频率和强度。但拉曼光谱还有一个去偏振度(ρ)，以它来衡量分子振动的对称性，增加了有关分子结构的信息。ρ 定义为：

$$\rho = I_{\perp} / I_{//}$$

式中，$I_{\perp}$ 为偏振方向与入射光偏振方向垂直的拉曼散射强度，即当偏振器与激光方向垂直时检测器可测到的散射光强度；$I_{//}$ 为偏振方向与入射光偏振方向平行的拉曼散射强度，即当偏振器与激光方向平行时检测器可测到的散射光强度。在使用90°背散射几何时，无规则取向分子的去偏振率在 0～0.75 之间。只有球对称振动分子能达到限定值的最大或最小。例如，459 cm^{-1} 附近的 CCl_4 对称伸缩振动的去偏振度小于 0.005，而 CCl_4 其他拉曼峰的去偏振度非常接近 0.75. 对称程度较低的分子振动的去偏振率在 0 到 0.75 之间，而最为对称的振动，其去偏振率最小。

拉曼散射强度正比于被激发光照明的分子数，这是应用拉曼光谱术进行定量分析的基础。拉曼散射强度也正比于入射光强度和 $(\upsilon_0 - \upsilon)^4$。所以增强入射光的强度或使用较高频率的入射光也能增强拉曼散射强度。分子对称理论尽管不能给出拉曼活性振动散射光的强度有多大，但仍然可以根据影响振动化学键偏振性和分子或化学键对称性因素来估计相对拉曼散射强度。这些影响拉曼峰强度的因素大致有下列几项：①极性化学键的振动产生弱拉曼强度。强偶极矩使电子云限定在某个区域，使得光更难移动电子云。②伸缩振动通常比弯曲振动有更强的散射。③伸缩振动的拉曼强度随键级而增强。④拉曼强度随键连接原子的原子序数而增强。⑤对称振动比反对称振动有更强的拉曼散射。⑥晶体材料比非晶体材料有更强更多的拉曼峰。

13.2.2　拉曼光谱仪器和拉曼光谱术

从原理上讲，一台拉曼光谱仪的设计主要满足以下两点：阻挡瑞利散射光(因为瑞利散射光强度约为拉曼散射光强度的 10^9 倍)和其他杂散光进入探测器；将拉曼散射光分散成组成它的各个频率(或波段)并使其进入探测器。对拉曼光谱仪的一般要求是最大限度地探测到来自试样的拉曼散射光，有较高的光谱分辨率和频移精度，合适的光谱范围，能快速获得资料且操作简便。为了达到上述要求，拉曼光谱仪的基本组成有激光光源、样品池、单色器和探测记录系统四部分,并配有微机控制仪器操作和处理数据,其结构方框示意图如图 13-18 所示。

典型的拉曼光谱仪工作过程可以简述为:激光器发射出来的激光照射在样品上,被照明的区域发射的电磁辐射用一个透镜收集然后经过一个单色器,瑞利散射部分被陷波滤波器或带通滤波器过滤掉,剩下的光进入探测器,收集得到拉曼光谱。

按照仪器将来自试样的拉曼散射光随频移分散开的方式不同,可将拉曼光谱仪分为:滤光器型、分光仪型和迈克尔逊干涉仪型。

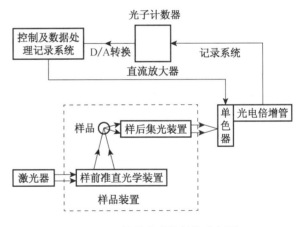

图 13-18　拉曼光谱仪结构方框图

近年来,一些由拉曼光谱衍生的表征技术得到了飞速发展。这些衍生技术的目的是增强拉曼光谱灵敏度(如表面增强拉曼光谱技术),提高空间分辨率(如拉曼显微镜),或者采集特殊信息(如共振拉曼光谱技术)。

其中,拉曼显微镜是在光学显微镜的基础上将可见光源换成激光光源,再装配上单色器和灵敏探测器,如 CCD 相机和光电倍增管(PMT)。激发光通过显微镜物镜聚焦于试样上,拉曼散射光则由同一物镜收集后送入光谱仪。这样最大的好处就是可以直接观察到试样放大的像(如图 13-19 所示),并且从中选定发出拉曼散射光的试样微区。拉曼显微镜主要有以下几种:①直接成像(direct imaging),整个视场只展现具有特定范围内波长(拉曼频移)的散射,比如,利用胆固醇的拉曼散射频率特征记录胆固醇在细胞培养过程中的分布。②高光谱成像或化学成像(hyperspectral imaging or chemical imaging),在这种模式下,来自视场内的大量拉曼光谱被收集,然后被用于成像,可以展示不同组分的位置和数量。还是以细胞培养为例,高光谱图像既能显示胆固醇的分布,也能显示蛋白质、核酸和脂肪酸的分布,可以利用图像处理技术对一些复杂的信号进行处理,如去除水、培养介质和其他物质信号对图像的干扰。③共聚焦显微拉曼光谱术(confocal microscopy),具有很好的空间分辨率。如采用氦氖激光器,共聚焦光阑的针孔直径为 100 μm,波长为 632.8 nm 的入射光,共聚焦显微拉曼光谱术的横向和深度方向的分辨率分别可以达到 250 nm 和 1.7 μm。因为显微镜物镜可以将激光束聚焦到单个微米尺度,使得光通量比传统的拉曼装置要高得多。然而,高的光通量同时会导致样品降解,所以为缓解高通量激光对试样的损坏某些装置要求试样必须有导热衬底(充当散热器)。④全拉曼成像(global Raman imaging),利用完全单色图像取代光谱重构图像。该技术主要用于表征大尺寸的器件、不同成分的面分布和动态研究。它已成功地被用来表征多层石墨烯或其他二维材料,如 MoS_2、WSe_2。由于激发光束分散在整个视场上,不会像共聚焦显微拉曼技术一样对样品造

图 13-19　GaSe 二维材料的原子力显微镜地貌图 (a)以及 Raman 探针图(b)

成损伤。

13.2.3　拉曼光谱与红外光谱的比较

相同点:拉曼光谱和红外光谱一样,都能提供分子振动频率的信息。

不同点:①拉曼光谱为散射光谱,红外光谱为吸收光谱。②决定振动类型的拉曼活性或红外活性的因素不同:某种振动类型具有红外活性要求分子振动时必须伴随偶极矩的变化;拉曼活性取决于分子振动时极化度是否变化,拉曼散射与入射光电场所引起的分子极化的诱导偶极矩有关,拉曼谱线的强度正比于诱导跃迁偶极矩的变化。

正是由于拉曼散射的选择定则(它确定哪些跃迁过程可参与拉曼散射)与红外吸收光谱不同,有些跃迁只能通过拉曼散射才能观察到,而另外一些跃迁只能在直接吸收光谱中看到,或者反之。当然,也会有一些跃迁在两种光谱中均可观察到,或者均不可以观察到。在研究中,为了获得关于研究系统能级的全面知识,很可能至少需要一并研究拉曼散射光谱和红外吸收光谱。因此,应该将红外光谱学和拉曼光谱学二者看作是研究分子能级间跃迁的互补方法,而不是二者取其一。

相比于红外光谱,拉曼光谱具有自身的优势:

(1) 样品无需制备:拉曼光谱是散射光谱,因而任何形状、尺寸、透明度的样品,只要能被激光照射到,就可直接用来测量。适用于各种那个物理状态的试样,而且可以直接通过光纤探头或者通过玻璃、石英和光纤测量。

(2) 所需样品量少:激光束的直径很小($0.2 \sim 2$ mm),常规拉曼光谱只需要少量的样品就可以得到,而且,拉曼显微镜可将激光束进一步聚焦至 $20~\mu m$ 微米甚至更小,极微量的样品都可测量。

(3) 水分子的存在不会影响拉曼光谱分析:水分子极性很强,红外吸收非常强烈。但水分子的拉曼散射极微弱,因而水溶液样品可直接进行测量,不必考虑水分子对光谱的影响,这对生物大分子的研究非常有利。

(4) 拉曼光谱覆盖波段区间大:拉曼光谱一次可以同时覆盖 $50 \sim 4\,000$ 波数的区间,可对有机物和无机物进行分析。相反,若让红外光谱覆盖相同的区间必须改变光栅、光束分离器、滤波器和检测器。

(5) 更适合定量研究:拉曼光谱谱峰清晰尖锐,更适合定量研究、数据库搜索以及运用差异分析进行定性研究。在化学结构分析中,独立的拉曼区间的强度可以和官能团的数量相关。

(6) 对于聚合物及其他分子,拉曼散射的选样定则限制很少,因而可以得到更为丰富的谱带。S—S, C—C, C=C 等红外较弱的官能团在拉曼散射信号较强,适合用拉曼光谱表征。

(7) 共振拉曼效应可以用来有选择性地增强大生物分子特定发色基团的振动,这些发色基团的拉曼光强能被选择性地增强 $1\,000$ 到 $10\,000$ 倍。

除此之外,有两个十分重要的领域拉曼光谱保留着不可替代的作用:

(1) 显微光谱术:拉曼给出的空间分辨率比红外高一个数量级;

(2) 远距离测试技术:拉曼能进行远距离在线或原位分析。

13.2.4　试样的准备与安置

试样的准备和安置最主要考虑的问题是如何能够以最有效的方式照明试样和收集拉曼

散射光,同时要避免激光对试样的损伤。

对块状固体试样,其准备非常简便。无论体积大小和形状如何,只要能安置在载物台或试样池中即可。如果使用光纤探针,则可对试样在原位置进行测试而不必做任何准备工作。

气体试样一般置于密封的玻璃管或毛细管中。通常,气体试样的拉曼散射光强度较弱,为增强拉曼信号,玻璃管内的气体应有较大的压力,或使用一简单的光学系统使激光束多次通过试样。

液体试样交易处理,只要将试样置于合适的玻璃容器内,就可以进行拉曼光谱测试。合适的玻璃容器是指玻璃必须不吸收拉曼散射光。

尽管拉曼光谱试样的制备比较简单,但在测试过程中必须足够重视激光照射对试样可能引起的损伤。损伤主要是由激光的热效应引起的。有色材料,尤其是黑色材料更容易吸收激光导致局部过热,从而造成试样的分解和破坏。降低损伤的办法:一是降低激光功率或以散焦的方式照明试样,但会明显减弱拉曼信号;二是使用旋转试样池,使激光束焦点不长时间停留在试样某一点上;三是使用外加低温装置对试样进行降温。

13.2.5 拉曼光谱在材料研究中的应用

拉曼光谱含有丰富的信息,如图13-20所示,利用拉曼频率分析物质基本性质(化学成分和结构),拉曼峰位的变化研究材料的微观力学,拉曼偏振测定物质的微结构和形态学(结晶度和取向度),拉曼半峰宽反应晶体的完美性,拉曼峰强定量分析物质各组分的含量。

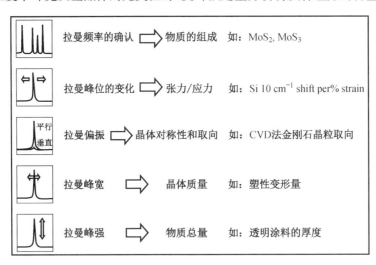

图 13-20　拉曼光谱各种信息的应用

1) 物质鉴别

图13-21显示了5层材料构成的薄膜结构示意图和使用显微拉曼系统获得的各层的拉曼光谱。结果显示,层1和层5具有相同的光谱,且比其他层的光谱要复杂得多。分析揭示它们有明显的芳香族聚酯光谱特征,但又在1 000 cm⁻¹和773 cm⁻¹附近出现了强峰,这两个峰不是聚酯光谱所应有的,可能是由添加剂、填料、共聚物或共混物所引起的。参照光谱对比可知,这两个峰分别是由间苯二酸和环二醇共聚单体引起的,这两种单体常在聚酯聚合时加入。也正是这类单体的存在阻止了聚酯分子链形成长程有序,从而阻碍了结晶相的形

成。这也就很好地解释了光谱所示的聚酯是无定形的。层2和层4的光谱相同,均为聚乙烯。层3材料是纸。

上述实例表明,拉曼光谱不仅能鉴别单一聚合物,而且能分析组成比较复杂的聚合物材料。

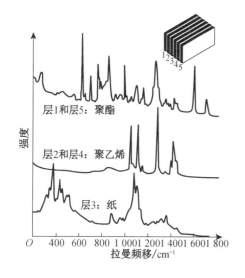

图 13-21　由 5 层薄膜构成的聚合物薄膜结构示意图和各层的拉曼光谱

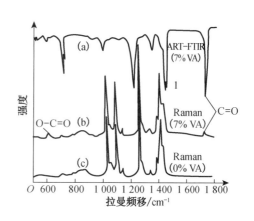

图 13-22　EVA 的拉曼光谱和红外光谱:(a)7%VA 的 EVA 红外光谱,(b)含 7%VA 的 EVA 拉曼光谱,(c)不含 VA 的 EVA 拉曼光谱

2) 拉曼光谱与红外光谱的联合应用

一些物质仅仅基于拉曼光谱就能做出识别,但有些实际情况往往比较复杂,有些基团的固有拉曼强度很弱,即使其含量很高,在拉曼光谱中也不会出现明显的峰。在红外光谱中也会有类似现象。通常可以通过将拉曼光谱与红外光谱联合解决这一困难。图 13-22 显示一薄膜的拉曼光谱(b)和红外光谱(a)。图 13-22(c)是纯 EVA 的标准拉曼光谱。粗看光谱(b)和(c)相匹配,薄膜似乎是 EVA。但其 FTIR 光谱中,在 1740 cm^{-1} 附近有一个强峰,它是由羰基引起的,在拉曼光谱中则不明显。实际上,该试样是含有 7%VA 的乙烯共聚物 EVA。羰基在拉曼光谱中峰很弱,如此低含量的 VA 在拉曼光谱中很难检测出来。

3) 定量分析

试样是一种由丙烯酸甲酯(MMA)、丁基丙烯酸酯(BuA)、丙乙烯和一种二不饱和交联剂共聚得到的橡胶共聚物。图 13-23 是该共聚物的拉曼光谱,图中标出了三种单体的特征峰和残留交联剂的 C＝C 峰,位于 1 731 cm^{-1} 的 C＝O 峰是 MMA 和 BuA 的共同贡献。对成分的标定可分两步进行。首先定义 I_1/I_2 是位于 1 603 cm^{-1} 的苯环相对位于 1 731 cm^{-1} 的酯羰基的峰高比,M_S、M_{MMA} 和 M_{BuA} 分别是橡胶中各成分苯乙烯、MMA 和 BuA 的质量。峰强度的测量以每个峰所画的基线作为基准。画出 I_1/I_2 对 $M_S/(M_{MMA}+M_{BuA})$ 的关系图,如图 13-24(a),可以看出是线性标定,据此可以测定橡胶中苯乙烯对总丙烯酸的质量比。下一步是标定丙烯酸成分中 MMA 和 BuA 的含量。以 I_3 表示位于 842 cm^{-1} 附近的 BuA 峰强度,以 I_4 表示位于 812 cm^{-1} 附近的 MMA 峰强度,作 I_3/I_4 相对 M_{BuA}/M_{MMA} 的关系图,如图 13-24(b),可以看出标定曲线依然是线性的,据此可以测定丙烯酸中 MMA 对 BuA 的质量比。如此,共聚物中所有成分(除去交联剂外)均得到测量。

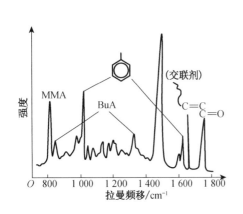

图 13-23　苯乙烯/BuA/MMA 共聚物的拉曼光谱

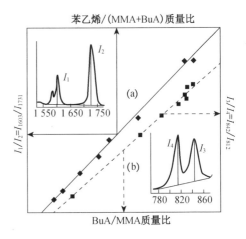

图 13-24　三元共聚物苯乙烯/(BuA＋MMA)/MMA 质量比的标定曲线

4）结晶度的测定

图 13-25 显示无定形和结晶 PET 的拉曼光谱。可以看到两条光谱的 1 069 cm^{-1} 处峰的强度有显著不同。似乎可以用该峰作为特定的结晶峰对材料做结晶度定量处理。实际上，这样处理将得出与真实情况不相符的结果。现说明如下：分别对冷拉伸 PET 纤维和拉伸后在玻璃化温度 T_g 以上进行退火处理的纤维做拉曼光谱测定。同时，对这两种纤维作 X 射线衍射和密度法测定。从它们的衍射花样和试样密度判断，只有后一种纤维含有结晶 PET，而冷拉伸纤维并不含有结晶成分，尽管在拉伸过程中分子被部分拉伸成直结构，亦即存在着分子内有序和部分取向的情景。将拉曼光谱的变化与 X 射线衍射和密度法的结果相比较，可以得出结论，将 1 069 cm^{-1} 峰归属为特定

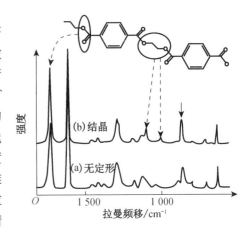

图 13-25　无定形和结晶 PET 的拉曼光谱

结晶峰是不合适的。事实上，这个峰只是纯粹由于在分子伸直过程中形成的反式乙二醇构象而出现的。这个峰的出现并不表明存在真正的结晶有序。X 射线衍射结果表明冷拉伸纤维是无定形的。然而羰基峰（1 730 cm^{-1}）的峰宽可以作为 PET 判定结晶情况的标志，因为当 PET 结晶时，峰宽明显变窄了。

13.3　电感耦合等离子体原子发射光谱

原子发射光谱分析（Atomic Emission Spectrometry，AES）是光谱分析技术中发展最早的一种方法，在建立原子结构理论的过程中，提供了大量的最直接的数据。其原理是利用物质在热激发或电激发下，由基态跃迁到激发态，在返回基态时每种元素的原子或离子发射特征光谱（线状光谱）来判断物质的组成，而进行元素的定性与定量分析的，其原理如图 13-26 所示。原子发射光谱法可对约 70 种元素（金属元素及磷、硅、砷、碳、硼等非金属元

素)进行分析。在一般情况下,用于1%以下含量的组分测定,检出限可达含量的百万分之一(ppm级),精密度为±10%左右,线性范围约2个数量级。这种方法可有效地用于测量高、中、低含量的元素,但含量达到30%以上的,准确度难以达到要求。

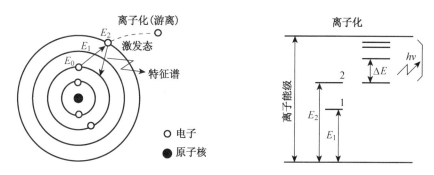

图 13-26　原子发射光谱的产生机理

发射光谱通常是用化学火焰、电火花、电弧、激光和各种等离子体光源激发而获得的。根据激发机理不同,原子发射光谱有3种类型:①原子的核外光学电子在受热能(化学火焰、电火花等)和电能(电弧放电、火花放电、等离子体发电等)激发而发射的光谱;②原子核外光学电子受到光能激发而发射的光谱,称为原子荧光光谱;③原子受到X射线光子或其他微观粒子激发使内层电子电离而出现空穴,较外层的电子跃迁到空穴,同时产生次级X射线,称为X射线荧光光谱。目前应用最广泛的是第一种类型,采用等离子体光源。电感耦合等离子体(Inductively Coupled Plasma, ICP)作为激发光源的原子发射光谱分析法是目前较为先进的也是应用最为广泛的原子发射光谱分析技术。

电感耦合等离子体原子发射光谱法(ICP-AES),是以电感耦合等离子矩为激发光源的光谱分析方法,具有准确度高和精密度高、检出限低、测定快速、线性范围宽、可同时测定多种元素等优点,国外已广泛用于环境样品及岩石、矿物、金属等样品中数十种元素的测定。

ICP发射光谱分析过程主要分为三步,即激发、分光和检测,如图13-27所示。第一步,将试样由进样器引入雾化器,并被氩载气带入焰矩时,利用等离子体激发光源使试样蒸发气化(电感耦合等离子体焰矩温度可达6 000~8 000 K,有利于难溶化合物的分解和难激发元素的激发),离解或分解为原子态,原子进一步电离成离子状态,原子及离子在光源中激发发光;以光的形式发射出能量。第二步,利用单色器将光源发射的光分解为按波长排列的光谱;第三步,检测光谱。不同元素的原子在激发或电离后回到基态时,发射不同波长的特征光谱,故根据特征光的波长可进行定性分析;元素的含量不同时,发射特征光的强弱也不同,据此可进行定量分析,其定量关系可用下式表示:

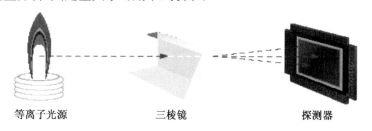

等离子光源　　　　　三棱镜　　　　　探测器

图 13-27　ICP-AES 发射光谱分析过程

$$I = a C^b \tag{13-3}$$

其中，I 为发射特征谱线的强度，C 为被测元素的浓度，a 为与试样组成、形态及测定条件等有关的系数，b 为自吸系数，通常 $b \leqslant 1$，在 ICP 光源中多数情况下 $b=1$。

ICP-AES 具有以下优点：①多元素同时分析；②灵敏度高（亚 ppm 级）；③分析精度高，稳定性好（CV<1%）；④线性范围宽（5～6 个数量级）；⑤化学干扰极低；⑥溶液进样、标准溶液易制备；⑦可测定的元素广，如图 13-28 所示。卤族元素中的氟、氯不可测。惰性气体可激发，灵敏度不高，没有应用价值。C 元素虽然可测，但空气中二氧化碳背底太高。氧、氮、氢可激发，但必须隔离空气和水。大量的铀、钍、钸元素可测，但要求极高的防护条件。

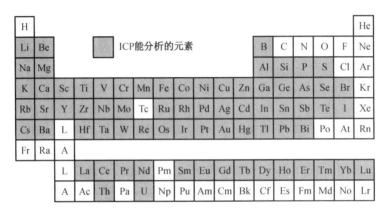

图 13-28　ICP-AES 能分析的元素

ICP-AES 应用举例：

真实样品溶液中含有各种各样的阴离子和阳离子，由于离子对的形成，更多复杂的峰会出现在色谱图上。将 10 mM Na_2SO_4，10 mM $MgCl_2$，10 mM $Ca(NO_3)_2$ 和 20 mM KNO_2 溶解在水中形成的溶液中包含 4 种阴离子（SO_4^{2-} 10 mM，Cl^-、NO_2^- 和 NO_3^- 各 20 mM）和 4 种阳离子（Na^+ 和 K^+ 各 20 mM，Mg^{2+} 和 Ca^{2+} 各 10 mM）。这种混合溶液中阳离子的色谱图可以利用 ICP-AES 表征，结果如图 13-29A 所示。Na^+ 和 K^+，Mg^{2+} 和 Ca^{2+} 的色谱相似。给图中的峰编上序号：峰 1 对应 SO_4^{2-} 与一价阳离子（Na^+ 和 K^+）和二价阳离子（Mg^{2+} 和 Ca^{2+}）成对；峰 2 对应 Cl^- 与一价阳离子成对；峰 3 对应 NO_2^- 与一价阳离子成对；峰 4 对应 NO_2^- 与二价阳离子成对；峰 5 和峰 6 分别对应 NO_3^- 与 Mg^{2+} 和 Ca^{2+} 成对。显然，溶液中分析物阴离子随着各种阳离子形式分离。当溶液直接注入分离室，如果样品溶液中 m 种阳离子统一为一种阳离子，可能的离子对数就限制为与溶液中 n 种阴离子相对应的 n 种离子对。因此，离子对转换为一种常见的阳离子形式可以尝试使用离子交换室作为预处理室实现。上述样品溶液利用带有 Na^+ 类型预处理室的水洗脱离子色谱系统进行分析。Na^+、K^+、Mg^{2+} 和 Ca^{2+} 的色谱利用 ICP-AES 表征结果如图 13-29B 所示。可以看出色谱中只有 Na^+ 峰出现，其他阳离子的峰均没有出现。

结果可以有如下解释：当样品溶液通过有特定阳离子形式的阳离子交换室，根据 Donnan 排斥原理分析物阴离子将快速地洗脱出来。此时，为了保持电荷平衡，阴离子和预处理室中主要的阳离子将会一起洗脱出来。结果，试样溶液中的各种阳离子转换为一种阳离子，分析物阴离子因常见阳离子的形式被分离。

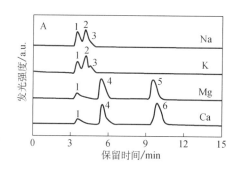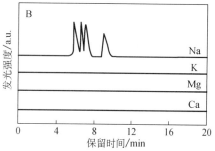

图 13-29　利用 ICP-AES 测得的溶液中阳离子色谱

本 章 小 结

　　光是人们日常生活中就能感知的一种电磁辐射波,是能量的一种传播方式。人们根据物质发射的电子辐射或电磁辐射与物质相互作用建立起来的一类分析化学方法叫光学分析法。光学分析法可分为光谱法和非光谱法。光谱法研究的是物质发射的电磁辐射,在激发光照射下物质内部能级发生了变化。非光谱法主要研究电磁辐射与物质相互作用,物质内部能级没有发生变化,仅测定电磁辐射性质的变化。光谱分析法最主要的功能就是根据物质的光谱来鉴别物质及确定它的化学组成和相对含量。历史上曾利用光谱分析法发现了许多新元素,即便是分析方法发展迅速的今天,光谱分析法仍然占据重要的位置,被广泛应用于军事、化学、生物医学、天体以及半导体器件等领域的研究中。光谱分析法根据电磁辐射的本质可分为原子光谱法(线状光谱)和分子光谱法(带状光谱),根据电磁辐射传递的方式可分为吸收光谱法和发射光谱法。每种光谱分析法又可分为若干具体的分析方法。尽管光谱分析法简便快捷,但这些分析法各有优缺点。在进行物质的定性或定量分析时,最好能同时采用几种互补的分析方法,如红外光谱和拉曼光谱经常联合运用。或者配合其他表征手段一起,如 ICP-AES 就经常需要配合 XRD 衍射技术。正是因为光谱分析法具有非常多的技术分支,并且应用非常广泛,其内容非一章节所能介绍完的。本章内容只是帮助同学们入门,如果在研究中需要用到某项技术,还需查阅更加详细的文献资料。

思 考 题

13.1　产生红外吸收的充要条件?

13.2　根据产生的本质,红外光谱、拉曼光谱和 ICP-AES 分别属于什么光谱?

13.3　分子的振动形式有哪几类?

13.4　如何计算分子的振动自由度?水分子和二氧化碳分子的振动自由度分别是多少?

13.5　何为拉曼散射、瑞利散射?

13.6　拉曼光谱中哪些信息可以进行分析,分别可以用来反映分析物的哪些信息?

13.7　拉曼光谱如何去偏振度?

13.8　与红外光谱相比,拉曼光谱具有哪些优势?

13.9　何为 ICP-AES?

13.10　原子发射光谱产生机理?

附　录

附录1　常用物理常数

电子电荷 $e = 1.602 \times 10^{-19}$ C　　　　玻尔兹曼常数 $k = 1.380 \times 10^{-23}$ J/K

电子静止质量 $m = 9.109 \times 10^{-31}$ kg　　阿伏加德罗常数 $N_A = 6.022 \times 10^{-23}$ mol^{-1}

光速 $c_{\text{vacuum}} = 2.998 \times 10^8$ m/s；$c_{\text{air}} = 2.997 \times 10^8$ m/s

摩尔气体常量 $R = 8.314$ J $\cdot$ mol$^{-1} \times$ K^{-1}　　普朗克常数 $h = 6.626 \times 10^{-34}$ J $\cdot$ s

附录2　晶体的三类分法及其对称特征

晶族	晶系	点　群				晶体举例
		对称特点	习惯符号	国际符号	圣佛利斯符号	
低级晶族	三斜晶系	无 L^2 和 P	L^1	1	C_1	高岭石
			C	$\bar{1}$	C_i	钙长石
	单斜晶系	L^2 或 P 均不多于一个	L^2	2	C_2	镁铅矾
			P	m	$C_{1h}=C_2$	斜晶石
			L^2PC	$2/m$	C_{2h}	石膏
	斜方晶系	L^2 和 P 的总数不少于3个	$3L^2$	222	D_2	泻利盐
			$L^2 2P$	$mm(mm2)$	C_{2d}	异极矿
			$3L^2 3PC$	$mmm\left(\frac{2}{m}\frac{2}{m}\frac{2}{m}\right)$	$D_{2h}=V_h$	重晶石
中级晶族	三方晶系	有一个三次轴（L^3 或 L_i^3）	L^3	3	C_3	细硫砷铅矿
			$L^3 C$	$\bar{3}$	$C_{3i}=S_6$	白云石
			$L^3 3L^2$	32	D_3	α-石英
			$L^3 3P$	$3m$	C_{3D}	电气石
			$L^3 3L^2 3PC$	$\bar{3}m\left(\bar{3}\frac{2}{m}\right)$	D_{3d}	方解石
	四方晶系	有一个四次轴（L^4 或 L_i^4）	L^4	4	C_4	彩钼铅矿
			$L^4 4L^2$	$422(42)$	D_4	镍矾
			$L^4 PC$	$\frac{4}{m}(4/m)$	C_{4h}	白钨矿
			$L^4 4P$	$4mm$	C_{4D}	羟铜铅矿
			$L^4 4L^2 5PC$	$\frac{4}{m}\frac{2}{m}\frac{2}{m}(4/mmm)$	D_{4h}	晶红石
			L_i^4	$\bar{4}$	S_4	砷硼钙石
			$L_i^4 2L^2 2P$	$\bar{4}2m$	$D_{2d}=V_d$	黄铜矿

中级晶族对称特点：1. 有且仅有一个高次轴　2. 其他对称元素垂直或平行于高次轴

晶族	晶系	点群				晶体举例
		对称特点	习惯符号	国际符号	圣佛利斯符号	
中级晶族	六方晶系	有一个六次轴（L^6 或 L_i^6）				
		1. 有且仅有一个高次轴 2. 其他对称元素垂直或平行于高次轴	L^6	6	C_6	霞石
			L_i^6	$\bar{6}$	C_{3h}	磷酸氢二银
			$L^6 PC$	$\dfrac{6}{m}$	C_{6h}	磷灰石
			$L^6 6L^2$	622(62)	D_6	β-石英
			$L^6 6P$	$6mm$	C_{6u}	红锌矿
			$L_i^6 3L^2 3P$	$\bar{6}m2$	D_{3h}	蓝维矿
			$L^6 6L^2 7PC$	$\dfrac{6}{m}\dfrac{2}{m}\dfrac{2}{m}$ (6/mmm)	D_{6h}	绿柱石
高级晶族	等轴晶系	有 4 个 L^3				
		1. 多于一个高次轴 2. 除了 4 个 L^3 外，还有 3 个互相垂直的二次轴（L^2）或四次轴（L^4 或 L_i^4），且与每个 L^3 成等角度相交	$3L^2 4L^3$	23	T	香花石
			$3L^2 4L^3 3PC$	$m3\left(\dfrac{2}{m}\bar{3}\right)$	T_h	黄铁矿
			$3L^4 4L^3 6L^2$	432(43)	T_d	赤铁矿
			$3L_i^4 4L^3 6P$	$\bar{4}3m$	O	黝铁矿
			$3L^4 4L^3 6L^2 9PC$	$\dfrac{4}{m}\bar{3}\dfrac{2}{m}$ (m3m)	O_h	方铅矿

附录 3　32 种点群对称元素示意图

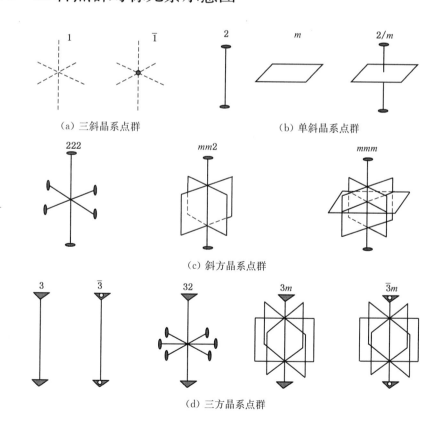

（a）三斜晶系点群　　　　　　（b）单斜晶系点群

（c）斜方晶系点群

（d）三方晶系点群

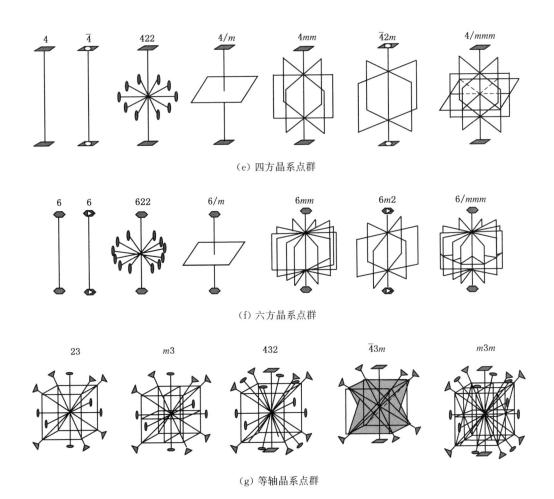

（e）四方晶系点群

（f）六方晶系点群

（g）等轴晶系点群

附录 4　宏观对称元素及说明

对称要素	习惯符号	国际符号	作图符号	说　明
对称心	C	$\bar{1}$	○	空心点
对称面	P	m	▰	平面
旋转轴	L^1	1		
	L^2	2	⬮	椭圆
	L^3	3	▲	三角形
	L^4	4	■	四方形
	L^6	6	⬡	六边形
旋转反伸轴	$L_i^1=C$	$\bar{1}$	○	空心点
	$L_i^2=P$	$\bar{2}$	▰	平面
	$L_i^3=L^3+C$	$\bar{3}$	◬	三角形＋空心圆
	L_i^4	$\bar{4}$	◈	方形＋空心椭圆
	$L_i^6=L^3+P$	$\bar{6}$	⬣	六边形＋空心三角形

附录5 32种点群的习惯符号、国际符号及圣佛利斯符号

点群序号	习惯符号	国际符号的完整式	国际符号的简化式	圣佛利斯符号
1	L^1	1	1	C_1
2	C	$\bar{1}$	$\bar{1}$	C_i
3	L^2	2	2	C_2
4	P	m	m	C_h
5	L^2PC	$\dfrac{2}{m}$	$2/m$	C_{2h}
6	$3L^2$	222	222	D_2
7	$L^2 2P$	$mm2$	$mm2(mm)$	C_{2v}
8	$3L^2 3PC$	$\dfrac{2}{m}\dfrac{2}{m}\dfrac{2}{m}$	mmm	D_{2h}
9	L^4	4	4	C_4
10	L_i^4	$\bar{4}$	$\bar{4}$	S_4
11	L^4PC	$\dfrac{4}{m}$	$4/m$	C_{4h}
12	$L^4 4L^2$	422	$422(42)$	D_4
13	$L^4 4P$	$4mm$	$4mm(4m)$	C_{4v}
14	$L_i^4 2L^2 2P$	$\bar{4}2m$	$\bar{4}2m$	D_{2d}
15	$L^4 4L^2 5PC$	$\dfrac{4}{m}\dfrac{2}{m}\dfrac{2}{m}$	$4/mmm$	D_{4h}
16	L^3	3	3	C_3
17	$L^3 C$	$\bar{3}$	$\bar{3}$	C_{3i}
18	$L^3 3L^2$	32	32	D_3
19	$L^3 3P$	$3m$	$3m$	C_{3v}
20	$L^3 3L^2 3PC$	$\bar{3}\dfrac{2}{m}$	$\bar{3}m$	D_{3d}
21	L^6	6	6	C_6
22	L_i^6	$\bar{6}$	$\bar{6}$	C_{3h}
23	L^6PC	$\dfrac{6}{m}$	$6/m$	C_{6h}
24	$L^6 6L^2$	622	622	D_6
25	$L^6 6P$	$6mm$	$6mm(6m)$	C_{6v}
26	$L_i^6 3L^2 3P$	$\bar{6}m2$	$\bar{6}m2$	D_{3h}
27	$L^6 6L^2 7PC$	$\dfrac{6}{m}\dfrac{2}{m}\dfrac{2}{m}$	$6/mmm$	D_{6h}
28	$3L^2 4L^3$	23	23	T
29	$3L^2 4L^3 3PC$	$\dfrac{2}{m}\bar{3}$	$m3$	T_h
30	$3L^4 4L^3 6L^2$	432	$432(43)$	O
31	$3L_i^4 4L^3 6P$	$\bar{4}3m$	$\bar{4}3m$	T_d
32	$3L^4 4L^3 6L^2 9PC$	$\dfrac{4}{m}\bar{3}\dfrac{2}{m}$	$m3m$	O_h

附录6 质量吸收系数 μ_m

元素	序数	密度 $\rho/(g \cdot cm^{-3})$	质量吸收系数/$(cm^{-2} \cdot g^{-1})$				
			Mo-K_α $\lambda=0.071\,07$ nm	Cu-K_α $\lambda=0.154\,18$ nm	Co-K_α $\lambda=0.179\,03$ nm	Fe-K_α $\lambda=0.193\,73$ nm	Cr-K_α $\lambda=0.229\,09$ nm
Li	3	0.53	0.22	0.68	1.13	1.48	2.11
Be	4	1.82	0.30	1.35	2.42	3.24	4.74
B	5	2.3	0.45	3.06	4.67	5.80	9.37
C	6	2.22(石墨)	0.70	5.50	8.05	10.73	17.9
N	7	$1.164\,9 \times 10^{-3}$	1.10	8.51	13.6	17.3	27.7
O	8	$1.331\,8 \times 10^{-3}$	1.50	12.7	20.2	25.2	40.1
Mg	12	1.74	4.38	40.6	60.0	75.7	120.1
Al	13	2.70	5.30	48.7	73.4	92.8	149.0
Si	14	2.33	6.70	60.3	94.1	116.3	192.0
P	15	1.82(黄)	7.98	73.0	113.0	141.1	223.0
S	16	2.07(黄)	10.03	91.3	139.0	175.0	273.0
Ti	22	4.54	23.7	204.0	304.0	377.0	603.0
V	23	6.0	26.5	227.0	339.0	422.0	77.3
Cr	24	7.19	30.4	259.0	392.0	490.0	99.9
Mn	25	7.43	33.5	284.0	431.0	63.6	99.4
Fe	26	7.87	38.3	324.0	59.5	72.8	114.6
Co	27	8.9	41.6	354.0	65.9	80.6	125.8
Ni	28	8.90	47.4	49.2	75.1	93.1	145.0
Cu	29	8.96	49.7	52.7	79.8	98.8	154.0
Zn	30	7.13	54.8	59.0	88.5	109.4	169.0
Ga	31	5.91	57.3	63.3	94.3	116.5	179.0
Ge	32	5.36	63.4	69.4	104.0	128.4	196.0
Zr	40	6.5	17.2	143.0	211.0	260.0	391.0
Nb	41	8.57	18.7	153.0	225.0	279.0	415.0
Mo	42	10.2	20.2	164.0	242.0	299.0	439.0
Rh	45	12.44	25.3	198.0	293.0	361.0	522.0
Pd	46	12.0	26.7	207.0	308.0	376.0	545.0
Ag	47	10.49	28.6	223.0	332.0	402.0	585.0
Cd	48	8.65	29.9	234.0	352.0	417.0	608.0
Sn	50	7.30	33.3	265.0	382.0	457.0	681.0
Sb	51	6.62	35.3	284.0	404.0	482.0	727.0
Ba	56	3.5	45.2	359.0	501.0	599.0	819.0
La	57	6.19	47.9	378.0	—	632.0	218.0
Ta	73	16.6	100.7	164.0	246.0	305.0	440.0
W	74	19.3	105.4	171.0	258.0	320.0	456.0
Ir	77	22.5	117.9	194.0	292.0	362.0	498.0
Au	79	19.32	128.0	214.0	317.0	390.0	537.0
Pb	82	11.34	141.0	241.0	354.0	429.0	585.0

附录 7 原子散射因子 f

元素	序数	$\lambda^{-1}\sin\theta/nm^{-1}$											
		0.0	1.0	2.0	3.0	4.0	5.0	6.0	7.0	8.0	9.0	10.0	11.0	12.0
Li	3	3.0	2.2	1.8	1.5	1.2	1.0	0.8	0.6	0.5	0.4	0.3	0.3	
Be	4	4.0	2.9	1.9	1.7	1.6	1.4	1.2	1.0	0.9	0.7	0.6	0.5	
B	5	5.0	3.5	2.4	1.9	1.7	1.5	1.4	1.2	1.2	1.0	0.9	0.7	
C	6	6.0	4.6	3.0	2.2	1.9	1.7	1.6	1.4	1.3	1.2	1.0	0.9	
N	7	7.0	5.8	4.2	3.0	2.3	1.9	1.7	1.5	1.5	1.4	1.3	1.2	
O	8	8.0	7.1	5.3	3.9	2.9	2.2	1.8	1.6	1.5	1.4	1.4	1.3	
F	9	9.0	7.8	6.2	4.5	3.4	2.7	2.2	1.9	1.7	1.6	1.5	1.4	
Na	11	11.0	9.7	8.2	6.7	5.3	4.1	3.2	2.7	2.3	2.0	1.8	1.6	
Mg	12	12.0	10.5	8.6	7.3	6.0	4.8	3.9	3.2	2.6	2.2	2.0	1.8	
Al	13	13.0	11.0	9.0	7.8	6.6	5.5	4.5	3.7	3.1	2.7	2.3	2.0	
Si	14	14.0	11.4	9.4	8.2	7.2	6.1	5.1	4.2	3.4	3.0	2.6	2.3	
P	15	15.0	12.4	10.0	8.5	7.5	6.5	5.65	4.8	4.1	3.4	3.0	2.6	
S	16	16.0	13.6	10.7	9.0	7.9	6.9	6.0	5.3	4.5	3.9	3.4	2.9	
Cl	17	17.0	14.6	11.3	9.3	8.1	7.3	6.5	5.8	5.1	4.4	3.9	3.4	
K	19	19.0	16.5	13.3	10.8	9.2	7.9	6.7	5.9	5.2	4.6	4.2	3.7	3.3
Ca	20	20.0	17.5	14.1	11.4	9.7	8.4	7.3	6.3	5.6	4.9	4.5	4.0	3.6
Ti	22	22.0	19.3	15.7	12.8	10.9	9.5	8.2	7.2	6.3	5.6	5.0	4.6	4.2
V	23	23.0	20.2	16.6	13.5	11.5	10.1	8.7	7.6	6.7	5.9	5.3	4.9	4.4
Cr	24	24.0	21.1	17.4	14.2	12.1	10.6	9.2	8.0	7.1	6.3	5.7	5.1	4.6
Mn	25	25.0	22.1	18.2	14.9	12.7	11.1	9.7	8.4	7.5	6.6	6.0	5.4	4.9
Fe	26	26.0	23.1	18.9	15.6	13.3	11.6	10.2	8.9	7.9	7.0	6.3	5.7	5.2
Co	27	27.0	24.1	19.8	16.4	14.0	12.1	10.7	9.3	8.3	7.3	6.7	6.0	5.5
Ni	28	28.0	25.0	20.7	17.2	14.6	12.7	11.2	9.8	8.7	7.7	7.0	6.3	5.8
Cu	29	29.0	25.9	21.6	17.9	15.2	13.3	11.7	10.2	9.1	8.1	7.3	6.6	6.0
Zn	30	30.0	26.8	22.4	18.6	15.8	13.9	12.2	10.7	9.6	8.5	7.6	6.9	6.3
Ga	31	31.0	27.8	23.3	19.3	16.5	14.5	12.7	11.2	10.0	8.9	7.9	7.3	6.7
Ge	32	32.0	28.8	24.1	20.0	17.1	15.0	13.2	11.6	10.4	9.3	8.3	7.6	7.0
Sr	38	38.0	34.4	29.0	24.5	20.8	18.4	16.4	14.6	12.9	11.6	10.5	9.5	8.7
Zr	40	40.0	36.3	30.8	26.0	22.1	19.7	17.5	15.6	13.8	12.4	11.2	10.2	9.3
Nb	41	41.0	37.3	31.7	26.8	22.8	20.2	18.1	16.0	14.3	12.8	11.6	10.6	9.7
Mo	42	42.0	38.2	32.6	27.6	23.5	20.3	18.6	16.5	14.8	13.2	12.0	10.9	10.0
Rh	45	45.0	41.0	35.1	29.9	25.4	22.5	20.2	18.0	16.1	14.5	13.1	12.0	11.0
Pd	46	46.0	41.9	36.0	30.7	26.2	23.1	20.8	18.5	16.6	14.9	13.6	12.3	11.3
Ag	47	47.0	42.8	36.9	31.5	26.9	23.8	21.3	19.0	17.1	15.3	14.0	12.7	11.7
Cd	48	48.0	43.7	37.7	32.2	27.5	24.4	21.8	19.6	17.6	15.7	14.3	13.0	12.0
In	49	49.0	44.7	38.6	33.0	28.1	25.0	22.4	20.1	18.0	16.2	14.7	13.4	12.3
Sn	50	50.0	45.7	39.5	33.8	28.7	25.6	22.9	20.6	18.5	16.6	15.1	13.7	12.7
Sb	51	51.0	46.7	40.4	34.6	29.5	26.3	23.5	21.1	19.0	17.0	15.5	14.1	13.0
Ba	56	56.0	51.7	44.7	38.4	33.1	29.3	26.4	23.7	21.3	19.2	17.4	16.0	14.7
La	57	57.0	52.6	45.6	39.3	33.8	29.8	26.9	24.3	21.9	19.7	17.0	16.4	15.0
Ta	73	73.0	67.8	59.6	52.0	45.3	39.9	36.2	32.9	29.8	27.1	24.7	22.6	20.9
W	74	74.0	68.8	60.4	52.8	46.1	40.5	36.8	33.5	30.4	27.6	25.2	23.0	21.3
Pt	78	78.0	72.6	64.0	56.2	48.9	43.1	39.2	35.6	32.5	29.5	27.0	24.7	22.7
Au	79	79.0	73.6	65.4	57.0	49.7	43.8	39.8	36.2	33.1	30.0	27.4	25.1	23.1
Pb	82	82.0	76.5	67.5	59.5	51.9	45.7	41.6	37.9	34.6	31.5	28.8	26.4	24.5

附录8　原子散射因子校正值 Δf

元素	λ/λ_K											
	0.5	0.7	0.8	0.9	0.95	1.005	1.05	1.1	1.2	1.4	1.8	∞
Ti		0.18	0.67	1.75	2.78	5.83	3.38	2.77	2.26	1.88	1.62	1.37
V		0.18	0.67	1.73	2.76	5.78	3.35	2.75	2.24	1.86	1.60	1.36
Cr		0.18	0.66	1.71	2.73	5.73	3.32	2.72	2.22	1.84	1.58	1.34
Mn		0.18	0.66	1.71	2.72	5.71	3.31	2.71	2.21	1.83	1.58	1.34
Fe	−0.30	0.17	0.65	1.70	2.71	5.69	3.30	2.70	2.21	1.83	1.58	1.33
Co		0.17	0.65	1.69	2.69	5.66	3.28	2.69	2.19	1.82	1.57	1.33
Ni		0.17	0.64	1.68	2.68	5.63	3.26	2.67	2.18	1.81	1.56	1.32
Cu		0.17	0.64	1.67	2.66	5.60	3.24	2.66	2.17	1.80	1.55	1.31
Zn		0.16	0.64	1.67	2.65	5.58	3.23	2.65	2.16	1.79	1.54	1.30
Ge		0.16	0.63	1.65	2.63	5.53	3.20	2.62	2.14	1.77	1.53	1.29
Sr		0.15	0.62	1.62	2.56	5.41	3.13	2.56	2.10	1.73	1.49	1.26
Zr		0.15	0.61	1.60	2.55	5.37	3.11	2.55	2.08	1.72	1.48	1.25
Nb		0.15	0.61	1.59	2.53	5.34	3.10	2.53	2.07	1.71	1.47	1.24
Mo	−0.26	0.15	0.60	1.58	2.52	5.32	3.08	2.52	2.06	1.70	1.47	1.24
W	−0.25	0.13	0.54	1.45	2.42	4.94	2.85	2.33	1.90	1.57	1.36	1.15

附录9　粉末法的多重因素 P_{hkl}

晶系	$h00$	$0k0$	$00l$	hhh	$hh0$	$hk0$	$0kl$	$h0l$	hhl	hkl
立方	6			8	12	24				48
六方和菱方	6		2		6	12	12		12	24
正方	4		2		4	8	8		8	16
斜方	2	2	2			4	4	4		8
单斜	2	2	2			4	4	2		4
三斜	2	2	2			2	2	2		2

附录10　某些物质的特征温度 Θ

物质	Θ/K	物质	Θ/K	物质	Θ/K	物质	Θ/K
Ag	210	Cr	485	KBr	177	Pd	275
Al	400	Cu	320	KCl	230	Pt	230
Au	175	Fe	453	Li	510	Sn(白)	130
Be	900	FeS_2	645	Mg	320	Ta	245
Bi	100	Hg	97	Mo	380	Tl	96
Ca	230	I	106	Na	202	W	310
CaF	474	Ir	285	NaCl	281	Zn	235
Cd	168	In	100	Ni	375	金刚石	～2000
Co	410	K	126	Pb	88		

附录11 德拜函数 $\dfrac{\phi(\chi)}{\chi}+\dfrac{1}{4}$ 之值

χ	$\dfrac{\phi(\chi)}{\chi}+\dfrac{1}{4}$	χ	$\dfrac{\phi(\chi)}{\chi}+\dfrac{1}{4}$
0.0	∞	3.0	0.411
0.2	5.005	4.0	0.347
0.4	2.510	5.0	0.314 2
0.6	1.683	6.0	0.295 2
0.8	1.273	7.0	0.283 4
1.0	1.028	8.0	0.275 6
1.2	0.867	9.0	0.270 3
1.4	0.753	10	0.266 4
1.6	0.668	12	0.261 4
1.8	0.604	14	0.258 14
2.0	0.554	16	0.256 44
2.5	0.446	20	0.254 11

附录12 应力测定常数

材料	点阵类型	点阵常数/0.1 nm	$E/10^3$MPa	泊松比 v	特征 X 射线	(hkl)	$2\theta/(°)$	$K/$ $[MPa/(°)]$
α-Fe	BCC	2.866 4	206~216	0.28~0.3	CrK_α CoK_α	(211) (310)	156.08 161.35	−297.23 −230.4
γ-Fe	FCC	3.656	192.1	0.28	CrK_α MnK_α	(311) (311)	149.6 154.8	−355.35 −292.73
Al	FCC	4.049	68.9	0.345	CrK_α CoK_α CoK_α CuK_α	(222) (420) (331) (333)	156.7 162.1 148.7 164.0	−92.12 −70.36 −125.24 −62.82
Cu	FCC	3.615 3	127.2	0.364	CoK_β CoK_α CuK_α	(311) (400) (420)	146.5 163.5 144.7	−245.0 −118.0 −258.92
Cu-Ni	FCC	3.593	129.9	0.333	CoK_α	(400)	158.4	−162.19
WC	HCP	$a=2.91$ $c=2.84$	523.7	0.22	CoK_α CuK_α	(121) (301)	162.5 146.76	−466.0 −1 118.18
Ti	HCP	$a=2.954$ $c=4.683 1$	113.4	0.321	CoK_α CoK_α	(114) (211)	154.2 142.2	−171.60 −256.47
Ni	FCC	3.523 8	207.8	0.31	CrK_β CuK_α	(311) (420)	157.7 155.6	−273.22 −289.39
Ag	FCC	4.085 6	81.1	0.367	CrK_α CoK_α CoK_α	(222) (331) (420)	152.1 145.1 156.4	−128.48 −162.68 −108.09
Cr	BCC	2.884 5	—	—	CrK_α CoK_α	(211) (310)	153.0 157.5	—
Si	diamond	5.428 2	—	—	CoK_α	(531)	154.1	—

附录 13 常见晶体的标准电子衍射花样

一、体心立方晶体

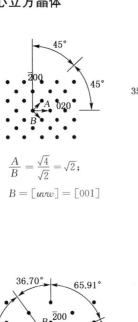

$$\frac{A}{B} = \frac{\sqrt{4}}{\sqrt{2}} = \sqrt{2};$$

$$B = [uvw] = [001]$$

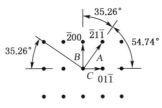

$$\frac{A}{C} = \frac{\sqrt{6}}{\sqrt{2}} = \sqrt{3} = 1.732;$$

$$\frac{B}{C} = \frac{\sqrt{4}}{\sqrt{2}} = \sqrt{2} = 1.414;$$

$$B = [uvw] = [011]$$

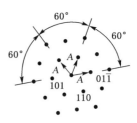

$$B = [uvw] = [\bar{1}11]$$

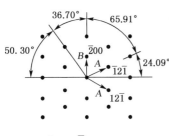

$$\frac{A}{B} = \frac{\sqrt{6}}{\sqrt{4}} = 1.225;$$

$$B = [uvw] = [012]$$

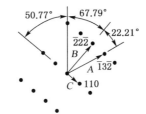
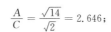

$$\frac{A}{C} = \frac{\sqrt{14}}{\sqrt{2}} = 2.646;$$

$$\frac{B}{C} = \frac{\sqrt{12}}{\sqrt{2}} = 2.450;$$

$$B = [uvw] = [\bar{1}12]$$

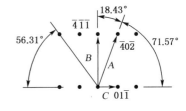

$$\frac{A}{C} = \frac{\sqrt{20}}{\sqrt{2}} = 3.162;$$

$$\frac{B}{C} = \frac{\sqrt{18}}{\sqrt{2}} = 3.00;$$

$$B = [uvw] = [\bar{1}22]$$

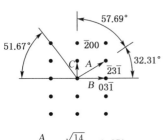

$$\frac{A}{C} = \frac{\sqrt{14}}{\sqrt{4}} = 1.871;$$

$$\frac{B}{C} = \frac{\sqrt{10}}{\sqrt{4}} = 1.581;$$

$$B = [uvw] = [013]$$

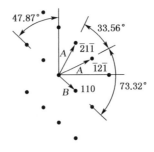

$$\frac{A}{B} = \frac{\sqrt{6}}{\sqrt{2}} = \sqrt{3} = 1.732;$$

$$B = [uvw] = [\bar{1}13]$$

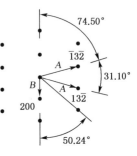

$$\frac{A}{B} = \frac{\sqrt{14}}{\sqrt{4}} = 1.871;$$

$$B = [uvw] = [023]$$

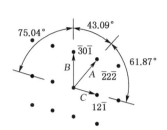

$$\frac{A}{C} = \frac{\sqrt{12}}{\sqrt{6}} = 1.414;$$

$$\frac{B}{C} = \frac{\sqrt{10}}{\sqrt{6}} = 1.291;$$

$$B = [uvw] = [\bar{1}23]$$

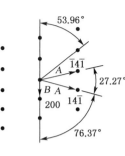

$$\frac{A}{B} = \frac{\sqrt{18}}{\sqrt{4}} = 2.121;$$

$$B = [uvw] = [014]$$

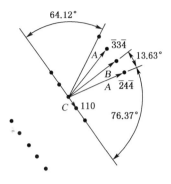

$$\frac{A}{C} = \frac{\sqrt{36}}{\sqrt{2}} = 4.243;$$

$$\frac{B}{C} = \frac{\sqrt{34}}{\sqrt{2}} = 4.123;$$

$$B = [uvw] = [223]$$

二、面心立方晶体

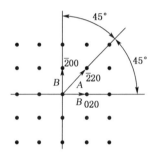

$$\frac{A}{B} = \frac{\sqrt{2}}{1} = 1.414;$$

$$B = [uvw] = [001]$$

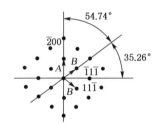

$$\frac{A}{B} = \frac{2}{\sqrt{3}} = 1.115;$$

$$B = [uvw] = [011]$$

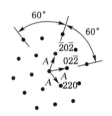

$$B = [uvw] = [\bar{1}11]$$

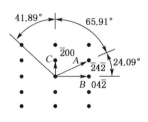

$$\frac{A}{C} = \frac{\sqrt{24}}{\sqrt{4}} = 2.450;$$

$$\frac{B}{C} = \frac{\sqrt{20}}{\sqrt{4}} = 2.236;$$

$$B = [uvw] = [012]$$

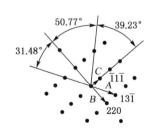

$$\frac{A}{C} = \frac{\sqrt{11}}{\sqrt{3}} = 1.915;$$

$$\frac{B}{C} = \frac{\sqrt{8}}{\sqrt{3}} = 1.633;$$

$$B = [uvw] = [\bar{1}12]$$

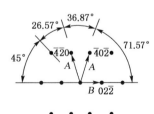

$$\frac{A}{B} = \frac{\sqrt{20}}{\sqrt{8}} = 1.581;$$

$$B = [uvw] = [\bar{1}22]$$

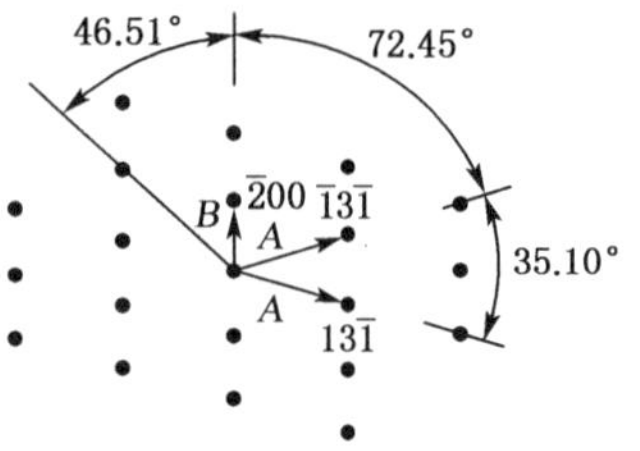

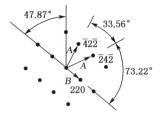

Row 1, left diagram:

46.51° 72.45°

$\overline{2}00$ $\overline{1}3\overline{1}$

B A

A 35.10°

$13\overline{1}$

$$\frac{A}{B} = \frac{\sqrt{11}}{\sqrt{4}} = 1.658;$$

$$B = [uvw] = [013]$$

Row 1, middle diagram:

47.87° 33.56°

A $\overline{4}2\overline{2}$

$\overline{2}4\overline{2}$

A 73.22°

B

220

$$\frac{A}{B} = \frac{\sqrt{24}}{\sqrt{8}} = 1.732;$$

$$B = [uvw] = [\overline{1}13]$$

Row 1, right diagram:

60.98° 70.50°

$\overline{2}00$ C A $\overline{2}6\overline{4}$

15.50°

B

$06\overline{4}$

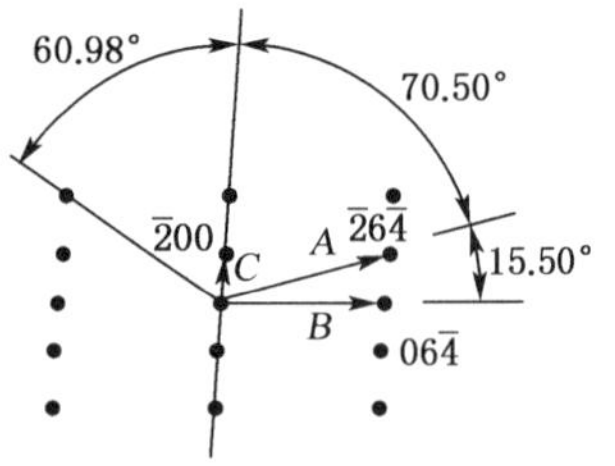

$$\frac{A}{C} = \frac{\sqrt{56}}{\sqrt{4}} = 3.42;$$

$$\frac{B}{C} = \frac{\sqrt{52}}{\sqrt{4}};$$

$$BB = [uvw] = [023]$$

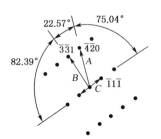

Row 2, left diagram:

22.57° 75.04°

$\overline{3}3\overline{1}$ $\overline{4}20$

A

82.39°

B

C $\overline{1}1\overline{1}$

$$\frac{A}{C} = \frac{\sqrt{20}}{\sqrt{3}} = 2.582;$$

$$\frac{B}{C} = \frac{\sqrt{19}}{\sqrt{3}} = 2.517;$$

$$B = [uvw] = [\overline{1}23]$$

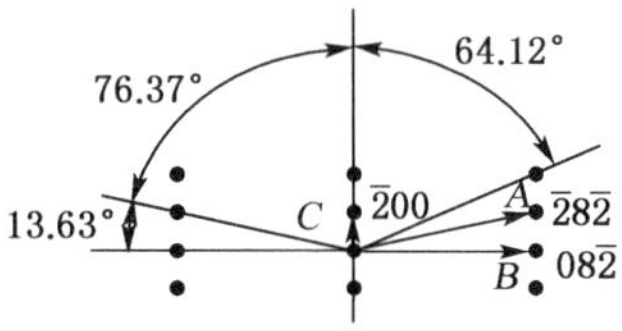

Row 2, middle diagram:

76.37° 64.12°

13.63° C $\overline{2}00$ A $\overline{2}8\overline{2}$

B $08\overline{2}$

$$\frac{A}{C} = \frac{\sqrt{72}}{\sqrt{4}} = 4.243;$$

$$\frac{B}{C} = \frac{\sqrt{68}}{\sqrt{4}} = 4.123;$$

$$B = [uvw] = [014]$$

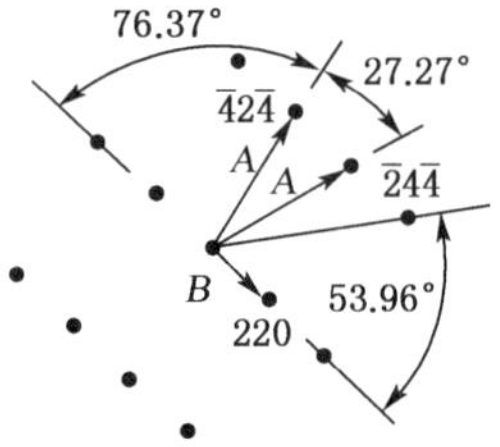

Row 2, right diagram:

76.37° 27.27°

$\overline{4}2\overline{4}$

A A

$2\overline{4}\overline{4}$

B 53.96°

220

$$\frac{A}{B} = \frac{\sqrt{36}}{\sqrt{8}} = 2.121;$$

$$B = [uvw] = [\overline{2}23]$$

三、密排六方晶体 $\left(\frac{c}{a} = 1.633\right)$

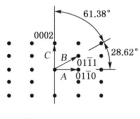

Row 3, left diagram:

61.38°

0002

C B 28.62°

$01\overline{1}1$

A $01\overline{1}0$

$$\frac{C}{A} = 1.09;$$

$$\frac{B}{A} = 1.139;$$

$$B = [uvtw] = [0\overline{1}\,\overline{1}0]$$

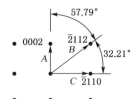

Row 3, middle diagram:

57.79°

$\overline{2}11\overline{2}$

0002 B

A 32.21°

C $\overline{2}110$

$$\frac{C}{A} = 1.587;$$

$$\frac{B}{A} = 1.876;$$

$$B = [uvtw] = [01\overline{1}0]$$

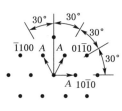

Row 3, right diagram:

30° 30° 30°

$\overline{1}100$ A A $01\overline{1}0$

30°

A $10\overline{1}0$

$$B = [uvtw] = [0001]$$

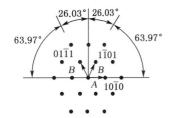

$\dfrac{B}{A} = 1.139;$

$B = [uvtw] = [1\bar{2}1\bar{3}]$

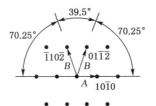

$\dfrac{B}{A} = 1.180;$

$B = [uvtw] = [\bar{2}4\bar{2}3]$

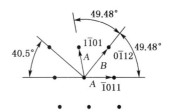

$\dfrac{B}{A} = 1.299;$

$B = [uvtw] = [01\bar{1}\bar{1}]$

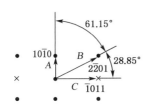

$\dfrac{A}{C} = 1.816; \quad \dfrac{B}{C} = 2.073;$

$B = [uvtw] = [\bar{1}2\bar{1}6]$

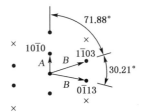

$\dfrac{B}{A} = 1.917;$

$B = [uvtw] = [\bar{1}2\bar{1}1]$

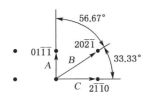

$\dfrac{C}{A} = 1.520;$

$\dfrac{B}{A} = 1.820;$

$B = [uvtw] = [01\bar{1}2]$

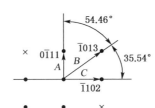

$\dfrac{C}{A} = 1.299;$

$\dfrac{B}{A} = 1.683;$

$B = [uvtw] = [01\bar{1}2]$

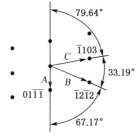

$\dfrac{B}{A} = 1.797;$

$\dfrac{C}{A} = 1.684;$

$B = [uvtw] = [7\bar{2}\,\bar{5}3]$

四、金刚石立方

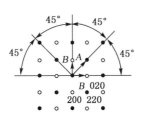

$\dfrac{A}{B} = \dfrac{\sqrt{2}}{1} = 1.414;$

$B = [uvw] = [001]$

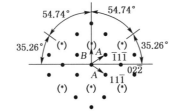

$\dfrac{A}{B} = \dfrac{2}{\sqrt{3}} = 1.155;$

$B = [uvw] = [011]$

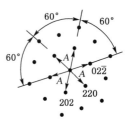

$B = [uvw] = [\bar{1}11]$

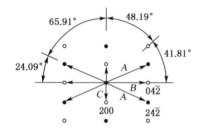

$$\frac{A}{C} = \frac{\sqrt{24}}{\sqrt{4}} = 2.45;$$

$$\frac{B}{C} = \frac{\sqrt{20}}{\sqrt{4}} = 2.236;$$

$$B = [uvw] = [012]$$

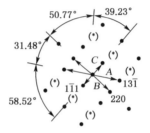

$$\frac{B}{C} = \frac{\sqrt{8}}{\sqrt{3}} = 1.633;$$

$$\frac{A}{C} = \frac{\sqrt{11}}{\sqrt{3}} = 1.915;$$

$$B = [uvw] = [\bar{1}12]$$

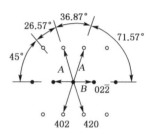

$$\frac{A}{B} = \frac{\sqrt{20}}{\sqrt{8}} = 1.581;$$

$$B = [uvw] = [\bar{1}22]$$

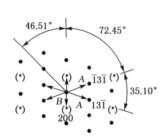

$$\frac{A}{B} = \frac{\sqrt{11}}{\sqrt{4}} = 1.658;$$

$$B = [uvw] = [013]$$

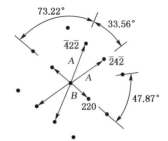

$$\frac{A}{B} = \frac{\sqrt{24}}{\sqrt{8}} = 1.732;$$

$$B = [uvw] = [\bar{1}13]$$

参 考 文 献

[1] 李树棠. 晶体 X 射线衍射学基础[M]. 北京：冶金工业出版社，1990
[2] 祁景玉. X 射线结构分析[M]. 上海：同济大学出版社，2003
[3] 梁栋材. X 射线晶体学基础[M]. 2 版. 北京：科学出版社，2006
[4] 秦善. 晶体学基础[M]. 北京：北京大学出版社，2004
[5] 方奇，于文涛. 晶体学原理[M]. 北京：国防工业出版社，2002
[6] 毛为民. 材料的晶体结构原理[M]. 北京：冶金工业出版社，2007
[7] 胡志强. 无机材料科学基础[M]. 北京：化学工业出版社，2004
[8] 樊先平，洪樟连，翁文剑. 无机非金属材料科学基础[M]. 杭州：浙江大学出版社，2004
[9] 王仁卉，胡承正，桂嘉年. 准晶物理学[M]. 北京：科学出版社，2004
[10] Williams, David B and C Barry Carter. Transmission electron microscopy[M]. New York：Plenum Press，1996
[11] 周公度，郭可信. 晶体和准晶体的衍射[M]. 北京：北京大学出版社，1999
[12] 周玉. 材料分析方法[M]. 3 版. 北京：机械工业出版社，2011
[13] 王富耻. 材料现代分析测试方法[M]. 北京：北京理工大学出版社，2006
[14] 黄新民，解挺. 材料分析测试方法[M]. 北京：国防工业出版社，2006
[15] 刘喜军，常铁军. 材料近代分析测试方法[M]. 哈尔滨：哈尔滨工业大学出版社，2005
[16] 李占双，景晓燕. 近代分析测试技术[M]. 哈尔滨：哈尔滨工程大学出版社，2005
[17] 余焜. 材料结构分析基础[M]. 2 版. 北京：科学出版社，2010
[18] 吴刚. 材料结构表征及应用[M]. 北京：化学工业出版社，2002
[19] 章晓中. 电子显微分析[M]. 北京：清华大学出版社，2006
[20] 左演声，陈文哲，梁伟. 材料现代分析方法[M]. 北京：北京工业大学出版社，2000
[21] 谈育煦，胡志忠. 材料研究方法[M]. 北京：机械工业出版社，2004
[22] 方惠群，于俊生，史坚. 仪器分析[M]. 北京：科学出版社，2004
[23] 常铁军，高灵清，张海峰. 材料现代研究方法[M]. 哈尔滨：哈尔滨工程大学出版社，2005
[24] 黄孝瑛，侯耀永，李理. 电子衍射分析原理与图谱[M]. 济南：山东科学技术出版社，2000
[25] 进藤大辅，及川哲夫，刘安生. 材料评价分析电子显微方法[M]. 刘安生，译. 北京：冶金工业出版社，2001
[26] 朱育平. 小角 X 射线散射-理论、测试、计算及应用[M]. 北京：化学工业出版社，2008
[27] 祁景玉. 现代分析测试技术[M]. 上海：同济大学出版社，2006
[28] 左婷婷，宋西平. 小角 X 射线散射技术在材料研究中的应用[J]. 理化检验-物理分册，2011，47(12)：781-785
[29] 刘晓旭，殷景华，程伟东，等. 利用小角 X 射线散射技术研究组分对聚酰亚胺/Al_2O_3 杂化薄膜界面特性与分形特征的影响[J]. 物理学报，2011，60(5)：056101-6
[30] 魏芳，李金山，周铁涛，等. 用 SAXS 研究锂对 7000 系铝合金相变动力学的影响[J]. 航空学报，2008，29(4)：1038-1043
[31] 柳义，柳林，王俊，等. 用原位 X 射线小角散射研究块体非晶合金金 $Zr_{55}Cu_{30}Al_{10}Ni_5$ 的结构弛豫[J]. 物理学报，2003，52(9)：2219-2222
[32] 杨平. 电子背散射衍射技术及其应用[M]. 北京：冶金工业出版社，2007
[33] Marc De Graef. Introduction to conventional transmission electron microscopy[M]. New York：Cambrage University Press，2003
[34] Zhu H G, Wang H Z, Ge L Q. Study on the microstructure and mechanical properties of composites

fabricated by the reaction method in an Al-TiO₂-B₂O₃ system[J]. Materials Science and Engineering A，2008，478：87-92

[35] Zhu H G，Wang H Z，Ge L Q. Wear properties of the composites fabricated by exothermic dispersion reaction synthesis in an Al-TiO₂-B₂O₃ system[J]. Wear，2008，264：967-972

[36] 朱和国，王恒志，熊党生，等. XD反应合成 Al₃Ti，α-Al₂O₃，TiB₂/Al 复合材料的界面结构[J]. 中国有色金属学报，2006，16：586-590

[37] 朱和国，王恒志，熊党生. Al₃Ti 晶体的形貌生长机理分析[J]. 人工晶体学报，2005，34：233-237

[38] 吴正龙. 场发射俄歇电子能谱显微分析[J]. 现代仪器，2005，3:1-4

[39] 黄惠忠. 论表面分析[J]. 现代仪器，2002(1)：5-10

[40] 吴正龙. X光电子能谱分析中光电子峰和俄歇峰的干扰及消除[J]. 分析测试学报，2005，24(3)：45-47

[41] M M Ahadian A Iraji zad，E Nouri M Ranjbar and A Dolati. Diffusion and segregation of substrate copper in celetrodeposited Ni-Fe thin films[J]. Journal of Alloys and Compounds，2007，443:81-86

[42] Alenka Vesel，Aleksander Drenik，Miran Mozetic ，et al. AES investigation of the stainless steel surface oxidized in plasma[J]. Vaccum，2007，7：14

[43] Vittayakorn N，Wirunchit S，Traisak S，et al. Development of perovskite and phase transition in lead cobaltniobate modified lead zirconate titanate system[J]. Current Applied Physics，2008，8(2)：128-133

[44] Ulrich S，Nilius N，Freund H J. Growth of thin alumina films on a vicinal NiAl surface[J]. Surface Science，2007，601：4603-4607

[45] 蔡德斌，刘方新，谢宁，等. STM教学实验样品的扩展[J]. 物理实验，2007(6)：11-13

[46] 温永强，宋延林，高鸿钧. 自组装有机分子薄膜的可逆超高密度信息存储[J]. 物理，2006，35(12)：1000-1002

[47] Besenbacher F，Brorson M，Clausen B S，et al. Recent STM，DFT and HAADF-STEM studies of sulfide-based hydrotreating catalysts：Insight into mechanistic，structural and particle size effects[J]. Catalysis Today，2008，130(1)：86-96

[48] Trzcin'ski M，Gabl M，Memmel N，et al. Investigation of In growth on W(110) by means of electron spectroscopies，low energy electron diffraction thermodesorption and scanning tunneling microscopy [J]. Surface Science，2007，601：4470-4474

[49] 贺祯，侯艳超，周璇，等. 原子力显微镜在纳米材料研究中的应用[J]. 陕西科技大学学报（自然科学版），2011，29(6):25-29

[50] 杨丽，张佩聪，王建华，等. 原子力显微镜（AFM）在石英薄片表面形貌分析中的应用[J]. 广州化工，2012，40(15):124-125

[51] 潘秀红，金蔚青，刘岩，等. BaB₂O₄单晶快速生长时的界面形态与表面台阶形貌[J]. 中国科学，2007，37(3)：403-408

[52] 马梦佳，陈玉云，闫志强，等. 原子力显微镜在纳米生物材料研究中的应用[J]. 化学进展，2013，25(1)：135-144

[53] 王业亮，时东霞，季威，等. 并五苯分子在 Ag(110)表面成膜过程中的结构研究[J]. 物理学报，2004，53(3):877-882

[54] Munroe P R. The application of focused ion beam microscopy in the material sciences[J]. Materials Characterization，2009，60(1):2-13

[55] Reyntjens S，Puers R. A review of focused ion beam applications in microsystem technology[J]. Journal of Micromechanics and Microengineering，2001，11(4):287-300

[56] Murphy S，Usov V，Shvets I V. Morphology of Ni ultrathin films on Mo(110) and W(100) studied by LEED and STM[J]. Surface Science，2007，601(23)：5576-5584

[57] Wang X M，Zeng X Q，Wu G S，et al. Surface oxidation behavior of MgNd alloys[J]. Applied Surface Science，2007，253(22)：9017-9023

[58] 徐子芳，王君，张明旭. 纳米级 SiO_2 改性水泥胶砂作用机理研究[J]. 硅酸盐通报，2007，26(1)：58-62

[59] 蔡正千. 热分析[M]. 北京：高等教育出版社，1993

[60] 王培铭，许乾慰. 材料研究方法[M]. 北京：科学出版社，2005

[61] 谷亦杰，宫声凯. 材料分析检测技术[M]. 长沙：中南大学出版社，2009

[62] 胡安，章维益. 固体物理学[M]. 北京：高等教育出版社，2005

[63] 杜希文，原续波. 材料分析方法[M]. 天津：天津大学出版社，2006

[64] 戎咏华. 分析电子显微学导论[M]. 2 版. 北京：高等教育出版社，2015

[65] 戎咏华，姜传海. 材料组织结构的表征[M]. 上海：上海交通大学出版社，2012

[66] 闫志杰，李金富，王鸿华，等. $Zr_{60}Al_{15}Ni_{25}$ 大块非晶合金晶化动力学研究[J]. 物理学报，2003，52(8)：1867-1870.

[67] 庄艳歆，赵德乾，张勇. 锆基大块非晶合金玻璃转变和晶化的动力学效应[J]. 中国科学（A 辑），2000(5)：445-450

[68] Du Y L. Deng Y H, Xu F, et al. Gaseous hydrogenation and its effect on thermal stability of $Mg_{63}Ni_{22}Pr_{15}$ metallic glass[J]. Chinese Physics Letters，2006，23(12)：3320-3322

[69] Yan Q L, Li X J, Wang H, et al. Thermal decomposition and kinetics studies on 1,4-dinitropiperazine (DNP)[J]. Journal of Hazardous Materials, 2008, 151(2-3)：515-521

[70] 朱伯铨，李享成. $Al(OH)_3$ 和 ZnO 合成锌铝尖晶石反应动力学的研究[J]. 硅酸盐学报，2003，31(12)：1171-1174

[71] 刘振海，徐国华，张洪林. 热分析仪器[M]. 北京：化学工业出版社，2006

[72] Zhu H G, Min J, Li J L, et al. In situ fabrication of (α-Al_2O_3 + Al_3Zr)/Al composites in an Al-ZrO_2 system[J]. Composites Science and Technology，2010，70(15)：2183-2189

[73] Zhu H G, Yao Y Q, Chen S, et al. Study on the reaction mechanism and mechanical properties of aluminum matrix composites fabricated in an Al-ZrO_2-B system[J]. Materials Chemistry and Physics, 2011, 127：179-184

[74] 朱和国，尤泽升，刘吉梓. 材料科学研究与测试方法[M]. 3 版. 南京：东南大学出版社，2016

[75] 李晓娜. 材料微结构分析原理与方法[M]. 大连：大连理工大学出版社，2014

[76] 刘金来，何立子，金涛. 原子探针显微学[M]. 北京：科学出版社，2016

[77] 巩运明，沙维. 原子探针显微分析[M]. 北京：北京大学出版社，1993

[78] 刘文庆，刘庆冬，顾剑锋. 原子探针层析技术（APT）最新进展及应用[J]. 金属学报，2013，49(9)：1025-1031

[79] 李慧，夏爽，周邦新，等. 原子探针层析方法研究 690 合金晶界偏聚的初步结果[J]. 电子显微学报，2011，30(3)：206-209

[80] 黄彦彦，周青华，杨承志，等. 基于 APT 对镍基高温合金纳米结构和化学成分研究[J]. 稀有金属材料与工程，2017，46(8)：2137-2143

[81] Blavette D, Bostel A, Sarrau J M, et al. An atom probe for three-dimensional tomography[J]. Nature，1993，363(6428)：432-435

[82] Marquis E A, Hyde J M. Applications of atom-probe tomography to the characterization of solute behaviours[J]. Materials Science and Engineering：R：Reports，2010，69(4/5)：37-62

[83] Kelly T F, Larson D J. Atom probe tomography 2012[J]. Annual Review of Materials Research，2012，42(1)：1-31

[84] Miller M K, Forbes R G. Atom probe tomography[J]. Materials Characterization，2009，60(6)：461-469

[85] Kelly T F, Miller M K. Atom probe tomography[J]. Review of Scientific Instruments，2007，78(3)：031101

[86] Herbig M, Raabe D, Li Y J, et al. Atomic-scale quantification of grain boundary segregation in nanocrystalline material[J]. Physical Review Letters，2014，112(12)：126103

[87] Miller M K, Forbes R G. Atom-probe tomography: the local electrode atom probe[M]. Springer New York Heideberg Dordrecht London, 2014

[88] Perea D E, Arslan I, Liu J, et al. Determining the location and nearest neighbours of alnuminium in zeolites with atom probe tomography[J]. Nature Communications, 2015, 6: 7589

[89] David B, Williams and Carter C B. Transmission Electron Microscopy: A Textbook for Materials Science[M]. Springer Science & Business Media, 2009

[90] Trimby P W. Orientation mapping of nanostructured materials using transmission Kikuchi diffraction in the scanning electron microscope[J]. Ultramicroscopy, 2012, 120: 16-24

[91] Burns J B, Hanson A R, Riseman E M. Extracting straight lines[J]. IEEE Transactions on Pattern Analysis and Machine Intelligence, 1986, PAMI-8(4): 425-455

[92] Krieger L, Jensen D J and Conradsen K. Image processing procedures for analysis of electron backscattering patterns[J]. Scanning Microscopy, 1992, 6: 115-121

[93] Randle V, Engler O. Introduction to texture analysis, microstructure and orientation mapping[M]. New York: CRC Press, 2000

[94] You Z S, Lu L, Lu K. Tensile behavior of columnar grained Cu with preferentially oriented nanoscale twins[J]. Acta Materialia, 2011, 59(18): 6927-6937

[95] Xiong L, You Z S, Lu L. Enhancing fracture toughness of nanotwinned austenitic steel by thermal annealing[J]. Scripta Materialia, 2016, 119: 55-59

[96] 范康年. 谱学导论[M]. 北京: 高等教育出版社, 2004

[97] 董庆年. 红外光谱法[M]. 北京: 石油化工工业出版社, 1977

[98] 张叔良, 易大年, 吴天明. 红外光谱分析与新技术[M]. 北京: 中国医药科技出版社, 1993

[99] 王兆民, 王奎雄, 吴宗凡. 红外光谱学理论与实践[M]. 北京: 兵器工业出版社, 1995

[100] 翁诗甫. 傅里叶变换红外光谱分析[M]. 2版. 北京: 化学工业出版社, 2010

[101] 魏福祥. 现代仪器分析技术及应用[M]. 北京: 中国石化出版社, 2011

[102] D. A. 朗. 拉曼光谱学[M]. 北京: 科学出版社, 1983

[103] 杨序纲, 吴琪琳. 拉曼光谱的分析与应用[M]. 北京: 国防工业出版社, 2008

[104] 汪正. 原子光谱分析基础与应用[M]. 上海: 上海科学技术出版社, 2015

[105] 辛仁轩. 等离子体发射光谱分析[M]. 北京: 化学工业出版社, 2005

[106] Zoppi A, Lofrumento C, Castellucci E M. Global Raman imaging: A novel tool for compositional analysis[C], Proc. of SPIE 5850[J]. Advanced Laser Technologies, 2004:131

[107] Umemura T, Kitaguchi R, Haraguchi H. Counterionic detection by ICP-AES for determination of inorganic anions in water elution ion chromatography using a zwitterionic stationary phase[J]. Analytical Chemistry, 1998, 70(5): 936-942

[108] Nasiri N, Bo R H, Wang F, et al. Ultraporous electron-depleted ZnO nanoparticle networks for highly sensitive portable visible-blind UV photodetectors[J]. Advanced Materials, 2015, 27(29): 4336-4343

[109] Chen J, Li Y R, Huang L, et al. Size fractionation of graphene oxide sheets via filtration through track-etched membranes[J]. Advanced Materials, 2015, 27(24): 3654-3660

[110] Pylypchuk I V, Kołodyńska D, Kozioł M, et al. Gd-DTPA Adsorption on chitosan/magnetite nanocomposites[J]. Nanoscale Research Letters, 2016(11):168

[111] Qu J, Barnhill W C, Luo H M, et al. Synergistic effects between phosphonium-alkylphosphate ionic liquids and zinc dialkyldithiophosphate (ZDDP) as lubricant additives[J]. Advanced Materials, 2015(27): 4767-4774

[112] Sang W, Zheng T T, Wang Y C, et al. One-step synthesis of hybrid nanocrystals with rational tuning of the morphology[J]. Nano Lett., 2014(14): 6666-6671

[113] Sharma P, Gangopadhyay D, Umrao S, et al. A novel raman spectroscopic approach to identify polymorphism in leflunomide: a combined experimental and theoretical study[J]. J. Raman Spectrosc, 2016(47): 468-475